제3판

살아있는

토목시공학

이 승 언 · 최 병 호 공저

도서출판
구미서관

머리말

토목시공학은 토질역학, 구조역학, 수리학, 측량학 등 토목공학의 기본 이론을 바탕으로 건설현장에서 실질적으로 활용 가능한 공법과 기술 및 관련 용어들을 익히기 위한 학문이지만, 현장실무에서는 단순한 이론적인 접근만으로는 토목기술자로서의 능력발휘와 완성된 목적물 등을 만드는데 큰 어려움이 뒤따르고 있는 실정입니다. 특히 시공분야는 토목과목의 기본이론을 바탕으로 현장경험을 충분히 발휘하여 안전, 품질, 공정, 원가, 유지관리 등을 동시에 만족하면서 이루어져야하는 특성이 있어 토목기술자로서의 꾸준한 자기능력개발과 노력이 계속 되어야 합니다.

실제로 저자는 여러 해 동안 대학에서 토목시공학을 강의하면서 적절한 토목시공학 교재의 필요성을 절감하게 되어, 그 동안의 짧은 강의 경험과 현장 실무 경험을 바탕으로, 여러 참고문헌 및 최근 개정된 설계기준 및 표준시방서를 종합하여 4년제 대학교 또는 2년제 대학에서도 강의 할 수 있도록 충분한 내용으로 교재를 저술하게 되었습니다.

본서가 2003년도 처음 출간된 이후 많은 대학에서 강의교재로 사용되고, 현장기술자들의 토목시공분야의 최고기술자격증인 토목시공기술사 취득에 참고도서로 널리 활용되고 있습니다. 그 동안 여러 선. 후배님들의 조언을 통하여 다소 미흡하다고 여겨진 부분을 수정. 보완하고 그 동안 바뀐 법령과 기준들을 새롭게 반영해서 이번에 제3판을 발행하게 되었습니다.

이번 제3판의 수정, 보완된 주요 내용은 다음과 같습니다.

제1장 : 시공학 개론(2012년 개정된 건설기술관리법)

제2장 : 토공(2011년 개정된 건설공사 비탈면 설계기준)

제4장 : 건설기계(2012년 개정된 품셈)

제6장 : 콘크리트공(2009년 9월 개정된 콘크리트 표준시방서)

제8장 : 교량공(2010년 개정된 도로교설계기준)

제9장 : 도로공(2009년 개정된 도로공사 표준시방서)

제10장 : 댐과 하천 및 항만(2009년 개정된 하천설계기준)

부록 : 토목기사시험 예상문제(최근 기출문제로 전면 개편)

본서가 토목시공학 관련 분야의 대학 강의와 현장기술자들의 실무에 도움이 될 것과 더 나아가 한국 건설인들의 시공능력을 향상 시키는데 도움이 되기를 기대하면서 최선을 다해서 기술하였으나 아직도 미흡하고 부족한 내용이 많을 것으로 생각되며, 추후 선.후배님들의 조언을 들어 계속해서 보완. 수정하여 더욱 좋은 교재가 되도록 노력할 것입니다. 끝으로 어려운 출판여건 속에서도 출판을 맡아 수고해 주신 구미서관 임해진 사장님과 기인수 상무님을 비롯한 편집부 관계자 여러분의 노고에 감사드립니다.

2014년 1월

공동저자 최병호

목 차

제1장 시공학개론

제2장 토공

제3장 암석발파공

제4장 건설기계

제5장 기초공

제6장 콘크리트공

제8장 교량공

제9장 도로공

제11장 공사관리

chapter 01 시공학개론

제 1 장 시공학개론

1.1 토목시공학

1.1.1 시공학이란?

(1) 시공의 정의

시공학이란 건설에 관련된 공학지식의 활용이나 응용을 바탕으로, 가장 효과적이고 능률적이며, 경제적인 건설재료와 건설장비의 선정 및 이들을 잘 활용할 수 있는 우수한 인력을 동원하여 발주자가 요구하는 건조물(目的物)을 정해진 시간내에 가장 아름답게 환경친화적으로 건설할 수 있는 방법을 연구하는 학문을 말한다.

시공이란 단순한 기술이나 기능이기 때문에 "시공학"이란 용어가 부적합하다고 주장하는 학자도 있으나, 최근의 시공은 대형화, 복잡화, 자동화, 기계화가 점점 가속화되고 있어 보다 체계적이고 이론적인 연구가 필요한 학문이며, 영문으로는 Construction Method Engineering, Execution 등으로 표현하고 있다.

"시공성"이란 건설현장에서 하고자 하는 일에 대한 작업의 가능여부, 작업시 효과적이고 능률적으로 할 수 있느냐의 판단과 동시에 작업의 용이성(쉽고, 어려움)을 고려한 복합적이고 총체적인 내용을 말하며, 이는 워커빌리티(workability)란 용어와 동일한 의미로 사용된다.

건설현장에서는 공법이나 작업에 대하여 "시공성이 좋다", "시공성이 좋지 않다", "시공성이 양호하다", "시공성이 없다" 등으로 표현하고 있다.

시공기술(장비, 자재, 방법)은 현장의 규모와 위치는 물론, 계절적(기후적)요인, 사회적요인, 환경요인 등에 따라 변할수 있으므로, 어떤 시공기술이 적합하며, 어떤공법을 채택할 것이냐는 총괄적인면에서 경험적으로 결정되어야 보다 타당성이 있을 수 있다.

최근의 시공은 첨단산업의 발전과 더불어 자동화와 경량화가 급속히 추진되고 있을뿐 아니라 신기술 및 신소재에 의한 새로운 재료나 공법이 개발되는 등, 시공에 대한 공법이나 기술은 나날이 발전되어 가고 있으므로, 이에 대한 끊임없는 연구가 요망되고 있다.

(2) 토목시공의 특징(건설업의 특징)

1) 발주자에 의한 주문 생산이다(1회용이다).
2) 토목공사는 대부분 공공을 대상으로 하는 공익사업이다(발주자 : 정부).
3) 이해관계자가 많아 단계적으로(시간의 흐름에 따라) 분쟁요인이 다양하다.
4) 작업환경이 좋지 않은 3D업종이다(3D : dirty, difficult, dangerous).
5) 시공은 환경보호보다 환경훼손이 훨씬 크다(건설은 자연을 훼손하고, 쓰레기를 양산한다).
6) 많은 예산과 긴 공사기간을 요한다.
7) 자연조건(기후조건)에 의한 영향이 크다.
8) 대부분의 작업은 옥외(屋外) 작업이며, 노동 집약성이 강하다.
9) 작업은 도급 및 하도급의 형태로 이루어진다.
10) 가치관의 변화(삶의 질)와 여건변동에 따라 철거대상이 되기도 한다(육교의 철거, 교량의 성능개선, 건물의 리모델링).

(3) 부실공사(부실시공)

부실공사의 대명사가 된 한강의 성수대교 붕괴('94.10.21)나 서울의 삼풍백화점 붕괴('95.6.30) 등에서 보는 바와 같이 각종 건설공사의 부실로 인한 인적 · 물적 손실은 이루 말할 수 없으며, 이러한 손실을 사전에 예방하기 위하여는 시설물의 계획부터 유지관리에 이르는 모든 관련분야 사람들의 종합적이고 체계적인 주의와 관리가 요망되지만, 특히 시공과정에 참여하는 기술자의 몫이 크다고 할 수 있다.

건설공사의 부실방지를 위하여 시공전 설계단계는 물론 시공후 유지관리 단계도 중요하지만 우리가 관심을 가져야 할 시공단계에 관련된 부실요인을 열거하면 다음과 같다.

1) 부족한 공사비 투입
2) 부족한 공사기간의 산정
3) 부적절한 공사 시공계획
4) 부적당한 자재와 가설재 사용

5) 관리자와 기능공의 기술부족과 기능부족
6) 관리 · 감독자의 경험부족에 의한 시공기술부족
7) 기후, 온도 등 자연환경에 대한 부적절한 대응
8) 기타 시공중의 관리 부적합(시공중 안전, 양생 등)

(4) 토목시공의 대상분야

종래의 토목시공은 인간이 필요로 하는 각종 시설물의 건립분야에 한정되었으나, 최근에는 활용가능한 토지가 줄고 있으므로 신공간 창조에 대한 관심이 날로 높아져 이에 대한 첨단 시공기술의 개발도 토목시공의 커다란 분야로 자리잡고 있다.

1) 구조물분야 : 교량공학, 터널공학, 기초공학, 댐공학 등
2) 시설물분야 : 도로공학, 하천공학, 항만공학, 사방공학, 철도공학, 교통공학, 해양공학, 상 · 하수도공학, 간척공학 등
3) 개발분야 : 도시계획학, 국토계획학, 지역계획학, 환경공학 등
4) 기초학문분야 : 수리학, 수문학, 철근 · 콘크리트공학, 재료역학, 토질역학, 기초공학 등
5) 신공간 창조 분야
   - 해양공간 : 연안개발, 인공섬, 부유식 심해역 공간, 수중공간.
   - 지하공간 : 지하 주거공간, 지하교통 등 편의공간, 지하 저장공간.
   - 초고층공간 : 기능형 건축공간, 초고층 빌딩의 시공, 유지관리.

1.1.2 건설산업과 토목시공

(1) 건설산업 및 관련용어

건설산업이란 건설업과 건설용역업을 말하며, 이는 건설공사의 조사, 설계, 시공, 감리, 유지관리, 기술관리 등에 관한 사항을 실질적으로 수행하는 일로 “건설산업기본법”에 명시되어 있다.

1) 건설업과 건설업자

건설공사를 수행하는 업을 건설업이라 하며, 건설업 면허를 받거나 등록을 하여 건설업을 영위하는 자를 건설업자라 하며, 건설업자와 동일한 의미의 “청부업자”란 용어도 현장에서 사용되고 있는 바, 이는 우리나라 건국초 산업의 종류가 적을 때 건설업이 청부업에 속한데 기인하고 있으며, 특히 도급이나 하도급의 경우 하청이나 재하청이란 현장용어는 아직도 많이 쓰이고 있다.

2) 건설용역업

건설공사에 관한 조사, 설계, 감리, 사업관리, 유지관리 등 건설공사와 관련된 용역을 수행하는 업을 건설용역업이라 하며, 토목공사 관련 설계나 감리 용역업을 수행하는 회사를 ○○엔지니어링, ○○컨설팅, ○○기술단, ○○엔지니어링 종합건축사사무소 등으로 불리어지고 있다.

3) 건설공사

토목공사, 건축공사, 「산업 · 환경설비공사 및 조경공사」 등 시설물을 설치, 유지, 보수하는 공사(시설물 설치를 위한 부지조성 공사 포함), 기계설비, 기타 구조물의 설치 및 해체공사 등을 건설공사라 하지만, 다음 공사는 포함되지 않는다.

- 전기공사업법에 의한 전기공사
- 전기통신공사업법에 의한 전기통신공사
- 소방법에 의한 소방설비공사
- 문화재보호법에 의한 문화재 보호공사

4) 건설사업관리

건설공사에 관한 기획, 타당성 조사, 분석, 설계, 조달, 계약, 시공관리, 감리, 평가, 사후관리 등에 관한 관리업무의 전부 또는 일부만 수행하는 것을 건설사업관리라 한다.

5) 도급(하청)과 하도급(재하청)

원도급, 하도급, 위탁 등 명칭에 관계없이 건설공사의 완성을 약정하고 상대방이 그 일의 결과에 대하여 대가지급을 약정하는 계약을 도급 또는 하청이라 하며, 도급받은 건설공사의 전부나 일부를 도급하기 위하여 수급인이 제 3자와 체결하는 계약을 하도급 또는 재하청이라 한다.

수급인이란 발주자로부터 건설공사를 도급받은 건설업자를 말하며 하도급 관계에 있어 하도급하는 건설업자를 포함하며, 하수급이란 수급인으로부터 건설공사를 하도급 받은자를 말한다.

(2) 건설업(건설회사)

건설업은 아무나 할 수 있는게 아니라 소정의 면허를 발급 받거나 등록을 한 건설업자만이 할 수 있으며, 면허는 기술능력, 자본금, 시설 및 장비 등을 갖추어 허가를 얻거나 등록토록 되어 있으며, 일반적으로 건설회사란 명칭만으로는 건설업의 종류를 구분할 수 없으나 건설업은 일반건설업과 전문건설업으로 나누어진다.

1) 일반건설업

종합적인 계획 · 관리 및 조정하에 시설물을 시공하는 건설업을 말하며, 종합건설회사, 종합건설업 등으로 부르기도 하며, 토목공사업, 건축공사업, 토목건축공사업, 산업 · 환경설비공사업, 조경공사업의 5개 분야가 있다.

2) 전문건설업

시설물의 일부 또는 전문분야에 관한 공사를 시공하는 건설업을 말하며, 전문회사, 단종회사, 하청회사, 하도회사 등으로 부르기도 하며, 의장공사업, 토공사업, 철근 · 콘크리트공사업, 방수공사업, 비계 · 구조물 해체 공사업 등으로 30개 분야가 있다.

3) 군회사(群會社)

일반 건설업체의 최근 시공실적, 기술능력, 재무제표, 신인도 등에 의한 회사별 시공능력 평가액을 산정, 비슷한 규모의 회사를 그룹으로 나눈 것을 말하며, 이는 대한건설협회에서 1년에 1회씩 시행하고 있다. 2012년 8월 현재 우리나라 일반건설업체 수는 11,454개사이며, 시공능력 평가액 95억원 이상인 업체를 1군부터 7군까지 7개 그룹으로 나누어 제한경쟁 입찰시 이를 활용하고 있으며, 2012년 현재 1군 건설회사는 시공능력 1,700억원 이상으로 118개사며, 2012년 종합건설업체의 시공능력 평가액 1위업체는 현대건설로 11조 7,108억원이나 된다.

4) 도급한도액(Contracts Limit Amount)

건설회사의 시공실적, 경영상태 등에 의해 산정된 1건 공사의 시공능력 평가액으로 회사가 수주할 수 있는 1건 공사 도급액의 최고 한도란 의미를 갖는다.

국토교통부는 중소건설업체의 보호육성을 위하여 국가 등 공공기관에서 발주하는 건설공사입찰에 대형업체의 참가를 금하는 도급하한 금액도 매년 고시하고 있는 바, 2009.08.12 고시된 내용에 의하면 "업체별 도급하한 금액은 해당업체 시공능력 공시금액의 1/100미만으로 최고 150억(2012년 12월 31일까지는 200억원)을 초과할 수 없다."로 되어있다.

전문건설업체나 일반건설업체 선정을 위한 제한경쟁 입찰시 적용하고 있으며, 사전자격심사(PQ)시 활용되기도 한다.

(3) 건설현장의 행사(기념식)

1) 기공식(착공식)

공사시작을 공식적으로 알리는 기념식으로 시삽, 축포, 테이프 절단 등의 행사를 하기도 하며, 기공식 날짜와 공사계약서 착공일은 상이한 경우가 많으며, 이는 주로 외부(인근주민, 공사에 따른 이해 당사자) 홍보용으로 이용되고 있다.

2) 현판식

건설현장의 현장사무소 개소일을 기념하는 행사로, 기공식날 같이 행하거나 안전기원제와 동시에 행하기도 한다.

3) 관통식, 개통식, 통수식

공사 시공중 특수공종이 완성되는 날 이를 축하하기 위한 행사로 터널의 입구와 출구가 막장에서 연결되는 날(관통식), 하천개수나 관로 부설현장에서 작업을 완료하고 물을 흘려 보내는 날(통수식), 도로나 교량 등에서 사람 또는 차량의 통과가 시작되는 날(개통식) 등에 공사 관련자의 자축행사를 말한다.

4) 상량식

건물(빌딩)의 최상측 마지막 보(girder)를 얹거나, 교량 가설시 최종적으로 보(beam, girder)를 걸치는 날 이를 축하하기 위한 행사를 말하며, 교량, 터널 등과 같은 단일 구조물의 콘크리트 치기를 마감하는 날도 유사한 축하행사를 한다.

5) 안전기원제

건설현장은 무엇보다 안전이 최우선으로 현장, 근로자 모두의 안전의식 고취를 위한 행사로 현장에 종사하거나 현장에 관련된 업무를 책임진 사람들이 참석하며, 별도의 안전교육을 실시하기도 한다.

■ 건설과 철거

그림 1.1 Deck plate의 철근조립 및 터널의 라이닝폼 (중부내륙고속도로)

그림 1.2 청계천 고가도로 철거(서울)

6) 준공식

예정된 공사를 전부 마무리하고 이를 축하함과 동시에 대외적 홍보를 위한 행사로 현장내나 현장인근의 편리한 장소에서 거행하며, 공사계약서의 준공일보다 먼저 기념하는 경우가 많으며, 공사 참여자에 대한 포상과 함께, 준공기념물의 제막 등이 이날 이루어지기도 한다.

1.1.3 건설기술자와 토목시공

(1) 건설기술자(Construction Engineer)

건설공사에 관한 기술이나 기능을 가진자로 관계 법령에서 그 기술이나 기능이 있다고 인정된 자(건설산업기본법)를 말하며, 국가기술자격법 등 관계 법률에 의한 건설공사 또는 건설기술 용역에 관한 자격을 가진자와 일정한 학력 또는 경력을 가진 자(건설기술관리법)를 말한다.

(2) 건설기술자의 기술등급 및 인정 범위(건설기술관리법)

기술등급	기술자격자	학력 · 경력자
특급 기술자	기술사	–
고급 기술자	가. 기사 자격을 취득한 사람으로서 7년 이상 건설공사 업무를 수행한 사람 나. 산업기사 자격을 취득한 사람으로서 10년 이상 건설공사 업무를 수행한 사람	–
중급 기술자	가. 기사 자격을 취득한 사람으로서 4년 이상 건설 공사 업무를 수행한 사람 나. 산업기사 자격을 취득한 사람으로서 7년 이상 건설공사 업무를 수행한 사람	–
초급 기술자	가. 기사 자격을 취득한 사람 나. 산업기사 자격을 취득한 사람	가. 석사 이상의 학위를 취득한 사람 나. 학사학위를 취득한 사람으로서 1년(수업연한이 5년인 경우 6개월) 이상 건설공사 업무를 수행한 사람 다. 전문대학을 졸업한 사람으로서 3년(수업연한이 3년인 경우 2년 6개월) 이상 건설공사 업무를 수행한 사람 라. 고등학교를 졸업한 사람으로서 5년 이상 건설공사 업무를 수행한 사람 마. 국토교통부장관이 정하는 교육기관에서 1년 이상 건설기술 관련 교육과정을 이수한 사람으로서 7년 이상 건설공사 업무를 수행한 사람

(3) 건설기술자 배치기준

공사예정금액의 규모	건설기술자 배치기준
300억원 이상 (법제93조제1항의 규정이 적용되는 시설물이 포함된 공사인 경우에 한한다)	1. 기술사 2. 건설기술관리법시행령 별표1 제2호 나목의 건설기술자중 당해 기술분야의 특급기술자로서 당해 공사와 같은 종류의 공사현장에 배치되어 시공관리 책임자로 5년이상 종사한 자
200억원 이상	1. 기술사 2. 기사1급 자격 취득 후 당해 기술분야에 10년이상 종사한 자 3. 건설기술관리법시행령 별표1 제2호 나목의 건설기술자중 당해 기술분야의 특별 기술자로서 당해 공사와 같은 종류의 공사현장에 배치되어 시공관리 책임자로 3년이상 종사한 자
50억원 이상	1. 기사1급 자격 취득 후 당해 기술분야에 5년이상 종사한 자 2. 건설기술관리법시행령 별표1 제2호 나목의 건설기술자중 다음 각목의 1에 해당하는 자 가. 당해 기술분야의 특급기술자 나. 당해 기술분야의 고급기술자로서 당해 공사와 같은 종류의 공사현장에 배치되어 시공관리 책임자로 3년이상 종사한 자

(4) 기술계 엔지니어링기술자(엔지니어링진흥법)

등급	국가기술자격자	학력자
기술사	해당 전문분야의 관련 기술사자격을 가진 사람	–
특급기술자	1) 해당 전문분야의 관련 기사자격을 가진 사람으로서 해당 전문분야의 관련 업무를 10년 이상 수행한 사람 2) 해당 전문분야의 관련 산업기사자격을 가진 사람으로서 해당 전문분야의 관련 업무를 13년 이상 수행한 사람	
고급기술자	1) 해당 전문분야의 관련 기사자격을 가진 사람으로서 해당 전문분야의 관련 업무를 7년 이상 수행한 사람 2) 해당 전문분야의 관련 산업기사자격을 가진 사람으로서 해당 전문분야의 관련 업무를 10년 이상 수행한 사람	
중급기술자	1) 해당 전문분야의 관련 기사자격을 가진 사람으로서 해당 전문분야의 관련 업무를 4년 이상 수행한 사람 2) 해당 전문분야의 관련 산업기사자격을 가진 사람으로서 해당 전문분야의 관련 업무를 7년 이상 수행한 사람	
초급기술자	1) 해당 전문분야의 관련 기사자격을 가진 사람 2) 해당 전문분야의 관련 산업기사자격을 가진 사람으로서 2년 이상 해당 전문분야의 관련 업무를 수행한 사람	1) 해당 전문분야의 관련 석사학위를 가진 사람 2) 해당 전문분야의 관련 학사학위를 가진 사람 3) 해당 전문분야의 관련 전문대학을 졸업한 사람으로서 3년 이상 해당 전문분야의 관련 업무를 수행한 사람

(5) 감리원

감리원이란 감리 전문회사에 소속되어 검측관리, 시공감리, 책임감리를 수행하는 자를 말한다(건설기술관리법 2조).

1) **책임감리원** : 발주자와 체결한 감리용역 계약에 의하여 감리전문회사를 대표하여 현장에 상주하면서 당해공사 전반에 관한 감리업무를 총괄하는 자로 현장에서는 책임기술자 또는 감리단장으로 부르기도 한다.
2) **보조감리원** : 소관 분야별로 책임감리원을 보좌하는 감리원으로 담당 감리업무에 대하여는 책임감리원과 연대하여 책임을 진다.
3) **상주감리원(검측감리원)** : 현장에 상주하면서 감리업무를 수행하는 자를 말한다.
4) **비상주감리원** : 감리 전문회사에 근무하면서 상주감리원의 업무를 지원하는 자로 분야별 전문기술사(도로 및 공항, 토질 및 기초, 토목 구조기술사 등)가 이에 해당된다.

(6) 감리원의 자격

등급	기술자격자	학력 · 경력자
수석 감리사	감리사 등급기준을 충족한 사람으로서 10년 이상 건설공사 업무를 수행한 사람	–
감리사	가. 기술사 또는 건축사 나. 기사 자격을 취득한 사람으로서 9년 이상 건설공사 업무를 수행한 사람 다. 산업기사 자격을 취득한 사람으로서 12년 이상 건설공사 업무를 수행한 사람	–
감리 사보	가. 기사 자격을 취득한 사람 나. 산업기사 자격을 취득한 사람으로서 2년 이상 건설공사 업무를 수행한 사람	가. 석사 또는 박사학위를 취득한 사람 나. 학사학위를 취득한 사람으로서 2년 이상 건설공사 업무를 수행한 사람 다. 전문대학을 졸업한 사람으로서 5년 이상 건설공사 업무를 수행한 사람 라. 고등학교를 졸업한 사람으로서 8년 이상 건설공사 업무를 수행한 사람 마. 국토교통부장관이 정하는 교육기관에서 1년 이상 건설기술 관련 교육과정을 이수한 사람으로서 10년 이상 건설공사 업무를 수행한 사람
검측 감리원	가. 산업기사 자격을 취득한 사람 나. 기능사 자격을 취득한 사람으로서 3년 이상 건설공사 업무를 수행한 사람	가. 전문대학을 졸업한 사람으로서 1년 이상 건설공사 업무를 수행한 사람 나. 고등학교를 졸업한 사람으로서 3년 이상 건설공사 업무를 수행한 사람 다. 국토교통부장관이 정하는 교육기관에서 1년 이상 건설기술 관련 교육과정을 이수한 사람으로서 5년 이상 건설공사 업무를 수행한 사람

(7) 책임감리원의 자격기준(건설기술관리법 시행규칙 34조 2)

공사규모	등 급	경 력
500억 이상	수석감리사	300억원 이상 건설공사 감리경력 1년 이상
300억 이상	수석감리사	200억원 이상 건설공사 감리경력 1년 이상
100억 이상 300억 미만	감리사	100억원 이상 건설공사 감리경력 1년 이상

(8) 토목기사(산업기사) 자격시험의 토목시공학 출제범위

구분	항목
토목설계 및 시공	1. 토공 및 건설기계 2. 연약지반 개량 및 기초 3. 콘크리트 4. 교량 5. 터널 6. 배수구조물 7. 도로 및 포장 8. 옹벽 및 흙막이 9. 하천, 댐 및 항만
토목시공에 따른 공사 · 공정 및 품질관리	1. 공사 및 공정관리 2. 품질관리
도면의 물량산출	1. 옹벽, 슬래브, 암거, 기초, 교각, 교대 및 도로 부대시설물 물량산출

1.1.4 건설공사의 착수

(1) 건설공사(사업, project)의 Life cycle

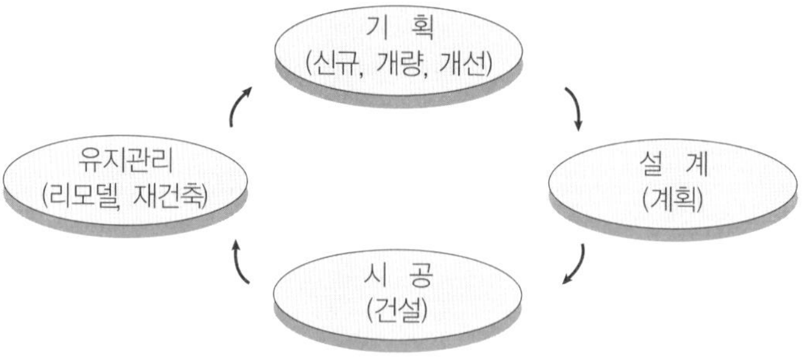

그림 1.3 건설공사의 Life Cycle

(2) 건설공사의 착수준비

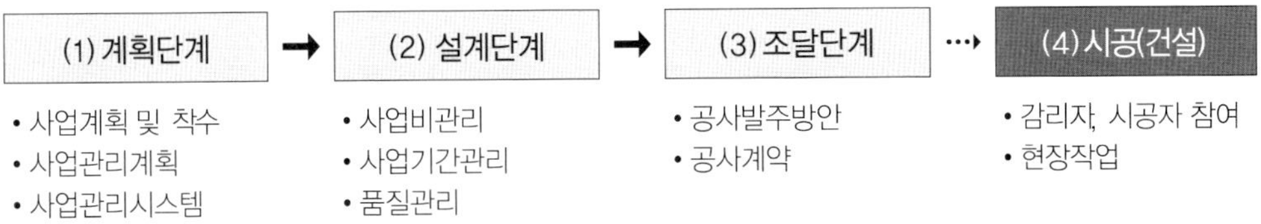

그림 1.4 건설공사의 착수준비

(3) LCC와 VE

1) LCC(Life Cycle Cost : 생애주기비용)

LCC란 시설물의 생산에서 철거에 이르는 전 과정에 소요되는 모든 비용의 합을 말한다.

LCC개념은 건설의 계획단계나 설계단계에서는 반드시 검토되어야 하며, 시공단계에서도 공법의 선정이나 시공방법을 결정하기 전에 단순한 시공성이나 특수기간의 경제성만을 고집하지 말고, 시공의 전과정을 고려한 전 · 후 작업의 공정과 비용을 예상하여 최적공법(방안)이 선택될수 있도록 하여야 한다.

도로포장에서 아스팔트포장을 할 것이냐? 또는 콘크리트포장을 할 것이냐? 의 선택과 교량건설에서 강교를 할 것이냐? 또는 콘크리트교를 할것이냐?의 문제는 LCC를 고려하여 결정되어 지고 있다.

2) VE(Value Enginccring : 가치공학)

VE란 동일한 비용을 투입하여 기능을 증대시킬 수 있는 방안이나 동일한 기능을 유지하면서 최소비용을 투입시킬 수 있는 방안을 찾아보는 구체적인 행동을 말한다($V=\frac{F}{C}$).

건설에서 VE는 설계단계, 계약단계, 시공단계, 유지관리 단계로 나누어 품질관리 활동의 하나로 추진되고 있으며, 시공단계에서는 특히 가설공사(Temporory work)의 원가절감 방안으로 널리 활용되고 있다.

1.1.5 건설공사의 하자

(1) 하자(defact)의 정의

하자란 법률 또는 당사자가 예상하는 정상적인 상태를 충족하지 못하는 흠이나 결함이 있는 경우를 말하며, 건설공사에서 정상적인 상태란 품질, 규격, 성능, 기능, 안전성, 사용성, 미관,

편리함 등을 의미한다.

최근의 건설공사는 대형화, 복잡화, 고층화, 지하화, 신기술 도입, 저가 수주 등 하자발생 가능성을 더욱 증대시키고 있으므로 하자발생의 최소화, 저감화 방안의 강구와 함께 하자방지에 최선을 다하여야 한다.

(2) 하자책임

건설공사 시공을 책임을 진 회사(기술자)는 공사가 완료된 후 일정 기간동안 발생되는 하자에 대한 책임을 면할 수 없도록 관계법(건설산업기본법)에 명시되어 있으며, 도급자는 발주자에게 하도급자는 원도급자에게 하자담보 책임을 가지게 되며, 시공자가 공사를 마무리하고자 할 경우 실질적인 작업완료와 함께 하자이행보증서(하자보수보증금)를 제출함으로써 준공(준공금 수령)이 될 수 있음에 유의하여야 한다.

하자담보책임기간 동안 공사 참여자(발주자, 시공자, 감리자)는 정기적으로 하자 발생 유 · 무에 대한 현장 점검을 실시하여야 하며, 하자 발견시 시공자는 감리자의 입회하에 즉시 보수공사를 실시하여야 한다.

(3) 공사 종류별 하자담보 책임기간

공사별	세부 공종별	책임기간	비고
1. 교량	① 기둥 사이의 거리가 50m 이상 이거나 길이가 500m 이상인 교량의 철근콘크리트 또는 철골구조부	10년	
	② 길이 500m 미만인 교량의 철근콘크리트 또는 철골구조부	7년	
	③ ① · ②외의 공종(교면포장 · 이음부 · 난간시설 등)	2년	
2. 터널	① 터널(지하철 포함)의 철근콘크리트 또는 철골구조부	10년	
	② 터널중 ①외의 공종	5년	
3. 철도	① 교량 터널을 제외한 철도 시설중 철근콘크리트 또는 철골구조	7년	
	② ①외의 공종	5년	
4. 공항 · 삭도	① 철근콘크리트 · 철골구조부	7년	
	② ①외의 공종	5년	
5. 항만 · 사방간척	① 철근콘크리트 · 철골구조부	7년	
	② ①외의 공종	5년	
6. 도로	① 콘크리트 포장도로(암거 · 측구 포함)	3년	
	② 아스팔트 포장도로(암거 · 측구 포함)	2년	
7. 댐	① 본체 및 여수로 부분	10년	
	② ①외의 시설	5년	
8. 상 · 하수도	① 철근콘크리트 · 철골구조부	7년	
	② 관로 매설 · 기기설치	3년	

공사별	세부 공종별	책임기간	비고
9. 관개수로 매립		3년	
10. 부지정지		2년	
11. 조경	조경시설물 및 조경식재	2년	
12. 발전 · 가스 및 산업설비	① 철근콘크리트 · 철골구조부	7년	
	② 압력이 1cm^2당 10kg 이상인 고압가스의 관로(부대기기를 포함한다) 설치공사	5년	
	③ ①,② 외의 시설	3년	
13. 기타 토목공사		1년	
14. 건축	① 대형공공성 건축물(공동주택 · 종합병원 · 관광숙박시설 · 관람 집회 시설 · 대규모 소매점과 16층 이상)의 기둥 및 내력별	10년	
	② 대형공공성 건축물중 기둥 및 내력벽외의 구조상 주요 부분과 ①외의 건축물중 구조상 주요부분	5년	
	③ 건축물중 ① · ②와 제15호의 전문공사를 제외한 기타 부분	1년	
15. 전문공사	⑩ 철물(제1호 내지 제 14호에 해당하는 철골을 제외한다)	2년	
	⑪ 철근콘크리트(제1호부터 제14호까지의 규정에 해당하는 철근콘크리트는 제외한다) 및 콘크리트 포장	3년	
	⑫ 급배수 · 공동구 · 지하저수조 · 냉난방 · 환기 · 공기조화 · 자동제어 · 가스 · 배연설비	2년	
	⑬ 승강기 및 인양기기 설비	3년	
	⑭ 보일러 설치	1년	
	⑮ ⑫ · ⑭ 외의 건물내 설비	1년	
	⑯ 아스팔트 포장	2년	
	⑰ 보링	1년	
	⑱ 건축물조립(건축물의 기둥 및 내력벽의 조립을 제외하며, 이는 제14호에 따른다)	1년	
	⑲ 온실설치	2년	

주) 위 표 중 2 이상의 공종이 복합된 공사의 하자담보책임기간은 하자책임을 구분할 수 없는 경우를 제외하고는 각각의 세부 공종별 하자담보책임기간으로 한다.

1.2 건설사업 관계자

토목공사에 관련된 학문을 공부하는 대학의 토목공학과 명칭에 환경, 지구, 우주, 시스템(system) 등의 용어가 첨가되거나, 토목공학과의 명칭이 아예 이러한 용어들의 합성어로 변경된 의미에서 알 수 있듯이 건설사업은 특정분야에 있는 한 두 사람에 의해 이루어지지 않고, 임무와 권한이 서로 다른 관련자들이 일정기간 상호 계약을 통해 건설업무를 수행케 되는 바, 건설사업에 관련된 관련자를 열거하면 발주자, 시공자, 설계자, 감리자의 4개 분야에서 일하고 있는 사람들이라 할 수 있다.

건설현장에서의 업무는 주로 시공자와 감리자(감독) 사이에 일어나며, 이러한 일들은 진행되는 과정에 따라 서로의 상반된 의견이나 상충되는 이익 때문에 간혹 불편한 관계자 될 수도 있으므로 건설기술관리법이나 감리업무 수행지침서 등에 제도적으로 이들의 업무한계를 명확히 규정하고 있다.

1.2.1 발주자, 사업주, 시공주, 건축주(Employer, Client, Owner)

정부에서 시행하는 공공 공사의 경우 통상 "발주자" 또는 '시행청' 이라 하며, 발주자는 해당 공사의 시행주체로서 공사를 시행하기 위하여 입찰을 부여하거나 공사를 발주하고 계약을 체결하여 이를 집행하는 자를 말한다. 민간부문에서는 통상 사업주 또는 시공주라 하며 사업을 시행하는 개인, 법인, 단체, 기업 등이 이에 해당한다.

발주자는 건설사업을 시행하는 사업 시행자로서 사업시행에 드는 모든 비용을 투자하고, 사업시행을 위한 인허가 업무의 추진, 공사의 계획 · 설계 · 공사감독, 시공자에게 기성금액의 지급 및 완성된 공사를 인수하여 소유 · 유지관리하는 공사의 주인을 말한다.

수급인으로서 도급받은 공사의 일부나 전부를 하도급을 주는 경우는 발주자라 하지 않고, 원도급자 또는 원청자라 한다.

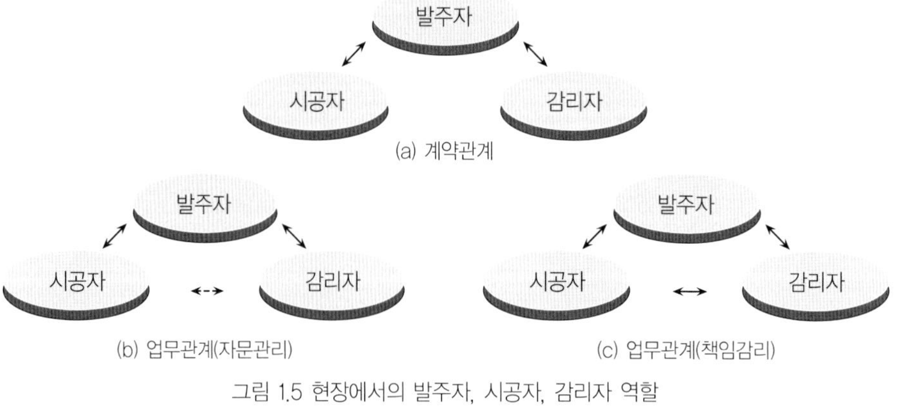

그림 1.5 현장에서의 발주자, 시공자, 감리자 역할

1.2.2 설계자(Designer)

설계자는 사업주와 설계용역 계약을 체결하고 설계 업무를 수행하는 기술용역회사, 건축사 사무소이며, 설계자의 업무범위는 계약에 따라 계획조사(기획, 예비조사, 타당성 조사 포함), 기본설계, 실시설계, 공사감리 등으로 나누어 지며, 기술용역회사는 기술용역 육성법에 따라 자격요건을 갖추어 과학기술처에 회사등록을 하고, 기술분야에 따라 종합기술 용역업, 전문기술 용역업 및 개인 기술용역업의 면허를 받은 회사이며, 건축사 사무소는 건축사법에 따라 국토교통부에 회사등록을 하고 건축설계업의 면허를 받은 회사가 설계자가 된다.

1.2.3. 감리자(Consultant)

1986년 독립기념관 화재사고를 계기로 1990년부터 모든 공사를 발주처 공무원이 직접 감독하던 제도에서 일정 규모 이상의 공사에 대하여 민간감리 전문회사의 감리원으로 하여금 시공감리를 수행토록 하는 "시공감리"제도를 시행하였으며, 1994년도부터는 감리원의 권한과 책임을 대폭 확대하는 "책임감리제도"를 도입하여 현재에 이르고 있으며, 건설감리란 건설주체(발주자, 시공자, 설계자, 감리자) 상호간의 이해를 위한 제도로 Construction Management, Construction Supervision, Construction Consaltant 등으로 번역되고 있다.

(1) 감리자의 임무

감리자는 공사현장에서 사업주를 대리하여 시공자의 시공을 감독, 확인, 검사하며 공사의 중간기성과 준공을 확인하고 증명서를 발급하며, 자신의 현장대리인과 고용원을 현상에 상주시켜 감독업무의 수행과 시공자가 공급하는 공사용 자재의 검사를 통하여 시공을 지시, 독려함을 주 임무로 한다.

감리자는 사업주를 대리하여 책임감리 업무를 수행하는 기간에 공법의 변경이나 공사비 및 공사기간 변동을 초래하는 경우 외에는 공사가 설계도서에 따라 정확하게 수행되도록 감독하는데 폭넓은 재량권을 부여받고 있다. 감리자는 기술용역회사나 건축사 사무소로서 감리용역 계약을 수행하는 회사이지만, 건설기술관리법에서는 공공건설 사업에 참여하는 책임 감리회사는 일정한 자격을 갖추어 국토교통부에 등록한 회사로 일반시공감리업이나 책임시공감리업의 면허를 발급받도록 하고 있다.

일정 규모 이상의 정부 발주공사는 반드시 제3자(책임 시공감리 면허자)에 의한 책임 감리용역을 받도록 제도화 되어 있다(건설기술관리법 : 담당공무원의 직접 감독이나 감리업무 배제).

(2) 감리업무의 종류(건설기술관리법)

1) 책임감리

발주기관장의 공사, 감독, 업무권한을 대행하는 것을 말하며, 계약 단위별 공사 전부에 대하여 책임감리를 하는 전면 책임감리와 계약 단위별 공사의 일부에 대하여 책임감리를 하는 부분 책임감리로 구분된다.

2) 시공감리

품질관리, 시공관리, 안전관리 등에 대한 기술지도와 검측감리를 말한다.

3) 검측감리

건설공사가 설계도서를 포함한 관계서류와 관계 법령의 내용대로 시공되는지의 여부를 확인하는 것을 말한다.

4) 설계감리

건설공사의 계획, 조사 또는 설계가 관계법령에 정한 설계기준과 시공기준에 따른 품질 및 안전을 확보하여 시행될 수 있도록 관리하는 것을 말한다.

(3) 감리현장의 조직 및 업무 분담

그림 1.6 감리현장의 조직 및 업무분담

1.2.4 시공자(Contractor)

시공자라 함은 공사에 관해 발주자와 도급계약을 체결한 자 또는 회사로써, 기타 규정에 의거 인정된 수급인의 대리인과 승계인을 포함하며, 일반적으로 건설산업기본법의 건설업자(건설기술관리법에서는 수급인)로 불리어지고 있으며, 시공자는 도급계약에 의하여 발주자에 고용되어 공사의 시공을 책임지며, 책임과 임무는 공사계약서와 시방서에 명시되어 있다.

공사 시공을 수행하는 것을 업무로 하는 시공회사는 건설산업기본법에 따라 국토교통부장관

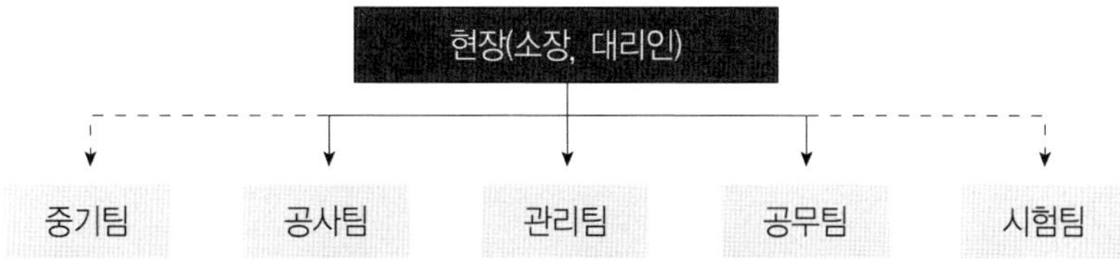

그림 1.7 시공현장의 조직

검 측 요 청 서

번 호: 200 . .
받 음 :

다음과 같은 세부공종에 대하여 검측요청 하오니 검사 후 승인하여 주시기 바랍니다.

위치 및 공종	
검측부위	
검측요구일시	
검측사항	

※ 붙 임 : 시공자의 검측 체크리스트, 시험성과, 시공자의 야장 및 도면, 공사 참여자(기능공 포함) 실명부

시공자 점검직원 ㉧

현장 대리인 ㉧

검 측 결 과 통 보

번 호: 200 . .
받 음 :

위 문서 번호로 검측요청 한 건에 대하여 200 . . 검측한 결과를 다음과 같이 통보합니다.

1. 검측결과 :

2. 지적사항 :

※ 붙 임 : 감리원의 검측 체크리스트

검측감리원 ㉧

책임감리원 ㉧

그림 1.8 검측요청서 및 통보서(예)

으로부터 면허를 얻은 일반건설업(토목공사업, 건축공사업, 토목 · 건축공사업, 산업 · 환경설비공사업, 조경공사업)과 전문건설업(토공사업, 미장, 방수공사업, 석공사업, 포장공사업 등 30종)으로 나누어지며, 시공회사는 규모에 따라 업무의 범위와 내용에 차이가 있겠지만 기능면에서는 설계, 시공 등을 담당하는 운영부서와 인사, 구매, 회계 등을 담당하는 관리부서 조직을 가지고 있으며, 공사의 관리는 계약별, 또는 공사별로 운영되어지고 있다.

1.2.5 건설사업관리자(CMr : Construction Manager)

(1) 건설사업관리

CM(construction management : 건설사업관리)이란 건설공사에 관한 기획, 예비조사, 타당성 조사, 설계, 계약, 시공, 감리, 사후관리, 평가 등의 업무 전부 또는 일부를 수행하는 것을 의미하며, 이는 공사 발주를 대신하여 공사전반에 걸친 공정관리, 원가관리, 노무관리, 자재관리 및 장비관리 등의 업무를 통합 또는 분업화하여 대행해주고 전문성을 보완해주는 역할을 담당하는 일체의 행동이라 할 수 있다.

건설사업관리는 건설산업의 전 과정을 통하여 건설산업을 보다 효과적, 경제적으로 수행하기 위한 각 부분 전문가 집단의 통합된 관리기술을 발주자에게 서비스하는 행위로써, 사업의 기획이나 설계는 물론 시공 단계의 업무를 하나의 통합된 업무로 처리하는 것으로, 이 업무에 참여하는 자를 건설사업관리자 또는 CMr(construction manager)이라 한다.

CM은 발주자, 설계자, 도급자가 삼각구도를 형성하여 진행하는 기존의 건설방식에 CMr이라는 제 4의 인물(조직)을 개입시켜 CMr에게 건설환경의 변화를 인식하여 적절한 방향으로 기획 및 계획이 이루어지도록 발주자를 조언하고, 발주자의 대리인 자격으로 설계자와 시공자를 조정, 통제할 수 있는 권한을 집중적으로 부여하므로써 제한된 시간과 예산의 범위내에서 적정수준의 품질을 확실히 달성시킬 수 있도록 하는 제도로 우리나라는 1996년 건설산업기본법이 개정되면서 제도화되어 인천국제공항 건설, 상암동 2002월드컵 주경기장 건설공사 등에서 적용된 사례가 있다.

mcr : management contractor(관리시공자)

(2) 기존 건설방식과 CM방식의 비교

구 분	기존 건설방식	CM 방식
계약 방식	발주자가 단일 원도급자와 단일 계약	발주자가 다수의 하도급자와 직접 계약
설계 · 시공	설계와 시공의 분절 추진으로 업무의 연속성 미비	설계와 시공의 통합 추진으로 업무의 연속성 유지 가능
팀 관계	설계자와 도급자 사이에 적대적 분위기 형성	CMr과 설계자, 도급자 사이에 우호적 분위기 형성
보증 절차	하도급자와 원도급자, 원도급자와 발주자 사이에 다중 보증관계 형성으로 절차 복잡	하도급자와 발주자 사이의 단일 보증관계 형성으로 절차 단수
VE 실시	시공 단계에서만 VE/원가관리 실시 가능	설계 및 시공 모두의 단계에서 VE/원가관리 실시 가능
총 공사비 확정	건설 초기단계에 총 공사비 확정 가능	CM for free의 경우 건설 초기단계에서는 총 공사비 미확정
발주 방식	설계와 시공의 분리, 순차적 발주로 공기지연, 공사비 상승 발생	설계와 시공의 통합 중복적 발주로 공기단축, 공사비 절감 도모 가능
공사비 절감 동기	도급자의 공사비 절감 동기유발 불가	CMr의 VE실시를 통한 공사비 절감 가능
비용 · 공기관련 정보	발주자는 설계자에게만 전적으로 의존	초기단계부터 CMr을 통해 종합적 정보 획득가능
발주자의 통제력	발주자의 설계자와 도급자 통제능력 미비	CMr 조언을 통한 설계자와 도급자 통제 능력 구비

(3) CM제도의 계약형태

1) CM for fee

CM for fee 방식은 CMr이 발주자의 업무를 수행하고 서비스에 대한 수수료를 받는 형태로, CMr은 설계 및 시공에 관여하지 않고 발주자의 능력을 보완해 준다는 차원에서 사업계획 수립, 타당성 분석 및 평가 등의 역할을 수행하고, 총 공사비의 2~6%에 해당하는 수수료를 받는 방식이다.

CMr와 설계자 또는 CMr와 도급자 사이에 대립이 발생되는 경우가 거의 없다는 장점을 지니고 있는 반면, 자격미달의 CMr이 선정되는 경우 건설사업의 실패 가능성이 높아지는 단점이 있으며, 자문형 CM, 순수형태의 CM(pure CM)이란 표현을 사용하기도 한다.

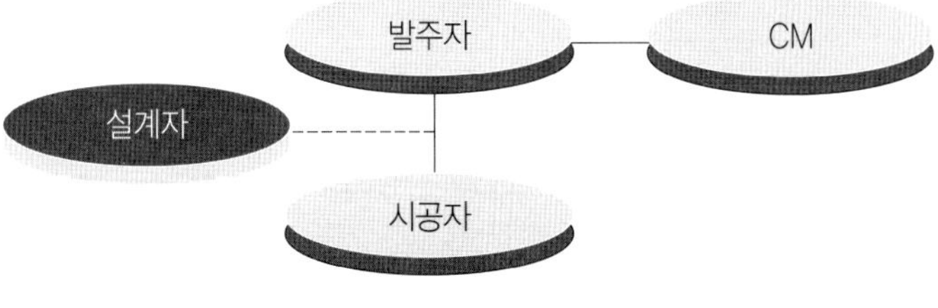

그림 1.9 CM for fee 방식

2) CM at risk

CM at risk 방식은 CMr이 직접 도급자를 고용하여 책임시공을 하고 공사에서 발생되는 이윤을 취하는 방식으로 이 방식은 CM for fee 방식의 단점을 보완할 수 있는 형태이다.

발주자가 제시한 공사비와 계약조건 하에서 CMr이 시공자 역할을 하고 공사결과 발생되는 이윤을 취할 수 있도록 하는 방식으로 책임형CM, 최고액보증CM(GMP : Guaranteed Maximum Price)이란 표현을 사용하기도 한다.

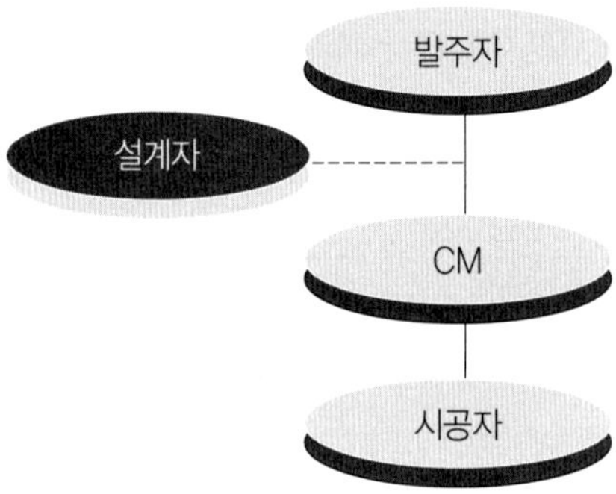

그림 1.10 CM at risk방식

3) 패스트 트랙(Fast Track) 계약

CM 형태의 공사는 많은 경우에 사업기간의 단축을 위해 패스트트랙(Fast Track) 형태의 계약을 하게되는 바 패스트 트랙에 의한 계약과 일반적인 계약과의 차이는 그림 1.11과 같다.

인천국제공항, 상암월드컵경기장, Asem Tower 등이 본 계약방식에 의해 시공된 사례이다(1.3.4(3) 공사집행 방법에 의한 계약 참조.).

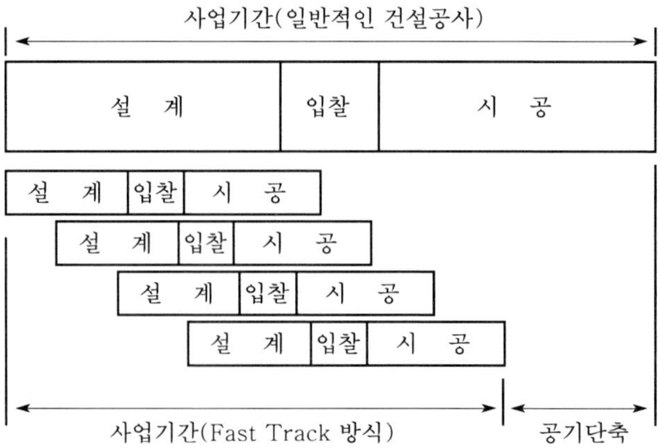

그림 1.11 패스트 트랙(Fast Track) 계약

1.2.6 관련용어

(1) SOC(social overhead capitals)사업

SOC 사업이란 공공의 이익을 위한 크고 작은 시설에 관련된 모든 사업이라 할 수 있으나, 일반적으로 도로, 철도, 항만, 댐, 상수도, 통신 등의 시설과 같이 비교적 규모가 큰 사업으로 사회 간접자본이 투입되는 시설을 말한다. 이러한 사업은 많은 예산과 장기간이 소요될 뿐 아니라 자본 회수도 오랜기간에 걸쳐 이루어지므로 국가재정만으로 담당하기에는 한계가 있어 민간자본이 투입되기도 하며, 사회간접시설(SOC시설)의 풍족여부는 국가경쟁력의 척도가 되기도 한다.

(2) 민자사업(民資事業, 민간자본 투자사업)

민간자본에 의해 이루어지는 사회간접시설에 관련된 사업으로 정부의 부족한 투자재원 확보는 물론 민간의 창의성과 효율성이 도입될 수 있는 장점이 있어 도로(교량, 터널), 항만, 환경시설, 역사 등 여러분야에서 시행되고 있으며, 유료터널과 교량, 인천신공항고속도로, 천안-논산고속도로, 공사중인 우이-신설경전철, 완성된 역사(청량리, 동대구)가 이에 해당된다.

민자사업은 많은 예산이 투입되고, 자본 회수기간이 길어 단일 기업보다는 여러기업이 컨소시움(consortium)으로 사업단을 구성하며, 이러한 사업에는 한국도로공사, 한국산업은행 등과 같은 정부 출자기관이 참여하기도 한다.

정부에서는 민자사업을 활성화시키기 위해 사회간접 자본에 대한 민간자본 유치촉진법을 제정하여 자본을 투입한 개인이나 기업이 일정한 수익이 보장될 수 있도록 제도적 보완장치를 마련하여 두고 있어, 많은 사업들이 공사중에 있거나 추진중에 있다.

표 1.1 민간투자사업 추진현황

구 분	계	도로	철도	물류	공항	항만	해양
계	64	21	6	10	8	18	1
완 공	24	5		5	8	6	
착 공	23	5	5	3		10	
사업시행자 지정	9	6		2		1	
실시협약 협상중	8	5	1			1	1
협상대상자 지정	0						
시설사업계획 고시	0						

(3) 건설사업의 시행방안(민자사업의 투자방식)

1) BLT(Build-lease-transfer, 건설-리스-양도)

사업시행자가 SOC 시설을 건설해 일정기간 동안 이를 주무관청에 임대해 주고 임대기간이 종료되면 시설 소유권을 주무관청에 양도하는 방식이다.

2) BTO(Build-transfer-operate, 건설-양도-운영)

사회간접자본 시설의 준공과 동시에 당해시설의 소유권이 국가 또는 지방자치단체에 귀속되며 사업시행자에게 일정기간의 시설관리 운영권을 인정하는 방식이다.

3) BOT(Build-operate-trsnsfer, 건설-운영-양도)

사회간접자본 시설의 준공 후 일정기간동안 사업시행자에게 당해 시설의 소유권이 인정되며 그 기간의 만료시 시설소유권이 국가 또는 지방자치단체에 귀속되는 방식이다.

4) BOO(Build-own-operate, 건설-소유-운영)

사회간접자본 시설의 준공과 동시에 소유권과 운영권이 사업시행자에게 귀속되는 방식이다.

5) ROT(Rehabilitate-operate-transfer, 개량-운영-양도)

국가나 지방자치단체가 소유하고 있는 기존 시설을 정비한 사업시행자에게 일정 기간동안 이 시설에 대한 운영권을 인정해 주는 방식이다.

6) ROO(Rehabilitae-own-operate, 개량-소유-운영)

기존 시설을 정비한 사업시행자에게 당해 시설의 소유권을 인정해 운영토록 하는 방식이다.

(4) 건설회사의 E.C화(Engineering construction)

종래의 건설회사는 단순히 건설공사의 시공 부분만을 담당하는 도급회사 형태였으나, 단순 시공은 전문업체(하도급자)에 위임하고 보다 전문화된 기술과 고급의 기능을 요하는 건설공사의 기획, 설계, 사후관리 분야에 진출함으로 치열한 경쟁에서 우위를 확보하기 위한 건설회사의 발전 방향(vision)을 말한다.

우리나라의 대규모 건설회사들도 대부분 이를 추진하고 있으며 세계적으로 우수한 미국의 백텔, 일본의 다이세이 등이 이에 해당된다.

(5) C.M.P(Construction management profesional engineer)

CM제도의 법제화에 따라 CM분야 전문기술사가 필요함에 대비하여 일정한 요건을 구비한 기술인 중에서 소정의 시험을 거쳐 수여하는 CM분야 전문기술사로 CMr(construction manager)에게 필요한 자격이겠으나, 아직까지 통일된 자격 인정기관이 없으며 시행하는 주관 기관에 따라 다음과 같이 부르고 있다.

- 한국능률협회 : C.C.M(Contified construction manager)
- 한국기술사회 : C.M.P(Construction management professonal)
- 건설기술교육회 : P.C.M(Professonal construction manager)
- 한국건설감리협회 : C.C.M.P(Certified construction management professional)

(6) 건설 CALS와 건설 CITIS

건설 CALS(Contineous acquisition & life-cycle support)란 건설공사 지원 통합 정보체계로 건설공사의 계획, 설계, 계약, 시공 및 유지관리 전 과정에서 발생하는 정보를 발주청 및 건설관련업체(설계와 시공)가 정보 통신망을 활용하여 상호 교환하고 공유하는 체계를 말한다.

건설공사 지원 통합 정보체계의 구축을 통해 건설공사 과정의 정보화를 촉진하고 성과를 효율적으로 이용할 수 있도록 하기 위해 건설기술의 정보화와 연구 · 개발의 지원을 제도적(건설기술관리법 15조)으로 보장하고 있으며, 국토교통부를 중심으로 관계기관(정보통신부, 조달청, 지식경제부) 및 민간부문(한국건설 CALS협회 등)이 합동으로 추진체계가 구성되어 있다.

건설 CITIS(Contractor Intergrated Technical Information Service)란 건설사업 발주자에게 건설사업 시행자가 계약에 명시된 납품자료를 현행 종이문서와 수작업 방식 대신 통신망을 통한 전자적 방법으로 신속하게 제공하는 서비스 체계를 말한다.

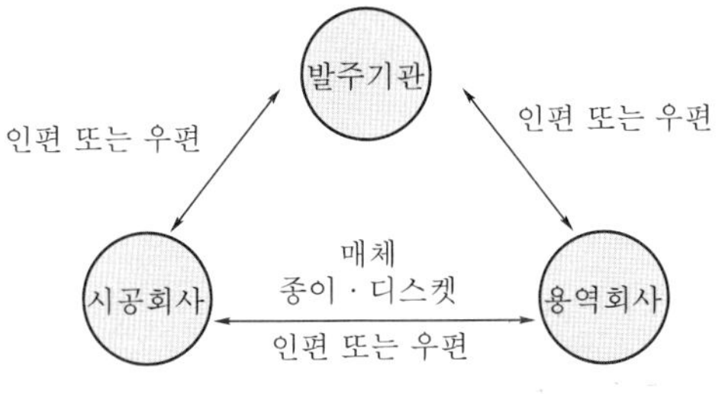

그림 1.11 CALS구축 전

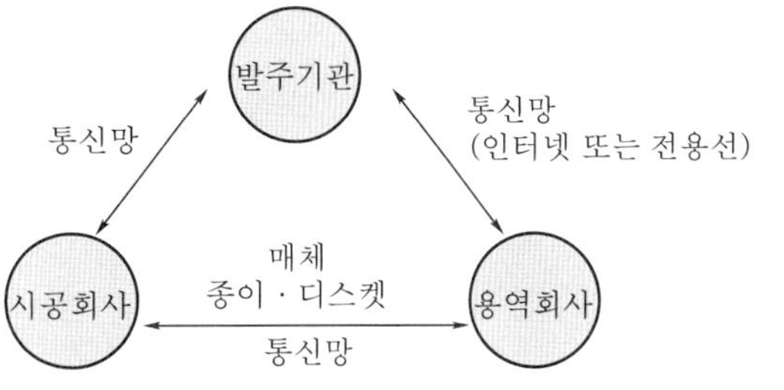

그림 1.12 CALS구축 후

(7) P.M(Project Manager) 및 작업반장

PM이란 설계나 시공의 책임기술자를 일컫는 말이며, 시공 현장에서는 현장대리인, 현장소장 또는 보건안전 총괄 책임자와 동일한 의미로 사용될 때가 많으며, 필요한 자격을 갖추었을 경우 동일인이 되기도 한다.

작업반장이란 작업조건(공종, 위치, 작업원수)에 따라 현장작업을 지휘하고 통솔하는 책임자로 종래에는 십장(foreman)이라 불리어져 왔다.

표 1.1 작업반장 계상조건

현장 작업 조건	작업 반장수
작업장이 광활하여 감독이 용이하고 고도의 기능이 필요치 않을 경우	보통인부 25인~50인에 1인
작업장이 협소하고 감독 시야가 보통이며 약간의 기능을 요하는 경우	보통인부 15인~25인에 1인
고도의 기능과 철저한 감독이 요구되는 경우	보통인부 5인~15인에 1인

(8) 님비(Nimby)현상과 핌피(Pimfy)현상

1) 님비현상(Nimby : not in my backyard)이란 쓰레기 소각장, 장애인 보호시설, 화장장 등 혐오 시설의 건설은 좋으나 내가 살고 있는 동네에는 안된다는 사회적 현상을 말하며 국가적으로 문제가 되고 있는 핵시설 폐기장 건설도 이에 해당된다.
2) 핌피현상(Pimfy : please in my frontyard)이란 님비현상과 반대로 내가 살고 있는 동네나 지역의 발전을 위해 필요한 시설로 우리 동네에 건설코자 하기 위한 운동을 말하며 월드컵경기장 건설이나 동계올림픽 후보지 선정(강원 평창, 전북 무주) 등이 이에 해당된다.

그림 1.13 지하철 공사 현장(정거장)의 가시설 및 토공

그림 1.14 마무리 단계의 지하철 정거장 및 시운전

(9) 도면의 종류

1) 계약도면(Contract Drawings), 설계도면(Engineering Drawings)은 시공에 필요한 기술내용이 포함된 기본도면으로 발주자가 제공한다.

2) 시공도면(Placing Drawings), 공작도(Shop Drawings)는 설계도면에서 제시된 설계내용, 계약에 명기된 사항, 현지여건 등을 반영하고, 시공에 필요한 상세내용이 표현된 도면을 말한다.

3) 준공도면(As-Built Drawings)은 실제시공과 일치하는 도면으로 준공후 건조물의 유지관리 및 공사비 정산에 반드시 갖추어야 한다.

1.3 공사 및 용역의 집행(Project의 집행)

1.3.1 공사 집행(발주)

(1) 공사 집행절차

건설공사의 집행절차는 발주자의 성격과 공사의 성질에 따라 달리할 수 있으나 공공(公共) 공사의 경우는 일반적으로 다음과 같은 절차에 따라 시행되며, 이는 국가를 당사자로 하는 계약에 관한 법률(국가계약법)에 명시되어 있다. 민간공사의 경우 사업주의 판단에 따라 임의로 운영절차를 채택할 수 있으나, 공공기관에서 시행하고 있는 절차에서 편의에 따라 부분적으로 생략된 절차를 이용하고 있는 실정이다.

그림 1.15 공사 시행절차

(2) 관련용어

1) 참가자격 사전심사(PQ : pre-qualification)

참가자격 사전심사제도는 발주자가 요구하는 시설물(공사)이나 서비스(용역)를 설계도서, 계약조건 및 발주지침 등에 의거하여 건설업자가 성공적으로 완전하게 생산할 수 있는지를 사전에 심사하는 절차나 방법을 말한다.

건설공사나 건설용역의 입찰에서 PQ제도를 시행하는 이유는 기술자 보유상태, 기술능력과 당해 공사나 용역에 대한 실적과 경험, 회사의 경영상태, 신인도 등에 대한 조사를 통하여 공사나 용역수행에 적절한 업체후보(30~20개 社)를 선정함에 그 목적이 있다.

2) 기술제안서(technical proposal : T.P, P.P)

회사나 개인이 가지고 있는 신기술, 특허, Know-how 등을 활용하여 입찰 공고된 일(project)을 수주할 경우 다른회사 보다 우수하게 수행할 수 있다는 기술적 사항을 수록한 문서와 도면을 말하며, 이는 계약을 희망하는 자가 입찰전 발주처에 제출케 된다.

대형공사의 턴키 입찰 또는 대안 입찰시 제출하는 설계도서, 설계용역 입찰시 제출하는 기술제안서, 감리용역 입찰시 제출하는 작업계획 및 기법 등이 이에 해당된다고 할 수 있다.

공사나 용역의 입찰에서 예산규모에 따라 가격과 기술사항(T.P)의 평가비율은 2:8, 3:7, 4:6 등으로 계산하여 최종 낙찰자를 선정하고 있으며, 기술공모방식(현상설계)에 의한 공사수행 방법의 경우 제출되는 설계도서(기술제안서)도 이에 해당된다.

1.3.2 공사 집행형태

(1) 직영공사(直營工事)

직영공사란 사업주가 자신의 책임하에 공사를 집행하는데 필요한 모든 시공계획을 세우고, 자재와 장비조달은 물론 노무자를 직접 고용하여 작업을 감독하며 진행하는 방식으로 작업에 따른 모든 위험부담과 시공에 따른 하자도 모두 자신이 직접 떠맡게 되는 공사집행 형태를 말한다.

사업주가 직접 공사의 계획, 운영, 관리를 담당하는 경우와 경험이 있는 공사 감리자를 고용하여 자신의 업무를 대행하게 하는 경우가 있으나, 어느 경우든 공사에 대한 모든 책임은 사업주에게 있으므로 사업주가 특별한 능력이 없다면 소규모의 긴급공사 등에만 선별적으로 적용하는 것이 바람직하다고 할 수 있다.

(2) 직영공사의 장 · 단점

1) 입찰, 계약 등의 수속절차가 생략되어 비용과 시간이 절약될 수 있다.
2) 입찰 경쟁시 저가입찰에 의한 부실시공의 원인을 제거할 수 있다.
3) 새로운 공법의 도입이나 공사비 견적이 어려운 경우에 장점이 많다.
4) 계약의 효력이 없어 공사기간이 지연될 우려가 있다.
5) 책임한계 미비 때문에 공사비가 증액될 우려가 있다.
6) 전문성 결여에 의한 사무의 번거로움을 초래할 수 있다.

(3) 도급공사(都給工事)

1) 일식도급(일괄도급)

어떤 공사 전부를 하나의 도급자로 하여금 현장 일체(자재, 노무, 장비 등)를 일괄하여 집행시키는 방법으로 시행자는 설계도서대로의 시공여부 확인 및 작업내용에 대한 감리를 하는 제도이며, 공사비가 확정되어 책임한계가 명료할 뿐 아니라 공사관리의 용이, 불실경쟁의 제거로 인한 우수 시공 등이 가능하지만 시행자의 의도나 설계도서의 취지가 충분히 이행되지 않거나, 원도급자에 의한 하도급으로 실제 투입되는 금액이 적어 공사가 조잡해질 수도 있다.

2) 분할도급(부분도급)

공사를 유형별로 구분하여 각기 따로 도급자를 선정하여 도급계약을 맺는 방식으로 동등한 자격을 가진 여러개의 도급자가 동일 현장에서 동시에 작업하게 될 경우 분쟁요인이 되기도 한다. 전문 공종별 또는 지역으로 세분화되기 때문에 공사의 질적 향상이 기대되지만 감독의 업무가 증대되고, 총괄 감독자가 필요하게 되어 공사비가 증가할 수도 있다.

3) 공동도급(joint venture, consortium)

2개 이상의 도급자가 어느 특정한 공사에 공동으로 도급 받아 공동 책임하에 계약을 이행하는 방식이다. 특히 건설공사와 같이 분야별로 정산이 가능한 사업에서 많이 활용되는 방식으로 계약에 대한 위험도 분산, 기술의 확충, 신용의 증대를 기대할 수 있지만, 현장관리가 어려워지는 경우 부대경비가 증대하며, 구성원간의 의견 불일치시 이에 따른 혼란이 우려된다. 공동도급 방식에는 분담이행 방식과 공동이행 방식으로 나누어지며, 이들에 대한 장 · 단점이나 특징은 물론, 현장에서 발생될 수 있는 제반 문제점을 충분히 검토한 후 잘 선택하여야 한다

(국내의 경우 참여업체 수 : 2~30개).

4) 공동이행 방식에 의한 공동도급

업무영역(scope, area)의 구분이 없어, 대표사의 권한과 의무가 커질수 있으며, 공동도급자간에 분쟁이 생기기도 하며, 후발업체, 군소업체, 지역업체의 보호가 가능하다.

기술 및 관리의 선진 방법에 대한 교환이나 전수가 가능하다.

5) 분담이행 방식에 의한 공동도급

업무영역(scope, area)의 구분이 명확하며, 면허보완이나 기술보완이 주목적으로 복합 공종공사에 유리하다(건축+토목, 토공사+상하수도 공사+철근콘크리트 공사).

6) 주(主)계약자 공동도급

지방자치단체가 종합건설업자와 전문건설업자간의 공동수급체와 계약을 체결하여 공사를 시공하는 방식을 말하며(2010년 1월 부터 적용), 추정가격 2억원 이상 100억원 미만인 종합공사로서 발주청이 주계약자관리방식으로 발주할 필요성이 있다고 판단되는 공사를 말한다.

7) 타 공동도급제도와 비교

구 분	공동이행방식	분담이행방식	주계약자관리방식
구성방식	• 출자비율로 구성	• 분담내용으로 구성 (면허분담 가능)	• 주계약자는 종합조정 · 관리 및 분담시공 • 부계약자는 분담내용에 따라 시공
대표자	• 공동수급체 총괄관리	• 공동수급체 총괄관리	• 주계약자가 총괄관리
하자책임	• 구성원 연대책임	• 구성원 각자 책임	• 구성원 각자 책임(원칙) *다만, 하자구분이 곤란한 경우 관련 구성원 연대책임
하도급	• 구성원 전원동의시 하도급 가능	• 구성원 각자 책임하에 하도급 가능	• 부계약자 중 전문건설업자는 직접시공 의무
실적인정	• 금액-출자비율로 산정 • 규모-실제 시공부분	• 구성원별 분담시공부분	• 주계약자-전체실적 인정 • 부계약자-분담시공부분

(4) 직영 + 도급공사

발주자가 일정부분은 직영으로 공사를 집행하고, 직영이외 나머지 부분만을 도급으로 집행하는 형태를 말한다. 이 경우 일반적으로 도급으로 집행되는 부분은 특수한 기술을 요하는 분야나 대규모에 해당하는 분야인 경우가 많다.

1.3.3 입찰제도(입찰방법)

우리나라에서 시행하고 있는 입찰제도는 설계와 시공을 분리하는 방식(Design Bid Build), 설계와 시공을 일괄하여 발주하는 방식(Design Build, Turnkey), 및 CM방식의 3가지가 있다.

1회 입찰에서 낙찰자를 선정하지 못할 경우는 재공고, 재입찰의 순서를 밟아 낙찰자 선정이 되며, 특수한 경우 입찰방법이나 발주범위(공사내용, 공사비,공사기간)를 변경하기도 한다.

도급자 선정을 위한 입찰방법은 2개업체 이상이 참여하는 경쟁방식(공개경쟁, 지명경쟁)과 1개 업체만 참여케하는 비경쟁방식(수의계약)이 있다.

(1) 총액입찰(Lum sum contract)

입찰에 참여를 희망하는 자로부터 시공 가능한 공사비 전체(총 공사비)를 제출 받아 낙찰자를 선정하는 방식으로 우리나라에서는 소규모의 토목공사와 건축공사의 대부분은 이 제도를 적용하고 있다.

(2) 총액단가입찰(총액내역입찰, Unit price contract)

입찰시 입찰자로 하여금 별지 서식(발주자가 제공)에 단가 등 필요한 사항이 기입된 산출내역서를 제출하게 하는 제도로 종전의 총액입찰에 의한 문제점을 해결하고 건설시장 개방에 따른 기술개발 촉진 및 입찰질서 확립을 위해 도입한 제도이다(토목공사의 경우 대부분 이에 해당된다). 단가 산정 등 견적 작업에 대한 기술력이 필요할 뿐 아니라 현장조사 등 충분하고 확실한 견적이 이루어질 수 있는 시간적 여유가 있어야 한다.

(3) 대안입찰(代案入札, Alternative tender)

성능 발주방식의 일종으로 종래의 설계도서에 의한 발주에서 도급자가 당초 설계의 기본방침의 변경없이 예정가격에 비하여 유리하고 공기단축 등이 가능한 공법이나 대안을 제시하여 입찰하는 방식이다. 설계상의 문제점 보완이 가능하고 공사비를 절감할 수 있으며, 신기술 및 신공법의 개발이 가능하다. 시공자는 상당한 기술력을 보유하고 기술개발이 가능하여야 하며, 발주자는 이에 대한 평가를 할 수 있도록 사전 준비되어야 하고 충분한 입찰기간을 필요로 한다.

(4) 부대입찰

입찰 참가자가 입찰서 제출시 첨부하는 내역서에 입찰금액을 구성하는 공사중 하도급할 부분, 하도급 금액 등의 하도급 사항을 기재하여 제출토록 하는 제도로 낙찰시 하도자 선정에 따른 번거로움이 생략될 수 있는 장점이 있다.

발주자가 원도급자에게 하도급 업체와 하도급 금액을 엄수하도록 유도하고, 원활한 건설업계의 하도급 계열화와 전문화를 도모하려는 취지를 갖고 있지만 실질적인 계열화 및 낙찰후에 이중계약의 방지 방안 등이 강구되어야 한다.

(5) 설계시공 일괄입찰(Design build, Turnkey)

도급자가 대상 건설공사의 계획, 설계, 시공, 금융조달(financing), 토지확보 등은 물론 기술지도까지 발주자가 필요로 하는 모든 것을 조달하여 인도하는 도급계약 방식이다.

최근 우리나라에서 시행되고 있는 설계시공 입찰은 설계와 시공에 대한 부분만을 대상으로 하고 있으며, 금융조달이나 토지확보를 포함할 경우는 민자사업으로 추진되고 있다.

창의성 있는 설계를 유도할 수 있으며, 설계기술과 시공기술의 접목으로 우수한 기술력의 개발 및 기술축적이 가능할 수 있으나, 객관적인 기술력의 평가 및 적정 공사비 분석이 어려워 대규모의 특수 공종에 한정적으로 적용되어 지고 있다.

(6) 국제입찰과 국내입찰

우리나라에서 발주되는 공사일지라도 대형공사는 모두 국제입찰 기준에 따라야 하며, 이는 우리나라가 WTO에 가입된 국가로 건설시장이 개방되었기 때문이다. 2012년의 경우 국제입찰 대상은 76억미만(정부공사) 이상의 공사에 한한다.

국제입찰대상인 국제건설공사도 입찰(tender), 낙찰(award of contract), 계약(signing of contract), 착공(commencement), 시공(execution), 준공(substantial completion), 하자보수(maintenance), 완공(final completion)의 단계를 거치게 되며, 이는 우리들이 해외공사에 참여할 경우도 동일함으로 용어는 한글뿐 아니라 영어도 꼭 암기해두어야 할 것이다.

1.3.4 공사 및 용역의 계약(입찰)

(1) 계약 체결방식에 의한 분류

1) 일반 경쟁계약(입찰), 공개 경쟁계약(입찰),(Open competition contract)

입찰 참가 자격을 사전에 알리고(홈페이지, 신문공고 등) 모든 유자격자에게 입찰에 참가시킨후 낙찰자를 선정하여 계약하는 형태이며, 일반 경쟁의 경우 지나친 경쟁률(3~400:1)로 인한 업무의 번거로움은 전자입찰로 해결이 되나, 회사의 능력보다는 요행에 의한 입찰이란 지적이 많다.

2) 지명 경쟁계약(입찰), 제한 경쟁계약(입찰),(Selective competition contract)

공사에 가장 적격하다고 인정되는 업체(기술자수, 업체 소재지, 회사규모 등)를 발주자가 미리 선정한후 이들 선정된 업체만 입찰에 참여시켜 낙찰자를 선정 계약하는 방법이며, 공개 경쟁입찰과 특명입찰의 중간 형태의 입찰 방식으로 공고나 게시는 공개 경쟁입찰의 경우와 같지만, 업체 선정의 객관성이나 공정성이 문제가 될 수도 있다.

발주자가 가장 적합하다고 판단되는 2~3개 업체를 선정한 후 이들 업체에게만 견적을 받아 하나의 업체를 선정하는 지명경쟁의 경우를 비교 견적 계약(입찰)이라고 하며, 이는 공개 경쟁이나 지명경쟁에서 소요되는 입찰공고기간을 생략할 수 있어 입찰기간을 단축할 수 있다는 장점이 있다.

3) 수의계약(Private contract)

발주자가 업체의 자산, 경력, 자재, 기술, 신용 등을 고려하여 발주공사에 가장 적격한 업체를 지명하는 방법으로 긴급한 경우나 비교적 소규모의 공사 및 용역에 적합한 방식이며, 간편하고 신속한 장점은 있으나, 비합리적이고 비경제적이란 지적과 함께 참여 업체를 임의로 제한하면서 부정이 개입 될 수도 있어 정부 발주공사나 용역에서는 극히 제한적으로 운용토록 제도화(규정화)되어 있다.

(2) 대가 지급방법에 의한 분류

1) 총액계약(입찰),(Lump sum contract)

전체 공사비를 총액으로 견적하여 계약하는 방식으로 업무가 간편하고 계약자는 시공계획 등을 명확하게 할수 있으나, 경우에 따라서는 발주자나 계약자가 공사비를 절감할 수도 있고, 공사비 변경 요인이 발생할 경우 분쟁이 생길수도 있으며, 우리나라에서 시행되고 있는 공공 공사의 경우 토목공사는 내역을 첨부한 총액을 건축공사는 별도의 단가산출을 통한 총액으로 입찰을 하고 있다.

2) 단가계약(입찰),(Unit price contract)

단위공사(m, m^2, m^3) 부분에 대한 단가만을 확정하고 공사가 완료되면 실시수량의 확정에 따라 정산하는 계약방식이며, 공사 수량이 불명확한 공사, 긴급을 요하는 공사, 재해(수해) 복구공사, 방재공사 등에 주로 채택되는 방식으로, 계약이 간단하고 공사의 신속한 착공이 가능하며 설계 변경시 수량의 증감이 용이하다.

공사 수량이 불명확한 경우 도급자가 고가로 견적하여 공사비가 상승할 수 있으며, 공사 준공까지 총공사비 예측이 어렵다는 문제도 있다.

3) 실비정산계약(입찰),(Cost plus fee contract)

공사에 실제로 투입되는 비용(원가)을 발주자와 도급자가 확인하여 정산하고, 발주자는 미리 정한 보수율에 따라 도급자에게 보수액을 지불하는 방식이이며, 직영제도와 도급제도의 장점을 살리고 단점의 제거가 가능해 양심적인 공사와 양질의 공사를 기대할 수 있지만, 공기지연 및 신용 불량시 공사비가 상승할 수 있다.

4) 정액계약(입찰),(Firm fixed price contract)

계약으로 확정된 공사비는 어떠한 경우에는 변동이 되지 않는 방식으로 공사 변동요인이 적고, 공사기간이 짧은 경우 유효화게 활용되는 계약형태이며, 설계 · 시공 일괄입찰의 경우 부분적으로 물가 상승만이 인정되는 정액계약이 적용되기도 한다.

5) 최대비용 보증계약(입찰),(Quarauted macimum price contract, Celling price comtract)

공사가 완료되었을 경우 지급될 수 있는 최대 공사비를 설정하여 두고, 어떤 경우에도 이를 초과하지 않으며, 다만 공사비 절감만 가능하도록 하는 계약형태이다.

(3) 공사 집행방법에 의한 분류

1) 설계 · 시공 분리계약(Seperate contract, Traditional contract)

설계 · 계약 · 시공 등 일련의 과정이 완료되고 나면 후속과정이 착수되는 순차적 계약방식이며, 발주자와 설계자는 대리 조정관계이고, 시공자는 완전히 독립된 계약자 관계를 유지한다.

2) 설계 · 시공일괄계약(Design-build contract, Turnkey contract)

발주자가 단일사와 계약을 체결하는 것으로 하나의 계약자가 기본설계, 실시설계, 조달, 공사 등을 일괄 인수하는 계약형태를 말한다.

발주자는 사업관리, 설계, 시공계약, 시공관리, 시공 등 모든 기능과 책임을 질 수 있는 업체(종합건설업체 : Genecon, Design-builder)와 단일계약을 하며, 업체는 발주자로부터 완전히 독립된 계약자이며, 계약자는 여러업체가 공동으로 참여하거나 또는 대표사 혼자서 계약하고 다른 업체는 대표사가 하도급을 주는 경우도 있다.

3) 조기 착공계약(Fast track contract)

설계 기간중에 공사를 착공할 수 있는 시공자를 선정하여 설계와 시공을 병행시킬 수 있는 계약형태로 설계 및 시공기간을 단축시킬 수 있는 장점이 있다.

프로젝트 완료시까지 동일한 도급자를 사용할 수 있어 품질과 효율성이 향상 될 수 있으나 발주자가 공사관리에 참여 될 뿐 아니라 설계가 완성되지 않은 시점부터 공사를 착수하게 됨에 따라 현장의 설계변경, 설계도서 수정 등으로 도급자와 공사비에 따른 분쟁이 예상된다.

서울의 월드컵경기장 건설에 채택된 계약방식으로, 공사 착수전에 모든 설계를 완료시켜 시공을 단일건(Package)으로 발주하는 일괄발주방식(Slow track method)과 상반된 형태의 계약 형식이다(1.2.5(3) CM제도의 계약형태 참조바람).

4) 공동계약(Joint venture contract)

하나의 공사나 용역에 여러회사가 동등한 자격으로 계약에 참여하는 계약방식이다(1.3.2(3))의 공동도급 참조바람).

(4) 기술용역의 계약 유형

1) 건설사업 관리계약(Construction management contract)은 건설산업기본법 제91조2항에 의거 시행되는 건설사업(CM) 계약을 말한다.
2) 공사비 비례계약(Ad valorem contract, percentage contract)은 공사비를 개략적으로 계상하여 일정한 비율을 용역비로 인정하는 계약을 말한다.
3) 시간 기준계약(Time based contract)은 용역기간(시간)에 대하여 용역비를 산정하는 계약을 말한다.
4) 인 · 월계약(Man-month contract)은 기술자가 참여하는 기간(월)에 대하여 용역비를 산정하는 계약 기술자의 등급에 따라 차등을 두는 계약을 말한다.
5) 총액계약(Lump sum contract)
6) 단가계약(Unit price contract)
7) 실비정산계약(Cost plus fee contract)

1.3.5 낙찰자 선정

(1) 부찰제

부찰제는 예정가격과 예정가격의 85%이상 금액의 입찰자 사이에서 평균가격을 산정하고 이

평균 입찰금액 밑으로 가장 접근되게 입찰한 입찰자를 낙찰자로 선정하는 방식이다.

(2) 최저가 낙찰제

2개업체 이상의 입찰자중 예정가격 범위내에서 최저 가격으로 입찰한 자를 선정하는 방식으로 '1원입찰' 이 낙찰 된 예도 있다.

업체에서 터무니 없이 싸게 입찰가를 결정하는 경우는 차기 공사수주를 위하거나, 면허 유지를 위한 실적 보완 등의 특수한 경우에 한할 수 있으나 부적격 업체가 낙찰되면 부실시공은 피할 수 없기 때문에 이를 보완하기 위하여 사전 자격 심사제도를 병행하기도 한다.

(3) 제한적 최저가 낙찰제

예정가격 대비 85% 이상 입찰자중 가장 낮은 금액으로 입찰한 자를 선정하는 방식으로, 최저가 낙찰제를 통한 덤핑의 우려를 방지할 수 있으나 업체의 공정한 경쟁보다는 요행을 바라는 복권 당첨식 낙찰자 선정방식이란 비난이 있다.

(4) 적격심사 낙찰제

단순히 가격만 고려하는 방식이 아닌 기술능력, 공법, 품질관리 능력 등으로 고려하여 낙찰자를 결정하는 방식으로 종합 낙찰제라고도 하며, 가격 우선 순위자부터 순차적으로 평가를 실시한다. 가격 입찰에서 낙찰예정자를 선정하며(낙찰예정자 선언), 낙찰예정자는 관련서류 제출 후 적격심사를 통과함으로써 낙찰자의 지위를 갖게 된다.

(5) 우리나라의 낙찰(입찰)제도

적용법령	적용기간	낙찰제도의 유형
국가계약법	1995.7.6~1996.12	
	1995.1.1~1999.2.2	
	1999.2.3~1999.9.9	
	1999.9.9~2000.12	
	2001.1~2003.12	
	2004.1~2010.10	
	2007.11~현재	• 300억원 이상 PQ대상공사 : 최저가 입찰 • 200억원 이상 300억원 미만 :입찰참가자격 사전심사제도 적용 (1단계 : 경영상태, 2단계 : 공사이행능력)

1.3.6 설계용역의 시행

(1) 설계의 분류(건설기술관리법 시행령 38조)

1) 기본구상 : 공사내용의 기본적인 개요로 다음 사항들을 말한다.

- 공사의 필요성 및 시행에 따른 위험요소 예측
- 도시관리계획 등 다른 법령에 의한 계획과의 연계성 확인
- 공사예정지 입지조건 및 환경영향 검토
- 공사의 규모 및 공사비 산정

2) 예비타당성조사(F.S : feasibilllity study)

- 시설물의 설치부터 철거까지의 모든 과정을 대상으로 기술, 환경, 사회, 재정, 용지, 교통 등 필요 요소를 고려한 조사와 검토
- 당해 건설공사의 공사비 추정액과 공사의 타당성이 유지될 수 있는 공사비의 증가한도 제시
- 총사업비 500억원 이상이고 국가의 재정지원이 300억원 이상인 대규모 신규사업(국가재정법 제 38조와 동법시행령 제 13조, 2010년 현재)
- 건설공사 기본계획 및 기본설계에 반영될 내용을 포함하여 타당성 조사를 실시하기도 함

3) 기본계획 : 타당성 조사와 기본 구상을 기초로 다음 사항들을 수립한다.

- 공사의 목표 및 기본방향
- 공사내용, 공사기간, 시행자 및 공사수행 계획
- 공사비 및 재원조달 계획
- 시설물 유지관리 계획 및 환경보전 계획

4) 기본설계

- 기본계획을 반영한 당해 건설공사의 주요 구조물 형식 지반 및 토질, 개략적인 공사비, 실시설계의 방침 등을 포함한 기본적인 설계를 말한다.
- 기본설계 확정전에 주민 등 이해 당사자의 의견을 반영할 수 있는 주민설명회를 개최하여야 한다.

5) 실시설계

- 기본설계를 토대로 실지 시공 가능한 설계도서 작성 과정을 실시설계라 한다.
- 별도의 기본 설계과정 없이 기본 및 실시설계를 동시에 시행하기도 한다.

(2) 용역업체(엔지니어링사) 선정

엔지니어링 기술진흥법에 따라 신고한 기술용역 시행업체를 대상으로 공사의 경우와 같이 입찰 · 계약을 실시 하며, 건축설계는 건축사 면허소지 업체를 대상으로 한다.

일정규모 이상의 건설용역은 참여 기술자의 능력, 용역사업의 수행실적, 신용도 등을 종합적으로 고려한 사업 수행능력 평가기준에 의해 PQ를 통과한 업체를 대상으로 가격입찰을 실시하는 경우가 대부분이다.

1.3.7 계약과 클레임

계약은 당사자간의 합의에 의해 이루어질지라도 건설현장에서는 상반된 이해 당사자들의 협의 과정에서 시공자 발주자 감리자 사이의 의견대립은 피할 수 없으며, 이러한 의견 대립은 공사비에 큰 영향을 주는 경우가 많고 이는 곧 클레임 대상으로 현장에서 원만히 해결되지 않고 분쟁으로 이어지기도 한다.

현장기술자는 공사만 잘 진행시키면 임무를 다한다는 어리석은 생각을 가진자가 있으나, 이는 단순 기능공이지 기술자라고 할 수 없으며 기술자(engineer)라면 자기가 맡은 현장의 계약서류와 용어들은 충분히 숙지하고 현장에 부임함으로써 추후에 발생될지도 모를 클레임에 대비할 수 있음을 명심하여야 한다.

(1) 계약에 필요한 서류

1) 계약서(발주자, 시공자의 서명, 보증인의 서명)
2) 설계서(내역서, 단가 및 수량산출서)
3) 시방서(특별, 전문, 일반, specification, spec)
4) 설계도서 = 설계서+설계도+시방서

(2) 계약에 필요한 용어

1) 계약이행보증

계약의 철저 이행을 약속하기 위해 조합이나 은행 등의 금융기관 보증서 및 동종업계의 보증서를 동시에 제출하는 것을 말한다.

2) 하자이행보증

준공 후 하자보증기간(시운전 기간)의 하자는 시공자 책임하에 무상으로 보수하겠다는 보증을 말한다.

3) 지체보상금 및 지체보상률

시공자 책임에 의해 계약서에 명기된 공사기간을 지키지 못하였을 때 부담하여야 할 벌과금(panalty), 및 부과율로 일반적인 정부계약의 경우 1일 지체시 계약금의 3/1000에 해당하는 금액이 벌과금으로 부과되고 있다.

4) 입찰의 순서

투찰 → 개찰 → 낙찰 → 낙찰예정자 → 적격심사 → 낙찰자 확정

5) 대금(공사비)의 종류

- 착수금, 전도금, 선급금, 선수금 : 공사(용역)를 착수(준비)하기 위한 대금
- 중간불(기성대금, 기성불, 기성고) : 공사(용역)가 이루어진 부분에 대한 대금
- 준공불(준공대금) : 공사(용역)가 완성된 후 지불되는 대금

6) 기성검사원 및 준공검사원

기성검사나 준공검사를 요청하는 계약자(시공자, 설계 및 감리자)의 서류로 검사원이 접수되면 발주자는 검사자를 임명하여 검사자로 하여금 검사 조서를 작성토록 하며, 검사원이나 검사조서 작성은 모두 기술자들의 몫이다.

7) 기성검사조서 및 준공검사조서

검사원으로 임명받은 자가 현장에서 검사원의 내역을 확인하는 과정으로 이는 설계도서 및 계약서에 규정된대로 시공되었는지의 여부를 확인하여 조서를 작성하게 된다.

8) 낙찰률

예정가격에 대한 낙찰가격의 비(낙찰금액/예정금액)

9) 담합(Combination)과 덤핑(Dumping)

담합이란 입찰에 참여할 경쟁자들이 협상이나 금전거래 등을 통해 사전에 낙찰자를 지정하여 두는 행위를 말하며, 덤핑이란 입찰에 참여하고자 하는 자들의 지나친 경쟁으로 인하여 현장 원가에 훨씬 미달되는 저가입찰을 말한다.

담합이나 덤핑은 입찰질서를 문란하게 할 뿐 아니라 불공정거래에 해당되며, 또한 부실공

사의 직접적인 원인이 될 수 있으므로 철저히 배제되어야 한다.

(3) 클레임(Claim)과 분쟁(Dispute)

1) 공사를 시공하면서 일어나는 여러 가지 문제들의 원인 제공자에 의해 추가 부담금을 요구하는 행위를 클레임이라 하며, 클레임이 이해 당사자간에 원만히 해결되지 않을 경우 제 3자에 의한 조정이나 법적인 해결책을 찾는 행위를 분쟁이라 한다.
2) 클레임은 분쟁 이전까지의 행위를 말하며 클레임에 의한 요구사항은 주로 도급금액의 변경, 공사기간의 연장, 계약불이행에 의해 발생하는 손해배상 등이다.
3) 몇 년 전만 하여도 우리 건설현장에서는 갑(발주자 : 정부)의 우월적인 지위 때문에 을(시공자)이 제기하는 클레임이란 찾아보기 힘들었으나, 최근에는 국내 현장에서도 클레임이 자주 제기되고 있으며 특히 제 2기 서울지하철이 완성되면서(2000년) 많은 클레임이 요청된 바 있음에 그 중요성을 알 수 있고, 이러한 클레임의 결과 적지않은 금전적 부담이 수반되는 바 이에 대한 책임은 상당 부분 현장기술자의 몫임을 알아야 한다.
4) 해외공사의 경우 현장에는 클레임 담당자가 상주하고 있음에 비춰볼 때 국내 현장은 물론 우리 기술자들에게 다소 생소한 이 분야에 대하여 많은 연구가 따라야 할 것이다.

(4) 클레임의 주요원인

1) 현장조건의 상이(differing site condition)
2) 계약문서와 계약해제(contract document, termination)
3) 공사변경이나 공사중단(changein scope, suspension)
4) 공사촉진 및 공사지연(acceleration, delay)
5) 기상(weather), 파업(strike)
6) 업무착오(maladministration)나 시공제품의 품질결함 등

(5) 분쟁의 해결

1) 현장의 클레임 사항이 분쟁이 발전될 경우 이의 해결은 원칙적으로 소송(법원)이나 중재(상사중재원)에 의뢰하여 재판이나 판정을 받음으로 해결될 수 있다.
2) 분쟁의 해결을 위한 소송이냐? 중재냐?의 선택은 분쟁 당사자가 결정할 사항이나 최근 우리 나라의 경우도 선진외국에서와 같이 건설분쟁 건수가 매년 급격히 증가하고 있으며, 이러한 분쟁은 주로 경제적이고 신속한 판단이 가능한 중재(arbitration)를 이용하고 있다.

3) 중재란 당사자간의 합의로 사법상의 분쟁을 법원의 재판에 의하지 아니하고 중재인의 판정에 의하여 해결하는 절차로 우리 나라는 중재법에 의한 대한상사중재원이 있으며, 중재인은 법조계, 실업계, 학계 및 각종 전문기관에 종사하는 전문가(외국인 포함)로 구성되어 있다.

(6) 관련법규 및 용어

공사를 진행하는 시공과정에서 클레임 사유는 설계도서 및 관련법규와 규정의 부합 여부에 따라 결정되어지므로 현장기술자는 이들 관련용어와 법규를 익혀두어야 한다.

1) 국가계약법

국가를 당사자로하는 계약에 관한 법(국가계약법) 및 시행령으로 우리 정부(중앙정부인 국토교통부, 해양수산부, 철도청 등과 지방정부인 지자체)나 관련기관이 시행하는 공사계약은 모두 이 법률에 근거하여 이루어지도록 되어 있으므로 우리나라에서 건설되었거나 건설중인 토목현장은 전부 직접적인 관련이 있다.

2) 회계예규

국가계약법에 명시되지 않은 계약, 입찰 등의 행위에 대한 세부기준인 공사계약 일반조건, 적격심사기준, 공동도급 예약 운용요령 등이 있으며, 이들은 조달청 예규로 고시되어 효력이 발생케 되며 주위상황에 따라 수시로 변경되기도 한다.

3) 예산가격

계약담당 공무원이 정부 또는 공공기관의 장에게 목적사업에 소요될 금액을 산출하여 청구한 금액중 확정된 사업비를 말한다.

4) 추정가격

물품, 공사, 용역 등의 조달계약을 체결함에 있어 국제입찰, 수의계약 등의 대상여부를 판단하는 기준 등으로 삼기 위하여 예정가격 결정이나 입찰공고에 앞서 추정하여 산정된 가격이며, 관급재료로 공급될 부분의 가격은 합산하고 부가세는 제외된 금액이다.

5) 예정가격

입찰이나 계약체결 전에 낙찰자 및 계약금액의 결정기준으로 삼기 위하여 미리 작성, 비치하여 두는 가격으로 정부 계약의 경우 중앙관서의 장 또는 계약담당 공무원(재무관, 계약관)이 결정한다.

6) 설계가격 · 조사가격(설계금액, 조사금액)

설계도서를 작성하면서 설계자(토목기술자)가 산출하는 가격으로 거래실례가격, 원가계산에 의한 가격, 실적공사비에 의한 가격, 감정가격, 견적가격 등을 말하며 계약담당 공무원이 예산가격 결정시 참고자료로 활용한다.

설계도서의 심사과정(중앙정부의 경우 조달청에서 시행)에서 책크(check)하는 가격(금액)을 조사가격(금액)이라 부르기도 한다.

7) 계약금액(계약가격)

낙찰자(시공자, 건설회사)가 입찰시에 낙찰 받은 가격으로 내역입찰의 경우는 시공자의 견적담당자가 산출하며 총액 입찰의 경우는 설계 금액에서 낙찰율을 감안 시공자가 작성한다.

일반적으로 얘기하는 도급단가(금액)란 계약단가(금액)를 일컫는 말이다.

8) 예정가격의 결정

정부나 공공기관이 공사를 발주하고자 할 때 예산가격에서 예정가격을 결정하는 절차는 다음과 같다.

예산가격 → 추정가격 작성 → 설계가격(조사가격) 작성 → 기초금액 작성 → (복수예비가격 작성) → 예정가격 조서작성 → 예정가격 결정

9) 설계변경

공사기간 중 당초 설계도서와 상이하게 시공하여야 할 현장여건이 발생하거나 발주자의 방침 변경이 있어 설계도서의 일부를 변경하는 행위를 설계변경(설변, change order)이라 한다.

설계변경의 요인 중 현장조사 미흡 및 당초 설계내용의 결함 등은 추가예산이 소요되는 경우가 많아 발주자와 시공자가 큰 곤란을 당할 수 있으므로 설계자는 물론, 시공자는 공사계약과 동시에 행하게 되어 있는 설계도서 검토를 철저히 시행한 후에 시공에 임하여야 한다.

10) 계약변경

공사비나 공사기간의 변경요인이 발생하였을 경우 이를 확정하기 위하여 행하는 계약 행위로 설계변경, 발주처의 예산확보, 예기치 못한 민원 등이 주요한 계약변경 요인이며, 정부 공사의 경우 계약변경은 년도말에 주로 시행되는 바, 이는 당해 연도의 예산 소화에 따른 여러가지 회계처리에 기인하는 바 크다.

설계변경이나 계약변경은 계약자 상호 협의에 의해서만 이루어지며, 원만한 협의가 되지 못할 경우 클레임이 제기되기도 한다.

11) FIDIC(국제컨설팅연합)

FIDIC이란 국제컨설팅엔지니어연합으로 원어는 Federation Internationale Des Ingenienrs Conseils이며 영어로는 International Federation of Consulting Engineers로 번역되나, 이 단체에서 제정한 표준계약조건이 국제적으로 통용되고 있으므로 국제공사(해외공사) 현장에서 당해 공사의 공사계약조건과 동일한 의미로 사용되고 있다.

FIDIC의 계약조건에서 엔지니어(Engineer)란 감독을 일컫는 말이며 발간 년도와 내용에 따라 Green Book, Red Book, Yellow Book 등으로 불리어지고 있다.

12) 계약금액 조정

공사 시공과정에 물가변동이 이루어지면 계약금액도 조정하여 당초 계약과 동일한 조건으로 공사가 진행될 수 있도록 제도화되어 있는 바. 장기간에 걸쳐 진행되는 토목공사는 전부 해당된다고 할 수 있으며 이는 토목기술자가 담당하여야 할 몫임에 유의하여야 한다.

계약금액의 조정은 물가변동 뿐 아니라 설계변경, 기타 계약내용의 변경이 있을 경우에도 당연히 행하여야 하며, 계약금액의 조정은 계약 체결일로부터 90일 이상 경과하고 품목조정율이나 지수조정율이 3/100 이상 증감되었을 경우에만 하도록 되어있다.

① $\text{품목조정률} = \dfrac{\Sigma\text{품목} \times \text{수량} \times \text{등락폭}}{\text{계약금액}}$

② 등락폭 = 계약단가×등락률

③ $\text{등락률} = \dfrac{\text{물가변동 당시가격} - \text{계약체결 당시가격}}{\text{계약체결 당시가격}}$

■ ■ ■

1.4 건설공사비 산정(적산)

1.4.1 적산(견적, Estimate)

(1) 적산의 필요성

1) 우리가 어떤 공사(project)를 계획하거나 실지 시공을 할 경우 소요될 예산의 추정이나 확정이 무엇보다도 중요하며, 이러한 예산의 판단 과정을 견적 또는 적산(estimate, estimation, 見積, 積算)이라 한다.
2) 견적은 일반적인 구매 행위에서는 물론, 모든 입찰에서 반드시 겪어야 할 과정이다.
3) 견적이란 공사를 구성하는 모든 부분의 수량을 집계하고, 집계한 수량에 대한 소요 공사비를 산정하는 작업으로 이를 담당하는 기술자는 사전에 현장의 확인, 우리회사의 노하우, 설계도서와 공법을 충분히 숙지한 후에 인력, 자재, 장비 등에 대한 세부적인 조사가 필요하며, 최종적인 견적금액은 회사의 경영방침을 고려(가감)한 후에 확정하며, 확정된 견적금액은 고객(발주자)에게 문서로 제출케 된다.
4) 발주자(고객)에게 제출된 견적금액은 협상(negotiation, nego.)이란 과정을 통하여 견적조건과 금액이 가감(加減) 되기도 한다.

(2) 건설공사비 견적

1) 건설공사에서 견적이란 공사에 필요한 재료의 수량 및 품 그리고 작업을 위한 인력이나 기계 사용량 등을 산출하여 공사원가나 용역원가를 계산하는 것을 말한다.
2) 우리가 필요로 하는 원가는 제조원가, 공사원가, 용역원가 등으로 구분할 수 있으며, 이들은 재료비, 노무비, 경비, 일반관리비, 이윤으로 구성되어 있다.
3) 건설공사비 산정은 수량산출, 단가산출, 설계내역서 작성의 순으로 진행된다.

1.4.2 수량산출

(1) 건설공사의 수량산출은 설계도서와 미리 결정된 견적 기준에 의하여 객관성 있도록 계산되어야 하며, 설계도서에 의한 설계수량과 시장의 생산치수나 시공상의 손실 등을 감안한 할증수량의 표시 등도 명확히 구별할 수 있어야 한다.

(2) 수량 및 금액에 대한 표시 및 소수위 표준은 품셈이나 경험(先例)에 근거하여야 하며, 최근

에는 전산화 작업이 여러분야에 걸쳐 상당한 수준에 이르고 있어 이의 활용기술을 익히는 것이 무엇보다 중요하다.

(3) 단위는 C.G.S(M.K.S) 단위를 사용토록하고 절토량은 자연상태의 설계도량을 기준으로 하며, 볼트의 구멍이나 이음줄눈의 간격 등은 수량에서 공제하지 않는다는 등의 관련 규정을 숙지한 후 수량 산출에 임하여야 한다.

(4) 공종별 재료의 할증률(콘크리트용 잔골재 10~12%), 해상작업과 같은 작업장 위치에 따른 할증률(보통지반의 기초사석 20~25%) 등 관련 적용기준을 숙지하고 필요한 재료량을 구하여야 한다.

1.4.3 금액산출

(1) 단가 및 공사비 계산

건설공사의 예정가격 산정을 위한 금액산출은 회계예규와 품셈 등에 기초하여 세부 공종별원가(공종별단가)를 직접 계산하는 것이 원칙이며, 이때 원자재(재료)와 생산품은 생산자(제조자)의 견적금액을 채택하여 왔으나, 앞으로는 실적공사비 제도에 의한 실적공사비를 그대로 적용하도록 계획 되어있다.

1) 공사비(도급예정액) 계산순서

공종단가 • 벌개제근, 철근 조립 등과 같이 세부 공종에 대한 원가
↓
공종별 공사비 • 토공, 구조물공 등과 같은 공종별 공사비
↓
직접 공사비 • 토공, 배수공... 등의 합계 공사비
↓
제경비 • 관련규정에 의한 경비산정
↓
순공사비 • 직접공사비+제경비
↓
고용보험료, 일반관리비, 이윤 • 관련규정에 의한 경비산정
↓
공급가액
↓
부기기치세
↓
예정도급액(공사비)

그림 1.16 공사비 계산순서

건설현장에 관련된 일을 하고 있는 기술자라면 누구라도 건설공사비(예정원가) 산정에 대한 기본적인 지식(방법과 순서)을 가지고 필요할 때마다 이를 수정하고 보완 점검할 수 있어야 하지만, 만약 현장기술자가 공사비(공사원가)의 구성요소나 계산내용을 알지 못하면 자기가 맡은 업무에 대한 공정관리도 원가관리도 불가능하기 때문에 공사관리를 제대로 할 수 없을 것이다.

근로기준법에 의한 휴일 및 야간 근무, 산업안전보건법에 의한 유해 · 위험 작업 등의 노임 할증 및 도서 지역이나 군작전지역 등의 경우 품의 할증도 관련 적용기준을 따라야 한다.

금액산출이란 단가산출의 합이며, 단가산출 방법에는 일위대가표에 의한 방법과 하나 하나 계산하는 산출서에 의한 방법의 2종류가 있다.

2) 일위대가표 작성

일위대가(itemized unit cost)란 공사나 제조에 있어, m^2, m^3, kg 등의 단위당 소요되는 자재비와 노무비에 대한 가격을 말하며 이를 단위당 단가라 한다.

설계서 내에 동일한 단가가 계속적으로 필요한 경우 편리하다(철근가공조립의 동일한 공종이 배수공, 옹벽공, 교량공에 똑같이 필요한 경우).

3) 단가 산출서 작성

단가산출에 필요한 노무비, 자재비, 유류비, 장비비의 적용기준은 정부 회계 원가계산 제도 해설(국토교통부), 공사원가 계산시 실무처리 보완자료(기획재정부), 완성공사 구성 분석자료(대한건설협회), 건설공사 표준안전관리비 계상원가 및 산정기준(고용노동부) 등에 명시되어 있으며, 우리들이 실질적으로 활용할 수 있는 바를 요약하면 다음과 같다.

- 노무비 : 건설협회 등의 조사 노임(국가계약법 및 회계 예규)
- 자재비 : 설계 당시 조달청 가격정보 및 물가정보의 가격, 생산자의 견적서
- 유류비 : 설계 당시의 대리점 가격
- 장비비 : 표준품셈의 장비비 산정

(2) 견적금액

공종에 대한 단가를 산정하고자 하나, 신소재에 의한 재료, 특허를 가진 기술, 신공법 등을 우리 공사에 적용하고자 할 때 단가산출이 불가능할 수 있으며, 이 경우는 제조업체(생산자, maker)로부터 견적서를 받아 이를 그대로 공종 단가로 채택하게 되는데, 이에 대한 규정은 다음의 4가지로 요약될 수 있다.

1) 적정한 거래가 형성된 경우에는 그 거래 실예가격
- 계약 담당 공무원이 직접 조사한 가격
- 조달청장이 조사하여 통보한 가격(가격정보)
- 법령의 규정에 의하여 결정된 가격
- 전문 가격 조사기관이 조사, 공표한 가격

2) 제 3자의 원가계산에 의한 가격
3) 감정가격, 유사한 거래 실예가격, 견적가격의 비교금액
4) 제조업체의 원가계산에 의한 가격

(3) 제경비

제경비에 대한 계산은 전체 사업비에 따라 적용율은 차등을 두도록 하고 있으며, 계산식과 그 내용은 표 1.3과 같다.

표 1.3 제경비 계산식과 내용

구 분		내 용	산 식	비고
제조원가	재료비			
	직접노무비		품셈에 의하여 계상	제잡비 공제 금액
	경비			
	간접노무비	품셈에 따라 계상되는 노무비를 제외한 현장시공과 관련하여 현장관리소에 종사하는 자의 노무비	직접노무비 x 간접노무비율	
제조원가	간접노무비	품셈에 따라 계상되는 노무비를 제외한 현장시공과 관련하여 현장관리소에 종사하는 자의 노무비	직접노무비 x 간접노무비율	
	산재보험료	노동부 고시율 지급	(직접노무비+간접노무비) x 산재보험요율	
	고용보험료	총 공사금액 3.4억원 이상 건설공사 적용	(직접노무비+간접노무비) x 고용보험요율	
	기타경비	경비 품목에서 품셈에 의한 계상분을 제외한 비용	(직접노무비+간접노무비+재료비) x 기타경비율	
	안전관리비	품셈에 의한 별도 계상비용을 제외한 법에 규정된 사항의 이행에 필요한 기본비용	(재료비+직접노무비+관급자재비 (VAT제외)−별도계상비) x 안전관리비율	
	환경보전비		(재료비+직접노무비+산출경비) x 환경보전비율	
	일반 관리비	기업의 유지를 위한 관리활동 부분에서 발생되는 제비용으로 공사원가에 속하지 아니하는 모든 영업이익	(공사원가−잡비공제금액−기술료) x 일반관리비율	
	이 윤	영업이익	(공사원가−재료비−제잡비 공제금액 −기술료+일반관리비) x 이윤율	

(4) 설계서 공사비 작성(공사비 내역서)

수량과 단가산출이 이루어지면 공종별 금액과 전체 공종에 대한 내역서를 작성하여 설계서를 완성하게 되는데 이를 순서대로 요약하면 다음과 같다.

1) 우선 직접공사비와 제경비를 산정하고 이들을 합산하여 공급가액을 산출하고 또한 부가가치세를 합하여 공사비(도급예정액)를 확정하게 된다.
2) 발주자가 별도로 지급하는 자재나 용역이 있을 경우는 사업비(공사비)에는 포함되나 시공자가 도급받을 공사비(도급액, 수급액)에는 포함되지 않음에 유의하여야 한다.
3) 설계서 총공사비(도급예정액) 금액의 경우 금액 단위의 표준에서는 1000원 이하만 버리도록 되어 있으나, 현장 규모에 따라서는 백만원 단위에서 절사하기도 하는데, 이러기 위하여는 보통 이윤에서 금액을 조정한 후 부가세와 공급가액을 합해 일정 단위 이하는 없어지도록 하며 이에 필요한 순공사비, 공급가액 등을 산식으로 정리하면 다음과 같다.

- 순공사비 = 직접공사비+간접노무비+산재보험료+기타 경비+안전관리비
- 공급가액 = 순공사비+고용보험료+일반관리비+이 윤
- 부가가치세(부가세) = 공급가액의 10%
- 도급예정액 = 공급가액+부가가치세

(5) 실적공사비

2010년부터는 공공공사 예산편성과 공사비산출 및 설계변경에 따른 계약금액 조정의 기초자료로 활용해온 표준품셈은 점차 축소하고, 실적공사비에 의해 공사비를 산정할 수 있는 방안으로의 변경을 추진하고 있다.

실적공사비란 실적단가에 의한 공사비로, 지금까지 시공된 공사실적에 의한 공종별 단가를 말하며, 이는 재료비와 인건비 그리고 경비를 포함하여 시장에서 형성된 단가라 할 수 있다.

유사공사의 공통된 공종에 관한 실적단가는 신뢰성이 있겠으나, 특이한 공종, 신기술, 신공법등의 경우와 같이 축적된 공사가 많지 않은 실적단가는 채택하는데 세심한 주의가 요망된다.

1.4.4 설계서 작성

(1) 설계서의 단위 및 소수위 표준(표준품셈)

종 목	규 격		단위 수량		비 고
	단위	소수	단위	소수	
공사연장	m	2위	m	단위한	
공사폭원			m	1위	대가표에서는 2위까지 이하 버림
직공인부			인	2위	
공사면적			m^2	1위	
용지면적			m^2	단위한	
토적(높이 · 나비)			m	2위	
토적(단면적)			m^2	1위	
토적(체적)			m^3	2위	
토적(체적합계)			m^3	단위한	
시멘트			kg	단위한	
콘크리트			m^3	2위	
아스팔트			kg	단위한	
철강재	mm	단위한	kg	3위	

(2) 금액의 단위 표준

종 목	규 격	지위(止位)	비 고
설계서의 총액	원	1,000	이하버림(단,10,000원 이하의 공사는 100원이하 버림)
설계서의 소계	원	1	미만버림
설계서의 금액란	원	1	"
일위대가표의 계금	원	1	"
일위대가표의 금액란	원	0.1	"

주) 일위대가표 금액란 또는 기초계산금액에서 소액이 산출되어 공종이 없어질 우려가 있어 소수위 1위 이하의 산출이 불가피할 경우에는 소수위의 정도를 조정 계산할 수 있다

(3) 공사비 집계표(00사장대교 가설공사)

공종명	규격	수량	단위	재료비		노무비		경비		합계		비고
				단가	금액	단가	금액	단가	금액	단가	금액	
00사장대교가설공사												
1.사장교		1	식	7,538,319,201	7,538,319,201	10,866,838,178	10,866,838,178	4,447,340,167	4,447,340,167	22,852,497,546	22,852,497,546	
2.접속교		1	식	69,840,548	69,840,548	282,227,610	282,227,610	19,009,006	19,009,006	371,077,164	371,077,164	
3.옹벽공		1	식	20,192,144	20,192,144	132,376,010	132,376,010	12,453,994	12,453,994	165,022,148	165,022,148	
4.접속도로		1	식	813,299,779	813,299,779	1,153,298,217	1,153,298,217	525,578,437	525,578,437	2,492,176,433	2,492,176,433	
5.부대공		1	식	492,315,157	492,315,157	724,144,962	724,144,962	3,131,649,621	3,131,649,621	4,348,109,740	4,348,109,740	
6.환경보전비		1	식	120,266,000	120,266,000	109,406,000	109,406,000	61,471,600	61,471,600	291,143,600	291,143,600	
7.사급자재대		1	식	110,804,498	110,804,498					110,804,498	110,804,498	
가.순공사비					9,165,037,327		13,268,290,977		8,197,502,825		30,630,831,129	
8.간접노무비	(직노)x12.4%	1	식				1,645,268,081				1,645,268,081	
9.산재보험료	(직노+간노)x2.9%	1	식						432,493,213		432,493,213	
10.고용보험료	(직노+간노)x0.74%	1	식						110,360,337		110,360,337	
11.퇴직공제부금비	(직노)x1.45%	1	식						192,390,219		192,390,219	
12.산업안전관리비	(직노+재료비)x1.2x1.88%	1	식						506,095,887		506,095,887	
13.기타경비	(직노+간노+재료비)x6.9%	1	식						1,661,423,151		1,661,423,151	
나.순공사원가					9,165,037,327		14,913,559,058		11,100,265,631		35,178,862,016	
14.일반관리비	(나)x4.7%	1	식						1,653,406,515		1,653,406,515	
15.이윤	(순원가+일관-재료비)x15%	1	식						5,523,881,978		5,523,881,978	
16.정기안전점검비		1	식						87,600,000		87,600,000	
17.초기안전점검비		1	식						16,249,491		16,249,491	
다.공급가액					9,165,037,327		14,913,559,058		18,381,403,615		42,460,000,000	
18.공사손해보험료		1	식						400,000,000		400,000,000	
19.부가가치세		1	식						4,246,000,000		4,246,000,000	
20.문화재지표조사		1	식						5,000,000		5,000,000	
21.사전환경성검토		1	식						28,000,000		28,000,000	
라.도급액		1	식		9,165,037,327		14,913,559,058		23,060,403,615		47,139,000,000	
22.관급자재대		1	식	5,934,315,601	5,934,315,601			30,684,399	30,684,399	5,965,000,000	5,965,000,000	
마.도급공사비		1	식		15,099,352,928		14,913,559,058		23,091,088,014		53,104,000,000	
23.보상비		1	식					550,000,000	550,000,000	550,000,000	550,000,000	
바.총사업비		1	식		15,099,352,928		14,913,559,058		23,641,088,014		53,654,000,000	

(4) 설계내역서(OO사장대교 가설공사)

공종명	규격	수량	단위	자 로 비		노 무 비		경 비		합 계		비고
				단 가	금 액	단 가	금 액	단 가	금 액	단 가	금 액	
1. 사장교		1	식		7,538,319,201		10,866,838,178		4,447,340,167		22,852,497,546	
1.1 토공		1	식	325,223,000	325,223,000	2,149,425,322	2,149,425,322	573,043,140	573,043,140	3,047,691,462	3,047,691,462	
1.2 주탑공		1	식	4,161,119,089	4,161,119,089	3,517,740,653	3,517,740,653	2,095,097,143	2,095,097,143	9,773,956,885	9,773,956,885	
1.3 상부공		1	식	1,866,289,101	1,866,289,101	3,152,607,587	3,152,607,587	1,336,540,175	1,336,540,175	6,355,436,863	6,355,436,863	
1.4 하부공		1	식	1,185,688,011	1,185,688,011	2,047,064,616	2,047,064,616	442,659,709	442,659,709	3,675,412,336	3,675,412,336	
1.1 토공	사장교	1	식		325,223,000		2,149,425,322		573,043,140		3,047,691,462	
1.1.1 구조물터파기	(기계90%+인력10%)				1,250,199		222,282,960		102,962,931		326,496,090	
a. 구조물터파기	(육상-토사:0-4M)	905	M3			2,135	1,932,175	347	314,035	2,482	2,246,210	
b. 구조물터파기	(육상-발파암:0-4M)	6,236	M3			16,709	104,197,324	8,997	56,105,292	25,706	160,302,616	
c. 구조물터파기	(육상-발파암:4M이상)	4,175	M3			19,700	82,247,500	8,047	33,596,225	27,747	115,843,725	
d. 구조물터파기	(수중-토사:0-4M)	0	M3			5,000		600		5,600		
e. 구조물터파기	(수중-발파암:0-4M)	9,46	M3			23,850	22,562,100	13,416	12,691,536	37,266	35,253,636	
f. 구조물터파기	(수중-발파암:4M이상)	0	M3			130,000		10,000		140,000		
g. 구조물터파기	(육상-풍화암:0-4M)	279	M3	4,481	1,250,199	40,659	11,343,861	917	255,843	46,057	12,849,903	
1.1.2 흙깍기					357,515		102,853,970		154,606,658		257,818,243	
a. 흙깍기	(토사)	3,041	M3			307	933,587	571	1,736,411	878	2,669,998	
b. 흙깍기	(발파암:확장발파)	14,697	M3			6,924	101,762,028	10,386	152,643,042	17,310	254,405,070	
c. 흙깍기	(풍화암)	405	M3	883	357,515	391	158,355	561	227,205	1,835	743,175	
1.1.3 면고르기					1,363,600		9,740,000		779,200		11,882,800	
a. 면고르기	(발파암)	960	M2	700	672,000	5,000	4,800,000	400	384,000	6,100	5,856,000	
b. 면고르기	(수중발파암)	988	M2	700	691,600	5,000	4,940,000	400	395,200	6,100	6,026,800	
1.1.4 뒷채움및다짐		1,725	M3			4,618	7,966,050	630	1,086,750	5,248	9,052,800	
1.1.5 되메우기및다짐	(기계90%+인력10%)	6,869	M3			3,133	21,520,577	597	4,100,793	3,730	25,621,370	
1.1.6사석채움(수상)	(현장암유용)	3,457	M3	3,000	10,371,000	29,000	100,253,000	6,000	20,742,000	38,000	131,366,000	
1.1.7물푸기공		3,556	시간	1,300	4,622,800	8,000	28,448,000	600	2,133,600	9,900	35,204,400	
1.1.8우물통기초건굴착					307,111,926		1,654,406,241		286,394,296		2,247,912,463	
a. 수중굴착	(발파암0-3M)	1,317	M3	11,078	14,589,726	138,549	182,469,033	23,042	30,346,314	172,669	227,405,073	
b. 수중굴착	(발파암3-6M)	1,834	M3	28,981	53,151,154	148,581	272,497,554	25,196	46,209,464	202,758	371,858,172	
c. 수중굴착	(발파암6-9M)	2,305	M3	31,363	72,291,715	158,803	366,040,915	27,391	63,136,255	217,557	501,468,885	
d. 수중굴착	(발파암9-12M)	2,786	M3	33,751	94,030,286	169,052	470,978,872	29,591	82,440,526	232,394	647,449,684	
e. 수중굴착	(발파암12-15M)	2,021	M3	36,145	73,049,045	179,327	362,419,867	31,797	64,261,737	247,269	499,730,649	
1.1.9압성토		442	M3	330	145,860	4,422	1,954,524	536	236,912	5,288	2,337,296	

(5) 단가산출서(OO사장대교 가설공사)

산 출 근 거	재 료 비	노무비	경비	합계	비고
#. 01산근 구조물터파기 I(육상풍화암 0-4 M)IM3	4,481	40,659	917	46,057	
1. 기계 터파기(90%)					
1) 발파비					
폭 약 : 0.350 KG×3,245×0.9 = 1,022.1	1,022.1			1,022.1	
뇌 관 : 1.000 EA×1,830×0.9 = 1,647.0	1,647.0			1,647.0	
비 트 : 0.008 EA×50,000×0.9 = 360.0	360.0			360.0	
화약공 : 0.041인×98,620×0.9 = 3,639.0		3,639.0		3,639.0	
보통인부 : 0.103인×74,008×0.9 = 6,860.4		6,860.4		6,860.4	
착암공 : 0.041인×88,645×0.9 = 3,270.9		3,270.9		3,270.9	
2) 착암기(2.7 M3/MIN)					
경 비 : 0.203 HR×607×0.9 = 110.8			110.8	110.8	
3) 공기압축기(10.3 M3/MIN)					
경 비 : 0.074 HR×4,864×0.9 = 323.9			323.9	323.9	
노무비 : 0.074 HR×16,167×0.9 = 1,076.7		1,076.7		1,076.7	
재료비 : 0.074 HR×14,694×0.9 = 978.6	978.6			978.6	
4) 집 토(백호 0.7 M3)					
Q1 = 0.7, K = 0.7					
F = 0.74, E = 0.5					
CM = 21 SEC(135 DEGREE)					
Q = 3600×0.7×0.7×0.74×0.5/21 = 31.08 M3/HR					
경 비 : 16,654/31.08×0.9 = 482.2			482.2	482.2	
노무비 : 21,960/31.08×0.9 = 635.8		635.8		635.8	
재료비 : 16,354/31.08×0.9 = 473.5	473.5			473.5	
소 계 :	4,481.2	15,482.8	916.9	20,880.9	
2. 인력 터파기(10%)					
할석공 : 1.90인×95,502×0.1 = 18,145.3		18,145.3		18,145.3	
보통인부 : 0.95인×74,008×0.1 = 7,030.6		7,030.6		7,030.6	
소 계:		25,175.9		25,175.9	
전체 합계	4,481	40,659	917	46,057	

(6) 일위대가표(00사장대교 가설공사)

산 출 근 거	재 료 비	노무비	경비	합계	비고
#. 001산근 CLIMBING FORM I IM2	43,437	21,702	11,834	76,973	
1. LEG WALL FORM(임대 3개월 기준)					
임 대 : 4.0SET×5,750,000/3,591.418 = 6,404.1			6,404.1	6,404.1	
판 매 : 4.0SET×27,000,000/3,591.418 = 30,071.6	30,071.6			30,071.6	
소 계:	30,071.6		6,404.1	36,475.7	
2. CLIMBING SYSTEM(임대 3 개월기준)					
임 대 : 4.0SET×4,875,000/3,591.418 = 5,429.6			5,429.6	5,429.6	
판 매 : 4.0SET×12,000,000/3,591.418 = 13,365.1	13,365.1			13,365.1	
소 계:	13,365.1		5,429.6	18,794.7	
3. 노무비(고소작업(비계틀사용))					
평균높이 : H = 27 M/2 = 13.50M					
형틀목공 : 0.148 인×105,805×1.1=17,225.0		17,225.0		17,225.0	
보통인부 : 0.055 인×74,008×1.1=4,477.4		4,477.4		4,477.4	
소 계 :		21,702.4		21,702.4	
전체 합계	43,437	21,702	11,834	76,973	

(7) 중기산출서(00사장대교 가설공사)

명 칭	규 격	수 량	단 위	단 가	금 액	비 고
경 비	**굴삭기(유압식백호) 0.7 M3**	0.2148	천원	77,535	16,654	
	소 계				16,654	
재 료 비	경 유	10.5	L	1,246	13,083	
	잡 품	25	%		3,271	
	소 계				16,354	
노 무 비	건설기계운전시	1	인	21,960	21,960	
	소 계				21,960	
총 계					54,968	
경 비	**불도저(무한궤도) 32 TON**	0.2148	천원	144,000	30,931	
	소 계				30,931	
재 료 비	경 유	39.6	L	1,246	49,342	
	잡 품	27	%		336	
	소 계				49,678	
노 무 비	건설기계운전사	1	인	21,960	21,960	
	소 계				21,960	
총 계					102,569	

연습문제

1.1 다음의 용어를 설명하시오.

① 공동계약(joint vnture contract)
② 건설공사의 국제입찰방법 종류와 특성
③ 클레임(Claim)과 분쟁
④ 도급한도액
⑤ CALS
⑥ 부대입찰
⑦ 조기착공계약(fast track contract)
⑧ FIDIC
⑨ 담합과 덤핑
⑩ 책임감리
⑪ LCC
⑫ VE
⑬ PQ
⑭ TP

1.2 건설기술관리기법의 PQ(사업수행능력평가)와 TP(기술제안서)를 설명하고 본 제도의 문제점과 대책은?

1.3 건설공사의 입찰방법을 설명하고 현행 턴키방법의 개선점을 설명하시오.

1.4 건설공사 실적공사비 적산제도의 정의와 기대효과를 설명하시오.

1.5 건설사업 관리제도(CM, construction management) 및 활용방안은?

1.6 건설공사에서 발생하는 클레임의 유형을 열거하고 해결방안에 관하여 기술하시오.

1.7 공사 계약형식을 열거하고, 각각의 특성을 기술하시오.

1.8 건설 CALS의 도입이 건설에 미치는 효과에 대하여 기술하시오.

1.9 대규모 건설사업에 CM용역을 채용할 경우 기대되는 효과에 대하여 기술하시오.

1.10 실적단가에 의한 예정가격 작성시 유의해야 할 사항에 대하여 기술하시오.

1.11 건설공사의 추진단계 및 절차에 대하여 기술하시오.

chapter 02 토공

제 2 장 토공

2.1 개요

자연 지형에 시설물을 설치하거나, 이를 위한 준비에 필요한 공사를 하기 위하여 계획면보다 높은 곳은 낮추고, 낮은 곳은 높이는 일체의 흙일에 대한 행위를 토공(土工, earth work) 또는 토공사라 한다. 토공이 수반되지 않은 토목공사는 존재하지 않는다는 표현도 가능하며, 흙은 상황에 따라 변화가 심하므로 이에 대한 깊은 통찰없이 유능한 토목기술자가 될 수 없음을 명심하여야 할 것이다.

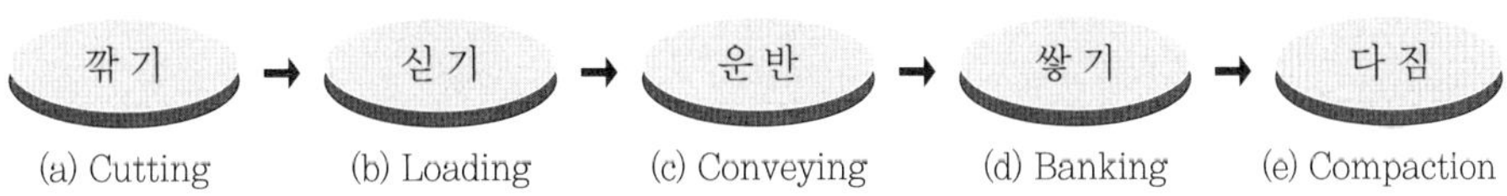

그림 2.1 토공의 5단계

2.1.1 토공의 분류

(1) 공사형태에 의한 분류

1) 선 토공(線 土工) : 도로 노선, 철도 노선, 제방 노선, 운하 노선 등
2) 면 토공(面 土工) : 택지, 단지, 매립지, 공항 등
3) 집중 토공 : 흙댐, 방조제 등

(2) 장소에 의한 분류

1) 육상 토공 : 절토 및 성토가 육상에서 이루어지는 작업

2) 수상 토공 : 항만이나 하천에서 이루어지는 작업
3) 수중 토공 : 준설 및 매립현장에서 이루어지는 작업

(3) 작업방식에 의한 분류

1) 인력 토공 : 삽, 토운차, 인력거, 지게 등을 이용하여 사람이 직접 작업하는 방식으로 노임이 대부분을 차지하며, 토취사업, 소규모의 공사, 지하매설물 확인을 요하는 등의 주의가 요망되는 등 특수한 경우에 적용된다.
2) 기계 토공 : 불도저, 백호, 롤러 등의 건설장비를 이용하는 작업으로 최근의 토공사는 대부분 기계 토공으로 이루어지고 있다.

(4) 시공방법에 의한 분류

1) 굴착 : 터파기, 절취(깎기), 벌개제근
2) 운반 : 이동, 싣기, 집토
3) 포설 : 부설, 고르기, 정지
4) 전압 : 다짐, 쌓기(성토)

(5) 부대작업에 의한 분류

1) 배수공
2) 법면보호공

2.1.2 토공용어

(1) 깎기(절토, 절취 ; cutting)

1) 굴착이라고도 하며, 흙을 파헤치는 것으로 주로 육상 토공을 말한다.
2) 수중에서는 수중굴착 또는 준설(dredging)이라고 한다.
3) 보통 토사의 절토구배 표준은 1 : 1 이다(道路工事).
4) 터파기(excavation)와는 구별되어 사용된다.

(2) 터파기(excavation)

1) 일정한 모양으로 지반을 파내는 것을 말한다.

2) 구조물 터파기, 기초 터파기 등의 용어로 쓰인다.

(3) 싣기(적재 ; loading)

절토한 토사를 운반차에 싣는 작업을 싣기나 적재로 표현한다.

(4) 쌓기(성토 ; banking)

운반한 토사를 소정의 장소에 버려 쌓아 올린 것을 말하며, 제방에서는 축제(築堤),하천이나 늪은 매립(埋立, reclamation)이라 하며, 보통 토사의 성토구배 표준은 1 : 1.5 이다(道路工事).

(5) 다짐(rolling, compaction)

성토한 흙을 다지는 작업을 말하며, 다짐상태는 상대밀도(relative density, 相對密度)로 나타낸다.

(6) 끝맺음(finishing), 고르기

절토나 성토의 표면을 소정의 모양으로 만드는 것을 말하며, 절토나 성토의 마무리 작업이다.

(7) 비탈(side slope), 사면(斜面)

AC, DE, FB를 비탈 또는 사면(斜面)이라 하며, 현장용어로 '노리'란 용어도 사용하나 이는 slope 또는 비탈사면 등으로 바뀌어야 한다.

(8) 비탈머리(top of slope)

비탈면 상단의 끝부분인 C, D를 말한다.

(9) 비탈기슭(toe of slope)

비탈면 하단의 A, B점을 말한다.

(10) 뚝마루(levee crown ; 천단)

상단의 끝부분으로 C, D를 말한다.

(11) 소단(턱 ; berm)

E, F부분과 같이 사면 중간에 만든 폭 1~2m를 말하며, 절토나 성토 높이 5~10m 마다 소정의 소단을 만들어 사면의 안정에 도움이 되도록 시공되어야 하며, 소단은 사면의 안정뿐 아니라 비탈면의 점검통로와 배수로 구실도 하므로 토공에서 가볍게 취급되지 않아야 할 부분이다.

(12) 사면경사(slope, 斜面, 비탈면)

사면, 절토, 성토의 경사 정도를 표시한 것으로 구배, 기울기 등의 표현이 사용되며, 현장에서는 경사 정도를 1할, 1할 5푼이라고 하며, 표시방법은 1:0.3, 1:1, 1:2.5와 같이 수직 높이를 1로 했을 때 수평의 길이를 나타낸 수치이다.

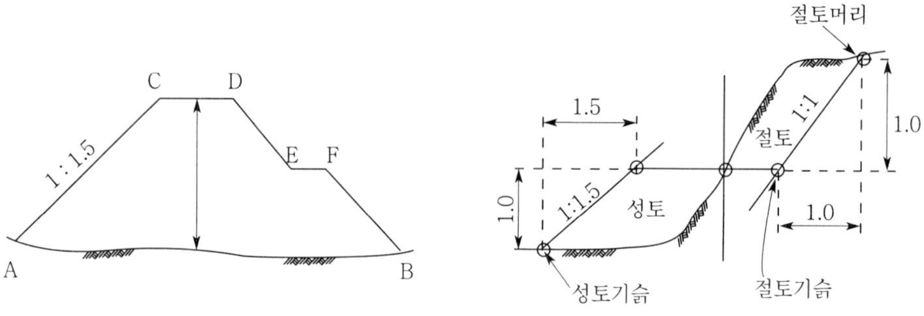

(a) 하천제방 (b) 절성토면

그림 2.2 하천제방 및 절 · 성토면

(13) 토취장(borrow-pit, 취토장)

흙을 채취하는 장소로 도면에는 BP(borrow Pit)로 표시되며 토취장이 갖추어야 할 일반적인 조건으로 토취장 선정시 다음 사항들이 우선적으로 고려되어야 한다.

1) 양호한 토질과 충분한 토량 확보가 가능한 곳이어야 한다.
2) 성토장소 방향으로 내리막 경사가 1/50~1/100 정도면 흙의 채취작업은 물론, 복구(조경) 작업도 상당히 유리하다.
3) 운반도로가 양호하며 장애물이 적을 것(민원이 적을 것)
4) 싣기에 편리한 지형일 것
5) 산 붕괴의 우려가 없고 배수가 양호한 지형일 것
6) 기계의 사용이 용이한 곳

7) 용지 매매나 보상비가 싸고, 간편한 곳
8) 환경 훼손이 적은 곳(사후 조경이 쉬워 환경친화적인 곳)

(14) 토사장(사토장 ; 土捨場, spoil-bank)

절토한 흙을 처리하는 곳(버리는 곳)으로 토사장 또는 사토장이라고 하며, 토사장(土捨場)의 용량은 토량의 변화율, 토질이나 암질의 변화에 의한 절 · 성토량이나 사토량의 변화, 주행성 확보 등을 고려하여 결정한다. 토사장이 갖추어야 할 요건은 토취장의 경우와 거의 동일하다고 할 수 있다.

(15) 야적장, 적치장

절토한 흙을 성토나 되메우기시에 활용하기 위하여 임시로 보관하여 두는 곳으로, 보통 현장 내의 여유 공간을 활용하며 특수한 경우는 별도 부지를 임대하거나, 형질변경이 필요한 경우도 있다. 야적장은 절토와 성토의 시간적 차이에 의하여 발생되므로 흙을 일시적으로 보관할 양의 최소화와 보관기간의 최단기화 가능하도록 면밀한 공사 추진계획(공정계획)이 요망된다.

(16) 안식각(angle of slope, 자연구배)

자연상태에서 급 경사면은 스스로 붕괴하여 안정된 사면을 형성하게 되는데, 이러한 붕괴사면과 수평면이 이루는 각을 안식각이라 한다. 안식각은 흙의 종류와 함수비에 따라 달라지나 일반 토사의 경우 30~35°(1:1~1:0.7)를 이루고 있다.

(17) 더돋기(여성토 ; extra banking)

다짐이 중요하지 않는 성토나 연약지반의 침하촉진을 위하여 소정의 높이보다 추가로 성토하는 것을 말한다. 소정의 침하가 이루어지면 여성토 부분을 걷어내고 다음 단계작업을 시행한다.

표 2.1 중요하지 않는 축제성 토공의 더돋기 높이

구 분	3m 미만	3m~6m	6m~9m	9m~12m
일반토사	높이 10%	8%	7%	6%
사력 (砂礫)	높이 5%	4%	3%	2%

** 압성토 (壓盛土) : 연약지반의 개량공법 참조.*

(18) 벌개제근(伐開除根)

토공의 굴착 또는 흙 쌓기의 시공에 앞서 절취부, 토취부, 흙 쌓기부에서 풀이나 나무뿌리를 제거하는 표토깎기 및 이들의 처리를 말한다. 흙 쌓기 중에 혼입된 초목, 나무뿌리 등의 유기물은 점차 부식하여 부등침하나 처짐을 일으키는 원인이 될 수 있으므로 성토나 토취시 이들을 완전히 제거한 후 작업에 임하여야 한다.

(19) 표토제거(表土除去)

지표면(地表面)의 유기물(잡초, 이물질)을 제거하는 행위로 논이나 밭구간의 토공(성토) 작업과 토취장에서 흙을 채취하기 시작전에 반드시 하여야 한다.

그림 2.3 답(논) 구간의 표토제거

(20) 되메우기(refill)

작업에 소요되는 여유공간 확보를 위한 터파기 흙을 작업 완료전에 다시 메우는 토공사를 말하며, 터파기와 되메우기 작업의 시차(時差)가 많을 경우는 되메우기 흙을 별도 장소에서 가져오거나(토취장), 보관(야적장)하도록 하여야 한다.

(21) 산마루 측구

표면수 흐름을 유도하여 절토 비탈면의 안정을 확보하기 위해 비탈면 끝에 설치한 측구를 말하며, 측구의 재료에는 토사, 콘크리트, PVC 등이 있다.

그림 2.4 되메우기 준비모습(1단의 성토높이 표시)

그림 2.5 산마루 측구

2.1.3 토공사 준비

(1) 시공기면(formation level, fomation height)

시공기면(계획고)은 절토(성토)를 하고자 하는 계획된 높이로써, 도로나 철도에서와 같이 지형 조건과는 관련이 적은 곳과 단지조성 등과 같이 지형조건에 맞추어야 하는 경우가 있는바, 후자의 경우 고려할 사항은 다음과 같다.

1) 절 · 성토량의 균형으로 토공량이 최소가 되게 한다.
2) 가까운 곳에 토취장과 토사장을 설치하여 운반거리를 짧게 한다.
3) 암석굴착은 비용 부담이 크므로 적게 한다.
4) 연약지반, 산사태, 낙석의 위험이 있는 곳은 가능한 한 피한다.
5) 앞의 경우를 피할 수 없을 때에는 철저한 대책공법을 수립하여 시공한다.
6) 사면안정에 철저한 조치를 취한다.
7) 부대 구조물이 작고 법면의 연장이 짧아야 한다.
8) 용지 보상이나 지장물 보상이 최소가 되게 한다.

(2) 계획고와 지반고

1) 계획고(formation height, F.H)

흙을 쌓거나 깎고자 하는 예정된 높이(elevation)를 계획고(計劃高)라 하며, F.H라 부르기도 쓰기도 한다.

2) 지반고(ground level, G.L)

토공사를 하기 전 원래 지반의 높이(Elevation)를 지반고(地盤高)라 하며, G.H라 부르기도 쓰기도 한다.

3) 절성토고(C.H, B.H)

절토높이, 성토높이를 절토고(切土高), 성토고(盛土高)라 하며, 계획고, 지반고와의 상관관계는 다음과 같다.

- $F.H-G.L>0$: 성토고(banking height, B.H)
- $F.H-G.L<0$: 절토고(cutting height, C.H)

$$C.H(B.H) = F.H-G.L$$

(3) 토량의 변화(토량환산계수 : f)

1) 흙의 형태

흙은 취급하는 상태에 따라 밀도와 부피가 변하며, 이러한 변화는 공사비와 공사기간에 크나 큰 영향을 주며, 흙은 원지반 토량, 흐트러진 토량, 다져진 후 토량의 3가지 변화된 형태로 존재하며, 이들 상호간의 관계는 환산계수로 나타낸다.

- 원지반 토량(N; natural) : 굴착할 토량으로 자연지반, 본바닥, 생땅, 제자리에서의 흙으로 자연상태 토량을 말한다.
- 흐트러진 토량(L; loose) : 운반할 토량으로 느슨한 토량이라고도 한다.
- 다져진 후 토량(C; compact) : 다져진 후 완성된 토량으로 다져진 후 상태의 토량이라고 한다.

2) 토량환산계수(f)

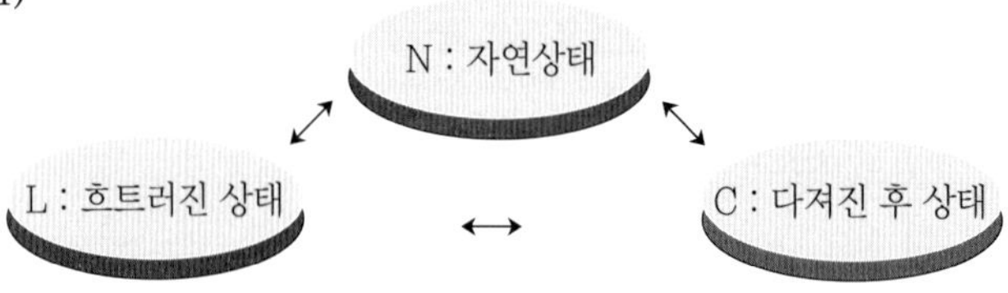

그림 2.6 토량환산계수

구 분	자연 상태	흐트러진 상태	다져진 후 상태
자연상태	1	L	C
흐트러진 상태	1/L	1	C/L

3) 토량의 변화율(토목공사 표준품셈)

종 별	L	C
경암(硬岩)	1.70~2.00	1.30~1.50
보통 경암(普通硬暗)	1.55~1.70	1.20~1.40
연암(軟岩)	1.30~1.50	1.00~1.30
호박돌(玉石)	1.10~1.15	0.95~1.05
역(礫)	1.10~1.20	1.10~1.05
역질토	1.15~1.20	0.90~1.00
고결(固結)된 역질토	1.25~1.45	1.10~1.30
모래	1.10~1.20	0.85~0.95
암괴(岩塊), 호박돌 섞인 모래	1.15~1.20	0.90~1.00
모래질흙	1.20~1.30	0.85~0.90
암괴(岩塊), 호박돌 섞인 모래질 흙	1.40~1.45	0.90~0.95
점질토(粘質土)	1.25~1.35	0.85~0.95
역(礫)이 섞인 점질토	1.35~1.40	0.90~1.00
암괴(岩塊), 호박돌 섞인 점질토	1.40~1.45	0.90~0.95
점토(粘土)	1.20~1.45	0.85~0.95
역이 섞인 점질토	1.30~1.40	0.90~0.95
암괴, 호박돌 섞인 점토	1.40~1.45	0.90~0.95

(4) 토량계산

토량은 구하고자 하는 지역의 노선측량을 실시한 결과 작성된 종·횡단도에 의해 절·성토량을 구할 수 있으며, 종래 현장에서 사용하는 계산방법은 여러 가지가 있으나, 최근에는 전산작업에 의거 지반고와 계획고를 입력(input)하면 자동 계산되어 출력(output)되며, 계산방식은 3가지가 있다.

1) 양단면 평균법
2) 중앙단면적법
3) 등고선법

(5) 유토곡선(토적곡선, mass curve)

1) 유토곡선이란?

종단도를 따라 토량을 누계하면서 그린 곡선을 유토곡선 또는 토적곡선이라 하며, 이는 흙의 운반계획과 토공사를 위한 적정 장비 선정을 위하여는 필수적으로 그려야 하는 곡선으로 토공현장에서 활용되고 있다.

유토곡선의 플러스(+)부분은 흙이 남으며, 마이너스(−) 부분은 흙이 모자란다는 의미이고,

제로(0)는 절토와 성토의 균형이 이루어진다는 뜻이다.

2) 종단도 및 유토곡선

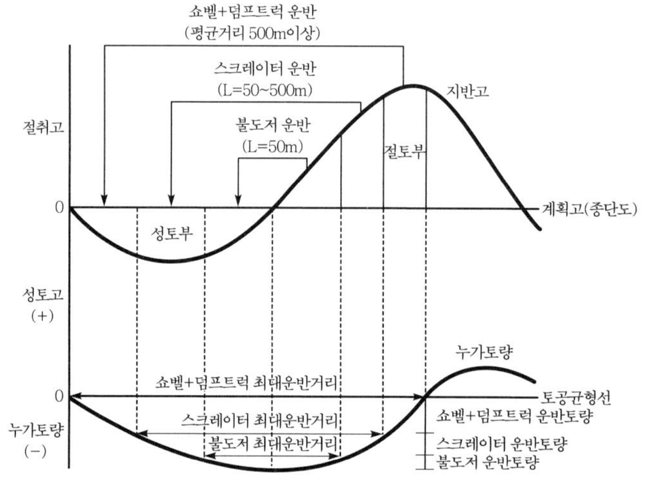

그림 2.7 종단도 및 유토곡선

3) 유토곡선의 성질

- 땅깎기 (+)부분에서는 기울기가 위로 향하고, 흙 쌓기 (−)부분에서는 기울기가 아래로 향한다.
- 곡선의 최대값을 나타내는 점은 땅깎기에서 흙 쌓기로 옮기는 점이고, 최소값을 나타내는 점은 흙 쌓기에서 땅깎기로 옮기는 점이다.
- 평형선에서 최대값이나 최소값까지 내린 연직길이는 땅깎기에서 흙 쌓기로 운반할 전토량을 표시한다.
- 평형선 윗쪽의 토량은 왼쪽에서 오른쪽으로, 평행선 아랫쪽의 토량은 오른쪽에서 왼쪽으로 운반 시공한다.
- 평균 운반거리는 전토량 2등분 선상의 점을 통하는 평행선과 나란한 수평거리로 표시한다.
- 수평선이 곡선과 교차한 점을(땅깎기와 흙 쌓기가 균형되는 점) 토공 균형점이라 한다.
- 종점부분이 평형선보다 토량과잉 경우는 사토량을 말하며 종점부분이 평형선보다 토량부족 경우는 순선토량이다.

4) 순성토와 사토

- 유토곡선의 결과에 따라 대부분 순성토나 사토가 발생되게 된다.

- 순성토 : 작업장 또는 일정한 구간내에서 흙을 충당할 수 없어 외부(토취장, 다른 구간)로부터 흙을 반입하여 성토하는 토공사에 있어 외부로부터 반입되는 성토를 말한다.
- 사토 : 작업장 또는 일정한 구간내에서 흙이 남아, 이를 외부(사토장)로 반출하는 토공작업에 있어 외부로 반출되는 토량을 말한다.

5) 유용토(有用土)

동일 현장이나 동일한 작업장내에서 깎기한 흙을 성토나 되메우기에 활용할 경우 흙의 유용(有用)이란 표현을 하며, 이러한 흙을 유용토라 한다.

토공의 균형을 위하여 동일장소(작업장)에서 깎은 흙을 쌓기하는 작업을 유용토 쌓기라 하며, 이는 불도저 스크레이퍼 등이 이용된다.

(6) 규준틀

규준틀은 땅깎기 및 흙 쌓기 등 토공 작업시에 설치하는 형틀로써, 중심선의 연장과 인조점의 설치, 임시 bench mark 설치, 구조물의 위치 결정, 터널 중심선 결정, 땅깎기 및 흙 쌓기의 표준설치 등이 있으며, 모든 땅깎기 및 흙 쌓기 비탈면의 정확한 마무리를 위하여 먼저 규준틀을 정확한 위치에 설치하여야 한다.

표 2.2 규준틀 표준 설치간격

설치장소의 조건	설치간격(m)	비고
직선부	20	
곡선반경 30m 이상	20	
곡선반경 30m 미만	10	
지형이 복잡한 장소	10이하	

땅깎기 및 흙깎기 구간 경계지점에도 수평규준틀을 설치하여 지형이 교차하는 부분의 도로 시공위치를 명확히 확인할 수 있도록 한다.

그림 2.8 규준틀에 의한 깎기

그림 2.9 성토 규준틀 및 벌개제근 잔재(右)

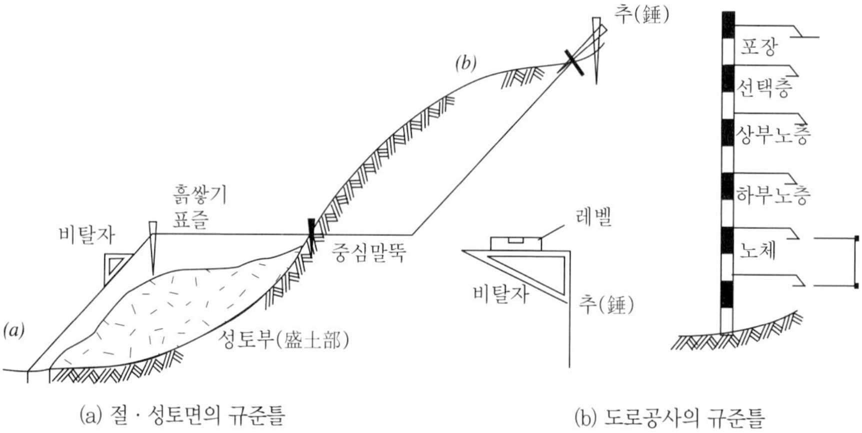

(a) 절 · 성토면의 규준틀 (b) 도로공사의 규준틀

그림 2.10 규준틀

(7) 공사용 도로(가도, 임시도로, 가설도로 假設道路, temporory road)

토공사를 하기 위한 장비나 자재의 운반로로 사용하기 위하여 임시로 만드는 도로로써, 목적 달성이 되면 원상 복구하게 되는 도로를 말한다. 이러한 도로는 토공사 경우는 물론, 구조물 시공이나 공사장 부근의 자재 적치장, 장비보관소, 현장 차량의 주차장 등을 준비할 때도 필요한 경우가 종종 있으며, 설계도서에 명시된 경우 뿐 아니라 현장의 필요에 의해 설치하기도 하므로 설치전에 원가, 공정, 환경 등의 충분한 검토가 필요하다.

가설도로에 연결되는 임시 교량(통로, 수로)이나 방호책 등을 가시설(임시시설, temporory work)이라 하며, 이는 보조기간만 사용하고 철거하여야 하기 때문에 최소한의 비용으로 설계 시공되어야 하는 현장기술자의 몫으로 유휴 자재의 활용이나 공사용 자재의 선(先) 반입에 의한 활용등을 검토해 보아야 한다.

가설도로 부분을 지나치게 소홀하게 취급하여 도로가 유실되거나 노면의 불량으로 트래피커빌리티(trafficability)가 나빠 본 공사의 공사기간이나, 공사비에 막대한 지장을 주는 경우가 있으므로 주의하여야 한다.

그림 2.11 수중교각 시공을 위한 가설교량

(8) 토취장 및 사토장 선정

■ 토취장(Borrow pit)은 흙을 채취하는 장소로 선정함에 있어 다음사항을 고려하여야 한다.

1) 토질이 양호하여야 한다.
2) 토량이 충분하여야 한다.
3) 성토및적재 장소는 하향구배로 해야 한다(1/50 ~ 1/100)
4) 운반로 조건이 양호하여야 하며 가깝고, 장애물이 적고, 유지관리 측면에서 용이하여야 한다.
5) 기계사용이 용이하고, 적재가 편리한 지형이여야 한다.
6) 보상비가 저렴하고, 용지매수가 용이하여야 한다.

■ 사토장(Spoil bank)이란 절토한 흙을 버리는 곳으로 선정시 다음사항을 고려하여야 한다.

1) 토사량을 충분히 수용할 수 있는 면적이어야 한다.
2) 토사 발생장소에서 하향구배이어야 한다
3) 운반거리가 가깝고, 운반로가 양호하여야 한다.
4) 사전계획성 있는 매립과 배수경사를 확보하여야 한다.
5) 보상비가 저렴하고, 용지매수가 용이하여야 한다.
6) 필요시 방재조절지, 니토분 침전지를 설치하여야 한다.

2.2 토공사 시공

2.2.1 땅깎기(절토, 切土, Cutting)

땅깎기를 굴착 또는 절토라고도 하며, 토공사를 효율적으로 하기 위해서는 땅깎기와 운반작업을 연속적으로 하여 그 작업에 차질이 생기지 않도록 하여야만 경제적인 시공이 될 수 있으므로 유의하여야 한다. 이는 지형, 토질, 시공방식, 사용기계 등 주어진 현장 여건에서 가장 효율적으로 작업이 될 수 있는 방안이 강구 되어야 가능 할 수 있다.

급경사면의 본 바닥을 굴착할 경우는 위에서부터 조심해서 굴착하여 자연낙하식으로 흙을 낙하시키는 방법을 취하고, 완경사나 수평지반에서는 계단상으로 깎아내는 방법이 되도록 하며, 산사태가 나기 쉬운 연약한 사면에는 정상부터 깎기 시작하여 순차로 아래로 깎아 넓히는 것이 좋다.

(1) 땅깎기(굴착)시 고려사항

1) 작업면적을 되도록 넓게 해서 동시에 많은 장비들이 작업할 수 있도록 한다.
2) 땅바닥을 깊게 파낼 때에는 그림 2.12와 같이 1 → 2 → 3 → 4 → 5의 순서로 계단형으로 파나간다. 1단의 높이는 인력 땅깎기일 때에는 1~2m 정도가 좋고, 기계굴착일 때에는 굴착기계의 파내기 깊이로 한다.
3) 땅깎기는 될 수 있는 대로 중력을 이용한다.
4) 지형과 토질에 따라서 굴착방법을 선택하여야 하며, 땅깎기를 한 뒤에는 특히 배수를 고려해야 한다.

그림 2.12 굴착 순서

(2) 땅깎기 비탈면의 구배

1) 땅깎기 비탈의 경사는 지층의 구성 상태, 지형조건, 용출수의 유무, 토질 및 암반의 공학적 특성, 비탈면의 안정성 및 경제성, 보강공법의 적용 여부를 종합적으로 검토하여 결정하며 토사 원지반의 표준경사는 다음과 같다.

표 2.3 토사원지반 깎기비탈면 표준경사

토질조건		비탈면 높이(m)	경사	비고
모 래			1:1.5 이상	SW, SP
사질토	밀실한 것	5 이하	1:0.8~1:1.0	SM, SP
		5~10	1:1.0~1:1.2	
	밀실하지 않고, 입도 분포가 나쁜 것	5 이하	1:1.0~1:1.2	
		5~10	1:1.2~1:1.5	
자갈 또는 암괴 섞인 사질토	밀실하고 입도 분포가 좋은것	10 이하	1:0.8~1:1.0	SM, SC
		10~15	1:1.0~1:1.2	
	밀실하지 않거나 입도 분포가 나쁜 것	10 이하	1:1.0~1:1.2	
		10~15	1:1.2~1:1.5	
점 성 토		0~10	1:0.8~1:1.2	ML, MH, CL, CH
암괴 또는 호박돌 섞인 점성토		5 이하	1:1.0~1:1.2	GM, GC
		5~10	1:1.2~1:1.5	
풍 화 암		–	1:1.0~1:1.2	시편이 형성된지 않은 암

주) 1. 실트는 점성토로 간주, 표에 표시한 토질 이외에 대해서는 별도로 고려한다.
2. 위 표의 경사는 소단을 포함하지 않는 단일비탈면의 경사이다.

2) 억지말뚝의 비탈면 안정

억지말뚝은 단일 말뚝보다는 파괴구간의 중간위치 또는 하부위치에 일렬로 설치하는 것이 보통이며, 이때 말뚝개수를 줄이기 위해 시공시 파괴방향과 직각방향으로 설치한다. 그림 2.13은 억지말뚝의 비탈면 안정 해석 개념도이다.

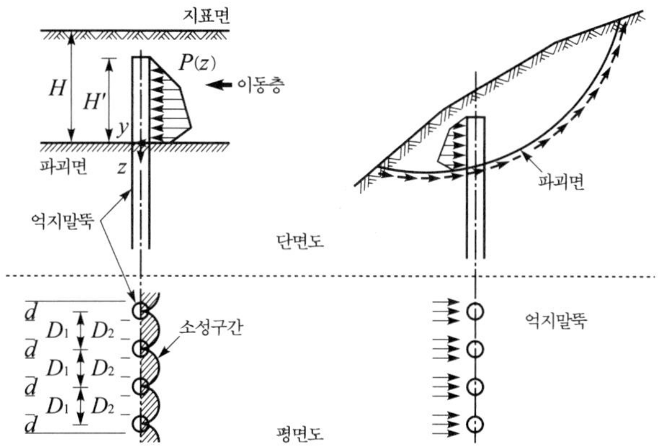

(a) 말뚝의 내적안정성 (b) 억지말뚝 보강사면의 안정성

그림 2.13 억지말뚝의 비탈면 안정해석 개념도

(3) 절취(cutting)와 터파기(excavation)

1) 절취는 넓은 면적에 대한 흙 · 암석깎기를 절취라하며, 보통 토사의 인력 절취 경우 표준품셈에는 터파기품의 80%를 계상토록 되어 있다(보통인부 0.16인).

2) 터파기는 구조물 기초와 같은 좁은 면적에 대한 흙 · 암석깎기이다(깊이 0~1m, 보통인부 0.20인).

(4) 소단

1) 마무리 땅깎기가 비탈면일 경우는 비탈면의 도중에 원칙적으로 소단을 설치하도록 하며, 소단은 땅깎기 높이 5~10m마다 설치하고 폭은 1.0m이상이 되도록 한다.

2) 관리 단계에서는 점검이나 보수용 통로로 활용될뿐 아니라 비탈면의 침식방지를 위한 배수시설 설치공간으로 이용된다.

3) 일반적으로는 땅깎기 높이 5m마다 설치하지만, 안정상 문제가 없는 경암이나 안정 구배보다 완만하게 땅깎기한 비탈면 등에서는 설치간격을 크게할 수도 있다(암반구배 참조).

4) 폭은 빗물 등으로 침식되기 쉬운 토질이나 풍화가 빠른 암석과 같이 소단 어깨 등이 무너

질 위험이 있는 경우는 현지 상황에 따라 넓게 설치하기도 한다.

5) 토층이 다른 경우에는 용수로를 고려하여 토사와 암석, 투수층과 불투수층의 경계에는 가능한 한 소단 및 배수시설을 설치하는 것이 바람직하다.

그림 2.14 절토부 소단

그림 2.15 성토부 소단(거적덮기)

표 2.4 기관별 소단 설치기준

기관명	기관명	
	깎기 비탈면	쌓기 비탈면
국토교통부	· 토 사 : 5m마다 폭 1m 소단, 4% 횡단경사 · 리핑암 : 7.5m마다 소단 · 발파암 : 20m마다 폭 3m 소단	6m마다 폭 1m 소단
한국도로공사	· 토 사 : 5m마다 폭 1m 소단 · 리핑암 : 5m마다 폭 1m 소단 · 발파암 : 20m마다 폭 3m 소단	6m마다 폭 1m 소단
LH공사	5m마다 폭 1m 이상 소단설치	

2.2.2 흙 쌓기(성토, 盛土, Banking)

(1) 성토시 고려할 사항

1) 흙 쌓기부의 기초지반, 흙 쌓기 재료의 특성 및 분포를 파악해야 한다.
2) 현장에서 발생하는 흙은 흙 쌓기 위치와 흙 쌓기량, 함수비 조절 등 적절한 수단을 강구하여 최대한 효과적으로 작업토록 하며 안일하게 사토하지 않도록 한다.
3) 흙 쌓기 시공에서는 토질과 양에 적합한 기계를 선정하여 얇고 균일하게 포설하며 소요 다짐을 할수 있어야 한다.

4) 흙 쌓기의 안정성 및 시공성 등에 크게 영향을 미치는 지하수 및 표면수에 대해서 충분한 조사를 실시하고 적절한 대책을 강구해야 한다.
5) 강우나 기온 등의 영향을 받기 쉬운 세립토(실트, 점성토 등)에 대해서는 토량배분계획 및 시공계획시 시공하는 계절을 충분히 고려하도록 한다.
6) 흙 쌓기의 안정 검토에서는 재해사고나 붕괴가 생길 경우 인접지에 미치는 영향, 복구의 난이 및 안정 계산결과 등을 종합적으로 검토하도록 한다.

(2) 좋은 성토재료의 구비요건

1) 압축침하가 적도록 압축성이 적을 것
2) 완성후 큰 변형이 없도록 지지력이 클 것
3) 시공기계의 작업을 위한 이동성(trafficability)이 양호하게 확보될 수 있을 것
4) 흙 쌓기 비탈면의 안정에 필요한 전단강도를 가질 것
5) 투수성이 낮아 작업성(워커빌리티, workability)을 저하시키지 않을 것

(3) 흙 쌓기 시공방법

1) 수평층 쌓기

축제를 수평층으로 쌓아올려서 다지는 공법으로 얇은 층 쌓기(1층의 높이의 약 20~30cm 정도)와 두꺼운층 쌓기(1층의 높이 약 60~100cm 정도)가 있다.

2) 전방층 쌓기

전방에 흙을 투하하넌서 쌓는 공법으로 공사중에 다심이 석어 완성 후에 침하가 클 수 있음에 주의하여야 하며, 공사비가 적고, 시공속도가 빠르기 때문에 도로, 철도 등 낮은 축제나 매립지의 대단위 토공에 주로 이용된다.

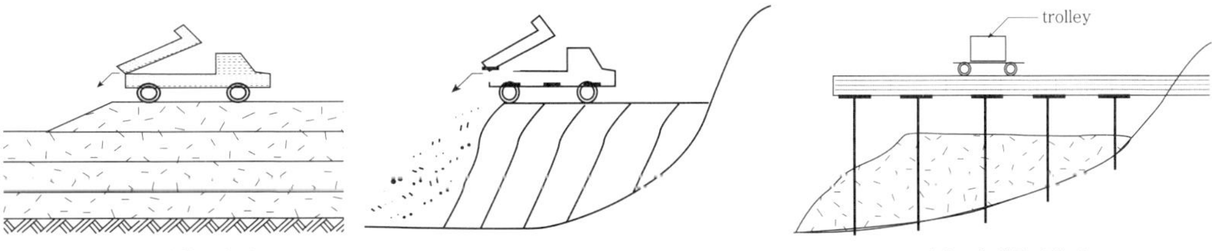

(a) 수평층 쌓기　(b) 전방층 쌓기　(c) 비계층 쌓기

그림 2.16 흙 쌓기 시공방법

3) 비계층 쌓기

가교식 비계를 만들어 그 위에 레일을 깔아 가교 위에서 흙을 투하하면서 쌓는 공법으로 높은 축제 쌓기, 대단위 흙 쌓기에 이용된다.

4) 물운반에 의한 흙 쌓기

계류, 하천, 호소에서 펌프로 송수관에 물을 압입한 후 노즐로 분출시켜 물에 함유된 절취 토사를 송수관으로 흙댐이 있는 곳까지 운송하여 흙 쌓기하는 공법으로서 흙댐 중앙에 세립자가 침전되어서 굳게 다져지기 때문에 완전한 중심토가 된다.

5) 물다짐 공법

되메우기(refill) 등의 작업에서 사질토(모래)의 표면장력을 제거하여 다짐하는 방법으로, 물로 완전 포화시켜 자중에 의거 밀실하게 하는 방법이다.

6) 유용토 쌓기

토공의 균형을 위해 동일 장소에서의 땅깎기한 흙으로 흙 쌓기하는 공법으로 불도저 스크레이퍼 등을 이용하여 작업한다.

(4) 쌓기비탈면 표준경사

쌓기재료	비탈면 높이 (m)	비탈면 상하부에 고정 시설물이 없는 경우(도로, 철도 등)	비탈면 상하부에 고정 시설물이 있는 경우(주택, 건물 등)
입도분포가 좋은 양질의 모래, 모래자갈 암괴, 암버럭	0~5	1 : 1.5	1 : 1.5
	5~10	1 : 1.8	1 : 1.8 ~ 1 : 2.0
	10초과	별도검토	별도검토
입도분포가 나쁜 모래, 점토질 사질토, 점성토	0~5	1 : 1.8	1 : 1.8
	5~10	1 : 1.8 ~ 1 : 2.0	1 : 2.0
	10초과	별도검토	별도검토

1) 상기표는 기초지반의 지지력이 충분한 경우에 적용함
2) 비탈면높이는 비탈어깨에서 비탈끝까지 수직높이임

(5) 한쪽깎기, 한쪽쌓기 구간

경사지 기울기가 1:4보다 급한 원지반 위에 성토를 하는 경우 또는 한쪽깎기. 한쪽쌓기 구간에는 단차가 발생하기 쉬우므로 층따기와 배수처리를 실시하여 부등침하 및 쌓기토체의 변형 및 활동을 방지하도록 하여야 한다.

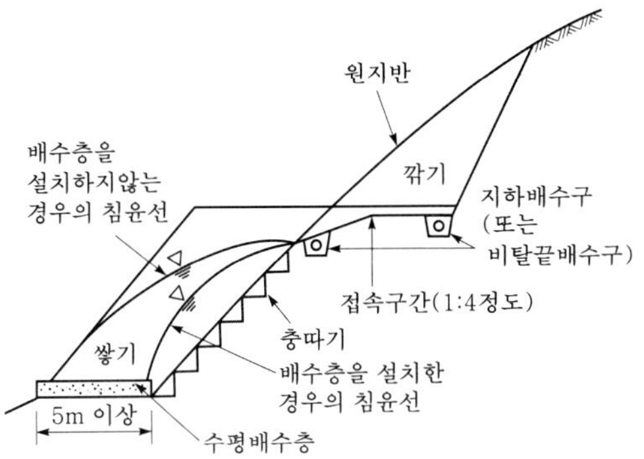

그림 2.17 편절편성부의 층따기와 배수처리 방법

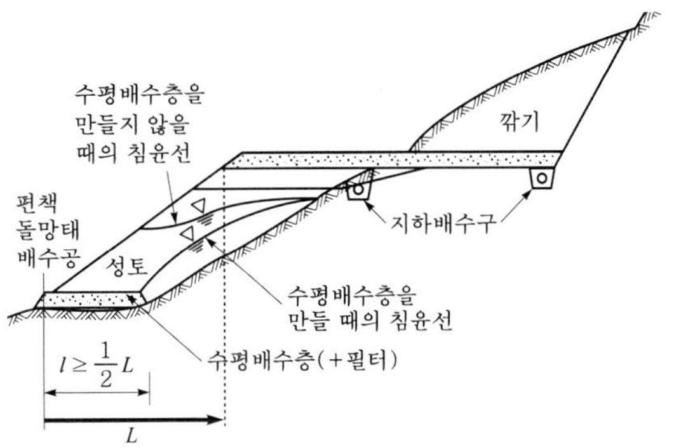

그림 2.18 지형에 따른 지하배수 및 필터층

(6) 다짐(rolling, Compaction)

구분			노체		노상	비고
			암쌓기	일반쌓기		
1층 다짐 완료후의 두께(mm)			600	300	200	
다짐도(%)			–	90 이상	95 이상	KS F2311 KS F 2312 ASSHTO T224-86
다짐방법			–	A,B	C, D, E	KS F 2312
평판 재하 시험	아스팔트 포장	침하량(mm)	1.25	2.5	2.5	KS F 2310
		시시력 계수(K_{30} : MN/m(kgf/cm²))	196.1(20)	147.1(15)	196.1(20)	
	시멘트 포장	침하량(mm)	1.25	1.25	1.25	KS F 2310
		지지력 계수(K_{30} : MN/m(kgf/cm²))	196.1(20)	98.1(10)	147.1(15)	

2.2.3 시공용어

(1) 흙의 트래피카빌리티(trafficability)

트래피카빌리티는 토공계획을 세울 때 사용하는 시공장비(기구)가 이동하기가 좋으냐, 나쁘냐를 판가름할 때 사용되는 용어로, 이는 장비의 성능에 영향을 주어 경우에 따라서는 작업효율 및 공사비 변화의 주된 요인이 될 수 있으며, 트래피카빌리티는 흙의 입도분포나 함수비 등으로 추정할 수 있으며, 현장에서는 간단히 콘지수(cone index)를 이용하기도 한다.

(2) 리퍼빌리티(rippability)

토공 굴착시 장비가 암(岩)을 얼마나 깎을 수 있는가의 능력을 말하며, 이는 불도저에 부착된 리퍼(ripper)의 크기와 능력으로 불도저의 착암능력에 따라 좌우된다.

(3) 접속슬래브(approach slab, approach cushion)

토공과 구조물의 접속부에 일어나는 부등침하를 예방하기 위하여 접속부의 토공부에 콘크리트 슬래브를 설치한 것(교량의 교대측이나 암거의 접속부에 주로 설치됨)

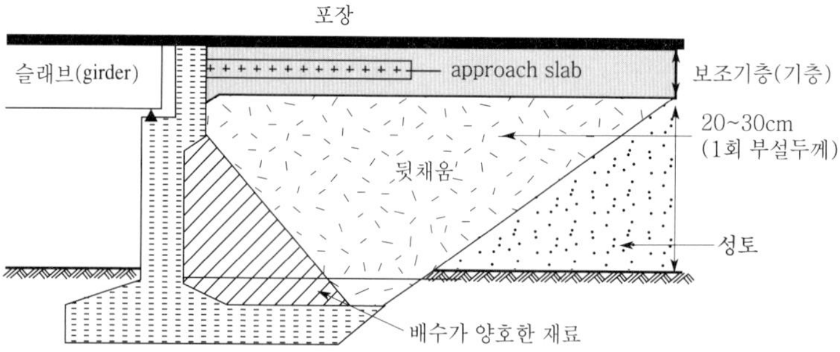

그림 2.19 교대 뒤의 접속 슬래브와 뒷채움

(4) 뒷채움(back fill)

토공과 구조물의 접속부에 일어나는 부등침하 방지 및 토공부의 배수를 원활히 하기 위하여 일반적인 성토 부위와는 다르게 특별한 재료나 작업순서에 의거 실시하는 성토작업을 말한다.

그림 2.20 암거(Box culvert)의 뒷채움 모습

(5) 밭갈이

성토작업중 수분이 많은 흙을 건조시켜 최적함수비(Optimum moisture content, OMC)상태로 만들기 위해, 장비(grader)로 골을 파 흙을 말리는 작업의 현장 용어로 우기철 또는 함수비가 큰 점성토 흙을 이용하는 토공사 현장에서 자주 발생된다.

(6) 시민사토(市民捨土)

시가지에서 일반시민들이 사토하는 흙(터파기 흙, 버리는 흙)으로 성토를 하는 것을 일컫는 말로 토취장이나 사토장이 도시 근교에 없는 시가지 토공사의 문제점을 해결하기 위한 방안으로 시간적 여유가 있는 성토현장에서 장려되고 있으나, 성토되는 흙의 종류(성질)가 다양한 점을 감안, 성토후에 활용될 용도에 따라 시공에 사용될 수 없는 불량한 흙이 혼입되지 않도록 하여야 한다.

(7) 프루프 롤링(Proof rolling)

노상 최종 마무리면의 표면전체에 대하여 변형량 확인을 위한 타이어 롤러 또는 하중을 만재한 15ton 덤프트럭으로 프루프 롤링을 실시하며 프루프 롤링에 사용되는 타이어 롤러의 복륜하중은 5ton이상, 타이어 접지압은 0.55MPa 이상이어야 한다.

프루프 롤링시 노면의 변형량은 5mm 이상 발생되어서는 안 되며, 벤겔만빔에 의한 변형량 시험방법으로 한다.

■ ■ ■

2.3 연약지반(軟弱地盤, Soft Soil Area)

2.3.1 연약지반이란?

1) 연약토로 이루어진 지반을 연약지반이라 하며, 이는 점토나 실트 등과 같은 미세한 입자의 흙이나 간극이 큰 유기질토, 이탄(泥炭), 느슨한 모래 등으로 형성되어 있을 뿐아니라, 지하수위가 주위보다 높아 토공사나 구조물공사를 시행할 경우 일반적인 시공방법(기술, 장비, 시공기간 등)에 의하지 않고 별도의 대책과 각별한 주의가 요망되는 지역을 말한다.
2) 연약지반은 연약층의 깊이, 넓이 등의 자연조건과 축조하고자 하는 시설물의 종류, 규모, 시공방법에 따라 검토방안이 마련되어야 하겠으나, 일반적으로 연약지반에 대한 시공계획은 토질 역학적인 지식을 바탕으로 사전에 철저한 현지확인과 조사를 통하여 가장 확실하고 안전한 시공방안을 수립될 수 있도록 충분한 시간을 가지고 행하여야 한다.
3) 우리나라 연약지반은 해안(동해, 서해, 남해) 지방과 낙동강이나 섬진강 같은 큰 강의 하구 등에 많이 분포되어 있으며, 이들 지역의 크고 작은 토목공사(도로, 단지)에서 시공된 여러가지 공법중 성공적인 시공사례와 함께 실패한 사례(붕괴, 침하)도 많이 있으므로, 이를 참고하여 적정한 공사기간, 경제적인 사용재료, 효과적인 대책공법 등이 강구되어야 한다.

(1) 연약지반의 문제점

1) 건설현장에서 해결하여야 할 연약지반의 시공상 문제중 첫째는 활동파괴로 이는 도로, 철도, 제방, 매립 등의 성토과정에서 발생되는 활동파괴와 구조물 기초굴착시 일어나는 주변지반의 활동파괴 및 기초지반 지지력부족에 의한 활동파괴 등이며, 만약 활동파괴가 일어나면 경제적 손실은 차치하고라도 잃어버린 공사기간을 만회할 수가 없음으로 세심한 주의가 요망된다.
2) 둘째는 침하방지에 대한 것으로 이는 토공사의 경우 공사중이나 공사 완료후에 생기는 침하(즉시침하, 잔류침하)와 동일 구조물에서의 부등침하, 토공과 구조물의 접속부에 발생되는 부등침하 등으로 구분되며, 연약지반의 대책이란 이러한 활동과 침하를 효과적이고 경제적으로 방지할 수 있는 공학적 시공방안을 수립하는 것이라 할 수 있다.

(2) 연약지반의 조사

1) 연약지반에 대한 지반조사는 우선 현장 인근에서 시공되었거나 시공하고 있는 유사공사의 사례를 조사한 후 보링(boring)이나 사운딩(sounding) 같은 현지조사를 통해 연약지반의 깊이와 범위를 확인하고, 흐트러지지 않은 시료에 의한 토질시험으로 연약지반을 구성하고 있는 토층의 공학적 성질을 파악하는 2가지 사항으로 요약된다.
2) 사운딩(sounding)이란 로드선단에 있는 저항체를 땅속에 넣어 관입, 인발, 회전 할 때의 저항으로 지반의 강도나 밀도 등을 체크하는 원위치 시험으로 정적시험과 동적시험으로 나누어지며, 연약지반조사에 주로 사용되는 시험에는 표준관입시험(standard penetration test), 화란식원추관입시험(dutch cone test, 2중관식), 정적원추관입시험(static cone test), 간이동적원추관입시험(dynamic conetest), 베인전단시험(vane shear test) 등이 있다.

표 2.5 지반조사시 수행할 착안사항

구 분	세부 착안사항	
토층의 구성	• 각토층의 분포상황 • 연약층의 두께 • 사력층, 운석의 존재여부	• 지지층의 심도와 지반면의 경사 • 배수층의 존재여부
토층의 성상	• 토층의 물리적 성질 • 압밀특성, 압축지수, 압밀계수, 응력비	• 각토층의 강도 및 변형특성
지하수위	• 피압수의 존재 • 사력층의 투수성과 유속	• 양수에 의한 광역의 지반침하

(3) 연약지반의 개략적 판단기준

구 분	이탄질 지반 및 점토질 지반		사질토 지반
층두께	10m 미만	10m 이상	–
N치	4 이하	6 이하	10 이하
q_u(kg/cm²)	0.6 이하	1.0 이하	–
q_c(kg/cm²)	8 이하	12 이하	40 이하

※ q_u : 일축압축강도　q_c : 정적관입저항값(dutchcone)

(4) 토질 특성에 따른 연약지반 판정기준

지반구분	토층 및 토질구분		토질 정수 Wn(%)	e_0	q_u(kg/cm²)	N값
이탄질 지반	Peat	섬유질 고압축토	300 이상	7.5 이하	<0.4	<1
	흑니	분해가 진척된 고유기질토	300~200	7.5~5.0		
점토질 지반	유기질토	소성도A선 이하의 유기질토	200~100	5.0~2.5	<1.0	<4
	화산회질 점토	소성도A선 이상의 화산질 2차 퇴적 점성토				
	실트	소성도A선 이하의 Dilatancy대	100~50	2.5~1.25		
	점토	소성도A선 위 그 부근 Dilatancy대				
사질 지반	SM, SC	#200번 체 통과량 15~50%	50~30	1.25~0.8	0	<10
	SP-SC SW-SM	#200번 체 통과량 15 이하	<30	<0.8		

※ Wn : 현장함수비　e_0 : 간극비　q_u : 일축압축강도

(5) 연약지반의 사고 유형

1) 구조물 및 기초에 가해지는 부마찰력에 의한 구조물의 변위나 침하
2) 과다한 침식이나 세굴
3) 침투수압 및 자중의 증가에 따른 사면의 변위와 파괴
4) 퀵 샌드나 파이핑 등에 의한 사면 및 구조물의 변형과 파괴
5) 광역 지반침하 영향에 의한 구조물의 변위와 파괴
6) 교통하중 등의 진동하중에 의한 지반의 변위와 파괴
7) 지하수위 저하나 수량 및 수질의 변화에 의한 주변환경의 변화
8) 트래피커빌리티 부족에 익한 시공기계익 주행 불능이나 기계익 전도
9) 지진시 지반의 액상화 문제
10) 전단강도 저하에 따른 구조물이나 지반의 이동변위와 파괴

2.3.2 연약지반개량

(1) 연약지반의 개량목적

연약지반의 개량목적은 한마디로 원지반의 공학적 성질을 개선시켜 안정성을 증대시키는 것이라 할 수 있으며 구체적인 목적은 다음과 같다.

1) 강도특성의 개량

지반강도는 지반파괴에 대한 저항성이며, 저항성은 전단강도에 의존하고 있으므로 이를 개선(전단강도의 향상)하여야 연약지반이 개량될 수 있다.

2) 변형특성 개선

지반변형은 흙의 체적변화와 형상변화를 말하는 것으로 압축성을 저하시키거나 전단변형계수를 증대시키는 방안을 강구하여 연약지반이 개량될 수 있다.

3) 지수성의 개선

공사중이나 공사 완료후에 토층수가 이동하면 유효응력이 변화되어 문제가 생기며 이러한 문제는 지반의 지수성 개선에 의해 방지 될 수 있다.

4) 동적특성 개선

지반의 동적거동에 의한 간극수압 상승으로 액상화 현상이 일어날 수 있으므로 액상화 저항의 증대를 위한 과잉간극수압의 신속한 소산이나 공급차단 등의 방안 실현으로 연약지반을 개량할 수 있다.

(2) 개량공법 선정시 유의사항

1) 구조물의 형식, 규모, 기능, 중요도 등 구조물 특성에 적합한 공법을 선정한다.
2) 연약층의 범위, 심도, 지층상태, 지지층의 심도와 경사, 각층의 공학적 특징 등을 고려한 연약지반의 특성에 타당한 공법을 선정한다.
3) 공사중의 일시적 개량이냐? 혹은 영구적 개량이냐? 에 따라 경제적인 공법을 선정한다.
4) 강도증가, 침하촉진, 액상화방지, 지수 등 개량목적이 우수한 공법을 선정한다.
5) 설계의 정확성, 시공능력, 시공의 워커빌리티 등의 시공 난이도를 감안한다.
6) 오염, 진동, 소음 등 환경문제에 적합한 공법을 선정한다.
7) 공법의 신뢰성(경험) 및 종합적인 경제성을 고려한다.

(3) 연약지반의 개량원리와 용도

<table>
<tr><th>개량원리</th><th colspan="2">공법의 명칭</th><th>개량목적 및 용도</th><th>적용지반</th></tr>
<tr><td rowspan="6">다 짐</td><td colspan="2">샌드 컴팩션 파일 공법</td><td rowspan="3">• 액상화 방지
• 침하 저감
• 지반의 강도 증가</td><td rowspan="3">점성토, 사질토
유기질토
사질토지반</td></tr>
<tr><td colspan="2">로드 컴팩션 공법</td></tr>
<tr><td colspan="2">바이브로 플로테이션 공법</td></tr>
<tr><td colspan="2">중추낙하 다짐공법</td><td rowspan="3">• 침하 감소
• 액상화 방지</td><td rowspan="3">사질토지반</td></tr>
<tr><td colspan="2">폭파공법, 전기충격 공법</td></tr>
<tr><td colspan="2">동압밀 공법</td></tr>
<tr><td rowspan="5">고 결
열처리</td><td colspan="2">표층혼화처리공법</td><td>• 도로의 노상
• 노반의 안정처리</td><td rowspan="5">점성토, 사질토
유기질토</td></tr>
<tr><td colspan="2">심층혼화처리공법</td><td rowspan="4">• 활동파괴 방지
• 침하감소
• 전단변형 방지
• 히빙방지</td></tr>
<tr><td colspan="2">약액주입공법</td></tr>
<tr><td colspan="2">소결공법</td></tr>
<tr><td colspan="2">동결공법</td></tr>
<tr><td rowspan="2">보 강</td><td colspan="2">복토공법</td><td>• 도로의 노상
• 노반의 안정처리</td><td rowspan="2">점성토, 유기질토</td></tr>
<tr><td colspan="2">표층피복공법(시트, 매트, 필터)</td><td>• 국부파괴
• 국부침하 방지</td></tr>
<tr><td rowspan="3">치환공법</td><td colspan="2">굴착치환공법</td><td rowspan="3">• 활동파괴 방지
• 침하의 감소
• 지반 전단변형 억제</td><td rowspan="3">점성토, 사질토
유기질토</td></tr>
<tr><td colspan="2">강제치환공법</td></tr>
<tr><td colspan="2">폭파치환공법</td></tr>
<tr><td>경 량 화</td><td colspan="2">경량자재</td><td rowspan="6">• 지반의 지지력 향상
• 전단변형 억제
• 지반의 침하 억제
• 활동 파괴의 방지
• 트래피커빌리티 확보</td><td rowspan="6">점성토, 유기질토</td></tr>
<tr><td>하중균형</td><td colspan="2">압성토공법</td></tr>
<tr><td rowspan="4">하중분산</td><td colspan="2">침상공법</td></tr>
<tr><td colspan="2">쉬트, 네트공법</td></tr>
<tr><td colspan="2">샌드 매트공법</td></tr>
<tr><td colspan="2">표층혼합처리공법</td></tr>
<tr><td rowspan="11">압밀배수</td><td colspan="2">프리로딩공법</td><td rowspan="6">• 잔류침하 감소
• 지반의 강도 증가</td><td rowspan="4">점성토, 유기질토</td></tr>
<tr><td rowspan="3">연직배수
공법</td><td>샌드 드레인공법</td></tr>
<tr><td>페이퍼 드레인공법</td></tr>
<tr><td>플라스틱 드레인공법</td></tr>
<tr><td rowspan="2">지하수위
저하공법</td><td>웰 포인트 공법</td><td rowspan="2">사질토</td></tr>
<tr><td>디프 웰 공법</td></tr>
<tr><td colspan="2">진공압밀공법</td><td rowspan="4">• 압밀촉진
• 잔류침하 감소
• 지반의 강도 증가
• 액상화 방지</td><td rowspan="3">점성토, 유기질토</td></tr>
<tr><td colspan="2">생석회 말뚝공법</td></tr>
<tr><td colspan="2">전기침투공법, 반투막 공법</td></tr>
<tr><td colspan="2">쇄석 말뚝공법</td><td>사질토</td></tr>
<tr><td colspan="2">표층 배수공법</td><td>• 표층지반강도 증가</td><td>점성토, 유기질토</td></tr>
</table>

(4) 연약지반의 처리공법 및 목적

공 법		목 적
연약층의 제거 치환공법	• 제거치환	연약층의 일부, 또는 전부를 굴착하여 제거하고 양질토로 치환하여 노면의 변형이나 구조물의 침하를 감소시켜 장기적인 안정을 기한다.
	• 자중강제치환 • 폭파치환	쌓기의 자중에 의하여 연약층을 강제적으로 압출하든지 연약층 중에 폭약을 삽입하여 폭파에 의하여 연약층을 압출하고 양질의 재료로 치환하여 쌓기의 침하를 감소하고 안정을 확보한다.
연약점성토층의 압밀공법	• 프리로딩	계획고보다 여분으로 높게 쌓기를 시공하여 침하를 촉진시킨 후, 덧돋음부를 제거하여 소정의 쌓기로 끝손질하고 끝손질후 쌓기의 침하량을 허용치 내에 있게 한다.
연약점성토층의 압밀공법	• 샌드 드레인 • 페이퍼 드레인 • 팩 드레인	지반 중에 적당한 간격으로 연직방향에 많은 샌드파일(paper drain의 경우는 card board)을 설치하여 수평방향의 압밀배수 거리를 크게 단축시켜 지반압밀과 강도증가를 촉진한다.
느슨한 사질토층의 다짐공법	• 샌드 컴팩션 파일	충격하중 혹은 진동하중에 의하여 연약지반 중에 모래를 압입하여 모래말뚝을 형성하면서 연약층을 다짐과 동시에 모래말뚝의 효과에 의하여 지지력을 증가시켜 침하량을 감소시킨다.
	• 바이브르 플로테이션	느슨한 모래지반 중에 봉상(棒狀)의 진동기를 넣어 진동부에 물을 주면서 진동과 주수의 효과로 지반을 다짐으로 안정시킨다.
	• 폭파다짐	느슨한 사질지반 내에 화약을 격자망으로 배치하여 폭파의 충격에 의하여 지반을 밀어 넣어 다진다(다짐에 의하여 침하한 부분은 성토재료로 치환되므로 폭파치환공법과 동일한 효과도 있다.).
전기 · 화학적 고결공법	• 전기침수 탈수 • 알루미늄 전극 • 약액전해 고결	연약지반 중에 하나의 전극을 설치한후 전류를 흐르게 하여 전기침수에 의하여 음극에 간극수를 모아 탈수한다. 알루미늄전극을 사용하기도 하며, 흙속에 전류로 약액을 흐르게 하기도 한다.
화학적 고결공법	• 약액 주입 • 생석회 파일	연약지반중에 토질안정제가 되는 약액(생석회)을 주입하여 물리적반응 및 화학적 반응에 의하여 강도를 증대시킨다.
화학적 흡입공법	• 침투압공법 (MAIS공법)	수분이 많은 연약점토층에 반투막을 포함한 중공원통을 삽입하고 속에 농도가 높은 용액을 넣어 점성토의 수분을 흡수시켜 점토를 다진다.
화학적 변화공법	• 고결 • 전기용해	토중에 보링하여 가열공기나 가연성 가스 등으로 둘레의 흙을 구어 굳게 하여 토중에 견고한 기둥을 형성하거나 전기용해법에 의하여 흙을 용해하여 고결 시킨다.
강제배수공법	• 웰포인트 • deep well • 진공(대기압)	지하수위를 내리기 위하여 구멍을 뚫어 파이프를 지중에 설치하고 펌프에 의하여 강제 배수시켜 토층의 압밀을 함께 촉진시킨다. 지표면을 비닐시트 등으로 덮어 진공펌프로 내부에 압력을 내려 유효하중을 증가시켜 압밀시킨다(진공공법).
지압성토와 샌드매트공법	• 압성토	쌓기의 측방에 압성토를 시공하여 활동에 저항하는 모멘트를 증가시켜 쌓기의 활동파괴를 방지한다.
지압성토와 샌드매트공법	• 샌드매트	기초지반의 표면에 샌드매트(부사, 섭공 기타)를 시공하여 기초지반 및 쌓기에서 압출된 물의 배수를 쉽게함과 동시에 연약지반 처리 및 쌓기공을 위한 트래피카 빌리티를 확보하여 기계시공을 용이하게 한다.
압밀공법	• 점성토 • 단계성토	활동파괴에 대한 안전율(Fs=1.2) 이하의 속도로 쌓기를 시공하거나(점성토공법), 또는 안전율 가까이까지 급속으로 축조하여 잠시 방치하여 지반의 압밀에 동반하는 강도증가를 기대하면서 단계적으로 축조해 가는 공법이다.

2.3.3 점성토 지반개량(N≤4)

표 2.6 점성토지반의 N값 및 일축압축강도

점토의 상태	N값	q_u(kgf/cm²)
매우연약	<2	<0.25
연 약	2~4	0.25~0.5
중 간	4~8	0.5~1.0
단 단	8~15	1.0~2.0
매우단단	15~30	2.0~4.0
견 고	>30	>4.0

(1) 치환공법

1) 점토층을 양질의 사질토로 치환하여 지지력을 증가시키는 공법으로 여러 가지 개량공법중 가장 확실한 공법으로 치환층이 얕은 경우 공사비가 싸고 공사기간을 줄일 수 있는 등의 장점이 있어 전층치환이 가능하나 연약층이 두꺼운 경우 충분한 토량의 확보와 넓은 면적의 굴착에 따른 많은 공사비 등의 문제가 있어 부분치환을 하기도 한다.
2) 치환공법에는 치환단면을 고려한 전층치환과 부분치환으로 나눌 수 있으며, 이들은 시공방법에 따라 연약층을 제거 후 치환하는 굴삭치환과 연약토를 굴착제거하지 않고 성토자중이나 폭파에 의해 제거 후 양질의 토사로 채우는 강제치환 및 다지기 모래말뚝에 의한 치환으로 구분된다.
3) 수침에 의해 전단강도의 줄어듦이 적고 지지력 확보가 가능한 모래와 자갈 등이 적당히 혼입된 토사가 양질의 치환재료라 할 수 있다.

(2) 프리로딩(preloading) 공법(여성토공법)

구조물 축조전에 재하하여 하중에 의한 압밀을 미리 끝나게 하는 공법으로 잔류침하도 없애고, 지반강도도 증가시켜 기초지반의 전단파괴를 방지하는 공법이다.

프리로딩(preloading) 공법의 큰 결점은 공사기간이 긴 것으로 연약층이 두껍고 공사기간이 짧은 경우 적용이 곤란하지만, 샌드심(sand seam : 점성토내에 얇게 존재하는 모래층)이 발달한 지반에는 압밀효과가 크며, 여성토(餘盛土)공법 이라고도 한다.

1) 단계성토시공법 : 성토를 몇가지 단계로 나누어 하부지반의 안정을 진행시킨 후 성토를 실시하는 공법으로 일반적인 프리로딩 공법이다.
2) 완사면 성토시공법 : 성토 부위의 안정을 위해 경사면의 구배를 보통 이상의 완만한 구배

(1:1 → 1:4, 1:6)로 성토하는 공법으로 압성토공법과 유사한 원리를 갖는다.

(3) 샌드 드레인(모래말뚝, sand drain)공법

연약 점토층이 깊은 경우 연약 점토층에 모래말뚝을 박아 배수거리를 짧게하여 압밀을 촉진시키는 공법이며, 이는 Terzaghi의 압밀이론을 바탕으로 Barron과 다다끼 등이 이론을 정립하였다.

1) 부사(sand mat) : 배수로 역할과 동시에, 트래피커빌리(trafficability) 확보에 목적이 있다.
2) 샌드심(sand seam)이 존재하는 경우 : 페이퍼 드레인이나 프리로딩이 더 효과적이다.
3) 모래말뚝(sand pile)의 배열과 영향원 지름

de = 1.05S : 삼각형 배열

de = 1.13S : 사각형 배열

여기서, de : 영향원의 지름, S : sand pile 간격

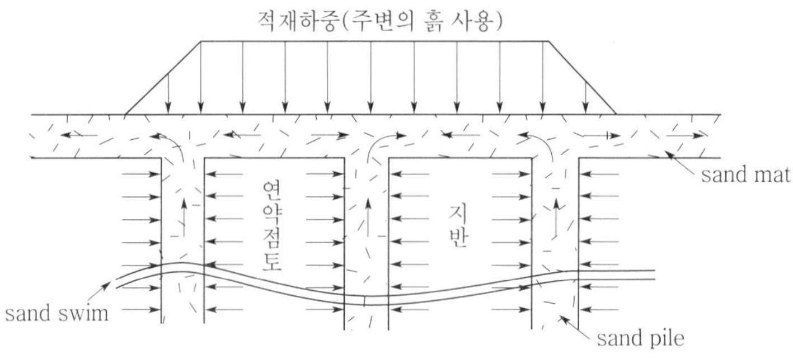

그림 2.21 모래말뚝 공법

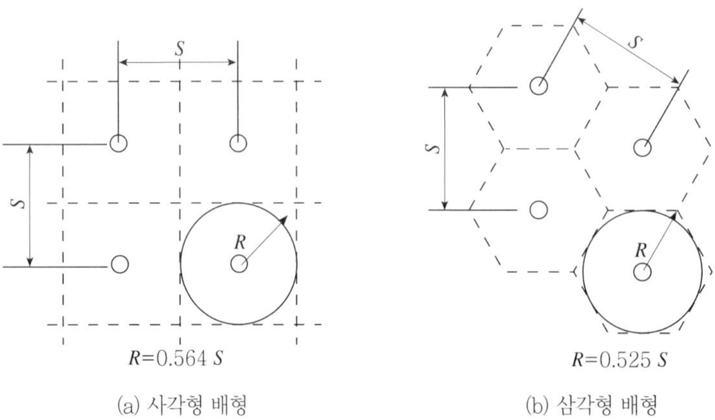

(a) 사각형 배형　　(b) 삼각형 배형

그림 2.22 모래말뚝의 배열(예)

4) 평균압밀도

- 수평방향의 압밀계수 C_h는 수직방향의 압밀계수 C_v보다 일반적으로 크나, 모래말뚝 타입시 지반이 교란되므로 $C_h=C_v$로 산정한다.
- 배수는 주로 수평방향으로 이루어지며, 수평방향과 연직방향의 투수를 모두 고려한 전체의 평균압밀도는 아래와 같다.

$$U=1-(1-U_v)\,(1-U_h)$$

여기서, U_v : 연직방향 평균압밀도, U_h : 수평방향 평균압밀도

5) sand pile의 타입

- sand pile의 타입은 압축 공기식과 Water jet식이 있으나, 주로 Water jet식이 사용된다.
- 배수는 수평방향으로 이루어진다.
- sand pile 간격이 깊이의 1/2 이하인 경우 연직방향 투수는 무시한다.
- sand pile : - 지름 : 0.3~0.5m
  - 간격 : 2~4m
  - 길이 : 15m 이하가 효과적임.

(4) 팩 드레인(pack drain)공법

모래기둥(sand drain)공법과 동일한 이론적 근거로 모래기둥(sand drain)공법의 약점인 모래기둥의 비틀림이나 절륙(절단)함 등을 방지하기 위하여 합성섬유로 된 자루에 모래를 넣고 시공하는 공법으로 개량된 모래기둥(sand drian)공법이라 할 수 있다.

그림 2.23 팩 드레인 시공모습

(5) 페이퍼 드레인(P.V.C drain)공법

합성수지로 된 card board(PVC)를 땅속에 박아 압밀을 촉진 시키는 공법으로 모래기둥(sand pile)이 꺽어짐(절단)으로 인한 배수중단을 방지 할 수 있으며, 다음과 같은 특성이 있다.

1) 시공속도가 빠르고 배수효과가 양호하다.
2) 배수(drain) 단면이 깊이에 대하여 일정하다.
3) 장기간 사용시 열화현상이 생겨 배수효과가 감소될 수 있다.
4) 특수 타입기계가 필요하나 타입시 교란이 거의 없는 장점이 있다.

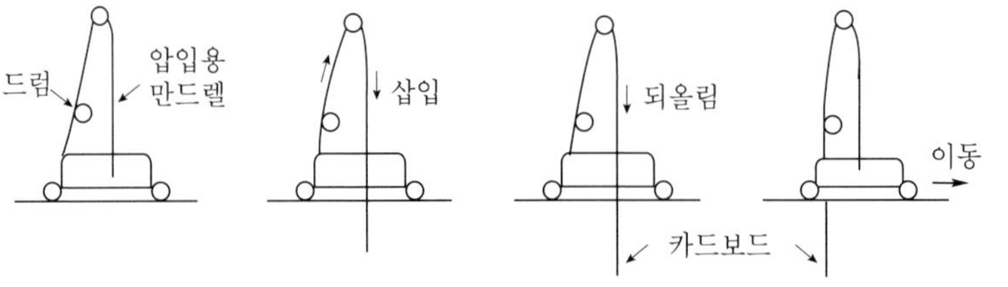

그림 2.24 페이퍼 드레인의 타입순서

그림 2.25 P.V.C 드레인 시공모습

그림 2.26 P.V.C 드레인의 확인

표 2.7 연직드레인 공법의 비교

구 분	팩 드레인	샌드 드레인	페이퍼 드레인
	ø120mm	ø430mm	ø50mm
지반개량 면적당 시공필요 본수의 비율 (단, 정방형배치의 경우)	1.0	약 0.05	약 1.6
동일면적을 개량하는데 필요한 모래량의 비율, 그 밖에 필요한 재료	1.0, 모래자루	약 6.0	chemical board
횡력에 대한 드레인 절단의 유무	거의 없음	있음	거의 없음
동일면적의 시공에 필요한 시간의 비율	1.0	약 2.0	약 1.0
동일면적에 대한 공사비 비율	1.0	약 1.0~1.5	약 1.0~1.7
시공관리	쉽다	곤란	쉽다
드레인 효과	양호	모래기둥이 절단되면 효과 없음.	일반적인 설계 계산치보다도 드레인 효과가 감소되는 현상임.

(6) 전기침투(삼투) 공법(Electro Osmosis 공법)

간극수가 (+)극에서 (−)극으로 흐르는 전기침투 현상에 의하여 (−)극에 모인 물을 배수시켜 전단저항과 지지력을 향상시키는 공법으로 대규모 공사에는 불가능하나 간혹 모래기둥 공법과 병행 시공되기도 한다.

(7) 침투압공법(MAIS 공법)

점토층에 반투액 중공원통을 넣고 그안에 농도가 큰 용액을 넣어서 점토분의 수분을 빨아내는 공법으로 연약층이 얇은 3m 미만의 표층개량에 주로 이용되고 있다.

(8) 생석회말뚝(Chemical pile)공법

생석회의 수분 흡수시 체적이 2배로 팽창하는데 이때 탈수, 압밀, 건조, 화학반응 등을 이용하여 지반을 처리하는 공법이다.

(9) 압성토공법

성토 본체의 측방에 본체 성토고보다 낮은 성토를 덧붙임 시공하여 성토의 안정을 도모하는 공법으로 성토 시공중에 발생하는 활동파괴를 방지할 수 있어 필요한 안전율을 얻을 수 있어 효과적이나, 양쪽에 토지확보가 가능할 경우 적용 가능한 공법이다.

도로의 경우 압성토 부분을 측도(부채도로)로 활용하기도 한다.

그림 2.27 압성토공법 단면도

(10) P.P 매트 부설공법

연약층이 얇을 경우 사진에서와 같이 P.P 매트를 부설하고, 배수층으로는 부설된 매트(mat) 위에 모래를 포설하여 연약지반을 처리하는 공법이다.

그림 2.28 P.P 매트 부설모습

그림 2.29 매트 위에 모래 포설모습

(11) EPS 공법(경량재 성토공법)

발포포리스티렌(EPS : expandable poly styrene)을 경량성토 재료로 이용하여 성토를 함으로 하중을 줄여 토압, 수압 등을 크게 감소시키는 등 공학적인 이점이 있으나, 가격 문제로 구조물(교대) 뒷채움 등에 한시적으로 적용되는 공법이다.

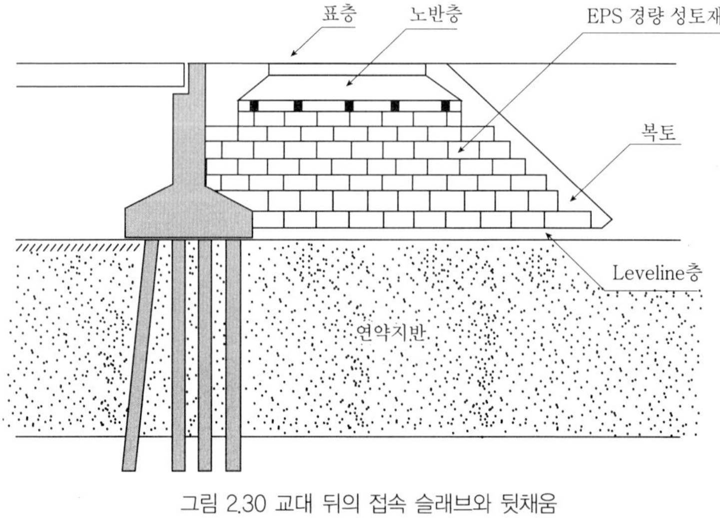

그림 2.30 교대 뒤의 접속 슬래브와 뒷채움

단위중량 0.01~0.03t/m^{3}로 일반 토사의 1/100 밖에 되지 않아 토압 수압을 크게 경감시킨다.

압축성, 차수성, 시공성이 우수하나 침수가 되는 경우는 EPS가 부력에 의하여 유실될 수도 있음에 주의하여야 한다.

2.3.4 사질토 지반개량 공법(N≤10)

(1) 다짐말뚝공법

나무말뚝이나 RC말뚝 또는 PC말뚝 여러개를 땅속에 박아 말뚝의 체적만큼 흙을 배제하여 압축시킴으로 간극비 감소의 효과가 있어 사질토 지반의 전단강도를 증진시키는 공법이나 공사비가 비싸 특수한 용도에 제한적으로 사용된다.

(2) 다짐모래말뚝공법(SCP공법, sand compaction pile, compozer 공법)

1) 충격이나 진동에 의해 모래를 지반에 압입하여 모래말뚝을 만드는 공법으로 다지기, 보강, 압밀배수가 동시에 해결될 수 있으므로 사질토 지반은 물론 점성토 지반, 유기질 지반 등 거의 모든 지반에 사용이 가능하다.
2) SCP공법은 시공과정에 발생되는 진동이나 충격 때문에 N값 10이상인 점성토 지반에서는 사용하지 않는 편이 좋으며, 연약지반에 건설되는 교대의 측방유동방지 등에 많이 사용되고 있다.

표 2.8 충격식 시공법(Hammer)과 진동식 시공법(Vibro)

충격식 공법(Hammering Compozer)	진동식 공법(vibro Compozer)
• 전력설비가 없어도 시공이 가능하다.	• 기계고장이 적고 시공관리가 쉽다.
• 충격시공이므로 소음 · 진동이 크다.	• 충격진동과 소음이 적다.
• 시공관리가 힘들고 주변 흙을 교란시킨다.	• 균질한 모래기둥의 제작이 가능하다.
• 낙하고 조절이 가능, 강력한 타격 에너지가 얻어 진다.	• 지표는 다짐효과가 적으므로 vibro tamper로 다진다.

(3) 동다짐공법

1) 크레인, 타워 등과 같이 높은 곳에서 무거운 추를 낙하시켜 지표면에 충격을 가해 깊은 심도까지 다짐이 됨으로 지반강도가 증진되는 공법으로 동압밀공법(dynamic consolidation method) 또는 동치환공법이라 부르기도 한다.
2) 별도의 약품이나 보강재가 필요치 않아 작업준비와 공사기간이 단축될 수 있으며, 모래, 자갈, 석괴 및 건설폐기물이 혼재된 지반, 쓰레기 매립장 등에서도 적용할 수 있다.
3) 시공과정에서 발생되는 진동, 먼지 등의 환경문제가 고려되어야 하며, 점성토와 같은 단일 도층에서는 효과가 적다.

그림 2.31 동다짐공법(울산신항 방파제 현장)

(4) 바이브로 플로테이션(vibro flotation)

수평으로 진동하는 봉상의 진동기(vibro flot)로 사수와 진동을 동시에 일으켜 빈틈에 모래나 자갈을 채우는 공법으로, 공기가 짧고 공사비도 싸며, 심도 10m 미만의 기초지반개량에 지하수위와 관계없이 시공이 가능하고 내진효과도 있으며 특징은 아래와 같다.

1) 지반을 균일하게 다질 수 있을뿐 아니라 다진 후 지반 전체가 상부구조물을 지지할 수 있어 효과적이다.
2) 다른 공법과 비교할때 공기가 빠르다.
3) 깊은 곳의 다짐이 가능하다.
4) 지하수위와 관계없이 시공이 가능하다.
5) 상부구조물에 진동이 있어도 무방하다.
6) 공사비가 저렴하나 별도의 장비가 필요하다.

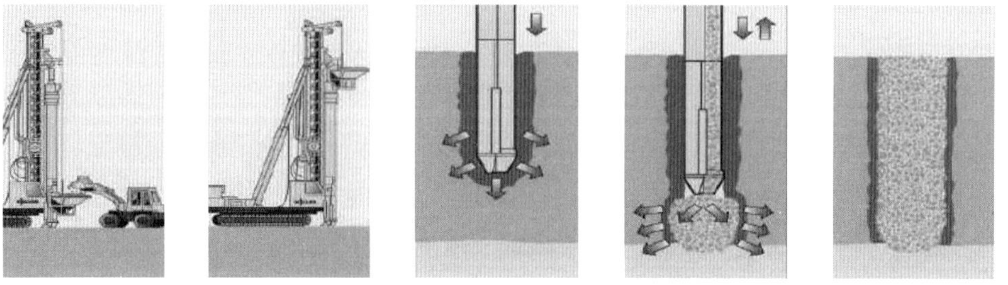

(a) Vurbri flot거치 (b) Vibro flot 준비 (c) Vibro flot 삽입 (d) Virbro flot 사수와 진동 (e) 개량완료

그림 2.32 바이브로 플로테이션 작업공정

(5) 폭파다짐공법

인공지진, 다이나마이트발파로 느슨한 사질지반을 다지는 공법으로, 대규모 다짐에는 유리하나 인접구조물이나, 인명피해 등의 문제와 표층 1m 정도에서는 다짐효과가 없어 별도의 다짐(바이브로탬퍼 : Vibro tamper)을 시행하여야 하는 단점이 있다.

(6) 약액주입법(Grouting 공법)

1) 지반속에 응결제를 주입하여 고결시키는 공법으로 약액은 시멘트, 점토, 벤토나이트, 아스팔트 등을 주성분으로 한 화공약품을 지반속에 그라우팅(grouting)하여 지반이 개량되는 공법이다.
2) 댐, 지하철, 제방, 터널 등의 용수나 누수방지에 많이 이용되며, 주입약액에 따라 시멘트 그라우팅, 벤토나이트 그라우팅, 케미칼 그라우팅 등으로 불린다.
3) 설비가 간단하고 소규모라 협소한 장소나 좁은 공간에서도 작업이 가능하며, 진동, 소음, 교통 등에 대한 영향이 적고 주 · 야 작업에 지장이 없는 등 장점이 있으나 효과에 대한 분석이 어렵다.

(7) 전기충격법

지반을 포화상태로 한 후 지중에 삽입한 방전전극에 고압전류를 일으켜 생긴 충격에 의해 다지는 방법으로 특수한 경우에 국소적으로 사용되며, 사질토 지반에서는 효과가 좋으나, 세립토가 많을 경우는 효과가 적다.

2.3.5 일시적 지반개량

(1) 웰 포인트공법

웰 포인트(well point)라는 흡수관을 지중에 여러개 타입하여 지하수위를 저하시킨 후 양질의 지반에서와 같이 공사를 하기위한 공법이다.

1) 실트질 모래지반에 경제적이다(점토지반에는 곤란함).
2) 사질토 지반에서는 굴착시 보일링(boiling)에 대한 대책이 마련되어야 한다.
3) 웰 포인트 간격은 2m내외, 배수가능 심도는 6m 정도가 표준이다.

(2) 디프웰(deep well 심정 : 深井) 공법

지름이 큰(1m정도) 우물을 깊게 파고 수중펌프를 이용하여 지하수위를 저하시키는 중력배수 공법으로 지반개량 뿐아니라, 지하수가 많은 구조물의 기초 시공시에도 이 공법의 원리가 자주 사용되고 있다.

그림 2.33 Well point 현장

그림 2.34 Deep well 현장

(3) 대기압공법(진공압밀공법, 진공공법)

연약점토층에 강제적인 탈수를 가하여 압밀을 촉진시키는 공법이며, 펌프로 진공압을 가해 지반내의 물과 공기를 배출시켜 전응력을 유지하면서 간극수압의 감소에 의한 유효응력의 증가로 압밀을 촉진시키는 공법을 말한다.

(4) 동결공법

동결관을 땅속에 박고 액체질소 같은 냉각제를 흐르게 하여 주위의 흙을 동결시키는 공법으로 다음과 같은 특징이 있다.

1) 다양한 토질에 가능하고 강도가 커진다.
2) 완전 차수성이 가능하고 콘크리트와 부착이 양호하다.
3) 예기치 않은 사고에 대하여 안전할 수 있다.
4) 동상과 연화현상에 의한 피해가 수반된다.
5) 지하수가 흐르거나 화학물질이 있을때는 동결이 어렵다.
6) 공사가 대형이므로 공사비가 비싸다.

(5) 약액주입(Grouting)공법

지반내에 삽입한 주입관을 통해 화학약액(chemical grout, 주입재)을 지중에 압송, 충전시켜 일정한 시간이 지나면 지반이 고결되는 것으로 지반의 차수, 지수, 강도 증대의 목적을 동시에 해결 가능한 공법이다.

본 공법은 일시적인 지반개량뿐아니라 흙막이공 바닥의 히빙(heaving) 방지, 토류벽의 토압감소, 말뚝(마찰, 선단지지)의 지지력 보강, 댐기초의 차수, 터널굴진시 지반붕락 방지 등에 활용되고 있으며, 주입재는 시멘트를 사용하는 비약액계(현탁액), 물유리를 주재료로하는 물유리계와 고분자계의 세가지로 대별할 수 있으나 고분자계는 공해문제로 사용이 극히 제한되어 있다.

비약액계의 시멘트는 경제적이라 널리 사용되지만 조립토 이외는 주입이 되지 않으며, 경화하기까지 많은 시간이 요구되어 긴급을 하는 용수나 누수방지 및 유수중에서 주입효과를 기대할 수 없음에 유의하여야 한다.

2.4 지반굴착과 개량

1) 토목공사(지하철, 지하공동구)는 물론, 도심지의 대형빌딩 건축을 위한 토공사 역시 지하굴착이 대부분을 차지하고 있으며, 이는 한정된 활용가능 토지의 효용증대를 위해 불가피한 현실로, 앞으로 지하굴착 깊이는 더욱 깊어질 것으로 예상된다.
2) 지하굴착을 요하는 경우 인접된 지반의 개량없이 깊은 심도의 굴착은 불가함으로 지하굴착을 시작하기 전에 인접된 지반으로부터의 지하수 유입을 차단하는 것은 필연적인 조치이며, 보다 확실한 지반개량을 하기 위하여 지하수 차단은 반드시 이루어져야 한다.
3) 간혹 이와 같은 사전예방을 게을리 하는 현장에서 대형사고를 유발케한 사례가 적지 않음에 유의하여 경제적이고 효과적이며 시공성이 좋은 지반개량 공법의 선정으로 지하굴착의 안전시공이 가능하도록 하여야 한다.

2.4.1 지반굴착(Underqround Excavation)

(1) 굴착공법의 종류

1) 개착공법

- 전단면굴착
  - 자립식 개착
  - 흙막이식 개착(버팀보식, 앵커식)

- 부분굴착 – 아일랜드 공법
  – 트랜치컷 공법

2) **역타공법(top down 공법)**

3) **케이스 공법(caisson 공법)**

–오픈 케이슨(open caisson)
–뉴메틱 케이슨(pneumatic caisson)

(2) 개착공법(Open cut)

토질이 양호하고, 부지의 여유가 있으며 깊이가 깊지 않을 경우는 바로 굴착을 할 수 있으나, 부지가 협소하거나 깊은 굴착의 경우 별도의 흙막이가 필요하게 된다.

교각의 기초, 암거(box culvert), 관로매설, 지하철 등의 구조물 시공이나 기존 도로의 확장을 위한 법면의 절토시에 주로 이용되는 공법이나 지하굴착시 개착(open cut)공법이 불가할 경우는 터널(tunnel)로 시공 하거나, 파이프루프(piperoof), 프론트잭킹(front-jacking) 등의 특수 공법을 적용하기도 한다.

그림 2.35 지하철 현장의 open cut 모습(정거장 및 본선 구간)

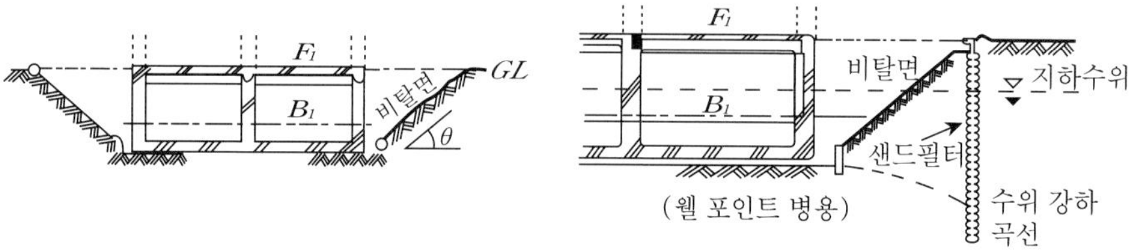

그림 2.36 법면 open cut

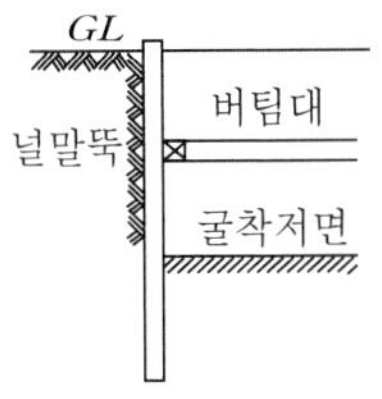

그림 2.37 버팀대(struct)공법

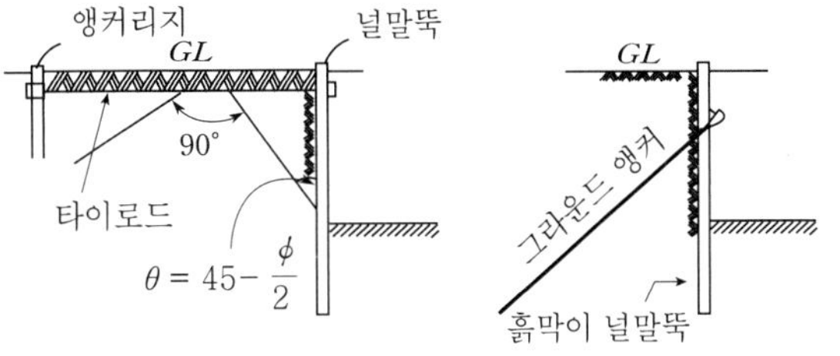

그림 2.38 타이백(tie back) 공법

(3) 아일랜드(Island) 공법

굴착저면 중앙부에 섬과 같이 기초부를 먼저 구축하여 이것을 발판으로하여 주면부를 시공하는 방법으로 건물의 기둥이나 교량의 교각 시공시 이용된다.

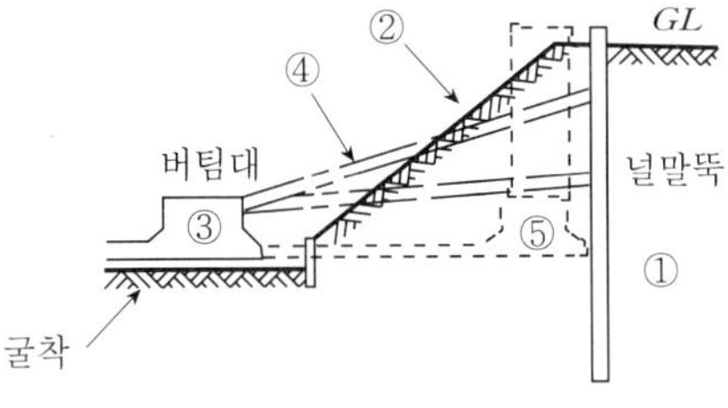

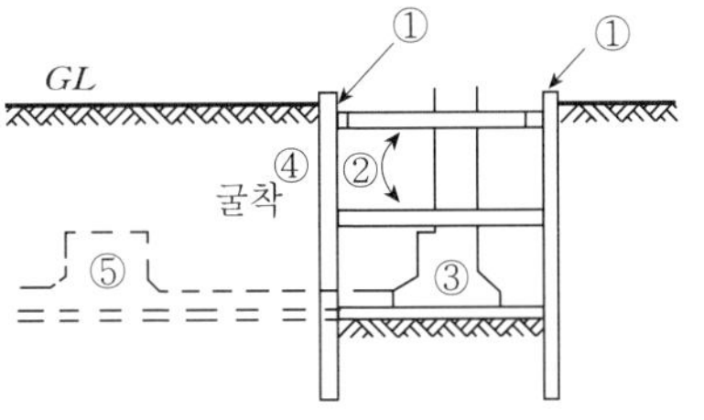

* 번호는 시공순서를 나타낸다.

그림 2.39 아일랜드 공법

그림 2.40 트랜치컷 공법

(4) 트렌치컷(Trench cut)

아일렌드 공법과는 반대로 먼저 주변부를 굴착 축조한 다음에 중앙부를 시공하는 방법으로 건물의 기둥이나 교량의 교각 시공시 이용된다.

(5) 역타공법(Top down 工法)

구조물의 기초를 그대로 지보공으로 이용하는 방법으로 대형 빌딩의 시공시 적용된 사례가 많이 있다.

(6) 프론트 잭킹(Front jacking) 공법

필요한 단면의 콘크리트 구조물을 미리 제작(precast)한 후 유압식 Jack를 이용하여 소정의 위치에 견인하는 특수공법으로 견인 방식에 따라 상호견인, 상호분할견인, 편측견인, 편측분할견인 등이 있으며, 철도나 도로 등의 지하를 굴착하고자 할 때 기존의 교통차단 없이 가능한 공법으로 도심지의 지하철 시공, 상・하수도 관로의 매설 등에 유용하게 적용되는 공법이다.

(a) 가시설 완료

(b) 함제제작 철근조립

(c) 구조물 추진

(d) 추진완료

그림 2.41 Front-jacking(철도횡단) 작업순서

(7) 파이프루프(Pipe roof) 공법

오거(auger)타입의 수평 천공기로 강관을 땅속에 압입시킨 후 내부를 오거로 굴착하여 루프를 형성시킨 후 지보공을 강관하부에 설치하여 내부를 굴착하는 공법으로 개착(open cut)이 불가한 경우 단구간(80m 정도)의 철도 도로, 하천 등을 횡단하고자 할 때 적용할 수 있는 유용한 공법이며, 파이프루프 공법은 도로, 철도, 지상구조물 등의 아래에 시공코자 하는 터널이나 구조물의 보조공법으로 널리 활용되고 있다.

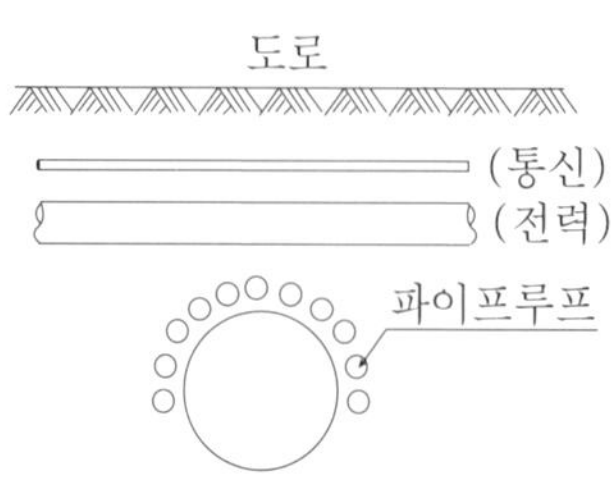

(a) 파이프루프 단면도

(b) 파이프루프 시공모습

그림 2.42 파이프루프 공법

2.4.2 토류벽(흙막이벽)

(1) 토류벽이란?

토류벽(earth retaining wall) 또는 흙막이벽은 벽체가 토압에 의해 변형이 일어나지 않을만큼 강성이 크다고 가정하여 Rankine이나 Coulomb의 토압이론을 적용하는 옹벽, 석축, 슬러리월(slurry wall), 주열식 말뚝 벽체(C.I.P 등) 등과 같은 강성벽체(riqid wall)와 굴착에 따른 벽체의 변위와 토압의 변화를 고려하여 탄소성 해석방법을 적용하는 토류판 벽체, 널말뚝(sheet pile) 벽체 등과 같은 연성벽체(flexible wall)로 구분된다.

토류벽은 본래 기초 터파기 공사중에 일어나는 토압, 수압 등의 측압에 대해 저항하는 것을 목적으로 시공되는 가설구조물이였으나 최근에는 도심지 구간 굴착공사가 빈번해짐에 따라 주변의 지반침하나 건물 보호를 목적으로 시공되는 등 그 이용 목적이 다양화되고 있다.

특히 근래에는 소음, 침하 등의 공해방지에 대처하여 개발된 현장치기 철근콘크리트 연속벽의 출현에 의해 단순한 가설 흙막이 벽으로써 뿐만아니라, 기초말뚝 및 내진벽 등 건물 본체의 일부로 이용되기도 한다.

다양한 흙막이 공법중 가장 효과적인 공법 선정을 위하여는 토질조건, 현장조건, 현장주변에 미치는 영향 및 공사비, 공사기간, 시공성 등을 종합적으로 고려하여야 하나, 이들을 간과하여 발생된 사고들의 원인을 알아보면 다음과 같다.

그림 2.43 토류벽 설치 후 지하층 시공모습(전면기초)

(2) 토류벽(흙막이공사)의 붕괴원인

1) 흙막이벽, 구조재의 설치간격, 이음 등 연결상태 불량
2) 토류판, 토류벽의 손상
3) 엄지말뚝의 설치간격 및 근입장의 부적정

4) 흙막이벽 배면 상부에 과재하중적치
5) 굴착방법 및 굴착순서의 부적정
6) 지하수 및 지표 유입수의 배제 불량
7) 부적합한 차수공법
8) 배수및 탈수에 의한 점성토의 압밀침하
9) 히빙(heaving)과 보일링(boiling) 대책 미흡
10) 지하매설물 등의 매립상태가 불안전한 경우 항타 등 작업에 따른 진동으로 인한 압축침하에 의한 지하 매설물, 구조물 등의 파괴로 흙막이 붕괴
11) 파이핑(piping) 현상으로 인한 흙막이벽 배면지반토의 이동과 공동현상에 따른 침하
12) 토류판 설치시 뒷채움 시공불량으로 인한 배면지반의 이동 및 침하
13) 엄지말뚝 인발시 진동 및 인발후의 공극채움 불량에 따른 침하

(3) 토류벽의 종류

1) 엄지말뚝+토류판

- H 형강(H-300×300×10×15, H-250×250×9×14 등)
- Rail 강(50kgN, 37kgN 등)

2) 널말뚝(sheet pile, 쉬트파일)

- 경량 쉬트파일
- 철제 쉬트파일

3) 주열(柱列)식 말뚝

- 철근+모르타르
- H 형강+모르타르
- 철근+콘크리트
- 강관+콘크리트
- 기성 콘크리트
- SCW+H 형강
- SCW+쉬트파일
- SCW+강관

4) 안정액 고화벽(cement+bentonite)

- H 형강+안정액
- H 형강+횡철판 안정액
- 강철판 안정액
- 강관 안정액
- 기성 콘크리트 안정액

5) 지하연속벽(Slurry walls, Diaphragm walls)

- 현장타설 지하연속벽
- PC 지하연속벽(안정액 고화)

(4) 지지구조에 의한 토류벽의 분류

1) 자립식 토류벽
2) 버팀보(strut)식 토류벽
3) 앵커(anchor)식 토류벽
4) 록 볼트(bolt)식 토류벽
5) 소일 네일링식 토류벽

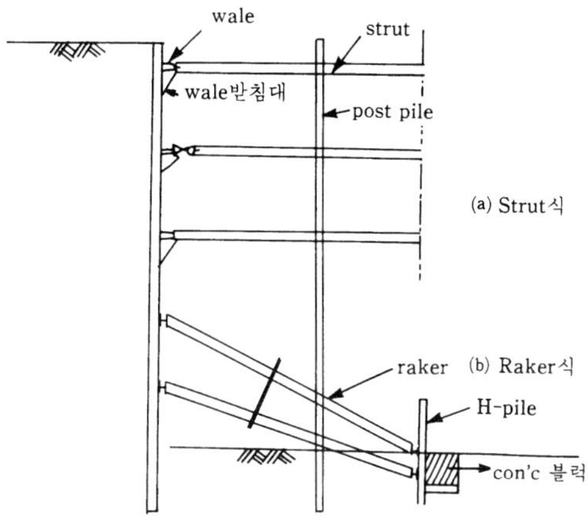

그림 2.44 버팀보식 지지구조

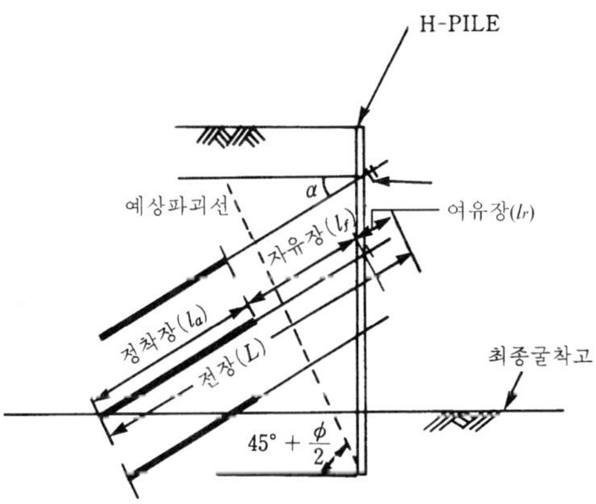

그림 2.45 어스앵커 지지구조

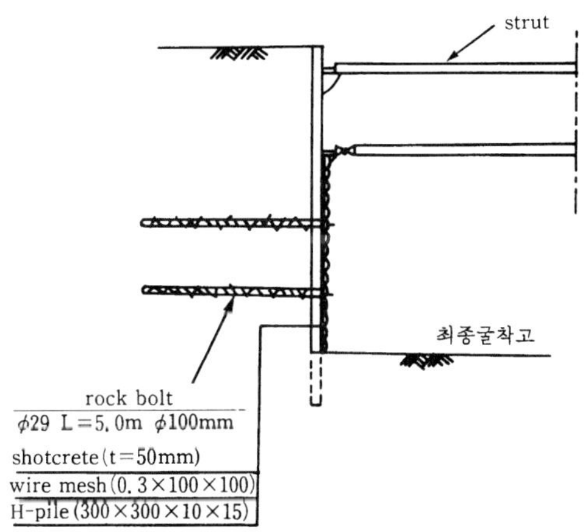

그림 2.46 록볼트 또는 록앵커식 지지구조(예)

(5) 엄지말뚝+토류판

땅파기를 실시할 경계면에 1.0~2.0m 간격으로 설치한 수직말뚝(H빔)과 굴착과 병행하여 설치되는 토류판으로 흙막이벽을 이루어 배면의 토압과 수압을 직접 지지하는 휨부재를 엄지말뚝이라 하며, 토류판 뒷채움부의 공간(틈)이나 부실한 뒷채움 및 토류판 사이로 토사 유출이 발생하여 노면의 침하, 엄지말뚝의 좌굴 등의 문제가 될 수도 있음에 주의하여야 한다.

그림 2.47 엄지말뚝 타입

그림 2.48 엄지말뚝, 토류판(목재), 버팀대

1) 특징

- 시공이 간편하다.
- 공사비가 저렴하다.

2) 시공 및 지하수에 대한 문제점

- 히빙(heaving)을 일으킬 우려가 있는 연약지반에서는 적용이 불가능하다.
- 타입 깊이가 불충분하면 주변지반 침하가 크게 발생할 수 있으므로 굴착저면 아래 1m 이상 타입하여야 한다.
- 전석층이 많은 지층 등에서는 타입이 곤란하다.
- 타입에 의한 말뚝은 시공시 소음 · 진동의 문제가 발생할 수 있으므로 이를 방지하기 위하여 선행굴착(preboring)을 병행하기도 한다.
- 지하수가 있는 지역에서는 사전에 지하수위를 내리는 배수공법 또는 차수공법의 선행이나 병행이 검토되어야 한다.
- 모래층 아래에 불투수층이 있어 호층(互層)이 되어 있는 경우 배수처리하기가 어렵다.
- 말뚝은 연직으로 설치하여야 하며, 바람직한 연직도는 근입깊이의 1/100~1/200 이내이다.
- 엄지말뚝을 인발할 경우 주위지반에 지장이 없어야 한다.

3) 재료

- 말뚝 : H-빔(H-pile), 레일파일(rail pile), 강관
- 토류판 : 판재(생송재), 철판

(6) 강널말뚝(Steel Sheet Pile)

1) 특징

- 강널말뚝은 차수벽과 토류벽의 동시역활이 가능함으로 연약지반이나 지하수가 많은 곳에서 비교적 용이하게 또한 싼 값으로 시공할 수 있다.
- 강널말뚝이 노후된 경우는 맞물림 부위의 지수성이 나빠질 수 있으나, 재질 자체의 강도와 내구성은 크게 문제되지 않는다.

그림 2.49 항타 완료된 Sheet pile

그림 2.50 Sheet pile 항타 후 터파기

그림 2.51 Sheet pile 인발(vibro 햄머)

그림 2.52 인발된 Sheet pile

2) 시공 및 지하수에 대한 문제점

- 사력층이나 조밀한 모래지반에서는 시공이 곤란하다(water-jet 장비를 이용할 경우 상당부분 관입이 가능함).
- 타입에 의한 시공시는 소음, 진동의 문제가 발생한다.

- 오거(auger)를 병용하여 강널말뚝(sheet pile)을 박아 넣으면 주변지반이 교란된다.
- 인발후의 뒷처리가 어렵고, 영향이 크다.
- 맞물림이 불완전하면 그 곳에 지하수가 집중되므로 모래의 유입이 심해져서 배면 함몰의 원인이 되고 또한 굴착면 저부에서는 보일링(Boiling)이 생기는 경우가 종종 있다.
- 강널말뚝(sheet pile)이 노후되거나 시공불량으로 인한 맞물림 부위의 접합이 제대로 되지 않을 경우 지수성이 좋지 않아 터파기를 할 때 주위에서 유입되는 물(지하수) 처리에 곤란을 겪기도 한다.
- 강널말뚝(sheet pile)의 맞물림 부위에 대한 밀실한 차수가 되도록 하기 위해 별도의 팽창 지수제를 사용하기도 한다.

(7) 지하연속벽 공법(Slurry wall, Diaphragm wall)

1) 개요

- 이 공법은 지하철의 개착식공법(부산지하철 1호선)이나 대형빌딩의 지하굴착(여의도 LG쌍둥이 빌딩)에서 많이 활용되는 공법이다.
- 지하연속벽 공법은 지반을 굴착할 때 굴착면이 무너지는 것을 방지함은 물론, 지하수의 유입을 차단하기 위하여 안정액(slurry, bentonite 현탁액 등)을 굴착부분에 채워 넣는 작업으로 이는 특수하게 고안된 크람셀이나 암반굴착(hydro-mill) 또는 하이드로 프르즈(hydro-prezor)장비 등을 사용하여 도랑을 굴착한 후 연속적으로 철근콘크리트를 타설함으로써 지중에 연속된 철근콘크리트 벽을 형성하는 공법이다.

2) 특징

- 소음과 진동이 적다.
- 임의의 치수와 형상을 선택할 수 있다.
- 벽체의 강성이 좋다.
- 연속벽 자체를 영구벽체로 활용이 가능하다.
- 차수성이 우수하다.

3) 시공상 문제점

- 지중 매설물을 사전에 철거할 필요가 있다.
- 시공비가 비교적 비싸다.

- 지반조건에 따라 굴착도랑이 붕괴될 우려가 있는 경우는 별도의 보강공법이 선행되어야 한다.
- 전석층에서 불가능한 경우도 있다.
- 사용된 안정액 및 슬라임(slime)과 안정액의 혼합토는 건축폐기물로 분류되고 있어 별도의 대책(폐기물 처리)이 요망된다.

4) 시공순서

- 크람셀(clamshell) 굴착기로 굴착할 때 흙이 무너지지 않도록 보호하는 안내벽(guide wall)을 설치한다.
- 전 굴착 길이를 5~6m 정도의 구간(panel)으로 나누어 벤토나이트 안정액을 주입하면서 굴착을 한다.
- 연결 부분의 거푸집 역할 및 치수 효과를 위하여 물림판(interlocking pipe, stop end tube)를 설치한다.
- 철근망을 조립하여 삽입 설치한 후, 2차로 슬라임(slime)을 제거한다.
- 1차로 벤토나이트 안정액 속에 혼합된 부유물과 토사가 바닥에 가라앉아 퇴적된 슬라임(slime)을 제거한다.
- 트레미관을 이용하여 콘크리트를 타설하고 떠올라오는 베토나이트 용액은 회수하여 재활용하거나 폐기물로 구분하여 처리한다.
- 콘크리트 초기 경화가 이루어지면(4~5시간후) 물림관을 연결한다.

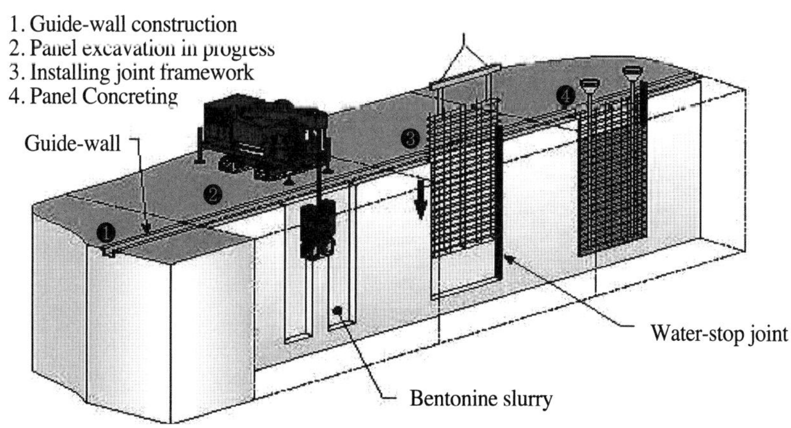

그림 2.53 slurry wall 작업공정현황

(8) 그라운드 앵커(Ground anchor)에 의한 토류벽지지

1) 시공순서

- 앵커지지를 위한 띠장과 브라켓을 설치한다.
- 종래에는 어스앵커(earth anchor)라 하였으나, 최근 한국지반공학회 등에서 그라운드 앵커(ground anchor)란 표현으로 통일하기로 하였다.
- 벽체의 단계별 굴착 후 토류판(timber)을 설치하여야 한다.
- 그라운드앵커 시공을 위한 천공(유압보링기, 크롤러드릴) 후 앵커체를 삽입한다.
- 1차, 2차 및 3차 그라우팅 주입을 서서히 한다.
- 앵커체 인장 후 정착시킨다.

2) 적용조건

- 굴착면적이 넓고 굴착깊이가 클 경우 효과적이다.
- 양호한 앵커체 정착지반이 있고, 피압지하수가 없을 때 가능하다.
- 현장 외부 용지에 여유가 있을 때는 문제가 없으나 용지가 없어 도로 등 다른 용지를 사용할 경우는 구조물이 완공되면 앵커(anchor) 재료(강선 또는 강봉)를 제거하여야 한다.

3) 적용토질

- 보통 조밀한 상태~매우 조밀한 상태의 토층
- 암반층에서는 확실한 효과가 보장된다.

4) 특징

- 작업공간을 최대한 이용하여 대형장비에 의한 굴착이 가능하여 시공능률이 좋다(양호한 workability 보장).
- 굴착 평면이 큰 경우에는 버팀공법보다 유리하다.
- 연속되는 공정시 공간의 활용이 자유롭다.
- 국부적인 벽면 파괴가 토류구조물의 전체 파괴로 이어지지 않는다.
- 영구형 앵커의 경우 공사 후 그라운드 앵커의 제거(복구)가 어렵다(도로와 인접된 공사시 그라운드 앵커를 도로면 하부에 방치하였다가 지하철이나 공동구 공사시에 크게 문제가 된 사례가 있음).
- 이웃 대지(도로)까지 앵커가 침범하여 민원이 발생할 소지가 있다.
- 정착지반이 연약한 경우 적합치 않다.

그림 2.54 그라운드 앵커(Ground anchor)에 의한 토류벽지지

그림 2.55 버팀대 설치모습

(9) 버팀대(Strut)에 의한 토류벽지지

1) 시공순서

① 벽체의 필요한 위치에 기 시공된 엄지 말뚝과 연결하여 토류판을 설치한다.

② 단계별 굴착후 띠장(wale)을 설치하여야 한다.

③ 띠장에 버팀대를 거치한다(수평버팀대).

④ 잭(jack)으로 버팀대에 프리스트레스(pre-stress)를 가한다.

2) 적용조건

- 주위 지반이 연약할 경우
- 외부 용지에 여유가 없을 때
- 굴착규모가 중규모 이하로서 평면형상이 사각형일 때

3) 적용토질

- 전 지층에 가능하다.
- 특히 연약한 점토 또는 느슨한 상태의 매립지나 퇴적 사질토 지반에 대해서는 가장 적합한 공법으로, 이는 굴착하면서 버팀대(strut)의 보강이 가능하기 때문이다.

4) 특징

- 벽체의 변형이나 파괴를 조기에 판별할 수 있다.
- 시공중이나 시공후에도 보강이 용이하다.
- 굴착면적이 좁으면 앵커공법보다 저렴할 수 있다.

- 대부분의 자재를 재사용할 수 있어 자재의 소모가 적다.
- 최근에는 유압 잭(hydro-jack)을 이용하여 버팀대에 선행하중을 가함으로써 벽체의 변위를 억제하거나 감소시킨다.
- 넓은 지역에서는 사용이 곤란하며 고가이어서 시공이 곤란하다.
- 버팀대의 국부적 파괴가 토류구조물 전체에 치명적인 경우가 많다.
- 시공편의상 제때에 버팀대 설치가 어려워 배면 변형을 초래할 수 있다.
- 버팀대를 균형되게 설치해야 하므로 굴착시는 물론 굴착이 완료된 후 콘크리트 치기 등에서 작업 공간의 제약을 받는다.
- 다음 공정진행에 지장을 준다(현장에서 다음 공정과 병행작업 곤란).

(10) 복공판(覆工板, Panel board)

차량이나 보행자의 통행을 차단하지 않고 지하를 굴착코자 할 경우 일시적으로 토류벽 상단에 설치하는 상자모양의 판(panel) 을 말하며, 대부분 철재로 되어 있고 특수한 경우 콘크리트판(PC)이 사용되고 있다. 개착식 지하철의 경우 복공판 연장이 수km에 달해 미끄럼이나 추락 등에 의한 차량사고, 인명피해 등이 발생되어 사회적 문제가 되기도 한 사례가 있는 바 안전에 특히 유의하여야 한다.

복공(覆工, lining)이란 용어는 터널에서 굴착후 본바닥을 콘크리트로 피복하거나, 관이나 수조 등의 안쪽을 보호하기 위해 약품이나 단열재로 피복하는 의미로 널리 사용되고 있다.

그림 2.56 복공판

(11) 소일네일링(Soil nailing)

소일네일링 공법은 NATM과 유사한 지반보강공법으로 사면보강 및 굴착면에 대한 유연한 지보 목적으로 유럽이나 북미지역에서 널리 활용되고 있으며, 굴착이나 절토과정을 통해 일련의 보강 작업이 이루어지는 소일네일링과 아래에서 위로 뒷채움을 해가는 보강토의 시공과정은 서로 상이하지만 사면보강이란 면에서는 공법의 유사점이 많다.

소일네일링 시공은 그림 2.57과 같이 비탈면이나 굴착면이 자립할 수 있는 높이까지 굴착과 동시에 숏크리트로 표면을 보호하고 굴착배면에 천공 등의 방법으로 보강재를 박아 넣어 보강토체를 형성하는 공법으로 신속성과 단순성뿐 아니라 대형건설기계가 동원되지 않는다는 장점을 갖고 있다.

(a) 굴착 (b) 네일의 설치 (c) 숏크리트 타설 (d) 굴착

그림 2.57 소일네일링 시공순서

2.4.3 지반개량

(1) 공법의 종류

1) 지반보강 및 차수 : J.S.P, R.J.P, S.G.R
2) 토류벽 보강 및 치수 : S.C.W, L.W, C.I.P, S.C.M
3) 기초용 : S.I.P, R.C.D, M.J.M

(2) SCW공법(Soil cement wall)

지중의 토사를 원래의 상태에서 골재로 간주하고, 여기에 경화재(cement paste)를 주입하여 교반 · 혼합함으로써 고결시키는 지반개량 공법이다.

1) 특징

- 말뚝타입 공법에 비교하여 소음 및 진동이 거의 없어 시가지 공사에 유리하다.
- 현장토사를 골재로서 이용하기 때문에 발생 슬라임이 적어질 수 있다.
- 흙막이벽으로서는 토류판이 필요없으며, 별도의 차수가 필요없다.
- 흙막이벽으로서 강성이 커 구조적 안정성이 좋으며, 굴토시 주변지반 침하가 적다.
- 연약지반, 물이 많은 지역, 그리고 인접구조물 밀집지역에 본 공법이 유리하다.
- 수직도가 높은 주열벽을 조성할 수 있어 지수성이 우수하다.

• 지층의 강도가 N값 30이하에서 효과적이며 N값이 50/15(풍화암)까지는 시공이 가능하다.

2) 공법의 활용

① 흙막이벽 : 토압에 대한 응력재로 H형강, PC말뚝 등과 같은 엄지말뚝을 병행할 경우 효과가 크다.

② 차수벽 : 하천 제방안에 차수벽을 설치할 경우나 말뚝, 토류판 등 토류공법 배면의 차수목적에 이용한다.

③ 관로공사에서의 자반이완 방지 : 관을 압송할 때 관 주변의 토사가 관입방향으로 빨려들어 관 주변지반이 이완되는 경우 소일 시멘트벽을 시공하여 지반 이완을 방지할 수 있다.

④ 케이슨 침하시 지반 이완 방지 : 오픈 케이슨 침설을 할 때 그 주변에 소일 시멘트벽을 설치하여 보일링이나 히빙을 방지할 뿐 아니라, 원활히 굴착을 가능케 하고 케이슨 주변지반의 안정을 도모한다.

⑤ 저수지 저부에서 누수방지 : 어스 댐에서 침윤선에 의해 누수가 발생될 불투수층까지 소일 시멘트벽을 시공하여 누수를 방지한다.

⑥ 널말뚝의 저소음 저진동 건입공사 : 널말뚝 시공시 압입이 곤란한 사력층이나 매우 단단한 지층에 우선 소일 시메트 벽을 조성하고 시멘트벽 경화전에 널말뚝을 병풍형으로 건입하면 널말뚝의 수직도와 연결성을 향상시킬 수 있어 큰 효과를 기대할 수 있다.

(3) JSP공법(Jumbo special pile)

200kgf/cm^{2}의 고압 제트류를 이용하여 연약지반을 개량하는 고압분사 주입공법으로서 이중관(double rod)선단에 정착된 제팅 노즐을 통해서 경하재를 분사하며 노즐이 1~1.5 회전시 롯드가 자동으로 일정 높이까지 상승 동작을 반복하여 지중에 원형의 고결체를 형성하는 공법으로 개량 부위가 비교적 균질의 소일 시멘트이고 일축압축강도가 크기 때문에 전단저항이 타공법에 비해 월등히 커 지반개량에 효과적이다.

차수용으로 시공시 균질의 고강도 차수벽이 형성되기 때문에 차수효과가 크고, 장기간 공사시 외력에 의한 충격 및 진동에도 저항력이 커서 적용분야가 다양하지만 공사비가 비싸다는 흠이 있어 현장 적용에 어려움이 있다.

이와 유사한 공법으로 보다 강력한 분사력을 가진 300~600kgf/cm^{2}의 초고압 제트류를 이용한 R.J.P 공법(rodin jet pile)도 특수한 현장에서 활용되어 지고 있다.

1) 특징

- 경화재가 고압에 의해 분사되므로 지반 개량효과가 우수하다.
- 적용대상 토질범위가 넓다.
- 소음 및 진동이 적다.
- 시공 장비가 소형이므로 좁은 장소에 적당하다.
- 계획지층까지 정확한 시공이 가능하다.
- 유속이 있는 지층에서는 품질확보가 어렵다.
- 압력분사를 감안한 시공관리를 시행함으로 주변지반의 융기현상을 예방할 수 있다.

2) 공법의 활용

- 각종 구조물의 기초지반 개량이 필요한 경우
- 확실한 앵커 블록용 지반을 형성하고자 할 경우
- 사력 및 전석층에 말뚝기초로 적용 할 경우
- 지하차수벽의 차수에 대한 신뢰성 제고를 할 경우
- 토류벽의 안정이나 배면의 차수효과 증진이 필요한 경우
- 사면 활동 방지를 목적으로 할 경우
- 언더피닝(underpining)공법 적용시 보조공법으로 이용

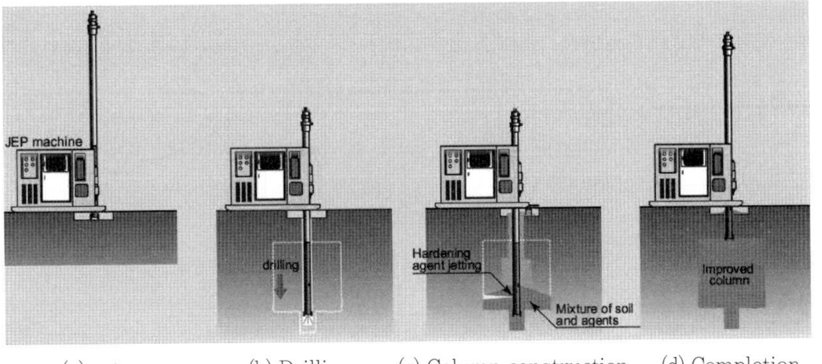

(a) set up (b) Drilling (c) Column construction (d) Completion

그림 2.58 JEP공법 시공순서

(4) RJP공법(Rodin jet pile)

1) 개요

- RJP공법은 초고압수 분류체와 공기 분류체, 초고압 경화 분류체와 공기 분류체를 다중관

롯드의 선단에 장착된 모니터를 통해 합류시키는 2단계 분할방식 분사이다.

- 압축공기로 에워싼 청수를 300~600kg/cm^{2}의 초고압으로 분사하여 지반을 1차 절삭한 후 교반시키고 다시 압축공기로 에워싼 시멘트풀을 초고압으로 분사하여 지반을 2차 절삭, 교반한다. 1~2차 절삭, 교반 후 로드를 회전, 상승시키는 과정을 반복하여 토질에 따라 직경 2,000mm~3,000mm 이상의 원형 개량체를 지중에 만드는 공법이다.

2) 공법의 활용

- 교량기초 보강
- 터널갱구부 보강공법
- 지하 흙막이벽 차수공법
- 기초보강공법
- 히빙(Heaving) 방지용 지반개량

(5) SGR공법(Space grouting rocket system)

이중관 롯드 특수 첨단장치(rocket)를 부착시켜 대상 지반중에 유도공간을 형성하고 단계별 50cm 간격으로 경화재를 저압 주입함으로써 지반을 개량하는 공법으로 약액주입에 의한 겔(gel)이 형성되어 차수효과가 뛰어나고 대상 토질에 따라 고결시간 조절이 쉽다.

주입약품이 특수하며 단기간의 차수효과는 있으나 외력에 의한 저항이 없어 장기간 공사에는 적합하지 않고(도심지 지하철 등), 강도가 극히 미소하므로 한시적인 지반개량이나 국소적인 지반강도 증진에 활용할 수 있어 많이 사용되었으나 최근에는 사용빈도가 줄어들고 있다.

1) 특징

- 여러 종류의 주입재에 의해 적용토질 범위가 넓다.
- 소규모의 기계장비들에 의해 지중에서도 유도공간을 형성 그라우트재를 주입할 수 있다.
- 시멘트를 사용하는 그라우팅에 비해 압축강도 및 전단저항은 적으나 차수나 점착력 증진을 목적으로 사용된다.
- 시공중 지반교란 없이 공극수가 많은 점성토 지반에 효과가 우수하다.

2) 공법의 활용

- 차수벽이 필요한 경우
- 기존 구조물의 기초 보강이 필요한 경우

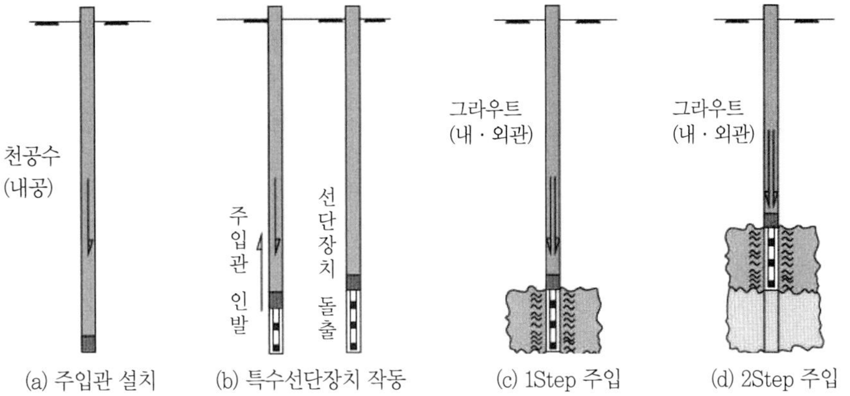

그림 2.59 SGP공법 시공순서

(6) LW공법(Labiless Wasser Glass공법)

주입공법의 일종으로 대상 지중에 Φ100m/m 천공 및 케이싱을 설치하고 만젯(manjet) 튜브를 삽입하여 그 주위에 시일(seal)제(시멘트+벤토나이트)를 진충시키고 이중 팩커를 사용하여 시멘트에 규산소다를 첨가한 물유리계 현탁액을 주입하여 지반을 고결시킴으로써 지반을 개량하는 공법으로 주입을 수 회 나누어서 주입하므로 주입압력의 세심한 측정이 필요하며, 효과는 불확실하나 공사비가 저렴하다.

개량부위가 불균질 액상 주입상태이므로 장기간 상태에서는 차수효과가 떨어지고 특히 외력에 의한 진동 및 충격에 저항이 적다.

1) 특징

- 점착력과 N값이 증가하고 차수성을 확보한다.
- 이중 팩커를 사용 자유로이 상·하 이동이 가능하므로 주입위치, 주입재의 종류를 변화시키면서 주입 가능한 위치에 따라 주입량을 조절 할 수 있다.
- 동일 위치에 재주입이 가능하며, 팩커 효과에 의한 월류 현상이 없다.
- 차수벽 형성과 연약지반 개량공법에 효과가 크다.
- 천공과 주입공정을 분리할 수 있어 품질관리 향상이 가능하다.

2) 공법의 활용

- 부분적인 연약지빈 개량이 필요한 경우
- 토류벽 시공시 지하수위를 저하시키거나 차수효과 기대를 위한 보조공법 필요시

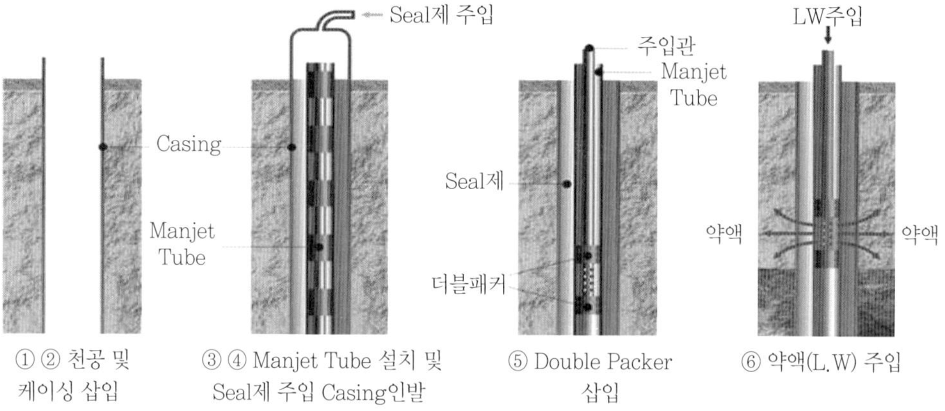

그림 2.60 L.W공법 시공순서

(7) CIP공법(Cast in concrete pile)

오거나 보링기로 천공한 구멍의 자립을 안정액이나 케이싱으로 처리하고 구멍내에 콘크리트를 타설하여 지중에 주열 벽체를 형성하는 공법이며, 각 주열은 연속되게 천공하여야 한다.

주열내에는 철근이나 H빔을 삽입 후 콘크리트를 타설함으로써 강널말뚝이나 가로널말뚝에 비해 휨강성이 크고 토압이나 수압에도 유리할 뿐 아니라, 소요장비도 간편하여 소규모의 단기간에 끝날 수 있는 건축공사 등에서 자주 이용되고 있다.

1) 특징

- 오거형이나 TBM과 같은 수세식 천공장비 사용이 가능한 곳에서는 무소음, 무진동으로 시공된다.
- 천공방법에 따라 로터리 천공, 퍼쿠션(percussion) 천공, R.C.D 천공의 방법이 있다.
- 시공 심도 40m 정도의 대심도를 요구하는 경우는 대구경(800mm 이상)으로 시공하는 것이 효과적이며 이는 히빙(heaving) 방지에도 유효하다.
- 말뚝의 수직도가 높고(연속되게 시공되는 CIP의 경우 오거형 천공에 의해서 보통 17m정도까지는 수직도가 확보됨) 강성이 크다.
- 강성이 크고 수밀성이 좋으므로 안전성이 높다.
- 겹이음에 대한 시공상 문제는 그라우팅 등의 보조공법이 필요하다.
- 기초 말뚝 및 내진 벽 등 본체 구조물의 일부로서의 이용도 가능하다.
- 다른 흙막이벽에 비하여 공사기간, 공사비 면에서 불리하다.
- 연속벽체는 영구 구조물로 사용이 가능하다.

2) 공법의 활용

- 구조물의 기초나 소형 건축물의 지하 굴착을 위한 차수벽이나 토류벽이 필요한 경우
- 지하 터파기를 위한 가설 토류벽 및 차수벽이 필요한 경우

3) 시공시 유의사항

- 천공시 발생되는 슬라임 처리를 확실히 한다.
- 수중콘크리트 타설시 철저한 품질관리가 요망된다.
- 콘크리트 타설시 철근망이 부상(浮上)되지 않도록 한다.

4) 시공순서

(1) 천공 → (2) 슬라임 제거 → (3) 철근망 설치 → (4) 콘크리트 타설 → (5) 두부정리

(8) SIP공법(Soil-cement injected pile)

지중에 천공을 하고 천공내에 시멘트 밀크를 주입한 후 말뚝을 삽입시켜 상부하중을 지지하는 공법으로 도심지 건축현장의 지하굴착에 많이 활용되는 공법이며, 강관이나 H-pile과 같은 체적이 적은 말뚝을 사용할 경우 1축 오거를 이용하여 지중에 소일 시멘트(soil cement)를 만든 후 말뚝을 시공하면 부착력과 마찰력이 확보될 수 있다.

1) 특징

- 무소음, 무진동 공법이다.
- 공정이 복잡하므로 시공속도가 느리다.
- 심도에 큰 영향이 없다.
- 시멘트 밀크와 말뚝의 부착력 강화가 중요하다.

2) 공법의 활용

- 도심지 구조물이나 건축물의 기초공사용
- 인접한 중요 시설물 근처 근접시공을 위한 보호 시설용
- 주로 타입식 기성 말뚝기초 대안으로 적용

(9) RCD공법(Reverse circulation drill)(제5장 5.4.2(3) 참조)

1) 개요

로터리 비트를 회전에 의해 굴착하고 순환수(정수)와 함께 드릴로드 파이프를 통해 굴착한 토사와 물을 동시에 배출시켜 계획 지층까지 천공하면서 공벽내 수압을 최소 0.2kgf/cm^{2}되게 수위를 유지하여 옹벽 붕괴를 방지하며 천공이 완료되면 철조망을 삽입하고 콘크리트를 타설하여 기초를 형성하는 공법이다.

최근에는 대형 비트를 이용한 대구경(D=3~4m)의 교각 기초 시공이 가능함에 따라 시가지에서 큰 규모의 도시고속도로, 지하철 등의 토목공사에 많이 활용되고 있다.

2) 공법의 특징

- 대부분의 지층에서 케이싱 필요없이 굴착이 가능하다.
- 깊은 심도까지 시공이 가능하다.
- 이수(泥水)환류 설비공간이 필요하다.
- 수중 콘크리트를 타설해야 한다.
- 순환수에 안정액(bentonite 등)을 섞어 시공할 경우 케이싱의 사용을 최대한 억제할 수 있다.

(10) MJM공법(Mortar Jet Method)

3중관 롯드로 개량하고자 하는 깊이까지 천공하여 고압수와 압축공기로 지반을 절삭 이완시키며 지중에 인위적 공간을 형성 시킨 후, 롯드를 상향으로 인발하면서 내구성 약액을 혼합한 시멘트 모르타르(φ 7mm 이하 모래)를 고압분사 주입하는 공법으로 이는 연약한 지반 대신에 새로운 주상형 고결체를 형성시키는 치환공법이라 할 수 있으며, 지중 연속벽과 같은 지반보강이나 기초(지지)파일로 활용되기도 한다.

1) 특징

- 원지반 절삭과 고압분사 주입이 단일공정으로 시공성이 양호하고 경제적이다.
- 대공극 및 지하수의 유속이 빠른 지층도 주입재 유실없이 시공 효과가 확실히 보증될 수 있다.
- 압축공기를 하부에서 상부 표토방향으로 분사하여 슬라임 배출이 용이하다.
- 개량경과 다른 가설물과의 밀착성이 양호하여 차수성이 우수하다.
- CIP대용시 별도의 차수벽이 없어 공사기간을 단축시킬 수 있다.

- Sheet Pile 설치시 하단부 침투수를 차단하기 위한 공법으로도 이용된다.
- MJM 공법은 고강도 파일개념의 적용이 가능하다.
- φ 800~2000mm 정도의 구근을 형성할 수 있다.

2) 공법의 활용

- CIP 대체
- 토류벽 · 차수벽
- 건물이나 교량의 기초 보강
- 하천제방의 기초 보강
- 기존구조물이나 터널의 지반 보강
- 옹벽 기초보강 및 슬라이딩(Sliding) 방지
- 각종 관로 연약지반 보강기초

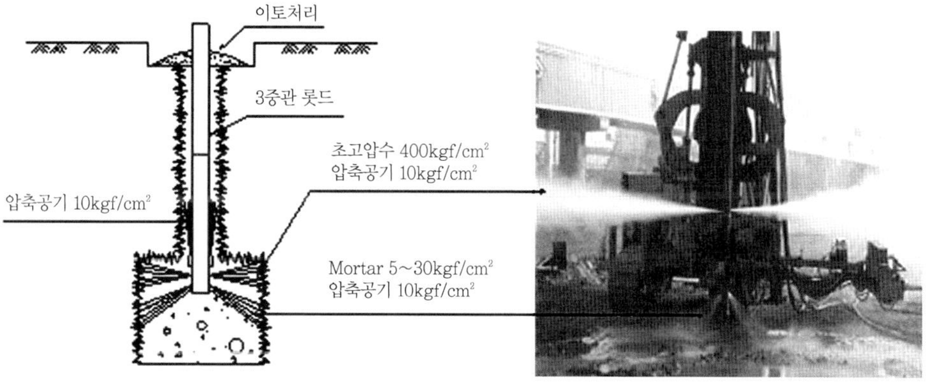

그림 2.61 초고압수에 의한 공간형성후 모르타르 주입 모습

(11) SCM공법(Special Chemical Grouting Method)

맥상 주입의 단점을 보완할 수 있는 약액주입공법으로 2중관 롯드에 의한 분사방식과 특수선단 장치에 의한 스크류 타입 노즐로 주입 회전하면서 상향식으로 인발하는 공법이며. 대상지반을 균일하게 혼합시켜 반영구적 차수벽을 형성함으로 연약지반을 보강할 수 있는 공법으로 φ 300~800mm의 구근 형성이 가능하다.

1) 특징

- 시멘트를 특수선단장치로 절삭 이완시켜 혼합 주입시키므로 점토층, 실트층, 세사층에서도 차수보강 효과가 우수한 경제적인 공법이다.

- 중고압의 혼합침투로 구근형성이 확실한 주입효과가 가능하다.
- 내구성 약액을 사용하여 강도가 조기에 발현되어 차수 및 지반보강 효과가 우수하고 토질에 따라 수직 벽체로도 사용 가능하다.
- 겔타임 조절이 용이하여 유속의 흐름이 빠른 자갈, 전석층에서도 주입재 유실없이 주입이 가능하다.
- 나트륨 용탈 현상이 적어 토양 오염을 방지하는 친환경적 공법이다.
- 스크류 타입의 주입으로 주입재의 균일한 침투가 가능하므로 균일한 구근형성 및 강도 유지가 가능하다.

2) 공법의 활용

- 굴착공사시 지하수 유입 및 보일링, 히빙 방지
- 터널 또는 수직구 지하수의 유입방지 및 지반고결
- C.I.P 이음부의 배면 차수벽이 필요한 경우
- 관로매설용 자립식 토류벽, 암거(Box culvert)기초 침하방지

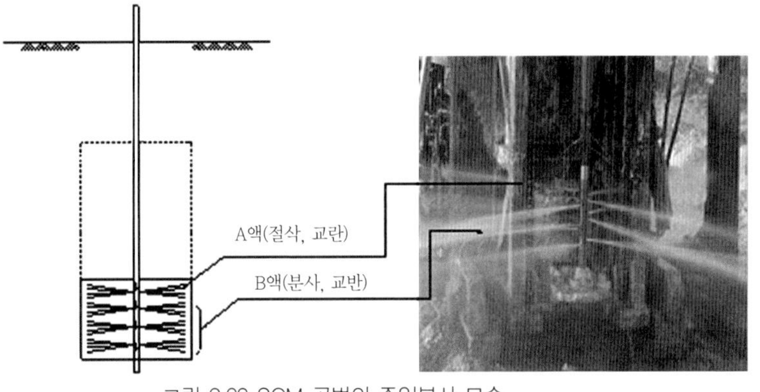

그림 2.62 SCM 공법의 주입분사 모습

(12) 흙막이벽의 종류별 비교

흙막이벽의 시공목적은 흙막이벽 자체가 아니라, 구조물 시공을 위한 가설공사이므로 가능한 값싸고 단기간에 흙막이벽 설치를 완료코자 하나, 이는 자칫 큰 화를 불러올수 있으므로 책임기술자와 담당자는 본구조물의 시공기간, 현장주변여건, 지반조건 등을 면밀히 고려한 후 공법을 선정하여야 한다.

도심지 지하철 공사와 같이 특수한 경우는 토류벽 존치 기간이 7~8년이나 되는 경우도 있으며, 단기간을 예상한 구조물일지라도 예상치 않은 민원이나 후속공정의 문제로 장기간 방치되

표 2.9 흙막벽의 종류별 비교

구분	H-Pile+토류판	C.I.P (cast in place pile)	S.C.W (soil cement wall)	널말뚝 (sheet pile)	지중연속벽 (diaphragm wall)
개요	• 천공하여 H-pile 삽입 • 굴착 및 토류판 설치	• 시추기로 천공 • 철근삽입 및 콘크리트 타설	• 천공후 주입재와 지반을 혼합 • H-pile을 보강재로 이용	• 계획심도까지 강널말뚝 항타 • 차수벽과 토류벽의 역할을 동시에 함	• 특수장비로 trench 굴착 • 철근망 삽입 및 콘크리트 타설
장점	• 시공이 간단 • 소음, 진동영향 • 자재 재사용 가능	• 벽체강성이 좋음 • 불규칙한 평면형에 적응성이 좋음 • 장비 소규모	• 차수효과 큼 • 토사유실이 매우 적음 • 공기가 짧음	• 시공이 빠름 • 차수효과 우수함 • 대규모 공사에 적용	• 벽체강성이 우수 • 완전차수 가능 • 건물벽체로 사용가능 • 대심도 굴착 가능
단점	• 보조 차수 필요 • 토사유출로 인한 주변지반침하 우려 • 연약지반등엔 불가 (heaving)	• 암반층은 시공에 많은 시간 소요 • 보조차수 필요	• 자갈,암층 시공곤란 • H-pile 회수 불가	• 항타로 소음발생 • 연결부가 이탈한 경우 상당히 곤란 • 사력층, 조밀한 모래 지반 시공 곤란	• 공사비 고가 • 장비 규모 큼 • 철저한 시공관리 요망
시공 순서	• 천공 • 케이싱 설치 • H-pile 설치 • 토류판 설치	• 천공 • 케이싱 설치 • 철근 설치 • 자갈추입 타설 • 시멘트 페이스트 주입 • 케이싱 해체	• 오리 천공 • 안정제 주입혼합 교란 • H-pile 삽입	• 쉬트 파일 설치 (직타) • 필요시 천공후 항타	• 가이드 월 설치 • 철근망 삽입 • 콘크리트 타설
대상 지역	• 얕은 심도굴착 • 배면에 보조공법 적용 가능할 경우	• 깊은심도 굴착 곤란 • 차수 대책이 크게 요구되지 않는 지역	• 사질층이 깊게 분포하고 지하수위가 높은 도심지역	• 연약지반이나 점성토 지반 • 별도의 차수가 필요한 지역	• 도심지 근접시공의 대규모 굴착 지역

는 경우도 있으므로 흙막이 공법의 선정은 충분한 주의가 요망된다.

2.5 비탈면 보호(사면안정, 斜面安定)

2.5.1 개요

(1) 비탈면(사면, 斜面)의 존재

구조물이나 포장 등을 시공하기 위한 준비공으로 토공사를 하는 경우는 절·성토면의 흔적이 없어 아무런 문제가 없으나, 토공사 자체로 마무리되는 절토사면이나 성토사면의 경우에는 이에 대한 안정대책의 수립이 요망되며, 특히 비탈면의 경사가 20m이상인 대절토 사면의 경우는 토질 및 역학적인 관점에서 탄성파 검사나 시추조사 등의 공학적인 조사와 시험을 실시하고 암반에 대한 불연속의 특성을 파악하는 등의 별도의 사면안정 해석을 하여야 한다.

사면은 생성과정에 따라 성토사면과 절토사면, 지반에 따라 토사사면과 암반사면으로 불리어지며, 또한 이들은 활동면의 깊이가 사면의 높이에 비해 비교적 큰 관계로 파괴형상이 직선, 원호, 복합곡선으로 이루어지는 유한사면(finite slope)과 활동면의 깊이가 사면의 높이에 비해 작은 관계로 파괴형상이 직선으로만 이루어지는 무한사면(infinite slope)로 나누어진다.

(2) 사면의 붕괴

1) 사면의 붕괴는 대부분 절토사면에서 일어나고 있으며, 준공 후 상당기간이 경과하였음에도 우기나 해빙기 시에 붕괴, 붕락 등이 일어나 교통사고는 물론 교통이 두절되는 등의 사회적 문제를 야기시키는 경우도 있다.
2) 성토사면의 붕괴는 주로 연약지반에서 일어나며, 이는 현지 지형에 대한 사전조사 불충분이나, 침하속도를 고려하지 않은 급속시공에 기인되는 시공부실(施工不實)이 주원인이라 할 수 있다.
3) "낙석주의"란 도로 표지판은 이와 같은 사면의 붕락이 우리들 주위에서 가끔 일어나고 있음을 알 수 있으며, 특히 대형 절토사면이 있는 도로의 유지관리 담당자는 해빙기에 각별한 주의가 요망되고 있다.

(3) 사면보호의 목적

사면보호는 성토사면이나 암반사면에서 단순히 미관을 위한 식재 등 조경이 주목적인 경우와 붕괴나 붕락(sliding)을 방지하여 사면을 이용하거나 통행하는 이용자에게 안전을 도모케함에 주목적이 있는 경우로 나누어 볼수 있다.

이들에 대한 수단으로 잔디나 나무를 심는 식생공(植生工)과 구조물을 설치하는 구조물 설치공으로 나누어지지만, 어느 경우든 현장 상황(지질, 위치 등), 비탈면의 안정성, 경제성, 미관, 유지보수 등을 고려한 종합적인 검토가 이루어진 후 환경친화적인 공법이 채택되거나 적용될 수 있어야 한다.

(4) 사면안정 공법의 종류

1) 억제공법(보호공법) : 강우, 융설 등과 같이 물의 영향에 의하여 사면의 안전율이 감소하는 것을 방지하는 공법이다.

2) 억지공법(안정공법) : 말뚝이나 앵커 등의 저항력을 이용하여 사면의 안전율을 증가시켜 주는 공법이다.

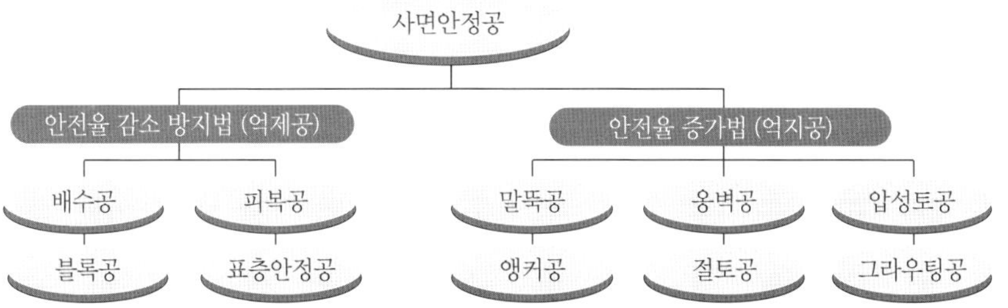

그림 2.63 사면안정 공법의 종류

그림 2.64 Seed spray 모습

2.5.2 사면보호 공법

(1) 사면보호 공법의 종류

공 종	개 요	공 법
피복공	사면을 식물, 인조섬유, 숏크리트 등으로 피복함으로써 우수에 의한 침식, 표층붕락, 세굴 등을 방지	• 사면보호용 식생공법 • 암반사면 녹화공법
구조물공	침식, 세굴, 풍화 및 동상으로부터 사면을 보호하기 위하여 사면 표면에 블록이나 구조물을 설치	• 붙임공 • 콘크리트 격자공 • 콘크리트 뿜어붙이기 공법
배수공	지표로부터 우수가 지중으로 유입되는 것을 방지하고 지중에 침투한 침투수를 신속히 배제하여 사면의 파괴를 방지하는 공법	• 지하배수구(맹암거) • 돌망태공 • 수평배수공

(2) 피복공

1) 사면 보호용 식생공법(토사용)

공 종	개 요	적용성
씨앗뿜어 붙이기공	씨앗, 비료, 흙 등의 뿜어붙일 재료에 물을 가한 혼합재료를 뿜어 붙이기 기계를 사용하여 사면에 뿜어붙이는 공법	• 토사깎기 사면에 적용성이 높음 • 시공 능률이 좋음 • 도랑 객토공과 병용 가능
식생매트공	씨앗, 비료 등을 정착한 매튜류로 사면을 전면적으로 피복하는 공법	• 식생이 왕성 할 때까지 매트에 의한 피복효과가 있으므로 계절에 관계 없이 시공이 가능
식생망태공	비옥토에 씨앗을 혼합해서 망태에 넣은 것을 사면에 붙임	• 씨앗, 비옥토의 유실이 적으며 지반에 밀착 • 급구배 사면 및 사계절 시공 가능
부분객토 식생공	사면에 구멍을 파고 비료와 객토, 씨앗을 넣고 복토, 양생하는 공법	• 비료의 유실이 적음 • 사면의 굳은 곳에 적합함.

2) 암반사면 녹화공법(풍화암, 발파암)

공 종	개 요	적용성
줄떼공	식생토를 사용해서 사면 하단부에서부터 줄떼를 사면에 함 부치고 흙을 씌워 두들겨 마무리	• 성토 사면에 사용 • 사면에 줄떼의 망상 조직을 끼워서 안정
평떼공	사면 어깨로부터 떼의 긴 변을 수평방향으로 놓고 떼와 사면이 밀착되도록 시공	• 깎기사면에 일반적으로 사용
자연표토 복원공	자연토양을 주 재료로 조성한 녹화 기반 토양을 액체상태로 사면에 분사 취부하여 녹화	• 생태 복원을 위한 산림표토의 복원 • 표층붕괴 및 슬라이딩 억제 • 풍화암 및 발파암에 적용
녹생토공법	식생이 불가한 암반사면에 부착망을 앵커핀과 착지핀으로 고정시킨후 토양개량제와 양잔디 씨앗을 혼합하여 뿌림	• 주요 경관지역 조기 녹화와 낙석방지효과 • 발파암에 적용
텍솔녹화토 공법	녹생토공법과 유사한 토양개량제에 폴리에스터 연속장 섬유를 추가 혼합하여 뿌림	• 주요 경관지역 조기 녹화와 낙석방지 효과 • 화학섬유의 혼합으로 인해 균열억제 • 토사, 풍화암, 발파암 모두 적용 가능
법면녹화배토 습식공법	특정입도의 흙을 제조하고 알콜레진 601P 및 미생물 펄프를 이용하여 습식분사	• 주요 경관지역 조기녹화 및 낙석방지 공법 • 토사, 풍화암, 발파암 모두 적용가능

(3) 격자공(格子工)

1) 콘크리트 격자공

공 종	개 요	적용성
콘크리트 블록격자공	격자는 일반적으로 프리캐스트 제품으로서 격자내에 객토나 식생 혹은 블록을 깔아서 침식방지	• 용수가 있는 깎기사면, 자대사면, 표준구배보다 급한 성토사면에서 식생이 부적합한 곳에 적용
현장콘크리트 타설격자공	격자는 철근콘크리트의 현장타설로써 용수처리를 충분히 하고 상황에 따라 블록 깔기, 돌붙임 식생 등으로 보호	• 용수가 있는 풍화암, 장대사면 등에서 사면의 장기적 안정이 염려되는 곳

2) 프라스틱류 격자공 : 격자에 콘크리트 대신 프라스틱 사용

그림 2.65 콘크리트 격자공(진주–통영 고속도로)

(4) 돌쌓기(석축, 石築) 및 돌의 분류

1) 돌쌓기공의 종류

① 찰쌓기(wet masonry) : 높이가 4～5m 이상인 성토법면에 접합하며, 돌의 접합부에는 모르타르(mortar)를 채워 올라가는 공법으로 옹벽의 일종이다.

② 메쌓기(dry masonry) : 높이가 비교적 낮은 성토법면에 채움재없이 돌만 사용하는 공법으로 옹벽의 일종이다.

③ 돌붙임 : 성토법면에 떼 또는 하천이나 댐 제방의 호안 블럭 대신 현장에서 생산된 돌을 부쳐 법면을 보호하는 공법이다. 돌이 많은 현장의 경우 돌을 유용할 수 있어 효과적이다.

④ 자연석 쌓기 : 현장에서 생산된 돌을 유용하여 성토법면이나 산책로 등에 조경을 주목적으로 할 때 이용되는 옹벽의 형태이다.

2) 돌의 분류(표준품셈)

① 모암(母岩) : 석산에 자연상태로 있는 암

② 원석(原石) : 모암에서 1차 파쇄된 암석

③ 견치돌 : 전면은 거의 평면의 정사각형으로 뒷길이, 뒷면 등이 규격화된 돌

④ 깬돌(할석, 割石) : 견치돌보다 치수가 불규칙하고 뒷면이 없는 돌

⑤ 깬잡석 : 모암에서 1차 폭파한 원석을 깬 돌로 깬 돌보다 형상이 고르지 못한 돌

⑥ 사석(捨石) : 막 깬돌중에서 유수(流水)에 견딜 수 있는 중량을 가진 돌

⑦ 잡석 : 크기가 지름 10~30cm 정도 형상이 고르지 못한 돌

⑧ 전석(轉石) : 1개의 크기가 0.5m^3 이상되는 석괴

⑨ 호박돌(옥석, 玉石) : 호박형의 천연석으로 가공하지 않은 지름 18cm이상의 돌

⑩ 조약돌(율석, 栗石) : 가공하지 않은 천연석, 지름 10~20cm의 계란형

⑪ 부순돌(쇄석, 碎石) : 잡석을 지름 0.5~10cm정도의 자갈 크기로 작게 깬 돌

그림 2.66 제방의 돌붙임모습

그림 2.67 제방의 돌붙임 및 횡단배수구

(5) 사면배수공법

사면의 붕괴는 배수불량이 가장 큰 원인이기 때문에 어떤 사면이든 원활한 배수처리가 요망되며, 배수를 위한 측구의 재료는 토사, 콘크리트(공장제품, 현장타설), PVC제품 등이 있다.

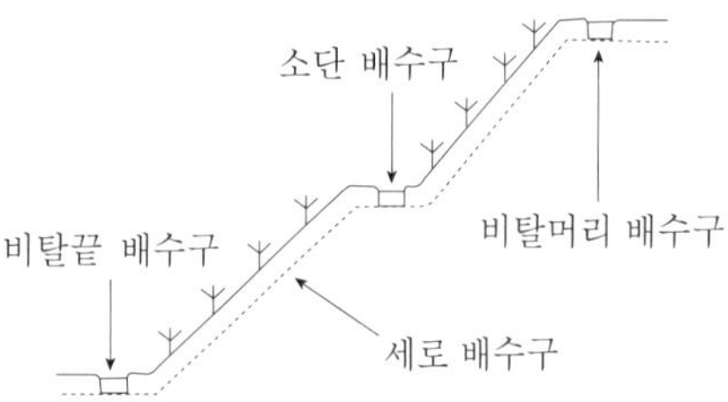

그림 2.68 사면 배수구

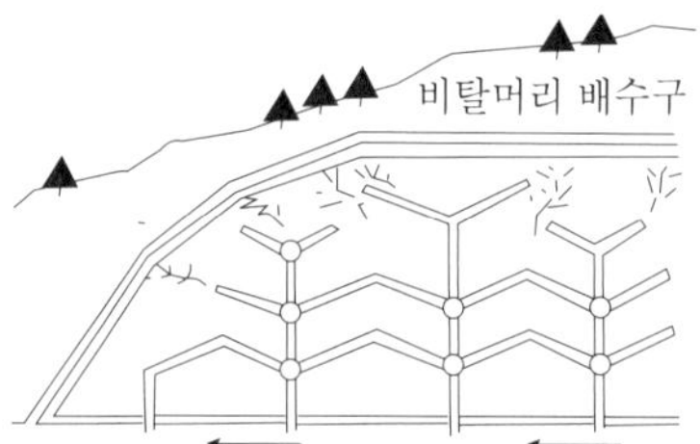

그림 2.69 장대한 사면의 배수

그림 2.70 시공이 완료된 사면배수로

그림 2.71 사면배수로 시공모습

(6) 모르타르 및 콘크리트뿜어 붙이기

절도 비탈면이 풍화나 박리될 위험이 있는 암석 또는 호박돌 섞인 토사 등에 적용되는 공법으로 용수(湧水)가 비교적 적은 위치에 적합하다.

그림 2.72 녹생토 시공모습

그림 2.73 Corenet 설치후 seed spray 모습

(7) 억지말뚝공법

비탈면의 일부가 활동이나 붕락이 예상될 때 이를 억제하기 위하여 지반에 말뚝을 박아 안정시키는 공법이며, 억지말뚝으로 강관, H-pile, PHC pile 등이 활용된다.

소일네일공이나 소일시멘트공 등이 이에 해당되며, 소일네일공의 경우 지반에 지하 수위가 존재할 경우 별도의 대책(지하수위를 낮추는 작업)수립이 요망된다.

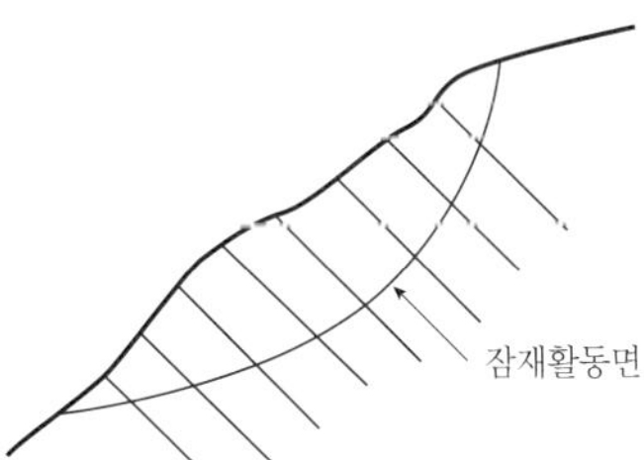

(a) 공법 적용도

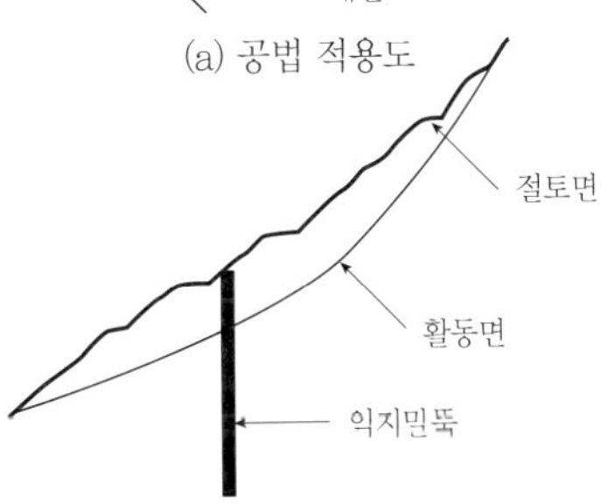

(b) 억지말뚝

(c) 격자블럭

그림 2.74 소일네일과 격자블럭

(8) 낙석방지공

낙석방지망(철망, 와이어로프망 등)

그림 2.75 낙석방책

(9) 돌망태공법

하천제방의 세굴방지 등을 목적으로 철망에 돌을 넣어서 비탈면을 보호하는 공법이다.

2.5.3 옹벽공(Retaining Wall)

(1) 옹벽의 안정조건(도로옹벽표준도, 국토해양부, 2011.11)

1) 활동(sliding)에 대해 안전하여야 한다.

- 저판과 흙 또는 가상활동면의 마찰저항력으로 안정을 유지하며, 안전율은 평상시에는 1.5, 지진시에는 1.2 이상이어야 한다.
- 지반과 옹벽저판 사이의 마찰계수는 기초단면형상(활동방지벽)에 따라, 흙과 콘크리트의 마찰일 경우 $\mu = 0.50$, 흙과 흙의 마찰일 경우 $\mu = \tan\phi$을 적용한다.
- 활동에 대한 안정이 문제가 있을 경우는 저판에 활동방지벽(shear key)을 두기도 한다.

2) 전도(overturning)에 대해 안전하여야 한다.

- 전도에 대한 저항모멘트는 작용 전도 모멘트의 2.0배 이상이어야 한다.
- 하중의 합력이 작용하는 위치는 평상시 저판의 중심으로부터 저판폭의 1/6이내, 지진시에는 저판폭의 1/3(middle third)이내에 있어야 한다.

3) 지지력(bearing)에 대해 안전하여야 한다.

- 지반 최대반력은 허용지지력을 넘지 않토록 한다.

(2) 옹벽재료의 설계기준 및 단위중량

1) 설계기준강도

(단위 : MPa, kg · f/㎠)

구분	철근콘크리트		무근콘크리트	버림콘크리트	철근(SD30)
	역T형,L형	반중력식			
강도	24(240)	21(210)	18(180)	16(160)	300(3,000)

2) 재료의 단위중량

(단위 : KN/㎥, ton · f/㎥)

구분	철근콘크리트	무근콘크리트	버림콘크리트	비 고
단위중량	2.50(24)	2.35(23.0)	2.30(22.5)	

3) 뒷채움 토사

배면경사 / 물성치	수평,1:1.8	1:1.5	비 고
내부 마찰력	Φ30°	Φ35°	사질토
단위중량	rs=19.0kN/㎥	rs=20.0kN/㎥	(점착력은 무시)

(3) 옹벽의 종류 및 특성

구 분	특 성
중력식	• 구조물 자중으로 토압에 저항하는 옹벽. • 무근 콘크리트로 시공성이 양호하며 높이 1~4m에 적합
반중력식	• 구체에 생기는 인장응력에 대해 철근으로 보강. • 옹벽높이 4m이하에 적합(2~4m)
부벽식	• 전단력과 휨모멘드에 견디도록 부벽을 일정간격으로 설치힌 옹벽. • 높이 8~15m에 적합학
역T형	• L형에 비해 뒷굽판을 적게 할수 있음. • 옹벽높이 3~8m에 적합
L형	• 전면부지 수용이 곤란한 경우 적용됨. • 옹벽높이 3~8m에 적합
보강토	• 성토층에 인장력이 큰 보강재를 일정 간격으로 매설한 옹벽. • 보강재와 흙 사이의 마찰작용으로 토압을 감소시킴.
텍솔(texsol)	• 뒤채움 모래에 화학섬유를 혼합하여 전단강도를 증가시킴. • 토압을 감소시킨 옹벽으로 환경친화적임.(프랑스 국립도로 및 교량연구소)
개비온(gabion)	• 강철선으로 만들어진 직사각형의 육면체 내부에 돌을 채워 시공한 옹벽. • 유연성과 내구성, 특수성이 뛰어나고 석재이용 가능.
아드월(al wall)	• 경량의 스티로폴 자재를 절단하여 종래에 시공된 옹벽에 적용하는 공법 • 용도에 따라 형상을 다양화 할수 있음.
앵커(ancher)	• 활동이나 전도에 문제가 있을때 앵커를 설치하여 옹벽을 안정시키는 공법
기대기옹벽	• 깎기비탈면에서 표면의 탈락으로 불안정해진 구간이나 장기적으로 불안정해질 가능성이 있는 비탈면 표면에 콘크리트를 타설하여 자중으로 비탈면을 안정화시키는 옹벽

(4) 콘크리트, 철근콘크리트 옹벽(R.C 옹벽)

그림 2.76 콘크리트 옹벽(도로, 건물)

1) 중력식(반중력식) 옹벽

- 옹벽의 자중으로 토압에 저항하도록 설계하는 옹벽이다.
- 옹벽의 높이가 비교적 낮은 곳(2~6m)에 적용된다.

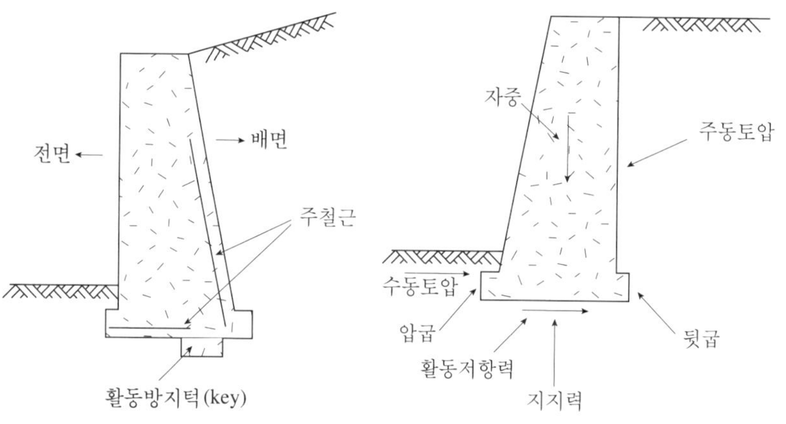

그림 2.77 중력식(반중력식) 옹벽

2) Cantilever식 역 T형, L형 옹벽

- 중력식 옹벽보다 콘크리트량이 적게 들어가며, 토압의 일부를 철근이 부담하도록 설계된 옹벽이다.
- 옹벽의 높이가 비교적 높고(4~10m), 부지가 협소한 경우 적용한다.

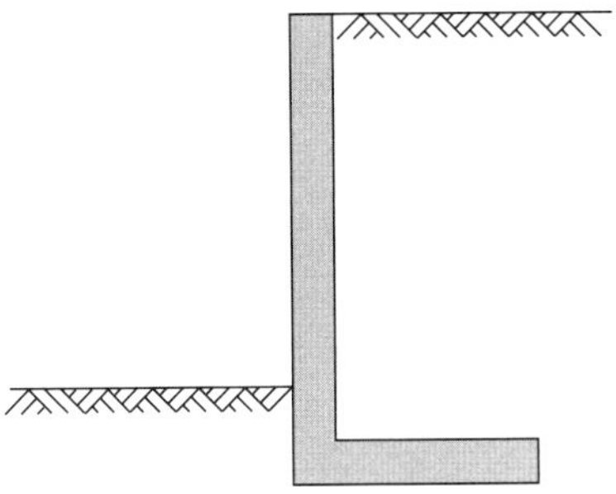

그림 2.78 L형 옹벽

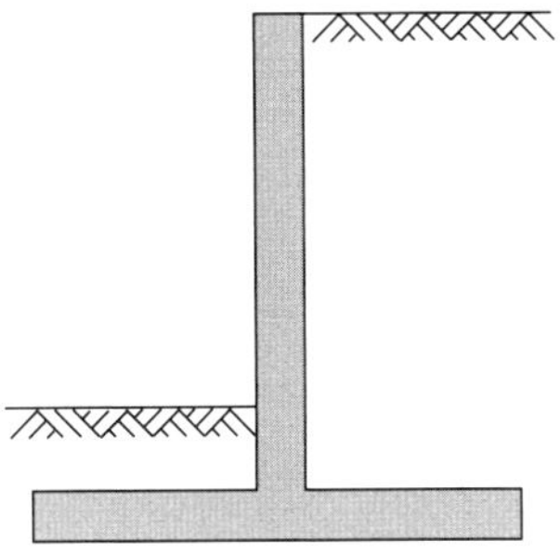

그림 2.79 역 T형

3) 부벽식 옹벽

부벽식 옹벽은 전단력과 휨 모멘트에 견딜 수 있도록 일정 간격의 부벽을 설치토록 설계된 옹벽을 말한다.

역T형 옹벽이나 L형 옹벽보다 높은 곳(8~15m)에 적용된다.

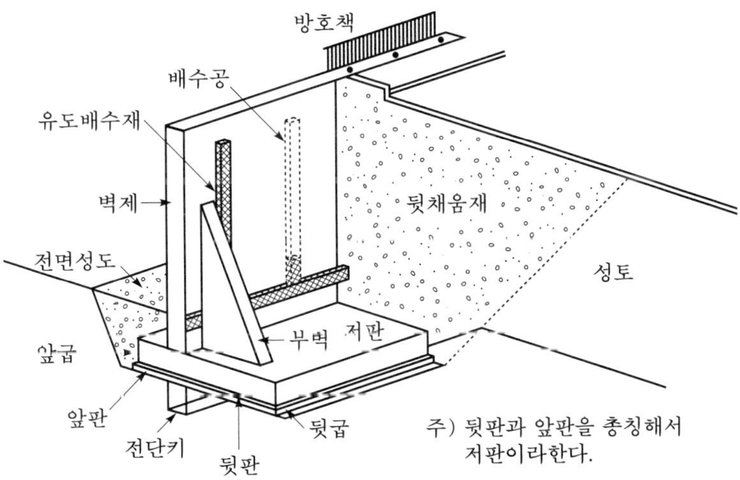

그림 2.80 부벽식 옹벽

(5) 개비온(Gabion) 옹벽

개비온 옹벽은 육각형의 강철선으로 만들어진 직사각형의 육면체 내부에 돌을 채워 시공된 옹벽을 말하며, 토공사에서 발생된 암을 유용할 수 있고, 비탈면의 배수 처리시설이 추가로 필요치 않아 유용한 공법이다.

그림 2.81 개비온 옹벽

(6) 보강토 옹벽

흙을 성토하면서 인장력이 큰 스트립의 보강재(철, 알미늄, 프라스틱, 합성섬유 등)를 일정한 간격으로 매설하여 보강재와 흙 사이의 마찰작용으로 토압을 감소하도록 설계하는 옹벽을 말하며, 보강토(reinforced earth) 공법은 1966년 프랑스 기술자 Vidal에 의해 정립되었다.

미관이 양호할 뿐 아니라 별도의 추가 용지가 필요없어 지가(地價)가 비싼 택지의 성토현장이나 시가지의 도로 성토현장에 많이 채택되는 공법이며, 보강토 옹벽에는 블럭식과 판넬식이 있으며, 이는 설치위치와 주변경관에 따라 선택되어야 한다.

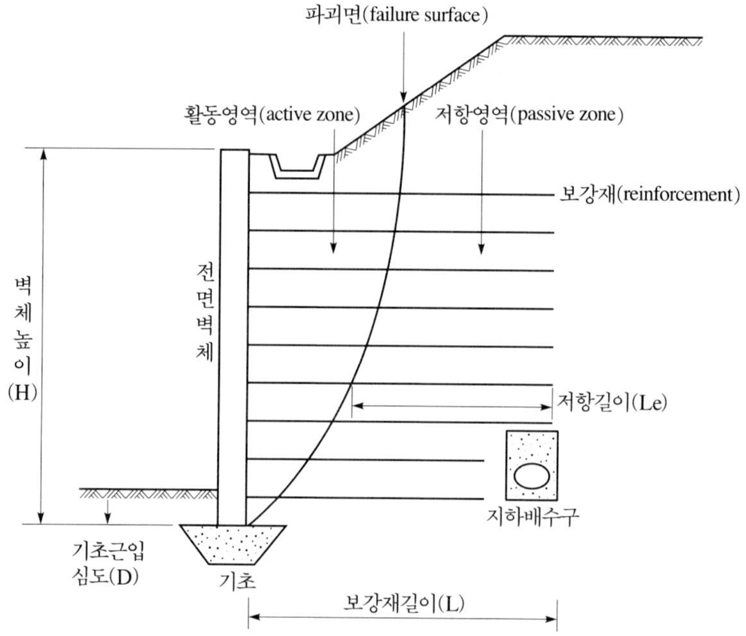

그림 2.82 보강토 옹벽의 단면

연습문제

2.1 다음의 용어를 설명하시오

① 노체성토부의 배수대책
② 낙석방지공
③ N치 활용법
④ 토량환산계수
⑤ 최적함수비
⑥ Earth drill 공법
⑦ 압성토공법
⑧ 흙의 다짐원리
⑨ 과전압
⑩ 가축지보공
⑪ Guide wall
⑫ Cavitation(공동현상)
⑬ 불연속면

2.2 토사 또는 암버럭 이외 노체에 사용할 수 있는 재료와 고려사항을 설명하시오.

2.3 사질토 지반에 적용될 수 있는 연약지반처리공법 및 특징은?

2.4 토취장의 선정요령과 복구에 대하여 설명하시오.

2.5 토공사시 절성토 접속구간의 발생가능한 문제점과 해결대책을 설명하시오.

2.6 대규모 토공사에서 유토곡선(mass curve)작성 및 장비 선정방법은?

2.7 흙 쌓기 다짐공에서 다짐도를 판정하는 방법에 대하여 기술하시오.

2.8 연약지반의 파일 항타시 지지력 감소원인과 대책에 대하여 기술하시오.

2.9 성토 비탈면의 전압방법의 종류를 열거하고 각 특징에 대해 설명하시오.

2.10 쓰레기 매립장의 침출수 억제대책을 설명하시오.

2.11 구조물의 부동침하 원인을 열거하고 대책과 시공시 유의사항을 설명하시오.

2.12 자립형 가물막이 공법의 종류별 특징을 설명하고 시공시 유의사항을 기술하시오.

2.13 지하굴착 공사의 CIP벽과 SCW벽의 공법을 설명하고 장단점을 열거하시오.

2.14 소일네일링 공법과 어스앵커 공법을 비교 설명하시오.

2.15 하천변 철도에 지하차도를 건설코자 할 경우 열차운행에 지장을 주지 않는 경제적인 굴착방법은?

2.16 시가지에서 개착공법으로 시공할 때 인접구조물의 영향 및 대책은?

2.17 암 버럭을 성토시 시공 및 품질관리 방안에 대하여 설명하시오.

chapter 03 암석발파공

제 3 장 암석발파공

3.1 암반의 분류와 지질구조

3.1.1 암반분류

암반을 공학적으로 분류하는 것은 층리, 절리, 단층, 파쇄대와 같은 다양한 불연속면이 있을 뿐 아니라 풍화 및 변질작용을 받은 원지반의 암반에 대하여, 공학적인 목적에 적합하게 활용할 수 있는 판단 자료로 사용하기 위함에 있다.

암반에 대한 가장 기본적인 공학적 인자는 불연속면의 밀도 및 상태 그리고 풍화 및 변질의 정도라 할 수 있으며, 일반적인 공학적 분류는 이러한 공학적 인자외에 절리의 간격, 보링코어의 채취상황에서 도출되는 RQD, 풍화 또는 변질작용을 받은 암반에 대한 탄성파속도 등에 의하여 이루어지고 있다.

암석의 분류법에는 강도, RQD, 절리의 간격, 절리면의 상태, 지하수의 상태, 절리의 방위 등을 각각의 등급에 따라 종합적으로 채점한 RMR 분류법, Barton 등(1974)이 스칸디나비아 반도에서 212개 터널에 대한 분석에 기초하여 제안한 Q-System 분류법, 국제암반학회(ISRM)에서 제안한 불연속 암반의 분류기법, 내압강도와 탄성파 속도에 의해 분류하고 있는 우리나라 표준품셈의 분류방법 등이 있다.

(1) RMR(Rock mass rating) 분류법

정량적인 분류인자에 기준한 이 분류법은 Bieniawski(1973)에 의하여 발표된 후 1979년에 수정 · 보완된 방법으로 시료의 강도, RQD, 절리면 간격, 절리면 상태 및 지하수 상태에 따라 암반을 분류한 후 절리면의 방위에 따라 RMR값을 보정함으로 평가 항목이 객관성을 가질 수 있어 설계나 시공과정에서 넓게 적용되고 있는 방법이다.

1) RMR 분류법(평점 합계에 의한 암반의 분류)

평점	100~81	80~61	60~41	40~21	<20
암반분류	I	II	III	IV	V
기술	매우 양호	양 호	보 통	약간 약하다	약하다

2) Bieniawski의 RMR 분류(1989 수정) : 1차 분류

분류기준			특성치 구분 및 평점						
R1	시료강도 (kg/cm²)	점하중강도지수	100	40	20	10	일축압축강도 이용		
		일축압축강도	2500	1000	500	250	100		30
	R1 평점		15	12	7	4	2	1	0
R2	암질표시율 (RQD) %		90	75	50	25			
	R2 평점		20	17	13	8	3		
R3	절리면 간격 (Js) cm		200	60	20	6			
	R3 평점		20	15	10	8	5		
R4	절리면 상태 (Jc)	연장 길이 (m)	<1	1~3	3~10	10~20	>5		
		평점	6	4	2	1	0		
		분리폭 (mm)	밀착	<0.1	0.1~1.0	1~5	>5		
		평점	6	5	4	1	0		
		거칠기	매우거침	거침	약간거침	매끄러움	아주 매끄러움		
		평점	6	5	3	1	0		
		충진물두께 (mm)	없음	견고<5	견고>5	연약<5	연약 충진물>5		
		평점	6	4	2	2	0		
		풍화도	신선함	약간풍화	중간풍화	심한풍화	완전풍화		
		평점	6	5	3	1	0		
R5	지하수 상태	유입량 (l/분)	0	10		25	125 (터널 10m 당)		
		수압/응력비	0	0.1		0.2	0.5		
		건습 상태	건조	습윤	젖음	소유출	대량 유출 (흐름)		
		R5 평점	15	10	7	4	0		

3) 절리면의 방위에 따른 RMR 평점의 보정 : 2차 보완

절리면의 주향 · 경사		매우 유리	유리	양호	불리	매우 불리
평 점	터널	0	−2	−5	−10	−12
	기초	0	−2	−7	−15	−15
	사면	0	−5	−25	−50	−60

(2) 국제암반역학회(ISRM)의 분류법

정량적인 인자에 의한 분석과 정성적인 판단기준에 의한 불연속 암반의 분류방법으로 국제암반역학회에서 제시한 암분류 기준이다.

표 3.1 국제암반역학회의 암반 분류와 표준품셈 분류의 비교

등급	암질, 풍화의 정도 및 불연속면의 발달	품셈
Ⅰ	• 암석재료(무결암)나 불연속면의 벽면강도가 매우 약한 것 (<5MPa) • 풍화가 심하고, 매우 약한 것 • 불연속면의 간격이 20mm 이하의 극히 좁은 것으로 손가락의 힘으로 깨질 정도의 점착강도	풍화암
Ⅱ	• 암석재료나 불연속면의 벽면강도가 약한 것 (5~25MPa) • 풍화는 상당히 진전되어 변색이 따르고 가벼운 타격에도 쉽게 깨어지는 것 • 불연속면의 간격이 20~60mm로 매우 좁고 점착강도도 Ⅰ보다 큰 것	풍화암
Ⅲ	• 암석재료나 불연속면의 벽면강도가 보통인 것 (25~50MPa) • 풍화는 불연속면을 따라서 상당히 진전되어 있다. • 불연속면의 간격이 60~200mm로 좁고 가벼운 타격에도 잘 깨어지는 정도의 점착강도	연 암
Ⅳ	• 암석재료나 불연속면의 벽면강도가 높은 것(50~100MPa) • 풍화가 불연속면을 따라서 약간 진전된 것 • 불연속면의 간격이 20~60cm 정도로 암반이 블록화 및 층상화 되어 있다.	보통암
Ⅴ	• 암석재료나 불연속면의 벽면강도가 매우 강함 (100~250MPa) • 불연속면의 간격이 0.6~2m 정도로 괴상암반(massive)이며 분리면이 상당히 밀착되어 있다. • 견고하고 양호한 석재가 된다.	경 암 극경암
Ⅵ	• 암석재료의 강도가 가장 높은 것 (>250MPa) • 풍화되지 않고 신선한 상태 • 불연속면의 간격이 2m 이상으로 넓고 분리면이 잘 밀착된 것	극경암

주) 1. 절취암석은 거시적으로 본 것으로 암석재질, 풍화, 불연속면의 발달상태 등의 어느 한 요소만을 고려하는 것이 아니고 전체를 고려하여 등급을 구분할 것.
2. 불연속면은 주로 절리를 의미하는 것으로 초생적 균열, 층리, 단층도 포함한다.
3. 편리, 엽리 등 결이 현저히 발달한 암석에서는 비록 밀착되어 있어도 같은 정도의 균질한 암석보다 1등급 낮게 평가할 것. [예) 퇴적암 : 셰일 변성암 : 점판암, 편암, 편마암 등]
4. 절리의 발달이 1방향뿐만 아니라 2방향 이상의 군을 이루거나 불규칙할 때에는 가장 심하게 발달한 주 절리의 간격을 대상으로 한다.

(3) 표준품셈의 분류법

국내 현장의 공사비 산정 기준이 되는 분류방법이다. 건설현장(특히 토목현장, 토공사현장)에서 암분류(판정)는 공사비(건설비) 증감에 막대한 영향을 미치고 있으므로, 암판정(분류) 과정은 언제나 현장관리의 주된 목표인 동시에 감시의 주요 대상으로, 간혹 불미스런 사례가 발생되기도 하는 바, 이는 암의 등급이 발주자와 시공자(원도급자, 하도급자)의 상반된 이해 관계를 동시에 만족할 수 없기 때문이다.

어느 현장의 깎기(cutting)량이 토사냐? 발파암이냐? 리핑암이냐? 에 따라 공사비는 엄청난 차이가 날 수 있으므로 관급공사의 경우 발주처마다 발주자, 감리자, 시공자 및 외부 전문가로 구성된 별도의 암판정 위원회를 구성하도록 명문화되어 있으며, 최종적인 암의 분류는 시공기록, 시험결과 및 현장확인(visual test)을 통한 암판정위원회의 판단에 의하도록 되어 있다.

표 3.2 표준품셈의 암분류 방법

구분 / 암종	그룹	자연상태의 탄성파속도 V(km/sec)	암편탄성 파속도 V(km/sec)	암편내압 강도 (kgf/cm^2)	그룹 분류 구분	옆 표의 A, B그룹 비교: A 그룹	옆 표의 A, B그룹 비교: B 그룹
풍화암	A	0.7~1.2	2.0~2.7	300~700	대표적 암명	편마암, 사질편암 녹색편암, 각암, 석회암, 사암, 휘록응외암, 역암, 화강암, 섬록암, 감람암, 사교암, 유교암, 현암, 안산암, 현무암	흑색편암, 녹색편암, 휘록응회암, 혈암, 니암, 응회암, 집괴암
	B	1.0~1.8	2.5~3.0	100~200			
연암	A	1.2~1.9	2.7~3.7	700~1,000			
	B	1.8~2.8	3.0~4.3	200~500			
보통암	A	1.9~2.9	3.7~4.7	1,000~1,300	함유물 등에 의한 시각판정	사질분,석영분을 다량 함유하고 암질이 단단한 것.결정도가 높은 것.	사질분,석영분이 거의 없고 응회분이 거의 없는 것.
	B	2.8~4.1	4.3~5.7	500~800			
경암	A	2.9~4.2	4.7~5.8	1,300~1,600	500~1,000gr 해머의 타격에 의한 판정	타격점의 암은 작고 평평한 암편으로 되어 비산되거나 거의 암분을 남기지 않는 것.	타격점의 암자신이 부서지지 않고 분상이되어 남으며 암편이 별로 비산되지 않는 것.
	B	4.1 이상	5.7 이상	800 이상			
극경암	A	4.20이상	5.8 이상	1,600 이상			

주) 〈내압강도〉
1. *시편 : 5cm 입방체*
2. *노건조 : 24hr*
3. *수중침윤 : 2일*
4. *내압시험*
5. *시험방향 (가압방향) : Z축 (겉면에 수직, 탄성파속도가 가장 느린 방향)*

〈암편 탄성파속도〉
1. *시편 : 두께 15~20cm로 상하면이 평행면*
2. *측정방향 : X축 (탄성파속도가 가장 빠른 방향) (절단면에 평행)*

(4) RQD(Rock Quality Designation, 암질비) 분류법

채취된 코어(core)중 길이가 4인치(10cm) 이상인 암시편만을 합하여 전체 시추길이로 나눈 백분율을 말하며, 통상 2m간격으로 표시한다. 토질의 N치와 같이 많이 활용되고 있으나, 암의 절대적인 분류법이 아닌 참고 사항이므로 주의하여야 한다.

1) RQD 계산식

$$RQD = \frac{\text{4인치 이상되는 코어길이의 합}}{\text{총 보링공의 길이}} \times 100(\%)$$

2) RQD에 의한 암분류

암질상태	RQD (%)	암질상태	RQD (%)
매우 나쁨 (very poor)	0~25	좋음 (good)	75~90
나쁨 (poor)	25~50	매우좋음 (execllent)	90~100
대체로 좋음 (fair)	50~75		

3.1.2 터널굴착의 암분류 방법

터널굴착, 특히 NATM 터널의 경우 암질에 따라 지보공의 숫자와 간격은 물론 근로자의 작업 환경과 숏크리트량이 결정되며, 이는 공사비와 연결됨으로 현장 종사자들의 이해 관계가 밀접한 바, 도로 터널이나 지하철 터널에서 사용중인 발파형태(type)에 따른 분류 및 암반의 성질에 의한 분류는 다음과 같다.

(1) 터널의 발파형태에 의한 암분류(지하철공사 적용)

종목 명칭	암종	탄성파속도 (Km/sec)	암질상태	보링코어 상태	지하수의 영향
TYPE 1	경암	4.5 이상	균열 및 절리가 거의 없고 견고하며 풍화 변질 및 물리적, 화학적, 교대작용을 거의 받지 않은 신선한 암질체로서 대괴상의 암상	코어 채취율은 거의 90% 이상으로 주상을 이루며 코어는 20cm 이상으로 세편은 거의 없는 상태	용수량에 의한 영향을 적게 받고 최대 20ℓ /sec 이상일 경우 그라우팅을 실시
TYPE 2	중경암	4.5~4.0	균열 및 절 리가 다소 발달되어 있으며 약간의 파쇄대가 존재하며 다소의 소단층이 발달되어 있는 상태로서 약간의 편리도 포함하여 층상을 이루는 암상	코어 채취율은 70%로서 완전한 주상은 되지 않고 다소의 세편이 포함되어 있으며 편의 크기는 5cm 이상의 상태	용수량의 영향을 약간 받으며 최대 15ℓ /sec이상일 경우 그라우팅을 실시

종목 명칭	암종	탄성파속도 (Km/sec)	암질상태	보링코어 상태	지하수의 영향
TYPE 3	연암	4.0~3.5	풍화작용에 의한 암상에 교대작용을 받아 층리 및 편리 및 절 리가 발달되어 있는 암체로서 소괴상을 이루는 파쇄질 암상	코어 채취율은 40~70%로서 균열이 많고 5cm 풍화되어 이하의 세편이 다량 포함되어 있는 상태	용수량에 의하여 암질 자체가 상당히 최대 10ℓ /sec 이상일 경우 그라우팅을 실시
TYPE 4	풍화암 풍화토	3.5 이하	물리, 화학적 교대작용에 인하여 파쇄대가 매우 발달된 상태로서 여러 방향의 절리 및 다소의 단층을 포함하여 점토질이 많이 발달되어 있는 암상	코어 채취율이 40%이하로서 거의가 세편을 이루며, 특히 각력암이 포함된 모래상 또는 점토의 상태	용수량에 의해 암질 자체가 상당히 풍화되어 최대 10ℓ /sec이상일 경우 그라우팅 실시
비고			절리 및 단층은 그 크기가 여러 방향성에 따라 암종의 분류를 결정하며, 특히 단층의 경우 상반과 하반의 간격으로 결정됨.		용수량에 의해 암종을 구분함은 곤란하나, 용수량이 많을 경우 보통 암종을 1단계 낮춰 시공할 수 있음.

(2) 암반의 성질에 의한 분류

암반 분류	시추굴진사항	암반의 성질			
		풍화변질상태	균열상태	코어상태	함마타격
풍화암	Metar crown bit로 용이하게 굴진가능하며 때로는 무수보링도 가능.	암반내부까지도 풍화됨. 암의 구조 및 조직 잔존.	균열은 많으나 점토화의 진행으로 거의 밀착	세편상 암편이 남아 있고 손으로 부수면 가루가 되기도 함.	손으로도 부서짐
연암	Metar crown bit로 용이하게 굴진가능 한 암반	암내부의 일부를 제외하고는 풍화진행. 장석, 운모등은 변색, 변질	균열이 많이 발달. 균열간격 5cm 이하 이고 점토 협재.	암편상~세편상, 각력상, 원형코아가 적고 원형복구곤란.	해머로 치면 가볍게 부서짐
보통암	Metar crown bit로도 가능하나 Diamond bit를 사용하면 코아 회수율이 양호한 암반	균열을 따라 다소 풍화진행 장석 및 유색광물은 일부 변색됨.	균열발달 일부는 점토를 협재함. 균열간격은 10cm 내외.	대암편상~단주상 10cm이하이며 특히 5cm 내외의 코아가 많음. 원형복구 가능.	해머로 치면 탁음을 내며 부서짐
경암	Diamond bit를 사용하지 않으면 굴진하기 곤란	대체로 신선. 균열은 약간풍화, 변질됨. 암내부는 신선함.	균열의 발달이 적으며 균열간격은 10cm 이상. 대체로 밀착상태	단주상~봉상, 대체로 20cm 이하, 1m당 5~6개 이상	해머로 치면 금속음을 내고 잘 부서지지 않으며 튀는 경향을 보임

암반 분류	시추굴진사항	암반의 성질			
		풍화변질상태	균열상태	코어상태	함마타격
극경암	Diamond bit의 마모가 특히 심한 암반	대단히 신선하고 풍화변질을 받지 않음.	균열의 발달이 적으며 간격은 20~50cm로 밀착	봉상~장주상, 완전한 형태보유 1m당 5~6개.	해머로 치면 금속음을 내며 튀는 경향.
파쇄대	Diamond bit또는 Metar crown bit 사용	균열(파쇄면)을 따라 풍화	Mosaic 상태의 균열이 발달. 그 간격은 5cm 이하.	암편상~각력상으로 원형코아가 적음.	

3.1.3 관련용어

(1) 암석과 암반

암석은 규모가 적은 돌덩이를 의미하고, 암반은 암석뿐 아니라 절리나 단층을 포함한 규모가 큰 돌덩어리를 의미한다.

1) 암석(岩石, rock, rock material)

- 암반을 구성하는 소재(素材)이며, 암반노두나 보링으로 채취된 코어 등에서 얻을 수 있다.
- 잠재적인 균열 등이 포함된 경우도 있으나 일반적으로 지질적 불연속면을 포함하고 있지 않다.
- 발파를 하지않고 리퍼(ripper) 등에 의해 굴착 할 수 있으며, 강도에 따라 연암과 경암으로 분류한다.

2) 암반(岩盤, rock mass, bed rock)

- 광산이나 토목공사의 대상이 될 정도가 되는 공간적 넓이를 가진 자연의 암석 집합체이다.
- 지질(학)적 분리면과 암반불연속면이 포함되며 불균질이고 비방등성이다.
- 생성원인(성인, 成因)에 따라 화성암(火成岩), 퇴적암(堆積岩), 변성암(變成岩)으로 나누어진다.
- 지질학에서는 암체, 광산학에서는 암석이란 용어로 불리어지고 있다.

(2) 단층(fault, 斷層)

지각변동에 의한 지각부의 힘에 의하여 지층이나 암체중에 형성된 파괴면에 따라 변위한것을 단층이라 한다.

단층은 파괴 방향에 따라 정단층(Normal fault), 역단층(Reverse fault), 수평단층(Strike fault), 활동여부에 따라 활단층(Live fault), 사단층(Dead fault)으로 분류되며, 이와 같이 지각중의 어떤면을 따라 양쪽지반에 어긋남이 생긴 것을 단층면이라 한다.

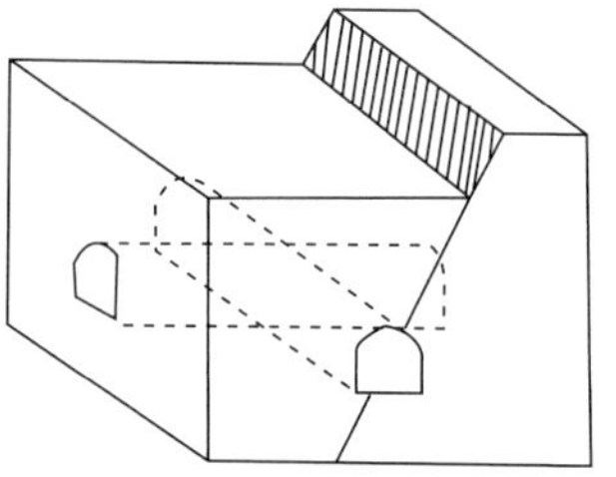

그림 3.1 단층

불연속면을 따라 현저하게 움직인 불연속면으로서, 단층면에는 미끄러진 상태를 나타내는 반들반들한 면이나 파쇄된 암석(fault breccia) 또는 단층점토(fault clay)가 존재한다.

단층은 화성암이나 퇴적암보다 변성암지역이 많은데, 이는 변성암이 오랜동안 여러번 지각변동이 있었기 때문이며, 단층이 비록 사단층(Dead fault)이라 할지라도 지반응력으로 불균형 지진등 인공적 폭발이 일어나면 단층이 활동을 재개하여 활동층이 되기도 한다.

단층의 연장은 수십 m에서 수천 km에 달하는 경우도 있어 대형 토목공사를 계획할 때는 철저한 지반조사가 요망되며, 만약 단층을 가로질러 중요구조물(댐, 도로, 철도, 터널, 송유관 등)이 설치되는 경우 단층면을 따라 전단변형이 미소하게 일어나는 경우라도 대형사고의 원인이 되므로 계획이나 조사단계에서 단층을 피하도록 하며, 부득이한 경우 통과하게 되더라도 피해를 최소화할 수 있도록 위치와 방향 선정 및 확실한 대책수립이 필요하다.

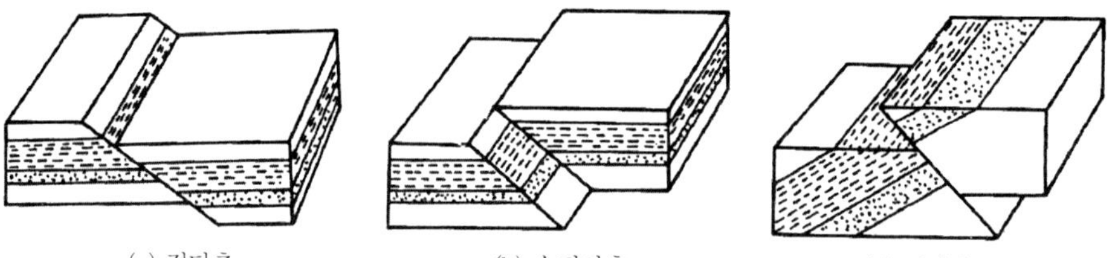

(a) 정단층 (b) 수평단층 (c) 역단층

그림 3.2 단층의 종류

(3) 습곡(fold, folding, 褶曲)

층상구조인 암석이 파곡상(波曲狀)으로 변형한 지질구조형태나 형성되는 과정을 습곡이라 하며, 옷주름같이 산에 세로 방향으로 된 지층의 주름으로 이러한 현상은 지각에 작용하는 횡압력이 원인이며, 이러한 부분의 지질은 복잡하고 불안정하므로 터널 등의 위치로는 극히 불리한 곳이다.

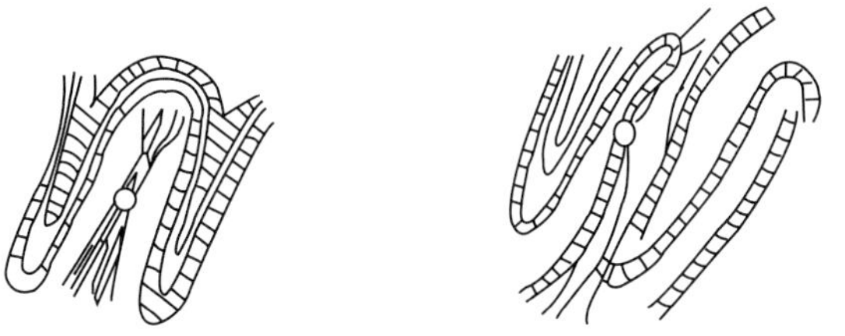

그림 3.3 습곡

(4) 절리(joint, 節理)

절리란 암반에 존재하는 어느 정도의 균열을 말한다. 절리는 모든 암반속에 포함되어있는 틈으로 항상 평행한 틈의 집합체를 형성하면서 나타나며, 같은 방향성에 속하는 절리를 조인트 세트(joint set)라 부르고 있다. 암반내부에는 한 세트의 절리로 구성되어 있는 경우도 있고 혹은 수 세트의 절리로 형성되어 있는 경우도 있다.

절리의 중요한 한가지 특징은 절리면을 사이에 둔 양쪽 암반이 절리면에 평행방향의 변위를 거의 동반하지 않는다는 것으로, 이 점은 단층과 구별되는 중요한 차이점이기도 하다.

절리는 형태적인 특징이나 성인으로 그 종류가 분류되며 형태적으로는 plate joint, columnar joint 등으로 구분되며 어느 쪽이든 화산암 내에 발달하고, 성인적으로는 암석자체의 수축에 의한 것과 외력에 의한것이 있으며 shear joint, tension joint and cooling joint 등으로 구분된다.

(5) 편리(schistosity, 片利)

암석중에 판상, 주상, 침상 등의 광물이 일정한 방향으로 배열되어 얇게 벗겨지는 면을 말한다.

일반적으로 결정편암(crystalline schist)이나 천매암(phyllite)과 같은 광역변성암(regional metamorphic rock)에 발달된 좁은 간극의 분리면이며 표면에 어느 특정 방향에 선상으로 늘어 선 가는 주름을 말한다.

(6) 애추(talus cone, 崖錐)

지층의 풍화작용으로 인하여 낭떠러지나(석산, 광산개발 등으로 인한) 경사진 산기슭에 바위 부스러기가 쌓여 퇴적한 퇴적물을 말한다.

퇴적된 암브스러기의 크기와 모양은 암반의 성질에 따라 다양하지만 불안정한 퇴적지형의 경우 붕괴나 산사태를 일으키기도 한다.

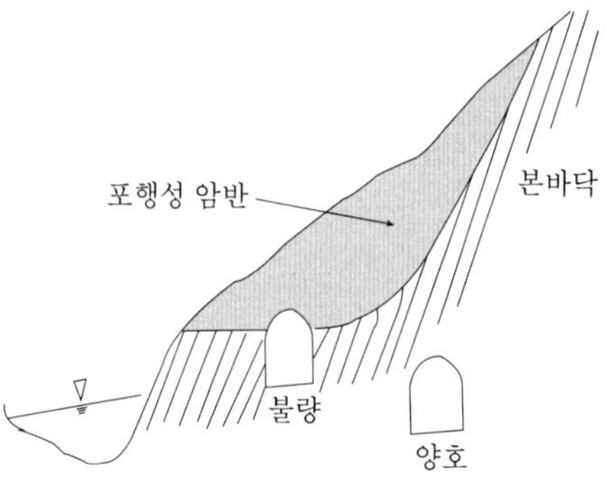

그림 3.4 애추지역의 터널계획

(7) 파쇄대(fracture zone, shutter zone, 破碎帶)

단층운동, 습곡운동 등으로 인하여 지층이나 암체가 파괴된 영역이며 일반적으로 균열이 발달해 있거나 각력상, 점토 등으로 되어 있으며, 단층에 따른 것은 단층파쇄대라 한다.

파쇄대는 발파 충격이나 천공 충격으로 공극이 생기면 낙석 및 낙반이 많이 생기므로 록 볼트 및 숏크리트 보강이 이루어져야 한다.

(8) 불연속면(Plane of Discontinuity)

암반은 지각변동에 의한 압축이나 인장, 기상 작용에 의한 퇴적이나 침식, 지열에 의한 가열 팽창이나 냉각수축 등으로 다양한 불연속면을 갖게 되는 바 이를 암반의 불연속면이라 하며, 불연속면의 생성원인에 따라 절리, 층리, 벽개, 편리 등으로 구분한다. 불연속면의 형상(형태)에 따라 균열, 단층, 성층, 파쇄대 등으로 분류한다.

(9) 암판정(岩判定)

시공과정에서 나타난 암반 분류 작업을 암판정이라 하며, 이는 시공자, 감리자, 발주자가 함께 참여하는 암판정 위원회에서 확정토록 되어있다(감리자 단독으로 하는 경우도 있음).

여러가지 지반조사(보링등)를 통해 작성된 설계도서의 암반추정선이 시공과정에서 확인된 암반선과 일치하는 경우보다는 상이한 경우가 훨씬 많으며, 이는 공사비에 엄청난 영향을 줌에 따라 시공자와 발주자의 분쟁요인이 될 수도 있으므로 시공과정에 나타난 암반시공의 철저한 기록과 필요한 시료의 보전이 요망된다.

그림 3.5 발파후 암판정(터널굴착) 모습

3.2 폭약(폭파약)

3.2.1 폭약(폭파약)의 종류

(1) 화약(Powder)

직접폭약으로 직접점화나 충격, 또는 가열 등에 의해 폭파되며 일반적으로 폭파력이 작으며, 폭파약으로 직접 사용되기보다도 도화선의 심약(心藥)으로 주로 사용된다.

1) 흑색화약(Black powder)

조석 : 유황 : 목탄 = 75 : 10 : 15의 미세분말의 혼합물로서 보존과 취급에 위험이 적으나 수중폭발이 안되고 폭파력이 작고 뇌관이나 도화선의 심약으로 사용되며 수중 사용시는 방수포장이 필요하다.

(2) 폭약(Explosive)

간접폭약으로 뇌관을 이용해 폭파되며, 폭파력이 크고 수중사용이 가능하다.

1) 니트로그리세린 N.G(Nitro glycerin)

$C_3H_5(ONO_2)_3$로 담황색의 투명하고 무취의 유체로 물에는 용해되지 않고 알콜에 용해되며, 운반 및 사용이 불편하고 충격에 약해 흡수제에 흡수시켜 사용한다.

2) 다이너마이트(Dynamite)

N.G를 규조토에 흡수(N.G : 규조토 = 75 : 25)시킨 것으로, 홍갈색을 띠며 N.G보다 충격에 둔하여 안전하며, 최근에는 다이너마이트보다 폭발력이 큰 아교질 다이너마이트도 사용한다.

브라스팅제라틴(blasting gelatine), 젤리그나이트(gelignite), 부동다이너마이트(non-freezing dynamite) 등이 있다.

3) 면화약

질산과 황산과의 혼합액으로 면(綿)과 같은 식물섬유를 넣은 초안섬유가 주성분이며 습해지면 폭발하지 않으나, 충격 및 마찰에 의해 쉽게 폭발한다.

4) AN-FO(Ammonium nitrate-fuel oil mixture)

초안암모늄은 연료유(경유) = 94 : 6의 중량비 혼합물로 성능, 보관, 경제성이 양호하고 암석의 비산율이 작어 채석장에서 많이 사용되며, 충격에 대하여 둔하므로 안전하나, 잔류가스의 발생이 커 스무스 블라스팅 및 번 컷(burn cut)에 이용된다.

5) 카알릿(Carlit)

과염소산 암모니아를 주제로 한 무기염류 분말로 충격에 대하여 둔감하므로 취급상 위험이 적어 안전하며 다이너마이트보다 폭발력이 30~40% 강하지만, 유해가스가 발생하고 흡습성이 크므로 터널공사용으로는 부적당하고 채석장에 많이 사용된다. 흑색폭약의 4배 정도의 폭파력을 가지며, 갱외의 암반절취에 이용되고, 취급이 편리하며 가격이 싸다.

6) 초안폭약

초산 암모늄+N.G의 온합물로 폭발력이 크나 유해가스 발생이 크다. 채광작업이나 채석장 암석발파에는 좋으나 터널에는 부적당하다.

7) 슬러리(Slurry) 폭약

초안 TNT, 물의 혼합물로 내수성이 강하고 폭발력이 크다.

8) 캄마이트(Cammite)

발파에 의하지 않고 보링한 곳에 장치하여 무진동, 무소음으로 팽창에 의하여 암반을 파쇠하는 화학물질로 기존 건물의 안전, 소음, 진동의 민원 예상지역 등에 적합하나 많은 공사비가 요구되며, 파쇄제는 화약류와 같은 위험물이 아니고 유해성분도 없으므로 법적 규제나 시공상 사용허가를 받을 필요가 없다.

파쇄제의 수화반응에 의하여 서서히 발생하는 팽창압을 이용하여 균열이 진행되므로 소음, 진동, 비석 등이 발생하지 않으며, 다른 공법과 조합도 가능하고 시가지, 주택지 등에서 능률적이고 안전한 공법이다.

그림 3.6 현장내 화약창고(Key 보관 : 경찰)

그림 3.7 도화선 및 폭약

3.2.2 폭약(폭파약)의 선정조건

폭약의 특성으로는 폭발속도(velocity of detona tonation), 순폭도, 밀도(density), 내수성(water resistance), 예민성(senstivity), 동결에 대한 저항성, 산소 균형(oxygen balance), 내용연수(life time), 강도(strength) 등이 있으며, 작업조건과 사용목적에 맞은 폭약을 선택하기 위해서는 이러한 폭약의 기본적인 성능을 먼저 고려되어야 한다.

(1) 암반의 강도

암반을 통과하는 탄성파 속도와 폭약의 폭발속도가 같을때 가장 능률적인 발파가 될 수 있으므로 암반의 종류에 따라 고폭속, 중폭속 및 저폭속 폭약으로 구분하여 사용토록 한다.

1) 고폭속 폭약(고성능 다이너마이트) : 극경암, 철근콘크리트, 철골
2) 중폭속 폭약(일반 다이너마이트, 에멀젼) : 화강암, 편마암, 편무암 등의 경암
3) 저폭속 폭약(AN-FO) : 석회암, 사암 등의 연암

(2) 작업장소

동일한 작업장 일지라도 발파 위치에 따라 암질과 단층, 습곡 등의 지질조건이 매우 복잡하

고 다양할 뿐 아니라, 작업장 인근에 건물이나 가축의 존재여부 등 제반여건을 충분히 고려하여야 하며, 노천의 계단식 발파에서는 AN-FO 폭약과 슬러리 폭약, 질산암모늄 폭약을 많이 사용하고, 전폭약으로 절라틴 다이너마이트를 사용한다.

(3) 발파 후 가스처리

폭약내에 내포된 N, C, O, H의 원소중에서 가스화 되면 NO_2, CO_2가 되는데, NO_2는 5ppm, CO는 15ppm 이상이면 유해함으로 따라서 갱내에서는 유독성 폭약의 사용을 금지하고, 유독성이 적은 함수폭약(에멀젼 폭약) 등의 사용이 바람직하다.

터널이나 갱내에서 발파에 의해 발생한 가스는 통풍을 해도 완전히 없어지지 않고 호흡으로 체내에 들어가 발파 작업원들에게 직업병을 유발시킬 수도 있으므로 각별한 주의가 요망된다.

그림 3.8 터널내 발파작업을 위한 환기시설

(4) 계절(사용시기)

폭약은 계절의 특성에 맞게 선택되어야 하는 바, 폭약이 동결되면 민감해지며, 습기가 차면 폭발력이 저하하므로 겨울에는 니트로글리콜 함유량이 많은 다이너마이트를 사용하고, 여름 장마철에는 습기에 약한 질산암모늄 폭약과 질산암모늄 다이너마이트는 가급적 사용하지 않도록 한다.

3.2.3 폭약 사용법

(1) 도화선(fuse)만 사용

1) 흑색화약은 주로 폭발시키는데 사용하므로 천공구멍에는 수분이 없어야 한다.
2) 조금이라도 습기가 있으면 방수포장이 필요하다.

3) 화약을 구멍에 넣을 때 공극이 없게 막대기로 잘 다지고 도화선은 화약 속에 잘 꽂는다. 이때, 철봉을 사용해서는 안된다.
4) 화약을 밀어넣는 깊이는 착공깊이의 1/3로 하고 나머지는 가스분산을 막기 위하여 마른 점토나 모래도 다짐한다.

(2) 뇌관 사용

1) 도화선의 한 끝을 목제 가위를 사용하여 직각으로 잘라 서서히 뇌관에 삽입한다.
2) 도화선이 안 빠지게 뇌관의 주변을 도화선에 밀착시킨다.
3) 수분이 있는 곳엔 뇌관과 도화선 사이에 습기가 들어가지 않게 그리스를 바른다.
4) 도화선을 꽂은 뇌관을 소약포에 삽입하고 약포의 입구를 끈으로 맨다.
5) 암질과 천공의 크기, 깊이에 따라 적당량의 폭약을 구멍에 넣고 뇌관이 든 소약포를 삽입한 후 모래나 마른 점토를 채운다.

(3) 다이너마이트 사용

1) 보통뇌관보다는 전기뇌관을 사용한다.
2) 직사광선과 열을 피한다.
3) 폭약과 뇌관은 분리하여 보관한다.
4) 순간적으로 폭발하므로 공극에 모래, 점토는 채울 필요가 없지만 만일을 위해 채우며 막대기로 다져서는 안된다.
5) 6°C 이하에선 폭발을 일으키지 않으므로 온도를 유지시킨다.

3.3 발파

3.3.1 개요

(1) 발파란?

1) 발파라 하면 폭약을 사용하여 물체를 파괴하는 것으로 피 폭파물에 구멍을 뚫어 폭약을 장진하고 발파하는 방법(내부 장약법)과 피 폭파물에 폭약을 붙여서 발파하는 방법(외부 상약법)이 있으며, 이는 채광, 채탄, 채석, 토목공사, 콘크리트구조물의 파쇄 등 많은 용도로 사용되고 있다.

2) 발파 효과는 화약류의 폭발에 의해서 급격히 발생하는 충격압과 생성가스의 팽창에 의해서 피 폭파물을 파괴시키는 량에 따라 나타나며, 이는 다음과 같이 요인들에 의해 결정되어 진다.
- 자유면의 크기와 수
- 피 폭파물의 강도(경도)와 응집저항
- 천공배치, 최소저항선 및 천공수
- 파쇄의 정도 및 파석 처리의 방식
- 진동 등 현장의 조건
- 발파책임자의 기술과 경험
- 암석의 경우 괴상, 절리, 성층, 균열 등의 상태
- 화약류의 성능과 약량, 동시에 발파하는 공수

(2) 발파작업 순서

(1) 천 공 → (2) 장 약 → (3) 결 선 → (4) 발 파

그림 3.9 발파 모습

그림 3.10 장약 설치모습

(3) 발파작업 책임자

발파작업(장약, 결선, 발파)은 화약류 취급을 전문으로 하는 "화약류관리기사"나 "화약류관리기술사"에 의해 다루어지는 특수분야로 이들이 작업 책임자이다.

토목기술자는 발파에 대한 일반적인 지식을 가지고 효율적인 천공작업을 함으로써 발파작업이 잘 이루어질수 있도록 협조자가 되어야 한다.

폭약은 구매, 수송, 보관, 사용의 전 과정에 경찰관의 허락이나 입회를 요하는 특수 자재임으

로 소정의 자격을 가진 화약취급책임자를 두어야 하며, 이러한 규정은 화약류 단속법 등 관련 법규에 명시되어 있다.

(4) 윗채움(stemming)

천공한 구멍에 폭약을 넣고 공간을 채우는 것을 장약이라 하며, 폭약 이외의 나머지 부분은 부순돌, 모래, 물 등으로 채우게 되는데 이를 윗채움, 전충(塡充) 또는 전색(塡塞)이라 한다.

윗채움을 하는 이유는 폭발에너지의 발산을 막고 폭발력을 향상시키기 위함에 있다.

윗채움의 효과는 다음과 같다.

1) 밀폐에 의해 구멍내 폭약이 완전히 폭발한다.
2) 밀폐에 의해 폭파에너지의 효과가 상승한다.
3) 터널이나 광산 등에서는 가스에 의한 안전성이 향상된다.

(5) 표준발파공법의 분류

구 분	TYPE Ⅰ 미진동 굴착공법	TYPE Ⅱ 정밀진동 제어발파	진동제어발파		TYPE Ⅴ 일반발파	TYPE Ⅵ 대규모발파
			TYPE Ⅲ 소규모	TYPE Ⅳ 중규모		
공법 개요	보안물건 주변에서 TYPE Ⅱ 공법이내 수준으로 진동을 저감시킬 수 있는 공법으로서 대형 브레이커로 2차 파쇄를 실시하는 공법	소량의 폭약으로 암반에 균열을 발생시킨 후, 대형 브레이커에 의한 2차 파쇄를 실시하는 공법	발파영향권 내에 보안물건이 존재하는 경우 "시험발파" 결과에 의해 발파설계를 실시하여 규제기준을 준수할 수 있는 공법		1공당 최대 장약량이 발피규제기준을 충족시킬 수 있을 만큼 보안물건과 이격된 영역에 대해 적용하는 공법	발파영향권 내에 보안물건이 전혀 존재하지 않는 산간 오지 등에서 발파효율만을 고려하는 공법
주 사용 폭약 또는 화공품	최소단위미만 폭약 미진동파쇄기 미진동파쇄약 혼합화약류 등	에멀전 계열 폭약	에멀전 계열 폭약	에멀전 계열 폭약	에멀전 계열 폭약	주폭약 : 초유폭약 기폭약 : 에멀전
지발당 장약량 범위	폭약기준 0.125 미만	0.125 이상 0.5 미만	0.5 이상 1.6 미만	1.6 이상 5.0 미만	5.0 이상 15.0 미만	15.0 이상
천공깊이[1)] (m)	1.5	2.0	2.7	3.4	5.7	8.7
발파보호공	필 수	필 수	필 수	불 필 요	불 필 요	불 필 요
2차파쇄	대형브레이커 적용	대형브레이커 적용	–	–	–	–

주 1) 천공깊이는 평균적으로 제시한 수치이며, 공사시행 전에는 시험발파에 따라 현장별로 검토 · 적용

3.3.2 천공

(1) 구멍뚫기 방법

1) 타격에 의한 구멍뚫기 2) 회전절삭에 의한 구멍뚫기
3) 회전타격에 의한 구멍뚫기 4) 수력, 열 등에 의한 구멍뚫기

(2) 착암기의 형식(운동방식)

1) 타격식(Piston type)

타격에 의하여 암석을 파괴하여 천공하는 방식으로 초경합금 비트(bit)를 특수강의 롯드(rod) 끝에 달아 피스턴으로 타격을 주어 천공하는 방식으로 브레이커(breaker), 픽 해머(pick hammer), 픽 스릴 등이 이에 해당된다.

2) 회전식(Rotary type)

빗트에 회전과 압력을 가하여 암석을 천공하는 것이다. 연암에 적합하며, 로터리 드릴(rotary drill), 자주식 크롤러 드릴(crawler) 등이 이에 속한다.

3) 타격 회전식(Hammer type)

속이 비어 있는 중공관 철대 끝에 분리할 수 있는 비트를 달아 착암기로 사용하는 방식으로 왜곤 드릴(wagon drill), 크롤러 드릴(crawler drill), 점보 드릴(jumbo drill), 레그 드릴(leg drill) 등이 이에 속한다.

(3) 천공방향에 의한 착암기 분류

1) 드리프러(Drifter) : 수평 천공용 착암기

그림 3.11 잠보 드릴에 의한 천공모습

그림 3.12 크롤러 드릴(천공장비)

2) 싱커(Sinker) : 하향 천공용(jack hammer) 착암기

3) 스토퍼(Stopper) : 상향 천공용(rock bolt의 천공용으로 사용됨.)

3.3.3 기폭법

(1) 기폭법의 종류

1) 도화선점화 2) 전기점화

3) 도폭선과 코드뇌관 4) 비전기점화

(2) 도화선(Safety fuse) 점화

도화선은 흑색화약 주위를 마사, 면사, 테이프 등으로 피복하고, 이것을 아스팔트로 방수피복한 후 가공한 직경 약 5mm의 화공품으로 공업뇌관에 결합해서 인위적인 지연 시차에 의한 발파가 가능한 채탄, 채광 또는 노천발파에 사용한다.

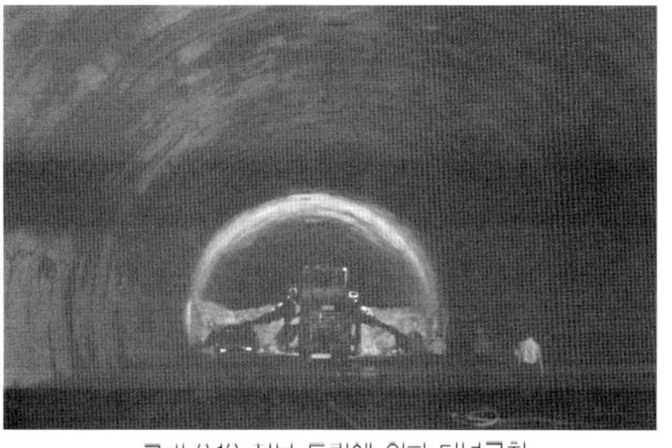

그림 3.13 섬보 드릴에 의한 터널굴착
(상부 반단면 굴착 후 하부천공)

내수성이 나빠서 발파현장에 오래 방치하면 흡습되어 점화가 어려우므로 가능한 정확한 양만 가져가서 신속하게 사용해야 한다.

(3) 도폭선(Detonation cord) 점화

뇌관류와 더불어 산업용 폭약류들을 기폭시킬 수 있는 화공품으로, ANFO 장전시 정전기에 의한 위험성이 있는 곳에서나 누설전류, 고압선, 무선 주파수 등이 있어 전기뇌관 사용이 어려운 곳, 천둥 및 번개가 많은 지역에서의 발파 등 잠재적인 위험이 있는 장소에서 발파를 할 수 있다. 도폭선의 종류는 제1종, 제2종 2가지가 있으며, 심약이 고폭약으로 채워져 있어서 기폭에는 공업뇌관, 비전기식 뇌관, 전기뇌관 등을 사용하여야 한다.

(4) 전기뇌관(Electric detonator) 점화

전기뇌관은 크게 순발뇌관, MS(millisecond) 및 DS(desisecond)뇌관으로 시차를 갖고 점화하도록 뇌관 내부에 연시장치가 있어 뇌관이나 전기 발파회로를 도통시험기나 옴(ohm)메타 등

으로 사전에 체크할 수 있으며, 도화선 발파와는 달리 기폭 시점을 항상 조절할 수 있는 이점이 있다. 국내에서는 MS뇌관에 들어가는 전기 뇌관은 각 단차의 초시는 20~30MS정도이며, DS 뇌관은 100~500MS 단차를 갖는다.

(5) 보통뇌관(비전기식 뇌관)

폭약을 기폭하기 위해서는 비전기식 튜브는 발파공 내에는 종래의 뇌관 삽입 방법과 동일하나, 표면뇌관이 있어 이를 공내 뇌관에 연결시차를 주어진 범위 내에서 시차조정을 할 수 있다.

(6) 공업뇌관(Blasting cap)

공업뇌관은 알루미늄 금속관에 첨장약을 충전한 화공품으로서, 공업뇌관 상부공간에 도화선을 삽입하여 크림핑한 후 도화선 끝부분을 점화시키면 도화선의 화염에 의해 공업뇌관이 기폭되는 시스템이다. 공업뇌관의 지연 여부는 도화선 길이에 따라 조절되며, 다수의 발파공을 동시에 점화시켜 발파공별 지연시차를 인위적으로 얻는 발파에 사용된다.

3.3.4 발파용어

(1) 자유면(Free face)

자유면은 발파에 의해서 파괴되는 물체가 외계(공기, 물)와 접하고 있는 면으로, 이는 발파에 의해 파쇄되는 물체(암석 등)가 떨어져 나오고 난 뒤의 면을 말하며, 물체가 떨어져 나오는 면이 하나 있는 것을 1자유면, 둘이면 2자유면, 셋이면 3자유면이라 하며, 자유면의 수가 많을수록 발파는 용이하게 된다.

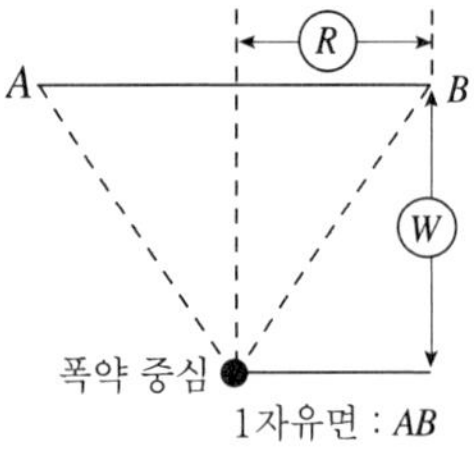

그림 3.14 1자유면

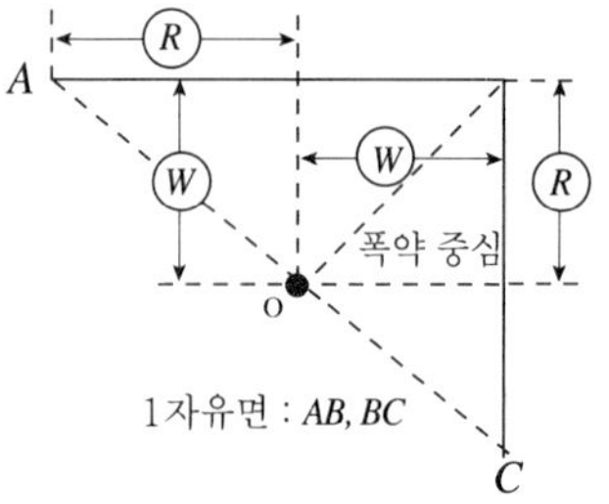

그림 3.15 2자유면

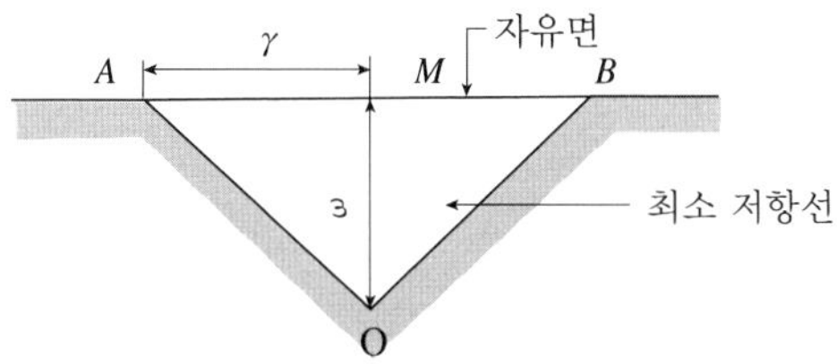

그림 3.16 1자유면의 경우

(2) 최소저항선(W : line of least resistance)

장진되는 폭약의 형상에 관계없이 폭약의 중심에서 자유면까지의 최단거리를 최소저항선이라 하며 일반적으로 W로 표시한다.

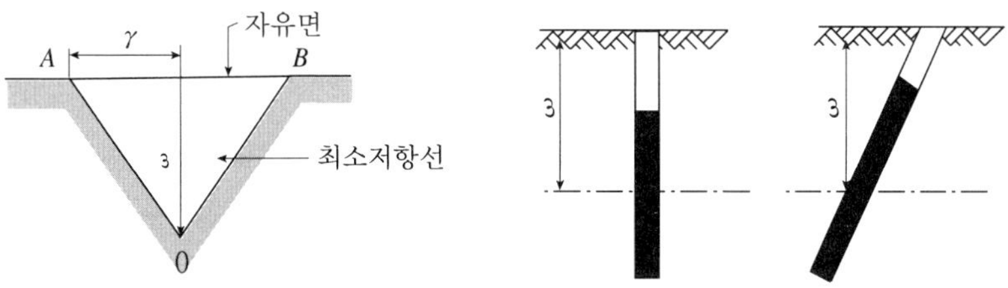

그림 3.17 최소저항선

(3) 누두반경(r)

발파에 의해서 만들어진 누두공의 반경을 누두반경이라 하고, 보통 r로 표시한다.

(4) 누두지수(n)

누두공의 형상을 나타내는 지수이고, 누두반경(r)과 최소 저항선(W)과의 비 r/W을 누두지수라 한다.

(5) 표준장약(standard charging)

누두반경(r)과 최소저항선(W)의 비가 서로 같을 때 r/W = n = 1의 장약량을 표준장약 또는 적정장약이라 하며, 이는 즉 폭약의 종류 및 양이 발파되는 물체와 최소저항선에 대하여 적정한 것을 의미한다.

(6) 과장약(over charging)

누두반경(r)이 최소저항선(W)보다도 크게 되게 누두공을 만드는 장약을 과장약이라 한다(n>1).

(7) 약장약(Under charging)

누두반경(r)이 최소저항선 보다도 적게 되게끔 누두공을 만드는 장약을 약장약이라 한다($n<1$).

(8) 임계심도

분화구가 최대의 체적을 표시할 때의 심도를 말한다.

$$N = E \cdot L$$

여기서, N : 임계심도(m)
E : 변형에너지(암석의 경우 4.0~5.0)
L : 장약량(kg)

(9) 여굴(Extra excavation)

폭파굴착을 하기 위하여 천공할 때는 주변공 방향의 착암은 구조상 다소 외측으로 향하게 되어 발파케 되는데 발파 결과 설계 굴착선을 넘어서(over) 여분으로 굴착하게 되는 것을 여굴이라 한다. 쉽게 표현하여 굴착하고자 하는 두께보다 많이 굴착된 것을 말하며 통상 여굴의 허용범위는 15cm 이하이다.

(10) 시험발파

채석방법, 암석의 비산상태, 장약량, 안전성을 고려하여 발파방법, 사용약량 등을 여러 가지로 변화시키면서 암석과 폭약에 대한 계수를 결정하기위하여 본격적인 발파이전에 하는 소규모의 발파를 말하며 암석의 시험발파는 발파계수를 구하기 위함이라 할 수 있다.

3.3.5 암석발파공법

우리 건설현장에서 시행하고 있는 노천 발파공법의 설계(시공)는 보안시설물(가옥, 상가, 사무실, 축사 등의 건물을 포함한 구조물이나 가공선로 및 지하시설물)과 발파원간의 이격거리에 의해 결정되어졌으나, 앞으로는 지발당 장약량을 기준으로 보안시설물의 허용 진동 진동규제기준과 이격거리를 종합적으로 분석한 후 발파공법이 선정되어야 할 것이다.

최근의 토목공사는 대형화, 복잡화, 심층화(深層化)됨에 따라 암반이나 구조물의 발파는 대부분의 현장에서 피할 수 없는 공종이 되고 있으므로 보다 합리적인 발파공법의 설계(시공) 적용기준이 요구됨에 따라 국토교통부에서 이를 추진중인 바 소개하고자 한다.

(1) 표준발파 공법의 분류기준

구분	특수발파	제한발파			무제한 발파
	TYPE Ⅰ 미진동(파쇄)발파	TYPE Ⅱ 선행이완발파	TYPE Ⅲ-Ⅳ 진동제어발파	TYPE Ⅴ 일반발파	TYPE Ⅵ 대규모발파
공법개요	특수화공품인 “미진동파쇄기”를 사용하는 공법으로 대형브레이카에 의한 2차파쇄를 실시하는 공법	소량의 폭약으로 암반에 균열을 발생시킨 후, 대형브레이커에 의한 2차 파쇄를 실시하는 공법	발파영향권 내에 보안물건이 존재하는 경우 “시험발파”결과에 의해 발파설계를 실시하여 규제기준을 준수할 수 있는 공법	1공당 최대 장약량이 발파규제기준을 충족시킬 수 있을만큼 보안물건과 이격된 영역에 대해 적용하는 공법	발파 영향권 내에 보안물건이 전혀 존재하지 않는 산간오지 등에서 발파효율만을 고려하는 공법
사용폭약 및 화공품	미진동파쇄기 (Finecker) 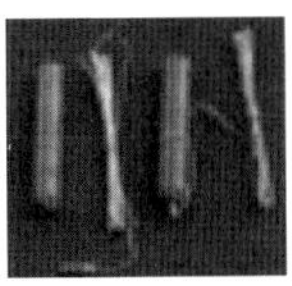	에멀젼 계열 폭약	에멀젼 계열 폭약 	에멀젼 계열 폭약	주폭약 : 초유폭약 기폭약 : 에멀젼 
천공직경	ф45mm	ф45mm	ф45mm~76mm	ф76mm	ф76mm 이상
파쇄 정도	균열만 발생 (보통암 이하)	파쇄 + 균열	파쇄 + 균열	파쇄 + 대괴	파쇄 + 대괴
계측 관리	필수	필수	필수	선택	불필요
발파보호공	필수	필수	필수	불필요	불필요
2차 파쇄	대형브레이커 적용	대형브레이커 적용	-	-	-
천공장비	 또는 				
	※ 공기압축기식 크롤러 드릴 또는 유압식 크롤러 드릴 선택 사용				
사용비트	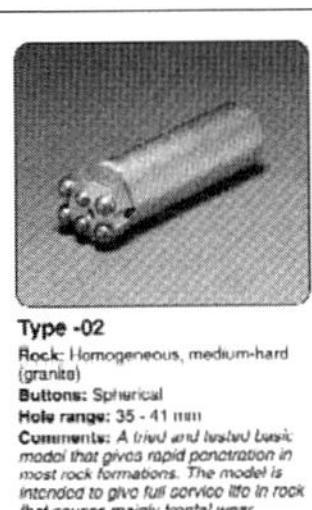 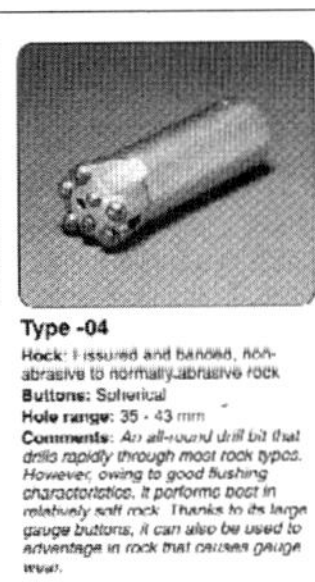  				

(2) 표준발파공법 및 진동규제기준

TYPE	발파공법	V=0.2	0.2	0.3	0.5	1.0	5.0	비고
I	미진동 (파쇄)공법	50m까지	30m까지	25m까지	20m까지	–	–	
II	선행이완발파	50~80	30~50	25~40	20~30	20m까지	–	
III	진동제어 (소규모)	80~130	50~90	40~70	30~50	20~40	–	
IV	진동제어 (중규모)	130~230	90~150	70~120	50~90	40~60	10m까지	
V	일반발파	230~300	150~250	120~200	90~140	60~100	10~40	
VI	대규모발파	–	250m이상	200m이상	140m이상	100m이상	40m이상	

(3) 표준발파공법 및 개략 단가산출표

구 분	단위	발파 설계 결과 제원					
		TYPE 1 미진동 (파쇄)발파	TYPE 2 선행이완 발파	TYPE 3 진동제어 발파 (소규모)	TYPE 4 진동제어 발파 (중규모)	TYPE 5 일반발파	TYPE 6 대규모발파
① 설계 장약량	kg/delay		0.188~0.50	0.50~1.60	1.60~4.80	4.80~14.28	14.28 이상
② 적용굴착공법		미진동파쇄기 + 대형브레이커	선행이완발파 + 대형브레이커	제어발파	제어발파	일반발파	일반발파
③ 천공장비		크롤러드릴	크롤러드릴	크롤러드릴	크롤러드릴	크롤러드릴	크롤러드릴
④ 천공직경	mm	∮ 45mm	∮ 45mm	∮ 45mm	∮ 76mm	∮ 76mm	∮ 76mm
⑤ 계단높이	m	1.30	–	2.4	2.6	4.8	10.0
⑥ 천 공장	m	1.50	2.0	2.7	3.2	5.7	11.5
⑦ 최소 저항선	m	0.70	0.8	1.0	1.4	1.7	2.2
⑧ 천공간격	m	0.70	0.8	1.2	1.6	1.9	2.5
⑨ 공당 장약량	kg/공	0.180 (Finecker 등)	0.3125 (에멀젼폭약)	1.0 (에멀젼폭약)	2.0 (에멀젼폭약)	5.0 (에멀젼폭약)	20.0 (초유폭약)
⑩ 비천공장	m/m^3	2.355	1.56	0.94	0.55	0.37	0.21
⑪ 비장약량	kg/m^3	0.283 (Finecker 등)	0.24	0.35	0.34	0.32	0.36
⑫ 비뇌관량	ea/m^3	1.570 (점화구)	0.78	0.35	0.17	0.06	0.02
⑬ 공당 파쇄량	m^3/공	0.637	1.28	2.88	5.824	15.5	55.0
⑭ 개략설계단가	원/m^3	32,756	21,150	12,957	9,637	7,081	5,459

1. 위 발파패턴은 미광무국(USBM) 제안식을 기준으로 산정한 "거리~지발당 장약량" 조견표에 의해 각 발파공법별 평균치를 적용한 것임. (진동상수 k = 160, n = −1.6, 진동관리기준 0.3cm/sec)

2. 위 발파패턴은 개략 공사비를 산출하기 위한 것으로 참고용이므로 시험발파를 실시하여 발파패턴을 확정후 본 적산 근거에 의거 공사비를 산출할 수 있다.

3. 화약류 단가는 대리점 단가를 기준으로 하였음. (2002. 01. 01 기준)

4. 미진동파쇄기의 진동감쇠 특성은 일반폭약과는 상이하므로 시험발파에 의해 지발당 장약량을 설정한다.

5. 선행이완발파공법은 공당장약량 0.5kg이하로 적용.

3.4 암반굴착

3.4.1 갱도발파와 심빼기 발파

(1) 갱도발파공법

갱도발파공법은 작업원이 들어갈 정도의 갱도를 파고, 암반 내부에 적어도 200kgf의 화약을 집중적으로 장약한 후, 갱도를 매몰하고 폭파함으로써 한번에 대량의 암반을 굴착할 필요가 있는 원석채취, 댐기초굴착 등에 쓰이는 공법이다. 갱도는 소형착암기를 사용하여 굴착함으로 경사가 급한 지형에서 대량의 굴착도 가능하나, 다량의 폭약을 취급함으로 안전관리에 각별히 주의하여야 한다.

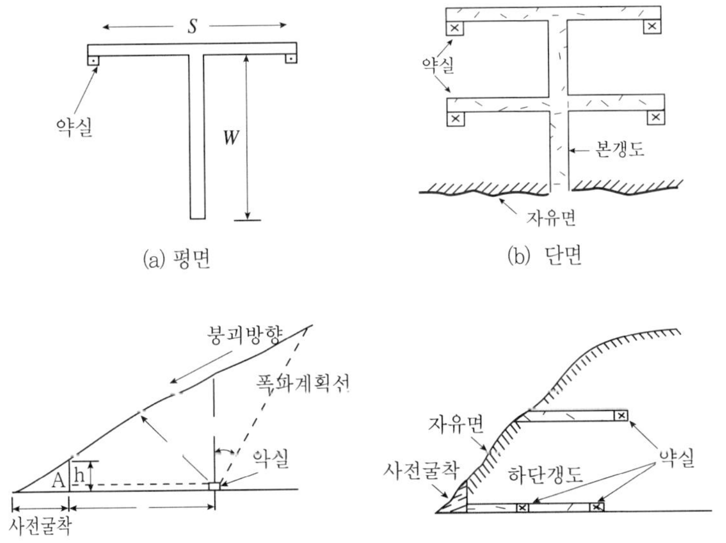

그림 3.18 갱도발파공법

(2) 심빼기발파(심발공, Cut-hole)

심발공이란 심빼기 발파공의 줄임말로써 암반 발파 현장에서는 V컷, 스윙 컷, 노 컷, 피라미드 컷 등이, 터널발파 현장에서는 V컷과 피라미드 컷이 많이 사용되어지고 있다. 심빼기발파는 폭파시 자유면을 증가시켜 폭파효율을 높이는데 그 목적이 있으므로, 중앙부분(1자유면)의 발파를 먼저 시행하게 되는데 이때의 장약량은 후속되는 폭파보다 많게 되며, 이 선행하는 폭파를 심빼기라고 하고 후속하는 폭파를 확대폭파라고 한다.

(3) 심발공의 종류

1) 번컷(Burn cut)

발파공에 인접하여 화약이 장진되지 않은 나공(裸孔)을 발파공과 평행으로 천공하여 이를 자유면으로 이용하는 발파공법이며, 터널공사의 중앙부 굴착 등에 흔히 이용된다. 빈 구멍으로서는 장약공과 같은 정도의 구멍을 여러개 뚫는 방법과 큰 구멍을 1~4개 뚫는 방법이 있다.

2) 스윙 컷(Swing cut)

스윙 컷은 버럭이 너무 비산하지 않는 심빼기에 유효하며 특히 용수가 많을 때 편리한다.

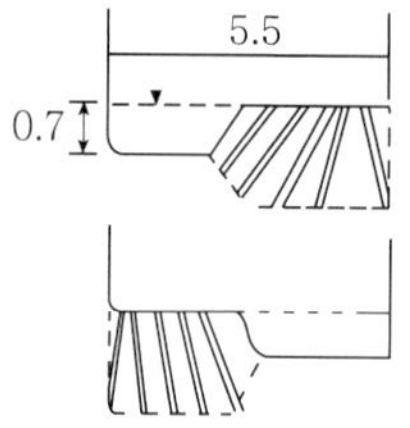

그림 3.19 스윙 컷

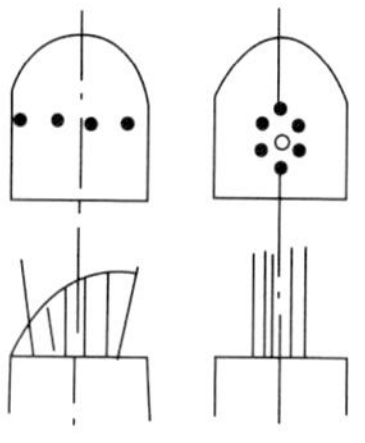
그림 3.20 번 컷

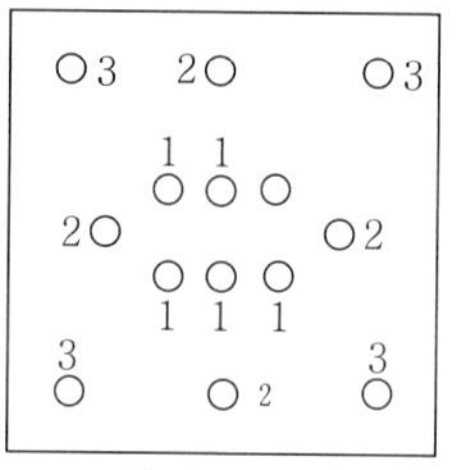

그림 3.21 노컷

3) 노컷(No cut)

노컷은 심빼기 부분에 수직한 평행공을 다수 구멍뚫기 하여 장약량을 집중시키고, 순발뇌관으로 폭파시켜 폭파 쇼크에 의하여 심빼기를 하는 방법을 노컷이라 한다.

4) V컷(Wedge cut : 다이아몬드 컷)

천공설비에 따라 횡방향 또는 종방향 쐐기 모양으로 되어 있다.

5) 피라미드 컷(Pyramid cut)

심빼기 구멍이 한 점에 마주치도록 하여 심빼기를 하는 방법이다.

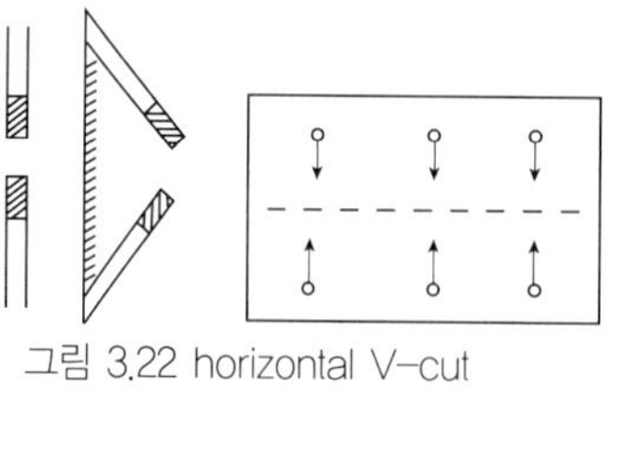
그림 3.22 horizontal V-cut

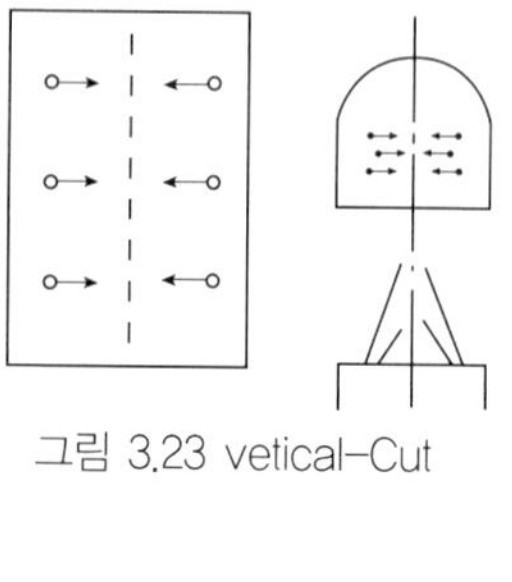
그림 3.23 vetical-Cut

(4) 벤치 컷 발파(Bench cut)

벤치 컷(bench cut)공법은 경사면을 계단상으로 굴착 또는 파쇄해 내려가는 공법으로 계단식 발파라고도 하며, 가능한 자유면을 많이 이용하여 폭파효과를 크게 하여야 한다.

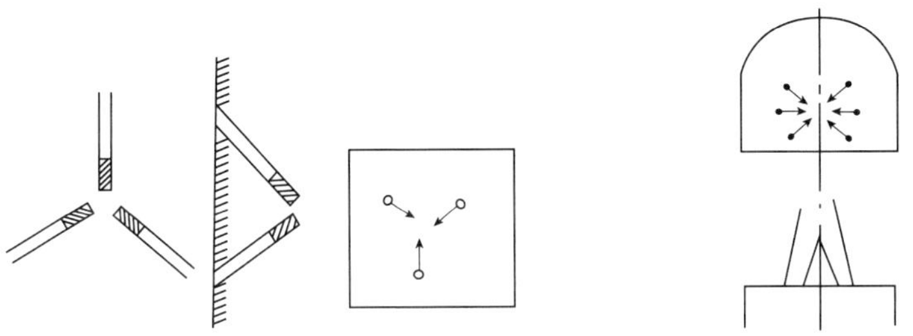

그림 3.24 피라미드 컷

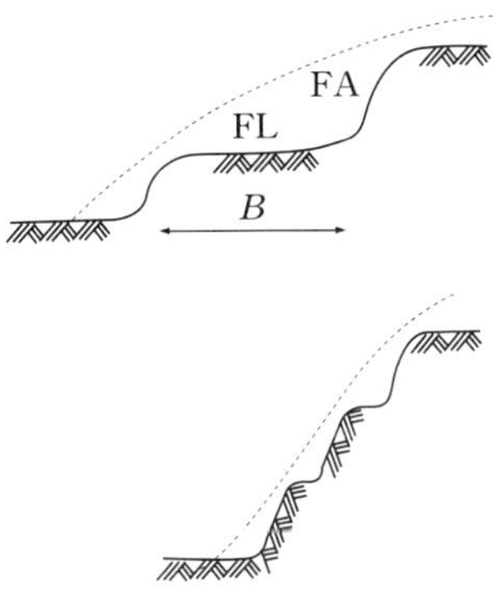

그림 3.25 벤치의 조성

그림 3.26 도로법면의 소단(bench, berm)

3.4.2 조절발파(Controlled Blasting) 공법

미관, 소규모, 여굴방지, 소음방지 등과 같은 특수목적 발파일 경우 시행하는 발파를 조절 발파(제어발파)라 하며, 현재 국내에서 시공되고 있는 공법들은 다음과 같다.

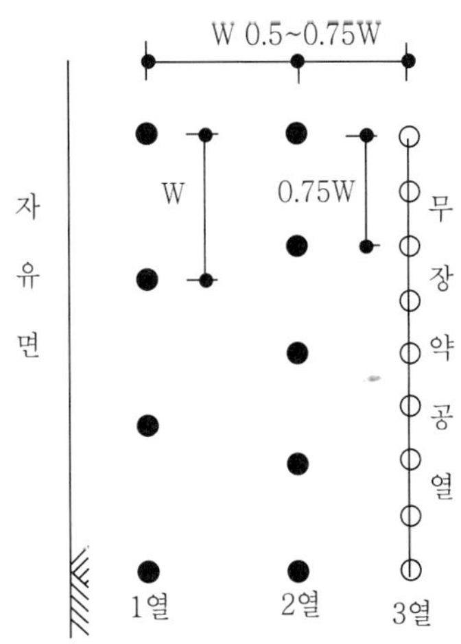

그림 3.27 라인 드릴링

(1) 라인 드릴링(Ling drilling)

조절폭파공법의 기본이 되는 공법으로 그림 3.27과 같이 굴착 끝손질 선에 따라 무장약의 공열(孔列)을 설치하여 이를 인공적인 파단면으로 설정함으로써 공열선보다 깊게 응력, 진동, 균열이 전해지지 않도록 하는 공법이다. 경암굴착에 있어서는 우수한 효과를 갖지만 고성능의 천공기계와 고도의 천공기술을 필요할 뿐 아니라 시공비가 비싸며, 결이 많은 암에는 부적합하다.

(2) 쿠션 블라스팅(Cushion blasting)

굴착 계획선에 따라 1렬로 천공하고 그림과 같이 분산 장약하며 주굴착이 완료 후에 폭파하는 공법으로 폭약은 굴착측에 가까이 장진하고 공간은 마른 모래, 점토 등으로 진충하지만 균질한 암반의 경우는 폭약 주위를 진충하지 않고 공기 쿠션으로 함이 좋다. 연균질암에 적용하면 효과적이나, 90° 직각폭파는 곤란하다.

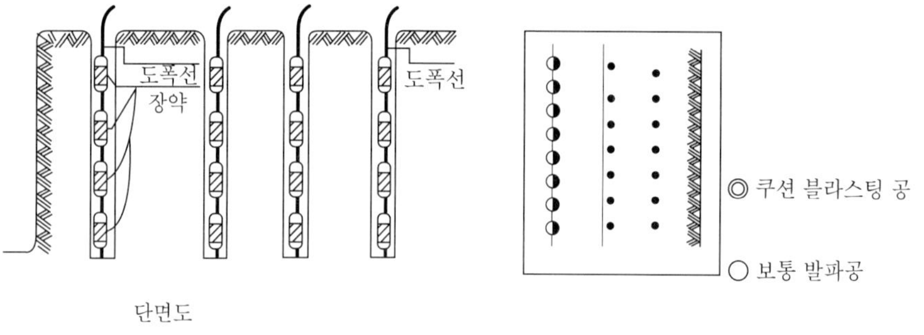

그림 3.28 쿠션 블라스팅 공법

(3) 프리 스프리팅(Pre-splitting)

굴착선에 따라 폭파를 먼저 시행하며 예비파괴 단면을 만들어 놓고 주 폭파에 의한 진동, 파괴 영향을 적게함으로써 여굴의 방지와 노출면의 미관을 위한 공법으로 중부고속도로 법면 등에 시공되어 있다. 자유면 쪽에 2열의 보통 발파공을 설치하고 굴착선상의 구멍에는 1/2에 해당하는 폭약을 장진하고, 굴착선상의 폭약을 1차 폭파시켜 균열을 발생시키고 1차 폭파가 완료되면 주폭파공에 장약하여 폭파시킨다.

프리스프리팅 공법의 특징은 다음과 같다.

1) 라인 드릴링에 비해 굴착공수가 적어도 된다.
2) 화강암 등 양질의 균질암에 효과적이다.
3) 깎기높이가 5m 이상이 효과적, 20m 이상에도 사용하는 경우가 있다.
4) 1차와 2차 폭파로 여굴을 최소화 한다.

(4) 스무스 블라스팅(Smooth blasting)

스무스 블라스팅은 터널발파의 대표적인 표준 발파공법으로 평활한 마무리면을 유지하고 여굴이 없는 등의 장점이 있어 숏크리트 타설량의 감소와 용수분출 사고 예방을 위한 터널굴착이나, 주위에 혼잡을 피해야 하는 복잡한 기초공사 등에 적용하고 있다. 특히 강도가 크지 않은 암반에서도 스무스 블라스팅의 최종 결과는 아주 좋고 또 발파의 경제성도 있어 터널, 지하공동구, 도로의 법면, 건축기초, 시가지내의 발파, 파이프 라인(pipe line) 매설을 위한 트렌치굴착 등에 많이 이용되고 있다.

스무스 블라스팅 공법의 장점은 다음과 같다.

1) 발파면의 요철 및 여굴의 최소화가 가능하다.

2) 숏크리트 타설량이 감소된다.

3) 원지반 암석(母岩)의 균열을 최소화 시킨다.

4) 용수의 분출이 적다.

5) 복잡한 기초공사에 대하여 쉽게 발파작업이 가능하다.

6) 시공이 빠르고 소음, 진동이 적다.

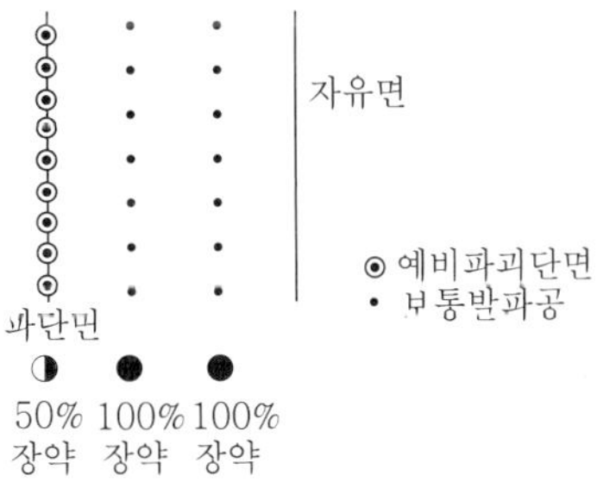

그림 3.29 프리스프리팅

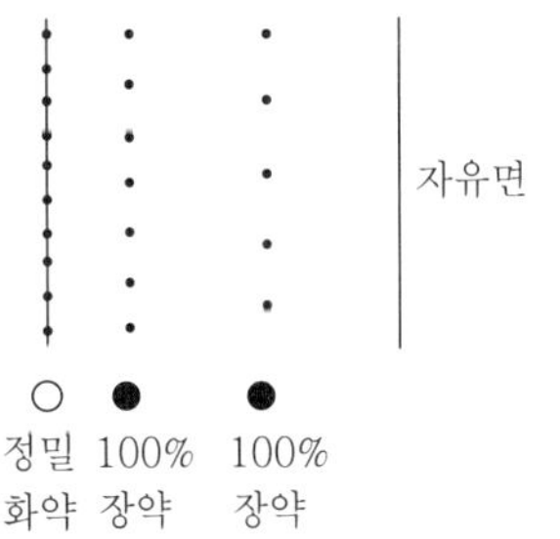

그림 3.30 스무스 블라스팅

(5) 2차 폭파(소발파)

폭파에서 생긴 암 덩어리가 너무 커 활용이 불가할 경우 조각내는 발파나 지상에 묻혀 있는 바위 덩어리 등의 발파시에 이용되는 발파공법으로 Shovel(braker) 등에 의한 소할(小割)이 비경제적인 경우 시행하는 발파를 말한다.

1) Block boring : 암 덩이리 중심부에 수직으로 천공 후 장약하여 발파한다.

2) Snake boring : 암 덩어리가 흙속에 묻혀 있는 경우 천공대신 경계부위에 장약하여 발파한다.

3) Mud caping(복토법) : 천공하지 않고 오목한 곳에 장약 후 복토한 후 발파한다.

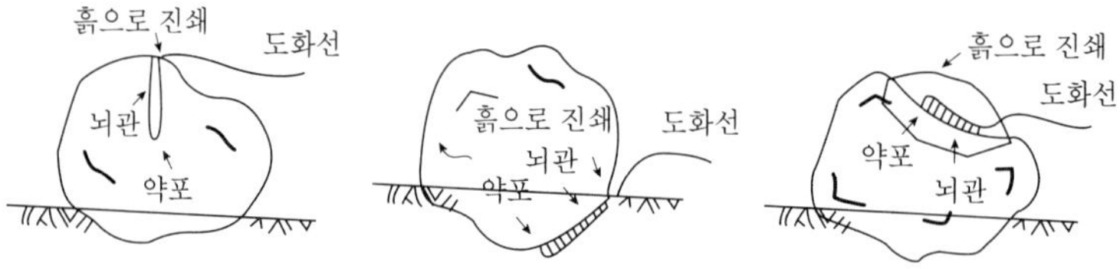

(a) Block boring (b) Snake boring (c) Mud Caping

그림 3.31 소발파

(6) 소할(小割)

1차 발파된 큰 암 덩어리의 원활한 운반(현장內 파쇄기 장(場)으로의 이동이나 현장외 반출)이나, 암의 활용(견치돌, 자연석)을 위하여 용도에 맞게 부수는 작업을 말한다.

소할을 위한 작업은 모암의 크기와 필요작업량에 따라 화약에 의한 발파, 브레이커(Braker) 깨기, 인력깨기 등으로 구별된다.

그림 3.32 브레이커에 의한 소할

3.4.3 수중발파

(1) 수중발파란?

물체(암, 콘크리트)의 일부나 전부가 물에 덮힌 상태에서 실시되는 발파로 물에 의한 저항 및 수중작업으로 인한 작업능률의 저하 등에 대처하기 위하여 육지에서 보다 강력한 폭발력이 요구되는 성능 좋은 폭약의 사용이 수반되는 물속에서의 발파를 말한다.

(2) 수중암석 천공기의 요구 조건

1) 다양한 해저지질에 천공을 할 수 있는 성능을 가져야 한다.
2) 천공부위에 폭약을 확실하게 장전할 수 있어야 한다.
3) 어느 정도의 조류 및 파압에 저항할 수 있는 강성의 천공관이 있어야 한다.

(3) 록 필(rock fill)에 의한 천공 및 발파

수심이 깊지 않을 경우 암석이나 토사를 매립한 후 육상에서 처럼 천공 및 발파를 하고, 발파가 이루어진 후에는 매립된 토사나 암석을 제거하는 공법을 말한다. 교각의 기초나 하천 구조물의 기초 발파시 많이 사용되고 있다.

(4) 플래트 폼에서의 천공 및 발파

수심(水深)이 깊은 곳에서 천공이나 발파작업을 하려면 별도의 해상 장비가 필요하게 되는데, 발파시(時)는 작업원 및 장비의 대피가 용이한 이동식 해상장비가 필요하다. 조용한 수역(水域)에서는 모선(母船), 부잔교(浮棧橋) 등이 사용되며, 풍랑, 조류, 간만차 등 자연조건이 나쁜 수역에서는 SEP 바지선이 사용된다.

SEP 바지선(self elevating plat form)이란 바지(barge)를 원하는 곳까지 끌고가 각주를 내려 작업대를 수면 위로 올려 작업을 할 수 있고, 대피코자 할 때는 각주를 걷어올려 작업대가 뜨게 한 다음 예인선 등에 의하여 이동시키는 바지선을 말한다.

그림 3.30 SEP 바지선

(5) 잠수부에 의한 천공 및 발파

잠수부에 의한 수중발파는 한정된 작업에 이용되며, 천공작업 동안에 수중에서는 시계(視界)가 대단히 좋지 않는 경우가 발생됨으로 잠수부(diver)가 정확한 위치에 천공할 수 있도록 공

(孔) 위치의 표식 철제틀을 사용하는 등 보조품을 사용하기도 한다.

3.4.4 폭약을 사용하지 않는 암파쇄

건설현장에서의 암반절취는 발파시 소음, 진동, 분진 등으로 민원이 끊임없이 제기되고 있는 실정인 바, 이의 차단을 위해서는 작업기간이 길어지고, 많은 비용이 투입되어도 소음이나 진동을 줄이든지 아니면 무소음, 무진동으로 암반파쇄를 할 수밖에 없으며, 최근에는 이를 해결하기 위해 신기술, 신공법 등의 연구가 활발히 이루어지고 있는 실정이다.

암반파쇄 뿐아니라 기존콘크리트 구조물의 파쇄시에도 무진동, 무소음에 의한 파쇄를 요구하는 경우가 많아지고 있으며, 세계적인 관심을 일으킨바 있는 청계고가도로(서울) 철거시에도 콘크리트 구조물(교각)을 절단 후 유압장치에 의한 콘크리트 파쇄방법이 주로 동원되었다.

(1) 폭약을 사용 않는 암파쇄 방법

1) 기계에 의한 암반굴착(리퍼, 브레이커, 쇄암선, TBM 등)
2) 수력(水力)ject에 의한 굴착
3) 열(熱)에 의한 굴착
4) 팽창성 파쇄제에 의한 굴착
5) 기계(유압장치 등)에 의한 암반절개 후 굴착

(2) 리퍼(Ripper)에 의한 굴착

불도저 뒤에 붙은 리퍼에 의한 굴착으로 불도저의 마력(馬力) 크기에 따라 암파쇄 능력이 결정되나 퇴적암, 사암, 점판암 등의 풍화암의 굴착은 가능하다.

토목공사 표준품셈에서는 탄성파속도 1,800m/sec이하는 리핑(ripping)으로 1,800m/sec초과암은 리핑과 발파를 병행토록 되어 있다.

(3) 브레이커(Breaker)에 의한 굴착

Shovel 장비(crawler 및 tire)에 shovel 대신 breaker를 부착시켜 작업을 행하는 굴착방법이며 진동이 수반되지 않는 소규모의 암반굴착(가옥인근)에 효과적이다.

화약사용 허가를 얻기 어려운 단기간 굴착일 경우 작업기간을 단축할 수 있으며, 작업능률을 고려하면 모든 암반에 적용 가능하다.

그림 3.34 브레이커에 의한 마무리 굴착

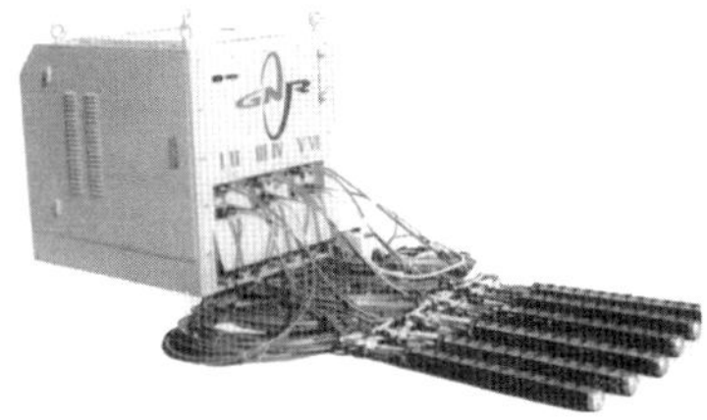
그림 3.35 무소음 무진동 암반 절개장비

(4) 파쇄제에 의한 굴착

암반층에 팽창제를 주입하여 무진동, 무소음으로 굴착하는 공법으로 도심지 굴착에서 유효하게 활용되고 있다.

- 파쇄제의 종류(석회계 규산암 화합물)는 다음과 같다.
  - 캄마이트(calmite, 팽창제)
  - 브라이스트(brister)
  - CBR

(5) 유압장치에 의한 암반파쇄

1) 작업순서

(1) 천공 (Drilling) → (2) 절개 (Splitting) → (3) 부리 및 파쇄 (Breaking & Nipping)

2) 작업의 특징

암반층이나 콘크리트 구조물 속으로 수평 또는 수직으로 천공을 한 후 유압장치를 가진 기계에 의하여 암반을 절개하는 공법이며, 암반의 절리면과 균열선을 활용하면 보다 큰 효과를 얻을 수 있으나, 시공속도가 느리고 소할을 하여야 하는 후속공정이 필요하다.

현장에서는 HRS공법, GNR공법, 다루다공법 등으로 불러지고 있으나 이는 단순히 기계제작자에 따른 명칭이며, 원리는 유압으로 천공구멍을 벌려서 인장력에 의한 파쇄로 거의 비슷하다.

3) 작업사진

그림 3.36 천공 후 절개를 위한 준비와 유압장치에 의해 절개된 모습(도심지 터널)

(6) 무진동 · 무소음 발파공법 비교

공법	무진동 유압암반 절개	팽창성 파쇄제	BREAKER
개 요	• 도심지에서 주변여건상 발파 및 Breaker사용이 제한되는 지역에서 암반 및 콘크리트 파쇄에 사용되며 절개하고자 하는 암반에 일정한 선을 따라 유압크롤러 드릴로 천공을 하고 무진동 암반절개장비 작동부를 홀에 장착 암반을 절개시킨후 Breaker나 Nipper로 절개된 암반을 모암으로부터 분리시키는 공법	• 도심지에서 주변여건상 발파 및 Breaker사용이 제한되는 지역에서 암반 및 콘크리트 파쇄에 사용되며 절개하고자 하는 암반에 일정한 선을 따라 유압크롤러 드릴로 천공을 하고 팽창성 파쇄제를 물과 혼합하여 충전 최소 24시간이 지나 암반을 절개시킨후 Breaker로 절개된 암반을 모암으로부터 분리시키는 공법	• 주변여건상 폭약사용이 불가능한 지역에서 소음 및 진동에 대한 제한이 없는 지역에서 기계의 타격력에 의해 암반을 모암으로부터 분리시키는 공법
주변환경	• 폭약 및 Breaker로 인한 소음, 진동이 허용되지 않는 경우	• 폭약 및 Breaker로 인한 소음, 진동이 허용되지 않는 경우	• 폭약사용이 제한된 지역이고, 소음, 진동에 대한 제한이 없는 경우
파쇄 메카니즘	• 유압력에 의한 피스톤 작용으로 암반 절단	• 수화반응에 의한 팽창압으로 암반 절단	• 기계의 타격력을 이용한 충격파괴
파쇄대상물	• 연암, 보통암, 경암	• 연암, 보통암, 경암(균열암 적용곤란)	• 균열이 많은 연암
사용장비	• Crawler Drill, Leg Drill+유압장비(GNRⓡ-70)	• Crawler Drill, Hand Drill+팽창성 파쇄제	• Back Hoe + Breaker
작업특성	• 공사비가 다소 고가이며 작업능률 양호 • 발파로 인한 지반진1728동, 소음, 비석 등의 민원 배제 • Breaker or Nipper로 2차 파쇄	• 공사비(팽창성 파쇄)가 고가이며, 작업능률 저조 • 발파로 인한 지반진동, 소음, 비석 등의 민원 배제 • Breaker로 2차 파쇄 • 장약후 암의 균열발생까지 대기시간 소요 (약 24시간) • 온도 및 습도에 영향	• 소규모, 국부적 작업 (2차파쇄) • 계속적인 기계소음 및 진동 발생 • 균열이 없는 신선암에서 작업능률 극히 저하

공법	무진동 유압암반 절개	팽창성 파쇄제	BREAKER
시공능률	• 1일 70㎥~90㎥ (장비 1조 기준)	• 1일 50m^3	• 1일 50m^3 ~60m^3
현장여건	• 보안건물이 인접되어 있는 도심지 지역 터널굴착, 지하터파기, 도로개설, 사면절취, 트렌치 공사	• 보안건물이 인접되어 있는 도심지 지역 지하터파기, 도로개설, 사면절취, 트렌치 공사	• 보안건물이 어느정도 이격되어 있는 지역의 지하터파기, 도로개설, 사면절취 현장

3.4.5 발파에 의한 소음과 진동

발파에 대한 가장 큰 문제는 발파로 인한 진동과 소음이라 할 수 있으며, 소음은 순간적이나 진동의 경우 인접지반의 붕괴나 가옥의 파손 등과 같은 사고를 일으킬 수도 있으므로 이에 대한 각별한 주의가 요망된다. 발파시 진동으로 인한 피해는 현장의 입지조건과 발파조건에 따라 크게 달라질 수 있으므로 유의하여야 한다.

(1) 발파시 진동에 영향을 미치는 요인

1) 입지조건(조절이 불가능하다.)

- 현장과 인접구조물의 거리
- 발파장소의 지형 및 암반상태
- 대기 상태

2) 발파조건(조절이 가능하다.)

- 폭약의 종류와 장약량
- 천공의 크기와 길이 및 각도
- 천공간격 및 지연 시차

(2) 생활소음. 진동의 규제기준(소음.진동관리법, 2010.10. 6 개정)

1) 생활소음 규제기준

(단위 : dB(A))

대상 지역	소음원 \ 시간대별		아침, 저녁 (05:00~07:00, 18:00~22:00)	주간 (07:00~18:00)	야간 (22:00~05:00)
주거지역, 녹지지역, 관리지역 중 취락지구 · 주거개발진흥지구 및 관광 · 휴양개발진흥지구, 지역환경보전지역, 그 밖의 지역에 있는 학교 · 종합병원 · 공공도서관	확성기	옥외설치	60이하	65 이하	60 이하
		옥내에서 옥외로 소음이 나오는 경우	50 이하	55 이하	45 이하
	공장		50 이하	55 이하	45 이하
	사업장	동일 건물	45 이하	50 이하	40 이하
		기타	50 이하	55 이하	45 이하
	공사장		60 이하	65 이하	50 이하

대상 지역	소음원 \ 시간대별		아침, 저녁 (05:00~07:00, 18:00~22:00)	주간 (07:00~ 18:00)	야간 (22:00~ 05:00)
그 밖의 지역	확성기	옥외설치	65 이하	70 이하	60 이하
		옥내에서 옥외로 소음이 나오는 경우	60 이하	65 이하	55 이하
	공장		60 이하	65 이하	55 이하
	사업장	동일 건물	50 이하	55 이하	45 이하
		기타	60 이하	65 이하	55 이하
	공사장		65 이하	70 이하	50 이하

1) 대상 지역의 구분은 「국토의 계획 및 이용에 관한 법률」에 따른다.
2) 공사장 소음규제기준은 주간의 경우 특정공사 사전신고 대상 기계 · 장비를 사용하는 작업시간이 1일 3시간 이하일 때는 +10dB을, 3시간 초과 6시간 이하일 때는 +5dB을 규제기준치에 보정한다.
3) 발파소음의 경우 주간에만 규제기준치(광산의 경우 사업장 규제기준)에 +10dB을 보정한다.
4) 2010년 12월 31일까지는 발파작업 및 브레이커 · 항타기 · 항발기 · 천공기 · 굴삭기(브레이커 작업)를 사용하는 공사작업이 있는 공사장에 대하여는 주간에만 규제기준치에 +3dB을 보정한다.
5) 공사장의 규제기준 중 다음 지역은 공휴일에만 −5dB을 규제기준치에 보정한다.

2) 생활진동 규제기준

단위 (dB (V))

대상지역 \ 시간별	주 간 (06:00~22:00)	심 야 (22:00~06:00)
주거지역, 녹지지역, 관리지역 중 취락지구 · 주거개발진흥지구 및 관광 · 휴양개발진흥지구, 자연환경보전지역, 그 밖의 지역에 소재한 학교 · 종합병원 · 공공도서관	65 이하	60 이하
그 밖의 지역	70 이하	65 이하

1) 대상 지역의 구분은 「국토의 계획 및 이용에 관한 법률」에 따른다.
2) 규제기준치는 생활진동의 영향이 미치는 대상 지역을 기준으로 하여 적용한다.
3) 공사장의 진동 규제기준은 주간의 경우 특정공사 사전신고 대상 기계 · 장비를 사용하는 작업시간이 1일 2시간 이하일 때는 +10dB을, 2시간 초과 4시간 이하일 때는 +5dB을 규제기준치에 보정한다.
4) 발파진동의 경우 주간에만 규제기준치에 +10dB을 보정한다.

(3) 발파시 진동 저감방안

1) 발파원의 조절

- 화약류의 선택
- 장약량의 조정 및 분할 발파
- 환산거리의 조절

2) 자유면과 천공위치의 조절

심빼기 등으로 자유면의 수를 늘린다.

3) 진동전파 경로의 차단

- 방진 차단벽의 설치
- 프리스프리팅과 같은 제어발파 공법 추진

(4) 발파시 소음 저감방안

1) 지발당 장약량을 가능한 적게 한다.
2) 1회 총 화약량을 가능한 적게한다.
3) 발파전에 차음벽을 설치한다.

그림 3.37 발파에 따른 소음 및 진농측정

연습문제

3.1 다음의 용어를 설명하시오.

① 심빼기발파
② 암석굴착시 팽창성 파쇄공법
③ 암반반응곡선
④ 쿠션 블라스팅(cushion blasting)
⑤ smooth blasting
⑥ 벤치 컷(bench cut)
⑦ RQD
⑧ 도폭선
⑨ 프리스프릿팅(pre-spliting)공법
⑩ 심빼기 발파
⑪ 지발뇌관
⑫ 윗채움
⑬ 자유면
⑭ 번컷(burn-cut)
⑮ 소할
⑯ 암판정

3.2 발파공법에서 시험발파의 목적, 시행방법 및 결과의 적용에 대하여 기술하시오.

3.3 터널의 발파식 굴착공법에서 적용하고 있는 착암기(rock drill) 2종을 열거하고, 그 특성을 기술하시오.

3.4 폭파에 의하지 않는 암석 굴착방법을 기술하시오.

3.5 암의 분류방법을 기술하시오.

3.6 수중발파 방법과 주의사항을 설명하시오.

3.7 화약을 사용하지 않는 발파공법을 설명하시오.

3.8 조절발파의 종류와, 용도를 기술하시오.

3.9 발파시 지켜야 할 소음과 진동의 기준 및 이들에 대한 저감방안을 설명하시오.

chapter 04 건설기계

- 4.1 개요
- 4.2 건설기계의 종류 및 용도
- 4.3 기계의 시공능력 및 경비산정

제 4 장 건설기계

4.1 개요

우리 건설현장은 종래 인력에 의한 시공이 주를 이루었으나, 최근에는 기계(장비)에 의한 시공뿐이라고 표현할 정도로 공종에 관계없이 점점 더 기계화되어가고 있으며, 특히 토목현장은 이러한 기계(장비)의 취급이나 활용을 어떻게 하느냐가 공사 전체의 성 · 패(城 · 敗)를 판가름할 수 있으므로 건설기계에 대한 중요성은 더욱 강조되고 있는 실정이다.

최근 급속히 발전되고 있는 첨단산업의 영향으로 건설기계는 보다 효과적이고 능률적으로 나날이 개량되고 있는바, 현장기술자는 이들 최신 기계에 대한 정보를 신속히 얻어 시공의 경제성과 시공성은 물론 원가 절감, 공기단축, 안전시공에 능동적으로 대처하여야 한다.

4.1.1 건설기계

(1) 건설기계의 명칭

건설현장에서는 건설기계, 건설장비, 건설중기, 건설중장비, 소형장비, 기구, 공구 등 여러 가지 용어들이 사용되고 있으나, 이러한 용어들은 명확한 구분이나 구체적인 정의없이 일반적인 관습에 의해 사용하여오고 있으며, 이들 용어에 대한 근거나 유래를 추적해 보고 바른 표현을 익힘으로 사용에 혼돈이 있어서는 안 될 것이다.

1) 건설기계와 건설장비

종래의 중기관리법이 1994년 건설기계관리법으로 용어가 변경된 사유 및 건설기계관리법의 목적이 궁극적으로 건설공사의 기계화 촉진에 있음을 고려한다면, '건설기계' 라는 용어를 사용하는 것이 적절하다고 하겠으나, 건설현장에서는 건설장비라는 표현이 더 많이 사용되고 있을 뿐 아니라, 현장의 각종기록이나 보고시 건설기계와 건설장비는 다음과 같이 서로 다른 의미로 쓰이고 있으므로 주의할 필요가 있다.

2) 장비(Equipment)

불도저(Bulldozer), 쇼벨(Shovel), 콘크리트 페이버(Concrete paver) 등과 같이 움직일 뿐 아니라(동적, 動的), 크기가 큰 건설기계를 말한다. 건설현장에서는 아직도 '오늘 우리 현장에 동원된 장비는 D-9불도저 3대와 2.0백호 1대이다' 등의 표현을 하고 있다(2.0백호: 바켓 용량 2.0㎥의 굴삭기).

3) 중장비(Heavy egiopment)

우리나라 초기 건설기계는 대부분 미국공병단(FED)으로부터 인수받은 중고 기계들이었기에, 이들이 사용하던 용어(heavy equipment)를 그대로 번역하여 사용하여 오고 있다. 특히 토목현장에서 사용하던 대형기계는 전부 미군의 중고 기계였기에 토목현장에서는 아직도 중장비란 표현을 많이 쓰고 있다.

4) 중기(Heavy machine)

건설현장에서 사용하고 있는 기계와 차량의 대부분은 건설기계관리법에 근거한 검사와 운행수칙을 따라야 하므로 기계라고 하여야 하나, 건설기계관리법은 종전의 중기관리법인 까닭으로 아직도 중기란 표현을 사용하고 있다.

5) 기계(Machine)

발전기(generator), 콤프레셔(compressor), 양수기, 착암기 등과 같이 일정한 장소에서 다른 건설기계나 공사를 위한 보조기계에 해당되는 기계(기구)를 일컫은 표현이다.

6) 기구(Tool)

소형장비, 소형기계, 기구, 공구 등으로 불리고 있으며, 대형건설기계의 부속이나 이들의 수리를 위한 공구들을 말한다.

(2) 건설기계 선정을 위한 현장조사

능률적이고 효과적인 기계화 시공이 되기 위하여는 설계도서 검토와 함께 철저한 현장조사를 통해 가장 적합한 시공방법과 공정계획을 수립한 후 건설기계의 종류, 규격, 수량 및 투입시기를 결정하여 가동시간(효율)을 최대한 높여야 하므로, 이를 위한 조사 사항들을 열거하면 다음표와 같다.

항 목	조사사항
지질구조 및 토양	토질의 성분분석/지하수위/단층 · 절리 · 절곡 등 조사
지역의 형태와 기상	계절별 기온 · 강우 · 강설/지형학적형태/주변하천위 수위 · 조수 · 홍수
현장의 입지적 요건	교통시설/주거환경/교육시설/공업시설/레져시설/농 · 축 및 생태계 등
용지확보 가능성	현장사무실/공사용지/우회도로/지장물/토취장/사토장/골재채취원 등
현장의 접근성	도로시설/철도시설/운반시설/수로시설/항공시설/항만시설 등
에너지 및 용수관련	공사관련 전력시설/용수공급시설/전기통신시설/가스시설/배수시설 등
자원확보 및 접근도	자재반출 · 입/장비반출 · 입/노무인력수급/배차프랜트 등
용지확보/설계변경	공사용지내 문화재/묘/농지 포함여부/설계변경 가능성/지상지장물
관청/관공서/관계기관	공사담당관청/소방소/경찰서/병원/법원/자연보호단체/기타 민간단체
기타 공사관련 시설	지장물/용지보상 정도/공사부지의 이전사용이력/이권/물가/압력단체

(3) 건설기계 선정을 위한 환경조사

1) 공사규모에 적합한가?(공사규모별 적정장비)
2) 기계의 조합은 적정한가?(효과적인 장비조합)
3) 운반거리와는 적절한가?(운반거리별 적정장비)
4) 장비의 주행성(trafficability)은 확보되는가?
5) 기계경비는 최소화가 될 수 있는가?

4.1.2 기계화시공

(1) 기계하시공의 장 · 단점

■ 장점

1) 공사중에 안전사고의 발생을 감소시킬 수 있다.
2) 시공속도가 빠르므로 공사기간을 단축할 수 있다.
3) 확실한 시공을 할 수 있어 공사의 질이 향상될 수 있다.
4) 많은 작업량을 동시에 처리할 수 있으므로 큰 규모의 공사는 경제적이나 소규모일 경우 비경제적일 수 있으나 공사기간, 안전, 인력동원 등에서 유리할 수 있다.
5) 인력만으로는 거의 불가능한 공사라도 간단히 처리할 수 있다.
6) 인력을 구하기보다는 장비를 구하는 편이 용이할때가 많다.

■ 단점

1) 기계구입비가 너무 크다(초기 투자가 크다).
2) 노동의 수요가 적은 경우에는 실업률의 증가를 초래한다.
3) 숙련된 운전원, 정비공 또는 관리자가 필요하게 된다.
4) 소규모의 공사나 관리자가 미숙한 경우는 비경제적일 수 있다.
5) 충분한 양의 연료, 동력 및 부속품이 확보되어야 한다.
6) 정비 시설 및 보관시설이 필요하다.

(2) 건설기계조합

최근의 우리 건설현장은 규모가 클 뿐 아니라, 장비의 규격과 종류가 다양함에 따라 1~2대의 장비만 투입되기 보다는 규격이나 종류가 다른 여러대의 장비가 동시에 투입되어 작업에 임하고 있다. 이와 같이 보다 효과적이고 능률적인 작업을 위해 규격이나 종류가 서로 다른 장비들이 동일한 현장에 동시에 동원시키는 것을 장비의 조합이라하며 다음과 같은 경우는 서로 다른 종류의 장비가 조합을 이룬 예이다.

1) 단거리 조합 : 불도저와 드레그라인
2) 중거리 조합 : 불도저와 토운차(스크레이프)
3) 장거리 조합 : 쇼벨과 덤프트럭
4) 준설작업 : 토운선과 예인선

(3) 토공사의 공종별 작업사이클에 따른 건설기계의 조합

공종	굴착	적재	운반	성토	다짐	마감
축제	불도저	드래그라인 파워쇼벨	벨트 컨베이어	불도저	불도저	불도저
도로공	불도저	파워쇼벨	덤프트럭 벨트 컨베이어	불도저	롤러류	롤러류
정지공	불도저 스크레이퍼	파워쇼벨 스크레이퍼	덤프트럭 스크레이퍼 벨트 컨베이어	불도저 스크레이퍼	불도저 롤러류	불도저 롤러류
댐공	불도저 스크레이퍼	파워쇼벨 스크레이퍼	덤프트럭 모터 스크레이퍼 벨트 컨베이어	불도저 모터 스크레이퍼	불도저 롤러류	불도저 롤러류

(4) 건설기계 조합에 의한 성토작업

그림 4.1 다짐, 운반, 펴기(부설), 소할

그림 4.2 운반, 고르기(부설), 소할, 살수(물차)

4.2 건설기계의 종류 및 용도

4.2.1 작업 종류별 건설장비

작업(공사)종류와 규모에 따라 장비를 어떻게 조합(구성)하느냐에 따라 전체 공사비에 큰 영향을 주게 되나, 우리가 사용하고 있는 '건설표준품셈' 의 장비조합은 다음과 같다.

(1) 작업 종류별 적용기준(표준품셈)

작업 종류	건설장비
벌개, 제근	불도지(레이그 도지), 백호
굴삭(착)	루더, 굴삭기(유압식 백후), 불두저, 립퍼(브레이카), 슈벨계 굴삭기(파워쇼벨, 백호, 드레그라인, 크렘셀)
적재, 싣기	로더, 바케트식 엑스카베이더 쇼벨게 굴삭기(파워쇼벨, 백호, 드래 그라인 크렘셀)
굴삭(착), 적재	로더, 굴삭기(유압식 백호), 바케트식 엑스카베이터, 쇼벨계 굴삭기(파워쇼벨, 백호, 드래그라인 크렘셀)
굴삭(착), 운반	불도저, 스크레이프(스크렙 도저)
운 반	불도저, 덤프트럭, 벨트콘베이어, 가공색도, 토운차
부 설	불도저, 모터 그레이더(타이어 도저), 골재살포기(Spreader)
함수량조절	살수차, 스태빌라이저
다 짐	로더, 불도저, 진동콤펙터, 램머, 탬퍼
정 지	불도저, 모터 그레이더, 콜재살포기
도랑파기	굴삭기, 트랜처
비탈(法面) 마무리	백호, 그레이더, 불도저
착 암	브레이카, 래그햄머, 크롤러드릴

작업 종류	건설장비
기초공사	디젤해머, 진동파일 드라이버, 보링기, 어스드릴, 어스오거, 그라우팅 기계
기중기류	트럭 크레인, 휠 크레인, 무한궤도식 크레인, 케이블 크레인, 데릭 크레인, 지브 크레인, 탑형 크레인, 엘리베이터, 호이스트 윈치
터널공사	착암기, 브레이커, 점보드릴, 크롤러드릴, T.B.M, 쉴드, 롯드헤더
골재생산	쇄석기, 골재 선별기, 골재공급기
콘크리트타설	콘크리트 베쳐플랜트, 콘크리트 믹서기, 콘크리트 트럭믹서, 아지테이터 트럭, 콘크리트 펌포, 콘크리트 진동기
포 장	아스팔트믹싱 플랜트, 아스팔트 피니셔, 아스팔트 살포기, 콘크리트포장 정리기, 콘크리트 포설기, 콘크리트 페이버, 콘크리트 스크리트, 콘크리트 거터
도로유지 · 타설	도로청소차, 라이마커, 리프트카, 스노우플로우, 노면파쇄기
공기압축	공기압축기, 송풍기, 펌프
해상작업	드래그석션 준설선, 펌프준설선, 그래브 준설선, 디퍼 준설선, 버킷 준설선, 기중기선, 쇄암선, 항타선, 노운선, 콘크리트 플랜트선, 앵커 바지선

(2) 운반거리별(표준품셈)

작업구분	운반거리	표 준
절붕(切崩) · 압토	평균 20m	불도저(10~30m)
토운반	60m 이하	불도저
	60~10m	불도저 셔블계 굴삭기(백호, 셔블, 드래그라인, 클램셸) + 덤프트럭 로더 + 덤프트럭 굴삭기(유압식 백호) = 덤프트럭 피견인식 스크레이프
	100m 이상	셔블계 굴삭기(백호, 셔블, 드래그라인, 클램셸) + 덤프트럭 로더 + 덤프트럭 굴삭기(유압식 배호) = 덤프트럭 피견인식 스크레이프 모터 스크레이프

(3) 공사규모별(표준품셈)

건설공사 설계시 적정공사비 산정을 위한 건설장비(기계)의 선정은 그 공사규모에 적합한 규격의 장비를 기준으로 하여야 하며, 일반적으로 공사의 규모는 대규모, 중규모, 소규모의 3단계로 구분되고 있다.

공사의 규모(시공량)는 토량공 100,000m^3 이상을 대규모, 100,000m^3~10,000m^{3}를 중규모 10,000m^3 미만을 소규모로 구분한다(공사 규모의 구분은 공사량, 공사기간, 현장조건 등을 종합적으로 분석한 후 결정함이 타당함).

표 4.1 공사규모에 따른 표준건설기계(예)

장비명	작업종류	작업규모	표준규격	비고
불도저	유압 리퍼	중규모 이하 대규모	19톤급 32톤급	
	굴삭(운반)	중규모 이하 대규모	19톤급 32톤급	
	습지, 연약토		13톤급	
굴삭기 (유압 백호)	굴삭 · 적재	소규모 중규모 대규모	$0.4m^3$ $0.7m^3$ $1.0m^3$ 이상	
덤프트럭	운반	소규모 중규모 대규모	8톤 이하 8–15톤 15톤 이상	

4.2.2 건설기계의 용도

(1) 불도저(Bulldozer) 계통의 굴착기(굴삭기)

1) 불도저의 종류와 특성

분 류	종 류	특 성
주행방식	무한 궤도식	접지압이 0.4~1kgf/cm^2로 일빈도사의 직업 가징 많이 쓰임
	타이어식	무한궤도식에 비해 기동성은 양호하나, 운반로에 대한 제약이 있음
배토판의 각 노	스트레이트 도저	배토판을 직각방향으로 설치, 수직굴착 압토에 유리함.
	앵글 도저	배토판을 진행방향에 따라 20~30° 좌우이동 기능, 시면굴착, 도랑파기, 정지작업 등에 유리함
	틸트 도저	배토판의 단을 좌, 우 밑으로 10~40cm 기울여서 작업가능, 도랑파기 및 경사토 굴착에 유리함.
용 도	레이크 도저	배토판 대신 레이크를 장착한 것으로 나무 뿌리나 큰 돌 굴착에 유리함
	리퍼 도저	연암이나 풍화암 굴착에 효과적임
	U 도저	U자 배토판을 장착한 것으로 운반거리 및 운반량이 클 경우 사용됨
	V 도저	V자형 배토판을 장착한 것으로 지표면의 장애물을 제거하는데 사용됨
	습지용 도저	접지압이 0.2kgf/cm^2 정도로 연약한 습지의 굴착이나 압토에 사용됨 (연약지반용)
	수중 도저	수중에서 원격조정이나 수중 다이버에 의해서 수중에서 작업 가능한 불도저임.

2) 모터 그레이더(Motor grader ; 그레이더 grader)

넓은 면적의 흙을 얇고(두께 20cm이하) 고르게 깎을때 유용한 건설기계이며, 굴착보다 흙을 고르게 펴는 작업에 더 많이 활용되며, 도로공사, 활주로 공사 등의 토공 마무리 작업에 반드시 필요한 기계이다.

(2) 쇼벨(Shovel)계 굴착기

작업능력이 우수한 무한궤도(crawler)와 이동성이 좋은 타이어(tire)의 두 종류가 있으며,바켓 대신 브레이커(breaker)를 부착하여 암이나 콘크리트 파쇄에 활용된다. 소규모 공사의 경우 굴착은 물론 굴착과 동시에 싣기작업, 굴착된 흙의 단거리 운반에 활용할 수 있어 현장에서 널리 사용되고 있는 다기능 장비이다.

1) 백호(Beak-hoe)

기계 위치보다 낮은 곳의 굴착에 용이하며, 굴삭기, 쇼벨 등으로 불리어지고 있으며, 드래그 쇼벨(drag-shovel)이라고도 한다.

2) 파워 쇼벨(Power-shovel)

기계 위치보다 낮은 곳의 굴착에 용이하며, 디퍼 쇼벨(dipper-shovel)이라고도 한다.

3) 크람 셀(Clam-shell)

모래 · 자갈의 채취나 하상 준설에 사용되며 구조물의 기초, 우물통내의 굴착 등에 활용된다.

(3) 싣기용 건설기계

1) 로더(Loader)

굴착보다는 싣기에 주로 활용되며 현장의 자재 정리에 활용된다.
트랙트 쇼벨(tractor-shovel), 페이로더(payloader) 등으로 불리어지고 있다.

2) 지게차(Fork-lift truck)

가시설 자재, 철근 등의 싣고 부리기에 이용되며, 현장의 자재 정리에 활용된다.

(4) 다짐용 기계

1) 전압식 다짐(Rolling type) : 기계의 자중(自重)에 의해 다져진다(바퀴속에 물이나 모래를 채우기도 한다).

① 로드 롤러(Road roller)

마카댐 롤러(macadae roller)는 2축 3륜 형식이며 쇄석, 자갈, 보조기층재 등의 전압에 효과적이며, 아스팔트 콘크리트 포장의 1차 전압에도 활용된다(가장 무거운 다짐기계).

탄댐 롤러(tandam roller)는 2축 3륜, 3축 3륜 형식이며 마무리 다짐 및 아스팔트 콘크리트 포장의 2차 전압에 활용된다.

그림 4.3 마카댐 롤러

그림 4.4 탄뎀 롤러

② 탬핑 롤러(Tamping roller)

롤러 표면에 많은 돌기(突起)가 있어 접지압을 크게 할 수 있을 필요가 있을 때 효과적이며, 돌기 형태에 따라 sheeps-foot roller, grid roller, turn-foot roller 등으로 불리어 진다.

③ 타이어 롤러(Tire roller)

접지압을 공기압으로 조절하며, 흙의 다짐, 아스팔트 콘크리트 포장 다짐에 활용된다.

그림 4.5 탬핑 롤러

그림 4.6 타이어 롤러

④ 불도저(Bulldozer)

불도저의 무거운 자중(crawler)에 의해 다져지며, 암블럭 및 토사의 1차 다짐에 효과적이다.

2) **충격식 다짐**(Impact type) : 기계가 튀어오르거나 낙하할 때의 충격에 의해 다져진다.

① 탬퍼(Tamper) : 전압판의 연속적인 충격에 의해 다짐이 되는 기계로 소규모의 구석진 곳 다짐에 유효하다.

② 램머(Rammer) : 탬퍼와 유사한 모양과 기능을 가진 다짐기계이다.

③ 프로그래머(Frog rammer) : 충격지 다짐 기계중 대형으로 댐공사 등에 사용된다.

그림 4.7 탬퍼

3) **진동식 다짐**(Swinging type) : 기계를 진동시킴으로 자중과 진동력에 의해 다져진다.

① 바이브로 컴팩터 롤러(진동롤러, Vibro compact roller) : 도로 토공, 보조기층, 활주로, 지반 등의 다짐에 효과적이며, 다짐면적, 롤러속도 등에서 유리하므로 진동식 다짐기계의 대표격이다.

② 바이브로 플레이트 롤러(Vibro plate compactor) : 진동 부분이 철륜대신 철판이라 진동롤러 작업이 용이하지 않은 좁은 곳이나 구석진 곳의 다짐에 효과적이다.

그림 4.8 진동롤러의 작업모습

(5) 착암(구멍뚫기)용 건설기계

1) 운동방법에 따른 착암기 분류

- 충격식 착암기(Percussion drill)
- 해머식 착암기(Hammer drill)
- 회전식 착암기(Rotary drill)

그림 4.9 회전식 천공장비(Auger boring)

2) 사용방향에 따른 분류

- Drifer
- Stopper
- Sinker

3) 대형 Drill

- Wagon Drill
- Tractor Drill
- Jumbo Drill

그림 4.10 Hammer grab

(6) 준설기계의 종류

- Grab dredger(pontoon+clamshell)
- Dipper dredger(pontoon+power shovel)
- Bucket dredger(pontoon+bucke excavater)
- Pump dredger
- Rock cutter

그림 4.11 준설선

(7) 아스팔트 포장장비

- Asphalt Mixing Plant
- Asphalt sprayer(유액살포기), Distributer
- Asphalt spreader(포설기)
- Asphalt road finisher(노면정리기)

그림 4.12 Asphalt Finisher(아스콘 포장)

(8) 콘크리트 포장장비

- Concrete paver
- Concrete spreader(콘크리트 포설기)
- Concrete pave finisher
- Concrete cutter

그림 4.13 콘크리트 포설기(포장폭 : 5~16m, 두께 : 45cm)

(9) 항타기(Hammer, 抗打機)

- 드롭해머(drop hammer)
- 디젤해머(diesel hammer)
- 유압해머(oil pressure hammer)
- 증기해머(steam hammer)
- 진동 항타기(vibro hammer)

그림 4.14 내부굴삭과 동시에 압입 · 항타

그림 4.15 천공후 항타(최종관입)

(10) 크레인(Crane, 기중기)

- 케이블 크레인(cable crane)
- 데릭 크레인(derrick crane)
- 트럭 크레인(truck crane)
- 지브 크레인(jib crane)
- 탑형 크레인(tower crane)

그림 4.16 3000톤 해상크레인

그림 4.17 Crawler crane

그림 4.18 타워 크레인

그림 4.19 바지에서 클램셸 작업 및 예인선

그림 4.20 트럭 크레인

(11) 소형장비(기계)

- 발전기(generator)
- 공기압축기(compressor)
- 열풍기(보온장비)
- 양수기(水中揚水機)
- 작업대차 : 터널내 숏크리트 타설이 지보공 설치시 활용되는 이동식 비계차량

그림 4.21 수중양수기

그림 4.21 작업대차

그림 4.22 발전기

그림 4.23 열풍기

그림 4.24 Compressor

그림 4.25 콘크리트 연석 포설기계

그림 4.26 브레이커

그림 4.27 콘크리트 절단시 사용되는 Diamond Saw

그림 4.28 건설 폐자재(콘크리트 포함) 압쇄시 사용하는 압쇄기

4.3 기계의 시공능력 및 경비산정

토목공사에 소요되는 공사비를 분석하면 기계(장비)사용에 따른 비용이 많은 부분을 차지하고 있으며, 특히 최근의 토공사(土工事) 경우는 인력시공은 찾아보기 어렵고 많은 부분이 건설기계에 의존하고 있으므로 예산의 대부분은 장비비에 해당된다고 할 수 있다. 따라서 기계 선정에 따른 시공능력의 산정과 경비산출은 공사예산의 적정성 유무에 큰 관련이 있으므로 현장 기술자는 이에 대한 철저한 연구가 있어야 할 것이다.

4.3.1 건설기계의 시공능력 산정

(1) 기본식

Q = n.q.f.E

여기서, Q : 시간당 작업량(m^3/hr, ton/hr－소수 3자리)

n : 시간당 작업 사이클 수(소수 2자리)

q : 1회 작업 사이클당 표준작업량(m^3, ton)

f : 토량환산계수

E : 작업효율

(2) 기계의 작업 및 시간당 작업량(Q)

기계의 시간당 작업량이란 운전시간당 작업량을 말하며, 운전시간에는 다음의 각 항목을 포함한다.

1) 기계의 주기관이 회전하거나 주작동부가 가동하는 시간
2) 주목적 작업시간 외에 작업중의 기계 이동시간
3) 기관이나 주작동부의 예비 가동시간
4) 운전시간중의 점검, 조정, 주유시간
5) 조합 기계인 경우 대기시간

(3) 사이클(Cycle)

사이클이란 순환의 의미로 건설기계가 1회 작업하는 전과정(process)의 시간을 말하며 분

(min)이나 초(sec)단위를 사용하며, 덤프트럭의 경우 적재(t_1), 왕복(t_2), 적하(t_3), 적재시까지의 대기시간(t_4), 적재함 덮개 설치 및 해체(t_5)의 5단계에 소요되는 전체 시간이 1사이클이 된다.

(4) 1회 작업 사이클당 표준작업량(q)

1회 사이클의 동작으로 이루어지는 표준적인 작업조건과 작업 관리상태에서의 작업량을 1회 작업 사이클당 표준작업량이라 하며, 토량의 경우 일반적으로 흐트러진 상태에서의 작업량을 말하며 m^3나 ton으로 표시한다.

(5) 시간당 작업 사이클 수(n)

$$n = \frac{60}{Cm(min)} \text{ or } \frac{3,600}{Cm(sec)}$$

(6) 작업효율(E)

기계의 시간당 작업량은 그 기계고유의 값이 아니고 작업현장의 작업 현장의 제반조건에 따라 변화하는 것이므로 표준적인 작업능력에 작업 현장의 여러 가지 여건에 알맞는 효율을 고려하여 산정하여야 한다. 작업효율은 시간적 요소와 능력적 요소로 구분된다.

작업효율(E) = 현장작업능력계수×실작업시간율

(7) 현장 작업능력 계수

기계의 표준적인 작업능력에 영향을 미치는 기상, 지형, 토질, 공사규모, 시공방법, 기계의 종류, 기세 조종원의 기능도 등 작업현장 여건을 말하며, 해상작업의 경우 파도 및 풍향 등의 작업현장 여건을 고려한 계수이다.

(8) 실작업시간율

1) 실작업시간은 기계의 상태, 공사규모, 시공방법 등에 의하여 변화함으로 이를 고려하여야 한다.

2) 실작업시간율 = $\frac{\text{실작업시간}}{\text{운전시간}}$

3) 일반적인 실작업시간율은 0.91~0.75이다(1시간의 경우 55분~45분임).

4.3.2 건설기계 경비산정

(1) 기계경비의 구성

- 기계경비
  - 직접경비
    - 기계손료
      - 감가상각비
      - 정비비
      - 관리비
    - 운전경비
      - 운전노무비
      - 연료유지비 · 전력비
      - 소모성 부분품비
  - 간접경비
    - 운송비(현장반입, 반출비용)
    - 조립해체비
    - 기타 공통적인 기계에 관한 경비

(2) 기본식

$$C = \frac{Q}{A}$$

여기서, C : 단위 작업량에 대한 건설기계의 시공비(원/m^3, 원/ton)

A : 건설기계의 시간당 사용료(원)

Q : 건설기계의 시간당 작업량(m^3, ton)

(3) 기계경비(기계사용료)

기계손료, 운전경비 및 수송비의 합계액으로 하되, 특히 필요하다고 인정될 때에는 조립 및 분해 비용을 포함한다.

(4) 기계손료

기계손료 = 상각비+정비비+관리비

* 관리비 : 1일 8시간을 초과할 경우도 8시간으로 계산함

(5) 운전경비 : 기계를 사용하는데 필요한 다음 경비의 합계액

- 연료, 전력, 윤활유 등
- 운전사 및 조수의 급여 또는 임금과 기타의 운전 노무비
- 정비비에 포함되지 않은 소모품비

(6) 건설기계가격

- 국산기계 : 공장도 가격(원)
- 도입기계 : 달러($)로 표시하며, 환율은 연초에 최초로 고시하는 외국환 은행의 고시 환율

을 적용함(단, 5%이상의 증감이 있을때는 기계가격을 조정할 수 있음).

- 건설기계 가격을 원화로 표시할 경우 1000원 미만은 버림
- 건설기계 가격이 명시되지 않은 것은 유사 건설기계 가격을 적용

(7) 운반기계의 유류산정

트럭 또는 기타 운반기계로 기자재를 운반할 경우 적사에 소요되는 시간이 10분을 초과할 때에는 주행거리에 해당하는 유류만을 계상한다.

(8) 관련용어와 정의

1) 상각비 : 기계의 사용 년수에 따라 기계의 자산가치를 차감하는 것으로 손익계산상 상각비를 계산하는 방법은 정액법과 정률법이 있으나, 공사비 산정은 정액법을 채택하고 있다.

* 정액법 – 취득가격에서 잔존가격을 공제하고 내용 년수로 나눈 금액

* 정률법 – 매년 일정비율로 상각하는 방식으로 기본금액을 자산의 잔고로 두게 되어 상각률은 일정해도 상각액은 매년 다르다.

* 연간 감가상각비 = $\dfrac{\text{구입가격} - \text{잔존가격}}{\text{경제적인수명(년)}}$

2) 정비비 : 기계를 사용함에 따라 발생하는 고장 또는 성능저하부분의 회복을 목적으로 하는 분해수리 등 정비와 기계 기능을 유지하기 위한 정기 또는 수시 정비에 소요되는 비용

* 시간당 정비비 = 취득가격×시간당 정비비 계수

3) 정비비율 : 기계의 경제적 내용시간 동안에 소요되는 정비비 누계액의 기계 취득가격에 대한 비율

〈시간당 정비비 = 취득가격×시간당 정비비 계수〉

4) 관리비 : 보유한 기계를 관리하는데 필요로 하는 이자 및 보관격납비용

5) 연간 관리비율 : 연간 소요되는 기계관리비의 평균취득가격에 대한 비율

6) 평균취득가격 : 취득가격× $\dfrac{1.1\times\text{경제적내용년수}+0.9}{2\times\text{경제적내용년수}}$

7) 취득가격 : 수입가격에 대하여는 C.I.F 가격에 인정할 수 있는 수입에 따르는 제 경비를 포함한 가격으로 하고, 국산기계는 표준규격에 의한 표준시가

8) 경제적 내용시간 : 잔존율이 취득가격의 10%인 경우에 경제적 사용이 가능하다고 인정되는 운전시간

9) 잔존율 : 경제적 내용시간이 끝날 때의 기계잔존가치의 취득가격에 대한 비율을 말하며, 보통 0.1임.

10) 연간 표준 가동시간 : 기계가 연간 운전하는데 가장 표준이라고 인정되는 시간

11) 경제적 내용 년수 : 경제적 내용시간을 연간 표준가동시간으로 나눈 값

12) 시간당 손료 : 손료산정의 시간당 손료계수 합계에는 시간당 상각비계수, 정비비계수 및 평균취득가격에 의한 시간당 관리비 손료계수의 합계를 곱한 값(원 미만의 값은 절사 : 切捨)

건설기계 사용료(2014년 9월 1일)

1. 산정기준

(1) 환 율 : 1$=1055.30원(2014년 1월 2일 금융결제원고시 재정기준환율)

(2) 인건비

- 건설기계운전사 : 121,654×(1÷8)×(16÷12)×(25÷20)=25,345원/hr
- 운전사(운반차) : 111,861×(1÷8)×(16÷12)×(25÷20)=23,304원/hr
- 운전사(기계) : 90,954×(1÷8)×(16÷12)×(25÷20)=18,949원/hr
- 건설기계조장 : 106,163×(1÷8)×(16÷12)×(25÷20)=22,117원/hr

(3) 유류대(2014.1.1~5. 대리점조사 평균가, 부가세 제외)

- 휘발유(무연) : 1,626원/ℓ
- 경 유(저유황) : 1,454원/ℓ
- 중 유(저유황1%) : 845원/ℓ

(4) 비용의 구분

- 노무비=조종원+기계조장
- 재료비=주연료비+잡품비(주연료에 대한 비율)
- 경비=장비가격×시간당 손료계수×0.0000001

2. 산정 예)

No	기계명	규격	장기가격		손료 계수	주연료 (ℓ)	잡품비	건설기계 운전사	운전사 운전차	운전사 기계	건설기계 조장	시간당사용료			
			미화($)	한화(천원)								계	노무비	재료비	경비
1	불도저 (무한 궤도)	7ton	9,740.5		1763	9	16	1				50,263	25,344	15,179	9,740
2		10ton	19,945.3		1763	12.5	16	1				66,372	25,344	21,083	19,945
3		12ton	23,528.6		1763	14.6	16	1				73,496	25,344	24,624	23,528
4		19ton		25,040.7	1763	25	16	1				92,550	25,344	42,166	25,040
5		32ton		33,257.2	1763	41.6	16	1				128,765	25,344	70,164	33,257
6	유압식 백호	0.12m^3		7,141.1	2038	3.2	21	1				38,114	25,344	5,629	7,141
7		0.2m^3		10,597.6	2038	5	21	1				44,737	25,344	8,796	10,597
8	유압 리퍼	19ton	1,032.3		795							1,032			1,032
9		32ton	1,618.3		795							1,618			1,618

4.3.3 건설기계의 작업능력

(1) 불도저

1) 개요

도저라 함은 트렉터(tractor)에 각종 부속장비를 설치 또는 견인하면서 전방 및 후방에 설치된 동력조정 장치에 의해서 굴착, 성토, 땅고르기, 매립 등을 일괄하여 시공하는 기계로 대형이면 100m, 소형이면 50m정도 운반가능, 운전속도는 2.4 ~ 3.5km/hr가 된다.

그림 4.29 Bulldozer 삽날(전면)

그림 4.30 Bulldozer Ripper(후면)

2) 작업능력

$$Q = \frac{60 \cdot q \cdot f \cdot E}{Cm} \qquad q = q^{\circ} \times e$$

여기서, Q : 시간당 작업량(m^3/hr)

q : 삽날의 용량(m^3)

q° : 거리를 고려하지 않은 삽날의 용량(m^3)

e : 운반거리계수

f : 체적환산계수

E : 작업효율

Cm : 1회 사이클 시간

① q°, e, E,의 값

(가) q° 의 값(m^3)

종별 \ 급수(ton)	4 (초습지)	7	10	12	13 (습지)	15	19	28	32	33
무한궤도	0.5	1.1	1.5	2.0	1.5	–	3.2	–	5.5	–
타이어	–	–	–	–	–	3.1	–	4.0	–	5.7

(나) e의 값

운반거리(m)	10이하	20	30	40	50	60	70	80
e	1.00	0.96	0.92	0.88	0.84	0.80	0.76	0.72

(다) E의 값

토질명 \ 현장조건	자연상태			흐트러진 상태		
	양 호	보 통	불 량	양 호	보 통	불 량
모래, 사질토	0.80	0.65	0.50	0.85	0.70	0.55
자갈섞인흙, 점성토	0.70	0.55	0.40	0.75	0.60	0.45
파쇄암					0.35	0.25

주) ① 양호 : 작업현장이 넓고(배토판폭의 3배이상), 지반의 요철 등에 의한 미끄럼이 없고, 또한 하향구배 등으로서 작업속도가 충분히 기대되는 조건인 경우
② 보통 : 작업현장은 넓으나 작업속도가 기대되지 않는 경우, 작업현장은 좁으나(배토관폭의 3배미만) 작업속도가 충분히 기대되는 등 제 조건이 중간으로 판단되는 경우
③ 불량 : 작업현장이 좁고 지반상태를 고려한 미끄럼이 많고 또 상향구배 등으로서 작업속도를 저해하는 조건인 경우
④ 정지작업을 겸하는 경우는 0.1을 뺀 값으로 한다.
⑤ 터파기에 대해서는 0.05를 뺀 값으로 한다.
⑥ 리핑한 것은 리핑된 상태를 고려하여 그 상태에 해당하는 토질에서의 값을 취한다.

② 1회 사이클 시간

$$Cm = \frac{L}{V_1} + \frac{L}{V_2} + t$$

여기서, Cm : 1회 사이클시간(분)　　L : 운반거리(m)

V_1 : 전진속도(m/분)　　V_2 : 후진속도(m/분)

t : 기어 변속시간(0.25분)

(가) 무한궤도의 V_1및 V_2의 값

규 격 (ton)	전진속도(m/분)				후진속도(m/분)		
	1단	2단	3단	4단	1단	2단	3단
4(초습지)	40	57	100	–	63	85	–
7	43	67	92	116	53	78	107
10	42	64	88	116	50	75	105
12	40	55	75	107	48	70	100
13(습지)	40	55	75	–	48	70	–
19	40	55	75	103	46	70	98
32	40	52	70	91	43	58	78

주) ① 굴착 또는 굴착운반, 발근, 석제류집적 작업 등에는 전진 1단, 후진 1단을 사용한다.
② 흐트러진 상태의 토사운반 작업 등에는 전진 2단, 후진 2단을 사용한다.
③ 평탄하고 흐트러진 상태의 정지 전압작업 등의 작업에는 전진 3단, 후진 3단을 사용한다.
④ 제방과 같은 상향작업시에는 전진 1단, 후진 2단을 사용한다.
⑤ 수중작업시에는 전진 1단, 후진 1단을 사용한다.
⑥ 작업현장에서의 이동에는 전진 3단 또는 4단을 사용한다.

(나) 타이어형 V_1 및 V_2 값

규 격 (ton)	전진속도(m/분)			후진속도(m/분)	
	1단	2단	3단	1단	2단
15	83	200	415	92	125
28	92	200	482	92	200
33	92	210	546	110	250

주) ① 흐트러진 상태의 토량운반, 연한지반의 굴착 운반작업 등에는 전진 1단, 후진 1단을 사용한다.
② 평탄하고 흐트러진 상태에 정지 및 전압작업 등에는 전진 2단, 후진 2단을 사용한다.
③ 작업현장에서의 이동에는 전진 2단 또는 3단을 사용한다.

(2) 리퍼 유압식(Ripper)

$$Cm = \frac{60 \cdot An \cdot \ell \cdot f \cdot E}{Cm}$$

여기서, Q : 운전시간 1시간당 파쇄량(m^1/hr)
ℓ : 1회의 작업거리(m)
An : 1회 리핑 단면적(m^3)
f : 체적환산계수
E : 작업효율
Cm : 1회 사이클 시간(분)
Cm : $0.05\ell + 0.25$

1) 1회 리핑단면적(An)

트렉터의 규격 (ton)	1회당 리핑단면적(m³)		
	1본	2본	3본
20	0.15	0.30	0.45
30	0.20	0.40	0.60

주)리퍼의 Cm은 불도저의 Cm산정식과 같으므로 파쇄되는 암질과 상태에 따라 다르고 작업(전진)시에는 1단 속도가 0.6~0.9정도로 감소되므로 일반적으로 위의 산정식을 사용토록 한다.

2) 작업효율(E)

암 질	발톱수	20ton급		30ton급	
		탄성파속도 (m/sec)	E	탄성파속도 (m/sec)	E
연 질	3본	500	0.85	600	0.85
		700	0.65	800	0.65
		900	0.50	1,000	0.45
중 질	2본	700	0.80	900	0.70
		900	0.60	1,200	0.50
		1,200	0.40	1,400	0.40
경 질	1본	1,000	0.70	1,200	0.80
		1,300	0.50	1,500	0.50
		1,600	0.30	1,800	0.30

주) 암질과 탄성파속도와의 관계는 다음과 같다.

암질 / 암질 / 암의종류	탄 성 파 속 도(m/sec)		
	연 질	중 질	경 질
사암(砂岩)	1,000이하	1,000~1,500	1,500~2,000
점판암(粘板岩)	1,000	1,000~1,500	1,500~2,000
석영반암(石英班岩)	900	900~1,200	1,200~1,500
석회암(石灰巖), 혈암(頁岩)	600	600~1,000	1,100~1,500
화강암(花崗岩)	600	600~1,000	1,100~1,500

주) 암질과 탄성파속도와의 관계는 다음과 같다.

(3) 굴삭기

$$Q = \frac{3,600 \cdot q \cdot k \cdot f \cdot E}{Cm}$$

여기서, Q : 시간당 작업량(m^3/hr)
q : 디퍼 또는 바켓용량(m^3)
f : 체적환산계수
k : 디퍼 또는 바켓계수
E : 작업효율
Cm : 1회 사이클(초)

1) 버킷계수(k)

현 장 조 건	k
용이하게 굴착할 수 있는 연한 토질로서 버킷에 산적으로 가득찰 때가 많은 조건이 좋은 모래, 보통토인 경우	1.10
위의 토질보다 약간 단단한 토질로서 버킷에 거의 가득 채울 수 있는 모래, 보통토 및 조건이 좋은 점토인 경우	0.90
버킷에 가득 채우기가 어렵거나 가벼운 발파를 필요로 하는 것으로서 단단한 점토질, 점토, 역토질인 경우	0.70
버킷에 넣기 어렵고 불규칙한 공극이 생기는 것으로서 발파 또는 리퍼작업 등에 의하여 얻어진 암과 파쇄암, 호박돌, 역 등인 경우	0.55

주) ① 굴삭기는 위치한 지면보다 낮은 데 있는 토량의 굴착에 사용되는 것이 일반이다.
② 버킷계수는 굴착하는 토질과 굴착 작업의 높이 또는 깊이에 따라 다르나 작업현장 조건을 고려하여 기종이 선택되므로 특수한 경우를 제외하고는 굴착작업의 깊이는 버킷계수에 영향을 주지 않는 것으로 한다.
③ 굴삭기는 굴착된 토량을 운반하는 기계와의 상태가 작업상 균형이 유지되고 굴삭기에 대한 운반기계의 적재높이가 적합토록 이루어져야 한다.

2) 작업효율(E)

토질명 \ 현장조건	자연상태			흐트러진 상태		
	양 호	보 통	불 량	양 호	보 통	불 량
모래, 사질토	0.85	0.70	0.55	0.90	0.75	0.60
자갈섞인흙, 점성토	0.75	0.60	0.45	0.80	0.65	0.50
파쇄암					0.45	0.35

주) ① 자연상태의 굴삭시 작업효율
㉮ 양호 : 자연지반이 무르고, 절토작업이 최적으로 연속작업이 가능하고, 작업 방해가 없는 등의 조건인 경우
㉯ 보통 : 자연지반은 단단하지만 절토작업이 최적인 경우, 또는 자연지반은 무르지만 절토작업이 곤란한 경우 등 제조건이 중간으로 판단되는 경우
㉰ 불량 : 자연지반이 단단하고 또한 연속작업이 곤란하며 작업방해가 많은 등의 조건인 경우
② 흐트러진 상태의 적용은 상기 1항의 조건중 자연지반 상태의 조건을 제외한 기타의 조건을 감안하여 결정한다.
③ 작업장소가 수중 또는 용수작업인 경우는 불량을 적용한다.
④ 터파기에 대하여는 0.05를 뺀 값으로 한다.
⑤ 리핑한 것은 리핑된 상태를 고려하여 그 상태에 해당되는 토질에서의 값을 취한다.
⑥ 굴착작업시 지하매설물(각종 배설관 등)로 인하여 작업이 현저하게 저하 하는 경우는 작업효율을 별도로 정할 수 있다.
⑦ 주택가지역에서 상하수도관로부설 등의 공사시 작업장소가 협소하고 지하매설물 등으로 인하여 작업이 현저하게 저하하는 경우에는 다음의 작업효

현장조건 \ 현장조건	자연상태	
	보 통	불 량
모래,사질토	0.30	0.19
자갈섞인 흙, 점성토	0.26	0.15

㉮ 보통 : 작업현장이 보통의 경우나, 지하장애물이 약간 있는 경우로서 연속 적인 굴착이 불가능한 지역

㉯ 불량 : 작업현장이 협소한 경우나, 지하장애물이 많은 경우로서 연속적인 굴착이 불가능한 지역

3) 1회 사이클시간(Cm)

규격(m^2) \ 각도(도)	싸 이 클 시 간(sec)			
	45	90	135	180
0.12~0.4	13	15	18	20
0.6 0.8	16	18	20	22
1.0~1.2	17	19	21	23
2.0	22	25	27	30

(4) 로더

$$Q = \frac{3,600 \cdot q \cdot k \cdot f \cdot E}{Cm}$$

여기서, Q : 운전시간당 작업량(m^3/hr)

q : 버킷용량(m^3)

K : 버킷계수

E : 작업효율

f : 체적환산계수

Cm : 1회 사이클 시간(초)

$Cm = m \cdot \ell + t_1 + t_2$

m : 계수(초/m) 무한궤도식 : 2.0, 타이어식 : 1.8

ℓ : 편도주행거리(표준을 8m로 한다)

t_1 : 버킷에 토량을 담는데 소요되는 시간(초)

t_2 : 기어변화 등 기본 시간과 다음 운반기계가 도착할 때까지의 시간(14초)

(5) 셔블계굴삭기(파워셔블, 백호, 드래그라인, 크램쉘)

1) 개요

$$Q = \frac{3{,}600 \cdot q \cdot k \cdot f \cdot E}{Cm}$$

여기서, Q : 시간당 작업량(m^3/hr)
q : 리퍼 또는 버킷용량(m^3)
f : 체적환산계수
E : 작업효율
k : 리퍼 또는 버킷계수
Cm : 1회 사이클 시간(초)

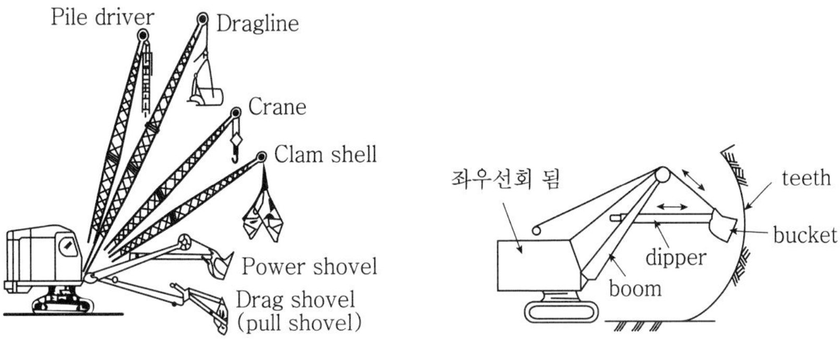

그림 4.31 Shovel계 굴착기와 각부명칭

그림 4.32 Tire shovel(백호)

그림 4.33 Crawler shovel(백호)

2) 트랙터 셔블

협소한 장소에서 신기 작업에 유효하고 자갈, 모래, 흙 등의 신기에 많이 사용되며, 일반 싱차는 무한궤도형이, 모래나 흙 등은 타이어형이 능률적으로 활용된다.

그림 4.34 Tire-Tractor Shovel(Pay Loader)

① k의 값

현 장 조 건	파워셔블	백호, 크램쉘 드래그라인
용이하게 굴착할 수 있는 연한 토질로서 버킷에 산적으로 가득 찰 때가 많은 조건이 좋은 모래, 보통토인 경우	1.20	1.10
위의 토질보다 약간 단단한 토질로서 버킷에 거의 가득찰 수 있는 모래, 보통토 및 조건이 좋은 점토인 경우	0.95	0.90
버킷에 가득 채우기가 어렵거나 가벼운 발파를 필요로 하는 것으로서 단단한 점토질, 점토, 역토질인 경우	0.75	0.70
버킷에 넣기 어렵고 불규칙한 공극이 생기는 것으로서 발파 또는 리퍼작업 등에 의하여 얻어진 암괴, 파쇄암, 호박돌, 역 등인 경우	0.60	0.55

주) ① 파워셔블은 위치한 지면보다 높은데 있는 토량의 굴착에 적합하고, 백호 드래그 라인, 크램쉘 등은 특수한 경우는 제외하고는 위치한 지면보다 낮은데 있는 토량 굴착에 사용되는 것이 일반이다.
② 리퍼 또는 버킷계수는 굴착하는 토질과 굴착작업의 높이 또는 깊이에 따라 다르 나 작업현장 조건을 고려하여 기종이 선택되므로 특수한 경우를 제외하고는 굴착 작업의 높이 또는 깊이는 리퍼 또는 버킷계수에 영향을 주지 않는 것으로 한다.
③ 굴착기계는 굴착된 토량을 운반하는 기계와는 상태가 작업상 균형이 유지되고 굴 착기계에 대한 운반기계의 적재높이가 적합토록 이루어져야 좋다.

② 파워셔블 E의 값

토질명	현장조건		
	양 호	보 통	불 량
모래	0.85	0.70	0.60
사질토, 보통토	0.60	0.50	0.40
역질토, 호박돌	0.50	0.40	0.30
점질토, 점토	0.40	0.30	0.20
파쇄암	0.40	0.30	0.20

주) ① 양호 : 작업현장이 넓고 굴착 높이가 2~5m로서 지형, 배수, 운반기계의 적재높 이, 운반기계의 조합 등이 좋은 상태
② 보통 : 위의 조건보다는 못하나 작업진행에 지장이 없는 상태
③ 불량 : 작업현장이 넓지 않고 굴착 높이가 너무 낮거나 높으며, 지형, 배수, 운반 기계의 조합 등이 불량하여 작업에 영향을 주는 상태

③ 백호 E의 값

토질명	현장조건		
	양 호	보 통	불 량
모래, 사질토, 보통토, 역질토, 호박돌, 점질토, 점토, 파쇄암	0.75	0.60	0.45

주) ① 양호 : 굴착 깊이 1~4m 정도에서 토질이 단단하지 않으며 장애물이 없이 작업이 순조롭게 진행될 때
② 보통 : 양호한 현장조건과 불량한 현장조건의 중간으로 판단되는 상태
③ 불량 : 굴착 깊이가 너무 깊거나 얕고 토질이 단단하며 장애물 등이 있어서 작업 에 곤란을 느끼는 상태

④ 드래그라인, 크램쉘 E의 값

토질명	현장조건		
	양 호	보 통	불 량
사질토, 보통토	0.75	0.60	0.45
역질토, 호박돌	0.60	0.50	0.40
호박돌, 점질토, 점토, 파쇄암	0.30	0.25	0.20

주) ① 양호 : 작업현장이 넓고 토질이 단단하지 않으며 굴착깊이 0~3m 정도에서 작업 이 순조롭게 진행될 때를 말함
② 보통 : 양호한 현장조건과 불량한 현장조건의 중간으로 판단되는 상태를 말함.
③ 불량 : 작업장소가 협소하고 수중굴착으로 굴착 깊이가 깊으며 토질이 단단하며 작업에 곤란을 느끼는 상태
④ 파쇄암은 크램쉘 작업인 경우에만 해당한다.

⑤ 백호 Cm의 값(초)

선회각도	45°	90°	135°	180°
0.55cm(초)	27	30	33	36

⑥ 파워셔블 Cm의 값(초)

선회각도 / 용량(m^3) / 굴착정도	90°								
	0.38	0.57	0.76	0.95	1.15	1.53	1.91	2.29	3.06
용이한 굴착	15	18	18	18	18	18	20	22	24
보통의 굴착	18	20	20	20	20	20	22	24	26
곤란한 굴착	24	26	26	26	26	26	28	30	32

⑦ 크램쉘 및 드래그라인 Cm의 값(초)

굴착정도 \ 용량(m^3) \ 선회각도	110°								
	0.38	0.57	0.76	0.95	1.15	1.53	1.91	2.29	3.06
용이한 굴착	20	22	24	24	24	28	28	30	32
보통의 굴착	24	26	28	28	28	33	34	35	38
곤란한 굴착	30	32	35	35	35	41	41	42	45

⑧ 선회각도에 따른 Cm의 보정계수

구분 \ 선회각도	45°	60°	75°	90°	120°	150°	180°
파워셔블	0.80	0.86	0.93	1.00	1.14	1.27	1.41
드래그라인 및 크램쉘	0.78	0.85	0.90	0.95	1.03	1.12	1.17

주) 크램쉘의 우물통 작업인 경우 90° 선회 각도에서 싸이클 작업에 소요되는 시간은 크램쉘 규격에 따라 아래와 같다.

작업단계 \ 버킷표준용량	m^2	0.57 이하	0.76	1.15	1.53	1.91	2.29	2.67	3.06
기본동작시간	초	22~27	25~31	25~31	28~34	30~36	32~39	32~39	33~41
사일로에 넣는 시간	초	3~4	4~5	4~5	4~5	4~5	5~6	5~6	5~6
낙하후 굴착에 소요되는 추가 시간	초	5~6	6~8	6~8	7~8	7~8	8~10	8~10	8~11
굴착깊이 1m마다의 추가시간	초	1.5	1.45	1.3	1.25	1.25	0.9	0.85	0.8

(6) 모토 그레이더(Grader)

1) 개설

넓은 면적의 땅깎기나 땅고르기용 장비이며 도로(공항)공사에 필수적인 장비로 노상재나 보조기층재 부설(포설)시 사용한다.

$$A = \frac{60 \cdot D \cdot W \cdot E}{P_1C_{m1} + P_2C_{m2} \cdot \cdot \cdot P_iC_{mi}}$$

$$Q = \frac{60 \cdot \ell \cdot D \cdot H \cdot f \cdot E}{P.Cm}$$

여기서, A : 1시간당 작업량(m^2/hr)　　Q : 1시간당 작업량(m^3/hr)

D : 1회의 작업거리(편도m)　　W : 작업자 전체의 폭(m)

P_i : 작업장 전체의 폭을 Vi 속도로 행하는 작업횟수

C_{mi} : 작업속도 Vi 때의 사이클시간(분)

H : 굴착 깊이 또는 흙고르기 두께(m)

E : 작업효율　　　　　　　　ℓ : 블레이드의 유효길이(m)

f : 체적환산계수　　　　　　P : 부설횟수

① Cm 산출공식

(가) 방향변환 또는 블레이드를 선회하여 왕복작업을 할 때

$$Cm = 0.06 \times \frac{D}{V_1} + t$$

(나) 전진 작업만을 하고 후진으로 되돌아오거나 회송이 필요할 때

$$Cm = 0.06 \times (\frac{D}{V_1} + \frac{D}{V_2}) + 2t$$

여기서, D : 작업거리 또는 되돌아오는 거리(편도m)

V_1 : 작업속도(km/hr)

V_2 : 후진 또는 회송속도(km/hr)

t : 방향 변환 또는 블레이드 선회 기어변속에 소요되는 시간(분)

■ V_1 및 V_2의 값(km/hr)

속도 / 현장조건 / 작업종류	작업			후진			회송		
	양호	보통	불량	양호	보통	불량	양호	보통	불량
도사도보수	10	7	4						
측구굴착	4	3	2	9	6.5	4	24	18	12
비탈면의 마무리	3	2.5	2						
흙고르기	8	6	4						
마무리	8	6	4						
혼합	10	7	4						
재설	10	8	6						

주) ① 작업 및 후진속도에 있어서의 현장조건

㉮ 양호 : 작업현장이 넓고 토질의 상태, 지형, 교통량, 함수비 등 조건이 좋아서 목적하는 대로 순조롭게 작업이 진행될 때

㉯ 보통 : 작업현장이 작업이 지장을 주지 않을 정도로 넓고 토질의 상태 지형, 교통량, 함수비 등 조건이 고르지 않아서 작업속도에 약간의 변동이 있을 때

㉰ 불량 : 작업현장이 협소하고 토질의 상태, 지형, 교통량, 함수비 등 조건이 불량하여 작업속도에 영향을 기저올 때

② 회송속도의 현장조건

㉮ 양호 : 2차선 이상으로 완전한 포장도로 또는 노면이 좋은 토사도인 경우

㉯ 보통 : 2차선 미만이나 교차가 가능하고 노면보수가 좋은 도로인 경우

㉰ 불량 : 작업현장내의 도로 또는 노면보수가 불량한 경우

■ t의 값

작 업 종 류	t(분)
작업거리가 비교적 짧은 경우	2.5
도로보수	1.5
흙고르기	0.5

② ℓ의 값

작 업 종 류	블레이드의 작업각도	블레이드의 길이(3.6m)
단단한 토질에서의 깎기	45°	2.3
부드러운 토질에서의 깎기	55°	2.7
흙밀기, 제설(除雪)	60°	2.9
마무리	90°	3.4

③ E의 값

작 업 종 류	현 장 조 건		
	양 호	보 통	불 량
토사도의 보수 및 정지 등	0.8	0.7	0.6
흙고르기 등	0.7	0.6	0.5

주) ① 양호 : 작업현장이 넓고 지형 및 토질상태 기타 작업을 위한 여건이 좋아서 기대 하는 작업속도를 충분히 얻을 수 있을 때
② 보통 : 작업현장이 작업에 지장을 주지 않을 정도의 넓이로서 작업속도에 영향을 주는 장애물이 없을 때
③ 불량 : 작업현장이 좁고 지형 및 토질상태가 작업속도에 영향을 주는 장애물이 있을 때

(7) 덤프트럭(dump truck)

1) 용도

운반거리에 제한이 없을 뿐 아니라 실을 수 있는 재료의 상태에 관계없이 이용되는 운반장비로써 리어덤프(rear dump truck)와 사이드덤프(side dump truck)가 있으며, 이동하고자 하는 화물의 종류(토사, 암, 콘크리트)에 따라 적재함 형태가 다양하다.

그림 4.35 암(rock) 운반용 덤프트럭

그림 4.36 리어덤프트럭 골재운반 및 물차

$$Q = \frac{60 \times q \times f \times E}{Cm} \qquad q = \frac{T}{\gamma_t} \times L$$

여기서, Q : 1시간당 작업량(m^3/h)

q : 흐트러진 상태의 덤프트럭 1회 적재량(m^2)

γ_t : 자연상태에서의 토석의 단위 중량(습윤밀도)(t/m^3)

T : 덤프트럭의 적재용량(ton)

L : 체적환산계수에서의 체적변화율

L : 토량변화율($L = \frac{\text{흐트런진 상태의 토량}(m^3)}{\text{자연상태의토량}(m^3)}$)

f : 체적환산계수

E : 작업효율(0.9)

Cm : 1회 사이클시간(분) $Cm = t_1 + t_2 + t_3 + t_4 + t_5$

① 적재시간(t_1) : 적재방법에 따라 산출한다.

② 왕복시간(t_2) :

$$\text{왕복시간(분)} = \frac{\text{운반거리}}{\text{적재시평균주행속도}} + \frac{\text{운반거리}}{\text{공차시평균주행속도}}$$

③ 운반도로와 평균주행속도(km/hr)

도로상태	평균속도	
	적재	공차
토치장 또는 토사장 등 열악한 조건의 도로	7	8
교차가 힘든 산간지도로 및 제방 등의 도로	10	15
교차가 가능한 산간지도로 및 제방도로, 미포장도로	15	20
2차로 이상의 공사용도로	30	35
2차로 교통량 및 교통대기가 많은 시가지 포장도로(7,000대/일 이상) 4차로 이상의 교통량 및 교통대기가 많은 시가지 포장도로(40,000대/일 이상)	20	25
2차로 시가지 포장도로(7,000~2,000대/일)	25	30
4차로 이상의 시가지 포장도로(40,000대/일 미만) 2차로 교외 포장도로(2,000대/일 이상) 4차로 이상의 교외 포장도로(40,000대/일 이상)	30	35
2차로 교외 포장도로(2,000대/일 미만) 4차로 이상의 교외 포장도로(40,000대/일 미만)	35	35
2차로 고속도로 또는 교통량(편도) 1일 40,000대 이상의 4차로 고속도로	50	55
4차로 고속도로(편도 교통량 1일 40,000대 미만)	60	60

차로는 왕복기준이며, 주행속도는 차로수 · 교통량 등 현장 조건에 따라 주행속도를 측정하여 사용할 수 있다.

④ 적하시간(t_3)

적재한 토량을 내리는데 소요되는 시간으로 차례를 기다리는 시간이 포함된다.

토 질	작 업 조 건(분)		
	양 호	보 통	불 량
모래, 역, 호박돌	0.5	0.8	1.1
점질토, 점토	0.6	1.05	1.5

주) ① 양호 : 사토장이 넓고 정지된 상태에서 일시에 적하하는 경우
② 보통 : 사토장이 넓으나 움직이는 상태에서 적하하는 경우
③ 불량 : 사토장이 넓지않고 천천히 움직이는 상태에서 적하하는 경우

⑤ 적재장소에 도착한 때로부터 적재작업이 시작될 때까지의 시간(t_4)

(가) 적재장소가 넓어서 트럭이 자유로이 목적장소에 진입할 수 있을 때 0.15분

(나) 적재장소가 넓지는 않으나 목적장소에 불편없이 진입할 수 있을 때 0.42분

(다) 적재장소가 좁아서 목적장소에 진입하는데 불편을 느낄 때 0.70분

⑥ 적재함 덮개 설치 및 해체시간(t_5)

구 분	인력에 의한 경우	자동덮개시설의 경우
시간(분)	3.77	0.5

⑦ 적재기계를 사용하는 경우에는 사이클시간의 산정은 다음에 의한다.

$$Cmt = \frac{Cms \cdot n}{60 \cdot Es} + (t_2 + t_3 + t_4 + t_5)$$

여기서, Cmt: 덤프트럭의 1회 사이클시간(분) Cms: 적재기계의 1회 사이클시간(초)

Es : 적재기계의 작업효율 Qt : 덤프트럭 1대의 적재토량(m^3)

n : 덤프트럭 1대의 토량을 적재하는데 소요되는 적재기계의 사이클 횟수 $(n = \frac{Qt}{q \cdot k})$

q : 적재기계의 덤퍼 또는 버킷용량(m^3) k : 리퍼 또는 버킷계수

⑧ 인력 적재를 하는 경우에는 사이클 시간 및 적재비를 다음에 의거 산정한다.

종 류 ＼ 구 분	적재시간(분/m^3)	조 건
토사류	10	적재인부 5인기준
석재류	12	평지인 경우

(8) 롤러

1) 용도

흙의 다짐에는 여러 가지 기계가 사용되나 도로용과, 토공용으로 나누어지며, 도로용 다짐기계는 노상, 노반의 다짐, 아스팔트 포장의 다짐 등에 사용하며 토공용 다짐기계는 제방, 흙댐, 운동장, 건축물의 기초지반 다짐 등에 사용된다.

2) 시간당 작업량 산정

$Q = 1000 \cdot V \cdot W \cdot D \cdot E \cdot \dfrac{f}{N}$　　　　$A = 1000 \cdot V \cdot W \cdot E \cdot \dfrac{1}{N}$

여기서, Q : 시간당 다짐토량(m^2/hr)　　A : 시간당 다짐면적(m^2/hr)
W : 롤러의 유효폭(m)　　D : 펴는 흙의 두께(m)
f : 체적환산계수　　N : 소요다짐횟수
V : 가짐속도(km/hr)　　E : 작업효율

주) ① 다짐기계는 토질 및 지형조건에 따라 다음의 표를 참조하여 다짐효과를 얻을 수 있도록 선정하여야 한다.

다짐기계의 종류	암괴 호박돌 역	역질토	모래	사질토	점토 및 점질토	역이섞인 점토 및 점질토	연약한 점토 및 점질토	단단한 점토 및 점질토
로드롤러	B	A	A	A	B	B	C	C
자주식타이어롤러	B	A	A	A	A	A	C	B
견인식타이어롤러	B	A	A	A	A	A	C	B
탬핑롤러	C	C	B	B	B	B	C	A
진동롤러	A	A	A	A	C	B	C	C
콤팩터	A	A	A	A	C	B	C	C
래머	B	A	A	A	B	B	C	C
불도저	A	A	A	A	B	B	C	A
습지불도저	C	C	C	C	B	B	A	C

주) ① 여기서 A는 효과적이고 적당한 방법이며, B는 따로 적당한 기계가 없을 때 사용하여야 하고, C는 부적당하다.
② 로드롤러(머캐덤, 탠덤)는 노면 등의 마무리에 사용한다.
③ 타이어롤러로 하는 흙쌓기 부분의 다짐에는 일반으로 자주식을 사용하는 것이 경제적이나 지형이 복잡하고 여러 공구를 동시에 작업할 경우 등에는 견인식을 사용하는 것도 검토할 필요가 있다.
④ 견인식 타이어롤러를 흙쌓기 비탈면의 다짐에 사용할 때에는 비탈면의 길이가 5~6m 정도일 경우에 작업이 능률적이다.
⑤ 불도저를 흙쌓기 비탈면의 다짐에 사용할 때에는 비탈면의 경사 1:1.8보다 낮아질 경우에 능률적이다.
⑥ 래머콤팩터는 구조물의 뒤채움 등 국부적인 장소의 다짐에 사용한다.
⑦ 습지도저를 흙쌓기 비탈면의 다짐에 사용할 경우에는 qc(콘지수)=4이하의 대단히 연약한 점질토 점토 등에 적용한다.

① 다짐기계의 유효다짐폭(W)과 다짐속도(V)

다 짐 기 계	규 격 (ton)	유효다짐폭 (m)	표준다짐속도(km/kr)		
			노체, 축제 노상	보조기층 기층	표층
머캐덤롤러	6~8 8~10 10~12 12~15	0.7 0.8 0.8 0.9	2.0	2.5	3.0
탠덤롤러	5~8 8~10 10~14	1.1 1.1 1.2	2.0	-	3.0
타이어롤러	5~8 8~15 15~25	1.4 1.8 2.0	2.5	4.0	4.0
불도저	12 19	0.7 0.8	4.0	-	-
자주식, 양족식롤러	19	1.8	4.0	-	-
견인식, 양족식롤러 (드럼2개기준)	3~6 7~10 11~20	2.7 3.1 3.4	4.0	-	-
진동롤러 (자주식)	2.5 4.4 6.0 10.0	0.7 0.8 1.5 1.9	1.0 1.0 3.0 4.0	1.0 1.0 3.0 4.0	

② 소요다짐 횟수(N) 및 다짐두께(D)

공 종	다짐두께(cm)	다 짐 기 계	규 격(ton)	다짐횟수	다짐도(%)
노체	30	진동롤러 타이어롤러	10 8~15	6 4	90이상
노상	20	진동롤러 타이어롤러	10 8~15	6 4	95이상
동상방지층	20	진동롤러 타이어롤러	10 8~15	7 4	95이상
보조기층	15~20	진동롤러 타이어롤러	10 8~15	8 4	95이상
입도조정기층	15	진동롤러 타이어롤러	10 8~15	8 7	95이상
기층(아스팔트 안정처리)	7.5~10	머캐덤롤러 타이어롤러 탠덤롤러	10~12 8~15 10~14	4 10 4	96이상
표층	5	머캐덤롤러 타이어롤러 탠덤롤러	8~10 8~15 10~14	2 10 4	96이상

<table>
<tr><th colspan="2">공 종</th><th>다짐두께(cm)</th><th>다 짐 기 계</th><th>규 격(ton)</th><th>다짐횟수</th><th>다짐도(%)</th></tr>
<tr><td rowspan="2">저수지</td><td>심벽(점토)</td><td>20</td><td>양족식롤러(자주식)</td><td>19</td><td>10</td><td>95이상</td></tr>
<tr><td>성토</td><td>30</td><td>〃</td><td>19</td><td>8</td><td>95이상</td></tr>
<tr><td rowspan="3">축제</td><td>점성토</td><td>30</td><td>양족식롤러(자주식)</td><td>19</td><td>5</td><td>90이상</td></tr>
<tr><td rowspan="2">사질토</td><td rowspan="2">30</td><td>진동롤러</td><td>10</td><td>6</td><td rowspan="2">90이상</td></tr>
<tr><td>타이어롤러</td><td>8~15</td><td>4</td></tr>
</table>

주) ① 다짐 회수는 동일지점을 하중륜이 통과한 횟수로 한다.
② 다짐두께는 다져진 상태의 두께이다.
③ 다짐기계의 규격 및 조합은 보편화된 규격 및 조합방법을 기준한 것이다.
④ 성토용 다짐재료는 다짐이 용이한 실트질흙, 보조기층 재료는 부순 자갈을 기준한 것이다.
⑤ 다짐회수는 보편화된 조건에서 표준적인 횟수를 정한 것이다.
⑥ 다짐회수에 따른 다짐도는 다짐장비의 규격과 조합, 토질의 종류, 함수비, 입도 분포 등에 따라 각기 상이하므로 실제 적용 과정에서는 공사규모, 현장조건 등에 따라 다짐 기계규격 및 조합방법을 결정하고 시험시공을 통하여 규정된 다짐 효과를 얻도록 다짐회수를 결정한다.
⑦ 다짐도는 최대건조 밀도에 대한 다짐 후 건조 밀도의 백분율이다.

③ 작업효율(E)

<table>
<tr><th>공종</th><th>현장조건 / 다짐기계</th><th>양호</th><th>후 진</th><th>불량</th></tr>
<tr><td rowspan="3">표층</td><td>머캐덤롤러</td><td>0.75</td><td>0.55</td><td>0.35</td></tr>
<tr><td>타이어롤러</td><td>0.65</td><td>0.45</td><td>0.25</td></tr>
<tr><td>탠덤롤러</td><td>0.60</td><td>0.45</td><td>0.30</td></tr>
<tr><td>기층</td><td>진동롤러</td><td>0.80</td><td>0.60</td><td>0.40</td></tr>
<tr><td></td><td>머캐덤롤러</td><td>0.70</td><td>0.50</td><td>0.30</td></tr>
<tr><td>보조기층</td><td>타이어롤러</td><td>0.60</td><td>0.40</td><td>0.20</td></tr>
<tr><td>노체
축제

노상</td><td>불도저
타이어롤러
진동롤러
양족식롤러
(자주식, 견인식)</td><td>0.80</td><td>0.60</td><td>0.40</td></tr>
</table>

주) 작업효율의 결정은 다음 사항을 고려하여 이들의 조건이 보통의 경우보다 좋은 때에는 양호측으로 나쁠 때에는 불량측의 값을 택한다.
① 흙쌓기 재료 또는 노반재료의 공급능력과 다짐 작업과의 균형(평형 또는 공급능력이 상회하였을 때에는 작업효율은 양호)
② 흙쌓기 재료 또는 노반재료의 토질, 함수비, 입도 배합 등의 적정
③ 작업현장에서의 작업방해의 정도
④ 작업현장의 요철(凹凸) 굴곡 등 지형상황

3) 충격식 다짐기계(래머 등)

$$Q = \frac{A \times N \times H \times f \times E}{P}$$

여기서, Q : 1시간당 작업량(다짐토량)(m^3/hr)
A : 1회당 유효다짐면적(m^3)
N : 1시간당 타격횟수(회/hr)
H : 다짐두께(m)
f : 체적환산계수
E : 작업효율(0.3~0.7)
P : 중복다짐횟수(57회)

① 래머의 유효다짐면적(A)과 타격횟수(N)

중량(kg)	1회당 유효다짐면적(m^3)	타격횟수(회/hr)
80	280mm×330mm	36,000

② 다짐두께

성토 15cm, 점토 10cm

(9) 모터 스크레이퍼(Grader)

1) 개요

넓은 면적의 땅깎기나 땅고르기용 장비이며, 도로 및 공항공사에 필수적인 장비로 노상재 및 보조기충재 부설시 사용된다.

2) 작업량 산정식

$$A = \frac{60 \cdot D \cdot W \cdot E}{P_1 C_{m1} + P_2 C_{m2} + \cdot P_i C_{mi}} \qquad Q = \frac{60 \cdot \ell \ \cdot D \cdot H \cdot f \cdot E}{P \cdot Cm}$$

여기서, A : 1시간당 작업량(m^2/hr)
Q : 1시간당 작업량(m^2/hr)
D : 1회의 작업거리(편도m)
W : 작업자 전체의 폭(m)
E : 작업효율
Pi : 작업장 전체의 폭을 Vi 속도로 행하는 작업횟수
C_{mi} : 작업속도 Vi 때의 사이클시간(분)
H : 굴착 깊이 또는 흙고르기 두께(m)
ℓ : 블레이드의 유효길이(m)
f : 체적환산계수
P : 부설횟수

그림 4.39 스크레이퍼의 앞모습

그림 4.40 스크레이퍼의 옆모습

① Cm 산출공식

(가) 방향변환 또는 블레이드를 선회하여 왕복작업을 할 때

$$Cm = 0.06 \times \frac{D}{V_1} + t$$

(나) 전진 작업만을 하고 후진으로 되돌아 오거나 회송이 필요할 때

$$Cm = 0.06 \times \left(\frac{D}{V_1} + \frac{D}{V_2}\right) + 2t$$

여기서, D : 작업거리 또는 되돌아 오는 거리(편도m)

V_1: 작업속도(km/hr)

V_2: 후진 또는 회송속도(km/hr)

t : 방향 변환 또는 블레이드 선회 기어변속에 소요되는 시간(분)

■ V_1 및 V_2의 값(km/hr)

속도 / 현장조건 / 작업종류	작 업			후 진			회 송		
	양호	보통	불량	양호	보통	불량	양호	보통	불량
토 사 도 보 수	10	7	4						
측 구 굴 착	4	3	2	9	6.5	4	24	18	12
비탈면의마무리	3	2.5	2						
흙 고 르 기	8	6	4						
마 무 리	8	6	4						
혼 합	10	7	4						
재 설	10	8	6						

주) ① 작업 및 후진속도에 있어서의 현장조건

㉮ 양호 : 작업현장이 넓고 토질의 상태, 지형, 교통량, 함수비 등 조건이 좋아서 목적하는 대로 순조롭게 작업이 진행될 때

㉯ 보통 : 작업현장이 작업에 지장을 주지 않을 정도로 넓고 토질의 상태, 지형, 교통량, 함수비 등 조건이 고르지 않아서 작업속도에 약간의 변동이 있을 때

㉰ 불량 : 작업현장이 협소하고 토질의 상태, 지형, 교통량, 함수비 등 조건이 불량하여 작업속도에 영향을 가져올 때

② 회송속도의 현장조건

㉮ 양호 : 2차선 이상으로 완전한 포장도로 또는 노면이 좋은 토사도인 경우

㉯ 보통 : 2차선 미만이나 교차가 가능하고 노면보수가 좋은 도로인 경우

㉰ 불량 : 작업현장내의 도로 또는 노면보수가 불량인 경우

■ t의 값

작 업 종 류	t(분)
작업거리가 비교적 짧은 경우	2.5
도로보수	1.5
흙고르기	0.5

② ℓ의 값

작 업 종 류	블레이드의 작업각도	블레이드의 길이(3.6m)
단단한 토질에서의 깎기	45°	2.3
부드러운 토질에서의 깎기	55°	2.7
흙밀기, 제설(除雪)	60°	2.9
마무리	90°	3.4

③ E의 값

작 업 종 류	현 장 조 건		
	양 호	보 통	불 량
토사도의 보수 및 정지 등	0.8	0.7	0.6
흙고르기 등	0.7	0.6	0.5

주) ① 양호 : 작업현장이 넓고 지형 및 토질상태 기타 작업을 위한 여건이 좋아서 기대 하는 작업속도를 충분히 얻을 수 있을 때

② 보통 : 작업현장이 작업에 지장을 주지 않을 정도의 넓이로서 작업속도에 영향을 주는 장애물이 없을 때

③ 불량 : 작업현장이 좁고 지형 및 토질상태가 작업속도에 영향을 주는 장애물이 있을 때

연습문제

4.1 다음의 용어를 설명하시오.

① 장비의 주행성(trafficability)
② 건설기계 마력
③ 기계화 시공의 작업효율
④ 크라시아 장비조합
⑤ 건설기계의 작업효율
⑥ 불도저의 작업원칙
⑦ 건설기계의 경제적 수명
⑧ Shovel계 장비종류 적용
⑨ 사이클(cycle) 타임
⑩ 상각비와 정비비

4.2 건설용 기계장비를 선정할 때 고려할 사항을 설명하시오.

4.3 토공 적재장비와 운반장비의 경제적인 조합에 대하여 기술하시오.

4.4 토공 건설기계를 산정할 때 토질조건에 따라 고려해야 할 사항을 열거하시오.

4.5 토공 작업시 공정별 작업선정과 작업기계의 종류에 대하여 논하시오.

4.6 기계화 시공의 계획순서와 그 내용을 설명하시오.

4.7 단지 토공사에서의 건설기계의 조합원칙과 기종 선정의 방법에 대하여 기술하시오.

4.8 100만 m^3의 콘크리트 공사시 주요 공정 및 사용장비 규격 및 대수 산출(공사기간 10개월 월25일, 1일 8시간)

4.9 기계경비의 구성을 열거하고, 각 구성요소를 기술하시오.

4.10 대규모 임해 공단 조성시 토공사의 장비 계획에 관하여 기술하시오.

4.11 혼합골재 100,000m^3를 생산하고자할 때 소요장비 선정방법을 설명하시오.

chapter 05 기초공

제 5 장 기초공

5.1 개설

5.1.1 기초의 정의

기초(foundation)란 상부구조에서 오는 하중을 지반에 전달하는 부분을 총칭하며, 이는 다시 얕은기초(shallow foundation, 직접기초:direct foundation)와 깊은기초(deep foundation)로 나누어서 불리어지고 있다.

얕은기초와 깊은기초의 엄밀한 구별은 곤란하나, 일반적으로 다음 기준에 의하여 나누어 진다.

1) 얕은기초

상부구조의 하중을 기초 슬래브에서 지반에 직접 전달시키는 형태로 구조물 하중을 접지압(contact pressure)으로 지지하는 기초이며, 직접기초(direct foundation)라 부르기도 한다.

2) 깊은기초

구조물 하중을 선단 지지력과 주면 마찰력(friction)으로 지지하는 형태의 기초이다.

(1) 기초의 종류

- 기초 (foundation) 基礎
  - 직접기초 (얕은기초)
    - 푸팅기초 (footing)
      - 독립 푸팅 기초
      - 캔틸레버식 푸팅 기초
      - 복합 푸팅 기초
      - 연속 푸팅 기초
    - 전면기초 (mat foundation)
  - 말뚝기초 (깊은기초)
    - 말뚝기초 (pile foundation)
      - 나무말뚝
      - 강말뚝
      - 기성콘크리트말뚝
      - 현장타설콘크리트말뚝
    - 피어기초 (pier foundation)
      - 인력피어
      - 기계피어
    - 케이슨기초 (caisson foundation)
      - 오픈케이슨
      - 뉴메틱케이슨
      - 박스케이슨

그림 5.1 기초의 종류

(2) 기초의 형태에 따른 지지원리

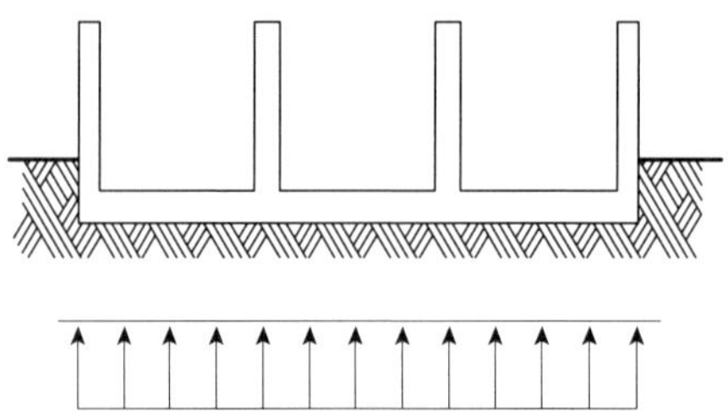

그림 5.2 얕은기초

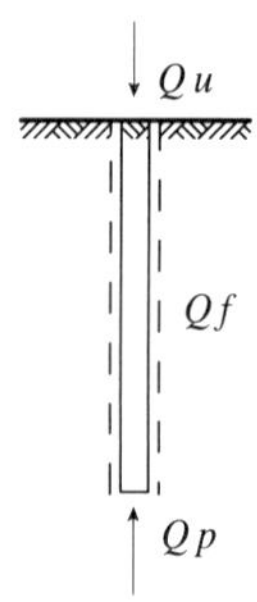

그림 5.3 깊은기초

(3) 기초의 최소폭과 근입깊이

기초는 최소의 폭과 근입깊이를 가지게 되는데 이를 그림으로 표시하면 그림 5.4와 같으며, 이는 깊은기초와 얕은기초를 구별하는 기준이 되기도 한다.

1) 얕은기초 : $D_f/B < 4$

지표면과 가까운 곳에 지지층이 존재하여, 지지력이나 침하량에 대한 문제가 없는 경우이다.

2) 깊은기초 : $D_f/B > 4$

- 지지층이 깊게 위치한 경우

- 지표부근이 연약층으로 이를 개량하는 비용이 깊은 기초보다 비 경제적일 경우
- 구조물이 주변 지반의 침하에 민감한 경우
- 향후 구조물과 인접한 굴착이나 다른 지하 구조물의 설치가 예상되는 경우

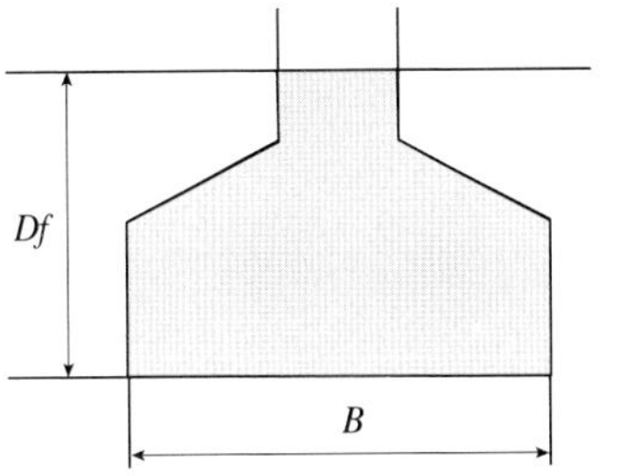

그림 5.4

5.1.2 지반조사와 기초공법 선정

알맞은 기초공법의 선정을 위하여는 무엇보다 먼저 실시되어야 할 현장의 지반조사와 함께 기초가 갖추어야할 조건과 기초에 대한 설계 방침의 확정이 이루어져야 한다.

(1) 지반조사(Soil investigation)

1) 예비조사

(1) 자료조사 → (2) 현지답사 → (3) 개략조사

(1) 자료조사
- 인근조사자료
- 지질도
- 지 도
- 토양도
- 교통, 수질

(2) 현지답사
- 지질구조
- 지하수위
- 기 상
- 지형과 지세

(3) 개략조사
- Sounding
- 소수의 Boring

2) 본조사

(1) 현지 정밀답사 → (2) 정밀조사 → (3) 보충조사

(1) 현지 정밀답사
- 현장
- 현장 인근
- 유사현장방문 (공사기록지와 대조)
- 토양도
- 교통, 수질

(2) 정밀조사
- 적정량의 Boring, Sounding
- 실내 및 현장토질실험 : 지반구성, 기초지지력
- 지반의 성질 파악

(3) 보충조사
- 의심나는 부분에 대한 추가조사
- 정밀조사를 기초한 적절한 시험방법 강구

(2) 기초에 대한 조사 및 방침(현장 및 하중조건)

1) 상부구조의 하중조건 및 건조물(교량, 건물)의 종류에 따른 허용침하량을 파악한다.

2) 현장의 주위환경과 지반조사를 통해 얻은 자료에 의거 적합한 기초공법을 선정하여 개략적인 시공계획을 수립한다.

3) 흐트러지지 않은 시료(불교란시료 : undisturbed sample)에 대한 시험으로부터 흙의 역학적인 특성을 파악하여 개략적인 기초의 근입깊이와 기초의 규모를 결정한다.

(3) 기초공법의 선정 조건

1) 기초는 상부하중에 대하여 충분한 지지력을 가져야 하며, 아무런 문제가 없어야 한다.
2) 기초는 최소 근입 깊이를 확보하여 지반의 습윤팽창, 건조수축, 동결, 지하수 변동, 파이핑, 인접공사 등의 영향을 받지 않아야 한다.
3) 기초의 변형(침하, 부등침하, 회전)이 허용한계 이내에 있어야 하며, 상부구조와 어울려야 한다.
4) 기초는 다음에 대해 충분한 안전율을 유지하여야 한다.
   - 구조물과 지반시스템의 안정
   - 기초 바닥면의 활동에 대한 안정
   - 전도에 대한 안정
   - 지반의 전단파괴, 즉 지지력에 대한 안정
5) 선정된 기초공법은 경제적이고 기술적으로 시공이 가능해야 하며, 시공하는 동안 인접 구조물에 피해가 없어야 한다.

5.1.3 기초의 침하

기초의 침하란 지반의 압축이나 압밀에 의하여 발생되는 구조물 전체 또는 일부에 일어나는 연직 변위를 말하며, 침하에는 구조물의 모든 부분이 같이 침하되는 균등침하와 침하의 크기가 다른 부등침하가 있다.

균등침하의 경우 구조물에 균열은 생기지 않고, 연직위치만 달라짐으로 크게 문제가 되지 않을 수도 있으나, 부등침하의 경우는 구조물의 수명에 관한 심각한 문제로 발전될 수 있으므로 이에 대한 충분한 배려가 요망된다.

(1) 기초침하의 원인

1) 구조물 하중에 의한 지중응력의 증가(지반의 탄소성 변형)
2) 지하수위 강하에 따른 지반내 유효응력 증가
3) 점성토 지반의 건조수축
4) 함수비의 증가에 의한 지반 지지력의 약화

5) 지반의 기초파괴
6) 지하공동이나 지하매설관 등 지중공간의 함몰
7) 동상(凍傷)후의 지반 연화에 의한 지반지지력의 약화

(2) 침하의 종류

지반의 침하는 연직방향의 압밀로 인한 것이 대부분이며, 따라서 문제가 되는 침하의 주대상은 연직방향의 압밀에 의한 침하이며, 침하는 즉시침하, 압밀침하, 2차 침하의 3종류가 있으나, 이들을 명백하게 구분하기는 곤란하지만 전체 침하량은 이들 3종류의 침하량을 합한 값이라 할 수 있다.

$S = Si+Sc+Ss$

여기서, S : 총침하량, Si : 즉시침하량, Sc : 압밀침하량, Ss : 2차침하량

1) 즉시침하량(탄성침하)

기초에 하중이 가해질 때 지반이 압축되는데 이를 즉시침하 또는 탄성침하라 하며, 모래지반에서는 압밀침하가 거의 없으므로 총침하량으로 계산하기도 한다.

2) 압밀침하

시간이 지남에 따라 간극속의 물이 빠져 나가면서 지반의 체적이 감소되어 일어나는 현상의 침하를 말하며, 점성토 지반에서 재하직후 일어나는 탄성침하 후에 장기간에 걸쳐 일어나는 침하이다.

3) 2차 침하(잔류침하, 2차 압밀침하)

유기질토나 점성토에서 2차 압밀에 의해 발생하는 압축침하를 2차 압축침하, 2차 압밀침하 또는 잔류침하라 하며, 점성토의 크리프(creep)에 의해 일어나며 테르자기(Terzaghi)의 압밀이론에 따르지 않는 침하이다.

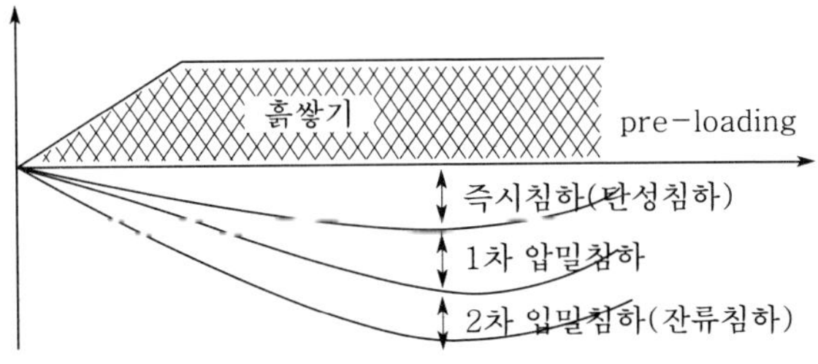

그림 5.5 침하의 종류

(3) 부등침하(不等沈下, Differential settlement)

침하한 기초의 양단을 연결한 가상선을 기준으로 측정된 침하량이 서로 상이 할 경우의 침하를 말하며, 상대침하라고도 하며, 일반적으로 구조물의 침하가 문제되는 것은 부등침하이며 부등침하로 인한 구조물의 변형이나 균열이 미세한 경우라도 계속되는 부등침하와 더불어 구조물이 붕괴되는 등 심각한 문제로 발전되는 경우가 많으므로 이의 방지를 위한 세심한 주의가 요망된다.

부등침하와 반대되는 균등침하의 경우는 크게 문제되지 않으므로, 이는 균등침하가 예상되는 구조물의 경우 구조물의 계획고(F.H, formation height)를 조정해 해결이 가능하기 때문이다.

(4) 기초지반의 파괴

기초에 하중이 가해지기 전까지 탄성평형 상태에 있던 지반은 하중이 일정한 값에 도달하면, 기초의 단부(edge)부터 소성평형 상태로 전이되며, 이러한 전이상태에 의해 기초지반이 파괴케 된다. 파괴상태에 대한 정량적인 규준은 명확하게 결정되지 않았지만, 파괴형태가 압축성과 큰 관련이 있다는 전제하에 재하 시험으로 얻을 수 있는 하중-침하량 곡선을 분석하면 다음 3가지로 나누어 볼 수 있다.

1) 전반 전단파괴(General shear failure)

가장 일반적인 파괴형태로 조밀한 모래나 굳은 점성토에 나타나는 형태이다.

2) 국부전단파괴(Local shear failure)

점토, 느슨한 사질토에서 주로 나타나는 형태로 국부적 파괴가 점점 확대되어 파괴가 일어난다.

3) 펀칭파괴(Punching shear failure)

매우 연약지반에서 나타나는 현상으로 하중이 가해지면 침하가 급격히 일어나다 관입되며 파괴된다.

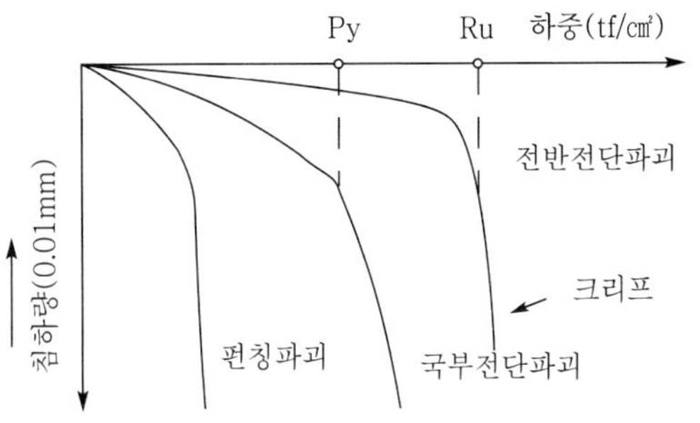

그림 5.6 하중침하곡선

5.1.4 보링(Boring)

지반구성 및 지하수위 파악, 불교란 시료 채취 및 N치를 알기위한 표준관입시험실시 등을 위하여 지반에 구멍을 뚫는 작업을 보링이라 한다. 외관조사(visual test)를 제외한 모든 지반조사에서 반드시 시행되는 작업이므로, 현장기술자는 이에 대한 일반적인 사항들을 알아야 한다.

(1) 보링의 종류

1) 오거보링(Auger boring)

천공(보링)하는데 시끄러운 소리가 나지 않으며 천공방법에 따라 자주식(기계식)과 인력이 있다.

- 핸드오거(hand auger drill)
- 전기오거(clectric augcr drill)
- 공기오거(air auger drill)

2) 로터리 보링(Rotary boring, 회전식)

균열상황의 관찰, 불교란 시료채취, 암석채취, N값 측정 등에 사용된다.

- 코어 보링(core boring) : 연속적인 시료채취 가능
- 난 코어 보링(non core boring) : 지반을 파쇄하며 굴진
- 와이어 라인 보링(wire line boring) : 굴진내부에 와이어를 넣어 시료채취

3) 퍼커션 보링(Percussion boring, 충격식)

(2) 코어 채취율과 암질비

보링에 의한 코어 채취율(TCR, total core recovery)과 암질비(RQD, rock quality designation)에 따라 암반의 건전성, 절리, 강도 등을 판별한다.

- $\text{RQD} = \dfrac{\text{10cm 이상 코어 길이 총합}}{\text{이론적 굴진깊이}} \times 100\%$
- $\text{TCR} = \dfrac{\text{회수된 코어 길이의 총합}}{\text{이론적 굴진깊이}} \times 100\%$

(3) 보링경(drill rod)의 지름(외경)

보링을 시행할 경우 구멍의 직경에 따라 현장에서는 EX 보링, NX 보링 등의 표현을 사용하고 있으며, 직경(지름)은 다음과 같다.

- EX : 37.08mm
- AX : 47.37mm
- BX : 59.18mm
- NX : 74.80mm

(4) 보링심도(응력범위와 보링심도)

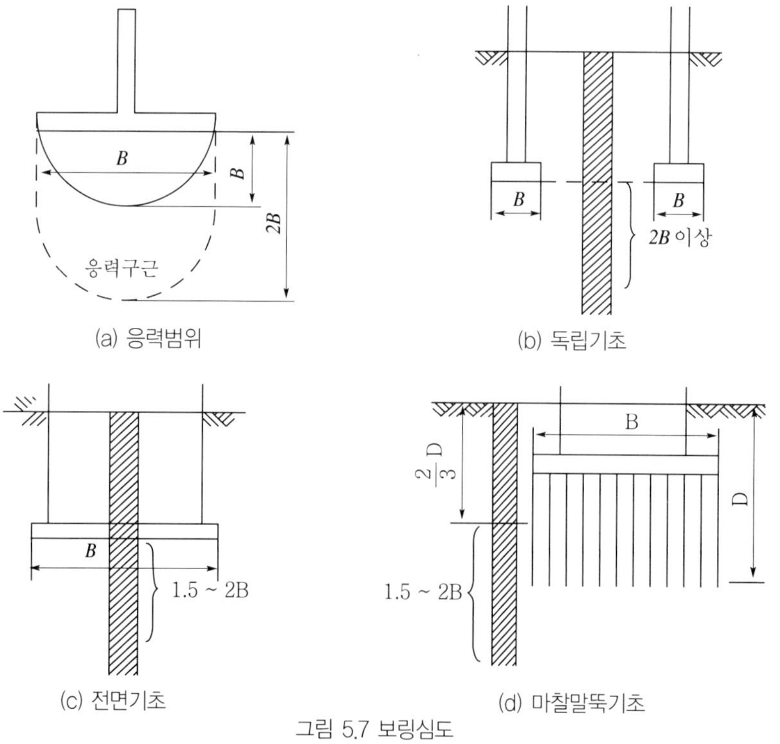

그림 5.7 보링심도

구조물의 종류	시추조사심도	
	보통지층 분포지역	연약층 본토지역
고층건축물	기초 계획면 또는 깊은기초의 한단에서 하부 1.5B까지 전면기초의 경우는 암반층(연암층 이상) 3m까지 확인	지지층 하부 1.5B까지
교대, 교각	기초 계획면 또는 깊은기초의 하단에서 하부 2.0B까지	지지층 하부 2.0B까지
도로	절토부 : 포장노상면에서 2m 깊이까지 성토부 : 지반면에서 성토높이 정도 또는 암반 2m까지	지지층 3m까지
터널	터널 바닥부의 계획심도에서 1.0D (최대터널지경)의 깊이까지	좌동
하천제방	제방높이와 같은 심도까지	지지층 3m까지
기타	목적에 따라 적절히 결정	조사 목적별로 조정

(5) 시료(Sampling)

1) 교란시료(Disturbed sample)

시험굴(test pit, T.P)조사, 토취장(borrow pit, B.P)선정, 오거 보링, 표준관입시험 등의 과정에서 얻어진 시료는 대부분 교란된 시료(흐트러진 시료)로 흙의 입도분포, 컨시스턴시, 흙분류 등 물리적 특성 파악에 쓰인다.

그림 5.8 보링서 얻은 시료분석

2) 불교란시료(Undisturbed sample)

절대적으로 불교란시료(흐트러지지 않은 시료)란 얻기가 불가능하겠으나 가능한 자연상태의 시료를 얻어 자연상태의 역학적 특성파악에 활용된다.

3) 시료채취기구

- 표준스프리트 스푼(standard split spoon)
- 얇은 관(thin wall tube)
- 피스톤(piston)시료 채취기

(6) 보링주상도

시추주상도(BOREHOLE LOG)

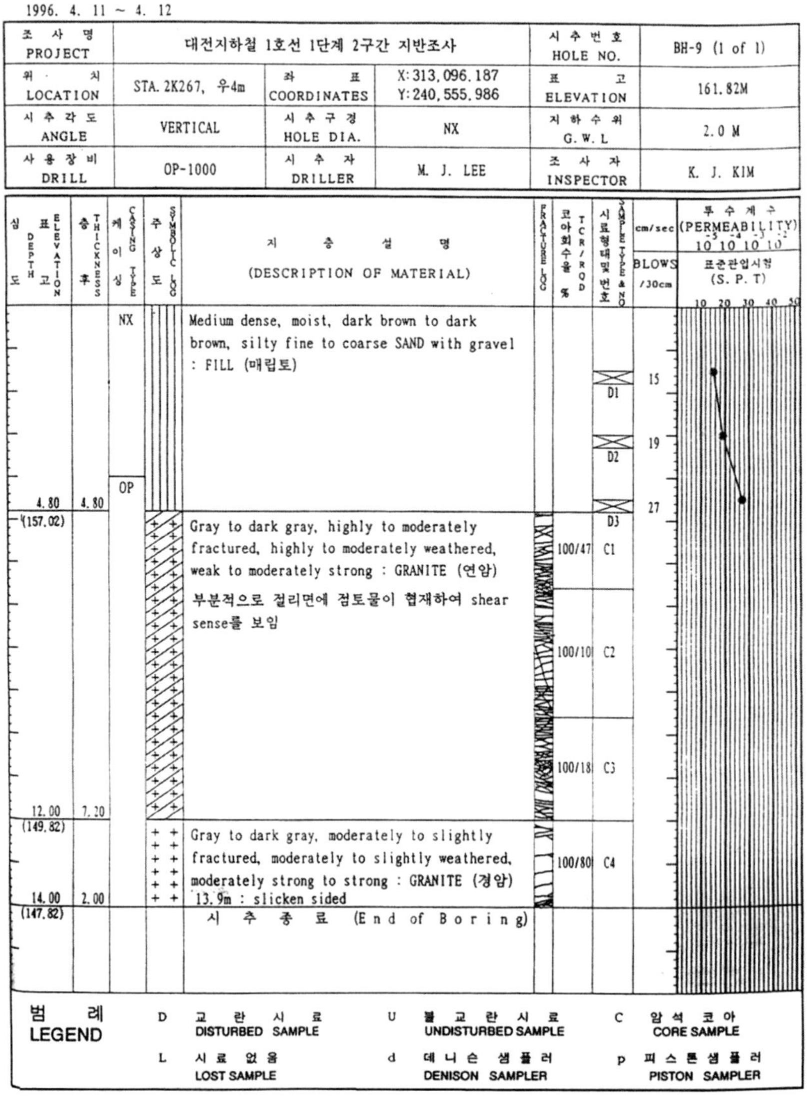

1996. 4. 11 ~ 4. 12

조사명 PROJECT	대전지하철 1호선 1단계 2구간 지반조사			시추번호 HOLE NO.	BH-9 (1 of 1)
위치 LOCATION	STA. 2K267, 우4m	좌표 COORDINATES	X: 313, 096. 187 Y: 240, 555. 986	표고 ELEVATION	161. 82M
시추각도 ANGLE	VERTICAL	시추구경 HOLE DIA.	NX	지하수위 G. W. L	2. 0 M
사용장비 DRILL	OP-1000	시추자 DRILLER	M. J. LEE	조사자 INSPECTOR	K. J. KIM

심도 DEPTH	표고 ELEVATION	층후 THICKNESS	케이싱 CASING TYPE	주상도 SYMBOLIC LOG	지층설명 (DESCRIPTION OF MATERIAL)	FRACTURE LOG	코아회수율 % TCR / RQD	시료형태및번호 SAMPLE TYPE & NO	cm/sec BLOWS /30cm	투수계수 (PERMEABILITY) 표준관입시험 (S. P. T)
4. 80	(157. 02)	4. 80	NX / OP		Medium dense, moist, dark brown to dark brown, silty fine to coarse SAND with gravel : FILL (매립토)			D1 D2 D3	15 19 27	
12. 00	(149. 82)	7. 20			Gray to dark gray, highly to moderately fractured, highly to moderately weathered, weak to moderately strong : GRANITE (연암) 부분적으로 절리면에 점토물이 협재하여 shear sense를 보임		100/47 100/10 100/18	C1 C2 C3		
14. 00	(147. 82)	2. 00			Gray to dark gray, moderately to slightly fractured, moderately to slightly weathered, moderately strong to strong : GRANITE (경암) 13. 9m : slicken sided		100/80	C4		
					시추종료 (End of Boring)					

범례 LEGEND					
D	교란시료 DISTURBED SAMPLE	U	불교란시료 UNDISTURBED SAMPLE	C	암석코아 CORE SAMPLE
L	시료없음 LOST SAMPLE	d	데니슨샘플러 DENISON SAMPLER	p	피스톤샘플러 PISTON SAMPLER

그림 5.9 시추주상도

5.1.5 표준관입시험(Standard Penetration Test, S.P.T)

(1) 표준관입시험이란?

그림 5.10과 같이 63.5kg.f 해머로 76cm 높이에서 표준관입 시험용 샘플러(split spoon sampler : 중공, 中空)를 30cm 관입시킬 때의 타격횟수를 N치(N-value) 또는 N값이라 한다. 현장에서 개략적인 기초지지력을 판단하는 시험값으로 자주 사용되고 있으며, 일반적으로 N>30이면, 말뚝 지지층이 가능하고 N 〈 10이면, 푸팅 기초가 곤란하다는 등의 판단을 할 수 있다.

표준관입시험(SPT)으로 얻어지는 N값은 동일한 지반이라도 시험장비와 기술자에 따라 상이할 뿐 아니라 롯드길이, 지반상태, 상재압 등에 따라 큰 차이가 나타나므로 이를 보정한 후 활용하여야 한다.

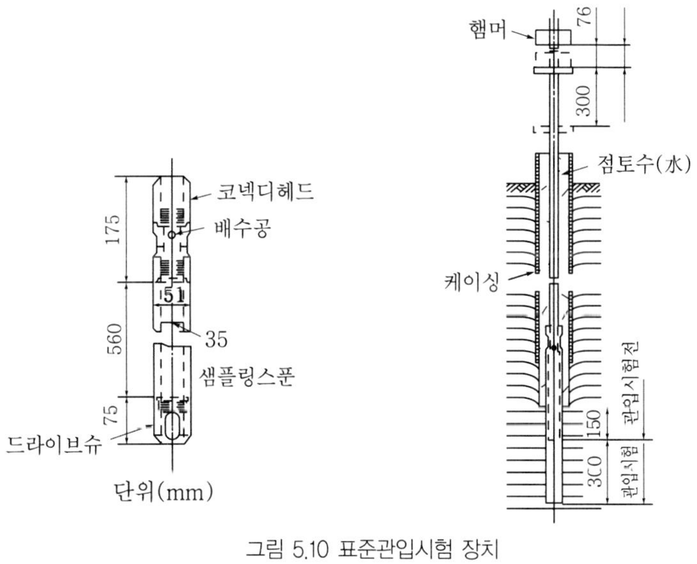

그림 5.10 표준관입시험 장치

(2) N값의 이용

표준관입시험에서 얻은 N값으로 Dunham공식, Peck공식, 오자키 공식 등을 활용하여 모래질 지반의 내부 마찰각 산정과 흙의 상태를 분류하며, Terzaghi-peck 공식을 이용하여 점질토 지반의 일축압축강도 및 비배수 전단강도와 점토의 컨시스턴시를 대략적으로 추정 할 수 있다.

표 5.1 N치와 모래의 상대밀도 관계

N	상대밀도(%)
0~4	대단히 느슨(15)
4~10	느슨(15~35)
10~30	중간(35~65)
30~50	촘촘(65~85)
50 이상	대단히 촘촘(85~100)

표 5.2 N치와 일축압축강도와의 관계

컨시스턴시	N 치	일축압축강도, qu(kg/cm²)
대단히 연약	<2	<0.25
연 약	2~4	0.25~0.5
중 간	4~8	0.5~1.0
견 고	8~15	1.0~2.0
대단히 견고	15~30	2.0~4.0
고 결	>30	>4.0

5.1.6 평판재하시험(Plate Bearing Test, P.B.T, KS F 2310)

현장에서 기초저면, 성토기초면 등 기초지반의 허용지내력이나 탄성계수를 구하고자 할 때와 기초형식의 선정이나 강성포장의 포장설계를 위해 지지력 계수 K를 결정하고자 할 경우 유용하게 시행되는 시험으로 장비와 측정기구 동원이 비교적 용이함으로 많이 활용되고 있다.

평판재하시험(PBT)은 어느 지반에 실제 구조물을 축조하였을 때 지지력이나 침하조건이 만족되는지 여부를 판단하는 시험으로 침하에 대한 결과가 실제 현장에 비해 작은 경향이 있지만 비교적 확실한 지지력 결과를 파악할 수 있다.

현장에서 재하(載荷)장비로는 이동성을 고려하여 덤프트럭, 페이로더(tire) 등이 이용되며, 재하판의 크기에 따라 K75(75×75×2.5cm), K40(40×40×2.5cm), K30(30×30×2.5cm) 등으로 나누어진다.

(1) 지지력 계수

$$K = \frac{q}{y}$$

여기서, K : 지지력 계수 (kg/cm³), q : 하중 강도 (kg/cm²), y : 침하량 (1.25mm표준)

(2) Scale effect

$$K_{75} = \frac{1}{1.5}K_{40} = \frac{1}{2.2}K_{30}$$

$$K_{30} > K_{40} > K_{75}$$

그림 5.11 평판재하 시험기기

그림 5.12 평판재하 시험모습

(3) 재하시험 준비단면

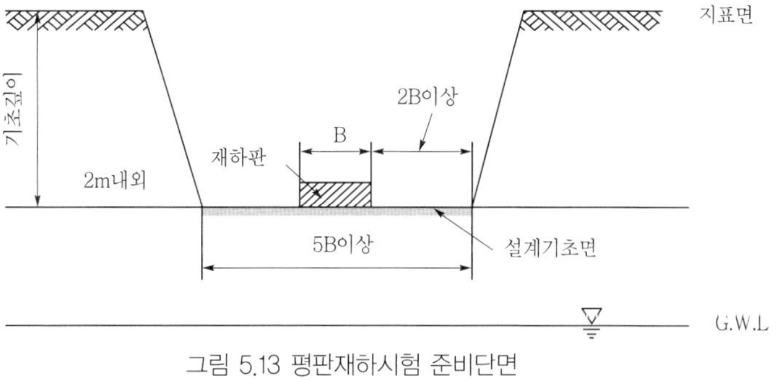

그림 5.13 평판재하시험 준비단면

(4) 시험방법

1) 지반을 수평하게 고르고 필요하면 얇게 모래를 깐다.
2) 기초깊이는 2m정도에서 시험하고 재하판의 두께는 22mm이상으로 한다.
3) 기초깊이의 최종 20cm는 시험직전에 굴착하여 풍화에 의한 지지력 감소를 예방한다.
4) 하중재하는 예상지지력의 2배 이상을 준비한다.
5) 시험은 매단계 하중을 예상파괴 하중의 1/5 이하로 편심이 생기지 않게 한다.
6) 침하측정은 1, 4, 8, 15, 30, 45분 ……… 간격으로 측정하여 15분간 0.01mm이하의 침하가 생기거나 항복점이 나타날 때 까지 하여 다음 단계의 하중을 가한다.
7) 하중강도는 $0.35kg \cdot f/cm^2$ 씩 증가시킨다.

(5) 결과 이용시 유의사항

1) 시험한 지반의 토질 종단을 알아, 이를 고려하여야 한다.
2) 지하수위 변동 상황을 감안 한다(계절적 변동, 기초지반이 지하수위로 포화되어 있는 경우 강도가 1/2로 감소).
3) 스케일이팩트(scale effect)를 고려해야 한다.
- 지지력 : clay – plater 폭에 무관, sand – plate 폭에 비례
- 침하량 : clay – plater 폭에 비례, sand – plate 폭에 꼭 비례하지는 않음

(6) 평판재하 시험에 의한 기초의 지지력 결정

1) 장기허용지지력 : 항복지지력의 1/2, 극한 지지력의 1/3 중 작은 것을 택한다.
2) 단기허용지지력 : 장기허용지지력×2
3) 지내력 : 지지력과 침하량 중 작은 값을 취한다.

5.1.7 기타 현장시험

(1) 사운딩(Sounding)

사운딩이란 롯드(rod) 선단의 저항체를 땅속에 넣어 관입, 회전, 인발 등의 저항으로 토층의 강도 및 밀도 등을 체크하는 원위치 시험을 말하며, 현장 위치와 목적에 따라 표 5.3과 같이 동적시험과 정적시험으로 나누어 진다.

표 5.3 사운딩의 종류

계통	종류	장치형식	대표적 장치	적용토질	보링	특징
정적	압입	단관 cone 마찰발생	휴대용 원추관입시험기(portabel cone penetrometer) Static cone	연약한 점성토, peat	불필요	연약지반 전용
		이중관 cone	화란식 원추관입시험기 (dutch cone penetrometer) qc=4N(Meyerhof)	큰 자갈 외 대부분의 흙	불필요	rod 주면 마찰분리, 높은 능률
	추재하 회전관입	단관 screw point	스웨덴식 관입시험기 (swedish penetrometer)	큰자갈, 조밀한 모래자갈 이외의 흙	"	일반 탐사용 표준관입 시험 보정
	인발	wire rope 저항날개	이스키 메터(Iskymeter) Pull sounding	연약점성토 peat	"	연약지반조사 전용
	완속회전	단관 vane	베인시험기(각종)(vane tester)	연약점성토	"	
동적	타입	단관 cone	동적 원추 관입시험기 (dynamic cone penetrometer)	큰자갈, 조밀한 모래자갈 이외의 흙	"	일반탐사용
		단관 split spoon sampler	표준관입 시험기 (standard penetration tester)	큰 자갈이외 대부분의 흙	필요	

(2) 베인전단시험(Vane shear test)

그림 5.14와 같은 베인시험기를 이용하여 0.05MPa이하의 연약 점성토 지반으로 깊이가 10m 미만인 경우 수직축의 회전력에 의한 전단강도를 구하는 시험으로 현장베인시험(field vane test, F.V.T)이라고도 한다.

- $c = \dfrac{M_{max}}{\dfrac{\pi D^2 H}{2} + \dfrac{\pi D^3}{6}}$

여기서, M_{max} : 날개회전시 최대 비틀림 모멘트(kg · cm), c : 전단강도(MPa)

(3) 정적콘관입시험(Static cone penetrometer test)

보통 연약 점성토 지반에 간단히 활용되는 시험이며 지반의 깊이가 7~10m 이상인 경우는 롯드의 주면 마찰력 때문에 값이 크게 나오므로 이를 고려 하여야 한다.

- $c = \dfrac{qc}{10} = \dfrac{N}{16}$ kg/cm^2

- $qc = \dfrac{\text{콘 관입력(Qc)}}{\text{콘 저면적(A)}}$ kg/cm^2

- N = 1.6qc

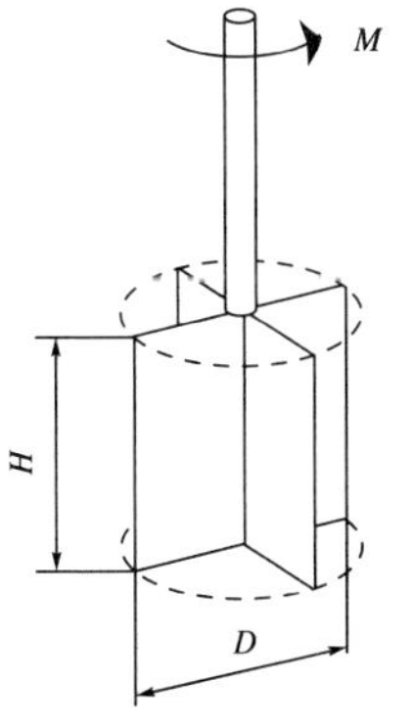

그림 5.14 베인(vane) 시험기

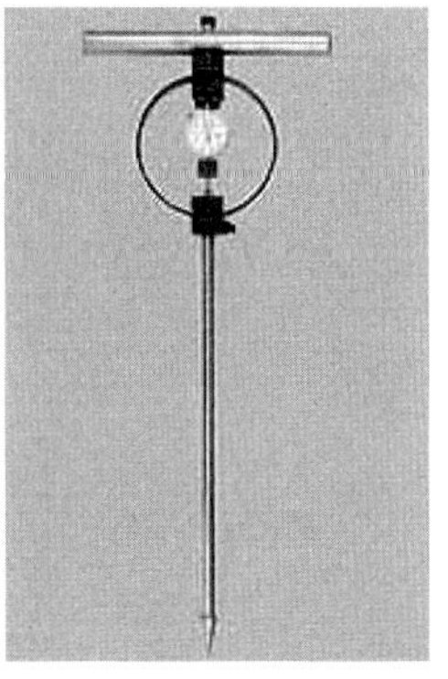

그림 5.15 Static Cone 시험기

(4) 현장조사를 위한 물리탐사의 종류

구분	방법	물리현상	측정항목	조사목적
탄성파	속도 검층	실제파	판성파속도	지반구성
	음파 검층	초음파	음파속도	지반물성
전기	전기 검층	전류 · 전위	외관 비저항	지반구성
	자연전위 검층	전위	자연전위	
	유전율 검층	전자파	전자파 속도 · 감쇠	
방사능	방사능 검층	방사능	방사선 강도	방사선 물질분포
	밀도 검층	감마선	감마선 감도	지반구성 · 밀도
	중성자 검층	중성자	중성자 감도	함수상황
기타	온도 검층	구멍 속 열	지층온도	지중 온도분포 · 지하수
	유량 검층	유체이동	유수량	균열분포 · 용수 · 만수
	구멍지름 검층		구멍지름	구멍지름 변화 · 구멍벽 상황
	보아홀 텔레비젼		공벽면 면	구멍안 상황

5.2 얕은기초(직접기초)

5.2.1 개요

얕은기초(직접기초)는 터파기 깊이가 비교적 얕아 시공이 쉬울뿐 아니라 지반상태를 직접 확인 할 수 있어 확실한 시공이 가능하나, 시공중 전단파괴나 침하(부등침하)가 일어나는 경우도 있으므로 각별한 주위가 요망된다.

(1) 얕은기초 시공시 유의사항

1) 지반지지력이 상부구조를 지지못할 경우는 기초저면에 빈배합 콘크리트를 타설하거나 모래나 쇄석 등 양질의 재료로 치환하여야 한다.
2) 푸팅(footing)은 동결깊이 아래에 설치하여야 한다.
3) 동결피해가 없더라도 풍화 등의 영향을 고려 지반보다 최소 1.2m 아래 설치되도록 한다.
4) 경사지 기초도 풍화 등을 고려 경사면에서 60~100cm 이상 떨어지도록 한다.
5) 각 기초의 고저차는 지반에 전달되는 응력이 중복되지않도록 한다.
6) 되메우기한 지반은 잘 다져야 하며, 압축을 받는 지반의 두께 차이나 깎기와 쌓기에 의한 압축침하의 차이가 부등침하의 원인이 될 수도 있으므로 되메우기시에 세심한 주위가 요망된다.

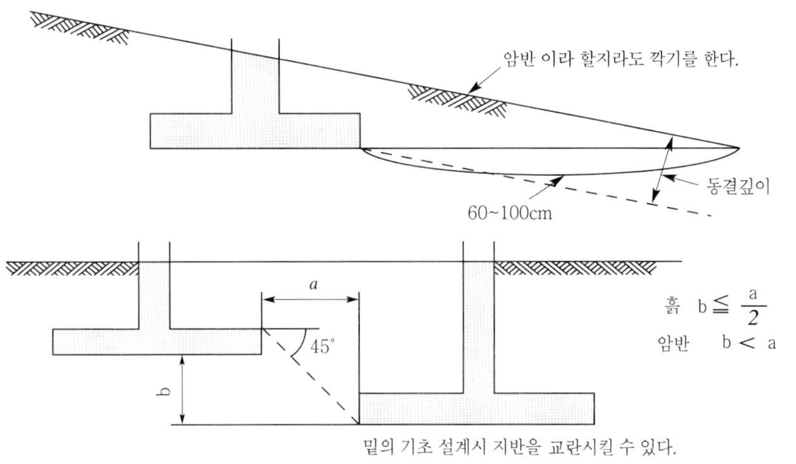

그림 5.16 기초근입 깊이의 차이

(2) 지지력의 종류

1) 극한지지력

전반전단파괴시의 응력으로 최대응력이며 보통 q_u를 말한다.

2) 허용지지력

단위면적에 안전하게 재하(載荷) 시킬수 있는 최대하중의 크기를 말하며, 보통 q_a로 표시한다.

- 허용지지력(q_a) = $\dfrac{\text{극한지지력}(q_u)}{\text{안전율}(F_s)}$

> * 기초의 안전율(Fs)은 통상 3을 사용하며, 지반의 특성이나 하중조건을 정확히게 예측할 수 있는 경우 2 이상임.

(3) 얕은기초의 지지력 산정방법

1) 현장 시험에 의한다.

표준 관입시험(N값), 평판재하시험, 공내재하시험 등

2) Terzaghi의 지지력 이론

지반을 소성체로 가정하고 가상의 전단파괴면을 설정한 후 극한 평행상태에서 지지력을 산정한다.

$$Qu = \alpha.C.Nc+\beta.B.\gamma_1.Nr+\gamma_2 \cdot D_f \cdot Nq$$

여기서, α ; β : 기초 형상계수(아래표 참조)

Nc. Nr. Nq : 지지력 계수로 Φ의 함수

B. D_f : 기초폭과 근입깊이

γ_1, γ_2 : 기초저면과 근입깊이내 흙의 단위 중량

구분	연속	정사각형	원형	구형
α	1.0	1.3	1.3	1+0.3(B/2)
β	0.5	0.4	0.3	0.5−0.1(B/2)

(4) 기초지반의 허용지지력(t/m²)

지층의 종류	깊이(1m)	깊이(2~3m)
• 연한 실트와 점토	1~2	2~5
• 실트(습기 있고, 옆으로 나가지 않는 것)	10~20	15~20
• 연한 점토	10~15	10~15
• 밀실한 굳은 점토	20~25	25~30
• 점토와 모래 섞인 것(굳은 것)	20~30	25~35
• 잔모래(습기 있고, 옆으로 나가지 않는 것)	20	20~30
• 자갈과 거친 모래	30	30~40
• 자갈과 거친 모래의 고결한 층	40~50	50~60
• 연암	70~100	70~100
• 질좋은 암반	200~400	200~400

(5) 얕은기초의 시공법

종류	시공방법	특징
비탈면 개착	• 낮은 경사의 비탈을 만들어 지지지반까지 굴착	• 시공은 간단하나 굴착토가 많음(넓은 공간 필요) • 비탈면의 배수에 대한 주변영향을 고려하여야 함
흙막이 개착	• 흙막이 벽을 설치하여 토사의 붕괴를 막으면서 지지지반까지 굴착	• 공간이 협소하고 굴착깊이가 깊은 경우에 적용함 • 시공에 대해서 충분한 안정성이 요구됨 • 굴착 및 배수에 대한 주변영향을 고려해야 함
지반개량	• 불량지반을 약액주입이나 치환등에 의한 양질 지반으로 개량	• 주변에 미치는 영향이 적음 • 균일한 시공이 요구됨
인공지반형성	• 지지지반까지의 불량토를 제거하고 콘크리트 타설이나 양질의 재료로 인공지반을 형성	• 경사진 지지지반에 적용(해저 케이슨 거치) • 상부공의 시공이 용이하다
현지반이용	• 현지반을 그대로 지지지반으로 활용	• 지반조건이 양호한 경우 • 구조물 하중이 크지 않을 경우

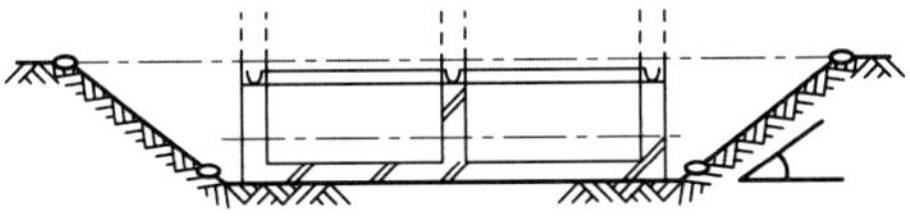

그림 5.17 비탈면 개착공

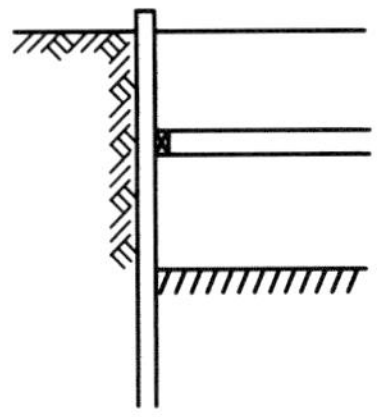

그림 5.18 흙막이 개착

5.2.2 얕은기초의 종류

(1) 독립기초

하나의 기초에 하나의 기둥(원형, 직사각형)만이 지지되는 기초로 가장 간단하고 경제적이나 지반의 지지력이 확실히 보장될 수 있어야 한다.

(2) 연속기초, 연속푸팅기초(Contineous footing), 줄기초(strip footing)

하나의 기초에 2개 이상의 기둥이 지지되거나, 띠모양의 긴 기초를 말하며, 기둥이 많아 푸팅끼리 서로 닿을 경우와 하중이 벽을 통해 띠모양으로 지지되는 기초이다.

(3) 복합기초

연속기초와 독립기초, 또는 연속기초와 연속기초의 복합으로 이루어진 기초로 지지층의 지지력이 연속기초나 독립기초보다 불리한 경우에 적용되며, 기초지반이 다소 양호한 경우 캔티레버 기초가 사용되기도 한다.

(4) 전면기초(매트기초)

기초에 해당하는 면적전체를 하나의 기초로 시공되는 기초를 말하며, 지지층이 양호한 경우는 다른 기초에 비하여 비경제적이다.

기초면적이 시공면적의 2/3이상 되는 기초는 전면기초로 취급하며, 도심지 건축이나 지하철 구조물은 전부 전면기초에 해당되며, 굴착량이 적거나 지반의 N값이 10보다 큰 경우에 적합하다.

(5) 전면기초가 우선적으로 고려되어야 할 경우

1) 건조물의 하부면적이 기초면적의 2/3이상인 경우로 지반조건이 불량할 때

2) 지반조건이 좋지 않고, 부등침하가 발생하기 쉬운 지형
3) 구조물에 불균등하게 작용하는 수평하중의 독립기초와 말뚝머리에 불균등한 변위가 예상될 때
4) 양압력이 확대기초로 견딜수 있는 크기 이상인 경우
5) 구조물의 하부가 지하수위 아래에 위치하고 있어 차수나 방수가 중요시될 경우

그림 5.19 전면기초의 시공모습(지하 주차장)

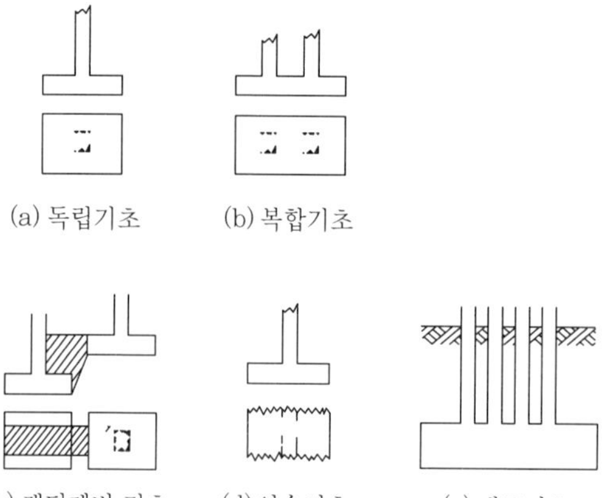

그림 5.20 얕은기초의 종류

5.3 깊은기초(간접기초)

기초지반의 지지력이 충분하지 못하거나 침하가 과다하게 일어나는 경우에 말뚝(pile), 피어(pile), 케이슨(caisson) 등을 시공하여 지지력이 큰 하부지반에 상부구조물의 하중을 전달하거나 지반을 개량한 후에 기초를 설치케 되는데 이와 같은 기초를 깊은기초(deep foundafion) 또는 간접기초(indirect foundation)라 한다.

깊은기초에는 말뚝기초, 피어기초, 케이슨 기초의 3종류가 있으며, 이들은 각각 한 개의 기초가 독립된 기초의 역할을 하기도 하고, 몇 개의 말뚝머리부분이 연결되어 하나의 기초가 되기도 한다.

5.3.1 말뚝기초

말뚝기초란 타입공법(항타공법), 내부 굴착공법(매입공법) 및 현장타설공법에 의해 타설된 말뚝의 머리에 상부구조물을 연결시킴으로써 일체가 된 탄성체 기초이다. 말뚝기초의 시공은 기초의 밑면에 접하는 토층이 충분한 지지력을 가지지 못하고, 직접기초공법 등의 적용이 곤란한 지반 조건을 갖춘 경우 공사기간, 공사비 등에서 상당히 유리한 공법이다.

말뚝의 길이는 지반조사(보링)를 통하여 결정될 수 있으나 이는 어디까지나 설계값이고, 본격적인 시공(항타)에 앞서 시항타(試杭打)를 통하여 말뚝의 길이, 최종관입량, 적절한 항타기 등을 결정하여야 한다.

최근에는 말뚝타입, 즉 항타에 의한 소음, 진동 등의 공해방지에 세심한 주의가 요망되며, 시공과정에 주위의 민원으로 공법이 변경되는 사례가 적지 않음으로 말뚝기초의 설계시는 물론 시공계획 수립시 이에 대한 고려가 있어야 한다.

그림 5.21 강관말뚝의 최종 관입량 check 모습

(1) 지지력 전달상태에 의한 분류

1) 선단지지말뚝(End bearing pile)

말뚝 선단을 하부의 단단한 지지층까지 닿게 해서 선단의 지지력에 의존하여 지지하는 말뚝 (그림 5.22(a)).

2) 하부 지반에 의한 지지말뚝(Bearing pile, supporting pile)

하부에 있는 단단한 지반에 어느 정도 관입시키고 관입된 부분의 마찰력과 선단지지력에 의존해서 지지하는 말뚝(그림 5.22(b)).

3) 마찰말뚝(Friction pile)

지반 속에 박힌 말뚝의 주면마찰력에 의존해서 지지하는 말뚝(그림 5.22(c)).

(2) 사용목적에 의한 분류

1) 다짐말뚝(Compaction pile)

말뚝을 박음으로써 지반의 다짐효과를 향상시키는 말뚝(그림 5.22(d)).

2) 억류말뚝(Stabilizing pile)

비탈면의 활동방지를 목적으로 박는 말뚝으로 흙막이 말뚝, 억제말뚝 등으로 불리어진다(그림 5.22(e)).

3) 수평저항 말뚝(Lateral resitance pile)

사항, 안벽, 돌핀(dolphin, 배매는 말뚝) 등과 같이 횡방향에 저항하는 부재로써 사용하는 말뚝(그림 5.22(f)).

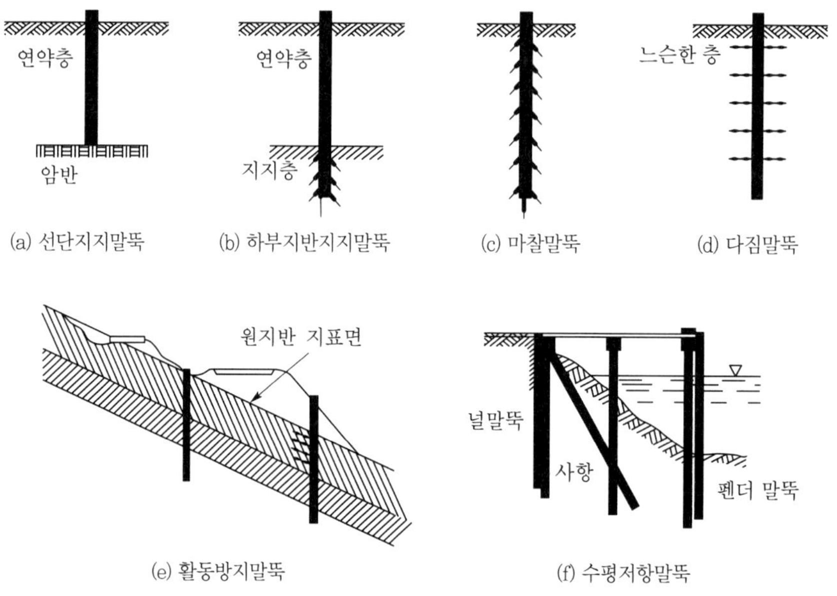

그림 5.22 지지력 및 사용목적에 의한 말뚝의 종류

4) 인장말뚝(Tensile pile)

큰 휨모멘트(bending monent)를 받는 기초의 인장측이나 말뚝의 재하시험시 하중 재하 말뚝과 같이 인발력에 저항하는 말뚝

5) 사항(斜杭, Batter pile)

말뚝기초의 단점인 수평력의 취약점을 보완하기 위한 파일로 교량에서 교각(pier)은 주로 연직방향의 파일(vertical pile)인 반면, 토공부의 배면토압(수평력)에 저항하여야 하는 교대(abutment)는 사항(batter pile)을 필요로 하는 경우가 많다(그림 5.22(f)).

(3) 기능에 의한 분류 : 단항과 군항

지반중에 박은 2개 이상 말뚝의 지중응력이 서로 영향이 미칠 정도로 접근한 경우 군항(群杭, 무리말뚝, group pile)이라 하며, 지중응력이 거의 중복되지 않을 정도로 떨어져 있는 경우를 단항(單杭, 단말뚝, single pile)이라 한다.

점성토 지반중이나 말뚝선단 밑에 점성토층이 있는 경우는 지지력과 침하에 대한 군항의 영향이 현저하게 나타나지만, 점토지반에 항타된 마찰말뚝은 일반적으로 단항의 70~80% 정도의 지지력을 가진다.

1) 군항과 단항의 구분

일반적으로 다음 식 이하이면 군항으로 취급한다.

$$D_o = 1.5\sqrt{rl}$$

여기서, D_o : 말뚝에 의한 지중응력이 중복되지 않기 위한 말뚝의 간격
r : 말뚝의 반지름, l : 말뚝의 관입깊이

군항 : $D_o > S$(여기서, S : 말뚝중심간격)

2) 군항의 허용지지력(R_{ag})

① $R_{ag} = ENR_a$

여기서, E : 군항의 효율, N : 말뚝의 개수, R_a : 말뚝 1개의 허용지지력

② 효율(Converse-Labarre 공식, E)

$$E = 1 - \frac{\phi}{90}\left[\frac{m(n-1)+(m-1)n}{mn}\right]$$

$$\phi = \tan^{-1}\frac{D}{S}$$

여기서, S : 말뚝간격(m), D : 말뚝지름, m : 각 열의 말뚝수, n : 말뚝 열의 수

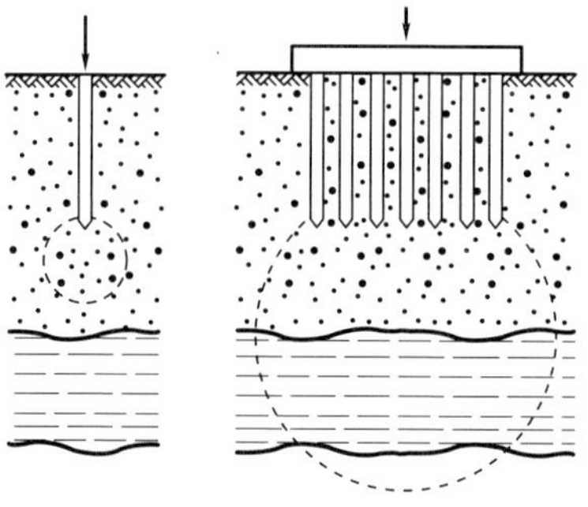

그림 5.23 단항과 군항의 기능

(4) 재료 및 제조방법 등에 의한 분류

1) 나무말뚝(Wooden pile)

- 무게가 가벼워 운반이나 항타가 용이하다.
- 얕은 곳은 절단이 쉬우나, 깊은 곳은 긴 말뚝을 구하기가 쉽지 않다.
- 일강도가 적고, 지하수위 이하에서만 내구성을 가진다.
- 종래에는 간혹 사용되었으나, 최근에는 일시적인 가설공사 이외에는 거의 사용되지 않는다.

2) 프리스트레스 콘크리트 말뚝(PC pile)

- PC강선이나 강봉을 콘크리트 속에 미리 삽입하여 선행 긴장력을 가한 말뚝으로 긴장시기에 따라 프리텐숀(pretension)방식과 포스트 텐숀(posttension)방식이 있다.
- 고강도 콘크리트가 사용되므로 타격시에 말뚝몸체 균열이 적고 강재부식이 없어 내구성이 크다.
- 용접에 의한 이음이라 이음이 쉽고 신뢰성이 크다.

- 자중에 의한 휨이 강해 운반이 양호하고 휨모멘트를 받을 경우 변형량이 적다.
- RC파일에 비해 비싸다.

3) 프리스트레스 콘크리트 널말뚝(Prestressed concrete sheet pile)

콘크리트 널말뚝에 프리스트레스를 준 것으로 흙막이 벽이나 이동식 담장에 사용된다.

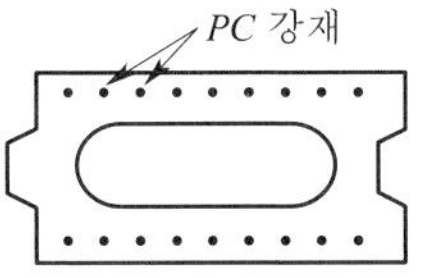

그림 5.24 프리스트레스 콘크리트 널말뚝

4) 원심력(遠心力) 콘크리트 말뚝(Contritugal concrete pile, Rc pile)

- 원통형의 거푸집에 콘크리트를 넣고 고속으로 거푸집을 회전시킴으로 원심력에 의한 콘크리트 밀도와 강도를 높인 중공 말뚝을 말한다.
- 20층 내외의 아파트 공사(건축)와 지반이 양호한 곳의 기초공사(토목)에 많이 활용되고 있다.

표 5.4 원심력 콘크리트 말뚝의 장 · 단점

장 점	단 점
① 말뚝재료의 입수가 용이하다	① 이음부의 신뢰성이 작다
② 강도가 크므로 지지말뚝에 양호하다	② 중량이 크다.
③ 길이 15m 이하에서 경제적이다	③ 중간크기의 토층(N-30)은 관통이 안된다
④ 재질이 균질하다(공장 생산)	④ 타입시 말뚝본체에 균열이 생기기 쉽다

5) 고강도 콘크리트 말뚝(PHC 파일, Pretensioned spun high strength concrete pile)

- PC말뚝의 콘크리트 압축강도가 50MPa인데 반해, PHC말뚝은 80MPa 이상이 되어야 한다.
- PC말뚝보다 지지력이 커 시공본수가 줄어들뿐 아니라 항타에 의한 타격에너지가 커 더 큰 저항력을 갖는다.
- PC말뚝보다 자재비가 더 비싸고, 고온 고압 양생설비가 필요하다.

(b) 두부정리 절단

(a) PHC PILE 항타　　　　(c) 두부볼트보강

그림 5.25 항타된 파일의 두부정리

6) 강말뚝(Steel pile)

- 단면 모양에 따라 H형 말뚝(H-pile), 강널말뚝(sheet pile), 강관말뚝(pipe-pile)으로 부른다.
- 단면이 강하므로 강하게 타격할 수 있어 중간굳기(N≤30)의 지층도 통과하여 지지층에 도달할 수 있으므로 토목현장에서 많이 사용되고 있다.
- 단면의 휨모멘트가 크므로 수평저항력이 크다.
- 말뚝이음의 신뢰성이 양호하고 길이 조절이 쉬울뿐만아니라 운반 및 항타가 용이하다.
- 해수에서 연간 0.1~0.2mm가 부식하므로 부식에 대한 대책이 필요하다.
- 부식 방지가 필요한 경우 두께증가, 표면도장(painting), 표면에 콘크리트 피복, 전류연결(전기방식) 등의 다양한 방법이 강구되고 있다.

(5) 말뚝재료의 조합에 의한 분류

1) 이음말뚝 : 같은 재료로 된 말뚝을 2개 이상 이은 말뚝
2) 합성말뚝 : 2개 이상의 다른 재료로 된 말뚝으로 합성된(이어진) 말뚝

(6) 말뚝의 저항방향과 수에 의한 분류

1) 연직말뚝(vertical pile)
2) 빗말뚝(사항, 경사말뚝, 斜杭, inclined pile batter pile)

3) 외말뚝(단항, 單杭, single pile)

4) 무리말뚝(군항, 群杭, group pile)

(7) 시공방법에 의한 분류

5.3.2 현장타설 콘크리트 말뚝

피어기초(pier)나 케이슨기초(caission)도 현장타설 콘크리트 파일이지만, 구경(직경)이 큰 관계로 현장타설 콘크리트 파일과는 구별하여 불리어지고 있으며, 현장타설 콘크리트 말뚝을 줄여 현타말뚝(現打, cast in place pile)이라고도 하며, 이들은 굴착토를 지표로 배출한 후 콘크리트를 채우는 배토말뚝(soil excavation pile)과 굴착토를 배토하지 않고 원위치에서 압축하여 만든 공간에 콘크리트를 채우는 비배토말뚝(soil displacement pile)으로 나누기도 한다.

(1) 장점

1) 지지층의 깊이에 따라 말뚝 길이를 자유로이 조정할 수 있으므로 재료를 낭비하지 않는다.

2) 말뚝 선단부에 구근을 형성할 수 있으므로 어느 정도 지지력을 크게 할 수 있다.

3) 운반취급이 용이하며 강도가 크고 내구성이 크다.

4) 말뚝체의 별도 양생기간이 필요치 않아 공사기간을 줄일 수 있다.

(2) 단점

1) 항타에 의한 소음과 진동이 커 적용이 제한적이다.

2) 인접된 말뚝박기에 의하여 진동, 수압, 토압 등의 영향으로 소정의 치수 및 품질이 형성되

지 않는 경우가 있다.

3) 말뚝체가 지반 중에서 형성되므로 품질관리상 검사가 어렵고 소규모 공사시 설비비가 많이 든다.

4) 케이싱이 없는 형식에서는 지하수에 의한 유해한 화학성분이 있는 경우 시멘트가 경화되지 않는다.

5) 지층의 특성에 따라 말뚝의 단면변화가 생길 수 있다.

(3) 현장타설콘크리트 말뚝의 종류

1) **프랭키(Frankey) 말뚝** : 해머가 케이싱 내부의 콘크리트를 타격하므로 진동과 소음이 적어 도심지 공사에 적합하다.

2) **페데스털(Pedestal) 말뚝** : 해머가 직접 케이싱을 타격하므로 다소 굳은 지반에도 시공이 가능하나 소음이 크다.

3) **레이먼드(Raymond) 말뚝(유각말뚝)** : 내·외관을 동시에 지중에 타입 후 적당한 깊이에서 내관을 뽑아 올리고 콘크리트를 타설한다.

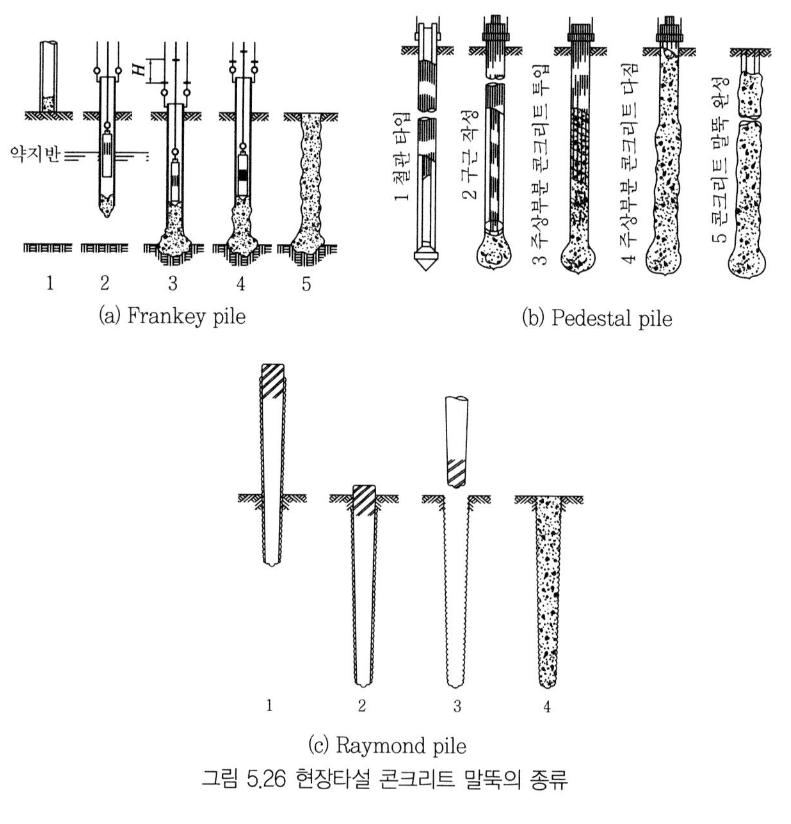

(c) Raymond pile

그림 5.26 현장타설 콘크리트 말뚝의 종류

(4) 마이크로 파일(Micro pile)

1) 마이크로 파일이란?

지반보강 또는 지지말뚝으로 활용되는 직경 300mm이하의 소구경 파일을 말하며, 이는 특허명이나 개발자의 상품명에 따라 미니파일(mini-pile), 마이크로파일(micro-pile), 루트파일(root-pile), 니들파일(needle pile) 등으로 불리어 지고 있다.

소형장비가 사용되기 때문에 작업공간이 협소하고 진동이나 소음을 줄일 수 있는 장점이 돋보이는 공법으로 1950년 이탈리아에서 개발되어 널리 사용되고 있으며, 우리 나라에서도 영등포 민자역사, 울진 원자력발전소, 광안대교(부산), 청계천 복원공사(서울) 등 많은 현장에서 시공사례를 찾아볼 수 있다.

마이크로 파일은 인장과 압축을 동시에 받을 수 있어 타워기초나 건물의 기초와 같이 지지력과 양압력이 동시에 작용하는 곳을 비롯하여 기존구조물의 기초보강, 연약지반 기초보강, 사면의 안정 등에 시공되고 있다.

2) 구조물 지지를 위한 마이크로 파일(Bearing Pile)

- 구조물보강을 위한 underpining
- 침하억제
- 도심지에서 소규모 구조물의 증 · 개축시 구조물의 부등침하방지

3) 지반보강을 위한 마이크로파일(Soil retaining & Reinforcement)

- 암반이나 사면조강
- 터널보강
- 지반개량 및 지지

4) 인장을 위한 마이크로파일(Intension)

- 풍화층에 의한 전도방지 구조물
- 부력방지를 위한 구조물

5) 마이크로파일의 종류

- 철근 마이크로파일(Rebar micropile)
- 강관 마이크로파일(Steel pipe micropile)
- 압력주입 마이크로파일(Injection micropile)

5.3.3 말뚝시공

(1) 타입공법

1) 타격에 의한 말뚝시공

기성말뚝의 두부(머리)를 해머로 두드려가며 소정의 깊이까지 박는 가장 많이 사용되는 말뚝박기 공법이며, 항타시공의 경우 다른 공법에 비해 경제적이며 지지력측면에서 신뢰도가 높다는 장점은 있으나, 항타시 발생되는 진동 · 소음 등의 공해 문제로 도심지는 물론 민가나 축사인근 에서는 작업이 불가능한 경우도 있음에 유의하여야 한다.

2) 진동에 의한 말뚝시공

기성말뚝(강말뚝) 시공시 지반의 진동에 의해 소정의 깊이까지 박는 공법으로 사질토 지반의 경우 널리 사용되며, 물막이 등을 위해 시공된 강널말뚝(sheet pile)의 철거나, 엄지말뚝을 위한 강말뚝(H-pile)을 뽑을 경우는 진동(Vibro-hammer)에 의한 공법이 이용된다.

(2) 매입공법

기존의 항타공법에 비해 진동이나 소음의 문제가 해결될 수 있고, 기성말뚝(주로 PHC)을 이용함으로 현장타설말뚝에 비해 균일한 품질을 얻을 수 있을 뿐 아니라 시공속도가 빠른 장점이 있다. 매입을 위한 오거의 종류와 케이싱 사용여부에 따라 SIP공법(soil-cement injected precast pile)과 DRA공법(dual respective auger)으로 나누어지며, 시공방법에 따라 다음과 같이 구별된다.

1) 압입에 의한 말뚝시공
2) 프리보링에 의한 말뚝시공
3) 내부굴착에 의한 말뚝시공
4) 제트공법에 의한 말뚝시공

(3) 말뚝시공을 위한 준비사항

1) 말뚝을 박아야 할 부분의 지반은 충분히 다져진 후 정돈된 상태에서 항타장비의 진 · 출입 및 말뚝의 적재에 아무런 지장이 없어야 한다.
2) 말뚝이 박힐 위치(지반)를 확정함과 동시에 리본 등으로 표시하여 두고 박아야 할 말뚝은 사전에 페인트 등으로 길이 표시를 함으로 작업중에도 항타된 깊이를 알 수 있도록 한다.

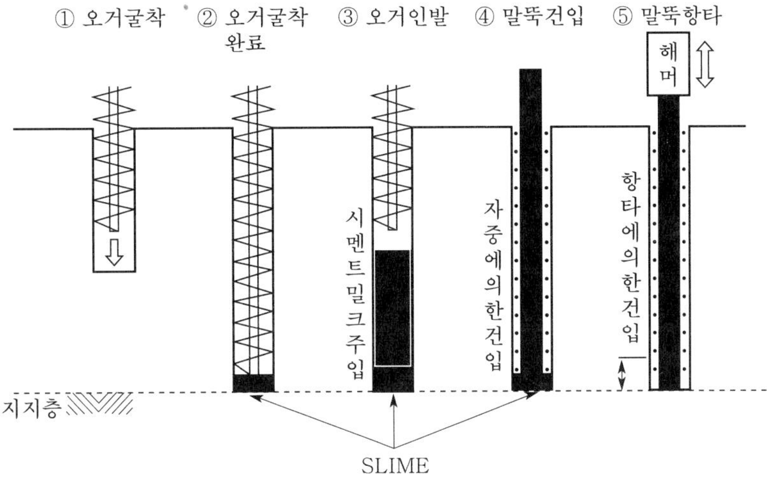

그림 5.27 SIP 공법의 시공순서

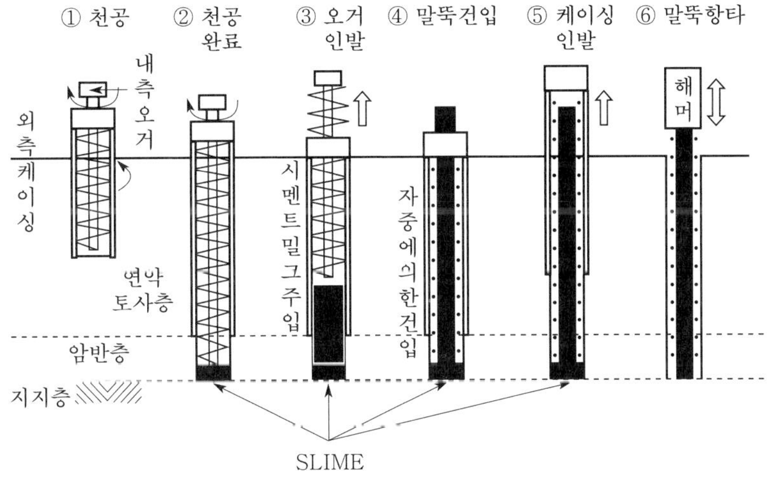

그림 5.28 DRA 공법의 시공순서

3) 말뚝의 지지력은 최종관입량에 의해 결정되므로 최종관입량을 체크 할 수 있는 기구(사진참조)와 함께 타입전에 최종관입량의 목표치를 설정하여야 한다.
4) 두부가 손상되면 균일하게 박을 수 없으므로 두부보호재(cushion재)와 함께 사용할 크레인 및 해머상태를 확인한다.

그림 5.29 진동해머

그림 5.30 디젤해머

(4) 항타기의 종류

1) 드롭해머(Drop hammer)
2) 증기해머(Steam hammer)
3) 디젤해머(Diesel hammer)
4) 진동해머(Vibro hammer)
5) 잭(jack)과 워터제트(water jet)를 이용한 항타기

(5) 말뚝의 타입순서

1) 중앙부의 말뚝부터 먼저 박은 다음 차례로 외측으로 향하여 타입한다.
2) 잔교나 부두처럼 지표면이 한쪽으로 경사진 경우는 육지쪽에서 바닷가 쪽으로 박는다.
3) 기존구조물 부근에서 항타작업을 할 경우에는 상황에 따라서 말뚝 타입순서를 정한다.
4) 해머무게는 파일(pile) 무게의 약 1.5~2.5배 정도로 한다.
5) 최종관입량 S는 어느정도 커서 지반의 탄성변형 이상이 되어야 하므로 적어도 5mm 이상이 되어야 항타공식을 적용할 수 있음에 유의하여야 한다.

그림 5.31 강관파일 항타 모습

(6) 말뚝의 간격

이상적인 말뚝의 간격은 Bierbaumer의 이론식에 의하여 계산을 하기도 하지만, 현장에서는 보통 2.5D 이상 4D 이하가 되도록 시공하고 있다.

표5.5 일반적인 말뚝의 간격

말뚝의 종류	말뚝의 간격
암반상(上)의 선단지지말뚝	2.5D
연한 점토를 관통하여 모래층 지지말뚝	2.5D
조밀한 모래층에 박은 지지말뚝	3D
느슨한 모래속의 마찰말뚝	3D
강 점토중의 마찰말뚝	3~3.5D
연 점토중의 마찰말뚝	3~3.5D
나무말뚝	2.5D 또는 60cm 이상
기성콘크리트 말뚝	2.5D 또는 70cm 이상
현장 콘크리트 말뚝	2.5D 또는 90cm 이상
강말뚝	2.5D 또는 90cm 이상

5.3.4 말뚝의 지지력

(1) 허용지지력 산정

말뚝기초의 지지력은 말뚝의 시공방법, 시공 후의 경과시간, 부마찰력 발생 가능 여부 등에 따라 상당한 차이가 날 수 있으나, 현장에서 말뚝에 대한 지지력 산정(추정)은 시험에 의한 방법과 역학 공식에 의한 방법의 2종류가 있다.

1) 재하시험에 의한방법

- 정 재하시험
- 동 재하시험
- 정 · 동적 재하시험

2) 현장 원위치 시험에 의한 방법

- 표준관입시험(SPT)
- 정적관입시험(CPT)
- 공내재하시험(PMT)

3) 이론 해석에 의한 정역학적 공식의 적용

흙의 전단 및 압축특성, 말뚝의 관입깊이, 말뚝의 특성, 말뚝타입 후의 경과시간 등 지지력 산정에 영향을 미치는 요소들의 불확실성으로 특수한 경우에만 적용하고 있으며, Dorr, Terzaghi, Meyerhof 등의 공식이 있다.

4) 항타에 의한 동역학적 공식의 적용

항타할 때의 타격에너지와 지반의 변형에 의한 에너지가 동일하다는 가정하에 만든 공식으로 현장에서 많이 활용되고 있으나, 공식에 따라 안전율 및 결과치에 상당한 차이가 있음에 주의하여야 하며, Hiley, Weisbach, Engineering-New(wellington), Sander 등의 공식이 있다.

(2) 말뚝의 정역학적 지지력

1) 연직말뚝의 지지력

연직방향 말뚝의 지지력(Q)은 선단지지력(Q_p)과 말뚝주면 마찰력(Q_f)의 합으로 나타난다.

$$Q_u = Q_p + Q_f$$
$$= g_p \times A_p + f_s \times A_s$$

여기서, g_p : 단위면적당 선단지지력(tf/m²)

A_p : 말뚝의 저면적(m²)

f_s : 단위면적당 주면마찰력(tf/m²)

A_s : 말뚝의 주면면적(m²)

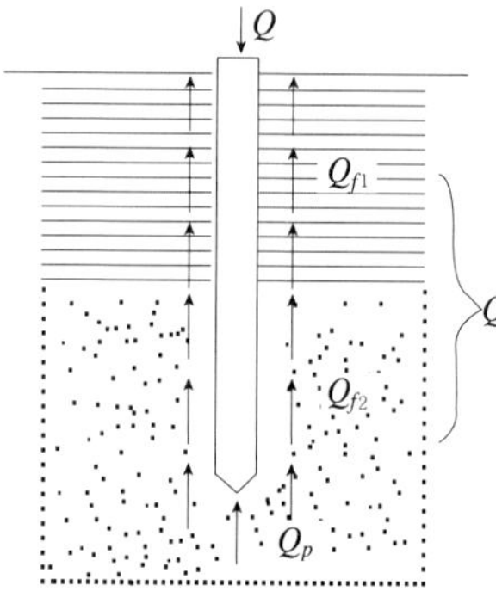

그림 5.32 연직말뚝의 지지력

2) 선단지지력

$Q_p = A_p \cdot q_{ult} = A_p (c \cdot N_c + \gamma \ell \ N_q)$

여기서, N_c, N_r, N_q : 지지력 계수(meyerhof 방법, vesic 방법)

A_p : 말뚝의 단면적

c : 지반의 점착력

γ : 흙의 단위중량

ℓ : 말뚝의 길이

B : 말뚝의 직경 또는 폭

3) 주면마찰력

말뚝주위의 표면과 흙 사이의 마찰력으로 사질지반인 경우 밀도와 마찰력이 증가하나, 점토지반인 경우 마찰력이 감소되고 전단변형이 일어나 Thixotrophy 현상이 발생되기도 한다.

$Q_s = \Sigma P_s \cdot f_s \cdot \Delta \ell$

여기서, Q_s : 전 주면마찰력

P_s : 말뚝의 둘레(πD)

f_s : 주어진 깊이에서의 단위 마찰저항

$\Delta \ell$: 말뚝의 길이

(3) 부마찰력(Negative skin friction, 부주면마찰력)

1) 부마찰력이란?

말뚝이 침하하면 일반적으로 주면의 흙은 말뚝에 대항하여 마찰력이 발생하나, 특수한 경우(연약지반 등)에는 말뚝과 같이 침하하는 마찰력이 발생케 되는데 이를 부마찰력 또는 하향력(downdrag force)이라 한다.

2) 중립점(Natural point)

말뚝과 지반의 상대적인 침하는 지표면 부근에서 가장 크고, 선단쪽으로 갈수록 작아져 말뚝과 지반의 상대적인 변위가 없는 지점이 발생하는데, 이를 중립점 또는 유효길이라 하며, 중립점을 경계로 상부에는 부마찰력, 하부에는 마찰력(정마찰력)이 발생된다.

말뚝길이에 대한 중립점의 깊이 비율은 다음과 같다.

- 마찰말뚝 ; 0.65~0.70
- 지지말뚝 ; 0.9 이상

3) 부마찰력의 발생원인

- 상재하중에 의한 압밀
- 흙의 자중에 의한 압밀
- 지하수위 저하
- 인근 공사의 영향
- 말뚝타입에 따른 주변 흙의 교란 및 압밀

4) 부마찰력의 감소 방안

- 표면적이 적은 말뚝을 사용한다.
- 말뚝직경보다 약간 큰 케이싱을 박는다.
- 말뚝표면에 역청재를 바른다.
- 군항(무리말뚝)으로 시공한다.
- 지반에 전류를 흐르게 하여 말뚝 주변의 간극수압을 상승시킨다.
- 말뚝을 박기전에 말뚝 직경보다 큰 구멍을 뚫고 벤토나이트 등의 슬러리를 구멍에 넣는다.

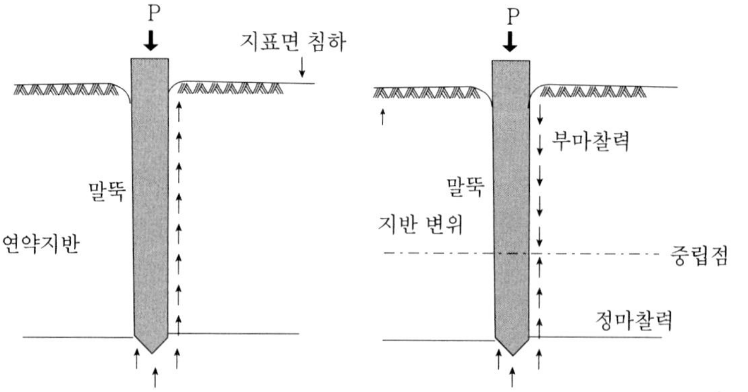

(a) 정마찰력 (b) 부마찰력

그림 5.32 마찰력

(4) 말뚝의 동역학적 지지력(항타공식)

1) 항타공식의 일반원리

항타공식은 말뚝해머의 타격에너지나 말뚝이 흙속으로 관입하기 위하여 한 일은 같다는 일-에너지 이론에 근거를 둔 것이다.

$$W_r \cdot h = R \times S + Q$$

여기서, W_r : 램(ram)의 무게

h : 램의 낙하높이(cm)

R : 말뚝에 전달된 힘(ton)

S : 1회 낙하에 의한 말뚝의 관입량(cm)

Q : 타입시 에너지 손실(ton.m)

2) Hiley 공식(가장 많이 사용됨)

$$Q_u = \frac{W_r \cdot h \cdot e}{S + \frac{C_1+C_2+C_3}{2}} \cdot \frac{W_r+n^2 \cdot W_p}{W_r+W_p}$$

여기서, C_1, C_2, C_3 = 말뚝캡, 말뚝 · 흙의 일시적인 탄성압축량(cm)

W_p = 말뚝의 무게

e = 해머의 효율

n = 말뚝캡과 램사이의 반발계수

점토지반에 타입하는 말뚝의 지지력을 구하는데 비교적 정확하며, 극한지지력을 안전율 3으로 나누어 허용지지력을 구한다.

3) ENR 공식(Engineering News Record formular)

$$Q_u = \frac{W_r \cdot h}{S+C}$$

여기서, C = 손실상수(드롭해머는 C=2.5cm, 증기해머는 C=0.25cm)

ENR공식은 손실상수를 임의로 정하였기 때문에 부정확하므로, 허용지지력을 구할 때 안전율 6을 사용 한다.

4) Sander 공식(안전율은 8.0)

$$Qu = \frac{Wr \cdot h}{S}$$

(5) 허용지지력(Qa)

말뚝의 허용지지력(allowable bearing capacity of pile)은 합리적인 안전율(factor of safety)에 의해 결정된다.

$$Qa = \frac{Qu}{Fs}$$

여기서, Fs =2.5~4.0(도로교시방서 평상시=3.0, 자진시=2.0)

5.3.5 말뚝의 재하시험

말뚝 기초의 지지력 추정은 어느 정도의 오차 범위를 인정할 경우 정역학적 지지력 공식이나 동역학적 지지력 공식을 이용하지만, 보다 확실한 지지력을 알아보기 위하여는 재하시험에 의존할 수 밖에 없다.

(1) 말뚝재하시험의 종류

말뚝재하시험의 종류는 그림 5.33과 같다.

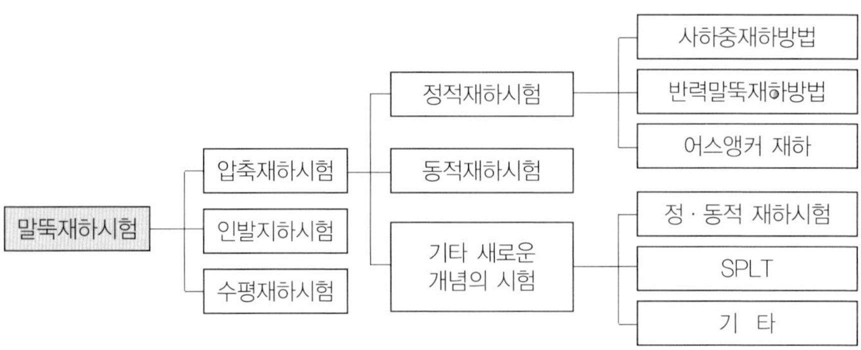

그림 5.33 말뚝재하시험의 종류

(2) 고정하중 재하에 의한 말뚝재하시험

1) 하중상자로서 저항

중량상자와 유압 잭(jack)을 이용한다.

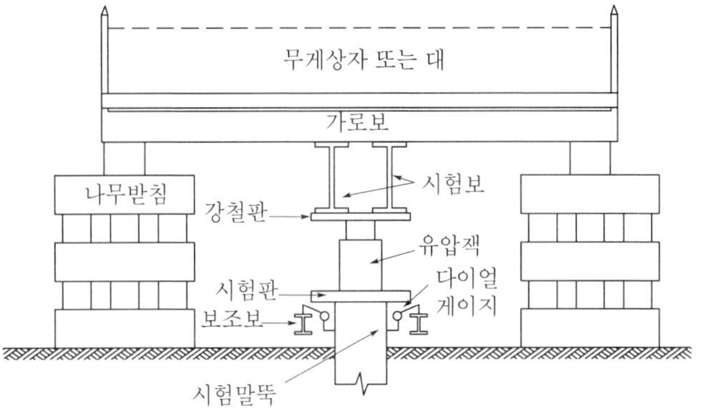

그림 5.34 중량상자와 유압 잭을 사용하여 말뚝에 재하

2) 말뚝에 직접 중량물을 재하

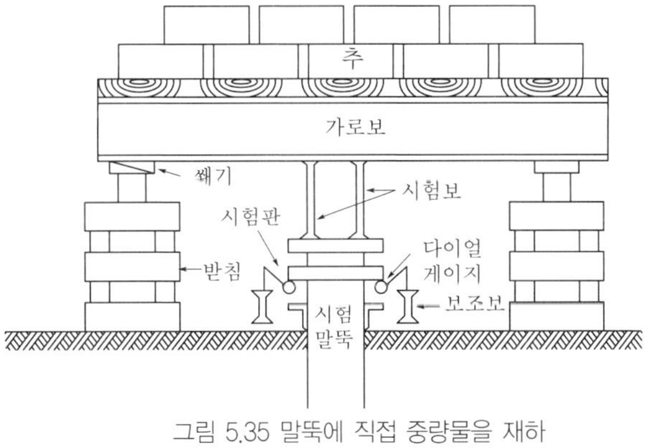

그림 5.35 말뚝에 직접 중량물을 재하

(3) 반력말뚝에 의한 말뚝재하시험

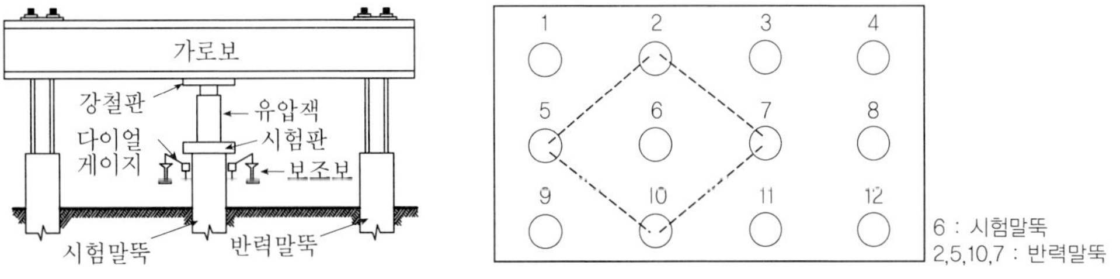

그림 5.36 반력말뚝에 의한 재하시험

(4) 말뚝재하시험 방법

항목 시험법	하중단계	지하하중유지	종료하중	재하하중	관련기준	비고
완속 재하시험법 (표준재하방법)	8단계 (설계하중의 25%,50%,75%,100%,125%,150%,175%,200%)	말뚝머리 침하율이 시간당 0.25 mm 이하 (최대2시간)	설계하중의 200%에서 침하율이 시간당 0.25mm 이하시 12시간, 2이상인 경우 4시간 유지	설계하중의 25%씩 단계별로 1시간씩 간격을 두어 재하	ASTM D 1143-81	KS F 2445-87
급속 재하시험법	각 단계의 하중이 설계하중의 15-25%	각 단계별 2.5 - 15분(보통5분)유지하고, 2-4차례 침하량기록	극한하중 또는 허용범위까지 재하 후 2.5-15분 유지	4번 정도 나누어 5분씩 유지하면서 재하	New York State DOT, FHA, ASTM D1143-81	KS F 2445-87
하중증가평형 시험법	각 단계의 하중이 설계하중의 15-25%	각 단계에서 5-15분 유지한 후 하중-침하량이 평형상태에 도달할때까지 하중 방치하여 이 단계에서 다음 단계의 하중을 재하	최종 시험하중		Mohn 등 (ASTM의 변형)	
일정침하율 시험법	단계별로 일정 침하율(0.25-2.5mm/min)이된 후 다음 단계 재하	점성토는 0.25-1.25 mm/min 사질토는 0.75-25mm/min	최종 시험하중 또는 총 침하량 50-75min, D의 15%	총 하중재하, 재하 후 1시간 기록	ASTM D 1143-81 N.Y. DOT, Swedish Pile Commission	KS F 2445-87 D는 말뚝의 직경 또는 대각선길이
침하조정법 (일정침하량 시험법)	침하량이 D의 1% 정도 되는 하중을 각 단계 별 하중으로 결정	소정의 침하량이나 재하하중 변화율이 시간당 총재하하중의 1%미만에 이를 때	총 침하량이 D의 10%에 도달할때	4번 정도 나누어 재하하되 각 단계의 리바운드율이 D의 0.3% 이내가 된 후 재하	ASTM D 1143-81	KS F 2445-87 D는 말뚝의 직경 또는 대각선길이
반복하중재하 시험법	표준재하방법과 동일	50,100,150%, 하중단계에서 1시간씩 하중을 유지시키고 나머지 하중단계에서는 20분 유지	표준재하방법과 동일	표준재하방법과 동일	ASTM D 1143-81	KS F 2445-87
일정시간간격 재하법	설계하중의 20%씩 재하	각 하중단계당 1시간당씩 유지	표준재하방법과 동일	설계하중의 20%씩 재하하되 각 단계별 1시간씩 유지		KS F 2445-87

■ ■ ■

5.4 피어(Pier)기초와 케이슨(caisson)기초

5.4.1 피어기초의 특징

구조물의 하중을 견고한 지반에 전달하기 위하여 먼저 지반을 굴착한 후 그 속에 현장 콘크리트를 타설하여 만든 직경 750mm이상인 기둥 모양의 기초를 피어기초(Pier footing)라 하며 특징을 요약하면 다음과 같다.

피어기초는 굴착방법에 따라 인력굴착과 기계굴착으로 나누어지며, 기계굴착의 경우 새로운 기계기술의 발달로 새로운 공법이 개발되고 있으며, 최근에는 인력굴착은 거의 활용되지 않고 있다.

1) 비교적 지름이 큰 구조물이 되므로 수평력에 대한 휨강도의 저항성이 크다.
2) 무소음 · 무진동 공법이므로 도심지 공사에 유리하다.
3) 말뚝으로 타입이 곤란한 토층도 기계굴착에 의하여 타입할 수 있다.
4) 말뚝타입이나 직접기초의 시공시 일어나는 히빙(heaving)이나 진동의 우려가 적다.
5) 인력굴착인 경우 선단지반의 토질상태를 직접 확인할 수 있으므로 확실한 지지력 산정이 가능하다.
6) 주위의 흙을 배제하지 않음으로 인접한 조밀한 자갈층이나 사질토층도 통과가 가능하다.
7) 선단을 확장할 수 있으므로 큰 양압을 받을 수 있다.

5.4.2 기계피어공법

(1) 베노트(Benoto)공법

강제 튜브를 땅속에 압입시킨 후 베노토굴착기에 의해 굴착하고 콘크리트를 타설하는 방법으로 일반적으로 굴착하기 어려운 지반이나 굵은 돌 등이 많이 섞인 지반에 사용된다.

(2) 어스드릴(Earth drill)공법

드릴하부에 부착된 회전식을 이용하여 굴착하는 방법으로 케이싱을 사용하지 않는 경우가 많으나 연약점토층의 경우 우선 케이싱을 삽입한 후 굴착하기도 한다.

(3) RCD(Reverse circulation drill)공법

케이싱을 사용하지 않고 정수압에 의해 공벽을 유지하면서 빗트와 물의 순환을 이용하여 굴착한 후 드릴파이프로 배출하고 철근콘크리트를 시공하는 공법으로 지반이 연약하고 깊을 때 적당하며 대형 빌딩 기초지반 공사시 연속적으로 굴착이 가능하고 수중굴착도 가능한 공법이다.

최근에는 대형장비(지름 2.5~3m)의 개발로 도심지의 도시고속도로, 항만시설 등 대형구 조물의 기초에 많이 활용되고 있으며, 상부 토사층의 심도가 깊고 투수성이 큰 지층에서는 부분적으로 케이싱(casing)을 설치하여 여굴 발생을 줄임으로써 작업효율을 증진시킬 수 있다.

(a) RCD 장비

(b) RCD 하부모습

(c) 피어 안에 들어갈 철근

(d) 완성된 피어의 연결

그림 5.37 RCD 공법

5.4.3 케이슨(Caisson) 기초

(1) 케이슨 기초란?

지상에서 콘크리트나 철제 구조물을 형성시킨 후 상부 구조물로부터 전달되는 하중을 중간에 있는 지반을 관통해서 소요의 지지력을 갖는 층까지 전달하는 역할을 하는 깊은기초를 케이슨 기초(caisson foundation)라 한다.

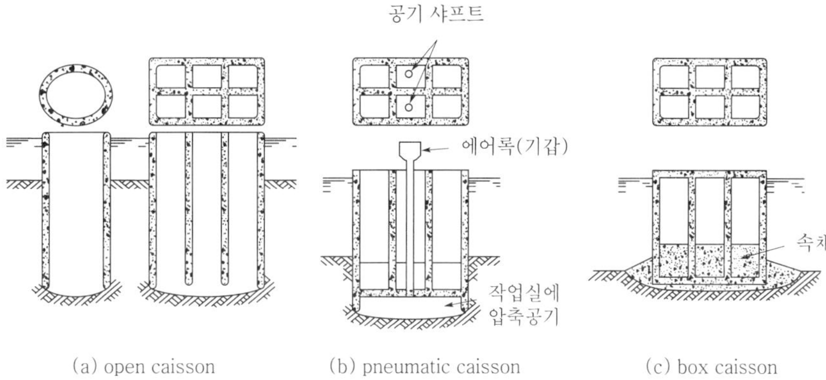

그림 5.38 케이슨의 종류

케이슨은 말뚝, 교각, 안벽 등의 용도로 사용되지만 시공방법에 따라 오픈케이슨, 뉴메틱케이슨, 박스 케이슨으로 나누어지며, 사용되는 재료에 따라 철제 케이슨, 콘크리트 케이슨 등으로 불리어지고 있다.

그림 5.39 케이슨 제작장

그림 5.40 케이슨 진수(FCL선)

(2) 케이슨 제작

케이슨의 제작장은 가능한 설치장소와 가까우면서도 제작이 용이하고(재료의 보관 및 장비의 편리한 출입) 완성된 케이슨의 보관에 지장이 없는 곳이어야 한다. 안벽이나 부두 시공을 위한 케이슨의 경우 가능한 크게 제작함이 유리하겠으나, 이동과 거치에 따른 문제는 없는지 충분한 고려가 있은 후 1롯드(rod)의 제작 크기(길이와 폭)를 결정하여야 한다(제10장 그림 그림 10.36, 10.37참조).

콘크리트 케이슨의 경우 제작장 바닥 상태, 콘크리트 생산시설의 용량 및 위치, 콘크리트 운반방법, 콘크리트 타설방안(다짐기계) 등을 종합적으로 검토하여야 하며, 케이슨의 규격(높이)

에 따라 여러번 이어치기를 하거나, 해상에 진수 또는 거치위치에 운반 후 콘크리트 치기를 마무리하여야 할 때도 있으므로 현장사정에 따라 콘크리트 타설계획의 철저한 준비가 요망된다.

(3) 케이슨 진수

케이슨 진수방법은 경사로(slipway), 건선거(dry dock), 부선거(floating dock), 기중기 선에 의한 진수방법 등이 있으며, 때에 따라 현장여건이나 기존 시설물을 이용하는 진수방법으로는 사상진수방법, 가체절방식에 의한 진수방법과 Syncrolift에 의한 진수방법이 적용된다.

(4) 케이슨의 거치

케이슨은 보통 2~4m를 하나의 롯드(1 rod)로 하여 소정의 위치에 설치하고 내부를 굴착한 후 제2, 제3의 롯드를 연결시키며, 반복작업에 의해 케이슨을 완성하게 되며, 제1롯드는 지반에 직접 닿게 되므로 시공도면 및 사진에서와 같이 끝이 예민한 슈(shoe)라 부르는 쐐기형의 날끝을 부치게 되어 최하부의 단면이 더 넓게 된다.

케이슨의 육상거치(육상부의 교각이나 기초)는 크게 문제될 것이 없으나 해상(수중)거치의 경우 소정의 위치까지 이동과 제자리에 안치시키는 방법에는 축도식, 비계식, 예항식 등이 있다.

1) 축도식 거치공법(island method)

수심이 크게 깊지 않을 경우(5m내외) 흙가마니, 나무널말뚝, 강널말뚝 등으로 물을 막고 내부를 토사로 채워 육상에서 시공하듯이 시공 후 축도부분을 제거하는 공법이다.

2) 비계식 거치공법

수중에 비계를 설치하여 케이슨을 메달아 거치시키는 공법으로 소형의 케이슨에 해당되는 공법이며, 제자리에 안치시키기 위하여는 잠수부의 도움이 필요한 경우가 많다.

3) 예항식 거치공법

수심이 깊은 곳에 적용되는 공법으로 육상에서 제작된 정통을 물에 띄워 예인선으로 제자리에 끌고 가서 안치시키는 방법이며, 부동식(浮動)이라고 하며 큰강의 유심부 교각, 안벽축조 등에 주로 이용된다.

(5) 케이슨의 침하조건

케이슨의 침하에는 무거울수록 유리하나 너무 무거우면 거치가 어려울 뿐 아니라 초기 콘크리트를 칠 때 많은 침하로 문제가 되며, 너무 가벼우면 침하로 인한 재하(載荷, load)에 문제가 생기게 된다.

$$W > F + B$$

여기서, W : 케이슨의 수직하중(tf)
F : 총 주면 마찰력(tf)
B : 케이슨의 선단지지력(tf)

(6) 케이슨의 침하촉진공법

케이슨의 초기 침하(제1롯드)는 자중으로도 어느정도 가능하나, 소정의 위치까지 침하시키기 위하여는 다음의 공법들이 필요하며, 제1롯드의 침하와 굴착에 이어 제2, 제3의 롯드를 연결시키는 반복작업에 의해 기초가 완성되게 된다.

1) 재하중(載荷重, load)에 의한 공법

하중을 얹을 수 있는 레일, 철괴, 콘크리트 블럭, 흙가마니 등에 의해 침하시키는 공법이다.

2) 분기식 공법

2~5m의 통관을 통해 공기나 고압수를 노즐로 분사시켜 침하시키는 공법이다.

3) 물하중식 공법

케이슨 하부에 수밀성의 선반을 만들어 물을 가득 채워 그 하중으로 침하시키는 공법이나 케이슨의 경사가 염려된다.

4) 진동공법

케이슨 본체를 진동시켜 침하시키는 공법이다.

5) 발파공법

폭파에 의한 충격, 진동에 의해 케이슨의 침하를 촉진시키는 공법이다.

6) 감압공법

작업실 내 상향의 양압력을 감소시켜 케이슨을 침하시키는 공법으로 공기케이슨 공법에서만 가능하다.

7) Jet침하공법

Water jet, Air jet공법으로 사질토.역질토에 침하시키는 공법이다.

(a) 케이슨 진수 (b) 케이슨 예인 (c) 케이슨 거치

(d) 차수판 제거 (e) 케이슨 모래속채움 (f) 케이슨 거치완료

그림 5.41 케이슨공법

5.4.4 케이슨 공법

(1) 오픈 케이슨(우물통 기초 : Well 기초)

우물통과 같이 뚜껑이 없는 케이슨 안쪽 흙을 굴착함에 따라 소정의 깊이까지 도달시키는 방법으로 형상은 기초의 목적에 따라 다르지만 보통 원형이나 사각형이 주를 이루며 길이와 폭의 비는 3:1 이하가 바람직하다.

오픈케이슨 기초는 우물통(정통, 井筒) 기초라고 부르기도 하며, 수중부의 교각이나 안벽의 기초 등에 널리 적용되는 공법으로 우리 나라 교량중 가장 긴 서해안고속도로의 서해대교(사장교 : cable-staging Br.) 주탑 시공시에도 본 공법이 채택되었다.

1) 장점

- 대구경의 다른 깊은기초보다 공사비가 싸다.
- 침하의 깊이에 제한을 받지 않는다.
- 기계설비가 비교적 간단하다.

2) 단점

- 지지력 및 토층구조의 파악이 어렵다.
- 굴착시 히빙이나 보일링 현상이 염려된다.
- 경사 수정이 어렵다(제자리에 수직으로 거치도 용이치 않다).
- 큰 전석이나 장애물이 있을 경우 침하작업이 지연된다.

그림 5.42 우물통에 의한 교각 및 사석채움

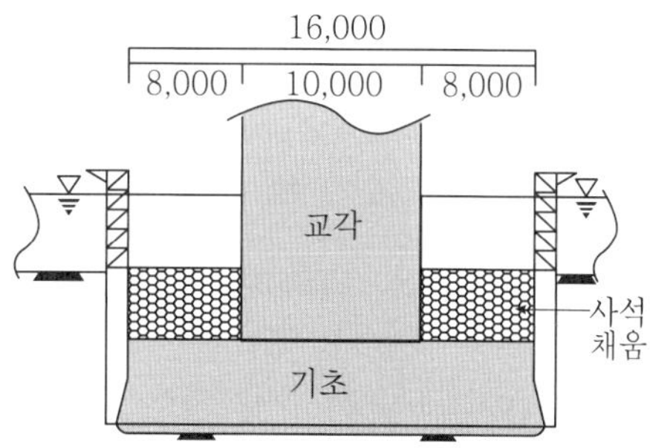

그림 5.43 우물통 시공도면

(2) 공기케이슨(Pneumatic caisson)

육지에서 제작된 철근콘크리트 상자 밑에 기밀한 작업실을 만들고 압축공기에 의해 지하수 유입을 막으며 굴착을 진행시킴으로 소정의 위치까지 침하시키는 공법으로 뉴메틱케이슨 공법, 공기 케이슨공법, 잠함 공법 등으로 불리어진다.

본 공법은 교량이나 건물의 기초, 쉴드 터널 등의 발진수갱, 지하철이나 도로터널의 본체 등으로 활용되며, 최근에 준공된 인천신공항 고속도로의 영종대교(현수교 · suspension Br.) 주탑 시공시 적용된 공법이다.

1) 장점

- 토질확인 및 지지력 시험도 가능하다.
- 이동경사가 적고 경사수정도 용이하다.
- 건조상태에서 작업하므로 침하 공정이 빠르고 확실하다.
- 지하수위를 저하시키지 않아 보일링(boiling)과 히빙(heaving)을 방지할 수 있고, 인접 구조물의 침하 우려가 없다.
- 지하수를 완전히 제거한 작업으로 장애물 제거가 쉽다.

2) 단점

- 35~40m 이상의 심도가 깊은 공사는 곤란하다.
- 노동자와 노동조건의 제약으로 노무관리비가 많이 든다.
- 압축공기를 이용한 시공으로 기계설비가 비싸 소규모 공사, 심도가 얕은 공사에는 비경제적이다.
- 고압내에서의 작업임으로 직업병(잠수병, caisson disease)이 염려된다.

3) 공기 케이슨의 침하조건식

구체하중+침하하중>함내 양압력+주면마찰력+날끝 지지력+부력

(3) 박스 케이슨(Box caisson)

1) 박스 케이슨이란?

저부가 막힌 박스형을 육상에서 제작한 후 이를 해상에 진수시킨 다음 돌, 모래, 물 등을 박스 속에 채워 정위치에 침하시켜 기초로 활용하는 공법이며, 항만공사를 위한 부두 축조나 안벽 건립시에 많이 이용될 뿐 아니라 해상교량의 교각 시공시에도 활용되고 있는 바, 이는 육상에서 시공함으로 확실한 품질이 보증될 수 있기 때문이기도 하다.

박스 케이슨은 콘크리트, 철근콘크리트, 철제 등으로 제작되며, 우리 나라 현수교의 새로운 명물로 등장한 부산 광안리의 광안대교 앵커부위가 철제 박스 케이슨으로 시공되었다.

그림 5.44 케이슨의 거치해상 크레인

2) 박스 케이슨의 특징

- 일반적으로 다른 방법에 비해 공사비가 싸다.

- 케이슨을 설치할 장소에 직접 케이슨을 설치하기가 부적당한 경우 및 경비가 많이 소요될 경우에 사용된다.
- 지반이 수평을 유지하고 있어야 하며, 이를 위한 준설, 굴착 등 사전준비가 필요하다.
- 바닥이 세굴되지 않도록 별도의 대책 수립이 요망된다.

3) 박스 케이슨의 침매

- 박스 케이슨의 일반적인 시공은 다음과 같은 순서로 진행된다.

육상에서 제작 → 운반 → 거치 → 속채움(모래)

- 수심이 비교적 얕고 기초지반이 굴착이 가능한 암반 또는 비세굴성의 조밀한 모래 지반인 경우는 표면을 고른 후 케이슨을 설치한다.
- 연약한 기초지반에선 양질의 사석(捨石)을 깔거나, 연약층이 깊은 경우 그림 5.45에서와 같이 말뚝을 박아 그 위에 시공하기도 한다.

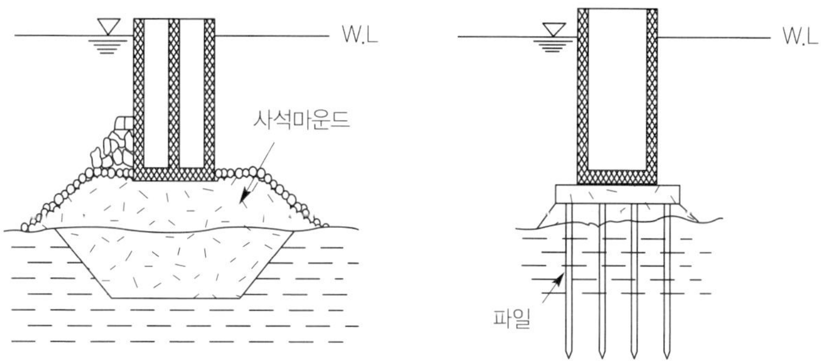

그림 5.45 연약지반에서 박스 케이슨기초 시공(도면)

그림 5.46 케이슨 거치 완료(철제, 부산 광안대교)

그림 5.47 앵커부위 및 교각 연결

그림 5.48 우물통에 의한 가물막이 후 주탑설치(서해대교)

연습문제

5.1 다음의 용어를 설명하시오.

① 콘크리트 구조물 기초의 필요조건
② 고압분사 교반주입공법중 R.J.P 공법
③ 액상화(liquefaction)
④ PHC 파일
⑤ Quick Sand 현상
⑥ Pile Lock
⑦ 무리말뚝
⑧ 벤토나이트
⑨ 말뚝의 정재하시험과 동재하시험을 비교
⑩ 얕은기초, 깊은기초
⑪ 배토말뚝과 비배토말뚝의 종류 및 특징(타입과 매입말뚝)

5.2 교량기초공사에 사용되는 케이슨 공법의 종류와 특징을 설명하시오.

5.3 해상 교량공사에서 강관 기초파일 시공시 강재부식 방지공법과 특징을 열거하시오.

5.4 우물통(open caisson) 공사에서 침하를 촉진시키는 방법과 시공시 유의사항을 설명하시오.

5.5 프리보링 말뚝과 직접 항타말뚝을 비교 설명하시오.

5.6 기초 파일공에서 시험항타에 대하여 기술하시오.

5.7 말뚝의 지지력을 구하는 방법을 열거하고, 지지력 판단방법에 대하여 설명하시오.

5.8 기존 교량에 근접해서 교량을 신설함에 있어, 기초를 현장타설말뚝(D=1200mm, H=30m)으로 할 경우 적합한 기계 굴착공법의 선정과 현장타설 말뚝시공에 관하여 설명하시오.

5.9 타입식 공법과 현장콘크리트 타설공법의 특성에 대하여 논하시오.

5.10 현장타설 콘크리트 말뚝시공시 수중 콘크리트 타설에 대하여 논하시오.

5.11 유속이 빠른 하천 횡단의 교량기초를 직접기초로 시공시 하자 발생원인과 대책을 설명하시오.

chapter 06 콘크리트공

제 6 장 콘크리트공

6.1 콘크리트의 성질 및 종류

6.1.1 콘크리트란?

콘크리트(concrete)를 정의하면 시멘트, 물, 잔골재, 굵은골재 및 필요에 따라 첨가하는 혼화재료를 구성재료로 하여 이들을 비벼서 만든 것이라 할 수 있다.

1991년 1월 발행된 콘크리트표준시방서는 한국콘크리트학회가 관리 주체가되어 토목공사의 '콘크리트표준시방서 시공편'과 건축공사의 '건축공사표준시방서 5장 철근콘크리트공사'의 내용을 통합한 우리나라 최초의 통합기준서였으나, 2009년 개정된 콘크리트표준시방서가 2012년 현재 활용되고 있다.

이는 공학단위(국가단위계)가 2001년 7월부터 CGS단위계에서 SI단위계로 변경됨에 따라 사용단위를 수정하여야 될 뿐아니라, 최근의 골재 고갈, 레미콘의 대량 생산 등으로 인한 콘크리트 품질저하 예상에 따른 내구성 저하의 우려에 대비한 품질기준강화 및 약간의 문제가 있는 용어, 배합설계, 거푸집과 동바리 설계 등을 보완하였기 때문이다.

$$300kgf/cm^2=300\times9.8N\times1/100=29.4N/mm^2=29.4MPa$$

(1) 콘크리트의 재료

1) 시멘트 페이스트(cement paste, 시멘트 풀) = 시멘트+물+(혼화재료)
2) 모르타르(mortar) = 시멘트+잔골재+물+(혼화재료)
3) 콘크리트(concrete) = 시멘트+잔골재+굵은 골재+물+(혼화재료)

4) 철근 콘크리트(reinforced concrete) = 철근+콘크리트
5) 철골 콘크리트(steel concrete) = 철골+콘크리트
6) 철골 철근 콘크리트(steel reinforced concrete) = 철골+철근 콘크리트

(2) 콘크리트의 성질

콘크리트는 시멘트, 물, 모래, 자갈 등으로 만들어지는 복합재료(複合材料)로서 비균등질이고 비탄성적이며, 하중이 지속해서 작용하면 변형이 증가하고, 건조 기타에 의하여 수축하는 성질을 가지고 있다. 콘크리트의 압축강도는 비교적 크지만, 인장강도는 압축강도에 비하여 매우 작으며, 늘어나는 능력도 몹시 작아 인장응력이 생기는 부재에서는 균열(crack)이 발생하기 쉬운 약점을 가지고 있다.

인장응력에 지나치게 약한 콘크리트는 탄성한도 이하의 응력에는 거의 완전한 탄성체이며, 파단할 때까지 늘어나는 율이 큰 철근과 합성함으로 콘크리트의 자체의 약점을 완전히 보완할 수 있기 때문에 콘크리트는 콘크리트 자체만으로 이용되기 보다는 철근 콘크리트로써 더 많이 활용되고 있다.

콘크리트의 단위중량은 2,300kg/m³ 이다(철근콘크리트 : 2.4t/m³).

(3) 콘크리트 강도(콘크리트 표준시방서 1.7)

콘크리트 강도는 일반적으로 표준양생을 실시한 콘크리트 공시체의 재령 28일에서의 시험값을 기준으로 하며, 콘크리트 구조물의 설계에 사용하는 콘크리트 강도는 압축강도 이외에 인장강도, 휨강도, 전단강도, 지압강도, 강재와의 부착강도 등이 있으나, 콘크리트 구조물은 주로 콘크리트의 압축강도를 기준으로 하며, 다만 콘크리트 포장의 경우는 휨강도를 활용한다.

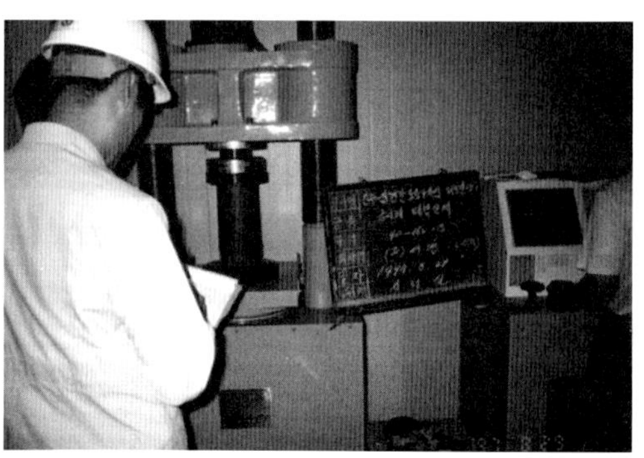

그림 6.1 원주형 공시체 및 압축강도 시험

압축강도란 굳지 않은 콘크리트 시료를 KS F 2401에 따라 채취하여 KS F 2403에 의하여 공시체(높이가 지름의 2배인 φ15×30cm인 원주형)를 제조하고 양생하되, 양생은 28일 동안 20° ±3° C로 습윤양생(표준양생)하고, 양생이 완료된 공시체를 KS F 2405에 따라 매초 1.5~3.5kg/cm²(0.14~0.34MPa)의 재하속도로 시험한 값을 말하며, f_C 또는 f_{28}로 표시한다 (인장강도시험 : KS F 2423, 휨강도 시험 : KS F 2408).

콘크리트 강도는 재령(材齡)과 더불어 증진되나, 초기 재령에서의 양생조건(습도와 온도)에 크게 좌우되는 점에 주의하여야 하며, 특히 초기 며칠동안의 온도를 4°C 이하로 방치할 경우 저하된 강도는 영원히 회복될 수 없음을 현장 기술자는 잊지 말고 철저한 온도관리를 하여야 한다.

콘크리트 강도는 동일한 배합비라 할지라도 물-시멘트 비에 따라 상당한 영향을 받음에 유의하여야 한다.

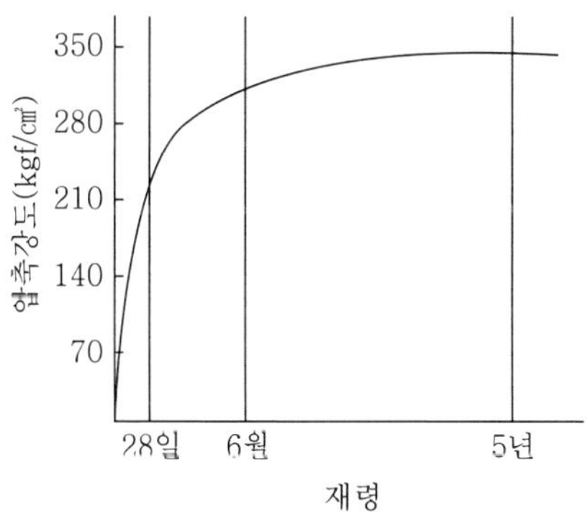

그림 6.2 재령과 압축강도와의 관계

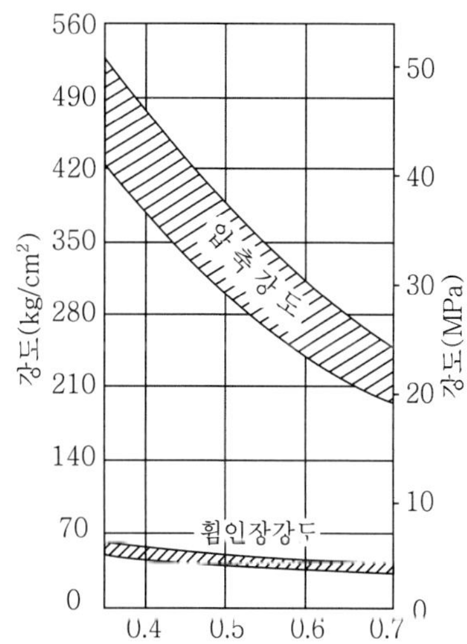

그림 6.3 물-시멘트비와 강도와의 관계

(4) 반죽질기(Consistency, slump test)

콘크리트 반죽질기는 콘크리트치기에 있어, workability를 좌우하는 가장 큰 요인으로 콘크리트 현장에서는 반드시 이에 대한 check(슬럼프 시험)를 실시토록 되어 있다.

콘크리트가 무너지거나 일정하게 침하하지 않는 경우의 슬럼프 시험은 의미가 없으며, 또한 굵은 골재의 최대치수가 40mm를 넘는 경우에는 체로 쳐서 이를 제거한 다음에 실시하여야 한다. 슬럼프의 범위가 3~18cm 이외일 경우는 슬럼프 시험 대신 flow test나 ball penetration test 등을 검토하도록 한다.

표 6.1 콘크리트 슬럼프의 표준값(mm, 콘크리트표준시방서)

종 류		슬럼프 값
철근콘크리트	일반적인 경우	80~150
	단면이 큰 경우	60~120
무근콘크리트	일반적인 경우	50~150
	단면이 큰 경우	50~100
유동화 콘크리트	보통, 경량골재	210 이하

주)1. 구조물의 종류나 부재의 형상, 치수 및 배근상태에 따라 알맞은 값으로 정하되, 충전성이 좋고 충히 다질 수 있는 범위에서 되도록 작은 값으로 정한다.

2. 콘크리트 운반시간이 길 경우 또는 기온이 높을 경우에는 슬럼프가 크게 저하하므로 운반중의 슬럼프 저하를 고려한 슬럼프값에 대하여 배합을 정한다.

그림 6.4 현장에서 진행중인 슬럼프 시험 및 공시체 제작

(5) 콘크리트의 생성(生成) 순서

(1) 재료계량 → (2) 비비기, 운반 → (3) 치기, 다지기, 마무리 → (4) 양 생

- 비비기와 운반은 동시에 이루어지기도, 나누어지기도 함
- 치기, 다지기, 마무리의 3단계가 동시에 이루어지기도 함

* measuring(계량), mixing(비비기), conveying(운반), curing(양생)의 현장용어를 익혀두자!

(6) 콘크리트 내구성(표준시방서 1.8)

콘크리트 구조물의 사용 기간중에 받는 여러가지의 화학적, 물리적 작용에 대하여 충분한 내구성을 가져야 하며, 콘크리트의 물-시멘트는 원칙적으로 60% 이하이어야 한다.

콘크리트는 원칙적으로 AE 콘크리트로 하여야 한다.

(7) 콘크리트 수화열(水化熱, Heat of hydration)

콘크리트 수화열이란 시멘트가 응결, 경화하는 과정에 발생하는 열을 말하며, 발열량은 시멘트 종류, 화학조성, 분말도, 물-시멘트비 등에 따라 달라진다.

수화열은 콘크리트 내부온도를 상승시키므로 한중 콘크리트 공사에는 유효하지만, 댐과 같이 단면이 큰 콘크리트에는 내・외 온도차로 인한 균열발생의 원인이 된다.

6.1.2 콘크리트의 종류

(1) 타설하는 장소에 따라

콘크리트를 타설하는 장소는 공장과 현장의 2개소로 구별되며, 공장일 경우는 공장제품인 프리케스트 콘크리트(precast concrete), 현장일 경우는 현장타설콘크리트로 부르고 있다.

1) 공장제품(Factory product)의 호칭

건설현장에서는 공장제품, 프리케스트 제품, 콘크리트 제품, 시멘트 제품 등의 여러가지 용어를 사용하고 있으나, 2003년 4월 개정된 콘크리트표준시방서는 공장제품이란 용어를 사용토록 되어 있다.

2) 콘크리트 공장제품의 종류

흄관, 콘크리트 말뚝, 콘크리트 블록, 철도침목, 실트세그먼트, 프리스트레스 합성 바닥판 등이 있다.

3) 공장제품의 콘크리트 품질(강도)

- 일반적인 공장제품은 재령 14일에서의 압축강도 시험값을 기준으로 한다.
- 오토크레이브 양생 등 특수촉진 양생제품은 14일 이전의 적절한 재령에서의 압축강도 시험값을 기준으로 한다.
- 촉진양생을 하지 않은 공장 제품이나 비교적 부재 두께가 큰 공장 제품에서는 재령 28일에서 압축강도 시험값을 기준으로 한다.

(2) 주재료(主材料)에 따라

- 무근콘크리트 : 온도 철근만 있음
- 철근콘크리트 : 철근 + 콘크리트

- 철골철근콘크리트 : 철골 + 철근 + 콘크리트
- 철골콘크리트 : 철골 + 콘크리트
- P.S콘크리트 : 프리스트레스트 콘크리트(강선+철근+콘크리트)

(3) 자연(온도, 장소) 조건에 따라

1) 한중콘크리트

평균기온 4°C 이하일 때 타설되는 콘크리트로 콘크리트가 동결되지 않아야 함은 물론, 한냉(寒冷)하에도 소요의 품질이 얻어지도록 별도의 규정에 따라 시공되는 콘크리트를 말한다.

표 6.2 한중콘크리트는 AE제 사용을 원칙으로 한다.

온도	대 책
0°C~4°C	간단한 주의와 보온시공이 되도록 함.
−3°C~0°C	물과 골재를 가열하고, 적절한 보온으로 양생함.
−3°C 이하	물과 골재를 가열하고 급열(給熱)에 의하여 친콘크리트가 소요의 온도가 유지되어야 함.

2) 서중콘크리트

하루 평균기온 25°C 또는 최고 온도가 30°C를 초과하는 시기에 시공되는 콘크리트로 별도의 주의가 요망되는 콘크리트를 말하며, 서중콘크리트의 취약점(문제점)은 다음과 같다.

- 운반중 슬럼프(slump) 값이 저하된다.
- 연행 공기량이 감소된다.
- 콜드 조인트(cold joint)가 발생된다.
- 표면 수분의 급격한 증발로 균열이 발생된다.
- 온도균열의 발생 위험이 크다.

골재는 덮개를 씌워 가열되지 않은 골재와 가능한 낮은 온도의 물(혼합수)을 사용토록 하고, 감수제(減水濟)를 포함한 지연형의 유동화제를 사용토록 한다.

비빈 콘크리트는 가열이나 건조로 인한 슬럼프의 저하가 생기지 않도록 빨리 운송하여 치도록하며, 이동장비인 덤프트럭, 에지데이터트럭, 수송관(펌프 수송)을 천으로 덮는 것이 좋으며, 서중 콘크리트는 지연제를 넣어도 1.5시간이내 쳐야 하며, 칠때의 온도는 35℃ 이하가 되도록 한다.

3) 수중콘크리트

수중콘크리트란 담수나 안정액 또는 해수에서 시공하는 콘크리트로 다짐이 되지 않는 콘크리트를 말한다.

물-결합재비 50%이하, 단위 시멘트량 370kg/m^3, 잔골재율 40~45%가 표준이며, 굵은 골재는 입도가 좋은 자갈을 사용하는 것이 바람직하다. 수중콘크리트는 가능한 정수(靜水) 상태에서 치도록 하되 부득이 물막이를 할 수 없을 경우는 유속이 1초간 5cm 이하가 되도록 하여야 한다.

트레미는 수밀성을 가지고 콘크리트가 자유롭게 낙하할 수 있는 크기를 가질수 있도록 트레미의 안지름은 굵은 골재 최대 치수의 8배 정도로 한다(수심 3m 이내 25cm, 3~5m는 30cm, 5m 이상은 30~50cm가 적당함).

표 6.3 수중콘크리트의 슬럼프 표준값(mm)

시공방법	일반수중콘크리트	현장타설말뚝 및 지하연속벽에 사용하는 수중콘크리트
트래미	130~180	180~200
콘크리트펌프	130~180	-
밑열림상자,밑열림포대	100~·50	-

그림 6.5 수중 교각 시공

그림 6.6 수중 작업을 위한 바지선

4) 해양콘크리트

항만, 해안 또는 해양에 위치하여 해수(海水) 또는 조풍(潮風)의 작용을 받는 구조물에 필요한 콘크리트로써 별도의 규정이 준수되어야 하는 콘크리트를 말한다.

해양콘크리트 구조물 시공시는 해양오염이나 생태계의 영향이 없노록 해수가 오탁되지 않아야 하고 조풍, 파랑, 조류 및 선박의 항행과 주변어장에 영향이 없어야 하며, 시공된 구조물은 염해를 받기 쉬우므로, 이들에 대한 대비책을 강구하여야 한다.

시멘트는 해수에 내구적이고 장기 재령강도가 큰 고로슬래그 시멘트, 플라이애쉬 시멘트 등의 사용이 좋으나 초기강도가 적은 결점이 있으므로 초기 습윤 양생에 주의하여야 한다.

5) 포장 콘크리트

콘크리트 포장에 시공되는 콘크리트로, 이는 압축강도가 아닌 양호한 휨강도를 가진 콘크리트가 될 수 있도록 하여야 한다.

6) 라이닝 콘크리트

터널의 마무리, 댐, 하천제방 등에 소요되는 콘크리트로 유동성이 양호한 콘크리트가 바람직하다.

(4) 특수목적에 따라

1) 경량골재 콘크리트(Light weight concrete)

경량 콘크리트는 설계기준 강도가 15MPa이상 24MPa이하, 기건 단위 용적 중량이 1400~ 2000kg/m^{3}인 콘크리트를 말하며, 슬럼프 값은 180mm이하, 단위 시멘트량의 최소값은 300kg/m^3, 물-시멘트비의 최대값은 60%로 한다.

표 6.4 경량골재의 단위용적질량

치수	건조된 상태의 최대 단위 용적질량 (kg/m^3)
잔골재	1120
굵은골재	880
잔골재와 굵은골재의 혼합물	1040

표 6.5 경량콘크리트의 설계기준 강도 및 기건단위 용적중량의 범위

사용한 골재에 의한 콘크리트의 종류	사용 골재		설계기준 강도 (MPa)	기건단위 용적중량 (kg/m^3)
	굵은 골재	잔골재		
경량 골재 콘크리트 1종	경량 골재	모래, 부순모래, 고로슬래그 잔골재	15 21 24	1700~2000
경량 골재 콘크리트 2종	경량 골재	경량골재나 혹은 경량골재의 일부를 모래, 부순모래, 고로스래그 잔골재로 대치한 것	15 18 21	1400~1700

2) 매스콘크리트(Mass concrete)

넓이가 넓은 슬래브에서는 두께가 0.8m이상, 하단이 구속된 벽에서는 두께 0.5m이상 되는 콘크리트로써 시멘트 수화열에 의한 온도 균열 및 온도응력에 대하여 특별한 주의가 요망되는 콘크리트를 말한다. 수화열 저감을 위해 저열 포틀랜드시멘트, 중용열 포틀랜드시멘트, 고로슬래그시멘트, 플라이애쉬시멘트 등을 사용하며, 타설온도는 가능한 낮추어야 하므로 부재 내·외부의 온도차와 최고 온도를 줄일수 있는 방안이 강구되어야 한다.

• 균열방지 및 제어방법

- 재료(물, 골재)의 프리쿨링(pre-cooling)
- 콘크리트의 파이프 쿨링(pipe-cooling)
- 균열제어 철근의 배치
- 균열 유발 줄눈의 설치

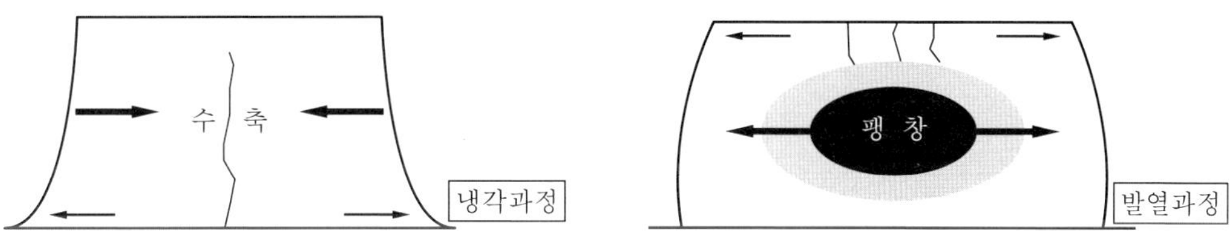

(a) 관통균열 (b) 표면균열

그림 6.7 수화열에 의한 온도균열 발생유형

3) 수밀콘크리트(Water tight concrete)

투수, 투습에 의해 구조물의 안전성, 내구성, 기능성, 유지관리 및 외관 등에 의하여 영향을 받는 구조물로써 각종 저장시설, 지하구조물, 수리구조물, 저수조, 수영장, 상하수도시설, 터널 등 압력수가 작용하는 구조물에 필요한 콘크리트로써 별도의 규정이 요망되는 콘크리트를 말한다. 물-시멘트비는 55%이하가 표준이며, 슬럼프 값은 180mm를 넘지 않아야 하며, 콘크리트 타설이 용이한 경우는 120mm 이하가 바람직하다.

연속해서 콘크리트를 타설할 경우 외기온이 25°C미만일 때 90분 이내로 한다.

4) 유동화콘크리트(Flowing concrete)

유동화제 첨가로 유동성을 크게한 콘크리트로, 품질을 변화시킴 목적보다는, 타설 및 다짐 등의 시공성 개선 방법에 주로 이용될뿐 아니라, 콘크리트 펌프에 의한 압송성을 개선하기 위함에 유효한 수단이며, 단위 수량과 단위 시멘트량 절감이 가능하므로 온도균열 방지와 콘크리트의 고품질이 가능한 콘크리트이다.

유동화콘크리트의 슬럼프 증가량은 100mm이하를 원칙으로 하며, 슬럼프의 최대값은 210mm이하가 되도록하여야 한다.

5) 고강도콘크리트(High strength concrete)

설계기준 강도 40MPa이상의 일반콘크리트와 27MPa이상의 경량골재 콘크리트를 말한다.

표 6.6 고강도콘크리트에 사용될 골재의 품질

항목 / 종류	절건밀도 (g/mm)	흡수률 (%)	식적률 (%)	점토량 (%)	씻기시험에 의한 손실량(%)	유기 불순물	염화물 이온량 (%)	안전성 (%)
굵은골재	0.0025이상	2.0이하	59이상	0.25이하	1.0이하	–	–	12이하
잔골재	0.0025 이상	3.0이하	–	1.0이하	2.0이하	표준씩 이하	0.02이하	10이하

6) 프리팩트(Prepacked) 콘크리트

일반적인 콘크리트 타설이 곤란한 경우 굵은 골재를 거푸집에 먼저 채워 놓고 모르탈을 주입함으로 형성되는 콘크리트를 말하며, 주입 모르탈의 배합과 품질 및 시공에 각별한 주의가 요망된다. 주입 모르터란 프리팩트 콘크리트의 주입에 쓰는 모르터로서 시멘트, 플라이애쉬 또는 기타의 혼화재료, 모래, 감수제, 알미늄 분말, 물 등을 혼합하여 만든 것을 말한다.

강도는 재령 28일이나 91일의 압축강도를 기준으로 하도록 되어 있으나, 수중콘크리트, 패색용 콘크리트 및 속채우기 콘크리트 등에 사용될 경우 양생조건이 양호하고 오랜 기간을 경과한 후 설계하중을 받는 구조물에서는 재령 91일의 압축강도를 기준으로 한다.

주입 모르터에는 수화열 억제와 유동성 향상을 위한 결합재(플라이애쉬 등)와 혼화제(감수제, 발포제 등) 사용이 필요하며, 주입 모르탈이 새어나오지 않도록 기초와 거푸집 사이 및 거푸집의 이음이 충분히 밀폐시켜야 한다.

7) 팽창 콘크리트(Expansive concrete)

수축 보상용 콘크리트, 화학적 프리스트레싱 콘크리트 및 충전용 모르터와 콘크리에 팽창력을 이용하여 충전 효과를 가져오기 위한 콘크리트를 말한다.

팽창률은 재령 7일에 대한 시험치를 말하며, 강도는 재령 28일의 압축강도 시험치를 적용한다.

8) 섬유보강 콘크리트(Fibgrass reinforced concrete)

내구성, 내마모성, 내열성, 수밀성, 내후성, 인성 등을 향상시키기 위하여 강섬유 내알칼리성, 유리섬유, 탄소섬유, 비닐론 섬유와 같은 물질을 첨가한 콘크리트를 말한다.

섬유와 시멘트 결합재 사이는 부착성이 양호하여야 한다.

9) 수중불분리성콘크리트(Anti-washout concrete under water)

수중불분리성(水中不分離性) 콘크리트란 증점효과(增粘效果)에 의해 콘크리트가 수중에서 분리되지 않고 경화하기 전까지 시공할 수 있을 정도의 유동성을 확보할 수 있는 수중불분리성 혼화제를 사용한 콘크리트를 말한다.

① 배합시에는 굵은 골재의 최대치수는 40mm 이하, 부재 최소치수의 1/5을 표준으로 하며, 철근최소간격의 1/2를 넘어서는 안 된다.

② 비비기 시간은 시험을 실시하여 콘크리트 소요의 품질을 확인하여 정해야 하며, 강제식 믹서의 경우 비비는 시간은 90~180초를 표준으로 한다.

③ 타설시에는 유속이 5cm/sec 정도 이하의 정수(靜水) 중에서 수중낙하높이 50cm 이하여야 하며, 콘크리트 펌프 또는 트레미 사용을 원칙으로 하며 수중불분리성 콘크리트를 콘크리트 펌프로 압송할 경우, 압송압력은 보통콘크리트의 2~3배, 타설속도는 1/2~1/3 정도이므로 품질을 저하시키지 않도록 시공계획을 세워야 한다.

표 6.7 내구성으로부터 정해진 콘크리트의 최대 물-결합재비(%)

콘크리트의 종류 / 환경	무근콘크리트	철근콘크리트
담수중	65	55
해수중	60	50

6.1.3 관련용어

종래 우리 건설현장의 건축분야와 토목분야는 각기 서로 다른 콘크리트표준시방서를 사용하였으나, 1999년 1월부터는 통일된 하나의 시방서만을 사용하다 일부 불합리한 점과 모순된 점을 보완하여 2003년 4월 '콘크리트표준시방서'를 보완하여 개정하였다. 따라서 현장기술자들이 꼭 알아야 할 용어들을 개정된 콘크리트표준시방서에 의거 정리하여 보면 다음과 같다.

1) 기호의 통일

내 용	개정전	개정	내 용	개정전	개정
설계기준강도	σck	fck	배합강도	σcr	fcr
재령 28일 압축강도	σ28	f28	압축강도	σcu	fcu
압축응력	σc	fc	인장응력	σk	ft
인장강도	σsp	fsp	파괴계수	σr	fr

2) 거듭비비기와 되비비기

거듭비비기(remixing)는 콘크리트나 모르탈이 엉기기 시작하지는 않았으나, 비빈 후 상당한 시간이 지나 재료가 분리한 경우 다시 비비는 작업이며, 되비비기(retempering)는 콘크리트나 모르탈이 엉기기 시작하였을 경우 다시 비비는 작업

3) 갇힌 공기와 AE공기

혼화제를 쓰지 않아도 콘크리트속에 자연적으로 함유되어 있는 공기를 갇힌 공기(entrapped air)라 하며, 일반적으로 갇힌 공기량은 1~2%정도 된다.

AE제, AE 감수제 등의 표면활성 작용에 의하여 콘크리트 속에 생기게 되는 미소하고 독립된 기포를 AE공기(entrained air) 또는 연행공기라한다.

4) AE제와 AE콘크리트

혼화제의 일종으로 미소하고 독립된 많은 기포를 발생시켜 이를 콘크리트 중에 고르게 분포시키기 위하여 쓰이는 재료를 AE제라 하며, AE 공기를 함유하고 있는 콘크리트를 AE콘크리트(air entrained concrete)라 한다.

5) 프리스트레스트 콘크리트와 프리캐스트 콘크리트

외력에 의하여 일어나는 응력을 소정의 한도까지 상쇄할 수 있도록 미리 인공적으로 그 응력의 분포와 크기를 정하여 내력을 준 콘크리트를 프리스트레스 콘크리트라 한다. PS 콘크리트 또는 PSC라고 약칭하여 부르기도 하며, 콘크리트가 완전히 굳은 후 제자리에 옮겨 놓거나 또는 조립하는 콘크리트 부재를 프리캐스트 콘크리트라 한다. 또한, PC 콘크리트라고 하며 precast concrete를 말한다.

6) 베이스 콘크리트(Base concrete)

유동화 콘크리트 제조시 유동화제를 첨가하기전 기본배합의 콘크리트 또는 습식방식의 숏

크리트에서 급결제를 첨가하기전의 콘크리트를 말한다.

7) 레이탄스(Laitance)

블리딩으로 인하여 콘크리트나 모르터의 표면에 떠 올라 가라앉은 물질로서 시멘트나 골재 중의 미립자로 구성되어 있다.

8) 블리딩(Bleeding)

굳지 않은 콘크리트, 굳지 않은 모르타르, 굳지 않은 시멘트 풀에서 고체 재료의 침강 또는 분리에 의해 혼합수의 일부가 유리되어 상승하는 현상이다.

9) 크리프(Creep)

응력을 작용시킨 상태에서 탄성변형 및 건조수축 변형을 제외시킨 변형이 시간과 더불어 증가되는 현상이다.

10) 파이프쿨링(Pipe-cooling)

매스 콘크리트의 시공에서 콘크리트를 친 후 콘크리트의 온도를 억제시키기 위해 미리 콘크리트 속에 묻은 파이프 내부에 냉수 또는 찬공기를 보내 콘크리트를 냉각시키는 방법이다.

11) 프리쿨링(Pre-cooling)

콘크리트의 생산온도를 낮추기 위하여 콘크리트용 재료(조골재)를 차가운 물이나 덮개를 씌어 냉각시키는 것을 말하며, 기존 콘크리트 위에 새로운 콘크리트를 칠 경우 기존 콘크리트를 냉각시키는 것도 프리쿨링이라 한다.

12) 성형과 성형성

콘크리트를 몰드에 채워 넣고 다져서 제품의 모양을 만드는 것을 성형(molding)이라 하며, 거푸집에 쉽게 다져 넣을 수 있고, 거푸집을 제거하면 천천히 형상이 변하기는 하지만 허물어지거나 재료가 분리되지 않는 굳지 않은 콘크리트의 성질을 성형성(plasticity)라 한다.

13) 반죽질기(Consistenty)

주로 물의 양이 많고 적음에 따른 반죽이 되고 진 정도를 나타내는 굳지 않은 콘크리트의 성질을 밀하며, 반죽질기, 싱형싱 등은 슬림프값으로 나타내기도 헌다.

14) 감수제(Water-reducing admicture)

혼화제의 일종으로 시멘트 분말을 분산시켜 콘크리트의 워커빌리티를 얻기에 필요한 단위수량을 감소시킬 목적으로 투입되는 재로로 표준형 감수제, 촉진제를 첨가시킨 촉진형 감수제, 지연형 감수제, 고성능 감수제, AE감수제 등이 있다.

15) 내구성(Durability)

콘크리트가 설계조건하에서 시간경과에 따른 열화(劣化)가 적고, 소요의 사용 기간중 요구되는 성능의 수준을 지속시킬 수 있는 성질을 말한다.

16) 유동성(Fluidity)

중력이나 외력에 의해 유동하기 쉬운 정도를 나타내는 굳지 않은 콘크리트의 성질을 말한다.

17) 수밀성(Watertightness)

투수성이나 투습성이 적은 것이다.

18) 피니셔빌리티(Finishability)

굵은 골재의 최대치수, 잔골재율, 잔골재의 입도, 반죽질기 등에 따르는 마무리하기 쉬운 정도를 나타내는 굳지 않은 콘크리트의 성질을 말한다.

19) 워커빌리티(Workability)

재료분리를 일으키는 일 없이 운반, 타설, 다지기, 마무리 등의 작업이 용이하게 될 수 있는 정도를 나타내는 굳지 않은 콘크리트의 성질을 말한다.

20) 배치믹서(Batch mixer)

콘크리트 재료를 1회분씩 비비기 하는 믹서이다.

21) 콜드조인트(Cold joint)

먼저 타설된 콘크리트와 나중에 타설되는 콘크리트 사이에 완전히 일체화가 되어있지 않은 이음이며, 예기치 않은 재료 공급의 중단이나 장비 고장이 원인이 되기도 한다.

22) 골재의 조립률(Fineness modulus of aggregate)

80mm,40mm,20mm,10mm,5mm,2.5mm,1.2mm,0.6mm,0.3mm,0.15mm,등 10개의

체를 1조로 하여 체가름 하였을때, 각 체에 누계량의 전체시료에 대한 질량 백분율의 합을 100으로 나눈값이다.

23) 신축조인트(Expansion joint)

온도변화에 의한 신축량에 대비코자 만든 틈으로 틈에는 채움(sealing)을 하여 오물의 퇴적을 방지하고 신축을 원활히 할 수 있도록 한다.

콘크리트 포장 및 교량의 상판(슬래브)에 신축을 위하여 설치되는 조인트가 대표적인 신축조인트이다.

24) 물-시멘트비(Water cement ratio)

굳지 않은 콘크리트 또는 굳지 않은 모르타르에 포함되어 있는 시멘트 풀속의 물과 시멘트의 질량비(기호 : W/C)이다.

25) 무근콘크리트(Plain concrete)

강재로 보강하지 않은 콘크리트 또는 최소 철근비 미만으로 보강된 콘크리트

26) 물-결합재비(Water-binder ratio)

굳지 않은 콘크리트 또는 굳지 않은 모르타르에 포함되어 있는 시멘트 풀속의 물과 결합재와의 질량비(기호 : W/B)이다.

6.2 콘크리트 재료

6.2.1 시멘트(KS L 5201, KS L 5210, KS L 5401)와 물

(1) 보통 포틀랜드 시멘트(Ordinary portland cement)

1) 비중은 3.15, 단위중량은 1,500kg/m^3 정도가 된다.
2) 시멘트 소비량의 90% 이상으로 일반적으로 말하는 시멘트이다.
3) 중용열 포틀랜드 시멘트와 조강 포틀랜드 시멘트의 중간 성질을 가지고 있다.

(2) 중열 포틀랜드 시멘트

1) 댐, 기초와 같은 매스(mass) 콘크리트에 주로 사용된다.
2) 초기강도가 작고, 장기강도가 큰 특징이 있다.
3) 수화열이 작아 건조, 수축에 의한 균열이 적다.

(3) 조강 포틀랜드 시멘트

1) 긴급공사, 한중 콘크리트 공사, 수중 공사에 적합하다.
2) 초기강도가 크며, 조강 시멘트 7일 강도면, 보통 시멘트의 28일 강도와 비슷하다.

(4) 특수목적의 시멘트

1) 저열 포틀랜드 시멘트 : 수화열이 적다.
2) 백색 포틀랜드 시멘트 : 건축의 미장용(마무리)에 이용된다.
3) 고로슬래그 시멘트(slag) : 내열, 화학 저항성이 크다.
4) 플라이애쉬 시멘트(fly-ash) : 워커빌리티 개선에 효과가 좋다.
5) 실리카 시멘트 : 화학물질에 저항성이 크다.
6) 알루미나 시멘트 : 초기강도가 크다.
7) 팽창 시멘트 : 경화시 팽창이 된다.

(5) 시멘트의 저장

1) 시멘트의 온도가 너무 높을 때는 온도를 낮추어 사용하여야 하며, 일반적으로 50°C이하의 온도를 갖는 시멘트를 사용하는 것이 좋다.
2) 방습적인 구조의 창고(포대시멘트)나 사이로 시설(벌크시멘트)이 필요하다.
3) 포대시멘트의 경우 창고는 지면서 30cm 이상, 쌓을 때는 13포대 이하가 되도록 한다.
4) 사용은 입하순서(先入先出 法적용)에 따라 한다.
5) 약간이라도 굳은 시멘트는 사용하면 강도가 크게 저하됨으로 사용치 않아야 한다.

(6) 물(혼합수 : 混合水)

물은 콘크리트 용적의 약 15%를 차지하고 있는 콘크리트의 기본 재료중의 하나로 콘크리트에 소요의 유동성을 가져다줌과 동시에 시멘트와 수화반응을 일으켜 경화를 촉진시키는 역활을 하며, 콘크리트에 사용되는 혼합수(물)로는 상수도물과 상수도 이외의 물 및 회수수가 있으며, 이러한 물의 사용전에는 다음 사항에 유의하도록 콘크리트표준시방서에 명기되어 있다.

1) 물은 기름, 산, 유기불순물, 혼탁물 등 콘크리트나 강재의 품질에 나쁜 영향을 미치는 물질의 유해량을 함유해서는 안된다.
2) 혼합수는 콘크리트의 응결경화, 강도의 발현, 체적변화, 워커빌리티 등의 품질에 나쁜 영향을 미치거나 강재를 녹슬게 하는 물질의 함유량을 초과해서는 안된다.
3) 해수는 강재를 부식시킬 염려가 있으므로 철근콘크리트, 프리스트레스트콘크리트, 철골 철근콘크리트 및 가외철근이 배치된 무근콘크리트에서는 혼합수로서 해수를 사용해서는 안된다.

6.2.2 골재

(1) 골재란?

모든 골재는 깨끗하고, 강하며, 내구적이고 알맞은 입도(粒度)를 가져야 될 뿐 아니라, 유해물이 유해량 이상 함유하여서는 아니된다. 종래의 골재는 하천골재가 주를 이루었으나, 최근에는 석산골재가 대부분을 차지하고 있으며 특수콘크리트의 경우 인공골재가 부분적으로 사용되기도 한다. 또한, 골재(aggregate)는 잔골재(모래)와 굵은골재(자갈, 쇄석)로 나누어지며, 현장에서는 골재의 생성 장소에 따라 다음과 같이 구분하여 부르고 있다.

1) **잔골재**(Fine aggregate) ; 강모래(江砂), 하천모래(河川砂), 바다모래(海砂), 산모래(山砂), 부순잔골재, 고로슬래그 잔골재 등을 말한다.

2) **부순잔골재**(Crushed fine aggregate) ; 암석을 크라셔 등으로 분쇄하여 인공적으로 만든 잔골재를 말한다.

3) **굵은골재**(Coarse aggregate) ; 강자갈, 하천자갈, 부순 굵은골재, 쇄석골재, 고로슬래그 굵은골재 등을 말한다.

4) **보통골재**(Normal aggregate) ; 자연작용으로 암석에서 생긴모래, 자갈 또는 부순모래, 부순자갈, 고로슬래그 잔골재, 고로슬래그 굵은골재 등의 골재를 말한다.

5) **재생골재**(Recycled aggregate) ; 콘크리트를 크랴셔로 분쇄하여 인공적으로 만든 골재로 입도에 따라 잔골재와 굵은골재로 나누어진다.

6) 경량골재(Light weight aggregate)

골재알의 내부는 다공질이며, 표면은 유리질 피막으로 덮인 구조로 되어 있고, 잔골재는 절건밀도가 1.8미만, 굵은골재는 절건밀도가 1.5미만인 골재를 말한다.

- 천연경량골재 : 경석 화산자갈, 응회암, 용암
- 인공경량골재 : 팽창성혈암, 팽창성점토, 플라이애쉬 등을 주원료로한 인공경량골재와 팽창슬래그 석탄 찌꺼기 등의 산업 부산물

그림 6.8 석산 골재 생산모습(터널의 발파암)

그림 6.9 쇄석기계(crusher)

(2) 관련용어

1) 골재

모르터 또는 콘크리트를 만들기 위하여 시멘트 및 물과 혼합하는 모래, 부순모래, 자갈, 부순자갈, 부순돌, 바다모래, 고로슬래그 잔골재, 고로슬래그 굵은골재, 기타 이와 비슷한 재료를 말한다. 굵은골재와 잔골재의 구분은 완전히 임의로 정한것이므로 이것을 정의하는 이론적인 근거는 없다.

2) 골재의 입도

골재의 크고 작은 알이 섞여 있는 정도를 말하며, 폼질이 좋은 콘크리트가 되기 위하여는 골재의 입도가 적당하여야 한다는 뜻은 대소 골재가 고르게 분포(시방)되어 있다는 의미이다.

3) 골재의 표면건조포화상태

골재의 표면수는 없고 골재알속의 빈틈이 물로 차 있는 상태를 말한다.

4) 골재의 조립률(粗粒率)

80mm, 40mm, 20mm, 10mm, 5mm, 2.5mm, 1.2mm, 0.6mm, 0.3mm, 0.15mm 등

10개의 체를 1조로 하여 체가름 시험을 하였을 때, 각체에 남는 누계량의 전 시료(全 試料)에 대한 중량백분율의 합을 100으로 나눈 값이다.

5) 골재의 절대건조상태

골재를 100~110°C의 온도에서 일정한 질량이 될 때까지 건조하여 골재알의 내부에 포함되어 있는 자유수가 제거된 상태를 말한다.

6) 굵은골재

5mm 체(호칭치수)에 거의 다 남는 골재와 5mm 체에 다 남는 골재이다.

7) 굵은골재의 최대치수

질량비로 90% 이상을 통과시키는 체중에서 최소 치수의 체눈의 호칭치수로 나타낸 굵은골재의 치수를 말한다.

8) 잔골재

10mm 체(호칭 치수)를 통과하고 5mm 체를 거의 다 통과하며 0.08mm 체에 거의 다 남는 골재이며 5mm 체를 다 통과하고 0.08mm 체에 남는 골재이다.

9) 잔골재율

골재 중 5mm 체를 통과한 부분을 잔골재로 보고, 5mm 체에 남는 부분을 굵은골재로 보아 산출한 잔골재량의 전체 골재량에 대한 절대 용적비를 백분율로 나타낸 것이다(기호 : S/a).

10) 자갈(Gravel)과 모래(Sand)

자갈이란 자연작용에 의하여 암석으로부터 만들어진 굵은골재를 말하며, 모래란 자연작용에 의하여 암석으로부터 만들어진 잔 골재이다.

11) 잔골재 및 굵은골재의 물리적 성질

절건밀도는 2.5g/cm^3 이상이며, 흡수율은 3.0% 이하이다.

12) 바다모래

바다모래에 함유된 유해물 함유량이 허용치를 넘을 경우는 물세척이나 다른 방법으로 허용한도 이하가 되도록 하여야 한다.

무근 콘크리트 구조물에 사용할 콘크리트의 경우는 염화물 함유량의 허용한 도를 따로 정하지 않아도 된다.

(3) 잔골재의 입도표준

체의 호칭 (m/m)	10	5	2.5	1.2	0.6	0.3	0.15
체통과율 (%)	100	90~100	80~100	50~85	25~60	10~30	2~10

* 1. 체통과율이란 체를 통과한 것의 중량 백분율임.
2. 체가름 시험은 KS F 2502에 따름.

(4) 잔골재의 유해물 함유량 한도(중량 백분율)

종 류	최대치
점토 덩어리	1.0 [1]
0.08mm체 통량 콘크리트의 표면이 마모작용을 받는 경우	3.0 [2]
기타의 경우 석탄, 갈탄 등으로 비중 2.0의 액체에 뜨는 것	5.0 [2]
콘크리트의 외관이 중요한 경우	0.5 [3]
기타의 경우	1.0 [3]
염화물 (염화물이온량)	0.02 [4]

1) 잔골재는 망체 1.2mm에 걸리는 것을 시료로 함.
2) 부순모래 및 고로슬래그 잔골재의 경우, 0.08mm체를 통과하는 재료가 점토나 조개 껍질이 아닌 돌가루인 경우에는 그 최대치를 각각 5%와 7%로 하여도 좋음.
3) 고로슬래그 잔골재에는 적용하지 않음.
4) 잔골재의 절대건조 중량에 대한 백분율이며, 염화나트륨으로 환산하면 약 0.04%에 상당함.

(5) 굵은 골재의 표준입도

골재 번호	체의 호칭 치수(mm) 체의 크기(mm)	체를 통과하는 것의 중량 백분율 (%)												
		100	90	75	65	50	40	25	20	15	10	5	2.5	1.2
1	90~40	100	90~100		25~60		0~15		0~5					
2	65~40			100	90~100	35~70	0~15		0~5					
3	50~25				100	90~100	35~70	0~15		0~5				
357	50~5				100	95~100		35~70		10~30		0~5		
4	40~20					100	90~100	20~55	0~15		0~5			
467	40~5					100	95~100		35~70		10~30	0~5		
57	25~5					100	95~100		25~60		0~10	0~5		
67	20~5						100	90~100		20~55	0~10	0~5		
7	15~5							100	90~100	40~70	0~15	0~5		
8	10~2.5								100	85~100	10~30	0~10	0~5	

* 레미콘이나 아스콘을 주문할 경우 골재번호에 따라 불리어짐.(#467 레미콘, #57 아스콘 등)

(6) 골재의 저장

잔골재, 굵은골재 및 종류와 입도가 다른 골재는 각각 구분하여 따로따로 저장하여야 하며 특히 원석의 종류나 제조방법이 다른 부순잔골재는 분리하여 저장하여야 하며, 보관장소는 배수가 잘되고, 가능한 기후(눈, 비, 고온)의 영향이 적어야 한다.

장시간 고온(高溫)에 노출된 골재나 빙설(氷雪)이 혼합된 골재는 그대로 사용할 수 없으며, 물을 뿌려 골재를 식히거나 빙설을 제거후 사용하여야 한다.

그림 6.10 입도별로 구분된 골재 저장모습(Shotcrete골재)

6.2.3 혼화재료

(1) 혼화재료(Admixture)란?

콘크리트의 재료인 물, 시멘트, 골재 이외의 재료로서 콘크리트 등에 특별한 성질을 주기위해 타설진에 필요에 따라 더 넣는 재료를 말한다.

1) 혼화재(admixture, mineral admixture) : 사용량이 다소 많아 그 자체의 부피가 콘크리트 등의 비비기 용적에 계산되는것
2) 혼화제(chemical admixture, chemical agent) : 사용량이 적어 그 자체의 부피가 콘크리트 등의 비비기 용적에 계산되지 않는 것

(2) 혼화재의 사용목적

1) 작업성 및 시공성(workability)을 향상시키고자 할 경우
2) 초기강도 증진이 필요한 경우(한중 콘크리트, 긴급공사)
3) 경화, 응결시간을 지연시키고자 할 경우(서중 콘크리트)
4) 발열량을 줄일 필요가 있을 경우(메스콘크리트, 댐 콘크리트)
5) 팽창을 크게 하거나, 수축을 적게 하고자 할 때

6) 내구성이나 저항성을 증대시킬 필요가 있는 경우
7) 부착력(철근)을 증대시킬 필요가 있는 경우
8) 콘크리트의 유동성을 증가시키고자 할 경우

그림 6.11 Deck-finisher에 의한 교량슬래브 콘크리트타설(혼화제 첨가)

(3) 혼화제의 용도별 특징

1) AE제는 단위수량(W) 감소와 workability가 증진되며, 동결, 융해의 내구성과 수밀성, 내화학성이 증대된다.
   공기량 1% 증가에 압축강도 4~6% 감소가 된다.
2) 감수제는 단위수량의 12~18% 감소가 가능하며, 단위 시멘트량의 10%가 감소된다.
   수밀성 개선으로 체적변화를 줄일 수 있다.
3) 촉진제는 수화작용, 즉 응결경화를 촉진시키며, 한중 콘크리트에 사용된다.
   응결시간이 빨라 운반과 치기작업의 신속을 요하는 단점이 있다.
4) 지연제는 시멘트의 응결시간을 늦추기 위한 재료이며 서중 콘크리에 이용된다.
5) 방수제(防水劑)는 방수 효과를 나타낸다.
6) 급결제는 빠른 시간내에 굳어야 하는 숏크리트, 지수(止水)공법 등에 이용된다.
7) 유동화제(superplasticizer)는 배합이나 경화된 콘크리트의 품질을 변경시키는 일 없이 유동성을 대폭적으로 개선시키는 혼화제
8) 포졸란은 워커빌리티 향상과, 블리딩 감소를 목적으로 하며, 초기강도 낮으나, 장기 강도는 크다. 또한, 수밀성이 크며, 해수에 대한 저항이 크다.
   발열량이 적어 댐, 수리구조물에 적합하다.

6.2.4 철근작업

콘크리트는 앞에서도 언급하였지만, 콘크리트 자체만으로 이용되기 보다는 철근과 함께 이용되고 있으므로 콘크리트 표준시방서에도 철근 관련용어에 대한 설명이 있는 바 이를 옮겨보면 다음과 같다.

(1) 관련용어

1) 철근(Reinforcement, bar, rebar)

콘크리트에 묻어 넣어 콘크리트를 보강하기 위하여 사용되는 봉형상의 강재이다.

2) 원형철근(Plain reinforcement)

표면에 리브 또는 마디 등의 돌기가 없는 원형단면의 봉강으로서, KS D 3504에 규정되어 있으며, 특수한 경우에 사용된다. 이형철근에 비해 부착력이 크게 떨어지며, 특수한 경우 이외는 사용되지 않는다.

3) 이형철근(Deformed bar)

표면에 리브와 마디 등의 돌기가 있는 봉강으로서 KS D 3504에 규정되어 있는 이형철근 또는 이와 동등한 품질과 형상을 가지는 철근을 말한다

철근콘크리트에 사용되는 철근은 거의 전부가 이형철근이라 할 수 있다.

4) 주철근(Main reinforcement)

설계하중에 의하여 그 단면적이 정해지는 철근이다.

5) 조립용 철근(Erection bar)

철근을 조립할 때 철근의 위치를 확보하기 위하여 쓰는 보조적인 철근이다.

6) 수축, 온도 철근(Shirinkage and temperature reinforcement)

건조수축 또는 온도변화에 의하여 콘크리트에 발생하는 균열을 방지하기 위한 목적으로 배치되는 철근이다.

7) **가외철근**(Additional bar)

콘크리트의 건조수축, 온도변화, 기타의 원인에 의하여 콘크리트에 일어나는 인장응력에 대비해서 가외로 더 넣는 보조적인 철근이다.

8) **철골철근콘크리트**

철골 골조 둘레에 철근으로 보강한 콘크리트이다.

9) **철근콘크리트**

철근을 사용한 콘크리트로서 외력에 대해 양자가 일체로 작용하도록 한 것이다.

10) **철근피복**(Cover)

철근의 표면과 콘크리트 표면 사이의 콘크리트 최소두께이다.

11) **간격재**(Spacer)

철근 혹은 PS강재, 시스 등에 소정의 철근피복을 가지게 하거나 그 간격을 정확하게 유지시키기 위하여 쓰이는 콘크리트제, 모르타르제, 금속제, 프라스틱제 등의 부품이다.

12) **강재**(Steel)

철을 주성분으로 하는 구조용 탄소강의 총칭으로서 철근용 봉강, PS강재, 형강, 강판 등을 포함한다.

13) **가스압접이음**(Press gas welded joint)

철근의 단면을 산소 · 아세틸렌 불꽃 등을 사용하여 가열하고 기계적 압력을 가하여 용접한 맞댐이음이다.

14) **방청재**(Corrosion inhibitor)

콘크리트중의 강재가 사용재료 속에 포함되어 있는 염화물에 의해 부식되는 것을 억제하기 위해 사용하는 혼화제이다.

15) **갈고리**(Hook)

철근의 정착 또는 겹침 이음을 위해 철근 끝을 구부린 부분을 말하며, 갈고리 형상은 철근의 끝부분을 180°, 135°, 90° 등의 각도로 구부려 만든다.

16) 덕트(Duct)

프리스트레스 콘크리트 시공시 긴장재를 배치하기 위한 원형의 관이다.(제8장 그림 8.58 쉬즈관 사진 참조).

(2) 철근의 가공

우리 나라에서 생산되는 철근의 경우 특별한 주문 생산이 아니면 8m, 12m 등으로 생산되고 있는 바, 설계도에 맞도록 철근을 절단하고 구부리는 작업을 하여야 하는데, 이를 철근 가공이라 하며, 가공된 철근을 현장에 운반하여 하나 하나 설치하는 것을 조립이라 한다.

철근은 상온에서 가공하는 것을 원칙으로 하며, 가공하기전에 절단 및 제작도면(shop drawing)의 제출과 승인 과정을 반드시 거쳐야 한다.

그림 6.12 철근 절단기

그림 6.13 철근 굴곡기

(3) 철근의 조립 및 이음

1) 철근은 조립하기 전에 잘 닦고, 들뜬 녹이나 그밖의 철근과 콘크리트와의 부착을 해칠 위험이 있는 것은 제거토록 하되, 경미한 황갈색 녹이 발생한 철근은 일반적으로 콘크리트와의 부착을 해치지 않으므로 사용에 아무런 문제가 없다.
2) 철근의 피복두께를 정확하게 확보하기 위해 적절한 간격으로 고임대 및 간격재를 배치하여야 한다.
3) 철근은 조립이 끝난 후 철근가공조립도에 의하여 조립되어 있는지를 검사 후 콘크리트를 타설하여야 하며, 조립한 상태에서 장기간 경과 후 콘크리트를 타설코자 할 경우는 이미 검사를 하였을지라도 타설전에 반드시 조립 검사와 깨끗이 정소를 시행하여야 한다.
4) 철근의 겹침이음은 소정의 길이로 겹쳐서 지름 0.9mm 이상의 풀림 철선으로 여러 곳을

긴결하여야 하며, D29 이상의 이형철근을 겹침이음하고자 할 경우는 책임기술자의 승인을 받아야 한다.

5) 철근이음에 용접이음, 가스압접이음, 기계적이음, 슬리브이음 등을 쓸 경우에는 각각 사전에 준비된 이음지침에 따라야 한다.

그림 6.14 철근 조립모습

그림 6.15 철근조립후 검측 모습

(4) 제작도(Shop drawing, 시공도)

물품을 제작할 목적으로 작성된 도면이란 의미로 기계를 만드는 공장에서 사용하든 용어로 건설현장에서는 설계에 맞추어 제작(가공)할 수 있는 상세하고 기본이 되는 도면을 말한다.

강교의 제작, 철근의 가공, 복잡한 거푸집 제작 등의 가설공사를 하고자 할 때는 원재료의 절단이나 가공(용접)전에 반드시 제작도(shop drawing)를 작성하여 승인을 얻은 후에 작업(시공)을 하여야 한다.

(5) 현장치기 콘크리트에서 철근의 최소 피복두께(콘크리트구조설계기준)

구 분	철근직경 및 위치	피복 (mm)
• 수중에서 타설하는 콘크리트		100
• 흙에 접하여 콘크리트를 친후 영구히 흙에 묻혀있는 콘크리트		80
• 흙에 접하거나 옥외의 공기에 직접 노출되는 콘크리트	D29 이상 철근	60
	D25 이하 철근	50
	D16 이하 철근	40
• 옥외의 공기나 흙에 직접 접하지 않는 콘크리트	슬래브, 벽체	D35 초과 40
		D35 이하 20
	보, 기둥	40
	쉘, 절판부재	20

6.3 콘크리트 배합과 타설

6.3.1 콘크리트 배합

배합이란 콘크리트나 모르탈을 만들 때 들어가는 각 재료의 양이나 재료의 비율을 말하며, 양이나 비율의 결정은 배합설계를 통해서 이루어진다.

(1) 콘크리트 배합의 목적

콘크리트가 소요의 강도를 가지고 내구성, 수밀성, 균열저항성 등이 우수하며 철근이나 강재를 보호하는 성능과 작업에 적합한 워커빌리티를 갖는 범위 내에서 단위수량은 될 수 있는 대로 적게하여 고강도의 배합이 되도록 한다.

작업에 적합한 워커빌리티를 갖기 위해 콘크리트는 부재의 크기와 형상, 콘크리트의 다지기 방법 등에 따라서 거푸집의 구석구석까지 콘크리트가 충분히 채워지도록 치고 다지는 작업이 용이함과 동시에 재료 분리가 거의 생기지 않는 콘크리트가 될 수 있는 배합이 되도록 한다.

(2) 배합비의 표시

1) 단위량

콘크리트 1m^{3}를 만들 때 쓰이는 각 재료의 양으로 단위 시멘트량(C), 단위수량(W), 단위 골재량(단위 잔골재량(S), 단위 굵은 골재량(G)), 단위 AE제량(단위 포졸란량 등)과 같이 사용된다.

2) 용적비

소규모이며, 중요도가 적은 콘크리트에 사용하며, 시멘트 1에 대한 모래, 자갈의 비로 나타낸다(1:3:6 또는 1:2:5).

3) 중량비

콘크리트 1m^{3}를 생산하는데 필요한 재료의 량을 kg/m^{3}로 표시하며, 콘크리트 생산(혼합)시 기준이 되며, 일반적으로 배합비란 중량비를 말한다.

4) 배합의 표시법(콘크리트표준시방서 표 2-13)

굵은 골재의 최대치수 (mm)	슬럼프의 범위 (cm)	공기량의 범위 (%)	물-결합재비[1] W/B (%)	잔골재율 s/a (%)	단위질량 (kg/m³)					
					물	시멘트	잔골재	굵은 골재	혼화재료	
									혼화재[1]	혼화제[2]

주) ① 포졸란 방응성 및 잠재수경성을 갖는 혼화재를 사용하지 않는 경우에는 물-시멘트비가 된다.
② 같은 종류의 재료를 여러 가지 사용할 경우에는 각각의 난을 나누어 표시한다. 이 때 사용량에 대하여는 ml/m³ 또는 g/m³로 표시하며, 희석시키거나 녹이거나 하지 않은 것으로 나타낸다.

6.3.2 배합설계

(1) 강도

1) 배합강도(Required average concrete strength)

콘크리트의 배합을 정하는 경우에 목표로 하는 압축강도를 말하며, 일반적으로 재령 28일의 압축강도를 기준으로 한다(기호 : f_{cr}).

2) 설계기준강도(Design strength, specific concrete strength)

콘크리트 부재의 설계에 있어서 기준으로 한 압축강도를 말하며, 일반적으로 재령 28일의 압축강도를 기준으로 한다(기호 : f_{ck}).

3) 증가계수

배합강도를 정하는 경우 품질의 변동을 고려하여 설계기준 강도에 곱하는 1.0보다 큰 계수를 말하며, 따라서 언제든지 배합강도는 설계기준 강도보다 크게 된다.

배합강도 > 설계기준강도

(2) 시방배합(示方配合)

시방서 또는 책임감리원이 지시한 배합으로 골재는 표면건조포화상태이며, 잔골재는 5mm 체를 다 통과하고, 굵은 골재는 5mm 체에 다 남는 것으로 하며, 시방배합은 시험실에서 이상적인 상태에서 행하는 배합이므로 "이론배합"이라고도 한다.

(3) 현장배합

시방배합을 현장조건에 맞도록 수정한 배합으로 현장 재료 상태와 계량방법이 고려된 배합이며, 골재상태(재료 보관)에 따라 수정된 배합이다.

단위량을 배치(batch)당으로 하는데, 배치란 1번 비비는 량으로 보통 용기의 량에 따라 결정된다($2m^3$, $3.5m^3$ 등).

(4) 시방배합과 현장배합의 비교

구 분	시방배합	현장배합
골재입도	자갈 : 5mm 이상 모래 : 5mm 이하	자갈 : 입도시험결과 (사용 예정) 모래 : 입도시험결과 (사용 예정)
골재상태	표면 건조 포화상태	실지 보관된 상태 (함수비 측정)
계 량	중량으로 표시	중량(용적도가능)으로 표시
단위량	$1m^3$	1batch 당 ($1m^3$ 당)

(5) 배합설계의 목적

콘크리트는 적당한 조작에 의하여 용이하게 다룰 수 있는 범위 내에서 가장 적은 물-시멘트비(W/C)로 비벼 강도와 내구성은 물론, 기타 소요의 제성질을 좋게하도록 함에 배합설계의 주목적이 있으며, 이를 구체적으로 나열하면 다음과 같다.

1) 균일한 콘크리트를 만들기 위하여 타설할 수 있는 가장 된 반죽질기, 즉 최소 슬럼프의 콘크리트가 될 수 있는 배합비를 결정한다.
2) 경제적으로 이용할 수 있고 또 콘크리트를 타설하는데 지장이 없는 한도 내에서 될 수 있는대로 최대치수의 골재를 사용한 콘크리트가 되도록 배합비를 결정한다.
3) 풍화 기타 파괴적인 작용에 대하여 충분히 저항할 수 있는 내구성이 큰 콘크리트가 되도록 한다.
4) 재하되는 하중에 대하여 파괴의 위험 없이 저항할 수 있는 큰 고(高)강도를 가진 콘크리트가 되도록 한다.

(6) 배합설계의 순서

배합설계를 하려면 우선 골재에 대한 시멘트와 골재의 성질 및 목적물의 성능과 골재 사정을 파악한 후 다음 번호순서에 따라 진행하면 된다.

1) 물-시멘트비(W/C) 결정
2) 굵은골재의 최대치수 결정
3) 슬럼프 치(slump value) 결정 : Workability
4) 절대 잔골재율(S/a) 결정
5) 단위수량(W), 단위시멘트량(C), 혼화재량의 결정
6) 시방배합 산출 및 조정
7) 현장배합으로 수정

표 6.8 배합설계에 대한 필요한 재료의 성질

시멘트	비 중
잔골재, 굵은골재	비중, 입도, 조립율, 표면수량, 흡수량, 단위용적중량

6.3.3 콘크리트 비비기와 운반

종래의 콘크리트 비비기는 현장 배합표에 의거 손비빔, 믹서(mixer) 등에 의한 현장 비비기가 주를 이루었으나, 최근에는 특별한 경우가 아니면 현장 비비기는 찾아 볼 수 없고, 현장내에 설치된 별도의 콘크리트 프랜트(concrete plant)나 콘크리트 생산만을 전문으로 하는 레미콘 공장에서 비빈 콘크리트를 필요 위치까지 운반하여 타설하고 있는 실정이다.

비비기 시간은 시험에 의해 정하는 것이 원칙이나 가경식 믹서의 경우 1분 30초 이상, 강제식 믹서의 경우 1분 이상이 표준이며, 너무 오래 비비면 골재의 파손, 공기량의 감소 등으로 품질에 영향을 줄 수 있으므로 미리 정해둔 비비기 시간의 3배 이상 계속해서는 안된다.

(1) 레디믹스트 콘크리트(Ready mixed concrete, remicon)

정비된 콘크리트 제조설비를 갖춘 공장에서 생산되며 굳지 않은 상태로 운반차에 의하여 구입자에게 배달될 수 있는 굳지 않은 콘크리트를 말하며, 레미콘이라 약칭하기도 한다.

균등한 품질관리와 공해(公害)방지의 효과가 있으며, 우리가 사용하는 콘크리트의 대부분을 차치하고 있다.

(2) 레미콘의 호칭강도

호칭 강도란 KS F 4009(레디믹스트 콘크리트)에 있어 콘크리트의 강도 부분을 나타내는 호칭으로서 호칭강도는 설계기준 강도를 의미한다.

콘크리트 종류	굵은골재의 최대치수 (mm)	슬럼프 또는 슬럼프 플로 (mm)	호칭강도 MPa (=N/mm²)[1]												
			18	21	24	27	30	35	40	45	50	55	60	휨 4.0[2]	휨 4.5[2]
보통 콘크리트	20, 25	80, 120, 150, 180	○	○	○	○	○	○	–	–	–	–	–	–	–
		210	–	○	○	○	○	○	–	–	–	–	–	–	–
		500*, 600*	–	–	–	○	○	○	–	–	–	–	–	–	–
	40	50, 80, 120, 150	○	○	○	○	○	○	–	–	–	–	–	–	–
경량골재 콘크리트	15, 20	80, 120, 150, 180, 210	○	○	○	○	○	○	○	–	–	–	–	–	–
포장 콘크리트	20, 25, 40	25, 65	–	–	–	–	–	–	–	–	–	–	–	○	○
고강도 콘크리트	20, 25	80	–	–	–	–	–	–	○	–	–	–	–	–	–
		120, 180, 180, 210	–	–	–	–	–	–	○	○	○	–	–	–	–
		500*, 600*, 700*	–	–	–	–	–	–	○	○	○	○	○	–	–

** 슬럼프 플로값을 의미함.*

주) 1) 종례 단위의 시험기를 사용하여 시험할 경우 국제 단위계(SI)에 따른 수치의 환산은 1kgf=9.8N으로 환산한다. 즉, 1MPa=10.2kgf/cm²가 된다.

2) 휨 4.0, 휨 4.5는 포장용 콘크리트에서 휨 호칭강도를 의미한다.

(3) 콘크리트 운반기구

1) 운반차

- 덤프트럭(dump truck) : 도로포장과 같은 극히 적은 슬럼프 콘그리트.
- 믹서트럭(remicon truck, mixer truck)
- 에지테이터(agitator) : 운반중에 콘크리드를 비빌수 있는 장치를 갖춘 드럭.

2) 콘크리트 펌프(Concrete pump)

- 펌프 카(pump car) : 타설장소(부위)에 따라 이동이 가능.
- 펌프(station pump) : 타설장소(부위)가 일정한 경우에 사용.

3) 벨트 컨베이어(Belt conveyor)와 슈트(Shutter) : 일정한 장소에 비교적 많은 량의 콘크리트가 필요한 경우

4) 콘크리트 바켓(Concrete bucket) : 크레인이나 윈치의 도움을 받아 사용되며 비교적 적은 량의 콘크리드가 필요한 경우

그림 6.16 sensor 설치를 위한 유도선

그림 6.17 콘크리트 다짐(봉다짐)

(4) 콘크리트타설(운반된 콘크리트의 타설시 주의사항)

1) 콘크리트를 타설하기 전에 철근, 거푸집, 설비배관, 박스, 매입철골, 타설순서 등에 관해서는 시공상세도 및 철근 가공조립도에 정해진 대로 배치되었는지를 확인해야 한다.
2) 콘크리트를 타설하기 전에 운반장치, 타설설비 및 거푸집 안을 청소하여 콘크리트속에 잡물이 혼입되는 것을 방지해야 한다. 콘크리트가 닿았을 때 흡수할 염려가 있는 곳은 미리 습하게 하여 두어야 한다. 다만, 습기를 지나치게 주어서 수분이 고이지 않도록 주의해야 한다. 콘크리트를 직접 지면에 타설하는 경우에는 미리 깔기 콘크리트를 깔아두는 것이 좋다.
3) 터파기 안의 물은 타설하기 전에 제거해야 한다. 또 터파기 안에 흘러들어온 물에 이미 타설한 콘크리트가 씻기지 않도록 적당한 조치를 강구해야 한다.
4) 콘크리트의 타설작업을 할 때에는 철근 및 매설물의 배치나 거푸집이 변형 및 손상되지 않도록 주의해야 한다.
5) 타설한 콘크리트를 거푸집 안에서 횡방향으로 이동시켜서는 안된다.
6) 타설 도중에 심한 재료분리가 생겼을 때에는 재료 분리를 방지할 방법을 강구해야 한다.
7) 한 구획내의 콘크리트는 타설이 완료될 때 까지 연속해서 쳐야 한다.
8) 콘크리트는 그 표면이 한 구획내에서는 거의 수평이 되도록 타설하는 것을 원칙으로 한다. 콘크리트 타설의 1층 높이는 다짐능력을 고려하여 이를 결정해야 한다.
9) 콘크리트를 2층 이상으로 나누어 타설할 경우, 상층의 콘크리트 타설은 원칙적으로 하층의 콘크리트가 굳기 시작하기 전에 타설해야 하며, 상층과 하층이 일체가 되도록 시공해야 한다.
10) 거푸집의 높이가 높을 경우, 재료분리를 방지하기 위하여 상부의 철근 또는 거푸집에서 콘크리트가 부착하여 경화하는 것을 방지하기 위해 거푸집에 투입구를 설치하거나, 연직

슈트 또는 펌프배관의 배출구를 타설면 가까운 곳까지 내려서 콘크리트 타설을 해야 한다. 이 경우 슈트, 펌프배관, 버킷, 호퍼 등의 배출구와 타설면까지의 높이는 1.5m 이하를 원칙으로 한다.

11) 콘크리트 타설 도중 표면에 떠올라 고인 블리딩수가 있을 경우에는 적당한 방법으로 이 물을 제거한 후가 아니면 그 위에 콘크리트를 타설해서는 안된다. 고인물을 제거하기 위하여 콘크리트 표면에 도랑을 만들어 흐르게 해서는 안된다.

12) 벽 또는 기둥과 같이 높이가 높은 콘크리트를 연속해서 타설할 경우에는 타설 및 다질 때 재료분리가 될 수 있는 대로 적게되도록 콘크리트의 반죽질기 및 쳐올라가는 속도를 조정해야 한다.

그림 6.18 콘크리트치기(펌프카 및 레미콘)

그림 6.19 콘크리트치기(교각기초)

(5) 콘크리트 다지기

콘크리트를 타설할 때 다지기를 충분히 하지 않으면 소요의 강도나 내구성을 가질수 없을 뿐 아니라, 쏟아부을 때 생기는 골재 분리 등 콘크리트의 여러 가지 결함을 갖게 됨으로 필요한 시간에 필요한 만큼의 다지기를 함으로써 최상의 콘크리트 품질이 보장될 수 있음에 유의하고, 일반적인 주의사항은 다음과 같다.

1) 콘크리트 다지기에는 내부진동기의 사용을 원칙으로 하나, 얇은 벽 등 내부진동기의 사용이 곤란한 장소에서는 거푸집 진동기(form vibrator)를 사용해도 좋다.
2) 콘크리트는 타설한 직후 바로 충분히 다져서 콘크리트가 철근 및 매설물 등의 주위와 거푸집의 구석구석까지 잘 채워져 밀실한 콘크리트가 되도록 해야 한다.
3) 진동다짐을 할 때에는 진동기(vibrator)를 아래층의 콘크리트 속에 10cm 정도 찔러 넣어야 한다.
4) 내부 진동기의 찔러 넣는 간격 및 한 장소에서의 진동시간 등은 콘크리트를 충분히 잘 다

질 수 있도록 정해야 한다. 또 진동기는 콘크리트로부터 천천히 빼내어 구멍이 남지 않도록 해야 한다.

5) 재진동을 하고자 할 때는 콘크리트에 나쁜 영향이 생기지 않도록 초결(굳기시작)이 일어나기전에 실시하여야 한다.

그림 6.20 콘크리트 치기 및 다지기(Box-Girde 바닥, I.L.M교)

(6) 양생(養生, Curing)

양생이란 콘크리트 타설 후 소요기간까지 경화에 필요한 온도와 습도를 유지하며, 유해한 작용의 영향을 받지 않도록 보호하는 것을 말한다. 비빈 콘크리트(철근콘크리트)는 현장에 운반되어 다지기가 끝나면 표면 마무리를 하고 충분한 양생기간이 지나야 구조물(건조물)로서의 기능과 역할을 다하게 된다.

콘크리트의 강도와 내구성을 좌우하는 요인에는 우수한 재료의 선정과 더불어 비비기 및 콘크리트치기와 양생이 있으며, 특히 양생이 중요한 이유는 양생부실이 콘크리트의 강도 저하는 물론 콘크리트 균열의 발생원인을 제공하기 때문이다.

그림 6.21 양생제 살포(SLAB)

그림 6.22 양생포에 의한 양생(SLAB)

1) 양생방법

① 천을 덮거나 물을 뿌려준다.

② 약품(양생제, curing제)을 살포한다.

③ 장비나 기구를 이용한다(증기양생 : steam).

2) 양생의 종류

① 표준양생(standard curing) : 20±3℃로 유지하면서 수중 또는 습도 100%에 가까운 습윤상태에서 양생하는 것이다.

② 습윤양생(moist curing, wet curing) : 콘크리트를 타설한 후 일정기간을 습윤상태로 유지시키는 양생이다.

③ 보온양생(insulation curing) : 단열성이 높은 재료 등으로 콘크리트 표면을 덮어 열의 방출을 적극 억제하여, 시멘트의 수화열을 이용해서 필요한 온도를 유지시키는 양생이다.

④ 급열양생(heat curing) : 양생기간중 어떤 열원(熱源)을 이용하여 콘크리트를 가열하는 양생이다.

⑤ 촉진양생(accelerated curing) : 콘크리트의 경화나 강도발현을 촉진하기 위하여 실시하는 양생이다.

⑥ 오토클래이브양생(autoclave curing) : 콘크리트의 경화를 촉진하기 위하여 고온 고압 증기솥 중에서 실시하는 양생이다.

⑦ 온도제어양생(溫度制御養生, temperature-controlled curing) : 콘크리트를 타설한 후 일정기간 콘크리트 온도를 제어하는 양생이다.

3) 습윤양생의 종류

① 수중양생

② 담수양생

③ 살수양생

④ 젖은포 이용 : 양생메트, 가마니

⑤ 젖은 모래 이용

⑥ 막(膜)양생 : 유지계(용제형, 유제형), 수지계(용제형, 유제형)

4) 온도제어 양생의 종류

① 서중콘크리트 : 살수, 햇볕 덮개 등

② 매스콘크리트 : 파이프 쿨링, 연속살수 등

③ 촉진양생 : 증기, 급열 등

④ 한중콘크리트 : 단열, 급열, 증기, 전열 등

5) 습윤양생 기간의 표준(일)

표 6.9 습윤양생 기간의 표준(일)

일평균 기온	보통 포틀랜드 시멘트	고로 슬래그 시멘트 플라이애쉬 시멘트 B종	조강 포틀랜드 시멘트
15 이상	5	7	3
10 이상	7	9	4
5 이상	9	12	5

6.3.4 콘크리트 공사

시공에 필요한 자재와 기술은 본 구조물 시공을 위한 임시 시설물(구조물)로 발주자가 부담하는 공사비와 관련없이 시공자의 노하우가 특히 요망되는 부분으로 건설 VE(value engineering)가 가장 활발한 분야이다.

콘크리트를 타설하기 전에 이루어지는 철근조립, 거푸집 제작과 설치, 동바리와 비계설치 등의 작업을 순조롭고 능률적으로 하기 위하여는 거푸집 조임재(form tie), 박리제, 간격재(spacer), 결속선, 못, 간극재(seperator), 철근고임재(bar-support) 등의 부속자재(副資材)가 필요하다.

콘크리트 시공을 위한 거푸집 및 동바리 설계는 구조물의 종류, 규모, 중요도, 시공과 환경조건 등을 고려하여 연직 방향하중, 수평방향하중 및 콘크리트 측압 등에 견딜수 있도록 하여야 하며, 특히 동바리의 경우 강도는 물론 변형에 대하여도 충분히 검토하여야 한다.

콘크리트 공사를 시공하고자 할때는 착수전에 다음과 같은 시공계획을 참고로 콘크리트의 타설순서, 이음위치, 양생 방법 등 콘크리트 시공에 관련된 상세한 사항이 명시된 시공 상세도면을 작성하여야 한다.

(1) 콘크리트 공사에 관한 시공계획(콘크리트표준시방서 1.6.2)

1) 공정계획은 가능한 공정이 중단되지 않도록 한다.
2) 콘크리트의 운반 및 받아들이기 계획은 시공할 구조물의 종류와 형상 시간당 출하량, 부리기 장소 등이다.
3) 현장에서의 운반계획은 신속하고 경제적으로 운반하여 운반시간이나 거리를 단축하도록 한다.
4) 콘크리트 타설계획은 타설구획, 타설순서, 타설방법 등이다.
5) 콘크리트 다짐계획은 구조물의 종류와 형상, 콘크리트 공급상태, 타설속도 다짐능력, 다짐기구 등이다.
6) 콘크리트 마무리계획은 응결시간을 고려한다.
7) 양생계획은 경화에 필요한 온도 및 습도를 유지토록 한다.
8) 시공이음계획은 설계에 정해지지 않은 이음에 대한 대책을 수립한다.
9) 철근공의 계획은 설계에 정한 구조물의 품질확보 방안을 수립한다.
10) 거푸집 및 동바리 계획은 구조물의 형상이나 치수가 변하지 않도록 한다.
11) 환경보전계획은 환경 법령이나 기준을 준수한다.

(2) 거푸집(Form work, Shuttering, Form, Mold)

부어넣는 콘크리트가 소정의 형상과 치수를 유지하며 적당한 강도에 도달하기까지 지지하는 가설구조물을 총칭하여 거푸집이라 한다.

1) 재료에 의한 거푸집 종류

① 합판거푸집
② 목재거푸집
③ 철재거푸집

2) 기능에 의한 거푸집 종류

① 트레블링 폼(travelling form)
② 크라임 폼(climbing form)
③ 스립 폼(slip form)
④ 갱폼(gang form)

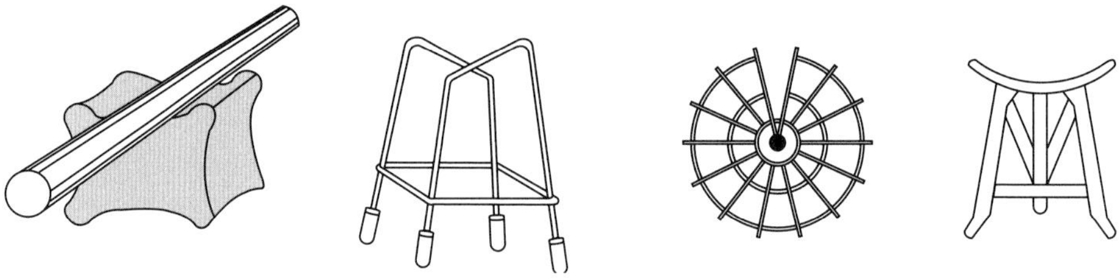

(a) 콘크리트재　(b) 강재　(c) 플라스틱재

그림 6.23 철근 고임재의 종류

그림 6.24 steel deck plate 거푸집(교량 SLAB)

그림 6.25 합판 거푸집(교량 SLAB)

그림 6.26 원형철제거푸집(교각기둥)

그림 6.27 Slip Form(교각기둥)

(3) 동바리(받침기둥, Staging, Supports)

작업장소가 높은 경우 발판이나 재료 운반 또는 위험물 낙하 방지를 위해 설치하는 임시 지지대 또는 타설 콘크리트가 소정의 강도를 얻을때까지 고정하중과 작업하중 등을 지지하기 위해 설치하는 부재를 동바리라 한다.

동바리의 바닥면은 충분히 다져져야 하며, 필요시 빈 배합 콘크리트(버림콘크리트, lean concrete) 타설 등을 검토할 필요가 있다. 또한, 동바리 설치가 끝나면, 콘크리트 치기전에 반드시 이상 여부를 확인하여야 한다(동바리 붕괴에 의한 크고 적은 안전사고가 건설현장에서 다수 발생됨).

- 목재(木材) 동바리 : 각재, 원목
- 강재(鋼材)동바리 : H빔, B-T형

그림 6.28 동바리 설치중(box culvert)

그림 6.29 가더를 이용한 거푸집 및 동바리(난간부분)

(4) 비계(Scaffolding)

작업원이 철근, 거푸집 등의 자재를 나르거나, 콘크리트 타설을 위한 기구 등을 운반하기 위한 운반로로 활용하기 위하여 설치되는 가시설로 설치시는 물론 이동시 추락 등의 재해예방시설이 특히 요망된다.

최근의 현장은 고정식인 타워크레인(tower crane)이나 운반용 에리베이터(elevator) 또는 이동사다리차 등이 활용됨으로 비계설치작업은 많은 분야에서 생략되어지고 있다.

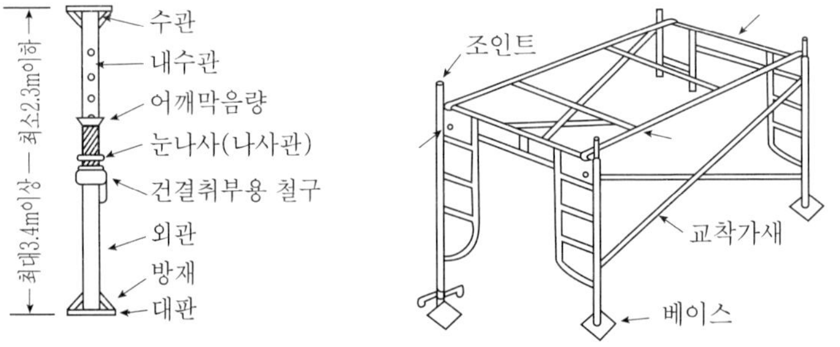

(a) 강관지주 (b) 골짜기 지주

그림 6.30 비계

(5) 거푸집 및 동바리에 작용하는 하중

거푸집이나 동바리 설치시는 다음에 열거하는 하중에 견딜수 있어야 할 뿐 아니라 콘크리트 타설중에 추가로 부과되는 작업원이나 타설장비 등의 작업중 하중도 고려되어야 한다.

1) 연직하중

거푸집, 동바리, 콘크리트, 철근, 작업원, 임시 설비 등의 중량 및 이들의 충격

2) 횡방향 하중

① 풍압, 유수압(流水壓), 지진 등
② 작업중의 진동이나 충격 및 시공오차
③ 동바리가 무너지는 사고의 주원인임

3) 콘크리트의 측압

굳지 않은 콘크리트의 측압

4) 특수하중

① 콘크리트 구조물의 형상이나 비대칭이나 편심이 심한 경우
② 거푸집이나 동바리 설치위치

그림 6.31 철근 조립시 설치한 배수 구멍(SLAB)

그림 6.32 콘크리트 타설계획에 의한 거푸집 설치

(6) 시공이음(Construction joint)

콘크리트 작업은 계획적인 시공 이음도 있으나, 작업중 콘크리트 생산의 중단, 장비의 고장, 안전사고 등으로 예기치 않은 위치에서 시공이음을 하여야 할 경우도 종종 있으므로 현장기술자는 이에 대한 다음 사항들을 인식하고 충분한 배려가 있어야 한다.

수밀을 요하는 콘크리트에서 수축조인트가 필요한 경우는 물론 시공이음(계획된 이음, 부득이한 이음)의 경우에는 신 · 구콘크리트의 접합과 틈새 누수방지를 위해 지수판(止水板, water plate, 차수판, cut-off plate)을 설치하여야 하며, 지수판의 재료로는 신축이 가능한 동판, 스테인리스틸, 고무판 등이 사용되고 있다.

그림 6.33 PVC 지수판

1) 시공이음은 될 수 있는 대로 전단력이 작은 위치에 설치하고, 시공이음을 부재의 압축력이 작용하는 방향과 직각되게 하는 것이 원칙이나.
2) 부득이 전단이 큰 위치에 시공이음을 설치할 경우에는 시공이음에 장부 또는 홈을 만들든

가 적절한 강재를 배치하여 보강해야 한다.

3) 시공이음부를 철근으로 보강하는 경우에 정착길이는 철근지름의 20배 이상으로 하고, 원형철근의 경우에는 갈고리를 붙여야 한다.
4) 시공이음을 계획할 때에는 온도변화, 건조수축 등에 의한 균열의 발생에 대해서도 고려해야 한다.
5) 시공이음부가 될 콘크리트면은 느슨해진 골재알 등이 없도록 마무리하고, 경화가 시작되면 되도록 빨리 조기에 쇠솔(wire brush)나 모래분사 등으로 면을 거칠게하며, 충분히 습윤상태로 양생하여야 한다.
6) 콘크리트를 이어칠 경우에는 구 콘크리트 표면의 레이탄스, 품질이 나쁜 콘크리트, 꽉 달라붙지 않은 골재알 등은 쇠솔(wire brush)이나 쪼아내기(chipping) 등으로 완전히 제거하고, 고압분사(water jet)로 청소한 후 물로 충분히 흡수시킨 후 시멘트 풀, 부배합의 모르터, 양질의 접착제 등을 바른 후 이어치기를 하여야 하다.
7) 설계에 정해저 있지 않은 이음을 설치할 경우에는 구조물의 강도, 내구성, 수밀성 및 외관을 해치지 않도록 위치, 방향 및 시공방법을 시공계획서 및 시공상세도에 정해 놓아야 한다.

6.3.5 콘크리트 구조물 철거

(1) 구조물 철거의 필요성

구(옛날) 시방서나 개정전 기준 (DB13.5, DB18 → DB24)에 의해 건설된 구조물들은 내용년수 초과, 노후화, 미관불량 등으로 구조물 전체의 철거가 불가피한 경우와 이들 구조물을 계속 사용하기 위해 구조물 자체의 안전과 함께 이용자의 안전 때문에 부분적으로 철거후 보강을 하여야 할 구조물로 나누어지며, 어느 경우든 구조물 철거(파괴)는 꼭 필요한 공정으로 철거대상 구조물의 수량이나 규모는 앞으로 우리 주위에 점점 증대 될 실정에 있다.

최근에 건설된 구조물 일지라도 성능에 대한 개선이나 증대가 필요한 경우 및 확폭이나 확장을 위해 부득이 철거하여야 할 구조물이 있으므로 구조물 철거에 대한 효과적이고 친환경적인 공법의 연구검토가 절실히 요망되어 지고 있다.

구조물 철거의 경우 소음, 진동, 분진 등에 대한 대책과 아울러 철거대상 구조물을 이용하는 이용자(사람, 장비, 시설)에 대한 배려가 소홀할 경우 철거작업이 제대로 이루어 질 수 없음에 각별히 주의하여 사전에 충분한 시공계획과 함께 이용자에 대한 이해를 구하도록 한다.

최근 시행된 청계천 고가도로(서울)철거의 경우 주변교통처리와 도로양측 상인들의 영업권 보상에 대한 논란은 사회적으로 큰 문제가 되었으며, 오래된 아파트 재건축은 주변 아파트값 상승과 전세 대란 같은 경제적 문제를 야기시킨 원인이 되었음은 철거계획 수립시 유의할 좋은 사례가 될 수 있다.

(2) 현 상태에서의 구조물 깨기 사례

1) 시공과정이나 하자보수 기간내에 있는 구조물에서 잘못 시공된 부분의 보수를 위한 부분적 깨기
2) 교량확폭이나 아파트 등의 리모델링을 위한 성능개선 및 용도변경에 필요한 부분의 깨기
3) 소음, 진동, 분진등의 문제가 크지않은 구조물의 완전철거를 위한 깨기
4) 부피가 큰 구조물이나 소음, 진동, 먼지 등에 대한 별도의 대책이 요망되어 다른 장소로 옮긴 후 깨기가 가능한 경우 현 상태에서 운반(이동)가능한 부피로 절단(시가지의 횡단육교)
5) 화약 등을 이용한 폭파 파괴(아파트 등 복합구조물, 예) 남산외인아파트)

(3) 현상태에서 구조물 절단방법

1) 다이야몬드 소(Diamond wire saw) 공법

다이아몬드 팁이 박힌 와이어를 고속으로 회전시켜 철거구조물을 절단 해체하는 공법을 말한다.

그림 6.34 교각하부를 와이어로 감싸 절단중인 모습

2) 휠 소(Wheel saw) 공법

원형톱날을 고속으로 회전하여, 철거구조물을 절단 해체하는 공법을 말한다.

그림 6.35 부재를 크레인으로 지지하고 Wheel saw로 절단중인 모습
(서울, 청계고가)

3) 워터제트(Water jet) 공법

초고압, 초고속으로 분사되는 물의 충격 에너지를 이용한 구조물 절단 해체하는 공법을 말한다.

(4) 철근 콘크리트 구조물 파쇄(깨기)방법

1) 압쇄

압쇄기를 굴삭기에 부착하여 유압의 힘을 이용 절단된 철거구조물을 파쇄하는 공법으로 대형구조물의 절단후 2차 파쇄에 많이 이용된다. 또한, 폐콘크리트에서 재생골재를 활용코자 할 경우 압쇄기로 압쇄후 선별기로 선별하여 사용한다.

그림 6.36 1차 절단된 철거부재를 2차 압쇄하는 모습

2) 브레이커(Breaker)깨기 공법

굴삭기의 유압력으로 정(chisel)을 작동시켜 정 끝의 급속히 반복 충격력에 의해 구조물을 잘게 깨는 타격파쇄 공법으로 소음 · 진동이 크며, 분진발생에 주의하여야 한다.

3) 쐐기 파쇄공법(Pin wedge)

직경 30~40mm 정도의 구멍을 천공하여 구멍속에 쐐기를 박아 넣어 구멍을 확대하여 철거구조물의 인장파괴를 유도하여 해체하는 공법으로, 1차 절단된 콘크리트 구조물의 2차 파괴시 주로 이용되며, 무진동 발파를 위한 암파쇄의 경우 이용되는 공법이다.

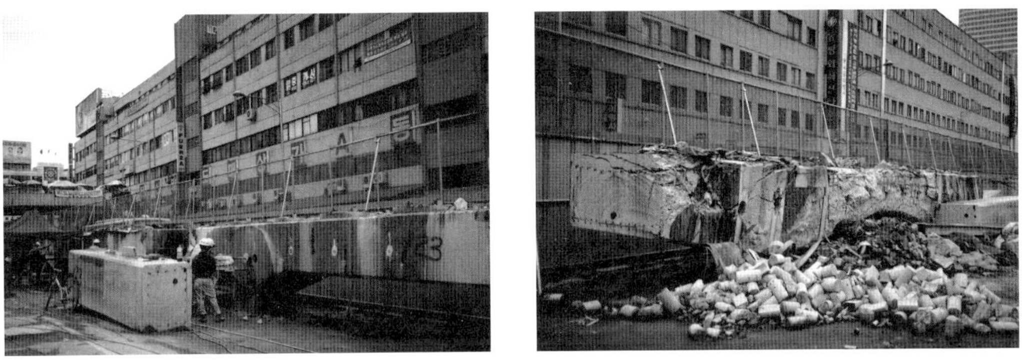

그림 6.37 1차 절단된 교량상부의 2차파쇄를 위해 pin삽입 구멍뚫기/Pin 삽입 후 파괴된 모습

4) 인력깨기

망치나 정,핸드브래이커 등을 이용하여, 장비 등의 사용이 불가능하거나, 소규모 철거 작업에 시용된다.

연습문제

6.1 다음 용어를 간략히 설명하시오.

① 주철근과 전단철근(정철근과 부철근)
② 콘크리트의 설계기준강도와 배합강도
③ 프리텐션공법과 포스트텐션공법을 비교 설명
④ 콘크리트의 건조수축
⑤ 물-시멘트 비(W/C) 산정방법
⑥ 골재의 유효 흡수율
⑦ 구조물 열화현상
⑧ 콘크리트의 크리프(creep) 현상
⑨ 골재의 조립율(finess modulus)
⑩ 철근콘크리트 시방서상의 사용성과 내구성
⑪ 철근의 유효높이와 피복두께

6.2 해안콘크리트 구조물의 염해 발생원인과 방지대책에 대하여 설명하시오.

6.3 서중 Mass 콘크리트 타설시 균열발생을 최소화 하기 위한 시공시 유의사항을 말하시오.

6.4 지하저수용 콘크리트 구조물 공사에서 콘크리트 시공시 유의할 사항을 열거하시오.

6.5 진동롤러 다짐 콘크리트(RCC, roller compacted concrete)의 특징 및 시공시 유의사항을 설명하시오.

6.6 부벽식 옹벽의 주철근 배근방법과 시공시 유의사항을 기술하시오.

6.7 철근 콘크리트 구조물의 균열에 대한 보수 및 보강공법에 대하여 기술하시오.

6.8 콘크리트 원형관 암거의 기초형식의 열거하고, 그 특징을 설명하시오.

6.9 역T형(cantilever)옹벽의 안정조건 및 전단키 설치목적은 무엇인가?

6.10 현장에서 콘크리트 타설시 시험방법 및 거사항목을 열거하시오.

6.11 3경간 연속 철근콘크리트교에서 콘크리트 타설시 시공계획수립을 하고 유의사항을 설명하시오.

6.12 콘크리트 건조수축에 영향을 미치는 요인과 균열발생을 억제하는 방법을 열거하시오.

6.13 옹벽수직미세균열에 대해 논하고 원인과 대책을 설명하시오.

6.14 PS 콘크리트의 배합설계에 대하여 논하시오.

6.15 교량 상판 콘크리트 조사결과 철근이 노출되었다. 발생원인과 대책을 설명하시오.

6.16 콘크리트의 내구성을 저하시키는 요인과 그 개선방법을 설명하시오.

6.17 고강도 콘크리트의 제조 및 시공방법을 설명하시오.

6.18 석축 옹벽의 붕괴원인과 방지대책을 설명하시오.

chapter 07 터널공

제 7 장 터널공

7.1 개요

터널(tunnel)이란 지표하(地表下)에 통로나 공간으로 이용할 수 있도록 지하 또는 산을 뚫어 축조한 지하 구조물로써 옛날에는 용수(用水)나 통수(通水)를 목적으로 터널이 활용되었으나, 근대에는 도로나 철도에 많이 적용되고 있다.

최근에는 다양한 지하공간(대피시설, 지하상가, 지하도로, 지하도시, 원유저장시설 등) 확보가 필요할뿐아니라, 전기, 통신, 상수도, 하수도, 가스 등의 각종 배관 라인(Line)의 매설 목적으로 그 용도가 점점 확대되어지고 있다.

종래의 장대터널은 구경(단면)이 적은 수로터널이 주를 이루었으나, 최근에는 도로나 철도에서 단면이 큰 터널이 많이 건설되고 있으며, 이는 도로와 철도가 단순한 지역간 연결보다 주행성과 환경보전을 우선시한 결과로 상촌터널(10km, 경부고속철도), 슬치터널(6.2km, 전라선철도), 죽령터널(4.5km, 중앙고속도로), 둔내터널(3.3km, 영동고속도로) 등이 건설완료되었으며, 2012년 3월에는 국내 최장 도로터널인 춘천-화천간 배후령터널(5.1km)이 개통되었다. 또한, 영동선과 중앙선 개량에는 연장 19.6km와 25.1km의 철도터널이 시공중에 있다.

장대터널의 구분은 단순한 터널연장보다 운행중 서비스 수준과 시공조건에 따라야 하나, 유럽등에서는 일반적으로 짧은터널(500～1,000m, short tunnel), 긴터널(1,000～1,500m, long tunnel), 장대터널(1,500m이상, very long tunnel, 매우 긴 터널)로 정의하고 있다.

7.1.1 터널의 종류

(1) 사용목적에 따라

1) 철도터널 : 철도 및 지하철
2) 도로터널 : 도로(고속도로)
3) 수로터널 : 배수로, 용수로, 수력발전
4) 광산터널 : 광석채취
5) 지하 저장터널 : 공장, 격납고, 상가, 원유저장

(2) 단면형상(평면) 및 선형(종단)에 따라

1) 원형터널 : 수압이나 토압을 많이 받는 압력 터널로 원형인 터널
2) 구형터널 : 도로, 수로 등의 개착식 터널로 구형(사각형)인 터널
3) 마제형터널 : 철도 및 도로터널에 주로 사용되는 말굽형인 터널
4) 직선터널 : 터널의 전구간이 직선인 터널
5) 곡선터널 : 도로, 철도, 수로 등의 곡선 내에 설치된 터널

(3) 위치에 따라

1) 산악터널 : 산악지역을 통과하는 터널
2) 하저터널 : 하천 하부를 통과하는 터널
3) 도시터널 : 시가지내 지하를 통과하는 터널
4) 해저 및 하저터널 : 섬과 육지, 섬과 섬사이를 해저로 통과하는 터널

(4) 갱문형태에 따라

1) 면벽형터널(문형.門)

(a) 문형갱문

(b) 원통절개형

(c) 벨마웃형

그림 7.1 도로터널의 종류

2) 원통절개형 터널
3) 벨마웃(bell mouth)형 터널

7.1.2 터널의 계획

(1) 위치선정

1) 가능한 지반조건이 양호한 곳을 통과하도록 한다.
2) 편압이 예상되는 계곡부는 물론, 습곡지역이나 절벽지는 피하도록 한다.
3) 최소 토피는 구조적 안전영역의 범위가 확보되어야 한다.
4) 갱구의 위치는 사면의 안정이 충분히 고려되어야 한다.
5) 가도(작업로)의 설치, 지장물 및 민원발생 요인의 최소화, 사토장(블럭처리) 등을 포함한 시공성이 고려되어야 한다.

(2) 선형계획

1) 평면선형은 가능한 직선이 좋으나, 터널 입 · 출구부와의 접속된 선형이 고려되어야 한다.
2) 종단구배는 배수와 환경(환기)이 동시에 고려되어야 하며, 0.3~2.0%가 바람직하다.
3) 두개의 터널이 근접할 경우(병설터널) 중심간격은 터널직경의 2~3배를 유지토록 한다.

(3) 공법선정시 고려사항

1) 터널의 규격 : 연장, 단면의 크기와 형상
2) 주변의 환경조건 : 시가지, 산, 하천
3) 암반의 강도, 풍화상태 및 암의 성실
4) 작업으로 인한 진동, 소음, 비산 먼지 등의 공해 발생정도

(4) 관련용어

1) 공동구(共同溝, Utility tunnel)

도시가스, 상하수도, 급배수, 지역난방 등의 복수관로를 일괄하여 수용하기 위한 지하터널을 말한다. 대도시 지하철 시공시 지하철 구조물과 접하여 시공되기도 한다.

2) 파이롯 터널(Pilot tunnel)

굴착할 터널 단면보다 적은 단면으로 먼저 시공되는 터널을 말하며, 암질의 판정과 본 터널

의 작업로를 위한 터널 시공시 활용되고 있다. 최근 대형 단면의 터널은 T.B.M공법에 의한 파이롯 터널을 이용하여 NATM공법으로 본 터널을 굴착하는 방식으로 시공되기도 한다(서울의 남산 1호 터널). 대형 플랜트(plant) 공사에서는 소규모의 플랜트를 먼저 제작 시공하여 시운전을 통한 문제점을 보완후 대형 플랜트를 제작 시공하고 있는 바, 먼저 제작 시공하는 소규모의 공장을 파이롯 플랜트(pilot plant)라 한다.

3) 갱구(坑口, 갱문)

터널의 입구(출구)를 말하며, 갱문이라고도 한다.

4) 막장(Facing)

굴착하고 있는 선단 부분을 말하며 현재 굴진하고 있는 장소(위치)이다.

5) 도갱(導坑, Drift, Heading)

굴진 작업에서 선행되는 부분을 말하며 앞서 뚫어 진행하는 굴착단면이다.

6) 블럭(Block)

발파나 굴착현장에서 나온 암 부스러기를 말하며, 현장에서는 '암블럭' 또는 '블럭처리' 등으로 불리어지고 있다.

7) 인버트(Invert)

터널의 양측 벽체를 바닥에서 연결시킨 것을 말한다.

7.1.3 터널의 시공방법

(1) 갱도 굴진공법

암반발파에 의한 반복적인 굴진으로 터널이 완성되며, ASSM공법 및 NATM공법이 있다. 터널 상부의 토피가 상당히 깊은 곳에 적용된다.

(2) 개착식 공법

터널 상부의 토피가 얕은 곳에 적합한 공법이며, 지하철 터널, 낙석이나 붕괴가 우려되는 절개지의 통로(도로), 터널 등에 적용된다.

(3) 쉴드 공법

발파에 의하지 않고, 굴진하는 기계굴착 공법이다.

(4) TBM 공법

쉴드 공법과 유사한 기계굴착 공법이며, 최근의 장대터널(10km이상)의 주된 시공 공법이다.

(5) TBM+NATM 공법

광폭의 장대터널에서 파이롯터널(pilot tunnel)이나 소구경(4.5m내외) 터널은 TBM을 이용하고, 본 터널(필요단면)은 NATM으로 시공하는 공법이다.

(6) 케이슨 공법

하저나 해저에 설치되는 침매 공법과 유사한 공법이다(제5장 5.4.3 케이슨 기초 참조).

(7) 침매 공법

하저나 해저에 트랜치를 준설한 후 미리 만들어진 여러 개의 콘크리트 상자(concrete box culvert)를 한 줄로 매설하여 연결시킴으로 터널이 완성되는 공법이다(2010년 개통된 가거대교).

7.2 터널의 굴착

터널 굴착공법은 지반조건, 토피(土被), 주변의 환경조건(시가지, 산, 하천), 단면의 크기와 형상, 연장 등을 우선적으로 고려한 다음, 암반의 강도, 풍화정도, 균열상태와 암의 성질 및 작업에 의한 진동, 소음, 비산 먼지 등 환경에 미치는 영향 등을 동시에 고려해야 한다.

종래에는 공사비 절감을 위한 터널 연장 축소로 갱구부 주위에 급구배의 높은 절토사면이 형성되어 여러가지 문제가 많았으나, 최근에는 환경훼손 최소화에 우선함으로 터널(갱구부) 연장이 길어지는 경우가 많다.

7.2.1 굴착형식

(1) 굴착공법의 종류

1) 전단면 굴착공법

2) 반단면 굴착공법
- 상부 반단면 선진공법
- 저설 도갱 선진 상부 반단면 공법
- 측벽 도갱 선진 상부 반단면 공법
- 링컷(ring cut)의 공법
- 벤치(bench)컷 공법

그림 7.2 터널내 굴착모습

그림 7.3 NATM공법으로 굴착하고 있는 터널내부

(2) 전단면(全斷面) 굴착공법

터널의 전단면을 동시에 굴착하는 방법으로서 굴착 후 동바리를 세울때까지 막장의 자립이 가능한 암질인 경우 적용된다.

공법의 특징은 다음과 같다.

1) 대형의 시공기계를 사용할 수 있다.
2) 굴착속도가 빠르다.
3) 시공도중에 지질이 불량할 때 공법 변경이 어렵다.
4) 단면이 큰 경우 설비가 커져 공사비가 증대된다.

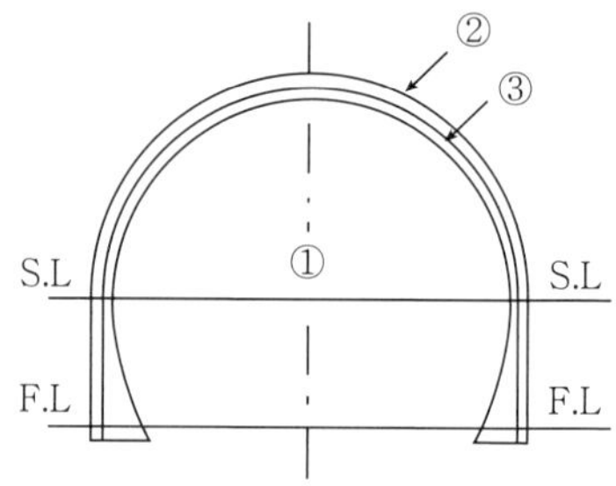

그림 7. 4 전단면 굴착공법

(3) 반단면(半斷面) 굴착공법

1) 상부 반단면 선진공법

상부 반단면을 전장(全長)에 걸쳐 먼저 굴착하고 하부 반단면을 굴착하는 방법으로 비교적 지질이 양호하고 용수가 적은 터널이나 연장이 짧은 경우에 적합하다.

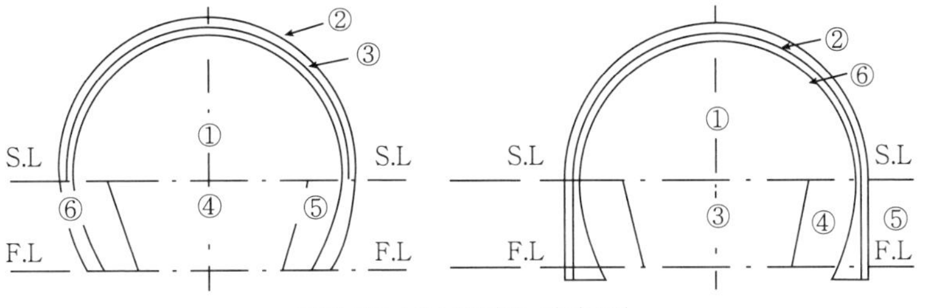

그림 7.5 상부 반단면 선진공법

2) 저설도갱 선진 상부 반단면공법

도갱(導坑)을 하부에 설치하여 도갱에서 상부 반단면의 넓히기를 한 후 하부 넓히기를 하는 공법이며, 저설 도갱식은 배수가 용이하고 버럭 싣기에 중력을 이용하는 등의 장점이 있으며, 지질이 양호한 경우에 유리하다.

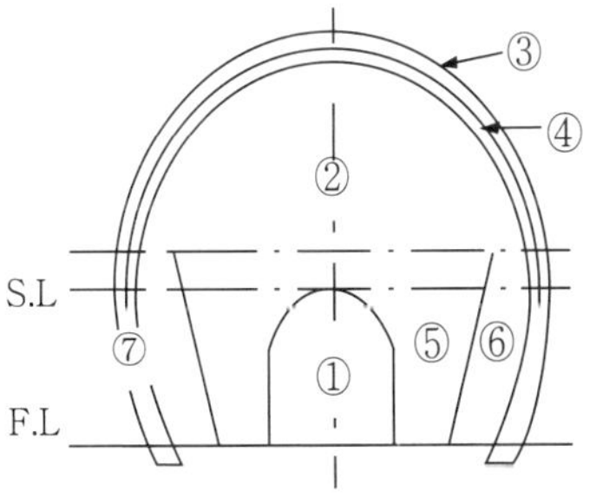

그림 7.6 저설도갱 선진 상부 반단면공법

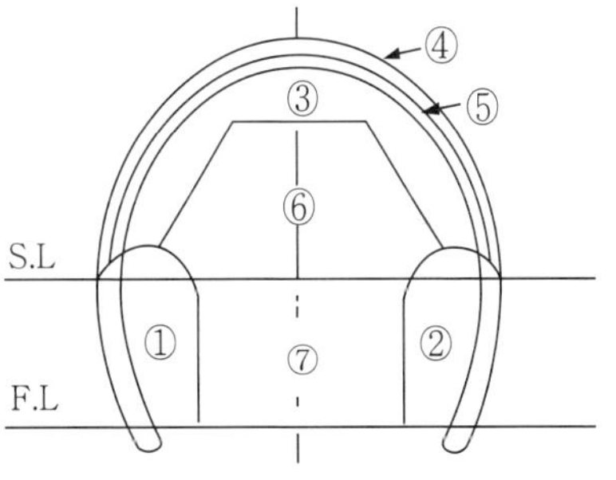

그림 7.7 측벽도갱 선진 상부 반단면공법

그림 7.8 방수 쉬트가 부착된 터널내부

그림 7.9 상부 반단면 굴착모습

3) 측벽도갱 선진 상부 반단면공법

좌우의 양측벽에 도갱을 굴착하여 도갱내에 측벽 콘크리트를 타설하고 아치(arch)부를 링컷(ring cut)하여 강아치 동바리를 측벽 콘크리트 위에 세워서 아치 콘크리트를 타설한 다음 나머지 부분을 굴착한다. 팽창성 지질이나 지반지지력이 부족한 연약층에 유리한 공법이다.

4) 링컷(Ring cut) 공법

상부 반단면을 굴착할 때 한번에 굴착하지 않고 중심부를 남기고 링 상태로 외주를 굴착하여 우선 아치 동바리공을 건립한 후 내부를 굴착해 나가는 방법이다. 자립이 어려운 불량한 지질 또는 편압이 걸릴 우려가 있는 지질등에 경우 적용하는 공법이다.

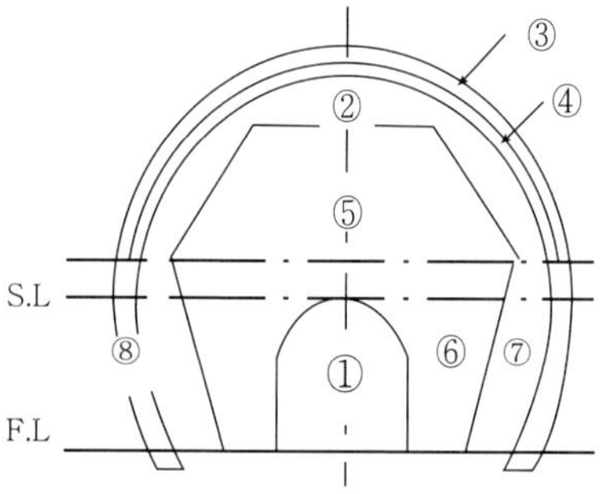

그림 7. 10 링컷 공법

5) 벤치 컷(Bench cut) 공법

상부와 하부를 동시에 굴진시키는 벤치 컷 공법은 먼저 상부 반단면을 굴착하면서 곧 뒤에서 하부 반단면을 굴착하는 공법이다. 암질이 양호한 경우 강제 아치 동바리의 지주 밑을 종방향으로 연결 보강하고 하부 반단면을 굴착해서 측벽용 동바리를 이어 설치한 후에 전단면의 방수 및 라이닝(lining)이 가능하며 NATM공법에서 널리 시공되고 있다.

표 7.1 벤치 컷 공법의 종류

종 별	벤치길이	적 용
롱벤치 컷	50m 이상	원지반이 안정되고 조기에 인버트 폐합이 불필요한 경우
숏벤치 컷	10m~35m	발파방식이나 기계방식 어느 경우에도 적용가능
미니 벤치 컷	2m~터널지름	인버트 조기 폐합 천단침하 방지가 필요한 토사터널 억제할 경우
다단(多段)벤치 컷	–	보통의 벤치 컷 공법으로 막장이 자립되지 않는 경우

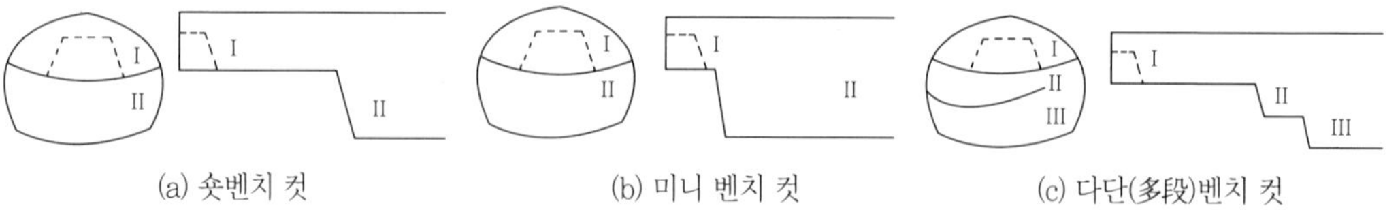

(a) 숏벤치 컷　(b) 미니 벤치 컷　(c) 다단(多段)벤치 컷

그림 7.11 벤치 컷 공법

그림 7.12 터널내 조명 등 설치모습

그림 7.13 갱구부 연장 및 갱문 설치모습

(4) 도갱방법의 비교

1) **정설도갱(벨기에식, 일본식)** : 버력반출이 곤란하나 단면이 크고, 지반이 약할 경우 적합하다.

2) **저설도갱(이탈리아식, 오스트리아식)** : 작업중 배수, 버력처리 등 장점이 있으나 지반이 양호할 경우 적합하다.

3) **측벽도갱(독일식)** : 단면이 크고, 지반이 좋지 않은 경우 적합하다.

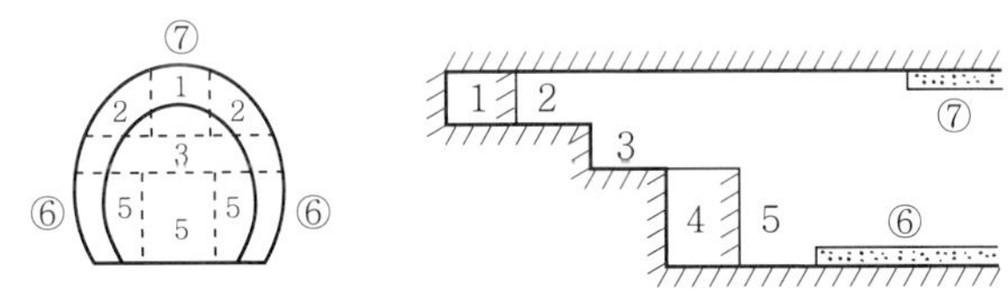
(a) 정설두갱식

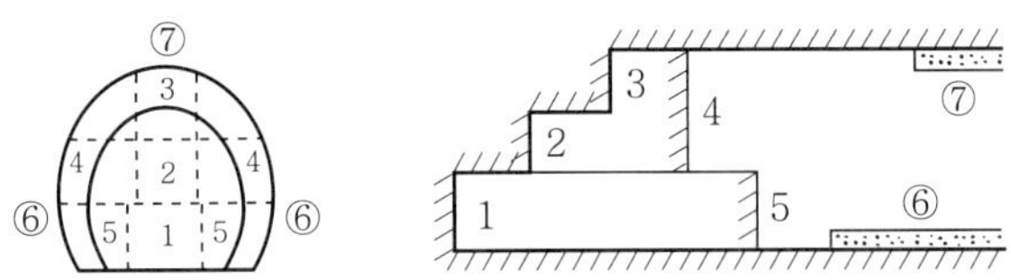
(b) 저설도갱식

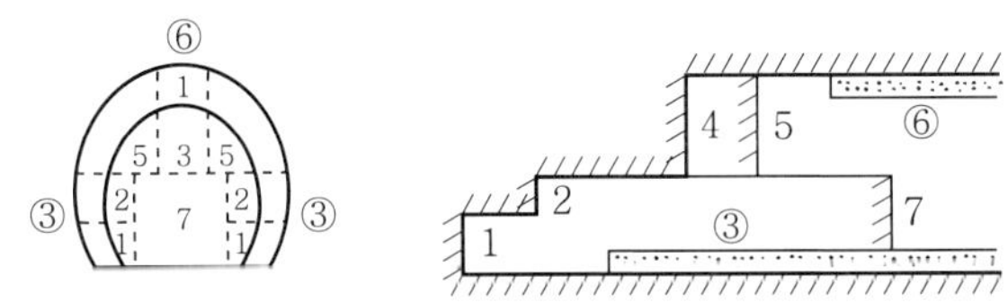
(c) 측벽도갱식

그림 7.14 측벽도갱

7.2.2 NATM 공법

(1) 공법개요

종래의 터널공법(ASSM : american steel support method)은 터널 주변의 이완된 지반에 작용하는 전체 하중을 지보재나 복공에 의해 지지되는 개념이었으나, 최근에 많이 사용하고 있는 NATM(new austrian tunneling method)공법은 터널 주변 지반의 자체 강도를 최대한 이용하여 터널의 굴착면을 지지하도록 시공하는 개념의 공법이다.

NATM 공법에서 굴착 후 가능한 조기에 숏크리트와 록 볼트를 시공케하고 있음은 터널 굴착면 주변이 원지반의 자체강도를 항상 유지시키게 하기 위함에 있으며 이는 NATM의 기본개념이다.

(2) NATM 시공(굴착사이클)

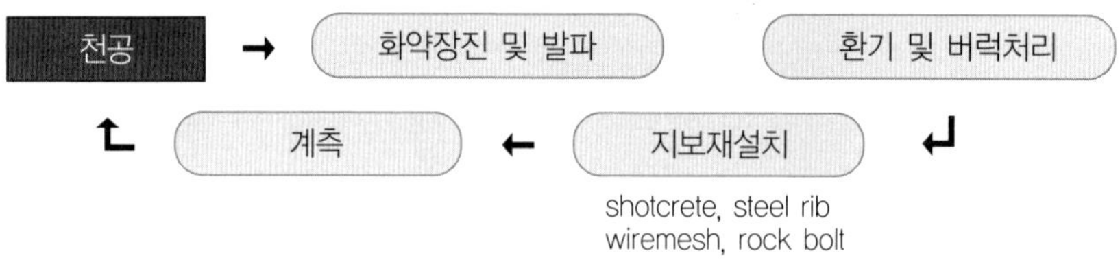

(3) NATM 공법의 특징

1) 굴착단면을 가능한 원으로 하여 응력집중(應力集中)을 방지한다.
2) 굴착 즉시 굴착면에 밀착되도록 숏크리트와 록 볼트를 시공하여 굴착면의 이완방지 및 암반 아치(arch)를 형성함으로 지반을 평형 상태로 유지하게 한다.
3) 지보재 사용을 줄일 수 있다.
4) 토사 지반에서 경암까지 적용이 가능하다.
5) 시공중 계측을 통해 터널주변의 지반거동 및 지보재(支保材)에 작용하는 응력을 확인 제어하여 안전성을 확보할 수 있다.

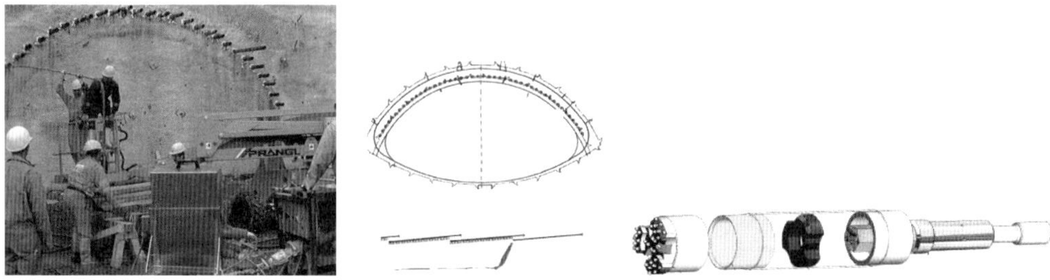

그림 7.15 NATM support system sketch

(4) NATM의 굴착공법

굴착공법	공법개요		적용조건
	횡단면	종단면	
롱벤치컷공법		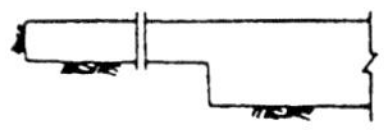	비교적 안정된 지반으로 굴착도중에 인버트 폐합이 필요없는 경우
숏벤치컷공법		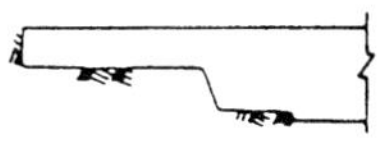	NATM의 표준 굴착공법, 막장으로부터 30m이내 또는 30일 이내에 폐합시킴. 토사로부터 팽창성지반에 이르기까지 적용됨
다단벤치컷공법			숏벤치컷공법에서 막장자립이 곤란한 경우, 지질이 연약한 경우, 최상단에 지보공이 필요함
미니벤치컷공법			지표의 침하를 억제하는 경우, 또는 팽창성 지반에서 조기에 단면폐합을 실시하는 경우
사이드파이롯공법		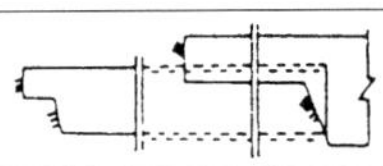	대단면의 터널에서 지반의 지지력이 작은 경우
전단면굴착공법			복선단면(60m²)에서는 대단히 양호한 지반. 소단면에서는 안정된 지반

(5) NATM 공법과 재래식 공법의 비교

구분	NATM 공법	ASSM 공법
지보원리	• 지반 자체가 지보재 • 숏크리트, 록볼트는 보강재	• 주지보재는 강철리브(Steel rib) • 콘크리트 라이닝
구조해석	• 계측결과 데이터를 설계 반영	• 가정된 이론과 경험으로 설계
주위암반	• 하중요소 및 지지요소로 작용	• 하중요소로 작용
지보재의 역할	• 숏크리트 – 굴착면에 밀착시공으로 이완방지 – 록 볼트와 함께 작용하여 원지반의 변위를 구속 – 굴착면을 평활하게 함으로써 응력집중 완화 • 록 볼트 – 굴착면과 원지반이 일체가 되어 항복내력 증대 – 암반의 균열 절리를 따라 발생하는 활동방지	• 강철리브(Steel rib) – 초기 하중을지지 – 최후의 이완하중을 라이닝과 함께지지 • 콘크리트 라이닝 – 강철리브(Steel rib)와 함께 최후의 이완하중 지지
안정성	• 계측에 의한 지반거동 파악으로 사전 대책을 신속히 강구 • 지반 침하가 없다	• 육안에 의한 현상 파악으로 사고 예측이 늦다. • 지반 이완에 의한 지표침하 발생
시공성	• 대형장비의 사용이 가능 • 여굴량이 적다. • 단면변화에 적응이 쉽다. • 막장의 안정성이 좋다.	• 대형장비의 사용이 곤란 • 여굴량이 많다. • 단면 변화시 불리하다. • 지반이 연약할 때 막장의 안정성이 없다.
경제성	• 내구성 보수비 측면에서 유리하다. • 라이닝 두께 지보공 규모가 작다. • 계측 결과에 따라 시공함으로 경제적이다.	• 굴착량이 많고 지보공 규모가 커져서 비경제적이다. • 콘크리트 라이닝을 지보재로 사용함으로 단면이 두껍다.

(6) 터널 막장의 보강

지반 붕괴가 예상되거나 지반의 차수와 보강이 필요한 터널 막장은 먼저 연약한 지반을 주입공법(그라우팅, Grouting) 등으로 보강후 굴착하는 경우와 강관 다단공법과 같이 굴진방법의 보완 또는 강관 다단그라우팅 공법, TAS 공법등과 같이 지반보강과 굴진방법의 보완을 동시에 행하는 경우가 있다.

1) 강관다단 그라우팅공법

터널 굴착전에 강관(소구경 : φ50~60mm, 대구경 : φ120~160mm)을 적절한 형식으로 배열 설치한 후 주입재를 강관내에 삽입함으로 강관과 주변지반을 일체화시키는 공법으로 굴착면 주변의 빔(Beam Arch)형성 보강공법이며 이때 사용되는 강관은 길이 12m정도의 이음부가 없는 강관이다(그림 7.32 참조).

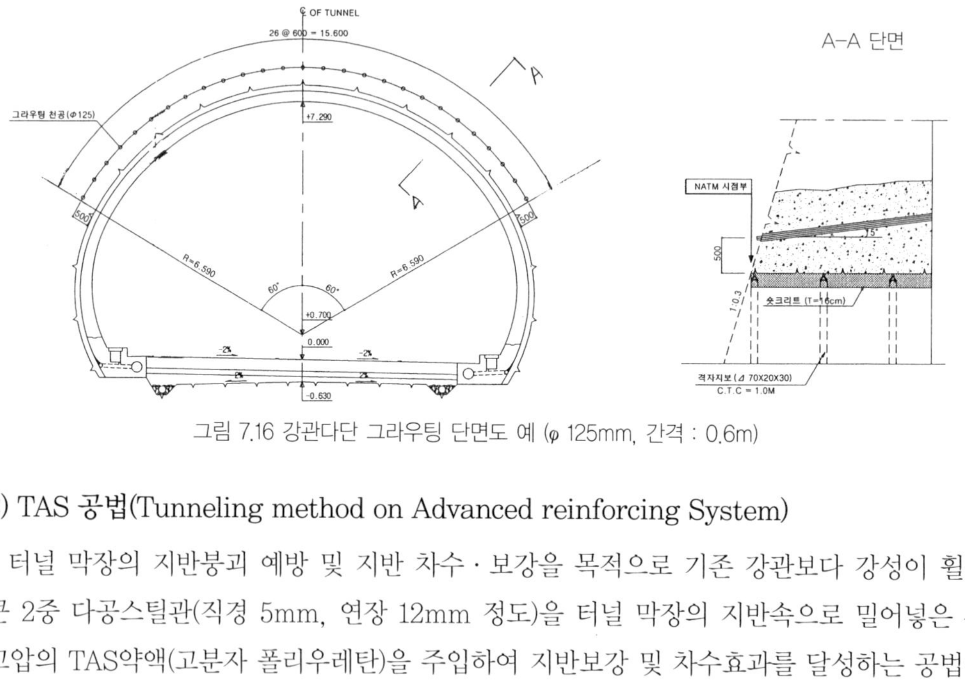

그림 7.16 강관다단 그라우팅 단면도 예 (φ 125mm, 간격 : 0.6m)

2) TAS 공법(Tunneling method on Advanced reinforcing System)

터널 막장의 지반붕괴 예방 및 지반 차수·보강을 목적으로 기존 강관보다 강성이 훨씬 큰 2중 다공스틸관(직경 5mm, 연장 12mm 정도)을 터널 막장의 지반속으로 밀어넣은 후 고압의 TAS약액(고분자 폴리우레탄)을 주입하여 지반보강 및 차수효과를 달성하는 공법이다.

막장의 붕락방지를 위한 지반보강, 용수 구간의 차수, 절리가 발달한 암반 보강 및 록 볼트(rock bolt), 소일네일(soil nailing) 등의 대용으로 이용되기도 한다.

7.2.3 TBM 공법

터널공사의 굴착공법 변화를 살펴보면, 종래에는 천공 및 발파를 반복하는 발파 굴착공법 이 주를 이루었으나 최근에는 산업발전과 더불어 안전성 확보, 각종 공해방지, 민원해소 등의 문제를 한꺼번에 해결할 수 있는 굴착공법이 요구됨에 따라 안전하고 경제적인 기계화 굴착공법으로 발전되고 있으며, 이의 사용빈도는 점점 많아지고 있다.

기계굴착에는 TBM, RBM, Shield 등이 있으나 대표적인 TBM 공법은 TBM(tunnel boring machine)이라는 대형의 터널 굴착장비를 사용하여 터널 전단면을 동시에 굴착하고 뒤에서 숏크리트를 타설함으로써 원지반 손상을 최소화하는 기계굴착 공법을 말한다.

TBM의 실용화는 1881년 영불해협 터널의 조사 갱 굴착에 사용코저 영국에서 최초로 시도되었고, 그 후 오랜기간의 연구개발을 통해 절삭식 TBM을 거쳐 압쇄식 TBM으로 획기적인 발전을 이루었으며, 국내에는 1985년에 처음 도입되어, 30Km에 이르는 수로터널을 비롯한 대형 단면의 남산 1호 터널 등 많은 시공실적이 있다.

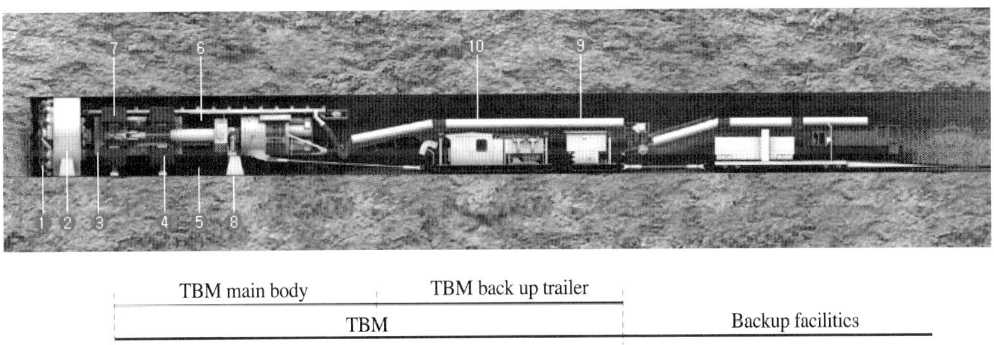

① Cultter Head ② Cutter Head Jacket ③ Inner Kelly ④ Outer Kelly
⑤ Advance Cylinder ⑥ Cutter Head Drive ⑦ Clamping Pad ⑧ Rear Support
⑨ Belt Conveyor ⑩ Dust Collector

그림 7.17 TBM 기계의 설비

(1) 공법의 특징

1) 시공성

- 연속굴착으로 시공속도가 빠르고, 따라서 공기가 단축된다.
- 무진동 굴착으로 지반의 이완이 거의 없어 특별한 보강이 필요없다.
- 단면이 정확함으로 여굴이 없어, 정밀 시공이 가능하다.
- 지질변화에 대응하기 곤란하다.

2) 안전성

- 유해 가스 분진 등이 거의 없어 갱내의 작업환경이 양호하다.
- 낙반이 적고, 작업자의 안전성이 높다.

3) 경제성

- 여굴이 적어 라이닝(lining) 및 그라우팅(grouting) 공사비가 절감된다.
- 굴착면 본 바탕이 이완되지 않아 강지보공 등 보강비용이 절감된다.
- 대부분의 굴진이 기계에 의하므로 노무비를 줄일 수 있다.
- 안전시설, 환기시설 등의 비용을 경감시킨다.
- 고가(高價)의 장비비와 특수한 소수의 기능공이 필요하다.

(2) 굴착방식

TBM 굴착방식은 대상 암질(岩質)에 따라 절삭방식과 압쇄방식으로 대별되고, 터널 굴착경에 따라 전단면 방식(TBM)과 확대기 방식(TBE)으로 나눌 수 있다.

1) 대상 암질에 따라 구분

① 절삭(切削) 방식 : 비트(bit)를 장착 회전력(toyque)를 이용하여 절삭하는 방식으로 연암(강도 700~800kg /cm²)에 적합하다.

② 압쇄(壓碎) 방식 : 헤드(Head) 전면에 장착된 disk cutter에 압축을 가하여 회전시키면 암석면은 균열이 발생 파쇄하게 되며, 보통암(강도 1000~1500kg/cm²)에 적합하다.

2) 터널 굴착경에 따라 구분

① 전단면 방식(TBM) : 전단면을 동시에 굴착하는 방식으로 직경 7m 이하의 소단면 터널에서 주로 사용한다.

② 확대기 방식(TBE) : 소구경의 TBM을 이용하여 Pilot 터널을 굴착한 후 확대굴착기로 소요단면까지 확대 굴착하여 터널을 완성해 나가는 방식으로 직경 8m 이상의 대단면 터널에서 확대 굴착기(TBE, tunnel boring enlarging machine)를 사용하는 것이 유리하다. 특히, 대단면 굴착시 전단면 TBM에 의해 나타나는 커터의 불균일한 마모현상으로 인한 빈번한 작업지연, 터널붕락 현상, 지질조사의 불확실성으로 인한 사고방지 조치의 어려움, 굴진작업 능률저하 등의 문제점을 해결해 주고 있다.

(3) TBM의 구조

1) 기계본체 : 주행 및 추진장치
2) 굴진장치 : 암 굴착 및 파쇄장치
3) 구동장치 : 동력전달 및 조종장치
4) 버럭 반출장치
5) 기타 설비 : roofshield, rock drilling machine, steel support handling system, dust filter, laser guide system, gas monitor

(4) TBM 공법 적용상 문제점

TBM 공법은 발파공법과 비교하여 빠른 시공속도와 공사에 안전성 등이 높은 이점이 있지만, 기계가 고가이고 기계의 설치 및 해체기간이 긴 단점도 있으므로 특히, 이 공법을 채택하고자 할 때는 지질적, 기계적, 제약 요인을 잘 검토한 후 결정하여야 하며 이러한 문제들은 다음과 같다.

1) TBM 공법은 발파공법에 비하여 암질에 의한 제약을 많이 받기 때문에 지질조사가 중요하다. 압축강도 3000kg/cm^2 이상의 극경암지대에서는 TBM에 의한 굴진은 무리가 있는 것으로 알려져 있으며, 대규모의 단층 파쇄대나 연약지반, 팽창성 지반을 통과하거나 대량의 용출수가 있는 경우에는 TBM 작업이 곤란하다.
2) TBM은 굴착도중에 굴착단면의 변경이 어려우며 최소 회전반경은 150m 이상이어야 하며, 구배가 20° 이상에서는 굴착에 제한을 받게 되므로 도로(수로) 자체가 충분한 기하구조를 가져야 한다.
3) 굴진에 필요한 전 작업이 TBM 1대로 하기 때문에 지질적, 기계적 요인이나 정비조립의 불균형 등으로 인한 가동율 저하시의 장비의 대체 등 다각적인 대처가 어렵다.

그림 7.18 TBM 기계 굴착전경

그림 7.19 TBM 기계 Φ50.62ft

4) TBM은 장비가 워낙 고가이고 단면의 형상과 크기가 개개의 장비에 국한되기 때문에 장비의 활용에 제한을 받으며 굴착단면에 dead space가 커질 경우가 많아 일반적으로 타장비에 비하여 경제성이 떨어지며 제작에 필요한 시간이 오래 걸리는 등 초기 투자가 크다.
5) TBM은 고압전력 사용에 따른 대용량 동력설비, 중량물 운반을 위한 도로보수, 배수를 위한 침전설비 등 발파공법에 비하여 대규모 공사용 가설비(假說備) 시설이 필요하게 된다.

7.2.4 쉴드 공법

연약층 지반이나 대수층 지반에서 터널을 만들기 위하여 고안된 공법으로서 쉴드(shield)를 추진(터널외 경보다 약간 큰 내경을 가진 견고한 강제의 통을 지중에 추진)시켜 지반의 붕괴를 방지하고 그것으로 보호된 공간내의 전면을 굴착하고 후미에서는 복공작업을 반복하여 쉴드를 전진시키면서 터널을 완성해 하는 공법이다.

우리나라에서는 전력구 등에서 소형쉴드 시공사례는 많으나, 대구경 시공은 광주지하철 1호선(97년 11월~03년 10월)에서 처음 시공하여 본 결과 하루 굴진속도가 경암층에서는 50m, 연약지반에서는 12m까지 가능하였으며, 이는 지상교통의 차단 및 지하매설물의 이설이나 보호가 필요 없을뿐 아니라 피복이 깊은 곳에서도 쉴드내에서 작업이 가능함으로 충분한 시공성(시공의 용이성, 경제성)이 있는 것으로 입증되었다.

(1) 공법의 특징

1) 지하의 깊은 곳이나 용수가 많은 연약지반에서도 시공이 가능하다.
2) 공사중에 지상에 영향을 주지 않으며, 소음 및 진동이 적다.
3) 곡선부 시공이 가능하며 막장붕괴에 대한 안전성이 높다.
4) 최근에는 적용 지반에 따라 장비의 종류가 다양하다.
5) 지질 및 지하수의 영향을 고려해야 한다.
6) 흙의 토피가 적은 경우에는 막장의 안정이 어렵다.
7) 쉴드의 제작이 어려우며, 공사비가 고가이다.

(2) 쉴드의 유형 및 구조

1) 쉴드의 단면 : 원형, 마제형, 장방형, 반원형
2) 쉴드기계의 전면구조
- 전면개방형 : 수굴식(手堀式), 반기계굴착식

- 부분개방형 : 브라인드식
- 밀폐형 : 지반암식, 이토식, 이수가압식(최근의 쉴드는 대부분 밀폐형으로 되어 있다.)

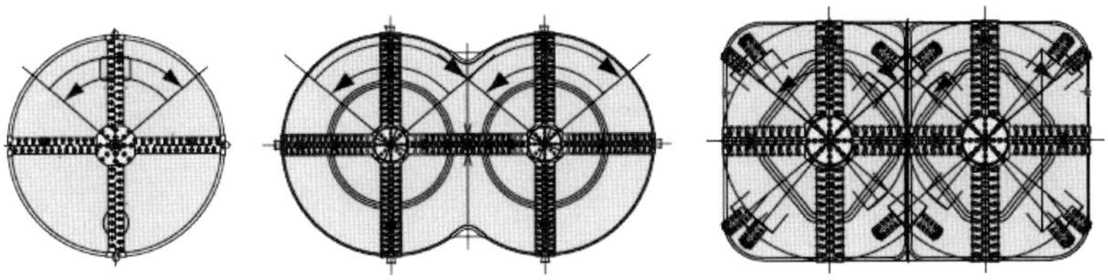

(a) Circular (b) Double (c) Rectangle

그림 7.20 굴착 메커니즘

(3) 쉴드의 구조

1) 후두부 : 막장의 안정을 유지하고 굴착토사를 후방으로 배출한다.
2) 커터부 : 외압에 견딜수 있도록 링(ring) 모양의 커터구조로 되어 있으며, 쉴드를 전진시키기 위해 쉴드잭이나 커터헤드 구동장치, 배토장치, 제어기기 등이 붙어 있다.
3) 테일부 : 스킨 프레이트(skin plate)만으로 둘러쌓여 그 안에서 복공이 이루어진다.

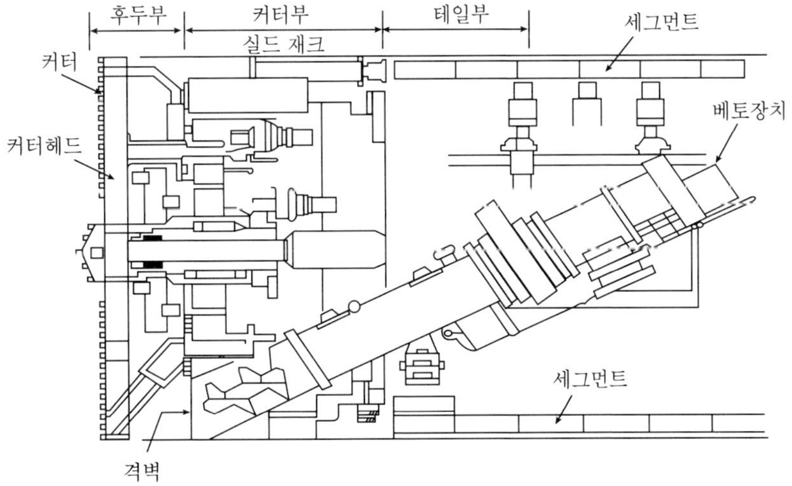

그림 7.21 쉴드 각부의 명칭

(4) 지반안정처리

쉴드 통과지역의 지반이 불안정하여 막장이 붕괴될 우려가 있을 때에는 지반의 자립성을 증대시키기 위하여 지반 안정처리 공법을 사용하며 그 방법으로는 압기(壓氣)공법, 이수(surry)

공법, 지하수위 저하공법, 약액주입공법, 동결공법 등이 있다.

약액주입공법은 밀폐식 쉴드의 발진, 도달시나 기설구조물의 보호지반이 급변함에 대처하는 응급적 수단으로 사용되고 있다.

(5) 복공

쉴드 공법에서는 테일부에서 기성 세그먼트를 링 모양으로 조립하여, 1차 복공을 하고 쉴드를 전진시켜 그후 필요에 따라 내측에 2차 복공을 한다.

2차 복공으로서는 1차 복공의 보강, 누수방지, 내면의 치장, 방청 등의 목적으로 콘크리트를 타설하는 경우가 많으며 효과적인 지수재의 개발로 생략되는 경우도 있다.

7.2.5 RBM 공법(Raise Boring Machine)

일반적으로 터널이라 하면 수평터널을 이야기하지만, 장대터널의 환기구(작업중 및 완성)나 광산에서는 깊은 심도의 수직 터널이 필요하며, 특히 양수(揚水)발전소의 경우는 수백m의 수직갱을 뚫어야 하는 바, 이때 적용하는 공법으로는 RC 공법(raise climber)과 RBM 공법이 있다.

그림 7.22 산청 양수발전소 전경(수직연장 : 449m, 조압수조부 91m, 수압터널 358m)

RBM(raise boring machine) 공법은 굴착하고자 하는 수직 및 사갱의 상부에 기계실을 설치하고 하부에는 Reaming Room을 조성한 후, 기계실에 RBM을 안착시켜 소구경(Φ311mm)의 Tri-cone Bit로 굴착하면서 드릴 파이프를 교체 연결하여 유도공을 관통시킨 후 상부로 Reamer Head를 끌어 올리면서 수직 및 사갱을 대구경(Φ2.4~3.05m)으로 확공하는 공법이다.

* 양수발전소 : 남는 전력으로 물을 높은 위치로 끌어올려, 전력이 부족한 시간에 발전을 하는 수력 발전소를 말하며, 우리나라에서는 산청, 양양, 청평, 삼랑진, 무주 양수발전소가 가동중이다.

표 7.2 수직터널 굴착의 RBM 및 RC 공법 비교

구 분	RBM 공법	RC 공법
개요도	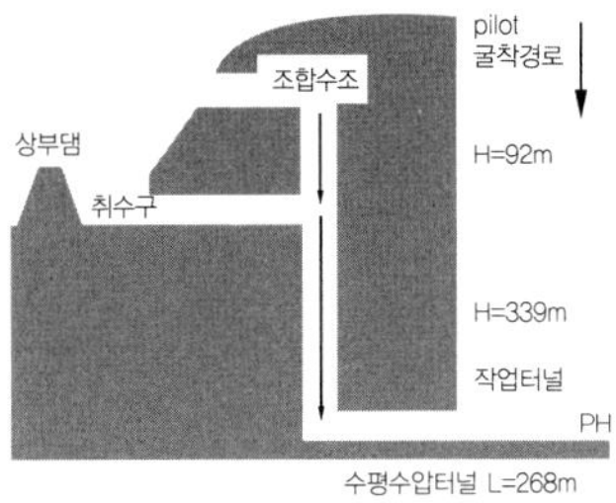	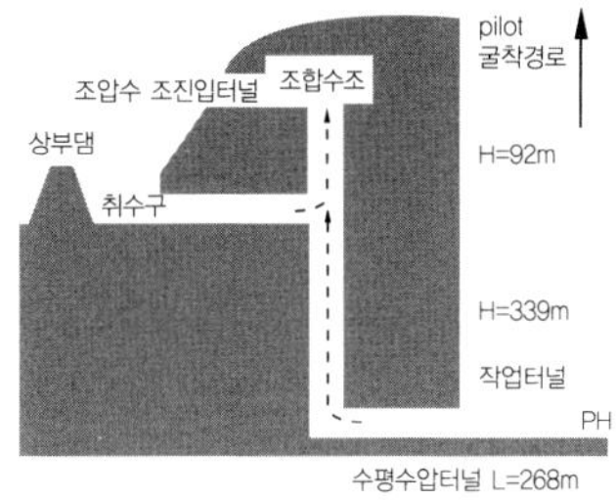
굴착순서	- 유도공(Φ311mm)을 상부에서 하부로 시추 - 유도공을 이용하여 하부에서 상부로 확공 (2.40m~3.05m)	- 레일을 이용하여 하부에서 상부로 전단면 (2m×2m 내외)을 굴착
굴착장비	- 유압식 장비에 의한 기계굴착	- 착암기에 의한 인력굴착
장 점	- 여굴 및 이완대 발생없음 - 용수발생시에도 작업가능 - RC보다 굴진속도 빠름 (8.25~9.63m/일 내외 : 극경암기준) - 안전사고 배제 및 환기 불필요 - 버력을 댐축조에 유용가능(φ 1.2~2.3cm)	- 국내 수로터널에 실적 다수 (청평, 삼랑진, 무주, 강릉) - 버력을 댐축조에 유용가능
단 점	- 국내의 수로턴널 실적없음 (광산의 통기 터널용 실적다수) - 유도공 시추의 정확성 결여 - 단층대 및 파쇄대 발생시 지보 곤란	- 요수개소에서 측량 불가로 수직오차 발생 큼(ex. 강릉 수력) - RBM 보다 굴진속도가 느림(2.3m/일 내외) - 발파에 따른 고소, 위험작업으로 기능공 확보 곤란 - 파쇄대 및 단층내에서 레일고정볼트 탈락 우려로 안정상 위험

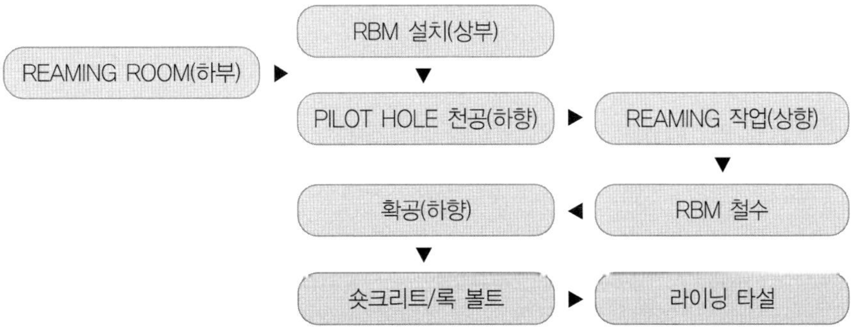

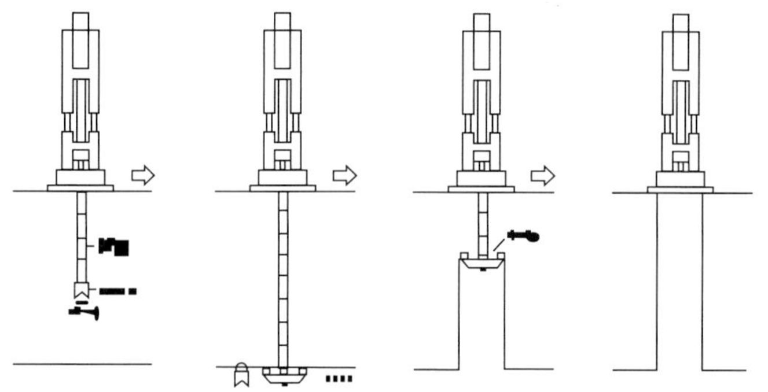

그림 7.23 RBM 시공 순서도

7.3 지보(支保)공 및 복공(覆空)

지보공은 터널의 굴착 후 복공(lining)을 완성하는 동안 굴착면의 붕괴를 방지하기 위한 목적으로 설치하는 구조물로써 지질, 터널 단면의 크기와 형상, 굴착방법에 따라 구조가 다르다.

지보공의 재료는 강재(H빔)가 주로 사용되고 특수한 경우 목재(광산, 소규모 터널 등)가 이용되기도 하나, 록 볼트(rock bolt), 숏크리트(shotcrete)와 함께 활용되고 있다.

7.3.1 강재(鋼材) 지보공(강지보공)

강재 지보공을 강(鋼)아치(arch) 동바리공이라고도 한다.

1) 설치효과

- 굴착면의 토압 지지로 탈락이나 침하가 방지된다.
- 숏크리트 강도 별현시까지 동바리 역할이 가능하다.
- 구조물로서 숏크리트의 보강 철골 기능을 가진다.
- 작업공간 확보로 기계화 시공이 가능하다.

2) 제작 및 설치

- 강지보재는 굴착면이나 숏크리트에 말착되어 콘크리트 라이닝의 소요 두께가 확보되도록 제작 설치되어야 한다.

- 강지보재의 설치간격은 지반특성을 고려해서 결정되어야 한다.
- 연결부는 후속 연결작업의 시공성을 감안하여야 한다.

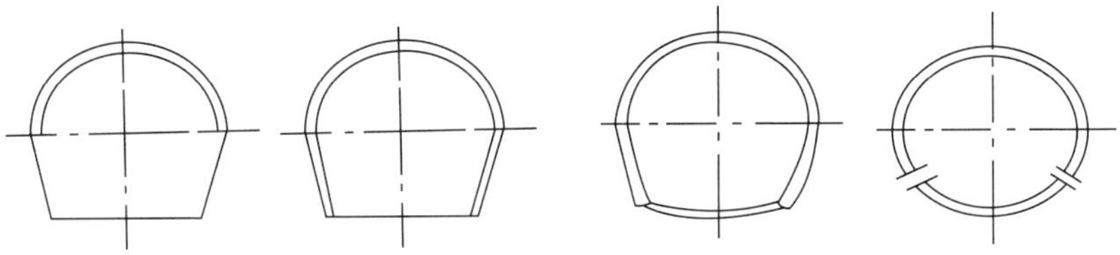

(a) 반원형　(b) 마제형　(c) 전주 마제형　(d) 전주 원형

그림 7.24 강재보재의 형태

그림 7.25 설치된 강재 지보공 및 Wiremesh

그림 7.26 설치전 지보공 모습

7.3.2 숏크리트(Shotcrete)

(1) 개요

압축공기로 굴착면에 콘크리트를 뿜어 붙여서 밀착시키는 공법을 숏크리트라 한다. 숏크리트는 굴착면의 이완이 억제되어 지반강도 약화를 방지하고, 굴착면에 생기는 요철을 평활하게 하여 응력집중을 완화하며, 공기나 물에 대한 원지반 지질의 약점을 보호하여 굴착후의 안정을 유지시키므로 1차 라이닝의 역할도 한다. 굴착된 면은 시간이 경과함에 따라 이완이 진행되므로 굴착후 곧바로 뿜어 붙이기(숏크리트)를 시공하여야 한다.

(2) 숏크리트 공법의 특징

- 광범위한 토질에 적용할 수 있다.
- 거푸집이 필요없어 급속 시공이 가능하다.
- 소규모 기계로 시공할 수 있다.

- 시공중 분진발생이 많다.
- 용수(湧水)가 많은 곳의 시공이 곤란하다.

(3) 공법의 종류

숏크리트의 시공법은 건식(乾式)공법과 습식(濕式)공법이 있으나, 양호한 품질을 위하여는 습식공법이 권장되고 있다.

건식은 시멘트, 골재, 급결제 등의 건식 혼합된 재료를 압축공기로 압송시켜 노즐(nozzle) 또는 직전에서 압력수와 합류시켜 뿜어 붙이는 방식이며, 습식은 시멘트, 골재, 물 등이 혼합된 재료를 압축공기로 압송시켜 노즐 부근에서 급결제를 첨가하여 뿜어 붙이는 방식이다.

표 7.3 건식공법과 습식공법의 비교

구 분	건식공법	습식공법
콘크리트 품 질	물-시멘트비의 변동이 커서 품질의 변화가 크다. 특히 작업원의 숙련도와 능력에 의해 좌우된다.	물-시멘트비가 일정하고 품질의 변화가 적다.
압송거리	수송시간에 대한 제한이 적어 수평으로 300m까지 가능하다.	장거리 수송은 적당치 않아 수평으로 100m 이내로 한정한다.
분 진	많이 발생된다.	적게 발생한다.
리바운드	비교적 많다.	비교적 적다.
작업공간	장비가 소형이므로 작업공간이 작다.	장비가 대형이므로 작업공간이 크다.

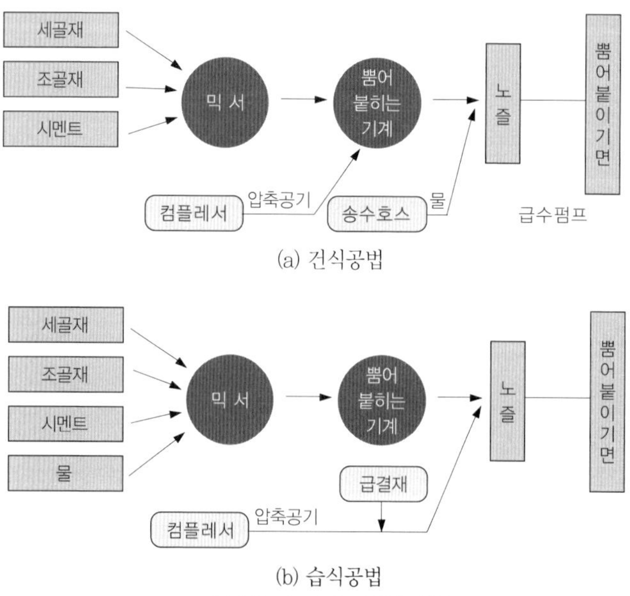

(a) 건식공법

(b) 습식공법

그림 7.27 숏크리트 공법 계통도

(4) 배합

숏크리트배합은 보통 콘크리트 배합시보다 단위시멘트량이 많고 굵은 골재 최대 치수는 작으나 잔골재율(S/a)은 크게 하여야 하며 특히 고려할 사항은 다음과 같다.

1) 소요 강도가 얻어질 것
2) 리바운드(rebound)가 적을 것
3) 부착성이 우수할 것
4) 호스에 막힘이 없을 것

표 7.4 숏크리트의 배합설계(예)

항목 / 방식	시멘트량 (kg/㎥)	슬럼프 (mm)	굵은 골재 최대치수(mm)	W/C (%)	S/a (%)	급 결재율 (%)
건식	350	–	15	45	55	4.5
습식	390	10	10	55	60	4.0

(5) 시공

1) 숏크리트의 두께

숏크리트의 두께는 사용목적, 지반조건, 단면의 크기 등을 고려해서 결정하되, 지보재로 사용코자 할 경우는 3cm이상으로 시공토록 터널설계 기준에서 명시하고 있다.

2) 시공면의 사전처리

숏크리트 작업시에 낙하우려가 있는 뜬돌과 부착을 방해하는 풀, 나무, 토사를 작업전에 완전히 제거하여야 한다. 시공면은 적당한 습윤상태로 유지하는 것이 리바운드나 분진의 발생을 억제하는데 효과적이다.

그림 7.28 숏크리트 타설장비

그림 7.29 숏크리트한 암절취면

3) 보강철근 및 철망설치

숏크리트의 전단보강, 부착성의 향상 및 탈락 방지를 위하여 설치한 철근이 숏크리트 작업시 이동되거나 진동이 되면 숏크리트에 균열이 발생하므로 충분히 고정해 놓아야 한다.

보강철근의 간격, 철망의 망눈 치수는 숏크리트가 안쪽에까지 밀실하게 채워질 수 있는 규격으로 선정되어야 한다.

4) 뿜어 붙이기 작업

숏크리트는 노즐에서 분출되는 재료가 적당한 충돌속도로 직각으로 부딪칠때가 압밀성과 부착성이 가장 좋으며, 숏크리트 작업시의 압력은 2~4kg/cm^2, 거리는 0.8~1.2m가 적당하다.

숏크리트는 뿜어 붙힌 콘크리트가 흘러내리지 않는 범위의 두께로 소정의 두께가 될때까지 반복해서 뿜어 붙여야 하며 또한 강재지보공을 설치한 부분에서는 뿜어 붙일면과 강재사이에 공극이 생기지 않도록 해야 한다. 또한 숏크리트 작업에서 리바운드량을 최소가 되도록 함과 동시에 리바운드된 재료가 기계에 말려들지 않도록 주위하여야 한다.

5) 리바운드율(반발률, Rebound Rate)

숏크리트 기계의 노즐에서 나온 콘크리트가 목적물(터널벽체나 천장)에 부착되지 못하고 떨어지는 양을 전체 콘크리트량과 비교한 율을 리바운드율(rebound rate) 또는 우리말로 반발률이라 한다.

리바운드량은 작업방식, 시공위치, 토출압, 재료의 배합, 골재의 최대치수 및 입도, 철근간격, 벽면의 요철 등 여러 가지 요인에 따라 영향을 받는다. 현장조건을 고려한 적절한 배합과 시공방법을 택하여 리바운드량을 감소시킬 수 있는 방안이 마련되어야 한다.

터널시공에서 벽체는 10%, 천정부위는 15%의 반발률로 설계되고 있다(국토교통부).

7.3.3 록 볼트(Rock Bolt)

록 볼트는 암석 터널에서 숏크리트(shotcrete)와 병용하면서 굴착면 가까이 이완된 부분을 깊은 곳의 안정된 원지반에 앵커시키거나 조여 붙여, 터널 주변에 원지반의 아치(arch)를 형성시켜 낙반(落盤)을 방지하고, 터널안의 공간을 존속시키도록 하는 공법이다.

록 볼트의 시공은 굴착후 가능한 빨리 시공하여야만 소정의 효과를 기대할 수 있다.

(1) 록 볼트의 종류 및 정착방법

1) 쐐기(Wedge)형

천공 후 볼트를 삽입하고 해머로 박아 웨지(wedge)가 스롯(slot)를 확장케 하여 정착시킨 다음 너트를 조이며 긴장시킬 수 있도록 만들어진 형태이며, 강한 암반에서는 훌륭한 정착력(碇着力)을 발휘하나 정착부의 면적이 작으면 활동의 위험이 있다.

2) 접착형

천공 후 시멘트 모르타르 또는 수지(resin) 등을 공(孔)내에 삽입하고 볼트로 교반시킨 후 경화시켜 정착시킬 수 있도록 되어 있으며, 시공이 간단하고 연약한 암반에서도 고강도 접착이 가능한 형태이므로 록 볼트의 정착 재료는 유동성 및 접착성이 우수하고 조강성을 가지며 장기 안정성이 있는 것이라야 한다.

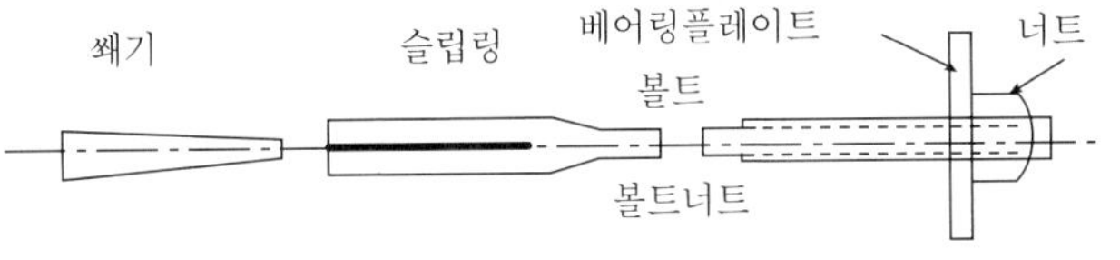

(a) 쐐기형

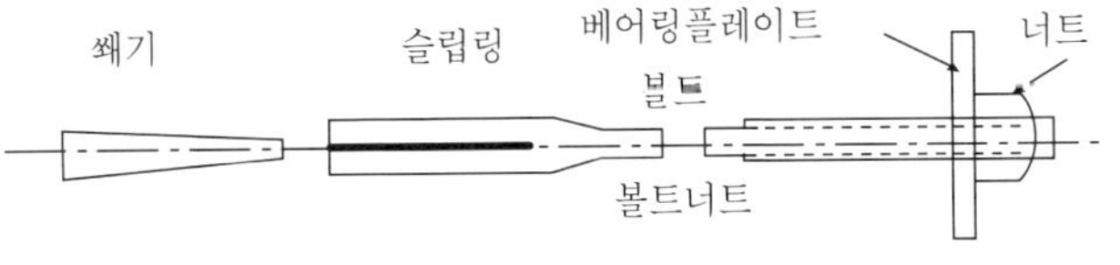

(b) 집착형

그림 7.30 록 볼트 종류별 상세

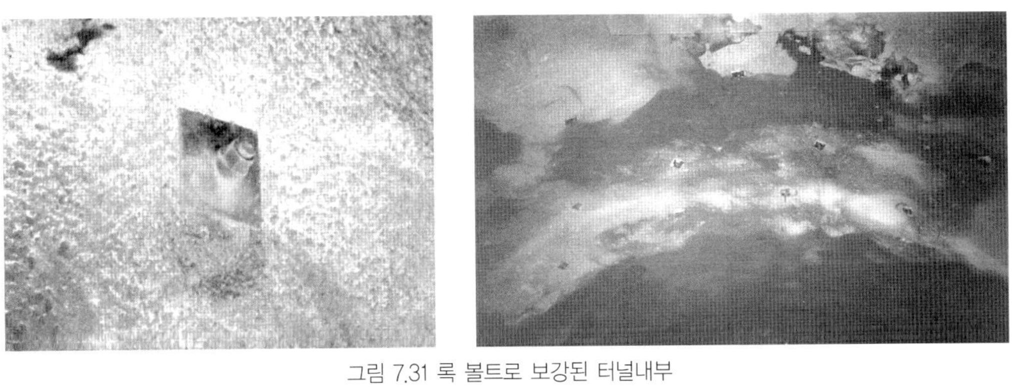

그림 7.31 록 볼트로 보강된 터널내부

(2) 록 볼트의 기능과 효과

1) 봉합작용

발파 등으로 이완된 암괴와 이완되지 않은 원지반이 봉합되어 낙하를 방지한다.

2) 보형성작용

터널 주변에 층을 이루고 있는 지반의 절리면을 조여주므로 절리면의 전단력 전달이 가능하여 합성보로 거동케 된다.

3) 내압작용

록 볼트의 인장력과 동등한 힘이 내압으로 터널 벽면에 작용하여 지반의 강도나 내하력 저하를 억제한다.

4) 아치(Arch)형성작용

록 볼트의 내압효과로 굴착면 주변지반이 내하력이 큰 그랜드 아치를 형성케 된다.

5) 지반보강작용

록 볼트에 의해 지반의 전단저하능력이 증대되어 지반의 내하력이 커진다.

(3) 록 볼트의 배치

록 볼트의 배치 및 길이는 터널형상 및 원지반 조건에 따라 좌우된다. 길이는 일반 원지반에 있어서는 2~3m 정도이며, 팽창성 원지반 등에서는 이완영역 및 아치영역의 크기를 고려해서 정해진다. 직경은 1본의 록 볼트가 지탱할 암괴의 중량이나 지반에 필요한 전단 보강력에 의해

그림 7.32 다단 그라우팅용 파이프 매설(갱구부)

결정할 수 있으나 일반적으로 D25의 규격을 표준으로 한다.

(4) 록 볼트의 사용 예

터널 형식	형식도	타설 목적
일반형	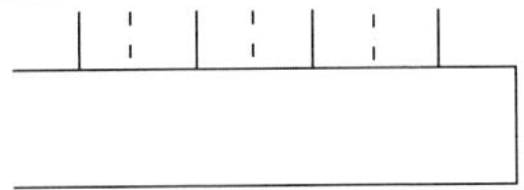	터널에서 사용하는 가장 일반적인 형식이다.
경사볼트	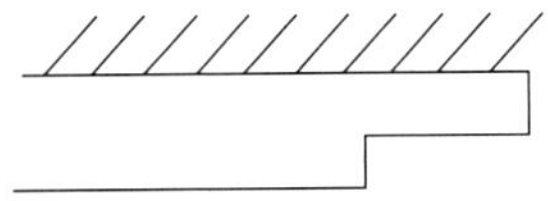	막장에 코어를 남겨 록 볼트 작업공간이 부족하거나 록 볼트를 조기에 시공할 필요가 있는 경우 등에 적용하며, 경사각은 보통 45~60° 로 한다.
훠폴링	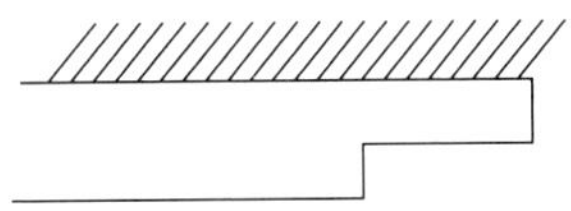	막장 천단부의 안정을 위하여 적용하며 경사각은 15° 미만으로 한다.
막장볼트	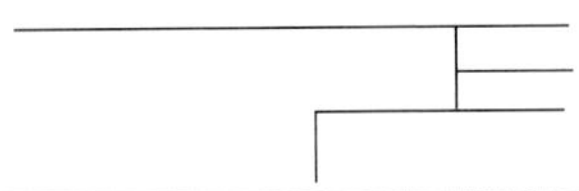	막장의 안정을 위하여 적용한다.

7.3.4 복공(覆工 : Lining)

복공이란 불규칙하게 굴착된 터널내의 벽면에 콘크리트를 쳐서 터널 내면을 매끈한 단면 형상으로 마무리하는 작업을 말한다. 터널 내부 주벽(周壁)의 붕괴를 방지하고, 굴착된 본 바탕을 안정시켜 낙석 및 낙수를 방지함은 물론 터널 이용자에게 안정감과 미려함을 주기위하여 복공을 실시한다.

(1) 복공의 두께

복공의 두께는 터널폭, 지질, 수압, 복공재료, 시공실적 등을 감안 구조적인 안정성을 검토하여 정한다. 강아치 동바리공을 사용한 콘크리트 복공의 설계두께의 표준은 아래 표 7.5와 같다.

표 7.5 복공의 두께

터널 단면폭(m)	콘크리트 복공 설계두께(Cm)
3	20~40
5	30~50
10	40~70

(2) 거푸집

현장 타설 콘크리트 복공에 사용되는 거푸집은 적은 규모의 짧은 터널일 경우 조립식을 사용하기도 하나 최근에는 대부분의 터널에서 강제(鋼製) 이동식 거푸집이 주로 사용된다.

거푸집의 1회의 타설 길이가 길어지면 콘크리트의 온도변형이나 건조 수축에 의한 균열의 발생이 우려되어, 대부분 9~12cm이 길이로 제작되며, 거푸집 설치 이동시에 주의할 사항은 다음과 같다.

1) 이동전에 단면 청소를 하고 돌출부분을 제거한다.
2) 설치전 측량을 면밀하게 하여 거푸집을 정확하게 설치한다.
3) 설치후 거푸집의 볼트 너트를 충분히 조이고 이동용 궤도가 침하하거나 횡변형이 발생하지 않도록 한다.
4) 모르타르의 누출을 방지하고 지수판이나 방수포가 훼손되지 않도록 주의한다.

그림 7.33 터널 라이닝 거푸집 제작

(3) 콘크리트 타설

1) 타설시기

복공 콘크리트의 타설은 계측자료 등에 기초를 두고 변위의 상황을 충분히 파악하여 타설시기를 정하는데 일반적으로 변위가 수렴된 후에 타설되도록 콘크리트 타설시기를 결정하여야 한다.

2) 타설방법

전단면 타설이 일반적이므로 1개소에서만 타설시 콘크리트가 많이 흘러 이동하여 재료분리가 생기기 쉬우므로 적절한 간격의 위치에 콘크리트 투입구를 설치한다.

콘크리트 타설시 거푸집에 편압이 생기지 않도록 좌우대칭으로 될 수 있으면 수평으로 천천히 처올라가야 한다.

아치 어깨부에서는 크라운부와 측벽과의 콘크리트 침하량에 차이가 있어 어깨부에 시공이음이 생기기 쉬우므로 측벽 타설 후 침하가 낙착(落着)되는 동안 타설을 중단했다가 크라운부의 콘크리트를 타설하는 것이 좋으며, 다짐에 있어서는 측벽부에 봉상 바이브레이터 아치부는 거푸집 바이브레이터를 사용하는 것이 좋다.

그림 7.34 터널 라이닝 콘크리트 작업

(3) 무라이닝 공법(SPTL : Single pass tunnel Lining method)

최근에는 일부 터널(석유, 비축기지, 농수산물 저장고)의 경우 라이닝을 하지 않는 무라이닝 공법(SPTL : single pass tunnel Lining method)이 적용되기도 한다.

7.4 터널계측

터널 굴착과정에서 발생하는 지질상황의 변화, 지반의 거동과 변위 등을 관찰하고 계측하여 얻어진 자료(data)를 설계와 시공에 반영함으로서, 합리적이고 경제적인 터널을 안전하게 설계하고 시공할 수 있도록 하는 행위를 터널 계측이라 한다. 특히 NATM 터널에서는 원지반과 지보공의 거동 및 응력분배와 평형상태를 계측을 통해 파악함으로서 이에 대응하는 과학화된 최적의 터널구조물을 시공할 수 있기 때문에 터널 계측의 중요성은 무엇 보다도 크다 할 수 있다.

터널계측은 어느 정도의 깊이를 요하는 개착식(open cut) 대형굴착(지하철, 대형빌딩, 지하공간)에서도 반드시 있어야 할 공종으로 굴착 자체의 안정성은 물론 주위에 있는 건물이나 지반의 안정성을 체크(check)할 수 있는 수단으로 널리 사용되고 있다.

7.4.1 NATM 터널과 계측

(1) 계측의 목적

- 주변 지반의 변형 거동파악
- 구조물로서 터널의 안정상태 확인
- 인접 구조물에 미치는 영향파악
- 지보 및 복공구조물 설계시공의 최적화
- 지보 부재(숏크리트 두께, 록 볼트 길이, 간격) 효과 확인
- 계측결과를 반영한 성과, 기록, 유지로 향후 공사의 참고자료 확보

(2) 계측계획

계측계획에 있어서는 각종 계측을 조직적으로 행하면서 계측결과를 직접설계 시공에 반영하여야 하며, 공사의 안전성, 경제성 및 시공성을 만족할 수 있도록 관리하여야 한다.

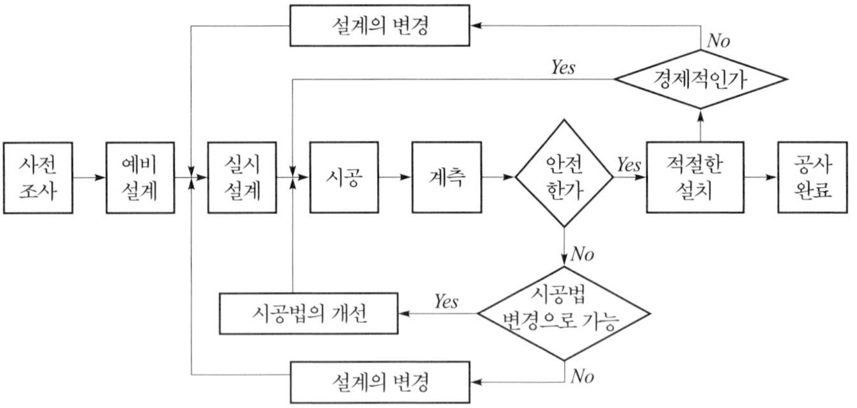

그림 7.35 계측관리 계획도

(3) 원지반 시료시험의 계측항목

계측항목	계측에 의해 구해지는 주된 사항
일축압축시험	일축압축강도(σc), 정young율(Es), 정poisson비(υs)
초음파전파시험	P파속도(υp), S파속도(υs), 동young율(Ed), 동poisson비(υd)
단위중량측정	단위중량(γ), 함수비(ω)
흡수율시험	흡수율
압열인장시험	압열인장강도(σt)
크리프시험	크리프정수(η)
입도분석시험	토사지반의 경우, 막장 안정성의 판단자료로 한다. 이암, 온천여토 등의 경우 팽창성의 판단자료로 한다.
침수붕괴도시험	연암의 경우 물에 대한 안정성의 판단자료로 한다.
삼축압축시험	점착력(c), 내부마찰각(φ), 잔류강도(c', φ')
x선회석시험	점토광물의 종류(팽창성 점토의 유무)
양이온교환용량(CEC)	점토광물의 함유량 추정

(4) 계측기의 배치

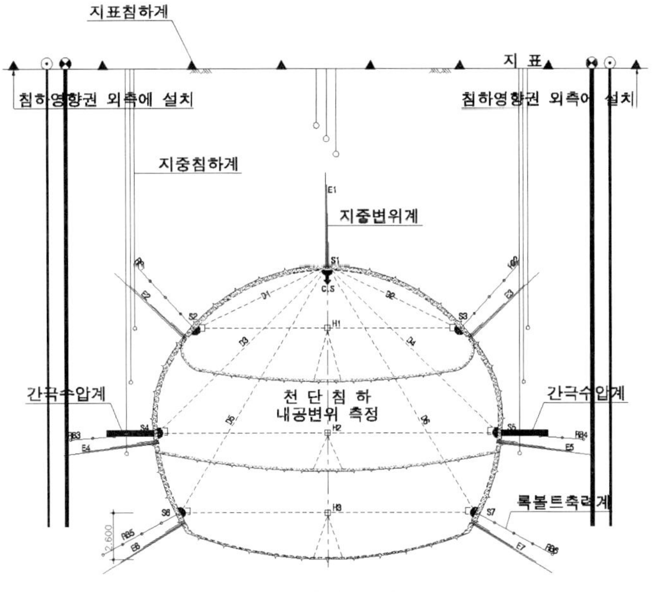

그림 7.35 계측기의 배치

7.4.2 계측 및 활용

(1) 측정간격 및 빈도

구 분	계측항목	계측간격	배 치	계측기 설치 시기 및 위치	측정빈도 0~15일 (0~17)	측정빈도 15~30일 (8~14)	측정빈도 30일~ (15일)	비 고
계측 A (일상 계측)	터널내 관찰	전연장	전막장	–	매막장마다	매막장마다	매막장마다	
	내공변위	10~50m	수평 2 대각선 4	막장후방 1m~3m 또는 굴착후 [2] 24시간 이내	1~2회/일	2회/주	1회/1주	
	천단침하	10~50m	1개소	막장후방 1m~3m 또는 굴착후 [2] 24시간 이내	1~2회/일	2회/주	1회/1주	
	지표침하	10~50m	터널 상부	막장전방30m	1~2회/일	2회/주	1회/1주	
	록 볼트 인발시험	록 볼트 50본당 1개소	측벽부 천장부 어깨부	–	–	–	–	
계측 B (정밀 계측)	지중침하	300~600m	터널상부 3~5개소	막장전방 30m	1회/일	1회/주	1회/2주	각 항목별 계측기를 동일한 단면에 설치함.
	숏크리트 응력	200~500m	3~5개소 (반경방향, 접선방향)	막장후방 1m~3m 또는 굴착후 [2] 24시간이내	1회/일	1회/주	1회/2주	
	지중수평 변위 (경사계)	200~500m	터널상부 양 측	막장전방 30m	1회/일	1회/주	1회/2주	
	터널내 지중변위	200~500m	3~5개의 다른심도	막장후방 1m~3m 또는 굴착후 [2] 24시간이내	1~2회/일	1회/2일	1회/주	
	록 볼트축력	200~500m	3~5개의 다른심도	막장후방 1m~3m 또는 굴착후 [2] 24시간이내	1~2회/일	1회/2일	1회/주	

** 주. 1) 막장후방 1~3m 또는 굴착후 24시간 이내중 빠른 시기를 기준으로 함.*

(2) 관리기준

1) 터널

관리기준	절대치 관리: 최대변위	절대치 관리: 천단침하	연속변위 관리 (내공변위속도)
주의레벨 I	수치해석결과 최대변위의 80% 이하	1~3cm	막장에서 5mm/일 이상
주의레벨 II	수치해석결과 최대변위의 100% 이하	4~9.5cm	막장에서 10mm/일 이상 후장에서 5mm/일 이상
주의레벨 III	수치해석결과 최대변위의 100% 이상	11~27cm	주의레벨 II 보다 변위속도가 크고 지하수 침투량이 과다

2) 서울지하철(예)

지보 Type	ko	천단침하 (mm)	내공변위(mm)		지표침하 (mm)	숏크리트 응력(kg/cm²)	록볼트 축력(ton/本)
			상반	하반			
PD-2	0.5	8.7~43.7	2.0~12.4	0.5~3.9	13.5~66.3	15~19	5.4~13.5
	1.0	-0.6	15.5~59.0	14.4~55.3	6.1~22.5	21~30	7.5~17.7
PD-3	0.5	4.5~16.6	2.4~5.5	1.7~5.9	5.2~21.8	25~28	5.2~12.4
	1.0	2.5~7.2	8.1~26.1	5.2~18.6	4.0~15.2	38~47	7.7~17.7

• 본 관리 기준은 일반적인 수치해석 및 경험치를 근거로 산정된 것이므로 공사 진행에 따라 현장 여건을 고려하여 재조정 함.

(3) 계측자료 활용방안

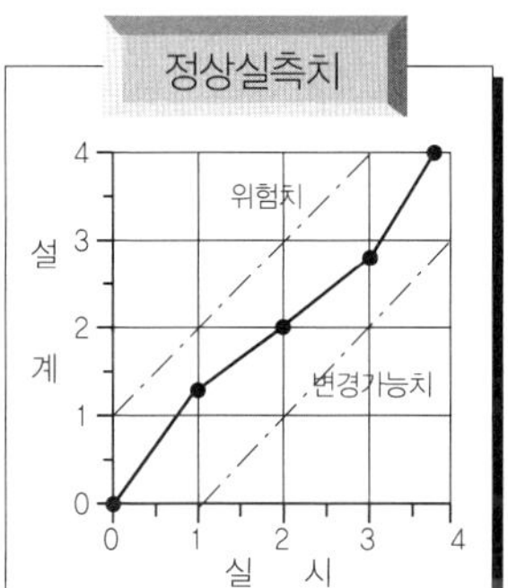

■설계가 적정한 것으로 판단되므로 정상적인 시공 가능

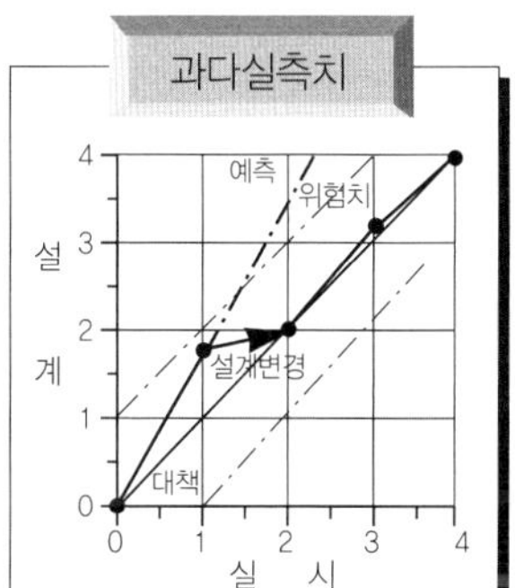

■측정치가 과대한 경우(위험측) 우선 긴급대책을 강구하고 원안 분석후

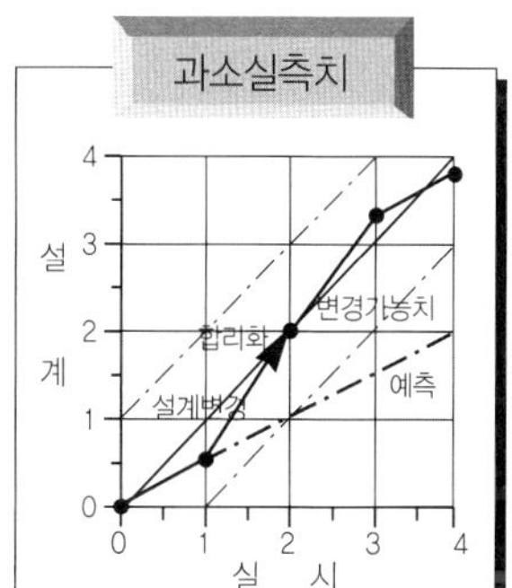

■측정치가 과소한 경우(안전측) 경제적 · 합리적 시공을 위해 재검토 필요

7.4.3 계측기의 종류 및 용도

계측은 터널뿐 아니라 개착식 지하굴착의 지반변동이나 연약지반의 침하 및 댐 시공 등에도 많이 활용되고 있으며, 이들에 필요한 계측기를 용도에 따라 구분하면 표 7.6과 같다.

표 7.6 계측기의 종류 및 용도

종 류	설치목적(용도)	설치위치
경사계	굴토 진행과정에 인접지반의 수평 변위량 위치와 방향 등을 설측하여 각 지점의 응력상태 판단	토류벽, 배면지반, 건물 옥상
지하수위계	지하수위 변화를 실측하여 지하수위 변화의 원인과 분석, 대책을 수립함	토류벽, 배면지반
간극수압계	굴착에 따른 간극수압측정으로 안정성 판단	배면(연약지반)
토압계	주변 지반의 하중으로 인한 토압변화 측정으로 토류 구조체의 안정성 판단	토류벽 배면
하중계	Strut, Earth-Anchor 등의 축하중 변화상태를 측정하여 이들 부쟁의 안정상태 확인	Strut, Anchor

종 류	설치목적(용도)	설치위치
변형률계	구조물의 각 부재로 인한 인근 구조물의 변형 여부를 확인하여 이상 여부와 대책수립	Strut, 띠장, 강재나 콘크리트
Tiltmeter	주변건물, 옹벽, 철탑 등 인근 구조물에 설치하여 구조물의 경사나 변형상태 측정	인접 구조물의 벽체, 골조
지표침하계	지표면의 침하량 변화(깊이와 속도)를 측정하여 안정성 여부 판단	토류벽 배면, 인접구조물 주변
균열측정기	주변 구조물이나 지반의 균열 크기 및 변화를 측정하여 다른 계측결과에 이용하고 보수(보강) 시기를 결정	균열부위
지중침하계	인접 지층의 각층별 침하량 변동상태를 파악하여 최종 침하량을 예측	토류벽배면, 인접 구조물 주변
진동소음 측정기	굴착 발파 및 장비작업에 따른 진동과 소음을 측정하여 구조물 위험 예방과 민원예방에 활용	

그림 7.36 터널내부 지중 변위계 계측

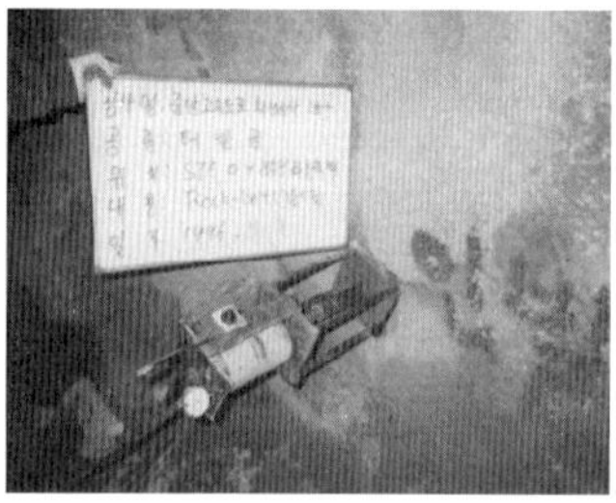
그림 7.37 록 볼트 인발시험

그림 7.38 지중 경사계 계측

■ 터널표준 단면도

1) 2차로 고속도로(1km 이상)

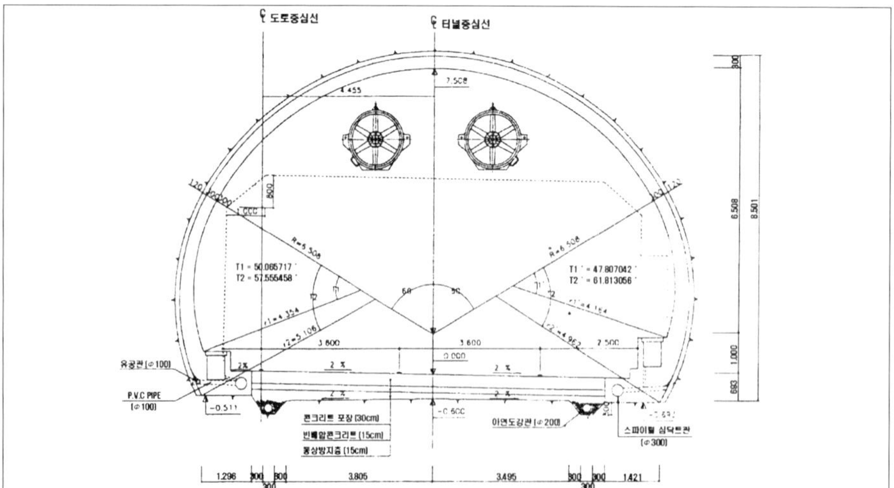

굴착단면적	96.053㎡	내공단면적	74.356㎡
굴착 폭원	13.380m	편 평 율	e=0.644

2) 4차로 고속도로(2Arch 터널)

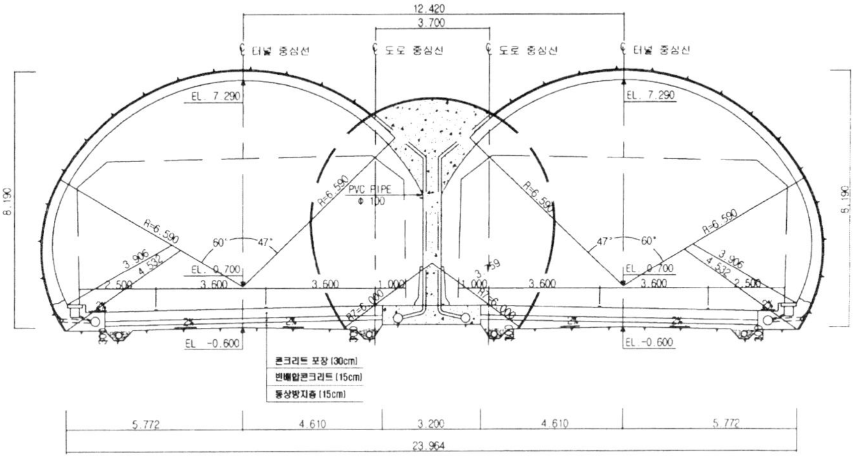

그림 7.39 대절토(大切土)를 터널로 시공한 환경친화적 건설(서해안고속도로)

연습문제

7.1 다음 용어를 간략히 설명하시오.

① 숏크리트의 특징

② 숏크리트(shotcrete)의 응력측정

③ 건식 및 습식 숏크리트(shotcrete)의 특성

④ 터널의 여굴

⑤ 지불선(pay line)과 여굴

⑥ 터널공사의 지하수 대책방법

⑦ NATM 계측관리

⑧ 터널에서의 삼각지보(lattice girder)

⑨ RBM 공법

7.2 터널시공 중 터널막장의 보강공에 대하여 설명하시오.

7.3 터널공법 중 세미쉴드(semi shield)공법과 쉴드(shield)공법에 대하여 설명하시고 시공순서를 말하시오.

7.4 터널공사에서 자립이 어렵고 용수가 심한 터널막장을 안정시키기 위한 보조보강공법에는 어떠한 공법이 있나요?

7.5 터널공사에 있어서 인버터 콘크리트(invert concrete)가 필요한 경우와 콘크리트 치기 순서를 말하시오.

7.6 터널시공의 안정성 평가방법에 대하여 기술하시오.

7.7 NATM 터널공사에서 라이닝 콘크리트의 누수원인과 방지대책

7.8 지하철 개착식 공법에서 구조물에 발생하는 문제점과 대책

7.9 터널공사에서 숏크리트(shotcrete)의 기능과 리바운드(rebound) 저감대책

7.10 NATM의 굴착방법에 대해 설명하시오.

7.11 NATM 터널시공시 진행성 여굴의 발생원인, 사전 예측방법 및 차단대책

7.12 지하철건설공사에서 개착구간의 계측계획에 대하여 기술하시오.

7.13 터널공사에서 지반 용수에 대한 대책을 기술하시오.

chapter 08 교량공

제 8 장 교량공

8.1 개요

교량(橋梁, bridge, 다리)이란 도로, 철도, 수로 등이 하천, 계곡, 해협 등의 자연장애물이나 다른 통로, 시가지 등을 건너 뛰어 횡단하고자 할 때 설치하는 구조물을 말하며, 우리나라에서 가장 오래된 도로 교량은 지난 1910년에 건설된 전남 나주시 영강동의 안영교(연장 12.5m), 안창교(연장 7m)와 금남동에 위치한 금성교(연장 19m) 등이며 서울의 한강을 횡단하는 도로상 교량은 총 31개이며 이중 가장 최근에 가설된 교량은 암사대교(2014년 개통예정)로 현재 마무리 공사가 진행되고 있다(2013년 12월 현재).

최근 우리나라의 교량들도 횡단 구조물로서의 단순기능뿐 아니라 도시의 미관이나 자연환경과의 조화를 위하여 아름다운 교량, 건너보고 싶은 다리들이 전국적으로 많이 계획되고 있으며 또한 건설중에 있어 현장기술자는 보다 미려한 시공이 될 수 있도록 최선을 다하여야 할 것이다.

8.1.1 교량의 구조

교량은 그림 8.1과 같이 상부구조(superstructure)와 하부구조(substructure)로 나누어지며, 상부구조와 하부구조는 교좌장치(받침부, bearing)를 통해 연결된다.

통과하중을 지지하는 바닥틀 및 주형(main girder) 등을 상부구조라 하며, 하부구조는 상부구조를 받쳐주는 교각, 교대로서 상부구조에서 전달되는 힘을 지반에 전달하는 역할을 한다.

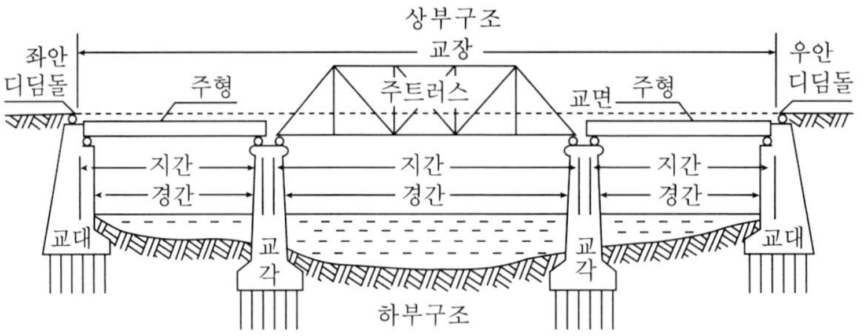

그림 8.1 교량의 구조

(1) 상부구조

1) 바닥판(床板 : Bridge deck)과 바닥틀(Floor system)

교통하중을 직접받는 부분을 바닥판(床板)이라 하며, 도로교에서는 교면과 슬래브(slab)를, 철도교에서는 궤도가 부설된 교면을 말한다.

바닥틀은 바닥판(床板)에 작용하는 하중을 거더(girder) 또는 트러스에 전달하는 역할을 하는 것으로 보통 가로보(cross beam)와 세로보(stringer)로 구성되며, 가로보는 거더 또는 트러스에 직각으로 지지되는 횡방향보이며, 가로보 사이에 연결되어 있는 종방향의 보를 세로보라 한다.

2) 주형(主桁 : Main girder)과 트러스(Truss)

거더교에는 2개 이상의 거더가 사용되고 트러스교는 양측의 트러스가 상부구조의 주체가 된다. 하중은 바닥틀을 통하여 거더 또는 트러스에 전달되고 이것이 다시 받침에 전달된다.

3) 브레이싱(Bracing)

브레이싱은 좌우의 거더를 연결하여 구조물의 횡방향지지를 위한 강성확보와 좌굴방지의 역할을 한다. 브레이싱에는 수평 브레이싱(lateral bracing)과 수직 브레이싱(sway bracing)으로 구분된다.

4) 받침부(Bearing, Shoe, 교좌장치)

상부구조와 하부구조를 연결하는 구조부분으로, 상부구조에 작용하는 모든 하중은 이 받침부를 통하여 하부구조에 전달되며, 받침은 가동받침(movable bearing), 힌지받침(hinge bearing), 고정받침(fixed bearing)의 3종류가 있다.

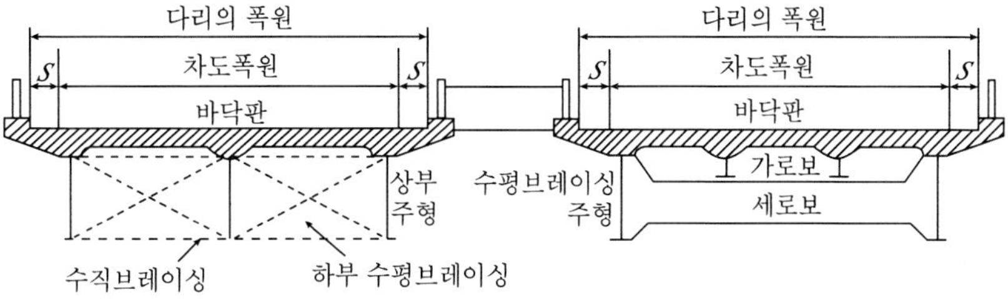

그림 8.2 교량의 상부구조

(2) 하부구조

하부구조에는 교대, 교각 등이 있고, 상부구조로부터의 하중을 지반에 직접 전달하는 구조물이다. 교대(橋臺 : abutment)는 교량 양 끝에 있는 지대(支臺)이고 교각(橋脚 : Pier)은 교대사이에서 교량을 지지하는 지주(支柱)를 말한다.

교대 및 교각의 지상에 직립된 부분을 구체(軀體)라 하고 지반에 접하고 있는 부분을 기초(基礎 : foundation)라 부른다.

(3) 교량의 등급

최근에 건설되는 교량은 도로 건설목적과 일치할 수 있는 등급으로 설계 · 시공되고 있지만, 1980년 이전에 건설된 교량은 1등교일지라도 DB-18의 설계하중이 적용되었으며, 이러한 교량은 현재 상부공의 보강이나 재시공으로 성능개선 공사를 시행하고 있다.

표 8.1 교량의 등급

등급	설계하중	도로
1등교	DB-24	• 고속도로 및 자동차 전용도로의 교량 • 교통량이 많고 중차량의 통과가 불가피한 도로와 국방상 주요 도로의 교량 및 장대교
2등교	DB-18	• 일반국도, 특별시도, 지방도의 교통량이 적은 교량
3등교	DB-13.5	• 산간벽지의 지방도, 시도, 군도중 교통량이 적은 교량

(4) 하중

1) 하중의 종류

구 분	하중의 종류
주하중(P)	고정하중(D), 활하중(L), 충격(I), 프리스트레스(PS), 토압(H), 수압(F), 부력이나 양압력(B) 등
부하중(S)	풍하중(w), 온도의 영향(T), 지진의 영향(E)
주하중에 상단하는 특수하중(PP)	설하중(SW), 지반변동의 영향(GD), 원심하중(CF) 등
부하중에 상당하는 특수하중(PA)	제동하중(BK), 가설시하중(ER), 충돌하중(CO) 등

2) 고정하중 산출을 위한 단위중량

재 료	단위중량	재 료	단위중량
강재, 주강, 단강	7,850	콘크리트	2,350
주철	7,250	시멘트 모르터	2,150
알미늄	2,800	목재	800
철근콘크리트	2,500	역청재(방수용)	1,100
프리스트레스트 콘크리트	2,500	아스팔트포장	2,300

3) 활하중(차돕의 DB하중)

교량등급	하중 W(tonf)	총중량 1.8W(tonf)	전륜하중 0.1W(kgf)	후륜하중 0.4W(Kgf)
1등교	DB-24	43.2	2,400	9,600
2등교	DB-18	32.4	1,800	7,200
3등교	DB-13.5	24.3	1,350	5,400

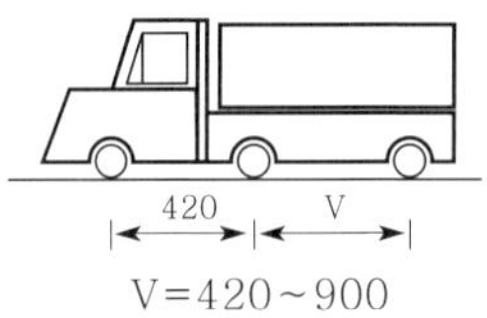

집중하중 Pm=10,800Kgf : 모멘트 계산시
Ps=15,600Kgf : 전단력 계산시
등분포하중 1,270Kgf/m

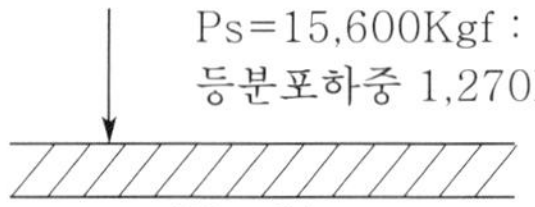

DL-24

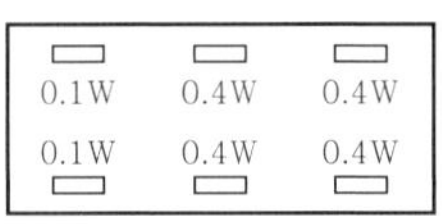

집중하중 Pm=81,000Kgf : 모멘트 계산시
Ps=11,700Kgf : 전단력 계산시
등분포하중 950Kgf/m

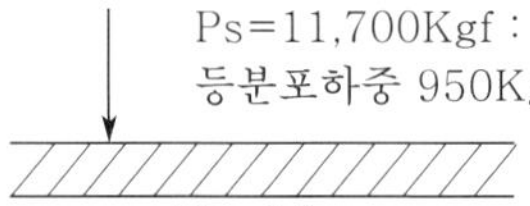

DL-18

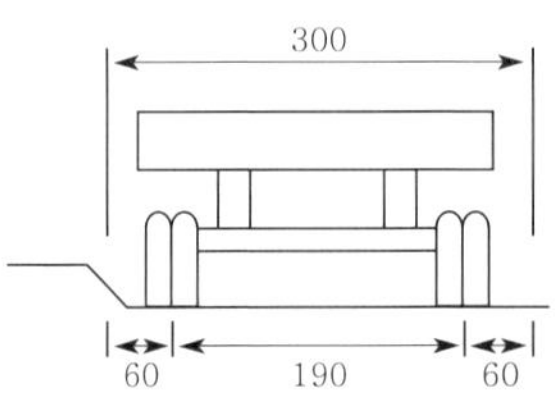

집중하중 Pm=6,080Kgf : 모멘트 계산시
Ps=8,780Kgf : 전단력 계산시
등분포하중 710Kgf/m

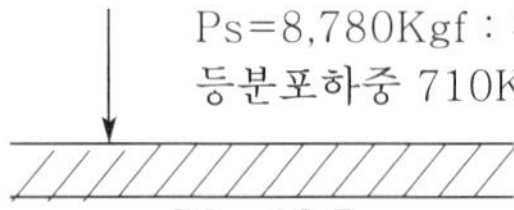

DL-13.5

(5) 세계적인 장경간 교량현황

상부구조	교량명	국가	경간장(m)	완성년도	비고
Girder	Stolma sundet교	노르웨이	301	1998	
	Costa-e-silva교	브라질	300	1974	
	Raftsunder교	노르웨이	298	1998	
Truss	Quebec교	캐나다	549	1917	
	Forth교	영국	521	1890	철도교
	미나토대교	일본	510	1974	
Arch	Fayettville교	미국	518	1977	
	Killvankull교	미국	504	1931	
	Sydny harbour교	호주	503	1932	
사장교	타타라대교	일본	890	1999	
	Normandy교	프랑스	856	1995	
	Nanjing교	중국	628	2001	
현수교	아카시대교	일본	1991	1998	
	Storebaelt교	덴마크	1624	1998	
	Humber교	영국	1410	1981	

8.1.2 교량의 분류

(1) 상판의 위치에 따른 분류

1) 상로교(上路橋 : Deck bridge)

교량의 상판이 거더(girder)나 트러스보다 위쪽에 있는 형식이다.

2) 중로교(中路橋 : Half trough bridge)

교량의 상판이 거더 높이의 중간 정도에 위치하는 것으로 주로 아치(arch)교에서 가끔 볼 수 있는 형식이다.

3) 하로교(下路橋 : Trough bridge)

교량의 상판이 거더(girder)나 트러스보다 아래쪽에 위치해 있는 것으로 이 형식은 수면이나 지표면으로부터 공간의 높이가 충분하지 못할 때 사용된다.

4) 이층교(二層橋 : Double deck bridge)

한 교량에 상판이 2개 있는 것으로 교량 면적 점유율을 줄이면서 많은 교통량을 처리하고

자 할 때 또는 도로와 철도를 하나의 교량에 건설하고자 할 때 사용된다(한강의 잠수교, 청담대교, 인천공항고속도로의 영종대교).

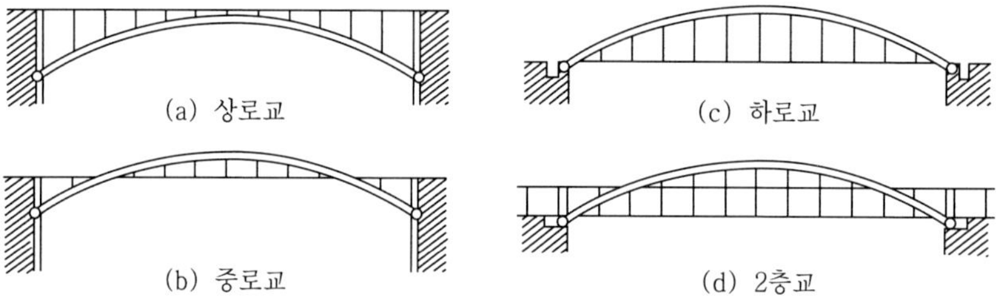

그림 8.3 상판의 위치에 의한 교량의 분류

(2) 용도에 따른 분류

1) 도로교(道路橋 : highway bridge) : 도로로 통행하기 위해 축조된 교량
2) 철도교(鐵道橋 : railway bridge) : 철도 노선이 가설되는 교량
3) 인도교(人道橋) : 보행자(자전거 등 경차량 포함)의 통행을 위한 교량
4) 수로교(水路橋) : 수로가 계곡이나 하천을 횡단하는 수로 전용의 교량
5) 운하교(運河橋) : 운하를 통과시키기 위해 가설된 교량
6) 혼용교(混用橋) : 도로와 철도가 병설(竝設)되어 있는 교량
7) 군용교(軍用橋) : 군사용으로 사용되는 교량
8) 과선교(過線橋) : 철도를 횡단하는 도로 교량

(3) 교량의 중심축선이 이루는 각도에 의한 분류

1) 직교(直橋, Straight bridge)

교량의 중심축선(中心軸線)이 교대(abutment)축선과 평면상 직각으로 교차하는 교량이다.

2) 사교(斜橋, Skew bridge)

교량의 중심축선이 교대축선과 평면상 사각(斜角)으로 교차하는 교량이다.

3) 곡선교(曲線橋, Curved bridge)

곡선형의 도로, 선로가 통과하기 위해 교량 중심축선 및 상판이 곡선형이 되어 있는 교량이다.

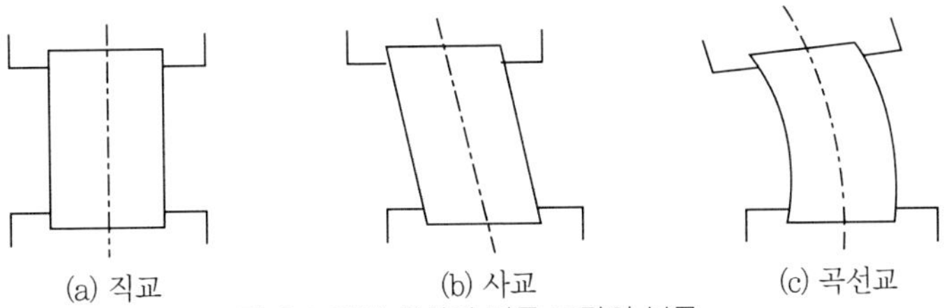

그림 8.4 평면 형상에 따른 교량의 분류

(4) 사용재료에 의한 분류

1) 목교(Wooden bridge)

목재를 주요 재료로 하는 교량이다.

2) 석교(Stone bridge)

돌(石)을 주요 재료로 사용하는 교량이다.

3) 강교(Steel bridge)

강재를 주요 재료로 사용하는 교량이다.

4) 철근 콘크리트교(Reinforced concrete bridge)

철근 콘크리트를 주요 재료로 사용하는 교량이다.

5) PC 거더교(Prestressed concrete girder bridge)

프리스트레스트 콘크리트 beam을 Main 거더를 사용하여 그 위에 상판 콘크리트를 타설한 교량으로 철근 콘크리트교에 비하여 지간을 길게할 수 있다.

6) Preflex 합성형교

고강도 강제빔(beam)과 프레스트레스트 콘크리트를 합성하여 제작한 프리프렉스빔(preflex beam)을 주 거더(main girder)를 사용하여 그 위에 상판 콘크리트를 타설한 교량이다.

(5) 구조형식에 따른 분류

1) 거더교(Girder bridge)

거더의 재료는 강재와 철근콘크리트가 주를 이루고 있으며 오래전에는 돌이나 목재가 사용되기도 하였다. 거더를 주체가 되도록 배열하여 구성한 교량으로 상판 연결부와 받침부의 구조에 따라 다음과 같이 세분할 수 있다.

① 단순 거더교(simple girder bridge)
② 연속 거더교(continious girder bridge)
③ 겔바 거더교(gerber girder bridge)

그림 8.5 가설중인 박스거더

그림 8.6 밀폐형 박스거더

2) 소수주 거더(Two-I Girder)교

강교의 경우 밀폐형 박스거더(box girder)가 주로 사용되었으나, 이는 용접량이 많고 박스 내부의 밀폐된 공간으로 인하여 시공이나 유지관리의 어려움 때문에 LCC를 줄일수 있는 합리화된 교량형식으로 개발된 소수주 거더교가 최근에는 널리 사용되고 있다.

소수주 거더교란 단면과 횡방향 구조계를 단순화(합리화)한 프레이트 거더(plate girder)교를 프리캐스트 콘크리트 바닥판(pc바닥판)이나 프리스트레스 바닥판을 사용하여 바닥판 내구성을 증진시킬뿐 아니라 주거더 간격을 종래 3m정도서 2배인 6m이상으로 하여 주거더 개소를 감소시킨 형식이다.

3) 트러스교(Truss bridge)

하중을 받는 구조 주체가 트러스(truss)로 만들어진 교량으로 트러스교는 지간이 길 때 효과적인 응력분산이 될 수 있어 거더교보다 유리하다.

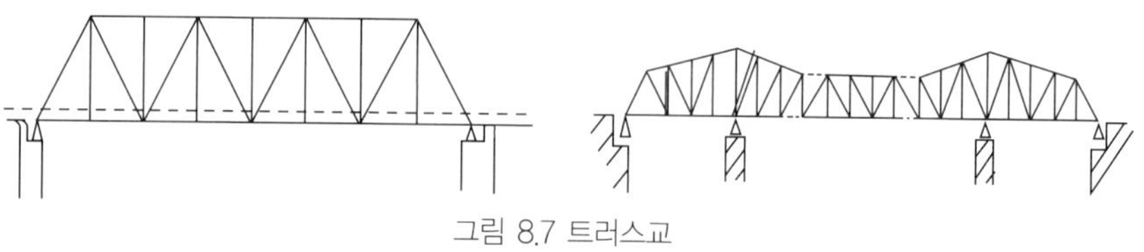

그림 8.7 트러스교

4) 현수교(懸垂橋 : Suspension bridge)

교량의 양쪽 끝에 교탑을 설치하고 그 위로 인장 케이블(cable)을 설치하여, 교량의 메인거더를 행거(hanger)에 의해 주 케이블에 연결한 교량이다.

인천국제공항 고속도로에 있는 영종대교, 국내 최초로 건설된 남해대교, 부산의 광안대교, 미국의 금문교(Gold-gate bridge) 등이 현수교에 해당된다.

그림 8.8 광안대교(부산)

그림 8.9 금문교(미국)

5) 사장교(斜張橋 : Cable stayed bridge)

현수교와는 달리 주탑으로부터 경사지게 인장된 케이블에 의해 교량의 메인 거더를 연결한 교량을 말한다. 서해안고속도로의 서해대교, 88올림픽 당시 건설된 한강의 올림픽대교, 송도국제도시에서 영송도를 연결하는 인천대교 등이 사장교에 해당된다.

(a) 서해대교

(b) 인천대교

그림 8.10 사장교

6) 아치교(Arch bridge)

거더나 트러스의 전체적인 모양을 곡선화시킨 교량이다.

곡선형의 구조적 이점(利點)과 외관(外觀)을 살릴 수 있다.

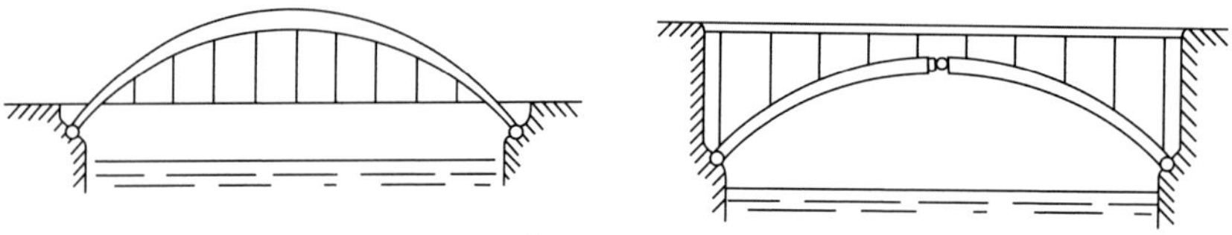

그림 8.10 아치교

7) 타이드 아치교(Tied arch bridge)

아치교의 양단을 타이로 연결한 교량으로 지점에서 발생하는 수평반력을 타이가 받음으로 받침에서는 수평반력이 일어나지 않는 형식의 교량이다.

8) 랭거교(Langer bridge)

교량의 주체가 되는 거더를 아치로 보강한 형식이며, 아치의 부재를 비교적 가는 것을 써서 단순히 축방향력만을 받게 하고 휨모멘트와 전단력은 거더가 부담하도록 설계된 형식이다.

9) 로제교(Lohse bridge)

타이드 아치교와 랭거교를 결합한 형식으로서 타이드 아치의 타이단면과 랭거교의 아치 단면을 크게한 형식의 교량이다.

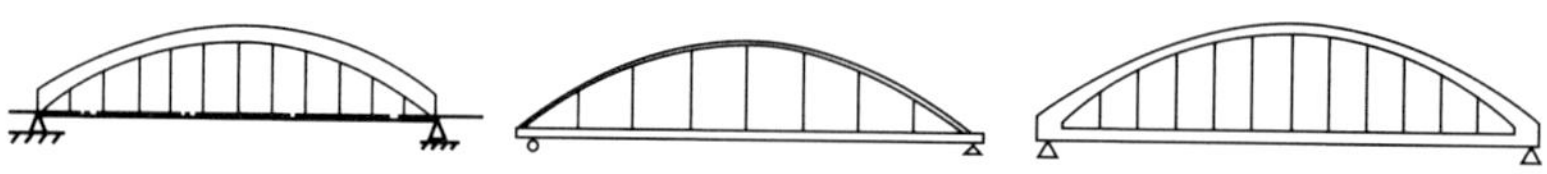

(a) 타이드 아치교 (b) 링가교 (c) 로제교

그림 8.11 아치교가 발달된 형식

10) 라멘교(Rahmen bridge)

거더와 지주(支柱)가 일체가 된 라멘이 주체가 된 교량으로 부정정 구조이며, 견고한 지반에만 적합한 구조형식이다.

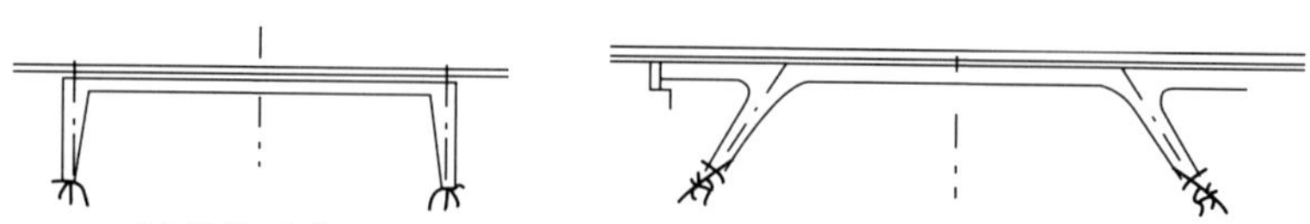

(a) 문형 라멘교 (b) π형 라멘교

(c) 문형 밸런스트 라멘교 (d) V형 교각 라멘교

그림 8.12 라멘교의 종류

■ ■ ■

8.2 교대(橋臺) 및 교각(橋脚)

8.2.1 교대(橋臺 : Abutment)

교대는 교량 양 끝에 있는 지대(支臺)로서 상부에서 오는 수직, 수평 하중을 지반에 전달하는 동시에 배후에서 오는 토압에 저항하는 역활을 한다. 교대는 토공부와 접하게 되어 교대가 밀리기도 하며, 토공부의 포장면과 높이 차이로 주행차량에 불쾌감을 주는 예가 많으므로 뒷채움이나 접속 슬래브(approach slab)시공에도 주위가 요망되는 부분이다.

(1) 교대 구조의 명칭

1) **교좌(橋座 : Bridge seat)** : 교량의 일단을 지지하는 곳으로 받침(bearing)을 설치한다(그림 8.13 A).

2) **흉벽(Parapet)** : 뒷면 상부 흙을 지지하여 흙이 교좌로 무너지는 것을 막는 벽체이며, 구체와 연결하여 접속슬래브(approachslab)를 시공하기도 한다(그림 8.13 B).

3) **구체(軀體 : Body)** : 상부에서 오는 전하중을 기초에 전달하고 배후토압에 저항한다(그림 8.13 C).

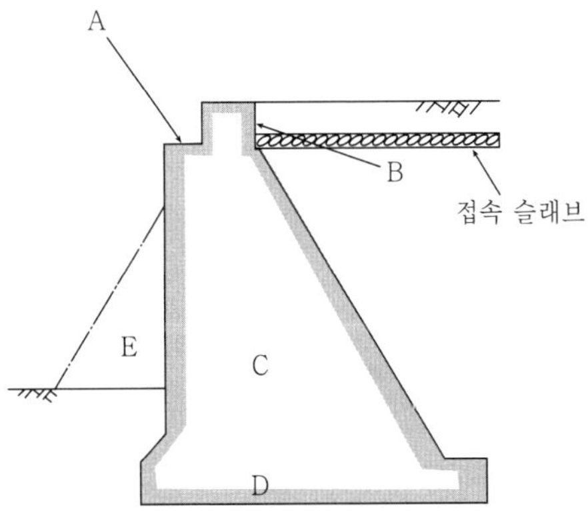

그림 8.13 교대 구조의 명칭

4) **교대기초(橋臺基礎 : Footing)** : 구체의 하부를 확대하여 하중을 기초지반에 넓게 분포시켜 교대의 안전성을 높히는 부분이다(그림 8.13 D).

5) **앞채움** : 교대 보호와 미관을 위하여 돌붙임, 호안블럭 붙임 등을 시공한다(그림 8.13 E).

(2) 교대의 분류

1) **중력식(重力式) 교대**

중력식 교대는 자중을 크게 하여 구체 단면에 압축응력만을 생기게 하도록 설계된 것이다.

2) 반중력식(半重力式) 교대

중력식과 비슷한 구조형식이지만, 배면에 철근을 배치하여 단면을 보강해서 중력식보다 자중을 경감시키도록 한 형식이다.

3) 역 T형 교대

자중을 적게 하고 흙의 중량으로 안정을 유지하는 구조로 높이 8~10m정도에 적용된다.

4) 부벽식(扶壁式) 교대

뒷벽을 부벽식으로 하여 역T형보다 구조적으로 경제적인 단면이나 많은 철근의 소요에 따른 콘크리트 타설의 주의가 요망된다.

5) 라멘식 교대

교대 배면에 통로를 필요로 하는 경우 또는 상부구조에서의 지진시 수평력이 큰 경우 등에 채택된다.

※ 중력식교대, 반중력식교대, 역T형식 교대, 부벽식 교대 등은 제2장 2.5.3절의 옹벽공 참조바람.

8.2.2 교각(橋脚, Pier)

교각은 교대(橋臺) 사이에서 교량의 상부구조를 지지하는 지주(支柱)로서 상부구조의 하중과 교각 자중을 안전하게 기초지반에 전달하는 동시에 외력에 대하여 충분한 강도를 가져야 한다.

하상(河床)에 축조되는 교각은 기초 저부(底部)가 세굴되지 않도록 확실한 세굴방지대책의 수립과 철저한 시공이 요망된다.

그림 8.14 중부내륙고속도로

그림 8.15 환경을 고려한 교각(한강의 광진교)

(1) 교각 구조의 명칭

교각 구조의 명칭은 그림 8.16과 같다.

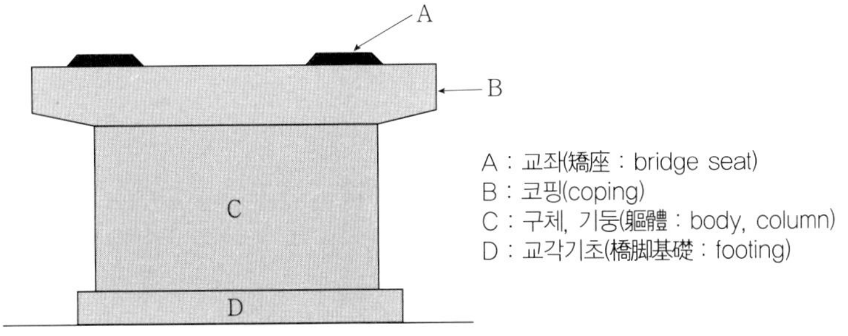

그림 8.16 교각 구조의 명칭

(2) 교각의 분류

1) 말뚝식 교각

수중에 여러 개 말뚝을 세우고 수면상에서 말뚝머리를 연결한 형식으로 철근콘크리트 말뚝, 강관말뚝 등이 쓰인다.

2) 중력식 교각

자중으로 안정을 유지하는 교각으로 석축 및 콘크리트가 주로 사용된다.

3) T형 교각

교각 상단의 양측을 확대해 T형 형상이 되게 하여 교좌부를 확보토록한 형식으로 육교나 고가도로에 많이 사용된다.

4) 기둥식 교각

독립교각 또는 문형식 교각 등이 있다.

5) 라멘교각

철근콘크리트의 보와 기둥을 일체적 구조가 되도록 만든 교각이다.

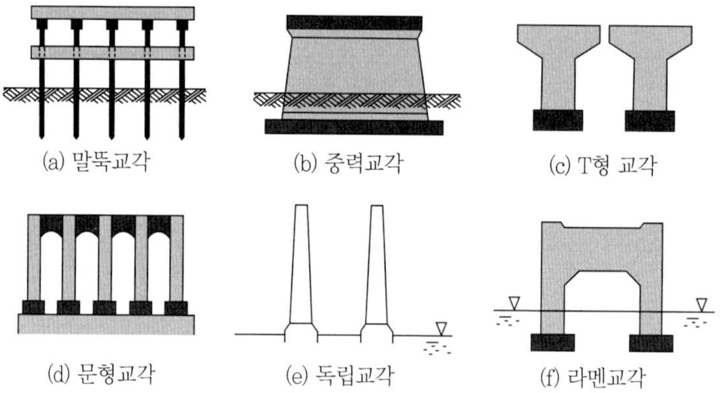

그림 8.17 구조형식에 의한 교각의 분류

(3) 교각의 단면 형상

교각의 수평단면 형상은 유수(流水)의 흐름이나 도로이용자에게 방해를 최소화 할 수 있으며, 노출부위는 기능과 함께 미관을 고려한 설계, 시공이 될 수 있도록 계획되어야 한다.

1) 타원형 : 유수에 관한 조건이 가장 양호하다.
2) 첨원형 : 단형의 단면을 반지름으로 각 점을 중심으로 한 두 원호의 모양을 갖는다.
3) 60° 교각 : 단형의 단면을 한 변으로 하는 정삼각형 물가름을 붙힌 것이다.
4) 반원형 : 물가름의 양면이 반원이다.
5) 90° 교각 : 물가름의 양면이 90° 로 교차한 것이다.
6) 기타 : 직사각형으로 물가름이 없는 것이다.

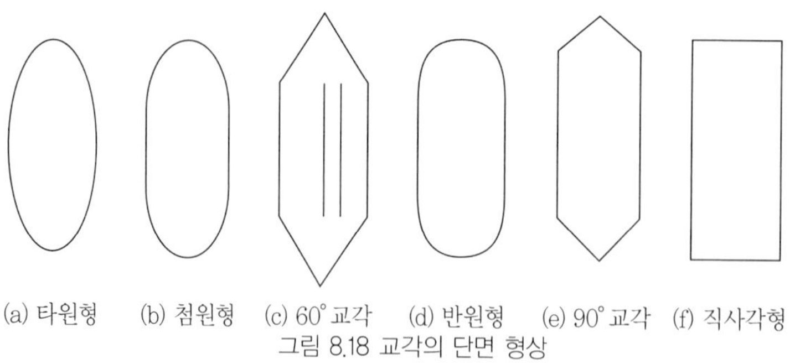

그림 8.18 교각의 단면 형상

그림 8.19 교각을 이용한 상부슬래브 거푸집 설치(MSS 공법, 중부내륙고속도로)

8.2.3 교량의 부대시설

(1) 신축이음장치

교량 슬래브(강교, 콘크리트교)는 온도변화에 따라 신축량이 생기게 되며, 온도차이에 의거 늘어나거나 줄어드는 슬래브의 길이는 적당한 위치에서 흡수할 수 있도록 설계 · 시공케하고 있는 바, 이를 신축이음장치(expansion joint)라 한다.

신축이음장치를 시공할 경우 설치시 온도에 의한 보정(補正) 신축량은 물론 콘크리트의 크리프, 건조수축 및 하중에 의한 거더 단부의 변위를 고려하여 신축이음판을 부설하여야 하며, 또한 신 · 구 콘크리트의 접합부를 잘 마무리할 수 있도록 콘크리트 타설에 특히 주의하여야 한다.

교량에 사용하고 있는 신축이음장치의 주재료는 철(steel)과 고무(rubber)이며, 오래된 교량의 경우 대부분 외국제품이지만, 최근에는 장대교에도 우리나라에서 생산된 우수한 세품으로 시공되고 있다.

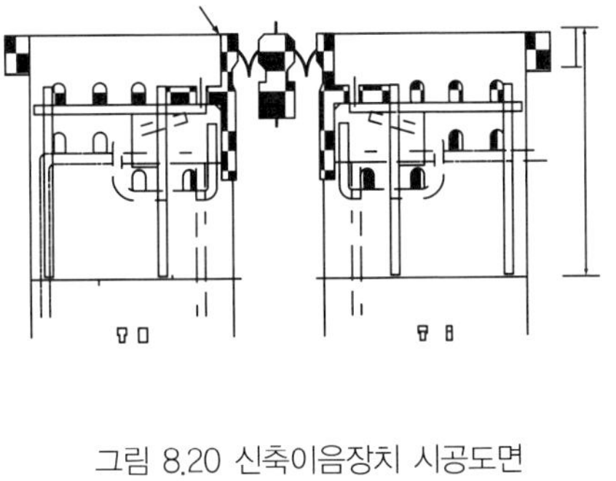

그림 8.20 신축이음장치 시공도면

그림 8.21 콘크리트 타설전 설치모습

(2) 교량받침, 교좌장치(Shoe, Bearing, Bearing plate shoe)

교량에서 받침은 상부구조의 모든 하중(사하중과 활하중)을 하부구조로 전달케 하는 주요 부위로 교량의 기능 유지에 크나큰 역할을 하므로 시공은 말할 것도 없고 유지관리 및 점검 時도 세심한 주의가 요망되는 시설이며 재료에 따라 고무받침, 강재받침으로 나누어지며 이들을 교좌장치(shoe), 또는 받침(bearing)이라 부른다.

연속교의 경우 고정받침과 가동받침의 위치를 먼저 확인하여 교좌장치 작동에 이상이 없도록 한 다음 부재를 조립 세팅(setting)하고 양질의 무수축 모르타를 주의깊게 시공함으로써 교각이나 교대의 코핑에 충분히 밀착할 수 있어야 하고, 시공이나 유지보수를 위한 형하공간이 확보되어야 한다.

앵커볼트를 설치할 경우는 충분한 깊이에서 철근과 연결됨으로 교대나 교각과 일치되도록 하고, 받침판(bearing plate)을 설치할 경우는 설계도서의 위치에서 수평이 되어야 한다.

1) 고정받침(Fixed bearing, 고정단 : 固定端)

가더의 신축과 회전중 신축은 구속함으로 수평방향은 고정되어 있으나, 회전은 구속되지 않도록 기능을 갖춘 받침이다.

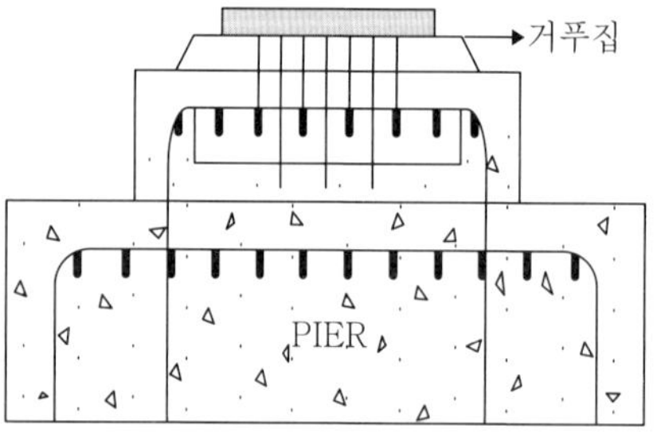

그림 8.22 교량받침 시공도면

그림 8.23 받침 시공을 위한 철근보강

2) 가동받침(Moved bearing, 가동단 : 可動端)

거더는 변형에 의한 회전외에 온도변화, 콘크리트의 크리프, 건조수축, 프리스트레스력 및 회전에 의해 거더 방향의 신축을 받는 바, 이들 수평방향의 신축과 회전을 원활하게 할 수 있는 기능을 갖춘 받침이다.

그림 8.24 Spherical bearing의 설치된 모습(주황 : 양방향 이동, 노랑 : 일방향 이동, 파랑 : 고정)

(3) 교량 점검로(점검계단)와 배수시설

1) 점검로(점검계단)

교량점검(정기점검, 수시점검)시 상부구조의 하부와 교량 받침부 등에 접근을 쉽게하기 위하여 높이가 교각의 코핑부에 점검 통로를 부착하고 교면에는 별도의 통로를 설치한 것을 말한다.

2) 배수시설

눈이나 비가 올 때 교량에 떨어지는 우수처리를 위하여 별도의 배수 파이프를 설치하는 것으로 교각(교대)에서는 미관을 고려하여, 콘크리트 속에 매립 또는 유지관리를 용이하게 하기 위하여 거더(girder)와 교각에 부착하여 시공한다.

그림 8.25 슬래브에서의 점검통로 및 점검로

그림 8.26 교각에 부착된 점검로 및 배수관

(4) 교량난간(Railings)

교량난간은 재료에 따라 콘크리트 난간, 강재난간, 알미늄 난간 등으로 불리어지며, 보도가 있는 경우는 노면에서 110cm 이상, 보도가 없는 경우는 65cm 이상으로 하여 차량의 방호울타리가 되도록 하고 있다(도로교 설계기준).

(5) 관로(상수도, 전기, 전화, 가스)

상수도, 전기, 전화 등의 관로를 보도나 난간의 콘크리트속에 매설하거나, 보(girder)와 보(girder) 사이에 매달기도 한다.

(6) 교명주(橋名柱)

교량의 이름을 양측 교대에 설치하는 것으로 한쪽에는 다리 이름을, 다른 한쪽은 통과하중 및 건설개요(시행청 시공자, 감리자, 건설기간 등)를 적어둔다.

그림 8.27 교명주

8.3 강교제작 및 가설

최근에 건설되고 있는 교량들중 경간장(span length, 徑間長)이 긴 교량은 대부분 강교(鋼橋, steel bridge)로 제작되고 있는 현실임으로 현장의 토목기술자들도 강교제작에 대한 일반적인 사항들을 배우고 익혀야 할 것이다.

강교제작은 기계기술자의 몫이긴 하지만 현행 책임감리제도에선 책임기술자가 이를 감독하여야 할 뿐 아니라, 건설현장의 자재들중 강재(steel)가 차지하는 비율이 점점 증대되고 있어 용접과 볼트에 의한 이음은 물론 이들의 제작(시공)이 시방이나 규정에 적합한지 여부를 판단할 수 있는 시험(test)에 관한 일체 사항은 토목기술자의 몫이 될 수밖에 없는 현실이다.

8.3.1 용접

(1) 용접이란?

접합(연결)하고자 하는 2개 이상의 금속을 열 또는 압축력을 이용하여 용융상태로 접합하는 방법을 용접(welding, 熔接)이라 한다.

용접은 단시간에 고열을 수반하는 복잡한 야금적 접합법이므로 부주의한 용접을 하게되면 재질의 변화, 변형과 수축, 잔류응력 등이 현저하게 되므로 용접에 대한 지식과 기능을 가진 자만이 용접을 하여야 한다(성수대교의 붕괴원인 중 용접부실이 상당부분을 차지하였음). 용접은 위치와 방법에 따라 공장용접과 현장용접, 자동용접과 수동용접으로 나누어진다.

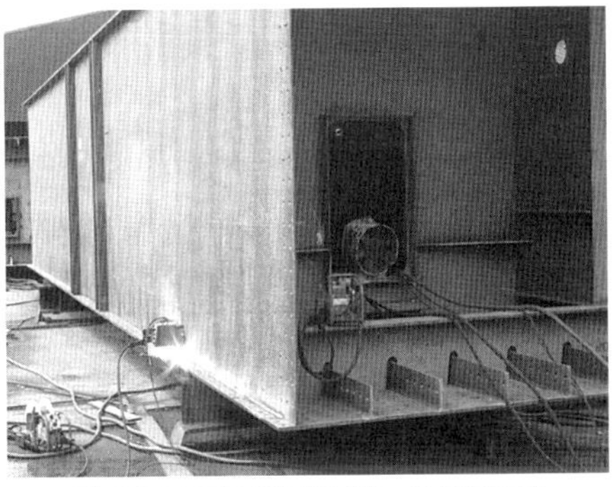
그림 8.28 BOX 용접(AUTO-CARRIGE)

그림 8.29 판계 자동 용접

(2) 용접 자세

1) 아래 보기 또는 하향 용접(Flat welding)

가장 안정된 작업조건의 자세로서 작업자가 아래를 보면서 위쪽에서 용접하는 자세[약호(F)]

2) 수평 용접(Horizontal welding)

용접선이 수평인 이음을 옆쪽에서 용접하는 자세[약호(H)]

3) 수직 용접(Vertical welding)

용접선이 여직이음을 옆쪽에서 용접하는 자세[약호(V)]

4) 위보기 용접(Overhead welding)

가장 불안정된 작업 조건의 자세로서, 용접선이 수평인 이음을 작업자가 위를 보면서 용접봉의 상향으로 용접하는 자세[약호(OH)]

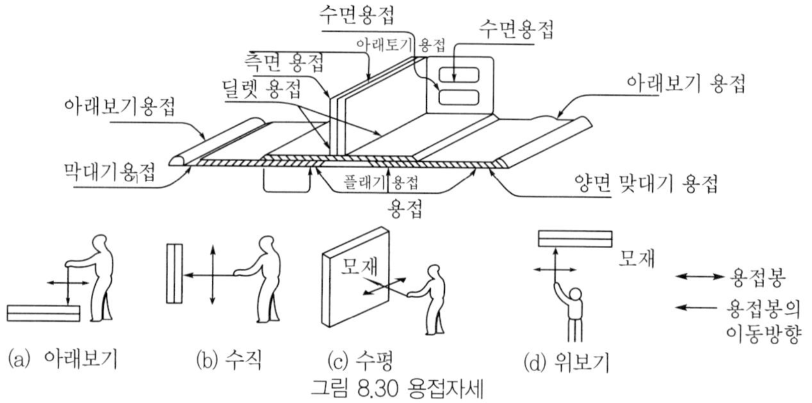

그림 8.30 용접자세

(3) 이음(접합)의 종류

1) 맞대기 이음(butt joint)
2) T 이음(tee joint)
3) 겹치기 이음(lap joint)
4) 모서리 이음(corner joint)
5) 한면 덮개판 이음(single strap joint)
6) 양면 덮개판 이음(double strap joint)
7) T자 이음(crcuiform joint)
8) 변두리 이음(edqe joint)

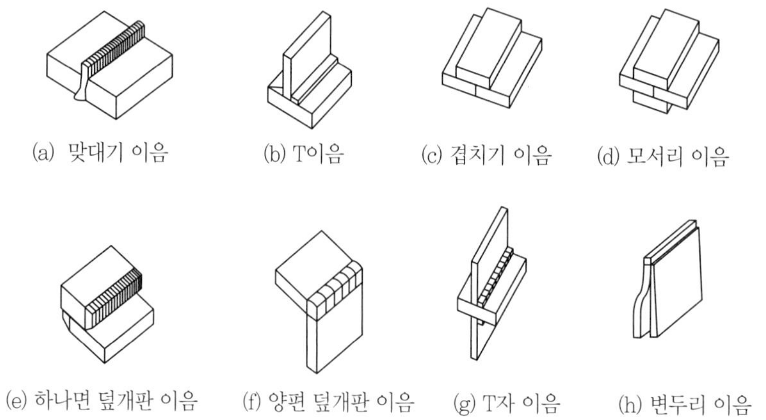

그림 8.31 기본 이음의 종류

(4) 용접의 종류

1) 홈용접(Groove welding)

홈은 완전히 용접부를 얻기 위해 용입이 잘되게 용접할 모재의 맞대는 면사이의 가공된 모양을 말하며 홈을 사용한 용접을 홈용접이라 한다.

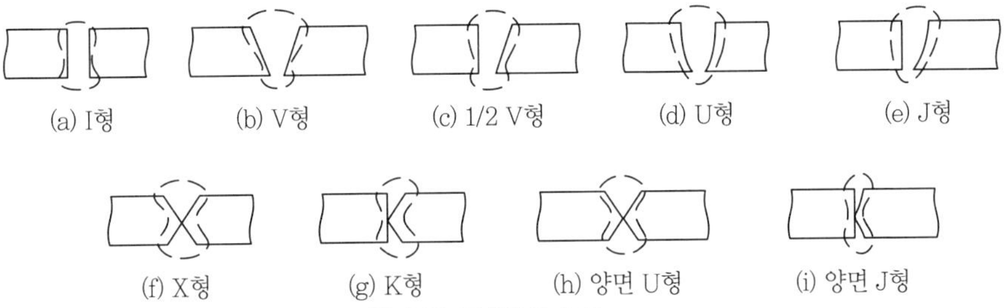

그림 8.32 용접홈의 종류

2) 필렛용접(Fillet welding)

필렛용접은 목 두께의 방향이 두께의 어떠한 모재 표면에 대해서도 직각이 아니고 어떤 각도를 가지는 용접이다. 용접부의 연속 용접부와 단속 용접부에 따라서 연속 필렛 용접, 단속 필렛용접이라 부르며 용접선의 방향과 하중(응력)의 작용 방향에 따라 전면 필렛용접, 측면 필렛 용접, 경사 필렛 용접의 3가지 형식으로 나누어 진다.

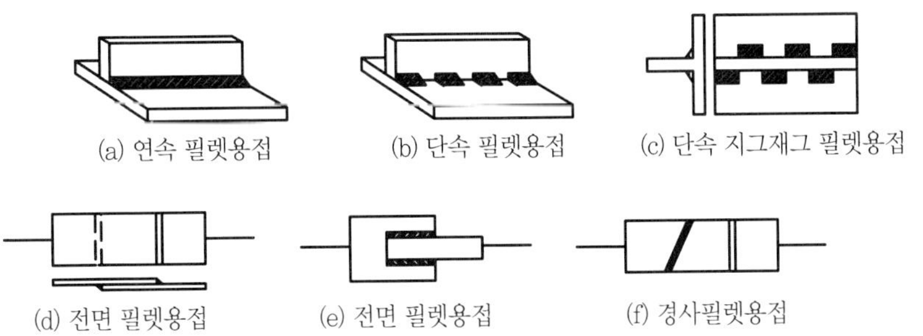

그림 8.33 기본 용접의 종류

3) 플러그 용접(Plug welding)

겹친 두 개의 판재에서 어느 한편의 모재에다 둥근 구멍을 만든 다음, 그 곳에다 용착 금속을 채우면서 용접을 행하는 방법이다.

4) 슬롯 용접(Slot welding)

긴 플러그 용접이라고 불리우며, 플러그 용접에서의 둥근 구멍 대신에 가늘고 긴 홈을 판재의 한쪽에만 가공한 다음, 그 사이에 용착 금속을 채우면서 용접을 행하는 방법이다.

5) 비이드 용접(Bead welding)

박판의 용접에서 판재 위에 용접비드만을 형성해서 용접을 행하는 방법이다.

그림 8.34 강판 자동절단 모습

그림 8.35 공장에서의 가조립 모습

(5) 용접의 비파괴검사

방법	원리	특성	검사결함	장 · 단점
육안 검사	전문기술자의 육안에 의해 검사하며 확대경,각장게이지, 휴대용 자를 이용	- 표면결함 검사 - 의심부위는 Check 후 타검사 방법 적용	오버랩, 언더컷 균열, 용입부족, 비트불량, 뒤틀림 등	- 검사비용 없음 - 즉시 수정가능 - 표면결함에만 한정 - 기록유지 곤란
방사선 투과 R.T.	방사선을 이용하여 시험체의 영상을 필름상에 형성한 후 현상하여 해독함으로써 결함유무를 판별하는 방법	- 모든 시험체 검사가능 - 시험체 내부검사에 이용 - 시험체 구조 및 치수측정, 불연속의 종류별 구분판독 가능 - 시험체 양쪽면 접근이 가능해야 검사가능 - 방사선 안전관리가 요구됨	슬래그 혼입, 내부균열, 기포, 1용입부족, 언더컷 등	- 증거 보존 확실, 즉석 판별곤란 - 판별시 많은 경험 필요→ 전문가의 판별 필요 - 검사비용 고가이므로 중요부분의 검사 다른 방법으로 만족치 못한 경우 실시 - 취급상 위험함
초음파 탐사 U.T.	시험체 내부에 입사시킨 초음파의 반사로 인해 스크린에 형성된 반사를 해독하여 결함유무를 판별	- 금속, 비금속 및 비금속 합금에 적용가능 - 시험체의 내부검사 - 시험체의 구조 및 치수측정, 불연속의 종류별 구분판독가능 - 시험체 한쪽면 접근으로도 검사가능 - 감도가 우수함 - 소형 또는 얇은 시험체 검사곤란	표면 및 깊은 곳에 결함 탐상 미세한 내부결함 및 부식상태	- 즉석 판별가능 - 해석에 고도기술 및 숙련이 필요 - 증거보존가능(자동기록), 단 구형장비는 기록 보존 불가함.

방법	원리	특성	검사결함	장 · 단점
자분 탐사 M.T.	시험체를 자화시킬 경우 결함부위에는 자속의 누설로 자분이 모이는 바, 이 자분의 모임여부로 판별	- 자성 시험체만 검사가능 - 시험체 표면 및 표면 바로밑 검사 - 불연속의 종류, 물리적 및 기계적 특성을 측정	표면의 갈라짐, 기포, 용접부족, 피로상태	- 표면결함발견 용이 - 신속하며 즉석 판별가능 - 자성을 띄는 철계통 금속에만 유호 - 현장 · 해석에 경험 필요 - 시험후 자력을 소멸시킬 필요가 있는 경우가 있으며 전원이 필요
침투액 탐사 P.T.	시험체 표면에 침투액을 도포한후 과잉 침투액을 제거시키고 현상제를 도포하여 결함부위에 스며들었던 침투액의 분축 유무로 판별	- 비다공성 및 비 흡수성 재질란 검사가능 - 표면 결함만 검사가능 - 주로 불연속 검사	눈으로 볼 수 없는 표면의 미세한 균열	- 사용간편 - 비용저렴 - 대개 표면의 결함만 볼 수 있음

그림 8.36 교량슬래브 철근 조립이 완료된 모습

(6) 강교제작 공정도(FLOW CHART)

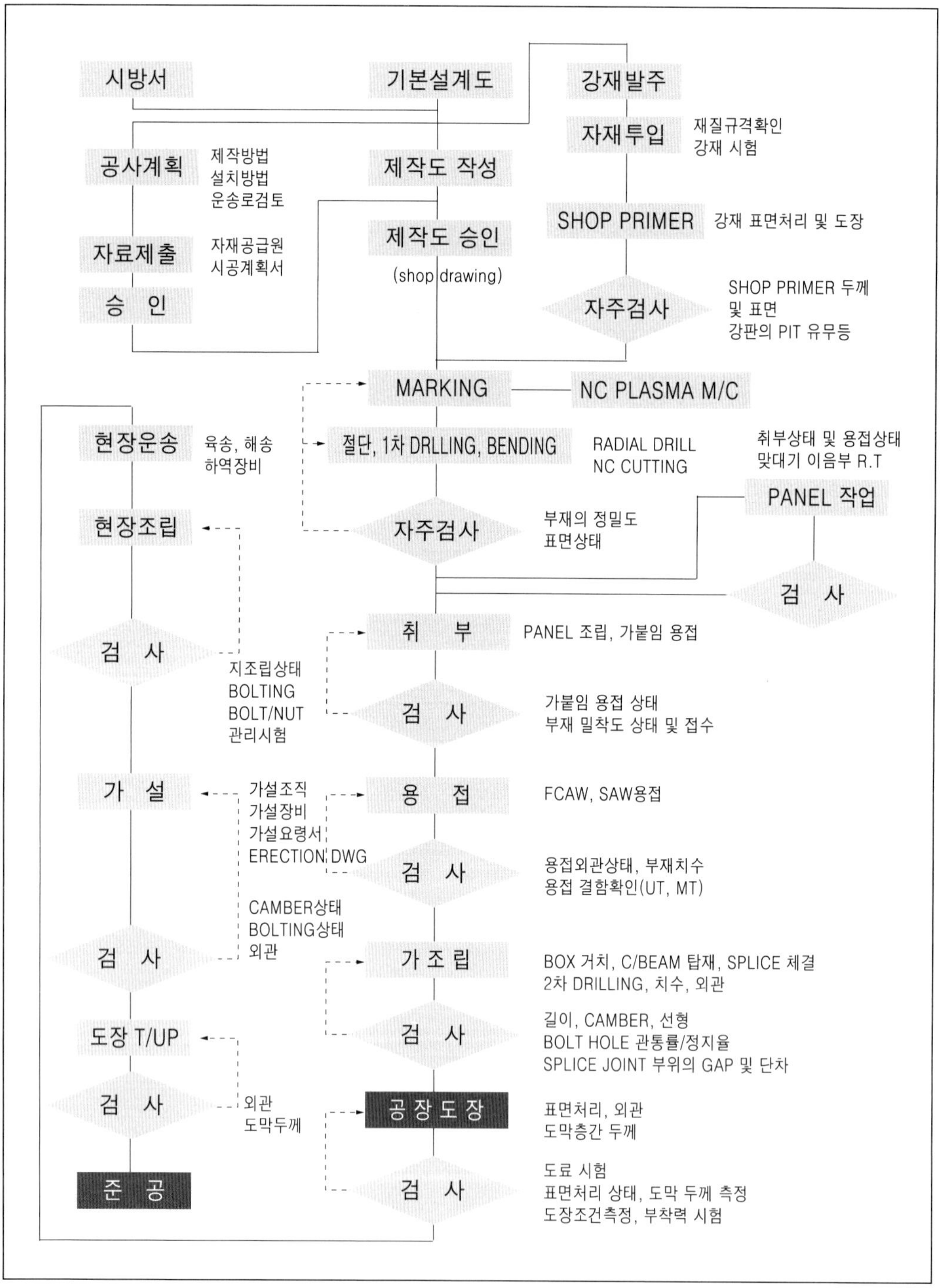

8.3.2 강교의 현장이음

현장에서의 강교이음은 고장력 볼트(hightension bolt) 이음이 주를 이루고 있으나 외관을 중시하는 경우 용접이음이 사용되기도 한다. 고장력 볼트가 사용되기 이전인 1960년대까지의 현장이음은 리베트(rivet) 이음으로, 오래된 강교에서 찾아 볼 수 있다.

(1) 현장이음의 종류

1) 고장력볼트이음

① 마찰접합 : 이음을 구성하는 판을 높은 축력으로 조여 2판의 접촉면에 생기는 마찰로 힘을 전달한다.

② 지압접합 : 이음을 구성하는 판의 구멍과 볼트축부의 지압력에 의해 볼트의 전단지지력을 개입시켜 힘을 전달한다.

③ 인장접합 : 볼트축과 같은 방향의 힘을 전달한다.

2) 고장력볼트 접합과 현장용접의 비교

항 목	고장력볼트 접합		현장용접	
미 관	△	좋다고는 할 수 없지만 눈에 띄지 않는 경우도 많다.	○	좋다.
도 장	△	첨접부는 도장이 약화되기 쉽다.	○	작업성이 좋다
설 계	△	공 공제에 의한 단면감소가 있고, 두꺼운 핀 · 고장력강에시는 볼트수기 많다.	○	이음위치 선정의 자유두가 높다
강 중	△	변화가 없다	○	감소한다 판두께가 두꺼울수록 유리
제 작	○	천공작업이 있고, 재현성이 좋은 임시 종임이 된다.	○	천공작업이 없어진다. 단, 현장용접부의 제작정도를 높일 필요가 있다.
현장작업 및 설비	○	용이, 통상의 비계로 된다.	○	용이하지 않다. 전력설비 (대용량 발전기) 방풍설비 필요.
작업원	○	교량 특수공으로 시공이 된다.	△	특히 훈련된 용접공이 필요.
작업시간	○	짧다.	△	길다. 공기가 짧을 때는 용접을 채용 할 수 없는 경우가 있다.
부재의 변형	○	변화가 적다	△	강상판 거더에서는 캠버가 변화하기 쉽다.

(2) 고장력볼트 체결

토크렌치를 이용하여 볼트를 체결케 되는 바, 최근에는 조임토크 값을 자동제어 할 수 있는 전동식 기기들이 사용되고 있으며 수동식 토크렌치는 인력에 의한 고장력볼트(H.T.bolt)의 체결이나 체결된 볼트의 조임 토크값(torque-value)을 검사하는 기구이다. 축력계는 공사현장에서 토크계수값의 시험, 체결기구의 조성 혹은 볼트도입 축력을 검정을 위해 사용되는 기구이다.

그림 8.37 가설 완료된 강교(bolt 및 shear connector)

그림 8.38 현장서 가설전 볼트체결

(3) 현장 시공시 유의사항

1) 볼트를 현장보관함에 있어 제일 중요한 것은 방습 및 먼지 그리고 우수에 의한 볼트 나사부의 마찰계수에 영향을 주는 녹 발생 방지와 이물질이 부착 되지 않도록 하는 것이다.
2) 접합부분과 고장력 볼트세트의 토크 계수치는 물에 젖는데 따라 변화하고, 체결축력을 변화시키는 요인이 될 뿐아니라 방청에 대해 나쁜 영향을 줄 가능성이 있음으로 강우가 예상 되거나 결로에 의해 부재가 습하게 된 경우는 원칙적으로 체결하지 않도록 한다.
3) 불가피하게 비를 맞혔을 경우에는 완전 건조된 후에 조임을 하도록 한다.
4) 부재와 부재의 접합면은 완전히 밀착되게 하여야 한다.
5) 볼트의 여유길이는 너트에서 2~3산의 나사산이 나오는 것이 원칙이다.
6) 볼트의 표면온도가 250℃ 이상일 경우 기계적 성질이 변할 수 있기 때문에 볼트 주변에서 용접 등을 할 경우는 주의가 요망된다.
7) 용접과 볼트가 병행이음이 될 경우에는 용접 완료 후에 볼트를 체결하는 것이 원칙이다.
8) 강상판이 용접 이음이고 하판과 측판이 볼트이음인 경우에는 하판 및 측판의 하단에서 높이의 2/3까지는 용접전에 볼트조임을 할 수 있으며, 나머지 1/3부위의 볼트 조임은 강상판 용접이 완료된 후에 한다.
9) 1차 조임을 한 볼트의 2차조임(본체결)은 가능한 당일에 행하는 것을 원칙으로 한다(한번 체결 완료된 볼트는 풀어서 재 사용할 수 없다).
10) 체결은 중앙으로부터 가장자리 순으로 하여야 한다.
11) 너트 및 와셔의 조립에는 각각 방향이 정해져 있으므로, 너트는 등급 표시가 외측이 되도

록하고, 와셔는 내경의 면치부가 외측에 오도록 즉, 너트쪽에 접촉이 되도록 하여야 한다.

12) 1차 조임은 체결축력의 60~80%, 2차 조임(본조임)은 축력의 100%가 되도록 한다.

8.3.3 강교의 가설

공장에서 강교제작(가조립 및 공장도장)이 완료되면 현장으로 운송하여 이를 가설(架設, erection)하여 상판(床版, slab)을 시공함으로 교량건설이 완성케 되며, 강교 가설공법 선정시 고려할 사항은 다음과 같다.

1) 가설지점의 지형, 지질, 기상등 자연조건
2) 가설시기 및 전체 공사 기간
3) 교량의 구조형식, 설계조건, 가설중의 응력
4) 경제성 및 안전성 및 시공성이 양호한 공법
5) 수송 및 반입로의 도로상태(도로의 폭 및 곡선반경)

(1) 벤트(Bent) 공법

벤트 공법은 부재를 교량 하부에 설치한 임시 지지대로 직접 지지하면서 가설 조립하는 공법이며, 이러한 임시 지지대(임시교각)을 벤트(bent)라 한다. 벤트의 기둥부분은 H형강이 주로 이용되며 브레이싱(bracing) 및 보강재로는 L형강이 주로 사용된다.

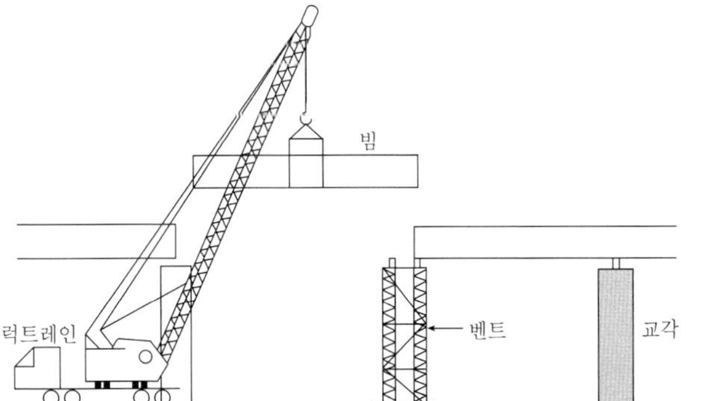

그림 8.39 벤트 공법

벤트 기초는 하중이 적고 견고한 지반에서는 침목이나 H형강을 바닥에 깔고 설치하니, 지반이 나쁠때는 콘크리트 기초나 말뚝 기초를 시공한 후 지반의 안전성이 충분히 확보된 다음에 기초로 이용되어야 한다.

그림 8.40 벤트에 의한 트라스교 가설(호저대교-중앙고속도로)

(2) 케이블 일렉션(Cable erection) 공법

깊은 계곡이나 하천 등을 횡단하는 교량과 같이 하부공간이 깊을 경우 교대나 교각에 철탑을 세우고, 양쪽 철탑을 연결하는 케이블(cable)에 장치된 작업차를 이용하여 부재를 설치 조립하는 공법이다. 이 공법은 케이블을 정착시킬 앵커 콘크리트를 설치해야 하는 등의 가설구조물 비용이 많이 들고 이에 따른 별도의 공사기간이 소요되므로 이들을 충분히 검토 후 채택하여야 한다.

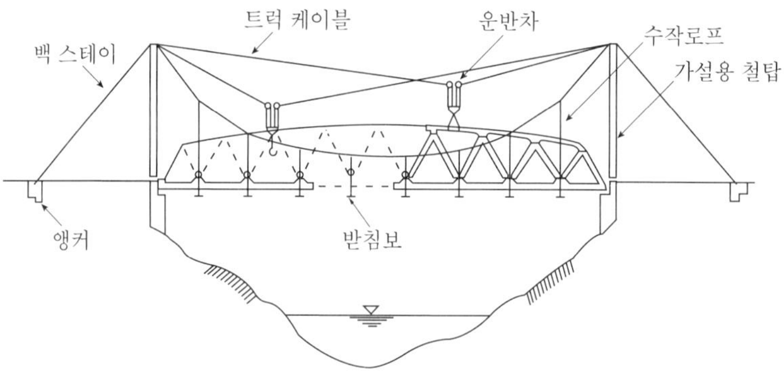

그림 8.41 케이블 일렉션 공법

(3) 압출공법

압출공법은 가설하려는 경간(span)의 후방에서 조립된 거더를 다음 교각이나 교대까지 밀어내어 가설해 나가는 방식으로 압출하는 거더 선단(先端)에 압출 추진코(nose)를 부착한 후 연속해서 압출을 추진하여 가설하는 공법이다. 하부 조건에 구애를 받지 않으므로 도로, 철도 등이 교차하는 경우에 적합하나, 거더 조립을 위한 별도의 부지가 현장내에나 현장 인근에 확보할 수 있을 경우에 유용한 공법이다.

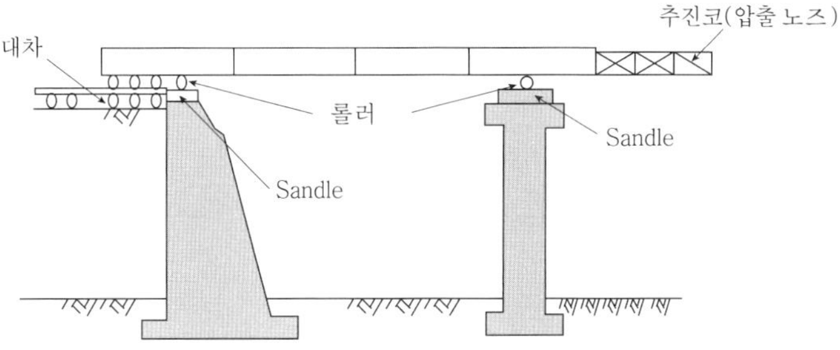

그림 8.42 압출공법

(4) 캔티레버(Cantilever) 공법

가설 지점이 깊은 계곡이나 하천에 위치하고 있어 지형적으로 벤트(bent)를 세울수 없거나 형하공간(桁下空間)의 사용에 제한이 있는 경우, 교체의 내력을 이용하여 가설용 크레인을 이용 캔티레버 부재를 조립해 가는 공법이다. 가설용 장비는 트래블러 크레인(traveller crane), 플로팅 크레인(floating crane), 케이블 크레인(cable crane) 등이 지형에 따라 선택 사용되며, 작업하중에 대한 단면의 응력검토가 선행되어야 한다.

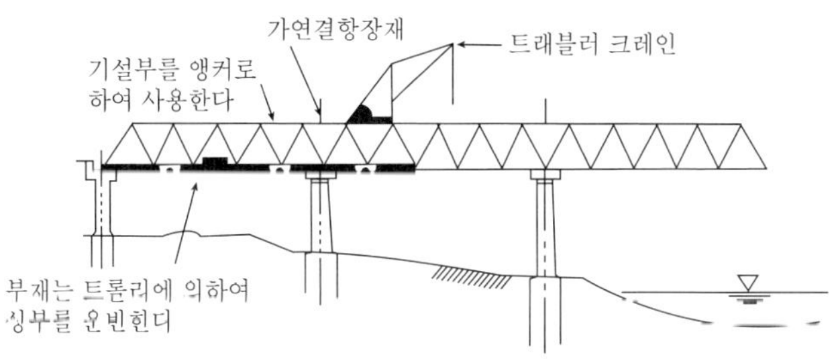

그림 8.43 긴티레버 공법

(5) 대형 블럭 공법(크레인 가설공법)

현장 이음부를 제외한 완성된 부재를 지상에서 제작 조립 후 기중기(crane)를 사용하여 설치하는 방식으로, 작업이 용이할뿐아니라, 가설비용이나 가설시간에서도 유리한점이 많아 육상에서 가설되는 PC빔이나 강교 거치에 가장 보편적이고 널리 사용되는 공법이다.

하상(하천), 해상(바다) 등에 가설되는 장대교는 항만 화물을 처리하는 선박에 탑재된 크레인(floating crane)으로 바지선에 적재하여 운반해 온 대형의 강재 상판구조물을 설치하는 방식도 유사한 공법이라 볼 수 있다. 한번(1회)에 인양할 수 있는 거더의 길이와 무게를 충분히 계산하고 적당한 장비(crane)를 준비하여야 한다.

그림 8.44 거치완료된 PC빔교

그림 8.45 2대의 크레인에 의한 PC빔 가설

그림 8.46 거치중인 플레이트 거더교

그림 8.47 크레인에 의한 블럭식 강교 가설

8.4 콘크리트교의 가설

8.4.1 개요

1930년대 초기까지 철근 콘크리트 교량(RC교)은 지면에 동바리를 설치한후 콘크리트를 타설하는 동바리 가설공법이 주로 이용되었으나, 프리캐스트 거더(precast girder)를 공장에서 프리텐션(pretension)방식으로 제작하는 기술의 발달로 보(girder)와 상판(slab)의 분리시공이 가능케되었으며, 따라서 건설기간의 단축을 위한 여러가지 가설공법이 등장하게 되었다.

1960년대 이후로 PSC(prostressed concrete)개념을 도입한 과학적이고 합리적인 공법이 개발되어 인건비를 줄이고 공사기간을 단축할 수 있게 되면서 FCM, MSS, ILM PSM 등 다양한 형태의 PSC 박스거더 가설공법이 장대교 시공법으로 광범위하게 적용되고 있다.

8.4.2 공법의 종류

(1) 동바리를 사용하여 가설하는 공법

FSM 공법 (동바리 공법)
- 전체 지지식
- 지주 지지식
- 거더 지지식

(2) 동바리를 사용하지 않고 가설하는 공법

- PC(precast) 거더공법
- PSC 박스 거더공법
  - FCM(외팔보) 공법
  - MSS(이동식비계) 공법
  - ILM(압출) 공법
  - PSM(precast segment) 공법

그림 8.48 제작이 완료된 PC 빔모습

그림 8.49 PC 빔의 이동모습

(3) 공법의 비교

공법	ILM	PSM	MSS	FCM
적용경간	20~60m	50~100m	40~70m	90~160m
시공방법	제작장 설치→추진코 설치→PC BOX 제작→압 출→연속스트랜드 인장→격벽부 시공→교좌장치 고정	세그먼트제작→가설장으로 운반→거치→클로저 조인트 타설→인장→트러스내림	부라켓 설치→MSS 설치→FORM설치→콘크리트 타설→인장→박리 후 전진이동	주두부시공→FORM TRAVELLER 설치→ 세그먼트시공(3~5m) →키세그먼트 연결→FORM TRAVELLER 해체

공법	ILM	PSM	MSS	FCM
특 징	• 안전성이 높다. • 시공 속도가 빠르다. • 직선 및 단곡선 교량에만 적용 • 교량의 길이가 길면 압출 불가능 (1방향 압출 600~800m) (양방향 압출 1000~1300m)	• 세그먼트 제작을 하부공사와 병행함으로 공기 단축 • 세그먼트 제작은 공장 제품으로 높은 품질규격 관리 용이 • 어떠한 선형에도 시공 가능 • 세그먼트 접합후 건조수축 프리스트레스 감소 최소화 • 시공 속도가 빠르다.	• 동바리 사용없이 거푸집에 부착된 이동식 비계사용 • 교각에 부라켓 설치 • 유압 잭에 의한 전진 이동 • Span by Span으로 시공 • 하부 조건에 관계없이 시공가능	• FORM TRAVELLER로 좌우 평형 유지하며, 콘크리트 타설 • 각 세그먼트를 강연선 및 강봉으로 인장 연결 • 교각이 높고 교장 1km 이상시 경제적 • 반복작업으로 능률성이 높고 정밀 시공 가능
문제점	• 변화 단면교량에는 적용 불가 • 교장이 짧은 경우 비경제적 • 엄격한 품질관리 시공관리 필요 • 슬라이딩 패드 관리 철저	• 설계 제작 가설시 규격 및 치수에 대한 고도의 기술 및 관리필요 • 세그먼트 제작, 저장을 위한 넓은 부지와 대형 시설 필요 • 세그먼트 운반 가설을 위해 대형장비 소요 • 초기 투자비 과다	• MSS와 거푸집이 대형화되어 자중이 크고 제작비 고가임 • 교장이 짧은 경우 비경제적 • 단면 변화시 적용 곤란	• 연속 강결 방식은 시공중 불균형 모멘트 대책수립 • 지속적 Camber 관리 • 힌지방식은 연결부 힌지 부분의 처짐우려
시공실적	행주대교 남한강교	서울강변도시고속도로	노량대교 김포대교	원효대교 서해대교

8.4.3 FSM 공법(Full Staging Method, 동바리 공법)

(1) 개요

동바리란 교량 가설시 상부하중을 지지하기 위해 조립 설치하여 사용하다가 교량 완성후에 해체하는 지주(支柱) 및 강제 조립거더 등의 임시 구조물용 부재를 말한다.

동바리 공법은 콘크리트를 타설하는 경간 전체 하부에 동바리를 설치하여 타설한 콘크리트가 소정의 강도에 도달할 때까지 콘크리트 자중 및 거푸집, 작업대 등의 하중을 일시적으로 지지토록 한 방식으로 콘크리트 교량 가설공법중 가장 일반적인 공법이다.

슬래브교나 티빔(T-beam)의 콘크리트교는 슬래브와 거더를 한꺼번에 콘크리트를 타설하게 됨에 따라, 타설시 일시적으로 많은 중량으로 인한 동바리 붕괴 등의 안전사고가 발생될 수 있으므로 각별한 주의가 요망된다.

(2) 전체 지지식 공법

여러개의 동바리가 상부 하중을 직접 지지하도록 하는 방법으로 운반 및 조립 해체가 용이해야 하며, 높이가 얕은 슬래브교 등에서 적용된다. 교량 하부공간을 이용해야 하는 육교의 경우는 별도의 우회로가 필요하며, 유량이 많은 하천교량은 적용하기 어렵다.

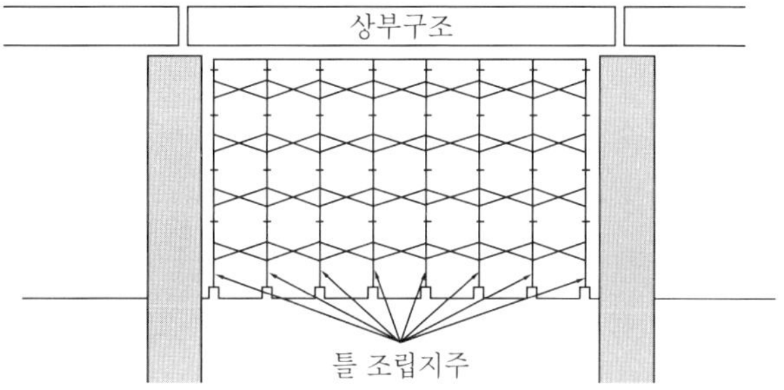

그림 8.50 전체 지지식

(3) 지주 지지식 공법

상부하중을 상부구조 바로 밑에 설치된 거더가 지지하고, 이 거더를 적당한 간격으로 설치된 지주(支柱)가 지지하는 방식이며, 지주에는 상부콘크리트와 가설재의 전 하중이 집중되므로 지주의 기초가 견고해야 한다. 지주는 강재, 형강, 틀조립 지주가 사용되고 거더는 강재, 형강, 프레이트거더(plate girder) 능이 사용된다.

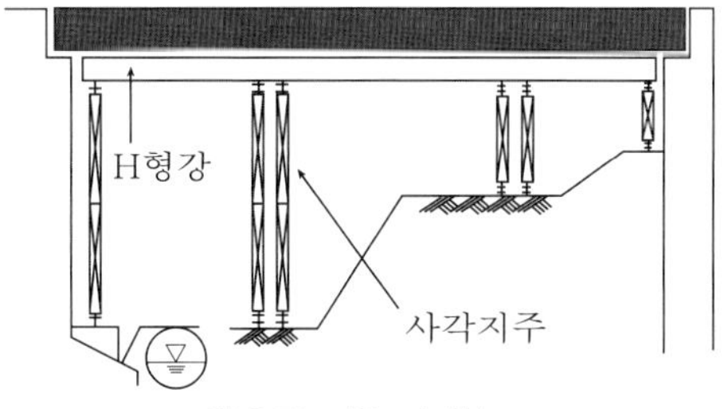

그림 8.51 지주 지지식

(4) 거더 지지식 공법

경간사이에 설치된 조립 거더가 상부하중을 지지하고, 이 조립 거더는 교각에 설치된 브라켓트(bracket)가 지지하는 방식이다. 지반상태가 불량한 교량 하부공간이 입체교차로 등과 같이 다른 용도로 이용되는 교량, 지면에서 교량 상부구조까지 높이가 높은 교량 등에서 유용하게 적용된다.

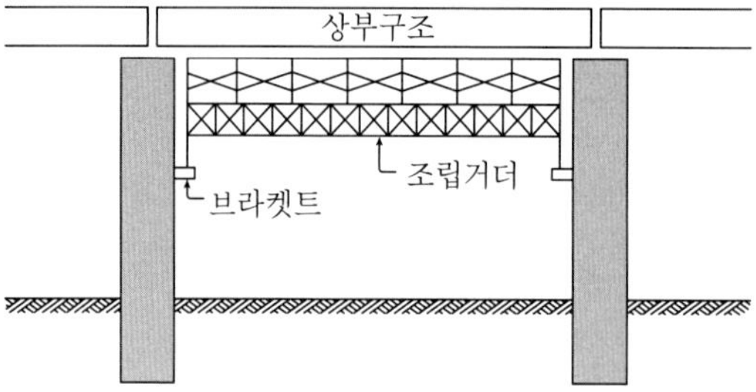

그림 8.52 거더 지지식

(5) 동바리 기초의 중요성

동바리에 작용하는 연직 및 수평하중의 대부분이 기초에 전달되므로 동바리 기초는 이러한 하중에 대하여 충분한 강도를 가지고 안전성이 확보되어야 하며, 침하량이 허용범위 이내이어야 한다. 견고한 지반에서는 침목이나 H형강을 깔고 설치하나 지반이 연약할 때는 콘크리트 기초나 말뚝기초를 시공하여 지지층에 하중이 전달될 수 있도록 한다. 동바리를 설치한 후 눈·비가 왔을 때는 반드시 안정성 여부를 검사(check)한 후 다음작업에 임하여야 하나, 이를 게을리 하여 콘크리트 타설중이나 양생중에 붕괴되는 사고가 발생되기도 한다.

그림 8.53 동바리에 의한 슬래브교 시공 전경(FSM)

8.4.4 FCM 공법(Free Cantilever Method, 외팔보 공법)

(1) 개요

FCM 공법은 독일의 Dywidag 사(社)가 개발한 공법으로 기시공한 교각위에 주두부를 시공한 후 이동식 작업차(form traveller)를 이용하여 교각을 중심으로 좌우평형을 유지하면서 3~5m 길이의 분절(segment) 단위로 순차적으로 콘크리트를 타설해 나가는 시공방법이다.

동바리 설치가 어려운 깊은 계곡, 하천, 해상 그리고 교하공간(橋下空間)을 확보해야 하는 곳에 적용할 경우 경제성이 높다. 국내에서는 원효대교(최대 경간 100m 총연장 1470m)가 1979

년 이 공법으로 시공되었고, 최근에는 서해대교(경간장 165m), 남해안 연육교 등이 FCM교로 설치 되었는데, PSC 박스거더 교량으로 하부조건에 구애를 받지 않으면서, 경간장을 길게 할 수 있어 장대교에 많이 채택되고 있는 공법이다.

그림 8.54 FCM 공법에 의한 시공장면

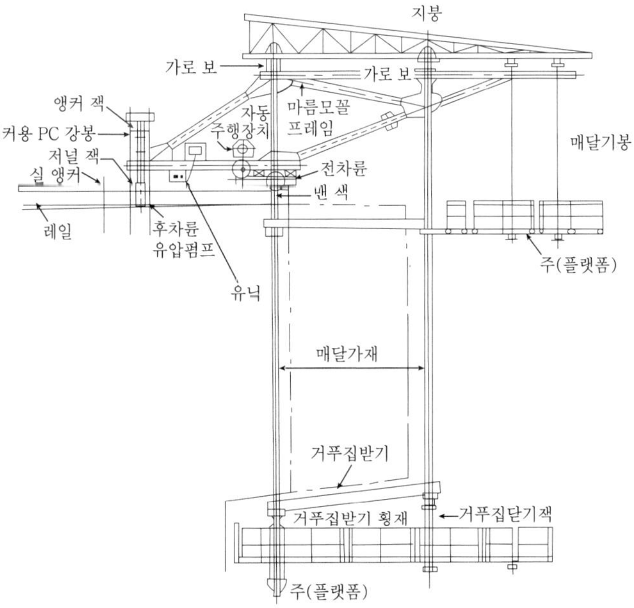

그림 8.55 FORM TRAVELLER 구조도

(2) 공법의 특징

1) 동바리가 필요치 않으므로 깊은 계곡, 해상 등에 장경간 교량을 가설할 경우에 적합하다.

2) 세그먼트 제작은 이동식 작업차를 이용하여 시공함으로 대형 가설장비를 동원하지 않아

도 장대교량의 시공이 가능하다.

3) 3~5m씩 세그먼트로 나누어 시공함으로 상부구조를 변단면(different section)으로 시공할 수 있다.

4) 대부분의 작업을 이동식 작업차내에서 하므로 기후조건에 구애를 받지 않으며, 품질공정 등의 시공관리가 용이하다.

5) 거푸집 설치, 콘크리트 타설, 강선긴장 등의 작업공정이 반복해서 시행됨으로 작업속도가 빠르고, 능률이 향상된다.

6) 각 시공 구간마다 오차 수정이 가능함으로 시공 정밀도를 높힐 수 있다.

7) 구조계산 및 설계가 다른 형식의 교량보다 복잡하다.

(3) 구조형식

1) 힌지방식(Hinged type)

그림 8.56에서와 같이 교각과 상부 거더를 일체로 시공하고 경간 중앙의 키 세그먼트(key segment) 부분을 힌지로 연결하는 구조형식이다. 상 · 하부가 일체의 라멘(rahmen) 구조이므로 교좌장치(shoe)가 필요없을 뿐 아니라 불균형 모멘트 발생 염려가 없다.

정정 구조물로 구조해석이 간단하고, 시공중 처짐관리가 용이하며, 경간 중앙이 힌지로 연결된 자유단이므로, 장기처짐의 우려와 주행성이 문제가 될 수도 있다.

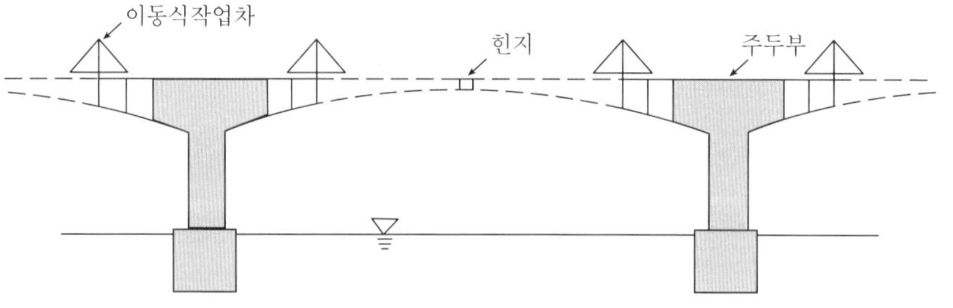

그림 8.56 힌지방식

2) 연속 강결 방식(Continious type)

교각과 상부거더를 분리하여 힌지로 연결하고 경간 중앙부를 일체로 강결시켜 연속교가 되게 한 구조형식이다.

- 상 · 하부가 분리됨으로 교좌장치(shoe)가 있어야 한다.
- 시공전 발생하는 불균형 모멘트를 지지할 가시설(prop)을 주두부 시공전 설치해야 한다.
- 장기 처짐의 우려가 없고, 주행성이 좋으며 미관이 수려하다.

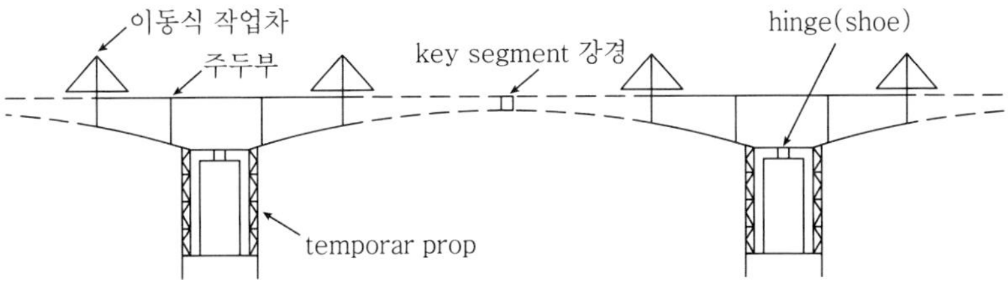

그림 8.57 연속 강결 방식

(4) 시공순서

1) 주두부(Head) 시공

FCM 상부 구조물 작업을 위해 첫 단계로 주두부(主頭部)를 시공함으로서 이동식 작업차를 설치할 발판을 마련하게 되며 시공순서는 다음과 같다.

Temporary Prop 설치 → 유압JACK 설치 → SHOE 설치 → 주두부 구조물 시공

2) 세그먼트(Segment) 시공

이동식 작업차 이동설치(3일) → 철근배근쉬스관 설치(4일) → 콘크리트 타설 (1일) → 양생(3일) → 강선긴장(1일)

3) 키 세그먼트(Key Segment) 시공

양쪽의 세그먼트 시공이 종료되면 중앙부에서 1~2m 길이의 키 세그먼트를 시공한다.

외부 거푸집 설치 → 고정장치 설치 → 콘크리트 타설 → 경간 중앙 연결 TENDON 긴장

그림 8.58 강선 삽입용 쉬즈관 및 쉬즈관의 연결모습

(5) 시공시 유의사항

1) 이동 작업차(Form traveller) 설치

- 반드시 시스템의 고정상태를 확인한다.
- Preset value를 check하여 처짐을 관리한다.
- 시공이음부 거푸집과 기시공한 면과의 밀착상태를 정확히 확인한다.
- 연결재(tie-bar)는 고강도 강봉임으로 충격, 손상, 부식을 방지하고 용접을 금하며 정기 검사를 하여 이상 발견시 교체하도록 한다.

2) 콘크리트 타설전 점검사항

쉬즈관(sheath pipe)의 선형 및 위치, 굴곡, 누수여부 등을 확인하고 철근의 배근상태를 점검해야 하며, 이동작업차(Form traveller) 고정을 위한 구멍(hole)의 시공위치를 확인한다.

3) 콘크리트 타설순서

교각을 중심으로 하중 상태가 좌우 균형을 유지해 가도록 타설하며, 바닥 헌치 부분 → 바닥 슬래브 중앙 → 벽체 → 상부슬래브 순으로 타설한다.

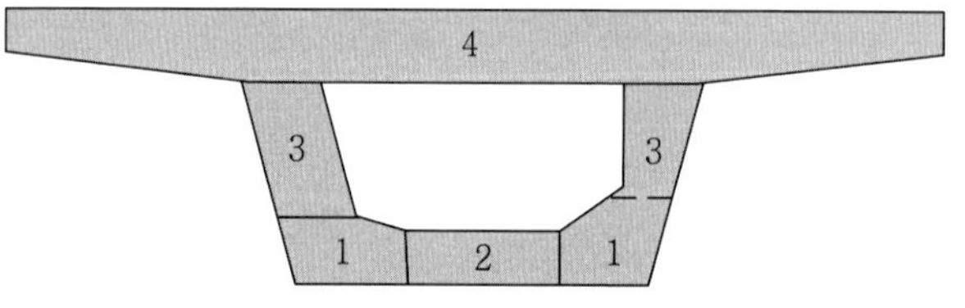

그림 8.59 콘크리트 타설순서

4) 긴장작업

- 시방서에서 요구하는 소요강도 발현 확인 후 긴장작업을 실시한다.
- 긴장 작업은 단면 중립축을 중심으로 대칭으로 실시토록 한다.
- 긴장전에 계산된 신율(elongation)만 소요 긴장력이 강선에 도입되도록 수치를 정하고 현장에서 긴장 후 이를 확인한다.

(6) 처짐관리(Camber control)

교량의 종단 선형을 확보하고 경간 중앙은 목표 레벨에 도달할 수 있도록 하기 위하여 여러 가지 영향 요인을 고려하여 계산된 설계 처짐값을 기준으로, 시공단계별 측량 실시와 필요 계산을 수행하여 시공시 요구되는 form setting level을 정해나가는 과정을 처짐(camber)관리라 말한다.

처짐의 발생원인으로는 하중, 재료 및 기타요인으로 요약될 수 있다.

1) 하중에 의한 처짐 원인

- 이동작업차(form traveller) 자중에 의한 처짐
- 기시공한 콘크리트 자중에 의한 처짐
- 상부 및 하부 강선 긴장에 따른 상향 및 하향 처짐
- 포장 자중에 의한 처짐

2) 재료에 의한 처짐 원인

- 콘크리트의 탄성 변형 및 크리프와 건조수축
- PS 강재의 탄성 변형 리랙세이션(relaxation)

3) 기타에 의한 처짐 원인

- 공기지연은 연속작업을 원칙으로 하되 공기가 2개월 이상 지연될 경우
- 캔틸레버 연결후 단면력의 재분배

(7) 처짐관리시 유의사항

1) 처짐관리는 온도변화가 가장 적은 아침에 실시한다.
2) 처짐(camber) 계산시 측량시점은 Tendon 긴장전, 긴장 후 Form Traveller 추진 후에 실시하여 단계별 자료를 만든다.
3) 처짐관리를 위해 측량기준점과 측량관리점을 설치하여 철저히 관리한다.

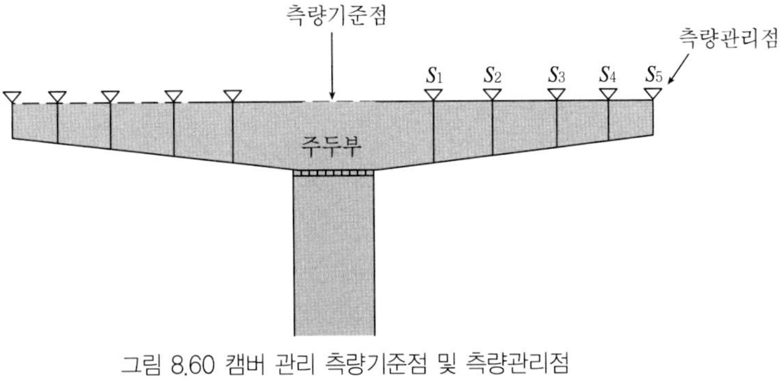

그림 8.60 캠버 관리 측량기준점 및 측량관리점

8.4.5 MSS 공법(Movable Scaffolding System, 이동식 비계공법)

(1) 개요

MSS 공법은 독일의 STRABEG사(社)에 의해 처음 개발된 공법으로 교량 상부 시공시 지상에 설치하던 동바리를 사용하지 않고, 거푸집이 부착된 특수 이동식 비계를 이용 한경간씩 추진하면서 콘크리트를 타설하는 공법이다.

1959년 독일의 Kettiger Hang교에 처음 적용된 후 현재까지 많은 공법의 발전과 다양화를 보여주고 있으며 국내에는 1983년 노량대교에 최초로 도입된 이래 김포대교 등 많은 교량이 MSS 공법을 사용하여 완공되었다.

장비의 중량이 비교적 무겁고, 대형임으로 장비의 제작비 및 감가상각비가 많이 소요된다는 문제점이 있으나 고교각(高橋脚), 다경간(多經間)의 교량 시공인 경우는 시공성과 경제성이 우수하다.

그림 8.61 MSS 공법에 의한 시공전경

(2) 공법의 특징

1) 고도의 기계화된 비계와 거푸집을 사용하므로 신속하고 안전한 시공을 할 수 있다.
2) 하천, 계곡, 도로 등 교량의 하부조건에 관계없이 시공할 수 있다.
3) 반복 작업으로 소수의 인원으로도 시공이 가능하고 시공관리도 확실하게 할 수 있다.
4) 일기의 영향을 받는 일이 적어 전천 후 시공이 가능하다.
5) 거푸집 및 비계의 유사 교량 전용과 노무비 절감으로 경제성을 제고시킬 수 있다.
6) 단면의 변화에 적응이 곤란하다.

(3) 공법의 종류

현재 개발되어 사용되고 있는 여러가지 MSS 공법은 사용장비에 따라 시공방법이 약간씩 다르긴 하나 기본적 원리는 동일하며 장비의 위치에 따라 하부 이동식(support type)과 상부 이동식(hanger type)으로 분류한다.

1) 하부 이동식(Support type)

이동식 비계의 주 트러스보가 완성코저하는 상부 구조물용 거푸집을 하부에서 지지하며 시공하고, 이동하는 방식이다. 기계적 작동방법에 따라 Rechenstab 방식, Kettiger hang 방식, Mannesmann 방식 등이 있다.

국내에서 시공한 교량은 하부 이동식인 Mannesmann 방식이 대부분이다.

2) 상부 이동식(Hanger type)

이동식 비계의 주보(主보)가 완성코저 하는 상부 구조물의 상단에 위치하면서 가로보와 현수재로 거푸집을 매달고 있는 형태로 시공하고 점차적으로 이동해 가는 방식이다.

Dywidag 사가 개발한 Gerutwagen 방식이 상부 이동식의 대표적 형식이다.

그림 8.62 박스거더의 철근조립 및 내부 거푸집설치(ILM, MSS 등)

그림 8.63 MSS 공법에 의한 교량시공 (중부내륙고속도로)

(4) 시공순서

MSS 장비를 시점에서 조립설치한 후 1경간씩 구조물을 시공한 후 계속하여 전진 이동해 나간다. 조립된 MSS를 운용하여 1경간씩의 BOX형 구조물을 시공해 나간다.

1) MSS 조립설치

MSS 거더 지상조립 → PIER BRACKET 설치 → MSS 거더 교각위에 거치 → 시스템 조립 및 거푸집 설치

2) 구조물 시공

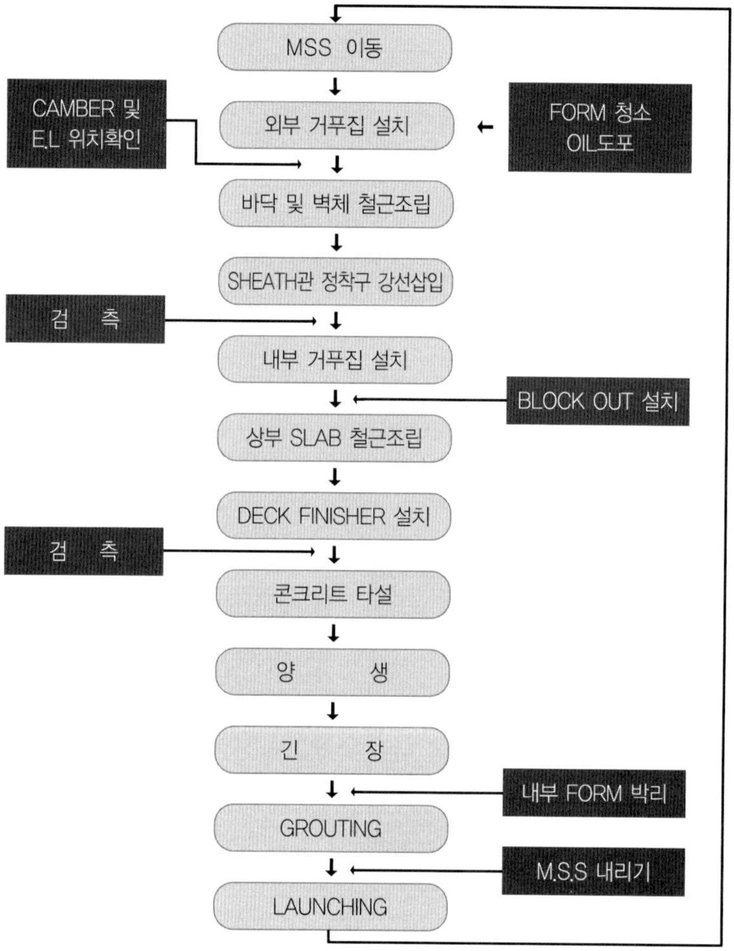

8.4.6 ILM 공법(Incremental Launching Method, 압출공법)

(1) 개요

교대후방에 설치되어 있는 제작장에서 일정한 길이의 세그먼트를 제작한 후 소요강도에 도달했을 때 압출 잭과 추진코(nose)를 이용하여, 교각 방향으로 밀어서 전진시켜 연속된 교량을 가설하는 공법이며, 이 공법은 1960년 독일에서 개발되었고, 국내에서는 1964년 호남고속도로 금곡천교에 처음 도입된 후 행주대교를 비롯한 수많은 연속교 교량이 ILM 공법으로 건설되었다.

(2) 공법의 특징

1) 비계 작업없이 시공할 수 있어 교량 하부조건(하천, 계곡, 도로, 철도)과 무관하게 시공이 가능하고 안전성이 높다.
2) 거푸집과 가설재에 대한 공사비가 절감되며 장대교인 경우 효과적이다.
3) 증기 양생과 덮개 설치 등 보온시설이 있어 전천 후 시공이 가능하다.
4) 연속교임으로 주행성이 좋고, 외관이 미려하다.
5) 1세그먼트 시공 사이클이 10일 내외 이므로 비교적 시공속도가 빠르다.
6) 변화 단면 교량에는 적용이 어렵다.
7) 교량 선형이 직선 및 단곡선일 경우에만 가능하다.
8) 상당한 면적의 제작장이 필요하다.

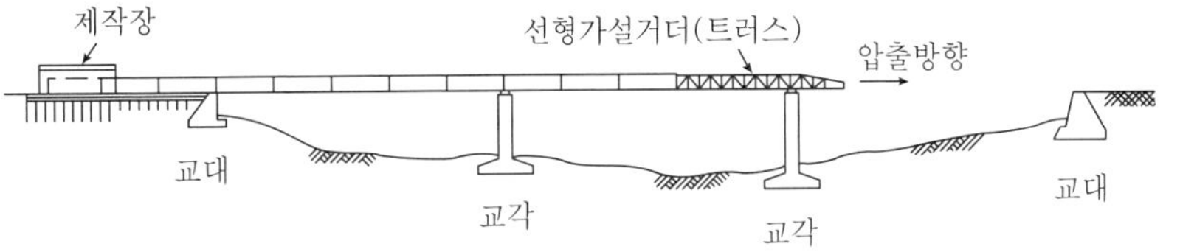

그림 8.64 ILM 교량 시공도

(3) 압출방법

1) 집중 압출방식

교대 뒤편 한 곳에만 압출 잭(jack)을 설치하여 교량 전장(全長)을 압출하는 방법이다.

2) 분산 압출방식

교량 연장이 길어 1개소 압출력으로는 부족할 경우 교대 및 교각에서 분산 압출하는 방법

그림 8.65 ILM 압출 수평잭

그림 8.66 강선인장을 위한 잭 설치 모습

(4) 시공순서

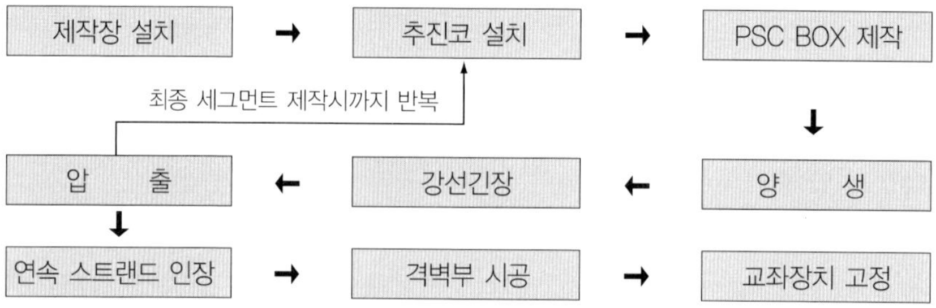

(5) 시공시 유의사항

1) 제작장

지반이 견고하고, 배수처리가 잘되게 하고, 압출잭(launching jack)의 구배는 교량 종단구배와 동일하게 설치한다.

2) 콘크리트 작업

철제 몰드는 샌드브라스팅(sand brasting)한 후 기름을 칠해서 녹을 방지하고, 눈비를 피할 수 있는 작업대(canopy)를 설치하며, 쉬이스관과 PC 강선은 녹이 슬지 않도록 잘 관리한다.

3) 양생

증기 양생 설비를 준비하고, 양생시 최대 온도 및 시간당 상승 온도와 하강 온도 등은 시방서의 기준을 반드시 지키도록 하며, 직사광선을 피할 수 있는 보호막을 설치해야 한다.

4) 강선인장

시방서에서 요구하는 소요강도 발현 확인 후 긴장을 실시하고, 사전에 계획된 긴장 순서를 지키며, 긴장후 강선에 도입된 유효 Prestress를 Check 한다.

5) 압출

sliding pad를 끼울 때 콘크리트면이 shoe 부분에 닿지 않게 끼우도록 하며, sliding pad에 기름(grease)을 충분히 도포하여 마찰계수를 최대한 줄이도록 한다.

8.4.7 PSM 공법(Precast Segment Method)

(1) 개요

PSM 공법은 일정한 길이로 분할된 상부 부재인 세그먼트(segment)를 별도의 제작장(공장)에서 제작하여 가설 현장으로 운반 후 크레인 등의 가설장비를 사용하여 거치, 연결한 후, 포스트텐션(post tension)함으로서 상부 구조를 완성해 나가는 공법이다.

이 공법은 1945년 프랑스의 Marne강에 가설된 Esbly교에 처음 적용되었고, 국내에서는 1989년 서울의 강변북로를 시작으로 북부간선도로, 서해대교 등에서 시공되었다.

세그먼트 제작 방법은 연결후의 정밀도를 높히기 위하여 주로 Match cast 방법으로 제작되며, Long-line 방식과 Short-line 방식이 있다.

그림 8.67 ILM 제작장

그림 8.68 ILM 시공모습(영동고속도로)

(2) 공법의 특징

1) 대형구조물 복잡한 구조물도 세그먼트로 분할하여 시공함으로 취급이 용이하다.
2) 제작장에서 연속해서 제작함으로 높은 품질과 규격관리 및 인력관리가 용이하다.
3) 세그먼트 제작과 하부 공사를 병행해서 시행할 수 있으므로 공사기간을 단축시킬 수 있다.
4) 상부 구조 가설시 콘크리트는 상당한 재령에 도달해 있으므로 가설후에 발생하는 탄성변형에 의한 프리스트레스의 감소량 등이 적어져 유리하다.
5) 세그먼트 제작과 저장을 위한 넓은 부지와 대형시설이 필요하다.
6) 세그먼트 운반 가설을 위한 대형장비가 소요된다.
7) 대형 중량물인 세그먼트의 운반 및 취급시 안전에 유의해야 하며, 세그먼트에 의한 많은 접합 개소의 연결로 인한 공사비가 증액되나, 이로 인한 하자요인이 생길 수도 있으므로 세심한 주의가 요망된다.

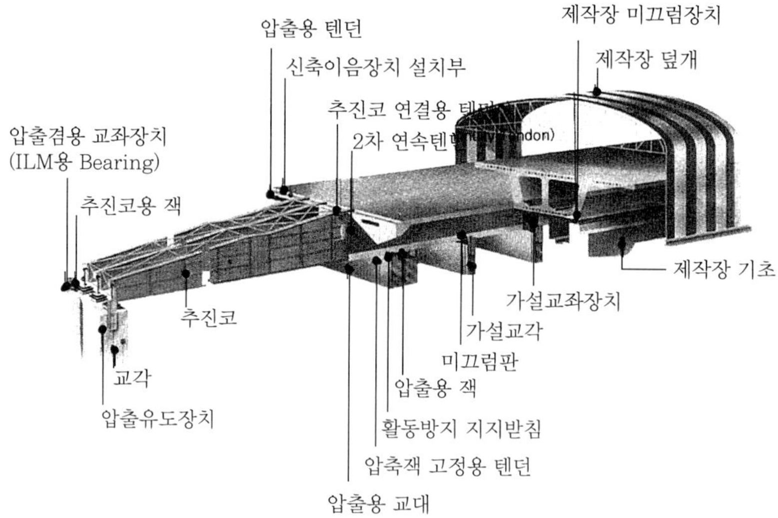

그림 8.69 연속압출공법 진행도

8) 경간이 50~100m인 교량으로 하부공간의 간섭을 받지 않고 시공속도가 빨라야 하는 곳에 적합한 공법이라 할 수 있다.

그림 8.70 세그먼트 운반

그림 8.71 세그먼트 가설 및 접합

(3) 세그먼트 제작 방법

1) Long-line 방식

최종 상부구조의 종단고 및 캠버를 제작장에서 그대로 형성하여 전체와 같은 길이로 동시에 연결 제작하는 방법이다. 선형 관리가 쉬우나, 넓은 부지면적이 필요하다.

2) Short-line 방식

거푸집을 일정한 위치에 고정시키고, 기제작된 세그먼트에 연결하여 다음 세그먼트를 제작하며 제작된 세그먼트는 야적장으로 이동한다. 단일 제작방식으로 상대적으로 높은 정도를 요한다.

(4) 시공순서

(1) 세그먼트 제작 → (2) 세그먼트 운반 및 야적 → (3) 세그먼트 가설 및 접합 → (4) 강선 긴장 및 그라우팅 → (5) 교 면 작 업

그림 8.72 서해대교(사장교, FCM, PSM) 전경(연장 : 7,310m, 주탑 : 182m, 사장교 : 990m)

연습문제

8.1 다음 용어를 간략히 설명하시오.

① 교좌의 고정받침과 가동받침
② PC 강재 Relexation
③ 신축장치(expension joint)
④ 응력부식
⑤ 포트받침과 탄성고무 받침의 특성 비교
⑥ 단순교, 연속교, 겔바교의 특징 비교
⑦ 용접의 결함 원인과 용접자세
⑧ 강구조물의 수명과 내용년수
⑨ 강재용접부 비파괴 시험방법
⑩ 강구조의 압축부재와 휨부재의 연결방법
⑪ 연속곡선교에서 교좌장치의 배치 및 설치방법
⑫ DB-24 하중의 의미

8.2 교량시공중 평탄성(P.R.I) 관리와 설계기준에 부합하는 시공시 유의사항은?

8.3 교량가설공법 중 프리캐스트 캔틸레버 공법의(precast cantilever) 특징은?

8.4 교량가설공사에서 가설이동식 동바리의 적용과 특징에 대하여 설명하시오.

8.5 교량 교각의 세굴방지대책에 대하여 기술하시오.

8.6 교량 구조물에 대형상수도 강관(steel pipe)을 첨가하여 시공할 경우의 사항은?

8.7 교대의 변위 및대책에 대하여 설명하시오.

8.8 교량가설공사에서 교량받침의 종류와 각 종류별 손상원인 및 방지대책은?

8.9 강부재의 연결방법의 종류와 특징을 설명하시오.

8.10 경간장 120m의 삼연속 연속보의 Steel Box Girder 제작 및 설치시 작업과정은?

8.11 하천을 횡단하는 교장 500m(경간50m, 10경간)의 연속강 Box교량 건설에 적용할 수 있는 건설공법은?

8.12 강판형교의 확폭개량공법에 관하여 설명하시오.

8.13 교량의 안전점검 및 보수·보강공법을 요약하시오.

8.14 강교(강상형)의 제작순서를 설명하시오.

8.15 교량의 바닥판(Deck Slab) 보수·보강공법을 설명하시오.

chapter 09 도로공

제 9 장 도로공

9.1 개요

9.1.1 도로의 정의와 기능

(1) 도로의 정의

도로란 일반의 교통에 공용되는 도로로서 고속국도, 일반국도, 특별시도, 광역시도, 지방도, 시도, 군도, 구도를 말하며(도로법 2조), 도로에는 터널, 교량, 도선장, 도로용 엘리베이터 및 도로와 대통령령이 정하는 것과 도로 부속물을 포함한다(도로법 2조).

교통이란 사람, 생활, 환경, 정보 및 물류의 이동이나 운반행위를 말하며, 육상교통(도로교통+철도교통), 수상교통, 공중교통으로 분류할 수 있다.

(2) 도로의 기능

도로는 주기능인 이동성(mobility)과 접근성(accessibility) 그리고 공간을 제공하는 보조 기능을 함께 갖는다. 등급이 높은 도로(고속도로, 간선도로)는 높은 이동성을 등급이 낮은 도로(지방도로, 국지도로)는 양호한 접근성을 목표로 건설되고 있다.

표 9.1 도로의 기능과 효과

도로기능			효 과
교통기능 (주기능)	이동기능 (Mobility)	• 자동차, 자전거, 보행자 등의 운행 서비스 • 상급도로(고속도로)	• 도로교통의 안전확보 • 시간거리의 단축 • 교통혼잡의 완화, 운행비의 절감 • 교통공해의 경감
	접근기능 (Accessibility)	• 연도의 토지, 건물, 시설에 대한 출입 서비스 • 저급도로(지방도로)	• 지역개발의 기반정비 • 생활기반의 확충 • 토지이용의 보전
공간기능 (보조기능)		• 공익시설의 수용 • 양호한 주거환경 형성 • 방재기능의 강화(녹지공간)	• 전기, 전화, 가스, 상하수도, 지하철 등의 수용 • 가변로, 소방활동(화재연속 방지)

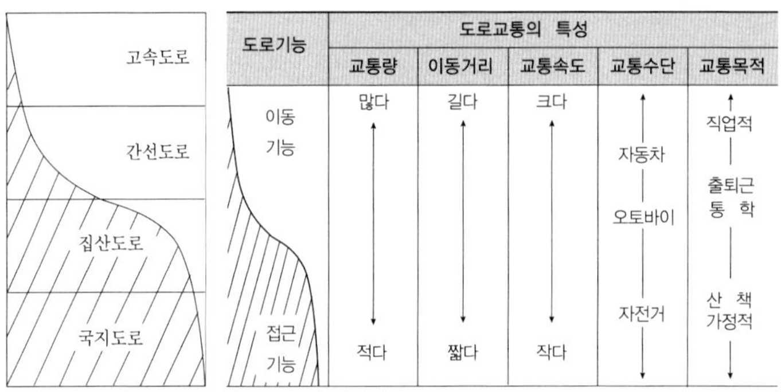

그림 9.1 이동성과 접근성의 관계

(3) 설계기준 자동차

도로설계의 주목적은 도로를 이용하는 차량이 안전하고 쾌적하게 운행될 수 있도록 함에 있다고 할 수 있으며, 우리나라의 경우 도로설계시 적용하는 통행 차량의 크기(폭, 길이, 높이)는 도로의 구조 · 시설기준에 다음 표 9.2, 9.3과 같이 정해져 있다.

표 9.2 도로의 구분 및 설계기준 자동차

도로의 구분	설계기준 자동차
고속도로 및 주간선도로	세미트레일러
보조간선도로 및 집산도로	세미트레일러 또는 대형자동차
국지도로	세미트레일러 또는 소형자동차

표 9.3 설계기준 자동차의 제원

제 원 / 자동차별	폭	높이	길이	축간 거리	앞내민 길이	뒷내민 길이	최소회전 반경
소형자동차	1.7	2.0	4.7	2.7	0.8	1.2	6.0
대형자동차	2.5	4.0	13.0	6.5	2.5	4.0	12.0
세미트레일러	2.5	4.0	16.7	앞축거 4.2 뒤축거 9.0	1.3	2.2	12.0

축간거리 : 앞바퀴 차축의 중심으로부터 뒤바퀴 차축의 중심까지의 길이
앞내민길이 : 자동차의 앞면으로부터 앞바퀴 차축의 중심까지의 길이
뒷내민길이 : 뒷바퀴 차축의 중심으로부터 자동차의 뒷면까지의 길이

9.1.2 도로의 분류

(1) 도로법에 의한 분류(도로법11조)

관리주체에 따른 도로의 종류 및 등급 순위를 결정한 것으로 고속국도, 일반국도, 특별시도와 광역시도, 지방도, 시도, 군도(郡道), 구도(區道) 순이다.

1) 국도대체우회도로(국대도) : 시관할 구역안을 경유하는 기존의 일반국도를 대체하기 위하여 설치하는 우회구간의 도로이다.
2) 국가지원지방도로(국지도) : 지방도중 주요 교통유발 시설지역(중요도시, 공항, 항만, 공업단지, 관광지 등)을 연결하며 고속국도와 일반국도로 이루어진 국가기간 도로망을 보조하는 도로로 대통령령에 의해 노선이 지정된 도로이다.

(2) 포장(표층) 재료에 의한 분류

1) 토사도(earthen road)
2) 쇄석도(macadam road)
3) 시멘트 콘크리트 포장도(cement concrete pavement)
4) 자갈도(gravel road)
5) 블럭포장도(block pavement)
6) 아스팔트 콘크리트 포장도(asphalt cconcrete pavement)

(3) 도로의 이용자 및 도로개설자에 의한 분류

1) 실질적으로 도로를 이용하는 도구(차량, 사람)와 처음에 도로를 만든 주체에 따른 분류로 자동차 전용도로, 일반도로, 자전거도로, 보도, 관광도로, 공도(公道), 사도(私道), 도시계

획도로, 단지내 도로 등이 있다.

2) 자동차 전용도로란 도로와 교차시는 입체 교차이고, 진입이나 출입이 지정된 곳에서 자동차만이 할 수 있는 도로를 말한다(도로의 구조 및 시설기준에 관한 규칙 4조).

(4) 도시계획시설 기준에 관한 규칙에 의한 분류

구분	광로	대로			중로			소로		
		1류	2류	3류	1류	2류	3류	1류	2류	3류
폭(m)	40 이상	35–40	30–35	25–30	20–25	15–20	12–15	10–12	8–10	4–8

(5) 도로의 구조, 시설기준에 관한 규칙에 의한 분류

구 분	지방부	도시부
자동차 전용도로	고속도로	도시고속도로
일반도로	주간선도로, 보조간선도로 집산도로, 국지도로	주간선도로, 보조간선도로 집산도로, 국지도로

1) 주간선도로

전국 도로망의 주 골격을 형성하는 주요도로로 지역 상호간의 주요도시(인구 50,000명 이상)를 연결하는 도로이다. 지역간 통과교통이 주이며 궁극적으로 4차로이상 도로확장이 요구되는 도로로 일반국도의 대부분이 해당된다.

2) 보조간선도로

주 간선도로를 보완하는 도로로 주간선도로에 비해 비교적 통행거리가 짧고 광역간선 기능이 약한 도로이다.

3) 집산도로

지역내의 통행을 담당하는 도로로 광역기능을 갖지 않는 도로이다.

4) 국지도로

군도(郡道)의 일부 및 농어촌 도로 등 기초도로로 통행거리도 짧고 기능상 최하위의 도로이다.

표 9.4 지방지역의 도로 기능별 특성

구 분	주 간선도로	보조 간선도로	집산도로	국지도로
도로의 종류 및 등급	국도	국도의 일부 또는 지방도	지방도의 일부 또는 군도	군도의 일부 또는 기타 도로
평균통행거리	5km 이상	5km 미만	3km 미만	1km 미만
설계속도(km/h)	80~60	70~50	60~40	50~40
유 · 출입지점간 평균간격(m)	700	500	300	100
동일기능 도로간의 간격(m)	3,000	1,500	500	200
계획교통량(대/일)	10,000이상	2,000~10,000	2,000~10,000	500 미만

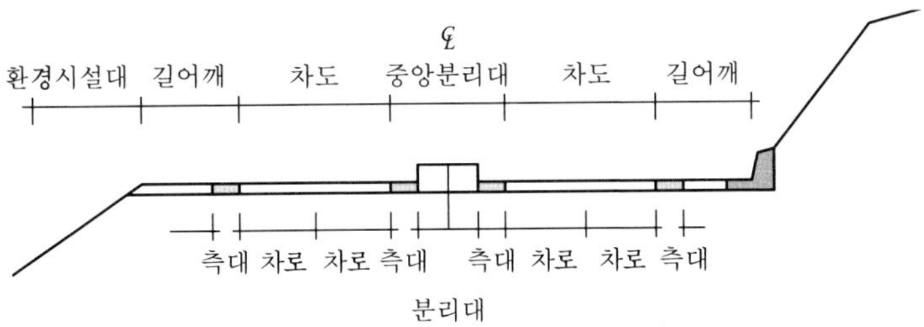

그림 9.2 도로의 횡단 구성

(6) 도로의 종류와 표지판

도로종류	정 의	표지판 모양	관리기관
고속국도	일반적으로 고속도로로 일컬어지며 자동차 교통망의 중추 부분을 이루는 중요 도시를 연결하는 자동차 전용의 고속교통이 이용하는 도로		한국도로공사 (건설교통부 장관을 대행)
일반국도	중요 도시, 항만, 중요한 비행장, 관광지 등을 연결하며 국가 기간 도로망을 이루는 도로		국도 유지건설 사무소 (시구역 : 시장)
특별 · 광역시도	서울특별시, 부산, 대구, 인천, 광주, 대전, 울산 광역시 구역 내의 도로		특별 · 광역시장 (시구역: 시장)
지방도	도내의 주요 도시를 연결하며 지방의 간선 도로망을 이루는 도로		도지사
시.군.구.도	시, 군, 구 구역 내의 도로		시장, 군수, 구청장

(7) 고속도로(Express way)

1) 우리나라 고속도로는 1968년 서울-인천간고속도로(29.5km) 개통을 시작으로 1970년 서울-부산간 고속도로(428km)가 개통됨으로 본격적인 고속도로 이용과 함께 고속도로 건설이 이루어져 2012년 6월 현재 전국의 고속도로는 3,913km(민자분 120km 포함)가 공용중에 있다.

2) 일반적으로 고속도로란 다음 조건을 동시에 만족하여야 한다.

① 자동차만 통행가능(보행자 및 자전거 통행 불가)
② 다른 도로와의 연결은 입체교차로로만 가능
③ 왕복 교통은 중앙분리대 등으로 완전히 분리됨
④ 진 · 출입은 인터체인지(I.C, 나들목)로만 가능
⑤ 설계속도는 80km/hr 이상(도로 구조 · 시설기준).

3) 인터체인지(I.C, Interchange)와 장션(JCT, Junction)

① 인터체인지 : 고속도로와 국도나 지방도가 연결되는 입체 교차로로서 고속도로 진 · 출입이 가능한 시설로 나들목이란 우리말 표현을 사용하기도 한다.

그림 9.3 분기점(신갈-안산고속도로)

② 장션 : 고속도로와 고속도로가 연결되는 교차로로서 경부고속도로와 호남고속도로의 회덕, 중부고속도로와 영동고속도로의 호법이 해당되며, 분기점이란 우리말 표현을 사용한다.

4) 유료도로(trun pike, tollway)와 고속도로는 전혀 다른 의미이니 사용에 혼동되지 않도록 요망된다.

9.1.3 도로현황

(1) 도로현황

국토교통부가 우리나라의 각급도로 현황을 조사한 결과에 따르면 2012년말 기준 도로연장이 10만 5,703km로 국토계수당 도로보급률은 1,149를 기록했다. 이는 OECD 34개 국가중 30위 수준이다.

표 9.5 도로 현황(2012년말 기준) (단위 : km)

구 분	합계	고속국도	일반국도	특별 · 광역시도	지방도	시 · 군도
2004년도	100,278	2,923	14,246	17,371	17,476	48,262
2005년도	102,293	2,968	14,224	17,506	17,710	49,885
2006년도	102,061	3,103	14,225	17,738	17,677	49,318
2007년도	103,019	3,368	13,832	18,109	18,175	49,535
2008년도	104,236	3,447	13,905	18,517	18,193	50,174
2009년도	104,983(100)	3,776(4)	13,820(13)	18,749(18)	18,138(17)	50,501(48)
2010년도	105,565	3,859	13,812	18,878	18,179	50,835
2011년도	105,931	3,913	13,797	19,073	18,196	50,952
2012년도	105,733	4,044	13,766	19,464	18,162	50,297

출처 : 국토교통부(도로현황별자료)

(2) 국토간선도로망 계획(2020)

1) 전국 어디서나 30분내 접근 가능한 기간교통망을 구축한다.

2) 도로연장을 87,000km에서 200,000km로 확충한다.

3) 국토간선망(7×9 : 남북측 7개, 동서축 9개)의 확보가 완료된다.

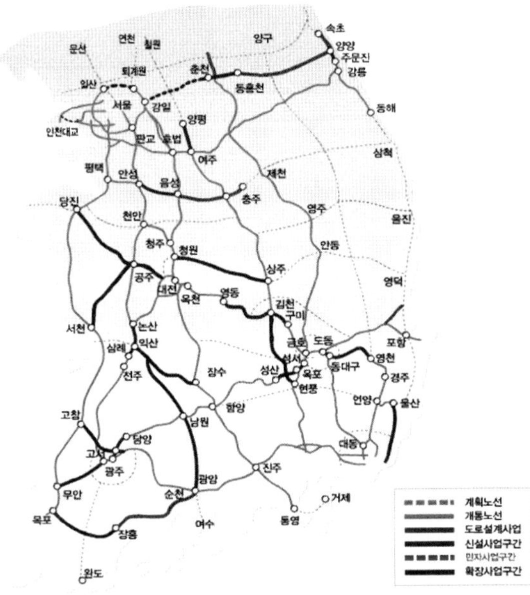

그림 9.4 국토간선도로망 계획(2020년의 주요간선도로 모습)

(3) 자동차 등록현황

표 9.6 우리나라 자동차 등록현황(2012년말 기준)

구 분	2004	2005	2006	2007	2008	2009	2010	2011	2012
등록대수(만대)	1,493	1,540	1,590	1,643	1,679	1,733	1,794	1,844	1,887
전년대비 증가대수(천대)	347	463	499	533	366	531	616	496	433
전년대비 증감비(%)	2.4	3.1	3.2	3.4	2.2	3.2	3.6	2.8	2.3

출처 : 국토교통부(시도별자료)

(4) 관련용어

1) 설계속도

도로설계의 기초가 되는 자동차의 속도를 말한다.

2) 차로(Lane)

자동차가 도로의 정하여진 부분을 한 줄로 통행할 수 있도록 차선에 의하여 구분되는 차도의 부분을 말하며, 차도중에 노면 표시선의 중심과 중심 사이폭이다.

3) 차로수

양방향 차로(오르막 차로, 회전차로, 변속차로 및 양보차로는 제외)의 수를 합한 것을 말한다.

4) 차도

자동차의 통행에 사용되며 차로로 구성된 도로의 부분이며, 보도, 자전거도, 자전거 보행자도는 제외한다.

5) 차선

차로와 차로를 구분하기 위하여 그 경계지점에 표시하는 선이다.

6) 분리대

차도를 통행의 방향에 따라 분리하거나 성질이 다른 같은 방향의 교통을 분리하기 위하여 설치하는 도로의 부분이나 시설물을 말한다.

7) 측대

운전자의 시선을 유도하고, 옆부분의 여유를 확보하기 위하여 중앙분리대 또는 길어깨에 차도와 동일한 횡단경사와 구조로 차도에 접속하여 설치하는 부분이다.

8) 길어깨(Shoulder)

도로를 보호하고 비상시에 이용하기 위하여 차도에 접속하여 설치하는 도로의 부분으로 종전에는 노견이란 표현을 사용하였다.

9) 시설한계(통과높이)

자동차나 보행자 등의 교통안전을 확보하기 위하여 일정한 폭과 높이 안쪽에는 시설물을 설치하지 못하게 하는 도로위의 공간확보의 한계를 말한다.

10) ITS(Intelligent Transport System)

교통시설에 통신, 전자, 제어, 기계 등의 첨단기술을 적용하여 도로와 차량 및 운전자를 일체화시켜 교통체계의 효율화 첨단화 및 정보화를 실현하기 위한 종합 시스템을 말한다.

11) 교통량

일정시간내에 도로에 직교하는 한단면을 통과하는 차량의 대수를 말한다.

12) 교통밀도

단위 길이의 도로상에 있는 차량의 대수를 말한다.

13) 연평균일교통량(AADT : Annual Average Daily Traffic)

1일동안 어떤 도로의 한단면을 통과하는 차량의 대수를 1년간 측정하여 평균한 것(365로 나눈 것)을 말하며, 도로계획(설계)시 기본이 되는 교통량이다.

14) 계획교통량

계획 목표연도에 통행할 자동차의 AADT(연평균일교통량)을 말하며, 일반적으로 계획목표년도는 20년이며, 교통의 변화 가능성이 큰 곳은 10년으로 하고 있다.

15) 설계시간 교통량(DHV : Design Hourly Volume)

계획교통량은 연평균 일 교통량으로 시간대별 교통량의 변화가 반영되지 않아 이를 시간당으로 표시한 교통량이며, 도로 시설규모 결정을 위한 설계시간 교통량은 통상적으로 1년중 30~50번째 큰 시간 교통량을 사용한다.

16) 자전거 도로

자전거의 통행에 공용하기 위하여 연석, 노면표시 및 이와 유사한 공작물로 차도와 구별하여 설치되는 도로의 부분이다.

■ ■ ■

9.2 포장공사

9.2.1 도로포장이란?

(1) 포장의 기능

1) 포장(鋪裝, pavement)이란 도로면(노면, 포장면)에 직접 닿는 교통하중을 노상의 지지력 범위내에 들도록 분산시키는 구조체의 역할과 함께 도로 이용객에게 안정감과 쾌적함을

줄 수 있는 기능을 가져야 한다.

2) 포장은 장기간동안 교통과 기상조건에 충분히 견딜 수 있는 내구성을 가지면서도 이용자가 불편함을 느끼지 않도록 평탄성을 유지할 수 있어야 하므로 채택공법은 계획, 재료, 설계, 시공, 유지관리의 전과정을 연계하여 검토되어야 한다.

3) 일반적으로 포장 높이란 아스팔트 콘크리트 또는 시멘트 콘크리트 높이만을 일컫고 있으나, 도로공학(道路工學, highway engineering)에선 기층부터 보조기층과 표층을 포함한 전체의 두께를 말한다.

4) 포장공사비는 도로공사비의 20～30%에 해당되는 많은 예산이 소요됨에도 지금까지 우리나라 포장설계는 일본이나 미국의 예를 그대로 적용하여 소성변형, 포장재료의 활용 신기술이나 신공법의 적용 등 많은 문제가 있어 관련기관(국토교통부, 한국도로공사, 한국도로학회)에서는 2004년 8월 부터 한국형 포장설계법을 국책사업으로 선정 연구중에 있다.

5) 도로포장은 가요성 포장(flexible pavement, 아스팔트 포장, 아스콘 포장)과 강성포장(rigid pavement, 시멘트 포장, 콘크리트 포장)의 2종류가 있다.

(2) 가요성 포장(可撓性 : Asphalt cement concrete pavement)

가요성 포장은 아스팔트 포장, 아스콘 포장, 연성(軟性)포장 등으로 불리어지고 있다.

1) 특별한 대책수립을 위한 포장

- 내유동(耐流動) 포장
- 미끄럼방지 포장
- 착색(color) 포장
- 내마모 포장
- 투수성 포장
- 내유성(油性) 포장

2) 특수재료를 첨가한 포장

- 고무혼입아스팔트 포장
- 섬유보강아스팔트 포장
- 캠크리트 포장(chemical asphalt 콘크리트)

3) 특수공법에 의한 포장

- 풀 뎁스(full depth) 포장
- 폼드(foamed) 아스팔트 포장
- 구스(guss) 아스팔트 포장
- 반강성(半剛性) 포장

(3) 강성포장(剛性 : Cement concrete pavement)

강성포장은 시멘트 포장, 콘크리포장 등으로 불리어지고 있다.

1) 무근콘크리트 포장

- 다우웰 바(dowel bar) 있는 포장(철망있는 포장)
- 다우웰 바(dowel bar) 없는 포장(철망없는 포장)

2) 연속 철근콘크리트 포장

3) 철근콘크리트 포장

4) 특수포장

- PC 포장
- 블럭(block) 포장
- 진공 콘크리트 포장
- Roller compacted concrete 포장
- 섬유보강 콘크리트 포장

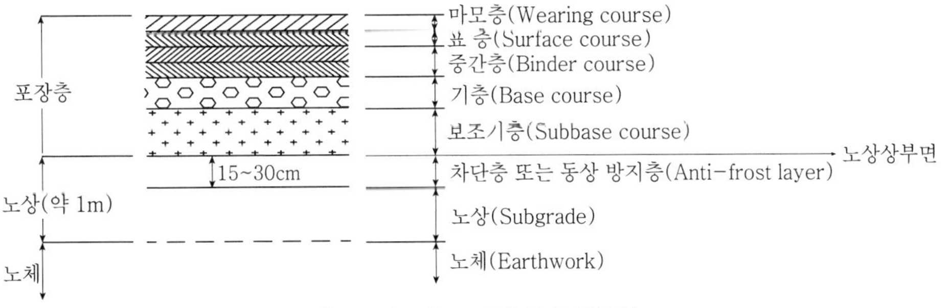

그림 9.5 아스팔트 포장층의 구성(명칭)

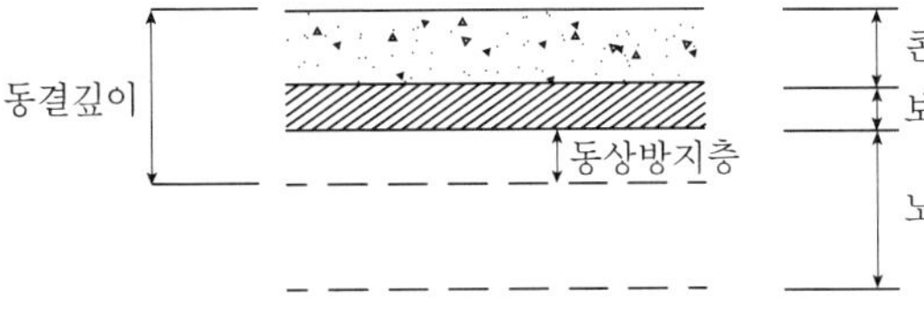

그림 9.6 콘크리트 포장층의 구성(명칭)

표 9.7 포장층에 대한 아스팔트 포장과 콘크리트 포장의 역할 비교

구 분	시멘트 콘크리트 포장	아스팔트 콘크리트 포장
1. 하중전달	• 교통하중을 콘크리트 슬래브가 직접 지지함 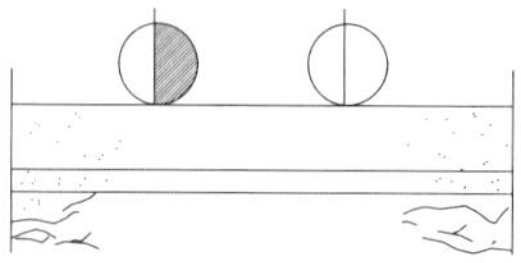	• 교통하중을 표층 → 기층 → 보조기층 → 노상으로 확산 분포시킴 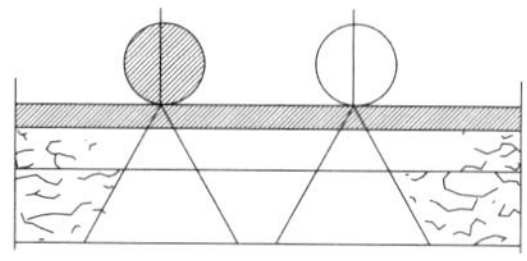
2. 표층의 역할	• 슬래브 자체가 빔으로 작용하여 • 교통하중에 의해 발생되는 응력을 휨저항으로 지지	• 교통하중을 일부 지지하며 하부층으로 전달 • 표면수의 침입을 방지하여 하부층 보호
3. 기층의 구성 및 역할	• 표층에 포함됨	• 입도조정(골재) 또는 혼합물(A/P) • 표층과 일체로 교통하중에 의한 전단에 저항하며, 하중을 분산시켜 보조기층으로 전달
4. 보조기층의 구성 및 역할	• 빈배합 콘크리트 또는 시멘트나 A/P 안정처리 • 콘크리트 슬래브에 대한 균일한 지지력 확보 • 줄눈 및 균열부의 우수 침투, 펌핑방지 • 균등하고 안정적이며, 영구적인 지지력 제공 • 노상반력계수 증대	• 입상재료 또는 토사안정처리재료 등으로 구성 • 상부층에서 전달된 교통하중을 지지하며, 노상으로 전달 • 포장층내 배수기능 담당 • 미립질의 노상토사 기층부로 침투방지 • 동결작용의 손상효과를 최소화

표 9.8 포장형식 선정시 고려사항

구 분	시멘트 콘크리트 포장	아스팔트 콘크리트 포장
1. 수명	• 약 30~40년	• 약 10~20년
2. 구조특성	• 노상강도가 강하면 유리	• 약 10~20년
3. 유지보수	• 변동성 큼 • 유지관리비 저렴 • 국부적 파손시 보수가 어려움	• 약 5년 후 덧 씌우기 포장실시 • 유지관리비가 고가 • 국부적 파손시 보수용이 • 잦은 유지보수로 교통소통지장
4. 시공성	• 시공기계 대형화	• 단계시공 가능
5. 시공기간	• 양생기간 필요	• 즉시 교통개방
6. 미끄럼 저항성	• 유리함(초기)	• 불리함(강우시 크게 불리)
7. 적용범위	• 신설도로	• 적용범위가 넓음
8. 사용성	• 승차감 불량(소음) • 결빙시간 빠르고, 해빙시간 늦음 • 회색으로 초기 반사도가 높으나, 시간이 경과함에 따라 낮아짐	• 주행성 양호 • 개통후 중차량에 의한 바퀴자국(요철) 발생
9. 기술개발	• 콘크리트 품질관리, 양생, 평탄성, 줄눈시공 등 고도의 숙련 필요 • 양생기간이 필요	• 시공경험의 풍부로 시공이 용이 • 즉시 교통개방이 용이
10. 재생이용	• 소요경비 과다 (파쇄 에너지 크며 강도에도 문제가 있음)	• 가능성 있음(여러가지 방법으로 활용)

표 9.9 우리나라 포장구조의 변천과정

구 분	1950년대	1960년대	1970년대	1980년대	1990년대
포장형태	비포장	매커덤 간이포장	아스팔트혼합물	아스팔프포장 시멘트콘크리트포장	아스팔프포장 시멘트콘크리트포장
설계법	경험식	CBR 법	SN 법 T_A 법	SN 법 T_A 법	SN 법 T_A 법
재료	강자갈	깬돌 모래 cutback 아스팔트 (AC 85~100)	골재기계적 생산 아스팔트 (AC 85~100)	아스팔트 (AC 85~100) 시멘트 골재기계적 생산	아스팔트 (AC 85~100) 시멘트 골재기계적 생산 개질아스팔트
시공	인력 (부역)	살수식 (인력)	기계적생산 (프랜트설치) 소형장비	기계적생산 개량장비	기계적생산 개량장비
포장단면	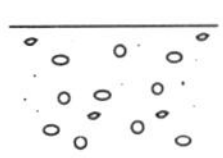	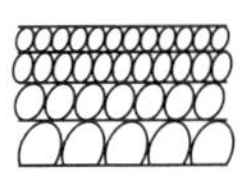	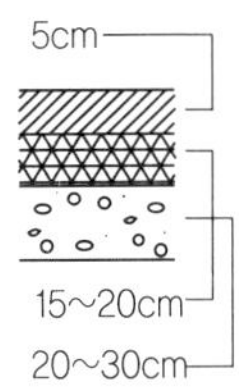		
범례	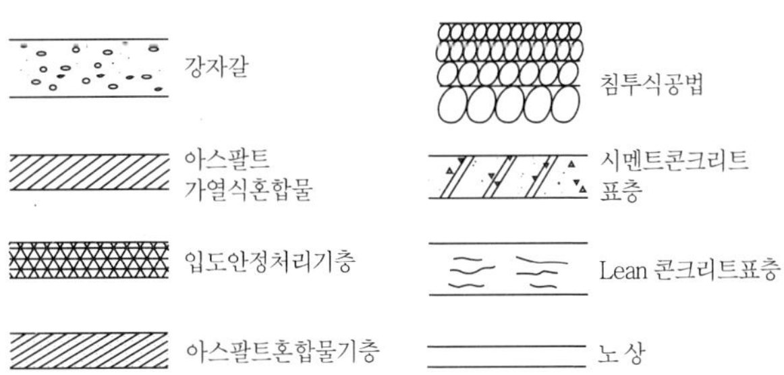				

9.2.2 도로 토공사

(1) 준비공

도로공사(신설, 확장)의 토공(절토, 성토) 작업을 하기 위하여 현지에서 이루어져야 할 작업 순서는 다음과 같다.

(1) 말뚝설치 → (2) 규준틀 설치 → (3) 배수로(측구) 설치 → (4) 벌개제근 · 표토제거 → (5) 토공사(흙쌓기, 깍기)

- (1) 말뚝설치: • 중심선, 도로폭, 도로경계
- (2) 규준틀 설치: • 절 · 성토구배, 쌓기높이
- (3) 배수로(측구) 설치: • 토사측구, 배수관매설
- (4) 벌개제근 · 표토제거: • 쌓기위치, 토취장

(2) 노상(路床 : Subgrade) 및 노체(路體 : Roadbed)

1) 도로공사에서 토공이란 노상과 노체를 형성하는 것을 말하며, 노상작업이 마무리되면 포장이 시작되는 보조기층(기층)을 포설하여야 되기 때문에 노상 마무리(노상 파이널)는 도로 토공에서 가장 중요한 공종의 하나로 선형(평형, 종단), 횡단(폭, 구배), 다짐 등이 설계도서와 일치하는지의 여부를 시공자와 감리자가 합동으로 점검하도록 되어 있는 바, 현장에서는 이를 노상 파이널(final) 검측이라고 한다.

2) 노상과 노체의 구분
   ① 노상 : 보조기층(기층) 아래 부분의 1m 토공
   ② 노체 : 노상 아래 부분의 토공 전부(성토)

3) 다짐 완료후의 1층 포설 두께
   - 노체 : 30cm
   - 노상 : 20cm

표 9.10 흙쌓기 재료의 품질기준(고속도로공사 전문시방서)

공종 \ 규격기준	노체	노상	비고
최대입경(mm)	300 이하	100 이하	–
수정CBR(시방다짐)	2.5 이상	10 이상	KS F 2320
5mm 통과율(%)	–	25~100	–
0.08mm체 통과율(%)	–	0~25	KS F 2301, KS F 2309
소성지수	–	10 이하	KS F 2303, KS F 2304

표 9.11 흙쌓기후 다짐 시험의 판정기준(고속도로공사 전문시방서)

구 분			노체		노상	비고
			암성토	일반성토		
1층 다짐 완료후의 두께(cm)60			30	20		
다짐도(%)			-	90 이상	95 이상	KS F 2311 KS F 2312 ASSHTO. T 224-86
다짐방법			-	A, B	C, D, E	KS F 2312
평판재하	아스팔트 포장	침하량(cm)	0.125	0.25	0.25	
		지지력계수 (K30 : kg/cm³)	20	15	20	KS F 2310
	시멘트 포장	침하량(cm)	0.125	0.125	0.125	
		지지력계수 (K30 : kg/cm³)	20	10	15	KS F 2310

그림 9.7 노상 파이널 검측모습

그림 9.8 종방향 배수관 및 토공다짐(고속도로)

(3) 동상방지층(선택층, Selected material layer)

동상방지층은 동결융해작용으로 인한 포장 파손을 방지하기 위하여 마무리된 노상면 위에 포설되는 층으로 쇄석, 하상(하천) 재료, 슬래그 등의 재료나 혼합물로서 점토, 실트 유기물 등을 포함하지 않은 비동결 재료이어야 하며, 동상방지층의 재료는 보조기층보다는 질이 떨어지나, 노상과 비교할 경우 보다 높은 품질이 요구된다.

1) 1층의 포설두께 : 다짐후 20cm 이하

2) 다짐도 : 최대건조밀도 95% 이상(KS F 2312의 E 다짐방법)

표 9.12 동상방지층의 품질기준(고속도로공사 전문시방서)

구 분	시험방법	기 준
소성지수	KS F 2304	10 이하
모래당량(%)	KS F 2340	25 이하
수정 CBR값(%)	KS F 2320	10 이상

(4) 보조기층(輔助基層, Subbase course)

마무리된 노상면이나 동상방지층 상부에 포설되는 층으로 견고하고 내구적인 부순돌, 자갈, 모래, 슬래그나 이들의 혼합물로써 점토, 실트, 유기불순물을 함유하지 않으며 적당한 입도를 가져야 한다.

표 9.13 보조기층의 품질기준(고속도로공사 전문시방서)

구 분	시험방법	기 준
액성한계(%)	KS F 2303	25 이하
마모감량(%)	KS F 2508	50 이하
소성지수(%)	KS F 2304	6 이하
수정 CBR치(%)	KS F 2320	30 이상
모래당량(%)	KS F 2340	25 이상

** 시멘트 콘크리트포장 공법에서 콘크리트 슬래브 바로 밑에 사용되는 보조기층의 CBR값은 80 이상이어야 한다.*

표 9.14 보조기층 재료의 입도기준(고속도로공사 전문시방서)

호칭 지수	공칭 입경에 대한 체 통과중량 백분율(%)								
(mm)	100	75	50	40	20	5	2	0.4	0.08
SB - 1		100	-	70-100	50-90	30-65	20-55	5-25	2-10
SB - 2			100	80-100	55-100	30-70	20-55	5-30	2-10

1) 1층의 포설 두께 : 다짐후 20cm 이하
2) 다짐장비 : 탄댐롤러, 진동롤러, 타이어롤러
3) 다짐도 : 최대 건조밀도 95%이상(KS F 2312의 E 다짐방법)
4) 마무리 : 계획고보다 3cm이상 차이가 나지 않도록 한다.

그림 9.9 보조기층재 포설 및 살수모습

(5) 기층(基層, Base course)

보조기층위에 포설되는 기층은 도로면에 닿는 윤하중의 대부분을 부담하여야 되는 도로 포장의 가장 중요한 층으로 특수한 경우 쇄석 골재에 의한 기층을 시공하는 경우도 있으나, 최근에는 가열 아스팔트 안정처리 기층이나 빈 배합의 시멘트 콘크리트 기층이 주를 이루고 있으므로 아스팔트 포장편과 콘크리트 포장편에서 다루고자 한다.

그림 9.10 Lean 콘크리트 포설(기층)

그림 9.11 Lean 콘크리트(빈배합 콘크리트) 다짐

9.2.3 도로 포장설계

(1) 아스팔트 포장 설계순서

포장 설계란 포장층의 두께를 결정하는 것으로, 이는 설계 CBR에 의한 노상이나 보조기층의 지지력, 도로를 이용하는 교통량, 도로가 위치한 지리적 환경, 투자비(예산), 공용 개시시기 등을 종합적으로 분석하고 검토하여 이루어지며, 이를 도표화 하면 다음과 같다.

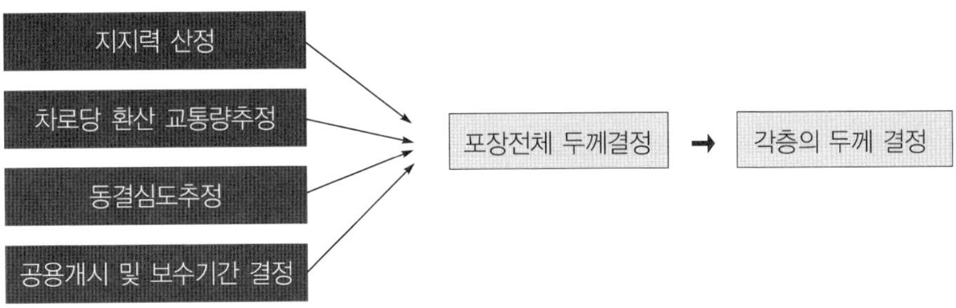

주) • 공용개시일 : 포장 완료 후 차량이 도로를 처음으로 이용하게 되는 날

• 포장 = 보조기층+기층+표층

아스팔트 포장 설계법은 다음과 같다.

1) T_A 설계법
2) AASHTO '72 설계법
3) AASHTO '86 설계법

(2) T_A 설계법

도로 준공 5년후 대형차(화물차, 버스, 특수자동차)의 1일 1방향 이용 차량에 대한 교통량을 L, A, B, C, D의 5등급으로 구분한 후 설계 CBR을 이용하여 포장의 전체 두께를 먼저 결정하고 각층의 두께를 순차적으로 결정하는 일본설계법으로 최근에는 간이포장의 경우 등에 부분적으로 적용되고 있다.

표 9.15 T_A 설계법의 교통량 구분

교통량의 구분	대형차 교통량(대/일, 일방향)	설계 윤하중(t)
L	100 미만	2.08
A	100~250 미만	3.11
B	250~1000 미만	5.00
C	1000~3000 미만	8.13
D	3000 이상	12.16

표 9.16 T_A 설계의(표층+중간층)의 최소두께

교통량의 구분	(표층+중간층)의 최소두께
L, A	5
B	10(5)
C	15(10)
D	20(5)

*( )는 기층에 역청안정처리를 사용할 경우의 최소두께

(3) AASHTO '72 설계법(SN법, Interium guide)

1) AASHTO(미연방도로교통협회, american association of state highway transportation officials)에서 1956~58년까지 행한 도로 시험(road test) 결과를 토대로 서비스능력과 공용성의 상관관계를 토대로 72년에 설계지침(방식)을 한시적으로 유도한 설계법이다.
2) AASHTO '72설계는 잠정지침(interium guide), SN법(structual number method) 등으로 불리어지며, 1981년에 Concrete interium guide가 추가되어 사용되고 있다.

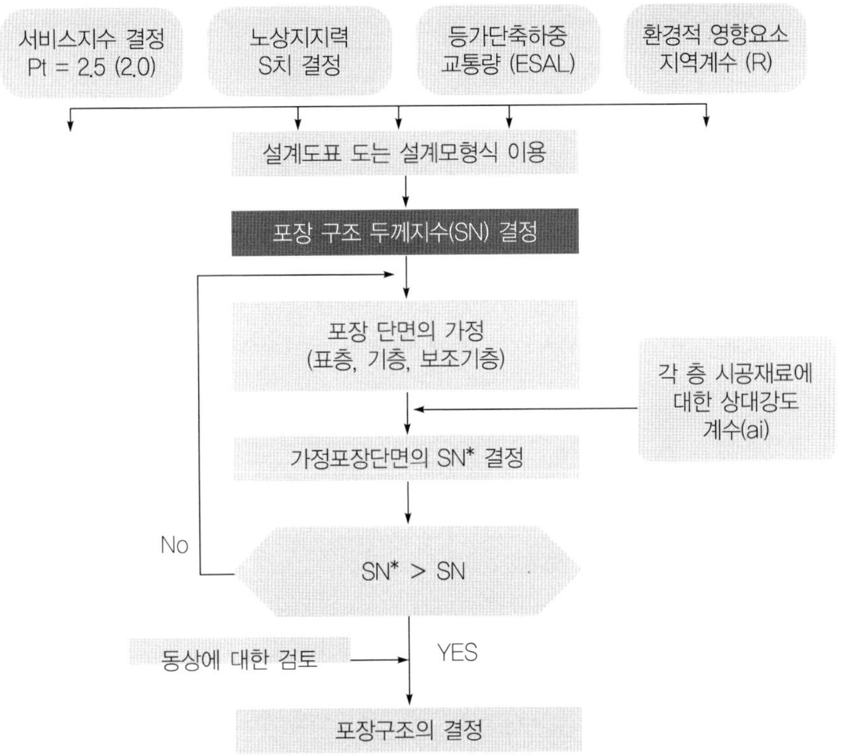

그림 9.12 AASHATO '72설계 Flow

- SN = a1×D1+a2×D2+a3×D3

  (a1, a2, a3 : 표층, 기층, 보조기층 재료의 상대강도계수, D1, D2, D3 :표층, 기층, 보조기층의 두께)

- W8.2 - f(SN+R+S+P)
- W8.2 : 설계공용기간 동안 8.2톤 등가단축하중의 예상누가 통과 회수(1차로당)
- R : 지역계수(regional factor, 대전이남 : 1.5, 서울북부와 표고 500m 이상 : 2.5, 기타 지역 2.0).
- P : 서비스 지수(service value, 5~4 : 매우양호, 1~0 : 매우불량)
- S : 지지력 계수(soil support value)

* 등가단축하중(等價單軸荷重 : ESAL : eguivalent single axle load) ; 하나의 축으로 동일한 하중

(4) AASHTO '86 설계법

AASHTO '72 설계법에 신뢰도와 동탄성 계수 등 포장에 영향을 줄 수 있는 요인들을 추가한 설계법이나 우리나라에서는 충분한 자료가 비축되지 않았을 뿐 아니라, 지리적, 환경적 환경이 미국과 상이한 점을 감안, 한국도로공사 등 관계기관과 포장학회 등에서 우리나라 고유의 포장기법인 한국형도로포장설계법 개발 및 성능개선 방안연구(KPRP : Korea Pavement Research Program)를 진행하고 있다.

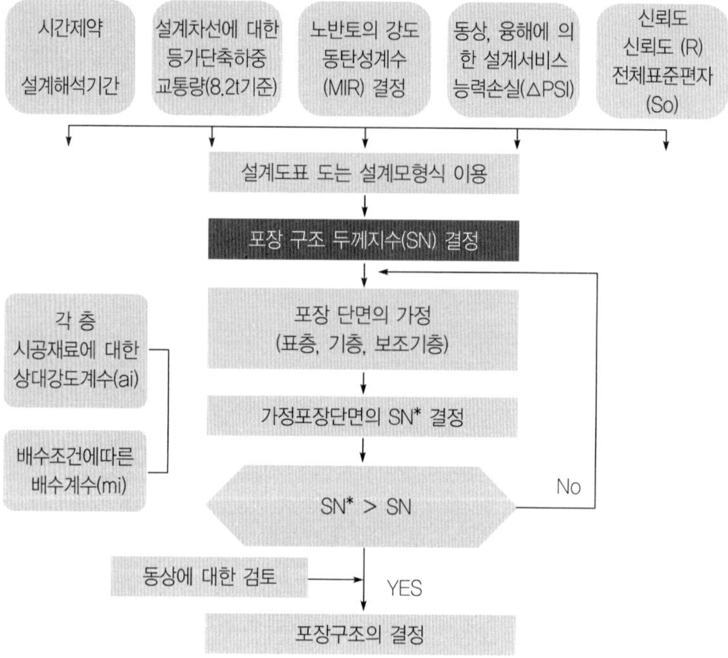

그림 9.13 AASHATO 86설계 Flow

- W8.2 = f(Zr+So+SN+△Psi+Mr), AASHTO '72와 동일함.
- Zr : 표준정규편차
- So : 교통량 예측과 공용성예측에 대한 표준오차
- △Psi : 초기서비스지수 Po와 최종서비스지수 Pt의 차
- Mr : 동탄성 계수
- SN = a1×D1×M1+a2×D2×M2+a3×D3×M3

  * a1, a2, a3 : 표층, 기층, 보조기층의 상대강도계수

  D1, D2, D3 : 표층, 기층, 보조기층의 두께

  M2, M3 : 기층, 보조기층의 배수 계수

(5) 콘크리트 포장설계

콘크리트 포장설계의 기본개념은 아스팔트 포장설계와 동일하나, 콘크리트 포장의 경우 기층과 표층이 구분되지 않고 콘크리트 슬래브로 단일화됨에 따라 콘크리트 슬래브와 보조기층의 두께 결정 및 콘크리트 자체의 온도변화와 건조 수축에 의한 2차 응력 해결에 필요한 줄눈, 그리고 철근에 대한 세부사항의 확정을 콘크리트 포장설계의 전부라 할 수 있다.

콘크리트 포장(콘크리트판 : concrete slab)에 작용하는 응력은 하중응력과 온도응력으로 구별되며, 이는 콘크리트 포장을 설계할 때는 물론 콘크리트포장의 파손원인을 분석하고 대책을 수립할 때도 필요하므로 포장기술자는 이에 대한 개념을 확실히 이해하여야 할 것이다.

1) 하중응력

- 교통하중에 의하여 발생되는 응력이다.
- 슬래브(slab)에 작용하는 응력중 제일 큰 응력이다.
- 윤하중이 재하되면, 휨응력이 발생된다.
- 콘크리트 포장에 대한 응력측정은 휨응력으로 한다(일반구조물에서 응력측정은 압축응력).

2) 온도응력

콘크리트 슬래브는 온도변화에 따라 팽창이나 수축이 반복되지만 단부는 구속을 받게되어 응력이 발생하게 된다.

- 내부응력(internal stress) : 슬래브 두께가 얇을 때는 문제가 안되나, 두꺼울수록 콘크리트 내부와 외부의 온도차이로 생기는 응력을 말한다.
- 단부구속응력(end restraint stress) : 슬래브가 수평으로 자유로이 신축되지 못하여 생기는 응력을 말한다.
- 굽은 응력(wraping stress) : 슬래브 표면과 저면의 온도차에 의해 판이 굽으나, 슬래브 자중에 의해 구속을 받으므로 생기는 응력이다.

그림 9.14 수축 줄눈 절단

그림 9.15 수축 줄눈(dowel bar)

(6) 콘크리트 포장의 종류

1) 무근 콘크리트 포장(J.C.P : Jointed Concrete Pavement)

- 다우웰-바(dowel-bar)와 타이바를 제외하고는 일체의 철근 보강이 없는 포장이다.
- 줄눈 이외의 부분에서는 균열 발생을 허용하지 않음으로 줄눈의 설계와 시공이 잘 되어야 한다.
- 하부 지반의 지지력이 비교적 균일한 산악지역, 인터체인지의 램프구간 및 일반도로 구간에 적용하면 효과적이다.

그림 9.16 콘크리트 포장의 시공 조인트

2) 철근 콘크리트포장(J.R.C.P : Jointed Reinforced Concrete Pavement)

- 무근 콘크리트 포장의 약점인 많은 줄눈으로 인한 문제점을 해소하기 위한 포장공법이나, 비용문제로 활용이 제한적이다.
- 줄눈 이외 부분의 발생균열을 부분적으로 허용하나 과다한 균열을 방지하기 위하여 철근을 삽입한다.
- 도로의 전구간에 적용하기 보다는 취약부분에 부분적으로 적용되고 있다(절 · 성 경계부의 보강, approach slab, 터널구간 및 대형 야적장 등).

3) 연속 철근콘크리트포장(C.R.C.P : Continuously Reinforced Concrete Pavement)

- 횡방향 줄눈을 완전히 제거한 포장의 형태로 승차감이 좋다.
- 종방향 철근(콘크리트 단면적의 0.5~0.7%)을 사용하여 균열틈의 벌어짐을 억제하는 포장형태이다.

• 하부지반의 지지력이 균일하고 선형이 양호한 고급 도로에 부분적으로 적용된다.

그림 9.17 무근콘크리트포장 시공(전면)

그림 9.18 Paver의한 콘크리트 포설(후면)

(7) 시험도로(Testroad)

자연환경, 포장재료, 이용차량(하중)의 3가지 요인에 의해 결정되는 포장설계는 공용시 여러 가지 문제가 발생하게 되는데, 이는 시공하자와 함께 설계 잘못으로부터 그 원인을 찾을 수 있으며, 설계의 오류나 잘못에 관련된 인자는 공용도로의 정밀 관찰을 통해 얻을 수 있겠기에 이러한 목적으로 건설된 도로를 시험도로라 한다.

우리나라의 경우 중부내륙고속도로 여주 장션(junction : 고속도로와 고속도로의 입체교차로) 인근에 콘크리트 포장단면 25종류와 아스팔트 포장단면 15종류의 각기 다른 포장단면의 2차로 7.7km를 시험도로로 한국도로공사에서 2002년에 건설하였으며, 이 도로를 통해 한국형 포장설계법의 개발과 검증을 시행하고 있다.

그림 9.19 우리나라 유일의 시험도로(중부내륙고속도로)와
깊이가 큰 노견측 Grooving(요철띠) 모습

(8) 포장의 평탄성

도로포장의 최종 평가는 이를 이용하는 차량이 얼마나 쾌적하게 주행할 수 있느냐에 따라 설계와 시공의 양·부를 판가름 할 수 있으며, 이는 도로 포장단면의 높낮이를 측정한 값(profile)에 기초한 평탄성지수(I.R.I : International Roughness Index)로 나타낸다.

9.3 포장공사 시공

9.3.1 아스팔트 혼합물

(1) 아스팔트 혼합물의 구분

아스팔트 혼합물이란 일반적으로 아스팔트 콘크리트와 같은 의미이나 엄격히 말하면 아스팔트 페이스트, 아스팔트 모르타르, 아스팔트 콘크리트로 구분된다.

1) 아스팔트페이스트(asphalt paste) : 아스팔트+필러
2) 아스팔트모르탈(asphalt mortar) : 아스팔트페이스트+잔골재
3) 아스팔트콘크리트(asphalt concrete) : 아스팔트모르타르+굵은골재

(2) 아스팔트의 종류

1) 천연 아스팔트(Native asphalt)

① 호수 아스팔트(lake asphalt) : 무거운 원유가 지곡(地穀)의 저지대에 퇴적되어 있는 것
② 암 아스팔트(rock asphalt) : 다공질의 퇴적암(석회암이나 사암) 중에 퇴적되어 있는 것
③ 모래 아스팔트(sand asphalt) : 아스팔트분과 모래가 섞이어 있는 것

2) 석유 아스팔트(Petroleum asphalt)

① 브로운 아스팔트(blown asphalt) : 증유한 잔류유에 고온의 공기를 불어 넣어 아스팔트분이 산화, 중축합으로 변화된 가볍고 탄력성이 풍부한 아스팔트

②
- 스트레이트 아스팔트 (straight asphalt)
  - 액체 아스팔트 (asphalt cement)
    - 아스팔트 유제 (asphalt emulson)
      - 양 이온계
      - 음 이온계
      - 비 이온계
    - 컷백 아스팔트 (cutback asphalt)
      - RC
      - MC
      - SC
  - 특수 아스팔트
    - 고무를 넣은 아스팔트
    - 수지를 넣은 아스팔트
    - 기 타

3) 개질(改質) 아스팔트

포장용 석유 아스팔트에 포장의 내구성과 내유동성을 향상시킬 목적으로 일정량의 개질재(고무, 섬유, 수지 등)를 첨가시켜 아스팔트 물성을 개선시킨 아스팔트를 말하며, 최근 국내 정유업체에서도 포장공학회 등과 같이 여러 종류의 개질 아스팔트를 생산 개량중에 있다.

(3) 도로포장용 아스팔트(KS M 2201)

항 목	AC 40~50	AC 60~70	AC 85~100	AC 120~150	AC 200~300
침입도(25°C, 100g, 5초)	40~50	60~70	85~100	120~150	200~300
인화점(CoC(주), °C)	230 이상	230 이상	230 이상	220 이상	180 이상
신도(25°C, 5cm/min)(cm)	100 이상	100 이상	100 이상	100 이상	–
박막가열 후 침입도비	55 이상	52 이상	47 이상	42 이상	37 이상
(25°C, 5cm/min)(cm)	–	50 이상	75 이상	100 이상	100 이상
사염화탄소가용분(%)	99.0	99.0	99.0	99.0	99.0

(4) 컷백 아스팔트(Cut back asphalt)

1) SC(slow curing) : 용제는 경유, 윤활유
2) MC(medium curing) : 용제는 등유, 석유
3) RC(rapid curing) : 용제는 가솔린, 솔벤트
4) 프라임 코트(prime coating) : MC 사용(MC–0~MC–3)
5) 택 코트(tack coating) : RC 사용(RC–0~RC–3)

(5) 아스팔트 유제(Asplalt emulsion)

1) 온도를 높인 유화액을 아스팔트와 섞어 포장에 사용한다.

2) 유화액에는 유화제와 분해, 조절을 위한 안정제가 첨가된다.

표 9.17 유화아스팔트의 종류와 용도

종 류		용 도
양 이온계 유화아스팔트	음 이온계 유화아스팔트	
RS(C)-1	RS(C)-1	보통 침투용 및 표면 처리용(동절기 제외)
RS(C)-2	RS(C)-2	동기 침투용 및 동기 표면처리용
RS(C)-3	RS(C)-3	프라임 코트용 및 소일 시멘트 양생용
RS(C)-4	RS(C)-4	택코트 용
MC(C)-1	MC(C)-1	개립도 골재 혼합용
MC(C)-2	MC(C)-2	밀입도 골재 혼합용
MC(C)-3	MC(C)-3	소일 아스팔트 혼합용

(6) 광물성 채움재(석분, 필러, Filler)

아스팔트 혼합물을 분리하면 아스팔트, 잔골재, 굵은 골재, 채움재로 각각 분리할 수 있으며, 굵은 골재와 잔골재의 성질은 시멘트 콘크리트의 경우와 동등하다고 할 수 있으나, 채움재의 경우 아스팔트 혼합물에만 필요한 재료로써 이에 대한 기능과 재료의 적합성은 다음과 같다.

그림 9.20 아스팔트 포장의 코어채취(두께 확인)

1) 채움재의 성질과 역활

① 석회암 분말, 시멘트나 화성암류를 분쇄한 것으로 먼지나 유기물을 함유하지 않아야 한다.

② 굵은 골재와 잔골재 사이의 틈을 채워 아스팔트 소요량을 감소시키는 역할을 한다(void filler).

③ 혼합물의 안정성, 인성, 내마모성, 내노화성을 높이는 역할을 한다(stiffener).

2) 채움재의 입도와 품질

표 9.18 채움재의 입도와 품질

구 분	체(mm)	통과중량 백분율(%)
입 도	0.06mm(No.30)체	100
	0.30mm(No.50)체	95~100
	0.15mm(No.100)	90~100
	0.075mm(No.200)	70~100
수 분		1% 이하
비 중		2.60 이상

(7) 아스팔트 혼합물 생산

아스팔트 혼합물의 생산온도는 145~160°C가 적합하며 185°C 이상은 용인되지 않음에 주의하여야 한다. 혼합물의 배치당 혼합은 골재 투입(4~5 sec), Dry mixing(5~7 sec), Wet mixing(30~40 sec), 배출(6~8 sec)의 순으로 진행되며, 이에 필요한 총소요시간은 45~60초 가량된다.

(8) 아스팔트 및 혼합물의 시험

아스팔트의 특성을 나타내는 침입도와 점도 시험 및 혼합물의 품질을 나타내는 마샬 안정도는 프랜트에서 채취된 시료를 마샬 다짐기로 공시체 제작(양면 75회 다짐) 후 안정도 시험을 통해 얻은 값으로 판단하며 그 내용은 다음 표 9.19와 같다.

표 9.19 아스팔트 및 혼합물의 시험

시험구분	내 용
침입도	1mm 굵이의 표준침을 25°C 온도에서 100gf의 중량으로 5초 동안 아스팔트내에 관입시킨 깊이를 측정하여 1/10mm 단위로 나타냄
점도	아스팔트가 유동시 저항하는 정도를 나타내며, 점도가 낮을수록 짧은 시간에 골재 표면을 피복하여 골재와의 접착성도 좋다.
마샬안정도	직경 10cm, 두께 6.3cm의 원통형 공시체 측면을 두 개의 원통형 재하브리킹 헤드에 넣고 60°C에서 5cm/min의 재하속도로 하중을 가하여 공시체가 파괴되는 최대하중(kgf)을 안정도로 나타낸 시험

9.3.2 아스팔트 혼합물의 배합설계

(1) 아스팔트 함량의 결정방법

1) 경험에 의한 방법
2) 골재의 입도에 의해 추정하는 방법
3) Marshall 방법(우리나라에서 주로 사용됨)
4) Hubbard-Field 방법
5) Modified Hubbard Field 방법
6) Hveem 방법
7) Smith Triaxial 방법

(2) 아스팔트 혼합물의 배합설계 순서

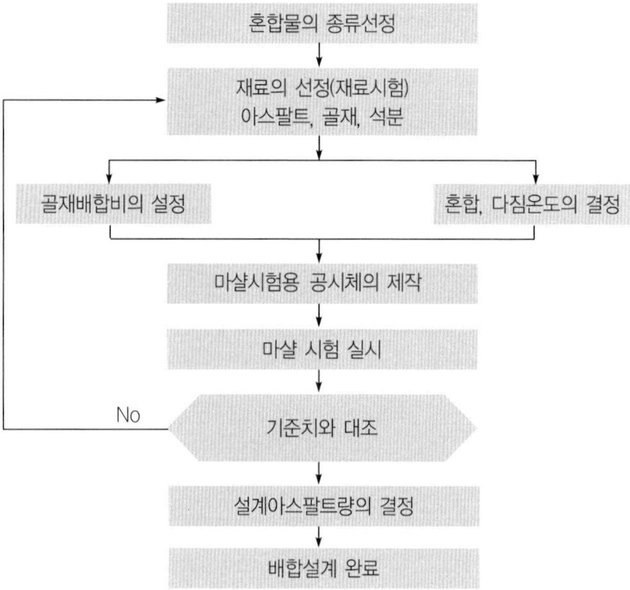

그림 9.21 아스팔트 혼합물의 배합설계 순서

(3) 아스팔트 혼합물의 종류와 특성

표 9.20 아스팔트 혼합물의 종류와 특성

특성	안정성	가요성	미끄럼저항성	내구성	균질성	시공성
배합종류	안정성을 해치지 않는 적정배합의 범위	다른 성질에 해를 주지 않는 적정 배합 범위 및 가요성	미끄럽지 않은 표면을 얻을 수 있는 배합 및 시공관리	교통에 의한 골재의 마모와 노화에 대한 저항성	균질성을 얻기 위한 공정 및 작업 관리	기계시공에 의한 대량시공의 적응성
개립도	넓다	넓다	쉽다	약간 부족	많이 어렵다	약간 쉬움
조립도	넓다	넓다	쉽다	상당히 우수	매우 쉽다	적합
밀입도	약간 넓다	약간 넓다	쉽다	우수	쉽다	적합
수정토베카	약간 넓다	약간 좁다	약간 어렵다	우수	쉽다	적합
토베카	약간 좁다	약간 좁다	약간 어렵다	우수	쉽다	약간 곤란
쉬트아스팔트	좁다	좁다	어렵다	우수	쉽다	약간 곤란
아스팔트모르터	좁다	좁다	어렵다	우수	쉽다	약간 곤란

9.3.3 아스팔트 포장 시공

아스팔트 포장시공은 생산된 혼합물의 수송, 포설, 다짐 등의 작업을 일련의 과정으로 이루어진다.

(1) 프라임 코트(Prime coat)

지반층(보조기층, 노상)에 아스팔트 혼합물을 포설하기 전에 지반층의 방수성과 접착성을 향상키기 위하여 컷 백 아스팔트(MC)를 아스팔트 살포 차량(distributer)을 이용하여 규정량 뿌리는 것을 프라임코트(prime coat)라 한다.

프라임 코트를 시공할 표면에 뜬 돌, 먼지, 점토, 기타 이물질이 없어야 하며, 이물질이 있을 경우 기구나 장비(power broom, compressed air)를 이용하여 제거토록 하고, 표면은 약간의 습윤상태를 유지할 수 있도록 하는 것이 좋다.

- 프라임 코트의 표준 양생시간
  - MC : 48시간
  - RC : 24시간

(2) 택코트(Tack coat)

시멘트계나 역청계의 포장층에 새로운 혼합물을 포설하기 전에 신 · 구 포장층을 잘 결합시키기 위하여 아스팔트 유제나 RC 등을 뿌리는 것을 택코트(tack coat)라 한다. 역청재(아스팔트 유제, RC) 살포에는 역청재를 균일하게 살포할 수 있는 아스팔트 살포기(distributer)를 사용하여야 하며, 이 디스트리뷰터에는 시간당 주행거리를 표시하는 회전속도계와 노즐에서 나오는 역청량을 기록하는 기록장치가 있어야 하고, 부득이 디스트리뷰터의 출입이 곤란하거나 협소한 장소에는 엔진 스프레이나 핸드스프레이를 사용할 수 있다.

역청재 살포시 기온은 5°C 이상이어야 하며, 우천시는 살포치 않아야 한다.

(3) 실코트(Seal coat)

포장표면에 살포한 역청재료위에 모래나 부순돌을 살포하여 이를 포장면에 부착시키는 것을 실코트(seal coat)라 하며, 이는 포장면(표층)의 내구성 증대를 위하여 시공한다. 역청재는 스트레이트 아스팔트나 MC-4를 사용하고, 골재는 부순돌, 파쇄한 자갈, 굵은 모래 등으로 견고하며, 깨끗하고 잘 건조되어야 한다.

아스팔트 포장 유지보수 공법의 하나인 표면처리 공법으로 활용되어 오버레이 시기를 조정할 수 있다.

(4) 시험포장

아스팔트의 최적 함량과 함께 다짐도, 다짐후의 두께, 밀도, 포설, 다짐방법, 생산을 위한 배합 및 현장 포설온도 등을 검토할 목적으로 본 포장을 실시하기전 약 500㎡ 정도에서 먼저 시행하는 것을 시험포장이라 한다. 시험포장에서 얻은 결과치는 본포장 시공시 반영하며, 경우에 따라서는 공사비도 변경 정산하여야 한다.

(5) 아스콘 포설

아스팔트 혼합물의 포설은 조절 스크리드가 부착된 피니셔(finisher)를 이용하며, 처음 포설의 경우도 스크리드는 충분히 가열되어 있어야 하고 다짐 후 1층의 두께는 10cm를 넘지않아야 한다. 일반적인 아스팔트 혼합물의 포설 및 다짐시 적정 온도는 다음과 같다.

1) 포설온도 : 120~150°C
2) 1차 다짐(초기전압) : 110~140°C
3) 2차 다짐 : 70~90°C
4) 최종 다짐(마무리 전압) : 60°C

(6) 아스콘 다짐(전압)

일반적으로 다짐방비는 8통 이상의 마카담 롤러와 2축식 탄댐 롤러 및 10톤 이상의 타이어 롤러를 사용한다. 전압은 조인트 부위부터 시작하여 1차 전압, 2차 전압, 최종 전압순으로 진행되며, 횡단면의 경우는 길어깨측에서 중앙부로, 종단의 경우는 낮은쪽에서 높은쪽으로 전압토록 하여야 한다.

그림 9.22 아스콘 포설 및 다짐전경

9.3.4 특수 아스팔트 포장

(1) 고무혼입 아스팔트(고무아스팔트) 포장

1) 아스팔트 혼합물에 고무재를 혼합하여 성능을 개선시킨 포장이다.
2) 점착력, 내유동성 등이 증가된다.

3) 다짐시 타이어 롤러 등에 부착이 심함으로 주의를 요한다.

(2) Semi-blown 아스팔트 포장

중교통 도로의 내유동성을 증대시키기 위한 포장 혼합물로 브로운 아스팔트가 첨가된 포장이다.

(3) 열가소성수지 아스팔트 포장

열가소성수지(에폭시 등)를 첨가하여 내수성, 내유성, 내마모성, 부착력 등의 증가나 착색을 위한 혼합물 필요시 시공되는 포장이다.

(4) 투수성포장(특수포장)

노면에 물이 고이지 않도록 할 목적의 혼합물이 적당한 포장공법으로 세골재가 생략됨으로 투수성이 크다. 보도, 주차장, 구내포장, 공원내포장 등에 이용된다.

(5) 착색(Color) 포장

유색골재를 사용하거나, 결합재에 안료를 추가한 혼합물로 포장에 색깔이 들어간 포장이다.

1) 미관목적 : 보도나 교면 포장, 공원내 포장 등
2) 교통안전 : 횡단보도, 사고 다발 지점, 터널내 등
3) 도로기능 증진 : 도로의 분기점, 정류장(bus stop) 등

(6) 구스아스팔트(Guss-asphalt) 포장

혼합물의 유동성이 극히 좋으며, 별도의 생산, 포설장비가 필요함으로 특수한 목적에 적합한 포장이다. 강상판(steel deck plate)의 교면포장, 한냉지, 건물바닥 등 구석진 곳의 포장에 적합하며, 내마모성, 내충격성, 내구성, 접착성이 우수하다.

(7) 롤러아스팔트(Rolled-asphalt) 포장

아스팔트 모르탈(sand asphalt mortar)에 단입도의 쇄석을 일정량 혼합한 혼합물을 포설한 후 치핑(chipping)하는 공법이며, 미끄럼 저항성, 수밀성, 내마모성 등이 우수하다.

(8) 폼드아스팔트(Foamed asphalt) 포장

혼합물 제조시 가열 아스팔트 시멘트를 거품 형태로 만들어 분사, 혼합하는 공법으로 골재간의 결합력이 증대되어, 피니시빌리티(finishability) 가 우수한 포장공법이다.

(9) 반강성포장

개립도 아스콘에 특수한 페이스트(paste)를 침투시킨 공법이며, 내열성, 내유성이 좋으며, 착색 기능이 있다. 중교통도로, 버스 정류장, 버스 터미널, 톨 게이트, 주유소 등에 이용한다.

(10) 쇄석 매스틱 아스팔트포장(SMA 포장 : Stone mastic asphalt)

아스팔트 혼합물에 섬유 첨가재(개질재)를 넣은 포장으로 내구성이나 내마모성을 향상시키기 위한 포장공법의 하나이다.

(11) 캠크리트포장(Chemcrete asphalt)

아스팔트혼합물에 유기금속화합물(개질재)을 넣어 포장의 내구성과 내유동성을 증가시킨 포장공법이다. 경화가 급속히 이루어지는 특성이 있어 표층보다는 기층에 많이 활용되며, 곧이어 표층시공이 요망된다.

9.3.5 콘크리트 포장 시공

(1) 콘크리트 포장용 재료

콘크리트 포장을 위한 콘크리트 재료의 종류나 품질도 구조물 시공에 요구되는 일반적인 콘크리트 재료와 동일하며, 다만 줄눈시공을 위한 줄눈재만 추가될 뿐이다.

1) 시멘트 : 제6장 콘크리트의 재료 참조

2) 골재 : 제6장 콘크리트의 재료 참조

3) 혼화재

콘크리트포장은 짧은 시간에 많은 량의 콘크리트를 넓은 면적에 포설하여야 함으로 워커빌리티(workability)의 증진이 필연적으로 요구됨에 따라 혼화재의 사용은 불가피하며, 포장의 요구조건과 혼화재의 성질이 잘 조화되어야 한다.

4) 줄눈재

① 다우웰바(dowel bar) : 조인트 부위의 콘크리트 속에 매설되는 철근으로 수축 줄 눈의 경우 1.5m~2.0m 길이로 공장에서 제작된 제품을 사용한다(그림 9.14, 9.15의 줄눈사진 참조).
② 충진재 : 조인트의 틈(cutting)속에 이물질이 들어가지 않도록 할 뿐 아니라 좋은 승차감이 유지되도록 하기 위하여 틈에 넣는 채움재로 실링재(sealing)라고도 한다.

(2) 콘크리트 배합

1) 콘크리트 배합기준(한국도로공사)

표 9.21 콘크리트 배합기준(한국도로공사)

항 목	시험방법	단위	기준
설계기준 휨강도(f_{28})	KS F 2407 KS F 2408	kgf/cm^2	45 이상
단위수량		kg/m^3	150 이하
굵은 골재의 최대치수		mm	32 이하
슬럼프값	KS F 2402	cm	2.5 이하
AE콘크리트의 공기량 범위	KS F 2409	%	4~7

2) 배합강도

콘크리트포장은 휨강도(f_{ck} : 45kg/cm^2)에 증가 계수 α를 곱한 값으로 강도를 결정하며, 골재상태에 따라 현장배합에 의한 배합비를 정한다.

3) 워커빌리티

콘크리트 포장의 콘크리트 컨시스턴시는 2.5cm(1″)를 표준으로 하며 어떠한 경우라도 슬럼프 값은 7.5m이하가 되도록 하여야 한다.

(3) 콘크리트 운반 및 포설

1) 포장용 콘크리트 혼합물의 운빈은 레미콘트럭이나 덤프트럭이 주로 이용되며, 포설은 1차 다짐과 진동이 가능한 콘크리트 피니셔(finisher, paver)에 의하여 이루어신다.
2) 콘크리트 포장의 경우 콘크리트 포설두께는 다짐후 15~20Cm 이상이 되도록하여야 한다.
3) 콘크리트포장의 초기 균열의 대부분은 양생방법의 불량 및 절단시간(cutting time)의 부적절에 기인하기 때문에 양생(curing)과 절단(cutter기에 의한 cutting)에 특히 주의하여야 한다.

(4) 콘크리트 포장의 시공준비

1) 완성된 보조기층(기층)면이 공사용 차량의 왕래나 기타 요인에 의거 훼손 또는 요철이 발생된 경우는 콘크리트 포설전에 이를 완전히 보수하여야 한다.
2) 보조기층이나 기층면이 건조해 있을 경우 소량의 물을 균일하게 살수한 후 콘크리트가 포설될 수 있도록 한다.

3) 보조기층(기층) 표면에 분리막(비닐 등)을 설치할 경우 가능한 전폭으로 깔아 겹이음부가 없도록 하며, 부득이 겹이음이 될 경우 세로 방향 10cm, 가로 방향 30cm 이상 겹치도록 한다(연속철근 콘크리트 포장에서는 분리막을 설치하지 않는다).
4) 기온이 4°C이하와 35°C이상인 경우 및 우천시는 시공하지 않도록 하여야 한다.
5) 시공 줄눈은 포설작업이 완료되었을 때, 비가 오거나 포장장비 고장 등으로 콘크리트 치기가 30분 이상 중단되었을 때 설치하며, 가로 줄눈 설치 위치에 맞추어 시공 줄눈이 시공될 수 있도록 준비하여야 한다.

그림 9.23 콘크리트 포장의 양생제살포 모습
(중앙은 중분대 위치)

그림 9.24 완성된 콘크리트 포장면

9.3.6 특수콘크리트 포장

(1) 프리스트레스트 콘크리트 포장(PC포장)

포장판에 미리 프리스트레스를 도입하여 강성을 높인 포장을 말하며, 노상이 연약한 구간, 용수(湧水) 등으로 지지력 저하가 예상되는 구간이나 일반포장보다 큰 응력이 요구되는 공항포장 등에 사용된다.

(2) 강섬유 보강 콘크리트 포장

강섬유를 용적비 1~2% 정도 콘크리트 중에 균일하게 혼합시킨 포장이며, 휨강도와 균열에 대한 저항성이 높아, 중차량의 통행이 많은 중요 부위의 콘크리트 포장에 이용된다.

(3) 콘크리트 블럭포장(ILP포장)

공장에서 생산된 블럭을 하나 하나 포설하는 공법으로 균일한 품질을 보장할 수 있으나 인력에 의한 시공이 주를 이루며, ILP(inter locking pavement) 포장 등이 이에 해당된다. 보도, 주차장, 공원 등에 널리 사용되며, 필요시 적당한 색깔이나 무늬를 넣을 수도 있다.

그림 9.25 월드컵 주경기장 앞 콘크리트블럭 포장

(4) 전압 콘크리트포장(RCCP포장)

RCCP(roller compacted concrete pavement) 포장으로 불려지는 포장이며, 된 비빔 콘크리트를 롤러로 다짐하는 포장방법이다.

초기 내하력이 커 조기 교통개발이 가능하나, 평탄성에 문제가 있을 수 있음으로 차량의 높은 주행성이 요구되는 고속도로 등에는 표층으로 보다 콘크리트 기층으로 활용되고 있다.

9.4 포장의 유지보수

9.4.1 도로포장의 관리

도로에 포장을 하는 목석은 노도 이용자가 보다 신속하고 안전하며, 쾌적하게 도로를 이용할 수 있도록 하기 위함에 있으나, 이러한 목적은 시공의 결함, 포장자체의 노화, 교통하중과 기상조건(온도 및 수분)의 변화 등에 의하여 상당 부분 훼손되어지고 있으며, 이와같은 훼손을 최소화하면서 당초의 포장 목적을 가능한 오랜기간 보존하기 위해서는 도로에 대한 철저한 유지관리가 요망된다.

도로에 대한 관리는 도로포장의 유지와 보수가 주된 임무로 각 도로관리청에서는(국도의 경우 ㅇㅇ국도유지사무소, 고속도로의 경우 ㅇㅇ지사, 지차제의 경우 ㅇㅇ도로사업소) 이를 전담할 기구들이 별도로 있으며, 최근에 더욱 체계화된 도로 유지보수관리 방법을 연구, 검토, 시행하고 있으며, 이러한 체계적 기법을 PMS(pavement management system : 도로포장유지관리시스템)라 한다.

(1) 유지와 보수

유지는 일반적으로 반복해서 실시되어지는 손질 및 수리를 말하며, 보수는 일상의 손질로는 불가능할 정도로 크게 손상된 부분의 보수 및 보강을 말한다.

(2) 유지보수의 목적

포장의 내구성 확보와 포장의 구조기능을 유지하고, 노면의 주행성을 확보하고 교통의 안전성과 쾌적성을 유지시키며, 포장에 기인되어 일어나는 연도 환경의 악화를 방지한다.

(3) 유지보수의 분류

1) 예방적인 유지보수

포장이 아직 파손되지 않았으나 표면이 심히 마모되어 빗물의 침투로 균열발생이 예상되거나 약간의 균열이 발생된 상태에서 그것이 큰 파손으로 발전되지 않도록 시행하는 유지보수로 표면처리 등이 여기에 속한다.

2) 치유적인 유지보수

포장의 전반적 균열상태는 심하지 않으나 국부적으로 심하게 파손되어 표면처리만으로는 노면유지와 개선이 안될 경우의 보수공법을 말하며 팻칭, 덧씌우기 등이 이에 해당된다.

3) 근본적인 유지보수

포장이 완전히 파손되어 일반적인 유지보수 공법으로는 복구가 곤란할 때 근본적인 대책으로 완전히 새롭게 재시공이 필요한 경우를 말한다.

4) 상시 유지보수

매일, 매월 또는 매년 정기적으로 시행해야 하는 유지보수로 노면 청소나 팻칭과 같이 거의 1년을 통해서 끊임없이 시행하는 작업을 말한다.

5) 정기 유지보수

포장도로가 시일이 경과됨에 따라 교통량의 누적에 의하여 표면마모, 표면변형, 균열이 발생케 되는 바 저하된 서비스 지수를 향상하고 포장단면을 보강, 개선하기 위한 보수작업으로 표면처리, 덧씌우기, 재포장 등이 이에 속한다.

9.4.2 아스팔트 포장의 파손

(1) 파손원인

포장시공이 완벽하게 이루어졌을지라도 이용 교통의 반복 하중에 의해 노면 성상에 변화가 일어나게 되며, 이러한 변화가 계속되면 결국에는 포장이 파손케 되는 바, 파손의 직접원인은 아래 열거한 3가지중 하나이거나 이들 3가지가 복합적으로 작용하기 때문이라 할 수 있다.

1) 노상토의 지지력 부족
2) 과다한 교통량 또는 과대한 축하중
3) 포장두께의 부족

(2) 노면 성상에 관한 파손

1) 국부적인 균열

Hair crack, 선상균열, 종횡방향균열, 시공이음균열 등이 있으며, 원인은 혼합물의 품질불량, 시공불량, 다짐불량 또는 보조기층과 기층의 재료나 시공불량에 의한 균열로 비교적 초기에 발생되는 균열이 이에 해당된다.

2) 단차(段差)

구조물과의 접속부분, 지하매설물 등에 연하여 생기는 요철을 말하며, 이는 혼합물의 다짐부족, 지반의 부등침하 등이 원인이라 할 수 있다.

3) 변형

① 소성변형(rutting) : 도로횡단 방향의 요철, 차륜의 통과빈도가 가장 많은 위치에서 규칙적으로 발생하는 바퀴자국 패임을 말하며 그 원인은 아스팔트 혼합물의 변형 및 유동, 기층과 보조기층의 시공불량에 의한 부분적인 압밀침하, 타이어 체인에 의한 아스팔트 혼합물의 마모등이거나, 이들 원인의 복합적인 작용에 있다.
② 종단방향 요철 : 도로 길이 방향으로 생기는 파장이 비교적 긴 요철을 말하며 혼합물의 품질불량이나 노상 및 보조기층의 지지력 불균일 등이 원인이다.
③ 코류게이션(corrugation) : 도로 길이 방향에 규칙적으로 생기는 파장이 비교적 짧은 요철
④ 플러쉬(flush) : 포장표면에 아스팔트가 스며나온 상태이다.
⑤ 범프(bump) : 포장표면이 국부적으로 밀려 혹모양으로 솟아 오른 것이다.
⑥ 함몰(depression) : 포장표면의 국부적 침하를 말한다.
⑦ 범프(bump), 함몰(depression), 플러쉬(flush) 등은 혼합물의 품질불량, 프라임코트,

택코트의 시공불량이 원인이라 할 수 있다.

4) 마모

① 라벨링(ravelling) : 포장표면의 골재 입자가 이탈된 상태로 표면의 모르타르분이 이탈되고 표면이 거칠어진 상태를 말하며, 이는 제설후의 타이어 체인, 스파이크 타이어 등이 주된 원인이 되기도 한다.

② 폴리싱(polishing) : 포장표면이 마모작용을 받아 모르타르분과 골재가 닳아 미끄럽게 된 상태로 혼합물 및 골재의 품질불량이 원인이다.

③ 스케일링(scaling) : 차륜에 의해 포장표면이 층으로 벗겨진 상태를 말하며, 혼합물의 품질불량 및 다짐부족에서 원인을 찾을 수 있다.

5) 붕괴

① 포트홀(pot hole) : 국부적인 작은 구멍을 말하며 혼합물 품질불량 또는 다짐부족이 원인이다.

② 박리(stripping) : 골재와 아스팔트의 접착력이 소멸하여 골재가 벗겨지는 상태로 친화력 부족 및 혼합물에 침투한 수분이 주원인이다.

③ 노화(aging) : 아스팔트 혼합물의 결합력이 풀어진 상태로 아스팔트의 노화가 원인된다.

6) 기타

① 타이어 자국 : 연약한 포장표면상에 정지하고 있는 차량의 국부적인 바퀴자국을 말하며 아스팔트 혼합물의 품질불량 및 다짐불량, 과다한 축하중이 원인이다.

② 표면팽창(blistering) : 표면의 국부적인 부풀음을 말하며, 아스팔트량의 과다 및 세립도 아스팔트 혼합물의 공극율이 작을 때 발생한다.

(3) 구조에 관한 파손

1) 거북등 균열

망상(網狀)의 전면적인 균열로 피로 균열이라고하며 발생원인은 포장두께 부족, 보조기층 또는 노상의 지지력 부족, 교통량 과다, 지하수의 영향 등에 기인한다고 할 수 있다.

2) 기타, 동상 및 분리

동상(凍上, frost heaving)에 의하여 포장이 융기되었거나 균열을 통하여 점토분이 물과 함께 밖으로 스며 나온 상태를 말한다.

(4) 아스팔트 포장의 시기별 파손형태

구분	초기(시공후 1~3년)	후기(시공후 3년 이상)
파손유형	• 소성변형(Rutting) • 밀림(Shoving, Corrugation) • 패임(Pothole) • 블리딩(Bleeding) • 바퀴눌림자국(Punching Shear Load mark) • 포장체의 구조적 결함에 의한 균열 및 노면변형 • 휨균열(교량) • 밀림(탈착) 균열 • 포장하부 부등침하에 의한 균열 및 변형	• 피로균열(Fatigue Crack) • 저온균열(Low Temperature Crack) • 접속부(Joint) 균열 • 마모(Polishing) • 라벨링(Ravelling) • 격자(Block) 균열

그림 9.26 산악구간에 설치된 양보차로(오르막차로)

그림 9.27 차량안전시설(충격방지)

9.4.3 아스팔트 포장의 유지보수

(1) 유지보수 시기결성

1) 공용성 지수에 의한 방법

공용성 지수(PSI : present serviceability index)란 미국의 AASHTO에서 행한 도로시험 결과 균열율, 소성변형의 깊이, 종방향 요철의 표준편차에 따라 보수시기와 보수공법을 결정하는 것을 말한다.

공용성 지수	보수공법	비고
3.0~2.1	표면처리	공용개시 시점의 PSI는 5.0임
2.0~1.1	덧씌우기	
1.0~0	재포장	

2) 고속도로 포장상태 평가지수에 의한 방법

우리나라 고속도로 포장의 유지보수를 위한 평가지수(HPCI : highway pavement condition index)로 종단평 탄성지수 소성변형량, 온도균열량, 거북 등 균열과 팻칭 면적에 따라 보수시기와 공법을 결정하는 것을 말한다.

3) 유지관리지수(MCI)에 의한 방법

MCI(maintenance control index)란 일본 건설성 토목연구소에서 연구된 포장의 유지보수 기준으로 균열율, 소성변형량, 평탄성을 인자로 하여 보수시기를 결장하는 방법이다.

표 9.22 MCI에 의한 유지보수 기준

MCI	유지보수 기준
3 이하	시급히 보수가 필요
4 이하	보수가 필요
5 이하	바람직한 관리수준

(2) 아스팔트 포장의 파손 종류와 유지보수 공법

표 9.23 아스팔트 포장의 파손 종류와 유지보수 공법

분 류	유지보수 공법
미세균열 선상균열	균열의 시일림, 포그실(fog seal), 실코트 비교적 크게 벌어진 균열은 V컷트 후 아스팔트모르트 등을 채우고, 또한 기층의 균열에 의한 선상균열은 부분적으로 절삭후 재포장 한다
구조물 부군의 요철	팻칭, 부분 재포장
소성변형	융기부의 절삭, 융기부분 절삭 후 카페트코트 또는 덧씌우기 상태에 따라 재포장
종횡방향의 요철	아마코트, 카페트코트
범 프	융기부의 절삭
침 하	팻칭, 부분 재포장
플러쉬	부순돌 또는 굵은 모래의 살포
라벨링	팻칭, 아마코트, 카페트코트, 덧씌우기
폴리싱	실코트, 아마코트, 카페트코트, 그루우빙, 수지계 표면처리
스케일링	팻칭, 부분 재포장
포트홀	팻칭, 부분 재포장
박 리	실코트, 아마코트, 포그실
노 화	슬러리실, 카페트코트, 덧씌우기
거북등 균열	아마코트, 카페트코트, 덧씌우기, 절삭재포장, 재포장
분니(噴泥)	재포장
재포장	채움, 배수시설의 설치, 지하수위의 저하, 재포장

(3) 유지공법

1) 팻칭(Patching)

아스팔트 포장에서 포트홀, 단차, 부분적 균열, 침하등과 같은 파손이 발견되었을 때 포장재료로 채우는 응급적인 처리방법으로 면적이 10m^{2}미만인 표층과 기층까지의 보수 또는 표층만의 보수를 말한다. 팻칭에 쓰이는 혼합물은 가열혼합식공법, 상온혼합식공법, 침투식공법 및 포장폐재의 재생이용에 의한 공법 등에 의하여 생산되고 있다.

2) 표면처리

포장표면에 부분적 균열, 변형, 마모 및 붕괴와 같은 파손이 발생한 경우, 기존 포장에 2.5cm이하의 얇은 실링층을 시공하는 공법으로 보통 실 코트(seal coating)이라 부르고 있으나, 작업방법에 따라 다음과 같이 나누기도 한다.

① 실코트(seal coat) 및 아마코트 : 포장표면에 살포한 역청재료(커트백, 유제아스팔트) 위에 모래와 부순돌을 살포하여 부착시키는 공법으로 2회 이상 반복하여 두껍게 한 것을 아마코트라 하며, 혼합기층위에 프라임 포장을 하고 아마코트를 시공한 포장을 DBST(double surface treatment) 포장이라 하며, DBST 포장은 교통량이 적은 우리나라 농촌지역 포장을 위해 1980년대 중반 많이 시공되기도 하였다.

② 카페트코트 : 포장표면에 아스팔트 혼합물을 얇게 포설하여 다지는 공법으로 일반적으로 부순돌, 스크리닝스, 모래, 석분 및 아스팔트를 혼합하여 두께 1.5~2.5cm로 포장하는 것으로 표면처리로서는 효과가 크다.

③ 포그실 : 물로 묽게한 유화아스팔트를 얇게 살포하여 작은 균열과 표면의 공극을 채워 노면을 소생시키는 공법이다.

그림 9.28 포장 및 구조물의 유지보수를 위한 점검(교량 검사차)

④ 슬러리실 : 유화아스팔트, 잔골재, 석분과 적당한 양의 물을 가한 상온 혼합물을 슬러리 모양으로 만들어 얇게 포설하는 공법이다.

3) 부분 재포장

포장의 파손정도가 심하여 다른 공법으로서는 보수할 수 없다고 판단될 때 파손이 미친 부분의 표층 또는 기층까지 부분적으로 재포장하는 공법으로 면적이 $10m^2$ 이상인 것을 말하며, 작업면적은 파손 부분을 중심으로 도로의 중심선을 1변으로 하는 장방향이 되도록 하여야 한다. 재포장 폭은 시공기계의 작업성을 고려하여 2.5m 이상으로 하고, 두께는 기존 포장면보다 0.5~1.0cm 높게 마무리 하는 것이 좋다.

4) 절삭(Milling)

포장표면의 요철이 증대되어 평탄성이 불리하게 될 경우 이부분을 기계로 절삭, 노면의 평탄성과 미끄럼 저항성을 회복시키는 공법으로 특히 소성 변형이 이루어진 포장면의 보수에 효과적이다.

5) 플러쉬 대책

플러쉬 현상이 발생하여 있는 노면에 건조시킨 쇄석을 고르게 살포하고 철륜롤라로 다짐하여 노면에 압입시키는 공법으로 포장의 수명을 연장시킬 뿐 아니라 노면의 미끄럼 저항성을 회복시킬 수 있다.

6) 균열충전

비교적 큰 선상의 균열 또는 리프렉션크랙(refection crack)에 아스팔트계 혼합물을 균열에 충전하여 수리하는 공법으로 균열 내부를 청소하고 균열 주위의 연약한 부분도 제거하여 습한부분은 버너 등으로 가열하는 등 사전처리를 철저히 한 후 아스팔트 모르터, 슬러리혼합물, 주입줄눈재 등으로 충전한다.

(4) 보수공법

1) 덧씌우기(Overlay)

노면의 높이가 상승되는 덧씌우기 공법은 기존 포장의 강도 부족을 보충하는 것 외에 노면의 평탄성 개량 및 노면의 균열에 빗물이 침투하는 것을 방지하는 목적도 겸할 수 있으나, 기존 시가지에서는 이로 인한 노면배수의 불량과 함께 보 · 차도 경계석이 낮아지게 되어 보행자의 안전에 관한 인접 주민들의 민원해결에 필요한 추가 공사비 때문에 덧씌우기 공법을 채택하기가 곤란한 경우도 있으므로 덧씌우기를 하고자 할 때는 이러한 상황을 충분히 고려한 후 계획 되어야 한다.

포장단면을 교통량 증가에 따라 순차적으로 높여 시공코자 하는 단계적 건설공법에서는 건설 당시에 덧씌우기 시점을 예정하고 도로 부속시설의 높이를 결정하여 앞에서 언급된 문제에 대처하기도 한다.

덧씌우기 시공을 하려면 시공전에 기존 포장의 파손부분을 그 파손 상황에 따라 적당한 수정을 하여야 한다. 즉, 아스팔트 혼합물의 균열이 심한 부분은 팻칭으로 손질을 하고, 파손이 기층까지 미치고 있는 경우는 부분적으로 재포장을 하고, 기존 포장면은 평탄하게 수정한 후 덧씌우기를 시공 하여야 한다. 요철이 있는 기존 포장면을 평탄하게 수정하는 작업을 레벨링 공이라 하며 덧씌우기 두께 산정시에는 이를 포함하지 않는다.

그림 9.29 기존 아스필트 포징의 질식모습

2) 절삭 덧씌우기

표면처리 등의 공법으로는 노면을 유지할 수 없으나, 전면적인 재포장 시행 시기는 아직 이르다고 판단되는 지역에서 인접지 보도, 배수시설과 같은 부대시설 때문에 일반 오우버레이가 적합치 않을때 절삭 오우버레이가 채택되며, 균열이나 소성변형이 심하게 된 경우에 효과적이다.

일반적으로 절삭 두께 산정은 경제적 여건과 현지상황을 고려하여 다음 방법중 한가지를 선정한다.

- 소성변형의 평균 두께만큼 절삭
-(마모층)의 진체 두께민큼 절식
- 표층+중간층(기층) 일부 또는 전부의 절삭
- 절삭한 두께와 포장 가동 부족두께를 합한 포장 두께만큼 절삭

3) 재포장 공법

아스팔트 포장 파손이 심해 유지보수 공법으로는 양호한 노면을 지속시킬 수 없을때 채택하는 공법으로 포장의 상태와 파손 원인 등을 충분히 조사하는 한편 경제적인면과 기술적인면 등을 종합적으로 판단하여 재포장 공법의 채택 여부를 결정하여야 한다.

파손의 원인이 동상이나 배수불량에 기인하는 경우는 동상방지 대책공법 또는 배수처리방법을 먼저 시공한 후 재포장을 실시하여야 한다.

4) 노상표층 재생포장 공법(Surface recycling)

노상표층 재생공법은 기존 아스팔트 포장의 표층을 예열기로 가열시켜 리믹서나 리페이브로 긁은후 필요에 따라 재생 첨가제 등을 첨가하여 처리하고, 신재혼합물을 상부에 포설(repaver)하거나 또는 신재와 긁은 재료를 혼합하여 재생하는 공법(remixer)이다.

5) 플랜트 재생가열 아스팔트 혼합물 공법

재생가열 아스팔트 혼합물은 아스팔트 폐재를 기계 파쇄하거나 또는 가열 파쇄하여 생산하고, 소요의 품질이 얻어지도록 보충재(골재, 아스팔트)와 재생 첨가제를 가하여 드럼믹서 아스팔트 플랜트로 제조한 혼합물을 말하며, 최근에는 이러한 장비들의 눈부신 발전으로 현장에서 쉽게 작업이 가능토록 되어 있음에 유의하여 시공시 효과적 장비선정과 아울러 능률적인 작업방법이 강구되어야 하겠다.

9.4.4 콘크리트 포장의 파손

콘크리트 포장에 발생되는 손상은 종류가 다양할 뿐 아니라 원인이나 진행과정도 복잡하여 파손에 대한 보수나 보강도 쉽지 않으므로 무엇보다 시공시에 철저한 품질관리가 요망된다.

콘크리트 포장의 하자는 줄눈에서부터 생긴다고 해도 과언이 아닌 만큼 특히 줄눈 시공시 주의를 요하며, 이에는 양생방법, 절단 시기, 충진재 주입 등 모든 시공상황들이 포함된다.

(1) 가로 및 세로균열

교통하중이나 온도 응력, 줄눈의 절단 시간이 늦은 것, 보조기층의 지지력 부족 등이 원인이다.

(2) 우각부 균열

콘크리트 슬래브에 발생하는 응력은 우각부가 최대이므로 이 부분에 많은 균열이 발생되는데,

이는 시공시 다짐부족, 펌핑에 의한 지내력 부족, 과대하중이나 반복하중 등이 주된 원인이다.

(3) 구속균열

가로줄눈과 세로줄눈의 교점에서 발생하는 비늘모양의 균열로 그 원인은 줄눈 속으로 비압축성 입자 침입에 의해 발생되며, 특히 교점에서 생기는 것은 이곳에 이물질의 침입이 용이하게 때문이고, 이러한 균열은 라벨링과 같이 발생하는 경우도 많다.

(4) 경화시에 발생하는 균열(비교적 얇고 길이가 짧다)

1) 침하균열 : 철망이나 철근의 매설깊이가 부적당하며 콘크리트의 침하가 방해되어 망상으로 발생하는 균열이다.
2) 프라스틱 균열 : 콘크리트 표면에 직사광선이나 온도의 급격한 저하, 강풍, 양생불량에 의해 발생하는 균열을 말한다.

(5) 스켈링(Scaling)

콘크리트 표면이 인평상이나 익상으로 얇게 박리하는 형상으로 염화칼슘 등을 살포함에 따라 콘크리트의 침식, 동결융해의 반복, 콘크리트의 공기량이나 골재품질 등에 의해 발생되며, 이는 마모와 같이 주행성을 해치므로 적당한 시기에 보수가 요망된다.

(6) 줄눈부 단차(Faulting)

차량진행 방향의 콘크리드 슬래브는 내려가고 후방측 콘크리트 슬래브는 올라가서 생기는 단차로, 2mm 정도면 타이어(tire)의 충격과 소음이 들리고 3mm 이상이 되면 주행성에 해를 끼치는 충격을 주게되며, 단차의 원인은 펌핑 현상때문이라 할 수 있다.

슬래브 하부에 공동(구멍)이 발생되어 줄눈후방 슬래브가 차륜에 의한 처짐에서 급히 해방된 때 부압을 발생시키는 하편, 차륜에 의한 압력을 받는 전방 슬래브의 처짐에서 물과 토사가 압출되어 부압이 있는 후방의 슬래브 밑에 퇴적되어 단차 발생원인을 제공하기도 한다.

(7) 라벨링(Ravelling)

줄눈부에서 콘크리트가 불규칙적으로 미세하게 파손되는 것을 말하며 이는 줄눈의 성형시기나 절단시기가 빨라서 조골재가 일어나는 듯한 형상으로 발전되며, 또한 이는 노면의 평탄성이 불량하게 되는 주요원인이 되기도 한다.

(8) 스폴링(Spalling)

줄눈부에서 콘크리트가 파손되는 것으로 비압축성의 단단한 입자가 줄눈 중심에 침입하여 콘크리트 슬래브가 가열 팽창할 때에 국부적으로 압축파괴를 일으켜 발생하며, 스폴링 발생시기는 라벨링에 비해 늦을 뿐 아니라 콘크리트 슬래브 길이가 스폴링의 손상정도에 따라 영향을 미침으로 라벨링과는 다르다고 할 수 있다.

(9) 브로우 업(Blow-up)

슬래브가 좌굴을 일으켜 부분적으로 떠오르는 현상으로 높은 온도와 습도 때문에 콘크리트 슬래브가 팽창할때에 비압축성의 이물질이 침입하여 기존(既存)의 줄눈이나 균열이 팽창량을 흡수하지 못해 압축응력이 발생하고 이 응력이 편심되었을 때에 생기는 좌굴을 말한다.

이 브로우 업은 공용개시후 수 년을 경화한 콘크리트 포장에서도 고온 다습한 날이 오래 계속되면 발생하기도 한다.

(10) 압축파괴

콘크리트의 압축강도가 국부적으로 작아지며 파괴되는 것으로, 줄눈부의 불량 시공(불충분한 다짐), 줄눈에 침입된 염분 등에 의한 노화 촉진, 동결융해 등이 원인이라고 할 수 있다.

(11) 펌핑(Pumping)

보조기층이나 노상의 흙이 우수의 침입과 교통하중의 반복에 의해 줄눈이나 균열부에서 노면으로 뿜어내는 현상으로, 이는 단차의 원인이 되며, 이러한 펌핑에 의해 계속된 노상이나 보조기층의 지지력 저하는 콘크리트 슬래브 자체가 파괴되기까지도 한다.

(12) 교통의 마모작용에 의한 손상

슬래브의 마모에 영향을 미치는 가장 큰 요인인 타이어 체인(tire chain)이나, 타이어 스파이크(spike tire)의 통행으로 노면이 마모되는 것을 말하며, 이러한 바퀴자국이 심화되면 물 웅덩이가 생기고 주행성을 저해시키면서 대형 교통사고의 원인이 되기도 한다.

(13) 펀치 아웃(Punch out)

포장체에서 작은 부분이 탈락하는 현상으로 CRCP(연속 철근콘크리트 포장)에서 종종 발생되는 손상으로 가로균열과 세로균열로 둘러싸인 부분이 교통하중에 의해 철근의 응력이 커져

함몰됨으로 일어난다.

9.4.5 콘크리트 포장의 유지보수

일상적인 보수는 줄눈부, 우각부 및 노면균열 손상 등에 시행하는 소규모의 보수를 말한다.

정기적인 보수는 구조물 뒷채움부 및 성토부 등과 같이 교통에 장애를 초래하게 되어 덧씌우기, 주입작업 재포장 등이 필요한 대규모 보수를 말한다.

(1) 줄눈의 손상

손상된 부분을 청소한 후 충진재를 보충하고, 파손된 콘크리트는 부분적으로 수선한다.

(2) 모서리 부위의 과도한 손상

균열부위를 절단하고 콘크리트로 보수한다.

(3) 노면균열

미세한 균열일때 균열부위를 청소한 후 레이진 모르타르로 충전하며, 비교적 대균열일 때는 균열부위에 대하여 홈을 파거나 절단한 후 타이바(tie-bar)를 삽입하고 레이진 모르타르로 충전한다.

(4) 줄눈 및 균열부의 충전(Sealing)

줄눈 및 균열을 통하여 표면수가 노상 및 보조기층에 들어가는 것을 방지하고자 줄눈이나 균열부위에 충전하는 것을 실링이라 한다. 줄눈 및 균열에 이물질이 들어가는 것을 방지(blow up, spalling, 구속균열 등 방지)하기 위하여 줄눈과 균열의 충전은 1년에 1회 정도 유지관리 부서에서 정기적으로 실시하고 있다.

(5) 주입공법

콘크리트 슬래브에 구멍을 뚫어 그 구멍에 주입재료를 주입하여 포장 슬래브와 보조 기층 사이의 공극을 채우거나 침하가 생긴 포장 슬래브에 압력을 가하여 정상의 위치로 들어올리는 공법이다.

주입공법은 콘크리트 슬래브 아래에 펌핑 작용에 의하여 생긴 공극과 공동이 있을 때 이것이 원인이 되어 콘크리트 슬래브가 파손되어 가는 것을 방지하기 위하여 시행하며, 주입재료에 따라 다음 두가지로 나눈다.

1) 아스팔트 주입공법 : 시공 후 1시간이면 교통개방 가능.

2) 시멘트 주입공법 : 조강재 사용치 않는 경우 3일 이상의 양생 필요.

(6) 재포장

시멘트 콘크리트 포장의 파손이 심하여 다른 유지보수 공법으로는 평탄한 노면을 향상 유지시키기 곤란한 경우 새로이 콘크리트 포장을 시공하는 것을 말한다. 재포장은 세로줄눈, 가로줄눈을 경계로 하여 면적을 결정하는 것이 원칙이며, 재포장의 형상은 4각형을 원칙으로 한다.

재포장 설계시는 노상토의 개량, 보조기층의 보강 등을 고려한 후 새로운 포장설계와 동일한 방법으로 포장두께를 결정한다.

(7) 덧씌우기(Overlay)

기존 포장의 설계 하중을 증가시킬 필요가 있거나, 기존 포장의 표면상태를 전면적으로 개선하고자 할 때 시행하는 보수공법으로 콘크리트 슬래브에 콘크리트로 덧씌우기를 할 때도 있지만 콘크리트 슬래브에 아스콘으로 덧씌우기를 하는 경우도 많다.

덧씌우기 포장을 하고자 할 때는 어느 경우나 신 · 구포장과의 접합은 물론 빗물받이 처리, 반사균열(refle ction crack) 등에 각별히 주의하여야 한다.

* 반사균열(reflection crack)이란 기존 스라브의 줄눈이나 균열이 덧씌우기면에 나타나는 균열을 말한다.

9.4.6 교면(橋面)포장

(1) 교면포장의 목적

1) 교량의 내하력 증진

교통하중에 의한 충격, 기상변화, 빗물과 제설용 염화물의 침투 등에 의한 교량 상판의 부식을 최소화시키므로 교량의 내하력을 증진시키기 위함에 있다.

2) 통행차량의 쾌적한 주행성 확보

이용 차량의 쾌적한 주행성 확보를 위하여 교면의 평탄성을 제고시키기 위함에 있다.

(2) 교면포장의 설계 및 시공상 주의사항

1) 표면이 평탄하여 승차감이 좋아야 한다.
2) 미끄럼에 대한 저항능력이 있어야 한다.
3) 차량의 제동력, 추진력 및 환경영향에 대하여 내구성과 안정이 확보 · 유지되어야 한다.
4) 교면의 빗물을 신속히 배수시키고, 불투수층을 형성하여 제빙염, 빗물 등의 침투로 인한 상판의 부식이 방지되어야 한다.
5) 포장하부(강상판이나 콘크리트 상판)와 부착성이 양호하여야 한다.
6) 사하중의 과다한 증대로 피로를 유발하지 않아야 한다.
7) 피로유발방지 및 교통충격하중에 견딜수 있어야 한다.

* 콘크리트 슬래브의 경우 별도의 교면포장을 두지 않고, 슬래브 자체를 교면포장으로 이용되는 경우가 많으며, 이는 사하중이 증가되지 않는다는 이점이 있는 반면 콘크리트면의 마무리를 잘 하여야 한다는 조건이 붙는다.

(3) 교면포장의 구성 및 종류

1) 교면포장의 구성

교면포장의 구성은 다음 그림 9.30과 같다.

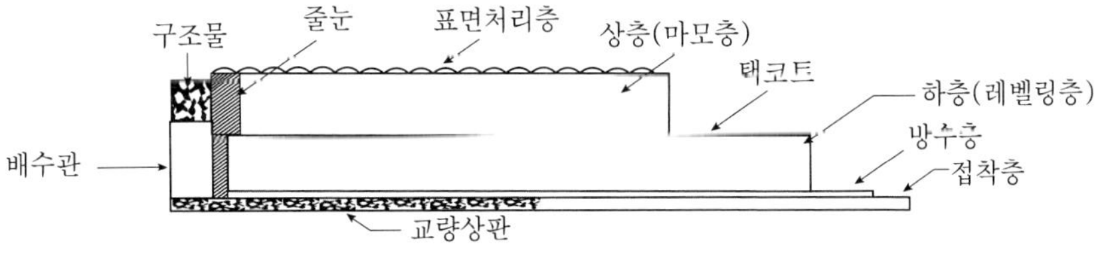

그림 9.30 2층 교면포장의 구조

2) 교면포장의 종류

교면포장의 종류는 다음과 같다.

- 가열 아스팔트 혼합물
- 구스 아스팔트 혼합물
- 고무혼입 아스팔트 혼합물(改質 아스팔트)
- 에폭시 수지 혼합물

- 저슬럼프 밀입도 콘크리트
- 라텍스 콘크리트
- SFRC(steel fiber reinforce concrete)

그림 9.31 완성된 포장면의 평탄성 검사

그림 9.32 교면포장전 교면 방수시공모습(쉬트방수)

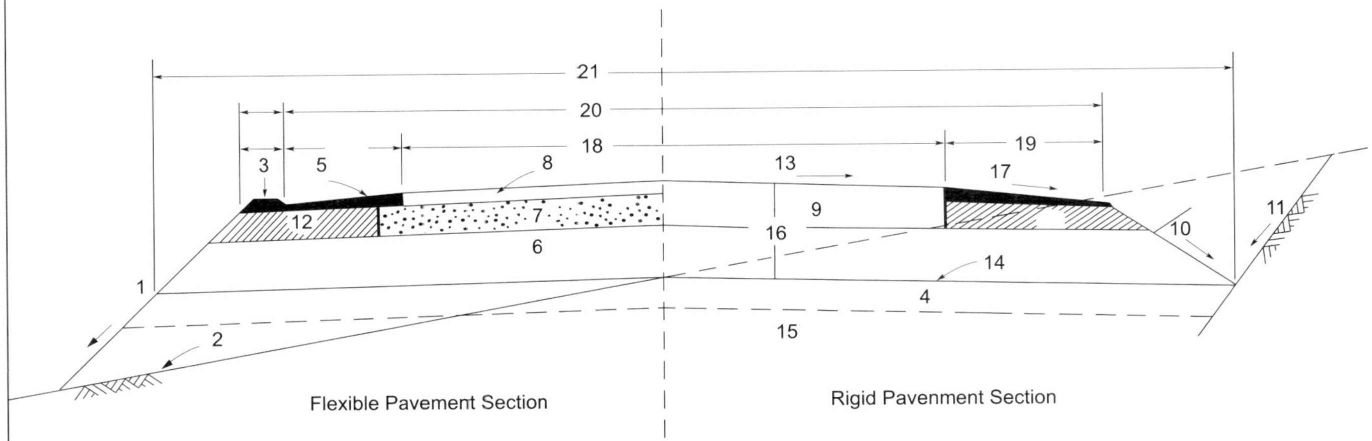

1. FILL SLOPE
2. ORIGINAL GROUND
3. DIKE
4. SELECTED MARERIAL OR PREPARED ROADBED
5. SHOULDER SURFACING
6. SUBBASE
7. BASE COURSE
8. SURFACE COURSE
9. PAVEMENT SLAB
10. DITCH SLOPE
11. CUT SLOPE
12. SHOULDER BASE
13. CROWN SLOPE
14. SUBGRADE
15. ROADBED SOIL
16. PAVEMENT STRUCTURE
17. SHOULDER SLOPE
18. TRAVEL LANES
19. SHOULDER
20. ROADWAY
21. ROADBED

그림 9.33 도로횡단의 영문명칭(AASHTO)

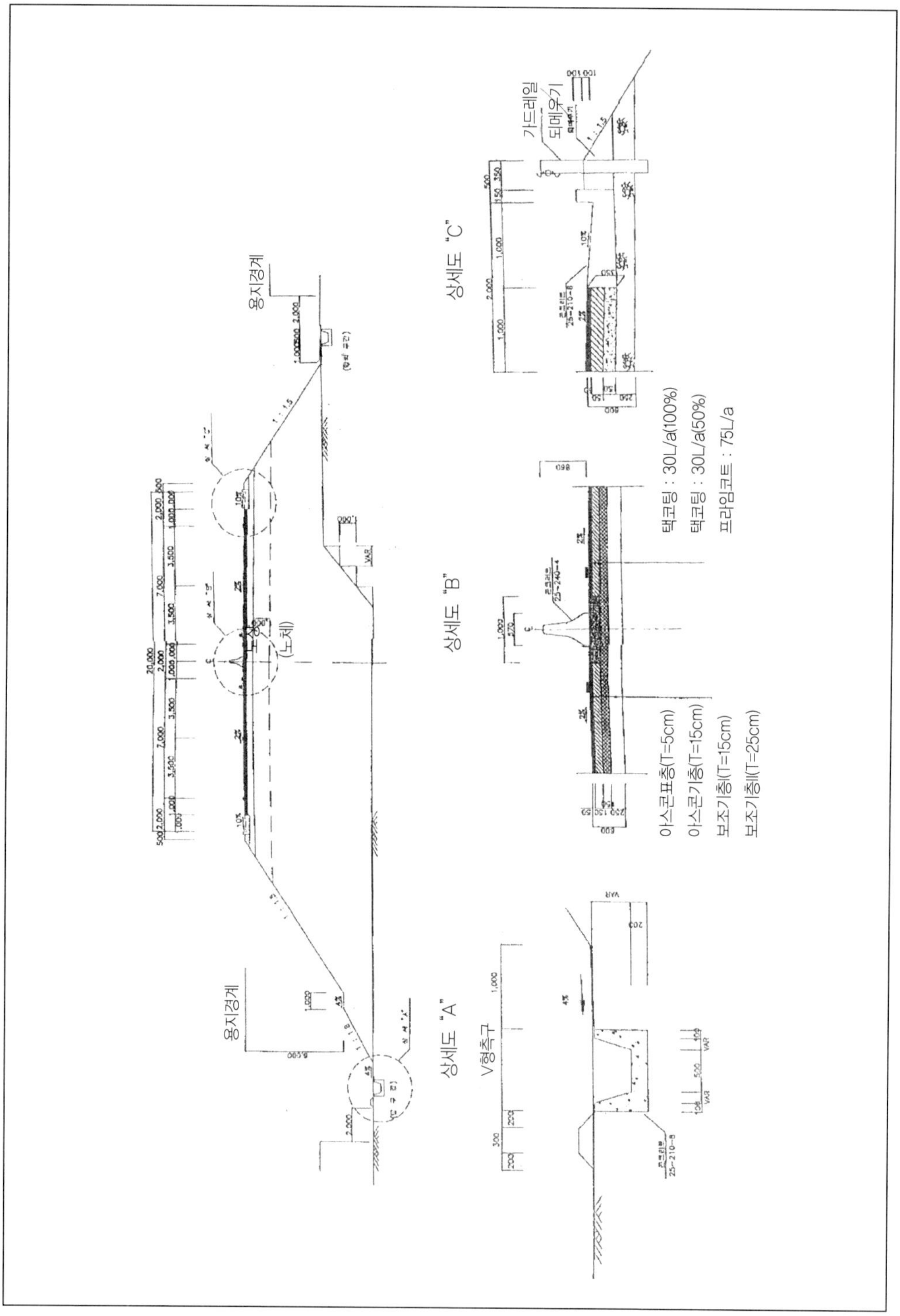

그림 9.34 표준횡단면도(쌓기부)

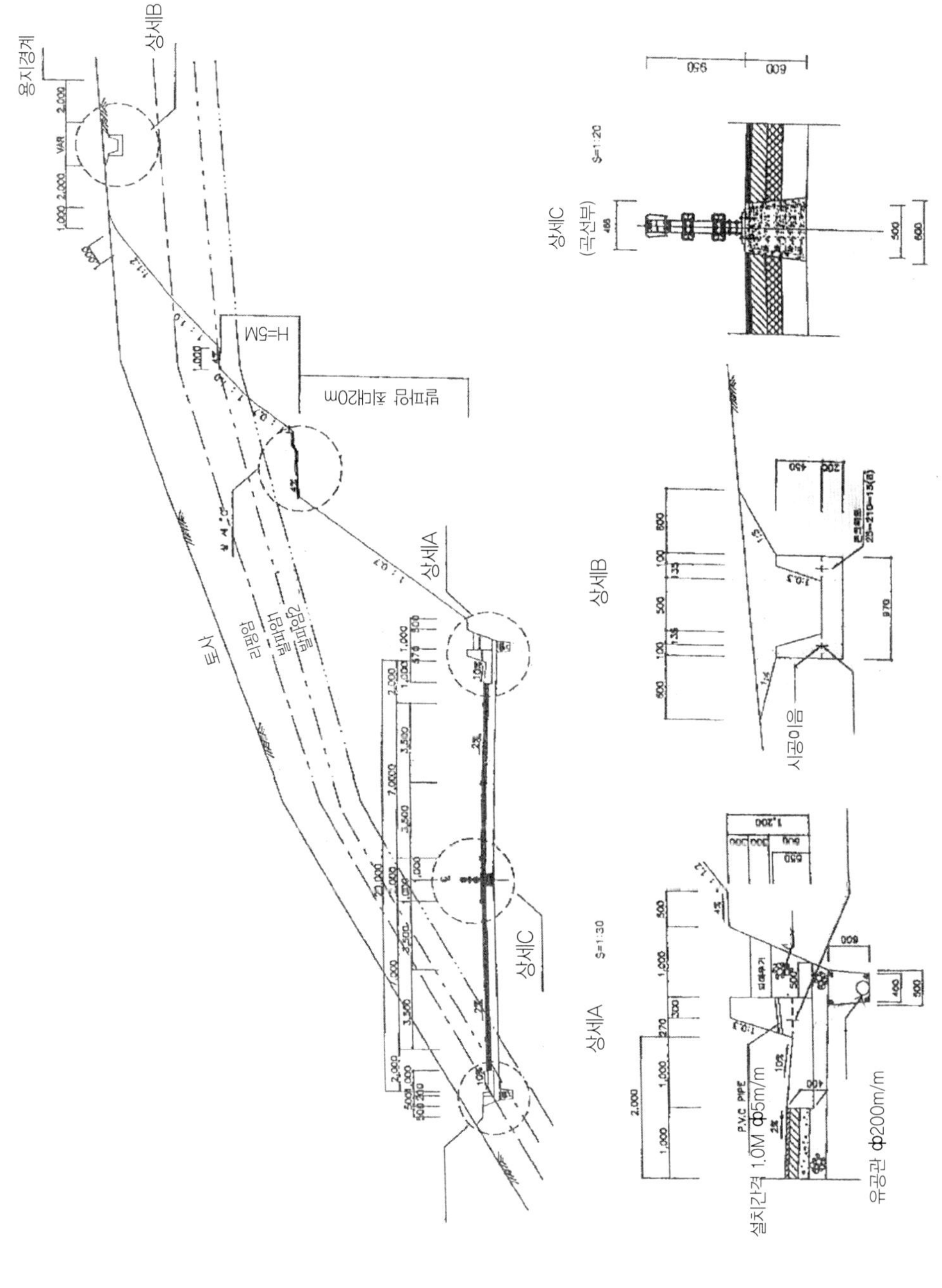

그림 9.35 표준횡단면도(깎기부)

연습문제

9.1 다음 용어를 간략히 설명하시오.

① 아스팔트 콘크리트포장의 소성변형
② 동결심도 결정방법
③ Cold Joint
④ 교면포장
⑤ Dowel bar
⑥ 콘크리트 포장에서 보조기층의 역할
⑦ 아스팔트 포장용 굵은 골재
⑧ 포장의 반사균열(reflection crack)
⑨ 구스 아스팔트(guss asphalt)
⑩ 프루프롤링(proof rolling)
⑪ Bulking(부풀음) 현상
⑫ 마샬 안정도(marshal)시험
⑬ 동결깊이
⑭ 포장공사에서 분리막의 역할
⑮ MRG Emulsification asphalt(유제아스팔트)
⑯ Pr *I* (평탄성지수)
⑰ 콘크리트 포장의 양생
⑱ 콘크리트 포장의 표면 마무리 시공대책

9.2 도로 및 단지 조성공사 착공시 책임기술자로써 시공계획 및 유의사항에 대하여 논하시오.

9.3 기존 아스팔트 콘크리트 포장에서 덧씌우기전의 보수방법 및 파손유형은?

9.4 콘크리트 포장공상에서 골재가 콘크리트 강도에 미치는 영향을 설명하시오.

9.5 도로 포장층의 평탄성 관리방안을 기술하시오.

9.6 아스팔트 콘크리트 포장공사에서 시험포장에 대하여 기술하시오.

9.7 아스팔트 콘크리트포장의 파괴원인 및 대책을 설명하시오.

9.8 연속철근 콘크리트포장에 대해 설명하시오.

9.9 시멘트 콘크리트포장의 줄눈 종류와 시공방법을 설명하시오.

9.10 아스팔트 혼합물의 배합설계방법을 설명하시오.

9.11 시멘트 콘크리트 포장공사시 초기 균열의 발생원 및 방지대책은?

9.12 도로공사 착공전 사전검토사항을 설명하시오.

chapter 10 댐과 하천 및 항만공

제 10 장 댐과 하천 및 항만공

10.1 댐(Dam)공

댐은 옛날부터 치수(治水)와 이수(利水)를 목적으로 많이 건설되었으며, 최근 급증하고 있는 물의 수요와 하천 유역의 개발에 동반되어 하천 수계(水系)에 크고 적은 댐들이 많이 계획되고 있다. 우리 나라에서는 논농사에 필요한 관개용수(灌漑用水) 댐을 저수지(貯水池), 못(沼, 堤, 池), 보(洑, weir) 등으로 불리어져 왔다.

댐의 건설목적은 치수와 이수이지만, 경우에 따라서는 어류 및 야생동물(fish and widlife)보전, 휴식 및 오락(recreation), 수질개선(water quality control) 등을 주목적으로 건설되는 댐도 있다. 국제 대댐협회(ICOLD)에서는 높이가 10m 이상의 댐으로서, 댐 길이가 50m 이상 또는 저

표 10.1 4대권역 용수수급전망 (단위 : 백만m^3)

구분 \ 연도	2001	2006	2011	2016	2020
용수수용량	33,741	34,728	36,998	37,437	37,791
생활용수	7,219	7,550	8,644	8,815	8,915
공업용수	3,345	3,695	4,031	4,299	4,553
농업용수	15,629	15,746	15,955	15,955	15,955
유지용수	7,548	7,737	8,368	8,368	8,368
용수공급량	33,801	34,626	35,162	35,169	35,158
하천수	15,877	16,110	16,481	16,314	16,120
지하수	3,153	3,311	3,476	3,650	3,833
댐공급량	14,771	15,205	15,205	15,205	15,205
과부족량	+60	−102	−1,836	−2,268	−2,633

수용량이 100만 톤 이상의 댐을 대댐(大dam)이라 하며, 그 미만은 소규모 댐으로 구분한다.

댐은 건설목적, 재료와 형식, 용도, 수리구조(水理構造), 높이 등에 따라 여러가지로 분류되며, 우리나라에서 한해에 사용하는 수자원 총량은 약 330억m^3이며, 이중 댐에 의한 공급량이 전체의 40% 이상을 점하고 있어, 우리나라는 용수의 이용율이 높은 나라에 속한다.

10.1.1 건설목적에 의한 댐의 분류

(1) 단일목적댐(Single-purpose dam)

이수나 치수기능중 한가지만을 목적으로 하는 댐을 말한다.

(2) 다목적댐(Multi-purpose dam)

다목적 댐은 두가지 이상의 기능을 위한 목적으로 건설되는 댐을 말하며, 우리나라의 다목적 댐의 현황은 표 10.2와 같다.

- 한강유역 : 소양강댐, 충주댐
- 낙동강유역 : 안동댐, 임하댐, 합천댐, 남강댐
- 금강유역 : 대청댐
- 섬진강유역 : 섬진강댐, 주암댐

표 10.2 우리나라 다목적댐 현황

수 계	댐 명	유역 면적 (km^2)	댐제원		총저수량 (백만톤)	저수면적 (km^3)	발전 시설용량 (천kw)	사업효과	
			높이 (m)	길이 (m)				홍수조절용량 (백만톤)	년간용수공급 (백만톤)
한강	소양강	2,703	123	530	2,900	70	200	770	1,213
	충주	6,648	97.5	447	2,750	97	412	616	3,380
	횡성	209	48.5	205	86.9	5.8	1	9.5	119.5
낙동강	안동	1,584	83	612	1,248	51.5	91.5	110	926
	남강	925	96	472	790	25	101.2	80	599
	합천	1,361	73	515	595	26.4	51.1	244	591.6
	임하	2,285	34	1,126	309.2	28.2	14	269.8	573.3
	밀양	95.4	89	535	73.6	2.2	1.3	6	73
금강	대청	3,204	72	495	1,490	72.8	90	250	1,649
	용담	930	70	498	815	36.2	24.4	137	650.4
섬진강	섬진강	763	64	344.2	466	26.5	34.8	32	350
	주암	1,010	58	330	707	33	22.5	80	488.8
기타	부안	59	50	282	41.5	3.03	0.2	9.3	35.1
	보령	163.6	50	291	116.9	5.8	0.7	10	106.6
	장흥	193	53	403	191	10.27	0.8	8	127.8

(자료 : 국토해양부 수자원개발과 2009년)

(3) 이수(利水) 목적의 댐

- 공업용수를 위한 댐(울산의 사연제)
- 도시민의 생활용수를 위한 댐
- 수력발전을 위한 댐
- 내륙지방의 주문(navigation)을 위한 댐
- 농업용수를 주목적으로 축조한 댐을 말한다.

(4) 치수(治水) 목적의 댐

- 홍수조절을 주목적으로 축조한 댐을 말한다.
- 홍수시 사태 억제를 위한 사방댐(砂防 : sediment control)

그림 10.1 충주댐(콘크리트)

그림 10.2 소양강댐(사력)

10.1.2 재료나 형식에 의한 댐의 분류

(1) 필댐(Fill dam)

1) 흙댐(earth fill) : 흙만으로 이루어진 댐을 말하며, 자연상태의 흙을 사용하여 최소의 공정으로 건설하는 가장 보편적인 형식의 댐이다.
2) 석괴댐(石塊 : rock fill) : 돌로 축조된 댐을 말하며, 차수벽과 댐체의 안정을 위하여 여러 가지 크기의 돌로 이루어진 댐이며, 최대 댐체 단면의 50% 이상이 둥근 돌로 이루어진 형식의 댐이다.
3) 사력댐(砂礫) 또는 토석댐(土石 : earth-rock fill) : 흙과 돌을 혼합하여 축조된 댐을 말하며, 댐체 하부는 석괴로 이루어지고, 상류면은 흙으로 이루어진 형식의 댐이다.

(2) 콘크리트 중력댐(Concrete gravity dam)

콘크리트 자체의 무게로(自重) 댐의 안전성이 확보되며, 단위 하중이 크므로 견고한 기초암반이 필요하다. 자갈, 모래, 시멘트 등의 확보 방안과 수송조건이 댐 지점(site) 선정에 제약을 받는다.

(3) 콘크리트 아치댐(Concrete arch dam)

역학적으로 자중 이외에 아치작용을 하는 하천의 양안(兩岸)에 힘을 분담시키는 점이 중력댐과 다르며, 댐 체적이 작고, 외관이 경쾌하다. 하폭이 좁은 골짜기에 적합하며, 우리나라에는 적합한 지형이 거의 없다.

(4) 콘크리트 부벽댐(Concrete buttress dam)

옹벽(retaining wall)으로 하천을 가로막고 옹벽의 하류측에 부벽(버팀대, butlress)을 설치한 댐을 말하며, 콘크리트 중력댐보다 60% 정도의 재료가 절감된다(안동댐, 임하댐, 합천댐, 남강댐).

(5) 중공 중력댐(中空 : Hollw gravity dam)

역학적으로 기여도가 없는 구체 내부를 비우므로써 콘크리트 타설량을 줄이고 자체 하중을 줄일 수 있는 형식이며, 대량시공이 어렵고, 절감 재료비에 비하여 인건비가 많이 소요되어 오늘날 거의 채택되지 않고 있다.

(6) RCD댐(Roller compacted concrete dam)

콘크리트 중력식 댐에서 물-시멘트비를 낮추어 콘크리트 강도를 크게 하고, 진동롤러(vibro-roller)를 이용하여 다짐을 하는 공법으로 축조하는 댐을 말하며, CRD(concrete rollered dam)댐이라고도 한다.

(7) 필댐의 설계형식

1) 균일형

제체 최대 단면에서 사면보호재를 제외한 단면의 80% 이상의 재료가 동일한 형식이다.

2) 코어형(Core)

차수를 목적으로 불투수성 재료를 사용하는 방수심벽의 최대폭이 댐 높이보다 작은 형식의 댐 불투성부가 댐 중심선 전체를 통하는 중심코어형과 불투수성부가 댐 중심선에서 벗어나는 경사 코어형이 있다.

3) 존형(Zone)

몇 개의 존형으로 이루어지며, 코어형과 비슷하며, 투수계수가 큰 인근 가용재료로 불투수성부를 축조하므로 불투수성부의 두께가 댐 높이보다 큰 형식이다.

4) 표면차수벽형

흙 이외의 차수 재료로 상류표면을 포장하는 형식이며, 포장재료로는 아스팔트나 콘크리트가 사용된다.

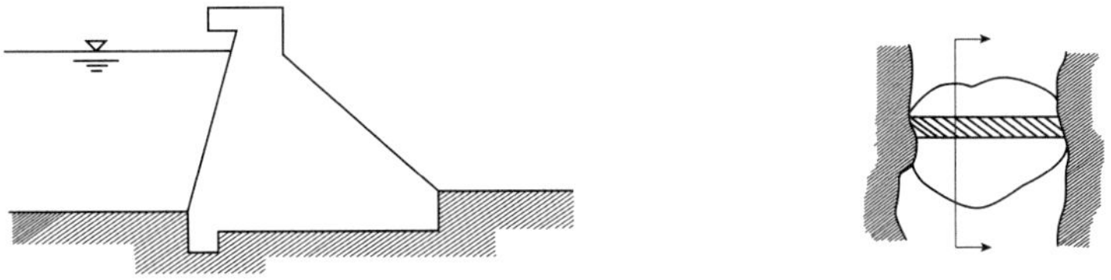

(a) 중력식 댐

(b) 아치 댐

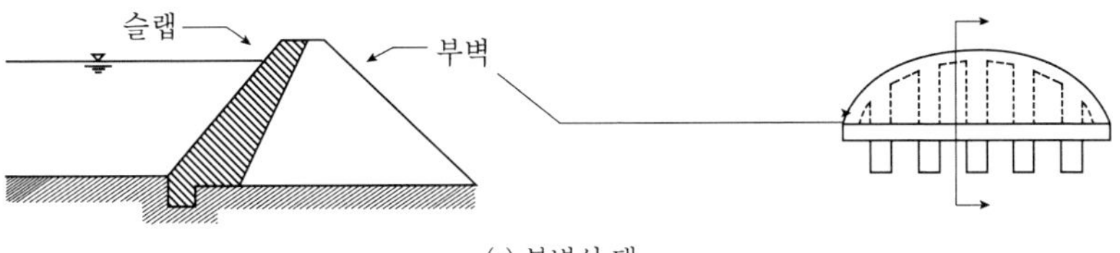

(c) 부벽식 댐

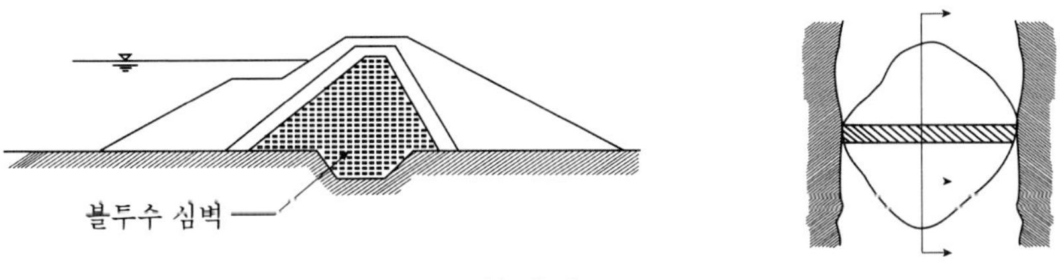

(d) 필 댐

그림 10.3 댐의 기본형식

10.1.3 용도에 의한 댐의 분류

(1) 저류댐(Storage dam)

유수(流水)의 계절 조절용 댐으로 풍수기에 물을 저수하여 갈수기에 물을 공급하기 위한 댐을 말하며, 우리나라의 다목적 댐은 전부 해당된다.

(2) 취수댐(Diversion dam, intake dam)

취수를 하기 위한 댐으로 한강수계의 팔당댐은 수력 발전을 목적으로 건설되었으나, 최근에는 수도권의 용수공급원이 더 큰 목적이 되었으며, 소규모의 관개용 보는 모두 여기에 속한다.

(3) 지체댐(Defention dam)

치수목적 댐으로 유역의 상류에 설치하여 홍수를 잠시동안 지체시키는 역할을 하며, 홍수조절 댐과는 달리 기초부의 누수방지를 위한 차수 처리를 하지 않는다.

(4) 방사댐(放砂 : Tailing dam)

공장 폐수의 수질처리나 광산, 공사장 등의 유사 등을 침전, 제거시키기 위한 댐이며, 골프장의 경우 건설시에는 토사 퇴적을 준공후에는 잔디와 수목의 농약을 침전시키는 역할을 하기 위한 방사댐이 여러개씩 있다.

(5) 월류댐(Overflow dam)과 비월류댐(Nonover flow dam)

물을 제방위로 넘겨도 좋은 댐과 그렇지 못한 댐으로 축조시 이를 계상한다.

10.1.4 댐 형식의 결정요인

댐 형식을 결정하는데는 여러 가지 요인이 복합적으로 상관되고 이를 구체적으로 계량화하기 어려우므로 여러 분야(댐계획, 수문학, 수리학, 구조, 응용지질 등)의 전문가가 합동으로 지형, 지질, 기초조건, 가용재료, 수문, 지진 등 각종 물리적 여건(physical factors)을 분석하여야 한다.

여수로 방류량에 대한 보호대책, 방류구의 제약, 건설중 유수의 전환, 노동력 및 장비의 가동성, 댐지점의 접근로 조건, 댐지점의 물리적 특성, 댐의 목적, 안전도 등이 댐의 형식을 결정하는 주요 요인들이며, 이들을 정리하면 다음과 같다.

(1) 지형(Topography)

- 댐지점(dam site)과 저수지 구역의 지표형상
- 댐지점 및 축적 재료원의 접근로 조건

(2) 지질 및 기초조건

- 지질특성과 지질층(strata)의 두께
- 단층(fault) 및 균열(fissures)
- 경사도(inclination) 및 투수성(premeability)

(3) 축제 재료

- 축제(築堤)용 흙(심벽 및 투수부 성토용)
- 콘크리트용의 모래, 자갈
- 축제(築堤) 및 비탈 보호사석(riprap)에 사용될 돌
- 모든 재료의 량과 품질 및 수송조건

그림 10.4 건설중인 댐의 여수로와 취수탑

(4) 수문조건(水文條件) 및 기상

- 하천의 유수특성
- 강수(降水)조건

(5) 여수로(Spill way) 크기 및 위치

- 홍수의 규모
- 여수로의 크기와 형식

* 홍수의 규모가 큰 지역에서는 여수로가 우선적인 문제이고, 댐 형식은 부차적 문제가 되기도 한다.

(6) 지진(Earth quake)

댐지점이 지진대에 속하면 지진하중과 응력의 증가가 고려되어야 한다.

(7) 유수전환의 규모 및 방법

댐의 유수전환은 감루막이댐과 가배수터널의 조합으로 이루어진다.

(8) 자연환경과 조화 및 보전

자연환경을 보전하고 자연과 조화를 이룬 댐 개발이 되어야 하며, 댐 건설로 인한 수몰지역의 발생, 수몰지역의 문화적 역사적 유적이나 수려한 경관의 훼손 방지나 이전 방안이 마련되어야 한다.

(9) 기타

댐의 방위(防衛), 외관(外觀), 주운(舟運)에 따른 유수의 통제 등을 종합적으로 고려해야 하며, 최근에는 댐 형식 결정에 휴식처로서 미적(美的) 사항도 주요 요인이 되고 있다.

10.1.5 저수지와 여수로

(1) 저수지(Reservoir)

저수지란 하천의 유수를 조절 또는 저장하기 위하여 만든 저수 공간의 총칭이며, 홍수를 경감시키고 강수량을 증대시킨다.

(2) 재조정지(Re-regulation pond)

본 댐 하류 하천의 환경, 생태학적 기능유지 및 하류 수요에 부합되는 방류를 위해 본 댐 발전 방류량을 조정할 필요가 있다. 이러한 목적으로 건설되는 저수지를 말하며, 규모는 첨두발전시간에 좌우되며, 저수지에 비해 상대적으로 적다. 현장에서는 역조정지란 용어로 사용되기도 한다.

(3) 배수지(Distribation reservoir)

물의 공급량을 조절하기 위한 저수공간을 말하며, 일반적으로 배수지는 소규모이다.

(4) 여수로

할당된 저류공간에 수용할 수 있는 용량을 초과하는 홍수량은 안전하고 효율적으로 방류하는 월류수를 여수로(spill way)라 하며, 댐은 월류될 경우 파괴될 우려가 있으므로 충분한 용량을 가진 여수로가 필요하다. 여수로는 접근수로, 조절부, 도수로, 감세공 및 방수로의 5개 부분으로 구성된다.

(5) 접근수로

저수지에서 조절부에 이르는 수로를 말하며, 콘크리트댐의 월류 여수로에선 필요없으나, 필댐과 같이 댐접안부, 산등성이 및 안부에 설치되는 경우는 접근수로가 필요하다.

(6) 조절부

여수로의 월류부분으로 저수지로부터 방류를 제한 또는 차단하고 방류량을 조절하며, 수문의 유무에 따라 수문이 있는 조절형과 수문이 없는 비조절형으로 구분되며, 대규모 댐은 모두 조절형이며, 소규모 농업용 저수지 경우는 비조절형을 채택한다.

(7) 도수로

여수로 조절부의 말단(천이부 하류끝)에서 감세공 시점까지의 급경사 수로를 말하며, 도수로 형식에는 개수로, 터널, 암거, 개수로와 터널의 병용 등 여러 가지가 있다.

(8) 감세공

여수로를 통한 고유속의 방류량이 댐하류단을 침식시키거나 인접구조물에 손상을 끼치는 것을 방지하는 시설이며, 하류 수심의 크기에 따라 감세지, Roller-bucket, Flip-bucket 등이 채택된다.

(9) 방수로

감세공부터 하류 하천에 이르는 수로를 말한다.

10.1.6 저수지의 수위 및 용량

(1) 퇴사위(SWL, Sediment water level)

구조물의 수명년한을 고려한 기간의 퇴사량을 고려한 표고이며, 구조물의 수명년한은 통상 100년으로 한다.

(2) 사수위(DWL, Dead water level)

취수구가 설치되는 표고로 사수위 이하의 물은 중력 취수가 불가능하다.

(3) 저수지(LWL, Low water level)

비활용 용량의 최고 수위로 저수지 조작의 하한 제약조건이며, 용수 공급이나 수력발전량을 최대로 고려함과 동시에 저수지내의 어족이나 야생동물의 보호 및 수위변동에 의한 구조물의 안전(호안의 sliding 등)을 고려하여 수위를 결정한다.

(4) 홍수기 제한수위(RWL, Ruling water level)

만수위를 홍수기(6월 21일~9월 20일)에 홍수조절 용량의 증대를 위해 내려서 운영하는 수위로 홍수기 이수 용량의 최고 표고이며, 홍수시 상류지역의 배수위(backwater)에 의한 피해 경감액 및 홍수조절 용량의 증대에 따른 하류지역 피해 경감액과 용수 공급량의 감소에 따른 용수판매 감소액을 종합적으로 고려하여 채택한다.

(5) 만수위(HWL, High water level)

이수(利水) 용량의 최고 표고로 용수공급과 수력발전, 어류 및 야생동물보전, 주문, 오락, 수질보전 등 이수를 목적으로 정상적인 저수지 조작을 할 수 있는 저수용량의 상한선이다.

(6) 홍수위(FWL, Flood water level)

홍수가 유입되는 경우 여수로 조작 기준에 따라 방류를 실시한 결과 발생되는 최고 수위를 말하며, 댐 건설로 인한 상류 영향검토에서 실시하는 배수위(backwater) 계산의 기점수위(starting water elevation)이다.

(7) 최고 수위(MWL, Maximum water level)

가능 최대 홍수량이 유입되는 경우에 여수로 조작 기준에 따라 방류를 실시한 결과 발생되는 최고 수위이며, 댐체 월류에 대한 안전성 및 안전계산에 기준이 되는 수위이다.

(8) 사수 용량(Dead storage)

사수위 이하의 저수용량을 사수용량이라 한다.

(9) 비활용 용량(Inactive storage)

사수위에서 저수위 구간의 저수용량을 비활용 용량이라 한다.

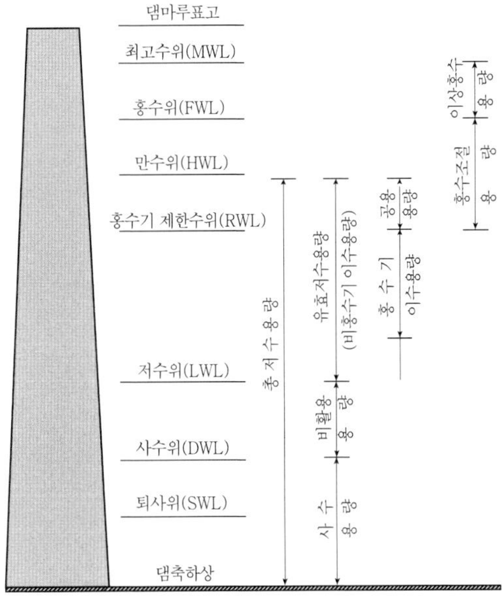

그림 10.5 저수지 용량배분

(10) 이수 용량(Active storage)

저수위에서 만수위 구간의 저수용량으로 이수목적으로 사용될 수 있는 저수용량이다.

(11) 공용 용량(Joing-use storage)

홍수기 제한수위에서 만수위 구간의 저수용량이며, 비홍수기에는 이수용량, 홍수기에는 홍수조절 용량이 된다.

(12) 홍수조절 용량(Flood control storage)

홍수기 제한수위에서 홍수위 구간의 저수용량을 홍수조절 용량이라 한다.

(13) 유효저수 용량(Effective storage)

저수위에서 만수위 구간의 저수용량을 말한다.

(14) 총저수 용량(Total storage)

하상에서 만수위 구간의 저수용량을 총 저수용량이라 한다.

10.1.7 댐 시공

최근의 기상현황은 종래의 관측자료에서 추정하기 곤란할 정도의 이상 한발이나 강수량을 보여주고 있으며, 특히 '2002년 8월 우리나라 전체를 강타한 태풍 '루사'에 의한 물난리는 지금까지 경험하지 못한 재난으로 토목기술자들에게는 댐의 축조와 붕괴에 대해 더 많은 연구와 관심을 가져야겠기에 강원도 양양군의 양양 양수발전소(발주처 : 한국수력원자력, 시공 : 삼환기업)의 콘크리트댐과 표면콘크리트 차수벽형의 석괴댐의 시공 모습을 소개하고자 한다.

(1) 공법의 개요

표면콘크리트 차수벽형 석괴댐이란 ; concrete faced rock fill dam으로 CFRD로 표현하고 있으며, 댐체제가 다량의 석괴에 의해 커다란 자중과 투수성에 기인하여 댐체 유지 및 지하수위에 의해 발생되는 양압력을 제거하고 표면에 차수벽을 설치하여 누수발생을 억제하므로 경제적이며, 석괴의 별개거동이 가능하여 지진이나 외부 충격에 저항력이 큰 안전한 댐 형식의 하나이다.

(2) 구성요소

1) Face Con' c : 댐의 수면 접촉부로 30cm~40cm의 슬래브 형태의 콘크리트구조물로 댐체의 차수 및 수압저항 역할을 한다.
2) Zone-2재 : 70~100m/m의 파쇄 골재 Bedding재로 콘크리트 슬래브의 하중지지 역할을 한다.
3) Zone-3재 : 150m/m의 파쇄 골재의 Transition재로 Zone-2재의 하중을 댐 본체에 전달하는 역할을 한다.
4) Zone-3B, 3C : 180~1500m/m의 발파석으로 댐의 주체를 구성하는 역할을 한다.

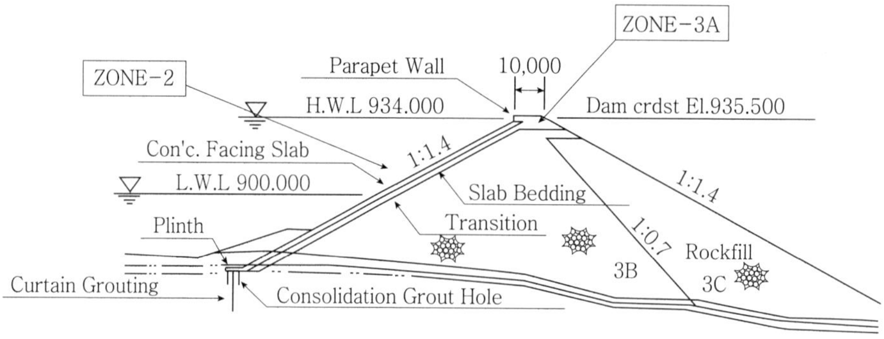

그림 10.6 댐 단면도

(3) 시공순서

표토제거 → 굴 착 → 가배수터널 및 가물막이 설치 → 댐표토제거 및 Plinth굴착 → special grouting → plinth con' c → zone별 성토 및 계측기 설치 → 여성제거 → shotcrete → stater bay con'c → face con' c grouting → 댐상단부대공 → 가배수터널 plug con'c → 담 수

(4) 시공상 특징

- 우리나라와 같이 지하 암반이 많은 지역에서의 재료 구득이 매우 양호하다.
- 축조 재료 특성상 기상조건에 영향이 적어 전천후 시공이 가능하다.
- 1985년 광주광역시의 상수원으로 개발된 동북댐 준공을 효시로 평화의 댐, 남강댐, 부안댐, 밀양댐 등이 CFRD형식으로 건설되었다.

(5) 시공 사진

CFRD 축조전경

(a) 가물막이 축조

(b) plinth 암반청소 및 앵커바 시공

(c) 댐 축조 및 사면 다짐

(d) 계측기 설치

(e) 슬립폼 운반대차

(f) face 슬래브 철근조립 및 철근 트롤리 운반차

(g) 콘크리트댐 전경

(h) 기초 그라우팅

(i) 댐 축조 콘크리트 타설

10.2 하천공

10.2.1 하천의 개념

(1) 하천이란?

일반적인 개념의 하천이란 자연 또는 인위적인 작용에 의하여 지구표면에 만들어진 유로(流路, water course)를 의미하며, 바다로 이어지기 이전까지를 말하며, 법(하천법)상의 하천은 공공의 이해에 밀접한 관계가 있는 유수(流水)의 계통으로써 그 수계(水系)의 하천구역과 하천부속물을 포함하는 것을 말한다.

(2) 관련법규

관련법규에는 하천법 및 동법시행령, 시행규칙, 소하천정비법 및 동법시행령, 시행규칙이 있다.

(3) 하천법에 의한 용어의 정의

1) 하천구역

하천의 물이 계속하여 흐르고 있는 토지 및 지형, 당해토지에 있어서 식물이 자라는 상황 기타의 상황이 매년1회 이상 물이 흐른 흔적을 나타내고 있는 토지의 구역이며, 하천부속물의 부지인 토지의 구역, 제방(하천의 관리청이나 관리청으로 부터 허가 또는 위탁을 받은 자가 설치한 것에 한함)이 있는 곳에 있어서는 그 제외지이다.

2) 하천부속물

하천관리에 필요한 댐, 하구둑, 제방, 호안, 수제, 보, 갑문, 수문, 수로터널, 운하, 관측시설, 기타 법에 의하여 설치한 시설 또는 공작물이다.

(4) 하천법에 의한 구분 및 지정

1) 국가하천

국토보전상 또는 국민경제상 중요한 하천으로서 다음 각 호의 어느 하나에 해당하여 국토교통부장관이 그 명칭과 구간을 지정하는 하천을 말하며 하천관리청은 국토교통부장관이 관리한다.

표 10.3 국내하천의 등급별 현황 (단위 :개소, km)

구 분	계		국가하천		지방하천	
	개 소	연 장	개 소	연 장	개 소	연 장
계	3,832	29,809.29	61	2,978.79	3,771	26,830.5
한 강	698	7,115.61	14	818.69	684	6,296.92
낙동강	777	7,290.56	11	830.71	766	6,459.85
금 강	468	3,745.81	7	481.5	461	3,264.31
섬진강	283	1,928.8	3	238	280	1,690.8
영산강	168	1,273.8	5	191.33	163	1,082.47
안성천	103	615.12	4	86.64	99	528.48
삽교천	98	614.13	3	63.02	95	551.11
만경강	70	593.7	3	68	67	525.7
형산강	30	284.91	1	36	29	248.91
동진강	87	493.61	4	69.8	83	423.81
태화강	60	308.7	1	11.27	59	297.43
탐진강	36	206.46	1	34.52	35	171.94
양양남대천	8	102.65	0	0	8	102.65
삼척오십천	3	64.5	0	0	3	64.5
영덕오십천	7	90.16	0	0	7	90.16
서낙동강	18	123.83	3	38.93	15	84.9
강릉남대천	6	55.9	0	0	6	55.9
기 타	912	4,901.04	1	10.38	911	4,890.66

자료 : 한국하천일람 2011년(국토해양부)

2) 지방하천

지방의 공공이해와 밀접한 관계가 있는 하천으로서 시 · 도지사가 그 명칭과 구간을 지정하는 하천을 말하며, 관할 구역의 시 · 도지사가 관리한다.

(5) 소하천 정비법에 의한 소하천

하천법에 의하여 하천으로 지정되지 않는 하천중 일시적이 아닌 유수가 있을 것으로 예상되고, 평균하폭이 2m이상이며, 시점에서 종점까지의 연장이 500m이상인 하천으로써 시장 · 군수 또는 자치구의 구청장이 소하천정비법에 의하여 지정 · 고시한 하천을 말한다.

(6) 하천개수(改修)와 하천개발

1) 자연하천 : 인공적인 작용을 전혀 가하지 않은 자연발생적인 하천을 말한다.
2) 개수하천 : 인위적으로 만든 하천을 말하며 improvement river, 또는 복단면하천(double section river)이라 부르기도 한다.
3) 하천개수 : 단일단면을 가진 자연하천에서 홍수시 소통능력을 증대시키고 수위의 급격한 상

승을 억제하기 위하여, 저수로부 양측에 홍수터(고수부지)를 만들거나 하천제방을 축조하여 저수로 단면과 홍수터로 이루어진 복단면화된 하천으로 고치는 것을 하천개수라 한다.

4) 하천개발 : 하도(河道)내에서 갑문 등을 설치하여 선박 등이 운행할 수 있도록 하는 행위를 하천개발이라 한다.

10.2.2 하천의 기능 · 분류 및 명칭

(1) 하천의 기능

1) 이수(利水)기능 : 각종 용수의 공급은 물론, 수력발전이나 수운교통에 활용될 수 있는 기능이 있다.
2) 치수(治水)기능 : 홍수소통 및 홍수피해를 경감시킬 수 있는 기능을 갖는다.
3) 환경(環境)기능 : 자연보존과 친수(親水)공간을 제공하는 기능으로 친환경적이다.

(2) 하천의 분류(수계상)

1) 본류(main river) : 두 개 이상의 하천이 합류할 때 가장 크고 주요한 하천
2) 지류(tributary) : 두 개 이상의 하천이 합류할 때 규모가 적은 하천
3) 파천(branch) : 두 개 이상의 하천이 나누어질 때 규모가 적은 하천

(3) 하천내 · 외부 명칭

1) 하상(river bed) : 하천 유로의 바닥
2) 저수로(low water channel) : 저수시 물이 흐르는 하천내부의 유로
3) 둔치(고수부지, high water channel) : 홍수시 물이 흐르는 유로로 하천내부 홍수터의 일종

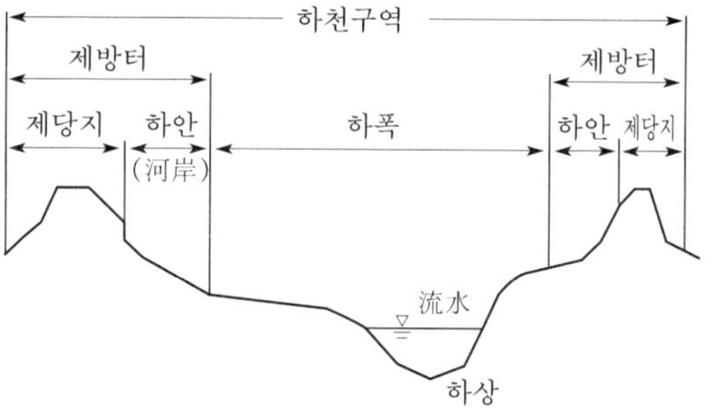

그림 10.7 자연하천의 명칭

4) 하안(bank) : 평상시 물이 흘러가는 하도의 측면을 말하며 좌안과 우안으로 구별된다.
   - 좌안 : 하천의 하류방향을 기준으로 하였을 때의 좌측편 하안
   - 우안 : 하천의 하류방향을 기준으로 하였을 때의 우측편 하안
5) 제외지(fore land) : 하천의 내부로서 물이 흐르는 부분
6) 제내지(protected low land) : 하천의 외부로 농경지, 부락 및 도시가 제방으로 인하여 보호되는 지역

7) 어도(魚道, fishway) : 댐, 보 등으로 어류(魚類)의 이동이 차단될 가능성이 큰 구간에 이를 방지하기 위한 시설로 어류의 이동로.

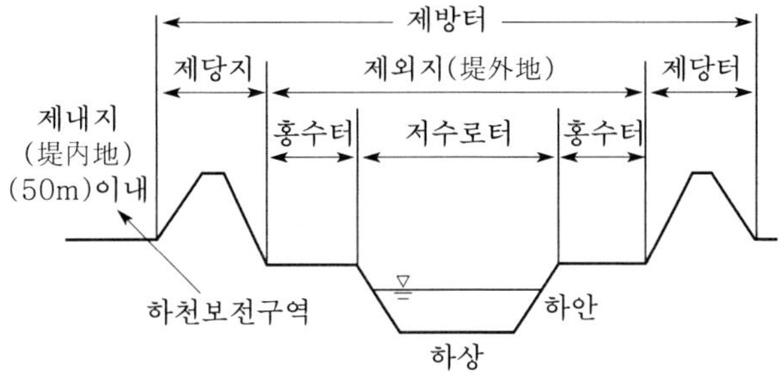

그림 10.8 개수하천의 명칭

10.2.3 하천시설물

(1) 하천시설물의 구분

치수용시설물	이수용시설물	치수와 이수
제방, 호안 배수시설 방수로시설	취수설비 주운시설 댐 (발전, 저수)	댐 (다목적)

(2) 제방과 호안

1) 제방이란?

유수가 하도(河道) 밖으로 흘러 넘치는 것을 방지하고 유수의 소통을 원활하게 하기 위하여 보통 토사나 사력(砂礫)으로 다져서 만든 하천시설물을 말하며 제방(堤防), leeve, 둑 등으로 표현한다.

2) 호안이란?

제방 또는 하안을 유수에 의한 파괴와 침식으로부터 직접 보호하기 위해 제방 앞비탈에 설치하는 수리구조물을 말하며 호안(護岸), bank protection, revetment 등으로 표현하고 이의 시공은 재료확보와 작업의 용이성, 공사비의 저렴성 때문에 피복재료는 콘크리트나 사석이 주로 이용된다.

3) 제방단면의 구조와 명칭

일반적인 제방의 구조와 명칭은 다음 그림 10.9와 같으며, 필요에 따라서 형태를 조정해 사용할 수 있다.

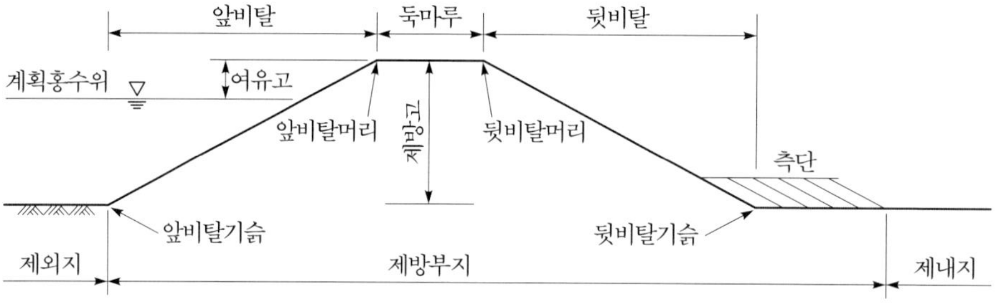

그림 10.9 제방의 구조와 명칭

(3) 제방의 종류

1) **본제** : 본제란 제방원래의 목적을 위하여 하도의 양안에 축조하는 연속제로서 가장 일반적인 형태이다.
2) **부제** : 부제는 본제가 파괴되었을 때를 대비하여 설치하는 제방으로서 본제보다 제방높이를 약간 낮게 설치한다.
3) **놀둑** : 제방 끝부분에서 제내지로 유수를 끌어들이기 위하여 제방을 분리하여 윗 제방의 하류단과 그 다음 제방의 상류단을 분리하여 중첩시킨 것으로 불연속제의 대표적인 형태이며, 이는 홍수지속시간이 짧은 급류하천이나 단기간 침수에는 큰 영향을 받지 않는 지역에서 홍수조절을 목적으로 설치한다.
4) **윤중제** : 특정한 지역을 홍수로부터 보호하기 위하여 그 주변을 둘러싸서 설치하는 제방이다.
5) **횡제** : 제외지를 유수지나 경작지로 이용하거나 유로를 고정시키기 위해 하천 중앙쪽으로 돌출 시킨 제방을 말한다.
6) **분류제** : 홍수지속시간, 하상경사, 홍수규모 등이 다른 두 하천을 바로 합류시키면 합류점에 토사가 퇴적하여 횡류가 발생하고 합류점 부근 하상이 불안정하게 되어 하천유지가 곤란하게 된다. 이와 같은 경우에 두 하천을 분리하기 위해 설치하는 제방을 분류제라 한다.
7) **월류제** : 하천수위가 일정 높이 이상이 되면 하도 밖으로 넘치도록 하기 위해 제방의 일부를 낮추고 콘크리트나 아스팔트 등의 재료로 피복한 제방을 말하며, 이는 홍수조절용 유수지나 일정 크기 이상의 홍수 때만 흐르는 방수로 등의 유입구로 이용되기도한다.
8) **역류제** : 지류가 본류에 합류할 때 지류에는 본류로 인한 배수가 발생하므로 배수의 영향

이 미치는 범위까지 본류 제방을 연장하여 설치하는 제방이다.

9) **도류제** : 하천의 합류점, 분류점, 놀둑의 끝부분, 하구 등에서 흐름의 방향을 조정하기 위해서, 또는 파의 영향에 의한 하구의 토사퇴적을 억제하기 위하여 축조하는 제방을 말한다.

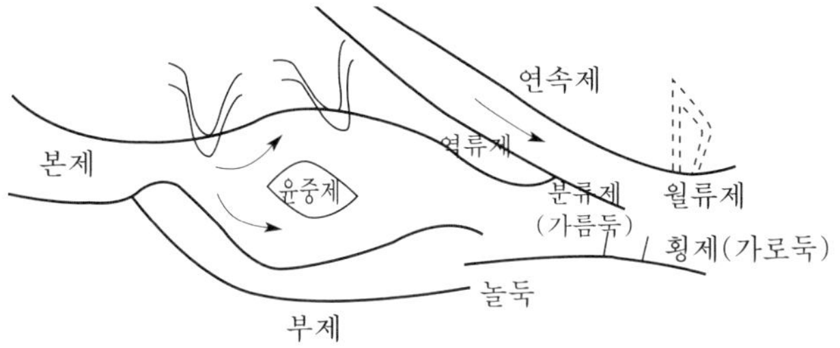

그림 10.10 제방의 종류

(4) 자연친화적 제방축조

국가하천의 경우 4m이상, 지방하천의 경우 2m이상의 측단을 만들어 하천환경보전기능을 위한 수변역의 녹지축을 만들고, 주변지역에 구하도나 습지 등이 있는 경우는 생태완충구간을 두어 생태계보전 및 생물 서식거점과 기초지반누수 등에 대한 제방의 안정에도 기여할 수 있도록 할 수 있다.

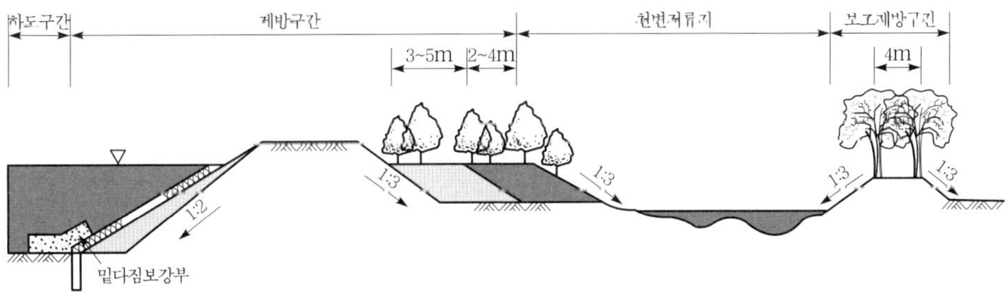

완경사비탈(밑다짐보강)	측단	습지	부제(보조제)
• 비탈면 붕괴의 예방 • 제방의 안정성 확보 • 하상 밑다짐의 설치 – 하상 세굴의 방지 – 저수호안의 붕괴 방지	• 제방의 안정성 확보 • 제체의 누수 억제 효과 • 유지보수 관리용 도로 이용 • 제체안정 • 비상시 긴급보수용	• 천변저류지의 확보 • 생태계의 보전 • 양호한 경관 조성 • 환경 친화적 공간 • 생물서식공간 (어류, 조류, 곤충) • 식물자정작용에 의한 수질정화 • 취수공간겸용 가능	• 방재관리공간의 확보 • 경작통로 겸용 • 친수적 접근로 • 본제의 보조기능 • 누수 영향 감소

그림 10.11 자연친화적 제방축조(천변저류지와 보조제방)

(5) 호안의 역활

1) **비탈덮기** : 제방 또는 하안의 비탈면을 보호하기 위해 설치하는 것으로 하상, 설치장소, 비탈면, 경사 등에 의해 적절한 공법이 선정된다.
2) **기초** : 비탈덮기의 밑부분을 지지하기 위해 설치한다.
3) **비탈멈춤** : 비탈덮기의 활동과 비탈덮기 이면의 토사 유출을 방지하기 위해 설치하며 기초와 겸하는 경우도 있다.
4) **밑다짐** : 비탈멈춤 앞쪽 하상에 설치하여 하상세굴을 방지함으로써 기초와 비탈덮기를 보호하는 구조물이다.
5) **호안머리 보호공** : 저수호안의 상단부와 고수부지와의 접합을 확실하게 하고 저수호안의 유수에 의해 이면에서 파괴되지 않도록 보호함이 주목적이며, 하안의 토질, 높이, 유황 등에 따라 다르지만 일반적으로 망태공, 연결콘크리트 블럭, 콘크리트 깔기, 잡석 등을 1.5~2.0m 정도의 폭으로 설치하는 경우가 많다.

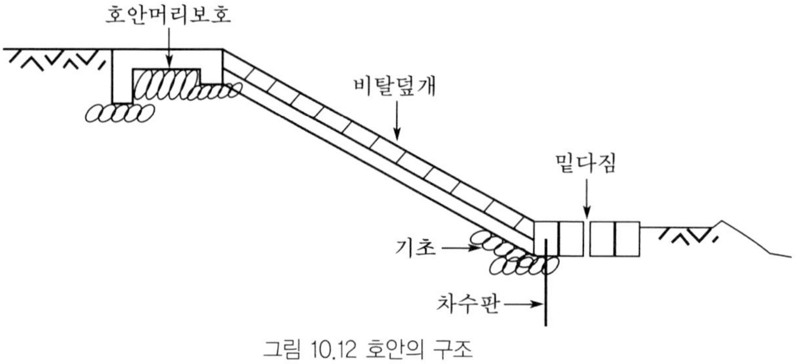

그림 10.12 호안의 구조

(6) 호안의 종류

1) **고수호안** : 홍수시 앞비탈을 보호하기 위해 설치한다.
2) **저수호안** : 저수로에 발생하는 난류를 방지하고 고수부지의 세굴을 방지하기 위해 저수로의 하안에 설치하는데 일반적으로 홍수시에는 수중에 잠기므로 세굴에 대한 배려가 필요하다.
3) **제방호안** : 고수호안중 제방에 설치하는 것으로 이는 제방을 직접 보호하기 할 수 있어 저수로가 제방에 접해 있는 경우, 홍수시 수충부로 되는 요안부(凹岸部), 과거에 파괴되었던 부분, 급류하천, 고수부지가 없는 부분 등에 설치한다.

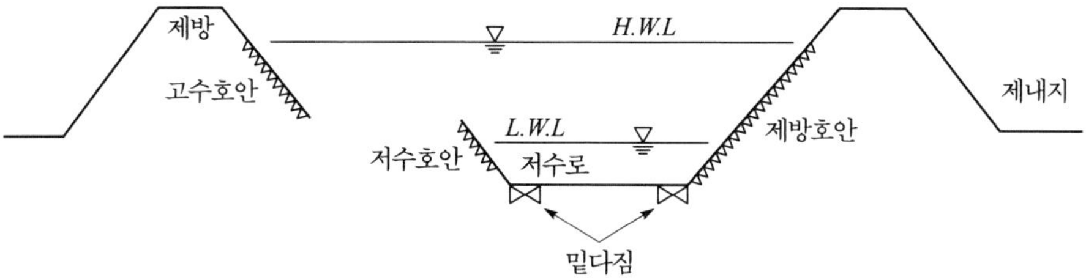

그림 10.13 호안의 설치위치별 종류

그림 10.14 대표적인 친환경 호안(서울 양재천)

4) **환경호안** : 최근에는 치수적 요건 뿐만 아니라 환경적요건도 고려한 환경호안의 적용이 급증하고 있으며 이들은 다음과 같다.

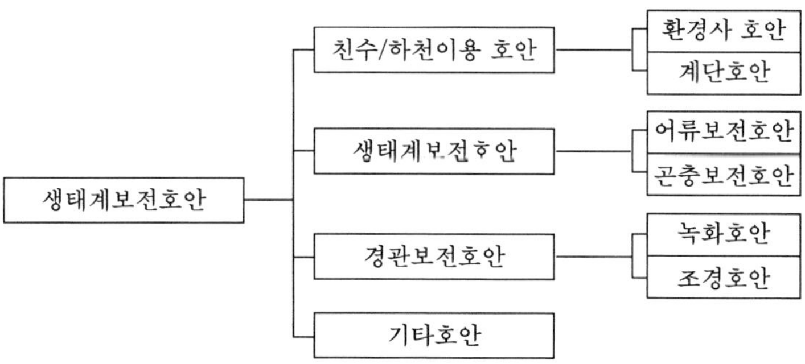

그림 10.15 환경호안의 종류

(7) 하상유지공

하상유지공이나 보는 모두 하천을 횡단하여 설치하는 구조물로서 그 기능이나 목적은 상이하나 형태에 있어서 유사한 부분이 많이 있으며, 하상유지공은 하상 경사를 완화시키고 하천의 종단과 횡단형성을 위하여 하천을 횡단하여 설치하는 구조물로써 다음과 같이 구분된다.

1) **낙차공** : 낙차가 있는 하상유지공

2) **대 공** : 낙차가 없거나 매우 작은(보통 50cm 이내) 하상유지공

(8) 보(weir)

각종 용수(하천유지용수, 생활용수, 공업용수, 농업용수, 발전용수)의 취수는 물론 치수와 수운 등을 위한 목적으로 수위를 높여 일정한 수심을 유지하고 조수의 역류를 방지하기 위하여 하천을 횡단하여 설치하는 인공시설물을 보(洑)라 한다.

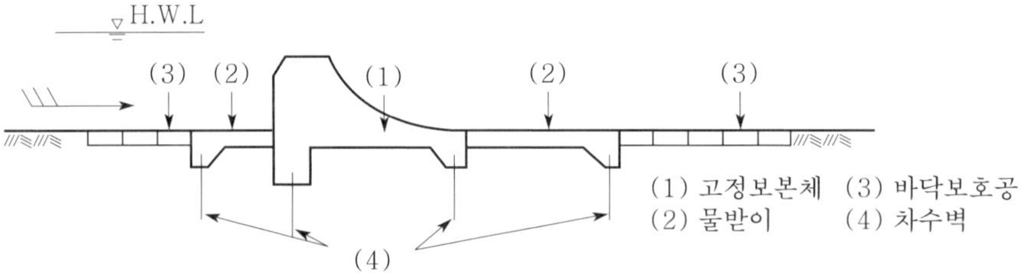

그림 10.16 고정보의 일반도

1) 가동보 : 수문에 의해 수위의 조절이 가능한보

2) 고정보 : 수문이 설치되지 않고 보 본체와 그 부대시설로 이루어진 보

3) 복합보 : 가동보와 고정보가 복합된 보

그림 10.17 가동보(고무보)

그림 10.18 고무가동보(금강휴게소)

(9) 수문

수문은 내수배제, 역류방지 및 각종 용수의 취수를 위해 하천 또는 제방에 설치하는 구조물로써 제방의 기능을 가지고 있는 것으로 수문, 통문, 통관, 암거 등이 있으며 이들은 비슷한 형태와 목적을 가지고 있으나 각각 다음과 같은 기준에 의해 구분되며, 수문, 통문, 통관의 기본구

조는 그림과 같으며 수문, 통문, 통관은 특별히 구분할 필요가 있는 경우를 제외하고는 통틀어 「수문」으로 호칭된다.

1) **수문** : 조석의 역류방지, 내수배제, 각종 용수의 취수 등을 목적으로 제방을 절개하거나 본류로 유입되는 지류를 횡단하여 설치하는 구조물
2) **통문** : 용수취수, 내수배제 등을 목적으로 제방을 관통하여 설치하는 원형단면의 수로로서 문짝을 가진 구조물
3) **암거** : 용수취수, 내수배제 등을 목적으로 제방을 관통하여 설치하는 수로로서 문짝을 가지지 않는 구조물. 단면형태에 따라 원형암거, 상자(BOX)형 암거, 사다리꼴 암거 등으로 구분된다.

10.2.4 제방 시공

(1) 제방쌓기

제방쌓기 흙은 경제성 때문에 대부분 현장부근의 하천바닥을 파서 이용하는 경우가 많지만 제방쌓기 흙의 재질은 제방의 안전성에 큰 영향을 주므로 사전에 토질시험을 실시하여 제방 쌓기용으로 적합한지 여부를 검토하여야 하며, 일반적으로 제방쌓기 흙의 양호한 토질조건은 다음과 같다.

1) 침투수의 관공작용(piping action)을 최소화하기 위해 흙의 투수성이 비교적 낮아야 한다.
2) 제방비탈면의 붕괴를 방지하기 위해 흙의 저항성(내부마찰각, 응집력)이 비교적 높아야 하며, 침투수에 의한 흙의 토성 및 역학적 성질 변화가 적어야한다.
3) 제방의 균열을 방지하기 위해 포화도에 따른 흙의 수축 및 팽창성 변화가 적어야 한다.
4) 제방쌓기 흙의 균질성 유지와 제방의 안전성을 도모하기 위해 제체내에는 잡초, 나무뿌리 및 유기물을 포함해서는 안된다.
5) 파기, 운반, 펴깔기, 다짐 등의 시공이 용이하여야 한다.

(2) 기초지반의 처리

1) 제방의 기초지반은 흙쌓기 부위와 치밀하게 밀착되도록 잡초, 나무뿌리, 콘크리트덩어리 및 유기물(표토) 등을 제거한 후 다짐을 한다.
2) 침투수 및 빗물 등으로 물웅덩이가 생기기 쉬운 기초지반은 제방안전상 배수를 신속히 하기 위한 배수시설을 설치한다.
3) 신설제방의 기초지반이 급하거나 또는 기설 제방을 더돋기 및 단면확대를 할 경우 기초지

반(기설제방 비탈면)은 폭 0.5~1.0m의 층따기를 하여 기초지반과 흙쌓기 부위를 치밀하게 밀착시킨다.

(3) 흙쌓기 및 다짐

1) 제방쌓기 흙의 펴깔기

펴 깔기는 다짐효과 및 공사의 편익 성을 도모하기 위해 30~50cm 완성두께로 제방의 종단조정을 균등하게 시행하여야 한다.

2) 함수조정비 및 잡물제거

함수비가 높은 흙은 다짐장비의 주행이 불가능함과 더불어 다짐효과를 얻을 수 없으므로 함수비를 조정하여야 한다.

3) 다짐

다짐은 제방설치 목적에 부합한 구조체를 만들기 위해 반드시 적절한 다짐을 실시하여야 하며, 필요시 지반보강공사(그라우팅)나 호안블럭의 설치도 검토하여야 한다.

■ ■ ■

10.3 항만공(港灣工)

10.3.1 개요

(1) 항만의 정의

일반적으로 항만(port, harbor)이란 외해(外海)로부터 선박을 안전하게 정박시킬 수 있는 수면이 있고, 수륙 교통의 연락설비를 갖춘 구역을 말하며, 항만법에는 선박의 출입, 사람의 승·하선, 화물의 하역, 보관 및 처리 등을 위한 시설이 구비된 것을 말하며 지정항만 및 지방항만으로 구분된다고 항만을 정의 하고 있다(항만법 2조).

항만에는 천연지형에 의한 천연항(natural harbor)과 여러시설이 추가된 인공항(artificial harbor)으로 나누어지며, 종래에는 천연지형이 우수한 곳을 양항(良港)이라 하였으나 최근에는 항만배후지에 유력한 소비지나 생산지를 갖춘 후방세력권(hinterland)의 유무에 따라 양항 여부가 판가름되고 있다.

(2) 항만과 토목시공

항만과 관련된 토목시공은 항만의 기본시설과 기능시설의 전부라고 할 수 있으며, 항만시설의 규모와 박지 수심의 깊이는 이를 이용할 선박의 크기(길이, 폭)와 수량(선석) 및 흘수(吃水, draft)에 따라 결정되므로 토목기술자는 선박의 외형에 대하여도 어느정도 알고 있어야 한다.

그림 10.19 신선대부두(부산)

(3) 항만의 기본시설

1) 항로, 정박지, 선류장, 선회장 등 수역시설
2) 방파제, 방사제, 파제제, 방조제, 도류제, 갑문, 호안 등 외곽시설
3) 도로, 교량, 철도, 궤도, 운하 등 임항 교통시설

(4) 항만의 기능시설

1) 안벽, 물양장, 잔교, 돌핀, 선착장, 램프 등 계류시설
2) 선박의 입 · 출항을 위한 항로표지, 신호, 조명, 항무 통신시설 등 항행보조시설
3) 고정식이나 이동식 하역장비, 화물이송시설, 배관시설 등 하역시설
4) 대합실, 여객승강용시설, 소화물취급소 등 여객이용시설
5) 창고, 야적장, 컨테이너장치장 및 컨테이너조작장, 싸이로, 저유시설, 화물터미널 등 화물의 유통판매시설
6) 선박을 위한 급유, 급수시설 및 얼음의 생산 · 공급시설 등 선박보급시설
7) 선박승무원 및 부두근로자의 휴게소, 숙박소, 진료소, 위락시설 등 항만 후생시설
8) 항만종사자 교육 · 연수시설
9) 항만의 관제, 홍보, 보안시설

10) 항만시설을 사용하는 사람의 업무용 시설
11) 항만시설 사용부지
12) 어항관련 문화 복지시설

그림 10.20 Dock Gate 인양(Floating Dock 이용)

(5) 선박의 종류

1) 사용목적에 의한 분류

- 객선(passenger boat) : 승객수송
- 화물선(cargo boat) : 화물수송
- 화객선(passenger and cargo boat) : 승객 및 화물수송

2) 화물선의 종류

- 유조선(oil tanker)
- 석탄 및 광물선(coal and oreship)
- 화차운반선(train ferry)
- 컨테이너선(container ship)

(6) 선박 톤수의 종류

1) 배수톤수(Displacement tonnage)

선박을 물에 띄웠을 때 선박이 배제한 물의 중량으로 선박의 실제무게라 할 수 있으며, 군함의 경우 대개 무게가 일정하므로 이를 사용한다.

2) 중량톤수(Dead weight tonnage, D.T)

화물을 만재 할 때의 배수톤수에서 선체의 중량을 뺀값으로 선박에 적재할 수 있는 화물의 중량과 같다.

3) 총톤수(Gross tonnage, G.T)

선박의 전체용적을 $100ft^3(2.83m^3)$로 나눈값을 말한다.

4) 순톤수(Net tonnage, N.T)

승객과 화물을 실을수 있는 부분의 용적을 $100ft^3(2.83m^3)$로 나눈값을 말한다.

(7) 선박톤수의 상호관계

일반적으로 선박의 톤수는 4가지를 사용하고 있으며, 이들 상호간의 관계는 선형, 선종, 크기 등에 따라 다소 차이가 있으나 대략의 표준은 다음 표와 같다.

총톤수	순톤수	배수톤수	중량톤수
1.0	0.6 (대형선) 0.4 (소형선) 0.8 (범 선)	2.0 (화물선) 1.0 (대형객선)	1.5 (화물선) 1.2 (화객선) 0.85 (객선)

(8) 선박의 치수 표준

구 분	총톤수 (톤)	길이 (m)	폭 (m)	흘수 (m)
객 선	500	51	10.2	2.9
	2,000	92	13.9	5.0
	10,000	160	20.6	8.2
화물선	2,000	58	9.5	4.2
	10,000	144	19.4	8.2
	50,000	232	30.0	12.7
유조선	3,000	85	12.8	2.9
	10,000	139	19.0	8.1
	500,000	360	62.0	28.0
어 선	100	28.3	5.4	2.5
	1,000	64.5	10.5	4.8
	10,000	150.0	20.5	10.0

그림 10.21 준설선의 작업모습

그림 10.22 펌프준설에 의한 매립모습

10.3.2 항만의 분류

(1) 위치에 의한 분류

1) 연안항(coastal harbor) : 해안에 있는 항(우리나라의 대부분의 항)
2) 하구항(estuary harbor) : 하구에 있는 항(군산항, 신의주항)
3) 하항(河港, river harbor) : 하천의 하안에 있는 항(진남포항, 런던항)
4) 호항(湖港) : 호수에 있는 항(시카고항)
5) 운하항 : 운하에 따른 항(영국의 맨체스터)

(2) 이용에 의한 분류

1) 상항(商港, Commercial harbor)

상선이 출입하여 외국 및 국내와의 무역을 하는 항(부산항, 인천항)을 말하며, 상항에는 중개나 접속이 주목적인 중개항과 접속항, 수출을 주도하는 선적항과 수출항, 수입을 주로하는 양육항과 수입항, 항해도중 기항하는 기항항 등이 있다.

2) 공업항(Industrial harbor)

공장에서 사용할 원료품 및 공장의 제품을 실은 화물선이 출입하는 항(울산항, 묵호항, 포항항 등)

3) 어항(Fishery harbor)

어선이 출입 정박하는 항(장전항, 방어진항, 구룡포항, 대포항, 연평도항 등)

4) 군항(軍港, Military harbor)

군사를 목적으로 하는 항(진해항)

5) 피난항(Refuge harbor)

항해중인 선박이 피난을 하기 위하여 이용하는 항

(3) 지정 법률 및 관세법에 의한 분류

1) 지정 항만

국민경제와 공공의 이해에 밀접한 관계가 있는 항만으로서 제1종과 제2종으로 다시 구분되며, 그 명칭과 구역의 지정은 대통령령에 의한다.

2) 지방 항만

지정 항만 이외의 항만으로서, 지방장관이 그 명칭과 구역을 지정, 공고한 것을 말한다.

3) 개항(開港, Port of exutry)

상항 중에서 외국 무역이 허용된 항으로 화물을 수출입할 때는 세관의 검사를 받아야 한다.

4) 자유항(Free port, Free zone)

개항 가운데서 어떤 구역내에서는 수입화물이 관세법의 제약을 받지 않고 자유로이 하역할 수 있고, 또한 저장 가공할수 있는 곳이 있을 경우, 이 구역이 항진 구역일 때 자유항이라 한다.

5) 중개항(Junction port)

상항중 입항 화물을 타항으로 가는 배에 옮겨 실어 타항으로 수송하는 일을 맡은 항을 말한다.

(4) 축조 형태 및 구조형식에 의한 분류

1) 천연항(natural harbor) : 천연의 지형에 의한 항
2) 인공항(artifical harbor) : 인공에 의하여 조성된 항
3) 개구항(open harbor) : 항구가 항상 개방되어 있어 출입이 자유스러운 항
4) 폐구항(closed harbor) : 특수한 위지나 특수 시설을 설지한 상소에 지성된 선박만 출입 가능한 항

(5) 기타

1) 석탄항, 석유항, 목재항, 설탕항, 곡물항 등 취급하는 화물에 따른 항
2) 동항(凍港 ; iceharbor), 동항(冬港 ; winterharbor), 부동항(ice free harbor)등 계절에 따라 사용가능 여부를 구별하는 항
3) 적하(積荷)의 종류에 따라 여객항(passenger harbor), 화물항(cargo harbor), 화객항(passenger and cargo harbor), 우편물항(packet harbor), 방커항(bunker harbor ; 선박용 연료취급) 등이 있다.
4) 공업항, 근해(연안)어항, 원양어항, 임시어항 등의 특수항

10.3.3 주요 항만시설

(1) 항만시설의 분류

항만시설에는 다음표 10.4와 같은 것들이 있다.

표 10.4 항만시설의 분류

구 분	종 류
수역시설	항로, 박지, 선류장, 선회점 등.
외곽시설	방파제, 방사제, 방조제, 갑문, 호안 등.
계류시설	안벽, 물양장, 잔교, 돌핀, 선착장, 램프 등.
임항교통시설	도로, 교량, 철도, 궤도, 운하 등.
항행보조시설	선박의 입 · 출항을 위한 항로표지, 신호, 통신시설 등.
하역시설	고정식이나 이동식하역장비, 화물이송설비, 배관시설 등.
여객이용시설	대합실, 여객승강용시설, 소화물취급소 등.
보관처리시설	창고, 야적장, 컨테이너하치장, 사이로, 저유시설 등.
선박보급시설	급유나 급수시설, 얼음의 생산 및 공급시설.
항만후생시설	승무원 및 부두근로자의 휴게소, 숙박시설, 의료 및 위탁시설 등.

(2) 박지(Basin, 닻터 : Anchorage)의 조건

선박이 안전하게 정박하여 하역 등의 작업을 할 수 있는 정온수면이 유지되며, 닻이 걸리는데 적합한 해저지형 및 지질인 곳이어야 하며, 부표가 정비되어 있으며, 충분한 수면적 확보가 가능한 곳이어야 한다.

(3) 항로의 조건

바람, 파랑, 조류 등의 영향이 적으며, 선박이 운항할 수 있는 상당한 수심을 가진 곳이어야

그림 10.23 테트라포트(방파제보호)

그림 10.24 Dry-dock의 배수(조선소)

하며, 왕복항로는 선박길이의 1.5~2.0배, 편도항로는 선박길이의 1.0배 이상의 폭이 확보될 수 있는 곳(대형선 : 100~150m, 소형선 : 50m)이어야 한다.

(4) 선유장

소형선박이 안전하게 정박할 수 있는 장소를 말하며, 수역이 넓은 항구에서는 별도의 방파제를 설치하여 둔다.

(5) 방파제(Break water)

파도로부터 항만시설물과 항만내에 정박중인 선박을 보관하기 위한 구조물을 말한다.

1) 경사방파제(Oblique face break water)

파도가 제체에 부디쳐 에너지를 줄이도록 고안된 것으로 막돌, 콘크리트블록, 테트라포트(tetrapot)가 활용되며, 기초지반이 연약한 곳에 지반의 요철과 무관하게 사용된다.

2) 직립방파제(Uplift break water)

콘크리트브럭, 케이슨 등을 이용하여 벽체를 수직에 가깝게 축조된 방파제를 말한다.

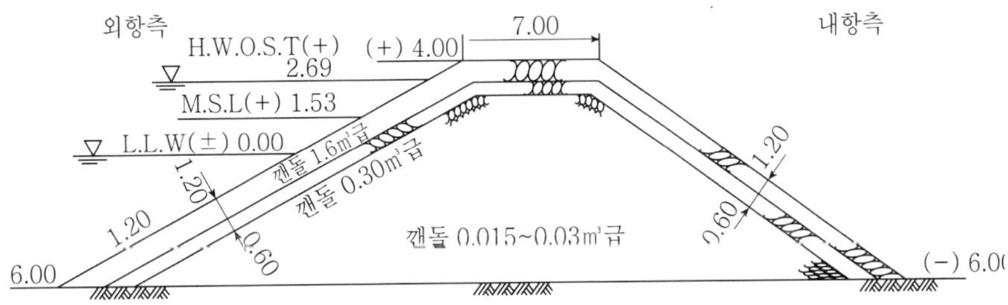

그림 10.25 경사방파제

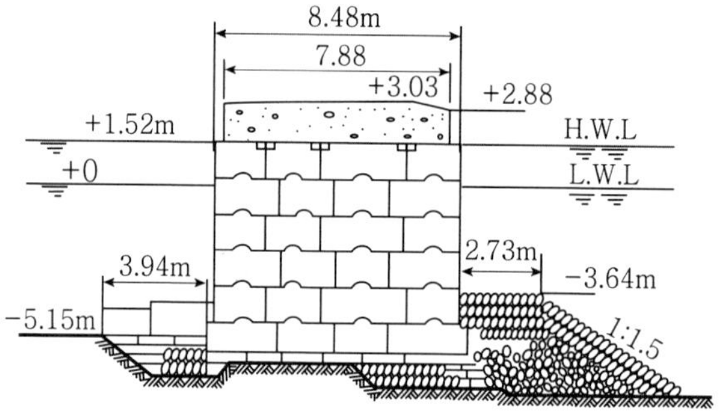

그림 10.26 직립방파제

3) 혼성방파제(Composite break water)

하부를 사석 방파제로 축조하고, 상부에 직립 방파제를 얹어 놓은 형식의 방파제이다.

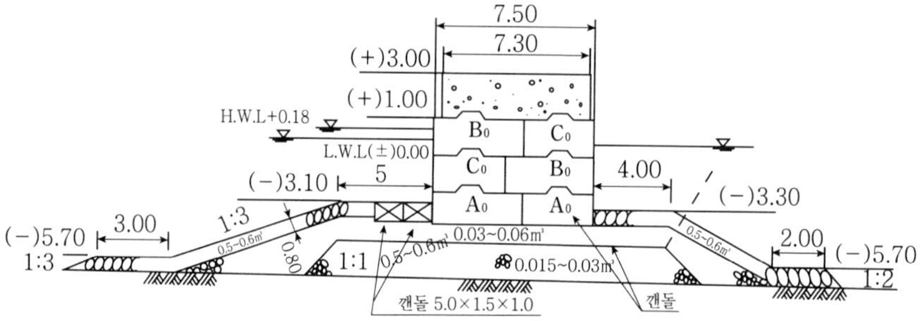

그림 10.27 혼성방파제

(6) 방사제(防砂堤, Groin, Groyne)

연안에서 바다로 흘러오는 모래나 흙을 퇴적시켜, 이들이 항내로 유입되는 것을 막아 항만의 수심을 유지시킬 목적으로 육안(陸岸)으로부터 돌출시킨 구조물을 말한다.

(7) 하구도류제(河口導流堤)

큰 강과 항이 인접된 경우 항로의 매몰이나 세굴을 방지하기 위한 제방으로 수로내의 흐름을 부드럽게 유도하는 도류제(training dike) 역활을 한다.

(8) 부두(埠頭, Wharf)

선박을 접안시켜 하역하고, 여객이 승강하는 장소를 말하며, 안벽, 잔교 등의 접안시설은 물론 창고, 도로, 철도와 인접되어 있으며 상당한 부지가 확보되어 있다.

부두의 형식은 선박의 접안 형태에 따라 평행식, 돌제식, 복합식 등으로 나누어지며, 이를 평면으로 표시하면 다음 그림 10.28과 같다.

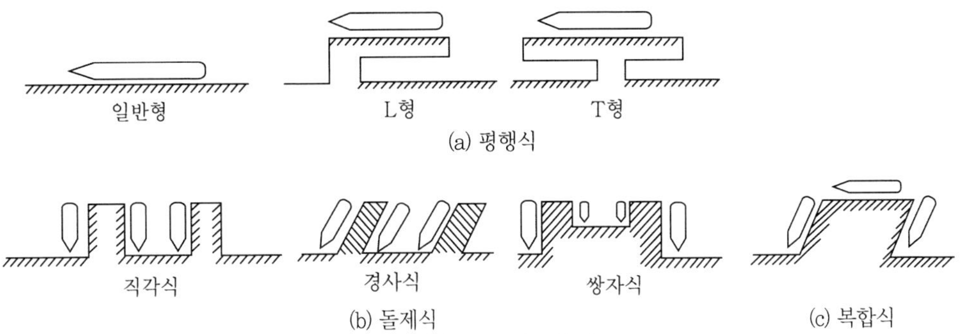

그림 10.28 부두의 평면 형식

(9) 안벽(岸壁, Quay wall)

대형선박을 계류시키기 위한 부두로 선박이 계류하는 측은 벽면이고, 뒤는 토사로 채워진 옹벽구조로 되어 있으며, 콘크리트(케이슨), 잔교 등의 형태로 시공된 영구 구조물이 대부분을 차지하나, 대형 항만시설을 위한 가설공사(본 공사에 필요한 자재와 장비의 수송) 등과 같이 한시적으로 필요한 경우 널말뚝(sheet pile)이 활용되기도 한다.

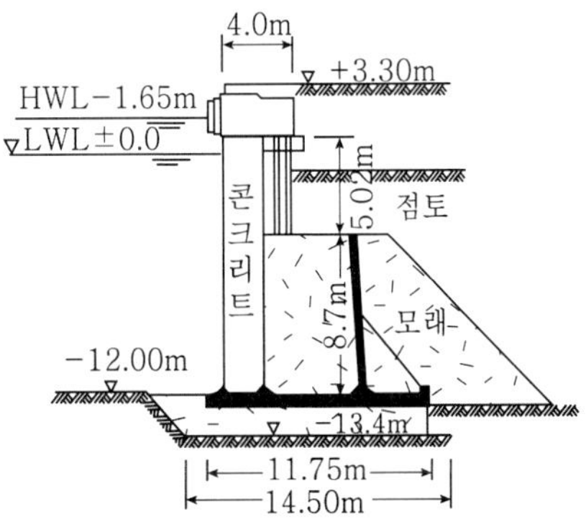

그림 10.29 안벽의 시공도(예)

(10) 잔교(棧橋, Landing pier, Stage)

말뚝을 박은 후 수평재와 사재로 보강하여 바닥 판을 깔아 선박이 접안할 수 있도록 시공된 부두를 말하며, 철근콘크리트 말뚝, 강말뚝이 수를 이루며, 특수한 경우 나무말뚝이 사용되기도 한다.

1) 부잔교(Flooting pier)

수심이 깊거나, 지반이 나빠 고정시설로 곤란한 경우 물위에 띄워 둔 잔교로 함선(poontoon)

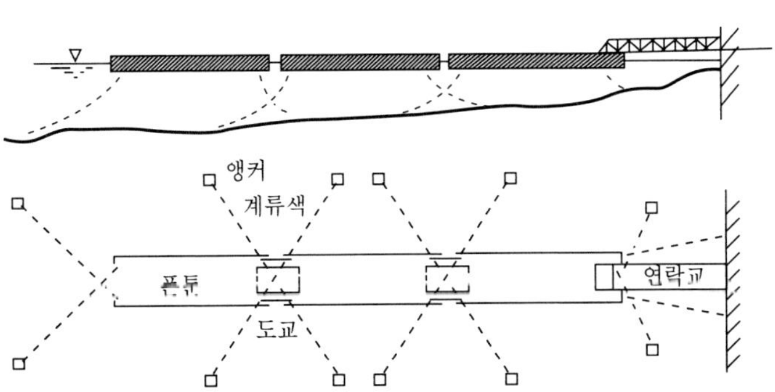

그림 10.30 부잔교

에 선박을 매어두는 수륙(水陸) 연락시설의 일종이다.

2) 돌핀(Dolphin)

육안(陸岸)에서 떨어진 위치에 군말뚝(group pile)을 박아 선박의 접안이 가능케 시공된 시설로 유조선(油造船) 등의 접안에 이용된다.

그림 10.31 공사현장의 잔교(Dolpfin)

그림 10.32 jacket type pier의 전경

그림 10.33 잔교의 수평재 보강

10.3.4 관련용어

(1) 조석(Tide)

천체(태양, 지구, 달)의 인력작용에 의해 일어나는 조수의 간만현상을 말하며, 천문조(astronomical tide)라고도 하며, 달(태음)에 의한 조차는 해(태양)에 의한 조차의 약 2.2배에 해당되므로 조석은 거의 달(태음)에 의해 지배된다고 할 수 있다.

1) 대조 : 삭 · 망후 1~3일에 일어나는 최대의 조차.
2) 소조 : 상 · 하현후 1~3일에 일어나는 최소의 조차.
3) 조석의주기 : 약 12시간 25분으로 보통 1일에 약 2회의 고 · 저조가 일어나며, 조차 및 고 · 저조간격은 약 15일 주기로 변화된다.

(2) 평균해면(M.S.L, Mean sea level)

매시(時) 측정한 조위의 평균치이며, 이는 기압, 바람, 강수, 해수의 비중, 해류 등에 따라 변화하며, 평균해면은 보통 1년 단위의 연평균 해면을 말하며, 우리나라 연안의 경우 겨울철은 낮고 여름철은 높으며 그 차이는 일반적으로 30~60㎝정도 된다.

(3) 기본수준면(D.L, Datum level)

항만시설의 계획, 설계, 시공 등에서 기본이 되는 조석의 기준면일 뿐 아니라 우리나라에서 사용하고있는 조위표, 조석표, 해도 등도 이를 사용하고 있으며, 이는 대저조면을 기준으로 하고 있으며, 연평균 해면에서 주요 4분조 진폭의 합만큼 아래쪽으로 취한 면으로 ±0.00m로 표시한다.

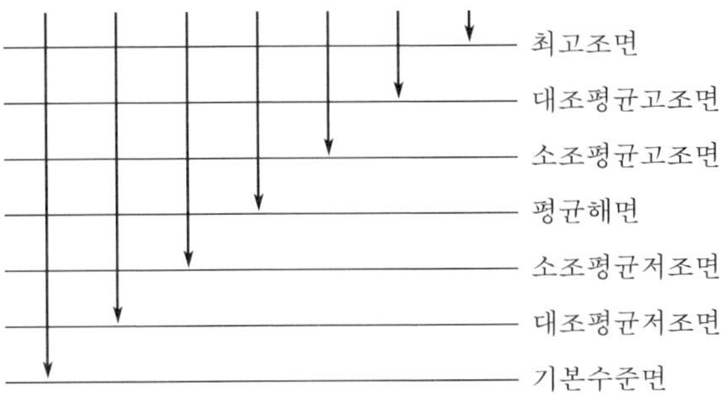

그림 10.34 조위의 정의

(4) 도류제(Training wall, Jetty)

하구가 유하되는 표사로 매몰되거나 유하된 표사가 하구에서 확산되어 인근 연안으로 표사가 이동되는 현상을 최소화하기 위하여 하천의 흐름을 수심이 깊은 바다까지 유도하기 위한 시설로 제방의 일종이다.

(5) 물양장(Lighter s wharf)

소형선, 어선, 부선 등이 접안하여 하역하는 접안시설을 말하며, 일반적으로 전면수심이 -4.5m 미만이다.

(6) 셀블럭(Cell block)

밑이 없고 내부가 비어있는 상자형태로 제작된 콘크리트 구조물로 중공(中空)블럭 이라고도 하며, 방파제, 안벽직립부 등의 구조물용으로 사용되고 내부는 토사나 사석으로 채운다.

(7) 해안과 해양

- 바다에 접하는 육지부분을 해안, 육지에 연해있는 얕은 바다부분을 연안이라 한다.
- 지구표면적의 약 70%는 해양이고, 평균수심은 3.795m이다.
- 해안으로부터 수심200m 부근까지 완만하게 경사져 있는 것을 대륙붕이라 한다.
- 종래의 해안공사나 항만공사는 수심 30m 부근까지 였으나 최근의 해양개발은 수심 100~200m에서 이루어지고 있음에 관심을 가져야 할 것이다.

(8) 파랑(波浪, Wave)

파랑의 크기는 파장(L)과 파고(H)에 의해 표현되며, 파장은 파봉(수면이 가장 높은점)으로부터 파곡(수면이 가장 낮은곳)과의 수직거리를 말하며, 파형이 전진하는 속도를 파속(wave celerity : C)이라 한다.

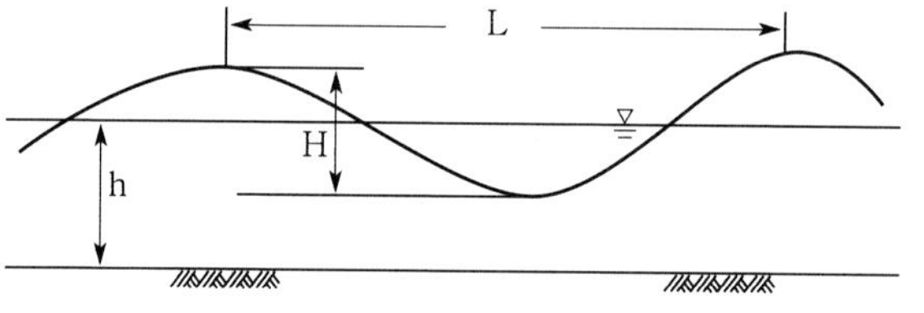

그림 10.35 파랑

1) 심해파(Deep water wave, 深海波)

h ≥ L/2보다 깊은 수면에서 일어나는 파이며, 파동운동을 할 때 해저의 영향을 받지 않는 파로 궤도는 원형이다.

2) 천해파(Shallow water wave, 淺海波)

L/2 〉 h ≥ (1/20-1/25)L의 관계에 있으며, 파동운동을 할 때 해저마찰의 영향을 받는 파로 궤도는 타원형이다.

3) 진행파

파의 진행방향으로 진행하는 파를 말하며 보통해면의 파이다.

4) 반사파

진행파가 구조물 등에 의해 반사되어 진행방향과 반대방향으로 진행하는 파를 말한다.

5) 중복파

진행파와 반사파가 겹쳐서 생기는 파를 말하며, 파봉과 파곡이 동일한 위치에서 일어나기 때문에 파형은 진행되지 않으나 파고는 약 2배 증가된다.

6) 불규칙파(Irreqular wave)

시시각각으로 변화하는 파랑을 말하며, 실지 바다의 파랑은 모두 불규칙파이다.

7) 규칙파(Reqular wave)

파고와 주기가 일정한 방향으로 동일하게 진행되는 파랑이며, 이론적인 파랑이라 할 수 있다.

8) 쇄파(碎波)

파랑은 바람에 의해 어느 정도 발달하게 되지만, 바람이 계속적으로 불어도 더 이상 파고가 높아지지 않고 높아진 파봉에서 깨어지게 되는데 이와 같이 깨어지는 파랑을 쇄파라 한다.

쇄파는 심해파의 3배, 해저경사, 파형과 해안선의 각도에 따라 권파(拳波, plunging braker), 붕파(崩波, spilling braker), 쇄기파(surging braker)의 3가지 형태로 구별된다.

9) 설계파(設計波)

방파제 등 항만구조물을 설계할 때 사용되는 파랑이며, 일정시간 관측한 파랑기록지를 분석하여 큰것부터 1/3까지의 파고를 평균한 파고를 유의파고로 하여 설계파를 산정하는 유의파법, 바람이나 태풍의 제원을 결합한 경험공식 및 스팩트럼법 등이 이용되고 있다.

그림 10.36 부두축조를 위한 케이슨 제작모습

그림 10.37 잔교슬래브의 콘크리트 타설모습

연습문제

10.1 다음 용어를 간략히 설명하시오.

① 커텐 그라우팅(curtain grouting)
② 하수관 시공검사
③ 커튼월 그라우팅(curtain-wall grouting)
④ 소파공
⑤ 댐 시공시 양압력
⑥ 준설선의 종류 및 특징
⑦ Piping 현상
⑧ 혼성방파제의 구성요소
⑨ 제방의 침윤선
⑩ 댐의 Consolidation Grouting
⑪ Rock Fill Dam의 심벽 재료의 성토시험
⑫ 석괴댐의 유수전환 방법
⑬ 흙댐 파이핑 현상 원인

10.2 제방의 제체누수와 지반누수의 원인과 시공대책을 논하시오.

10.3 콘크리트 표면차수벽형 석괴댐(concrete rock fill dam)의 단면구성 및 시공법을 설명하시오.

10.4 댐의 그라우팅(grouting)의 종류와 방법에 대하여 설명하시오.

10.5 항만 구축물을 축조하기 위한 기초 사석의 투하목적과 고르기 시공시 유의사항을 말하시오.

10.6 해상공사에서 대형 케이슨(1,000톤) 제작과 진수방법, 해상운반 및 거치기 유의사항을 기술하시오.

10.7 항만 준설공사에서 준설선의 선정기준 및 준설공사의 시공관리를 설명하시오.

10.8 하천의 비탈보호공(덮기공법)을 설명하고, 시공시 유의사항을 기술하시오.

10.9 록 필댐(rock fill dam)에서 상, 하류층 필터의 기능 및 필터 입도가 불량할 때 생기는 문제점을 기술하시오

10.10 간만의 차가 7~9인 해안지역에서 방조제 공사시 최종 물막이 공법 및 시공시 유의사항을 기술하시오

10.11 제방 보강공사중 시공시 유의사항에 대하여 논하시오.

10.12 댐 공사중 가체절공법에 대해 논하시오.

chapter 11 공사관리

제 11 장 공사관리

11.1 개요

11.1.1 공사관리

건설현장의 공사관리는 건설 현장의 관리, 다시 말해 Project Management로써 공사와 관련하여 현장(site)에서 일어나는 모든 문제점을 조사 · 분석 · 검토하여 실행하고, 실행과정에서 생기는 새로운 문제들을 분석 · 검토하여 실시 가능한 대책을 수립하여 조정하는 것으로 사업관리란 표현이 더 적합하다고 할 수 있다. 이는 사업관리의 1차 목표가 계획(planning)과 실행(excution)이며, 2차 목표는 실행에 대한 현황파악(monitoring)과 조정(control)으로 이루어진다고 볼 수 있기 때문이며 이러한 점을 감안한 공사관리에 대한 일반적인 의미와 정의를 살펴보면 다음과 같다.

(1) 공사관리란 무엇인가?

공사관리라 함은 공사(사업, project)의 진행에 따른 사업시행의 전과정(광의)이나 특정기간(건설기간, 공사기간 : 협의)에서 여러 가지 조건(품질, 원가, 공정, 안전, 환경, 자재, 자금 등)을 동시에 가장 효율적으로 조정하여 project의 목적(계약조건과 시방조건)을 달성하기 위한 총체적 행위를 말한다.

공사관리란 공정관리를 중심으로 원가관리, 품질관리, 안전관리, 환경관리 등의 공사목표를 효과적으로 달성하기 위하여 인력, 재료, 장비, 자금, 기술의 시공수단을 효율적으로 활용하는 경영의 노력이라 할 수 있으므로 간혹 공사관리와 공정관리는 동일한 의미로 사용되기도 한다.

공사관리의 주된 활동은 5M(man, money, method, material, machine)을 이용하여, 5R(right quality, right quantity, right time, right cost, right product)를 달성하는 과정이다.

공사관리는 1차 관리(공정, 품질, 원가)와 2차관리(안전, 환경) 또는 공사관리의 3요소(공정, 품질, 원가), 4요소(안전), 5요소(환경) 등의 표현도 사용되나 이는 시대의 흐름에 따라 중요시되는 대상이 변화되고 있기 때문이다.

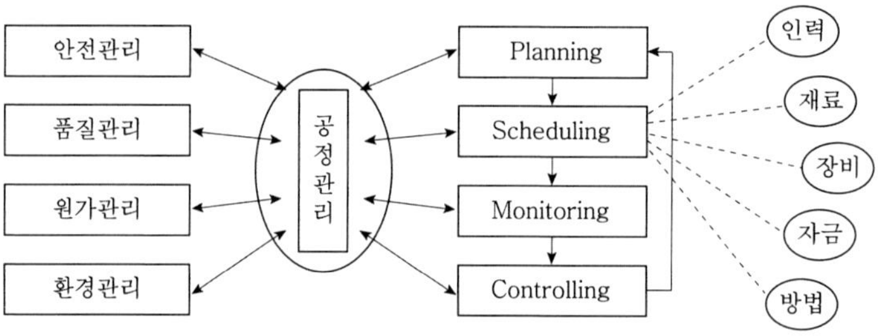

그림 11.1 공사관리 목표와 공정관리의 수행과정

(2) 공사관리의 대상

1) 공정 : 일정관리, 공사기간 관리
2) 원가 : 예산과 투입, 기성 및 자금관리
3) 품질 : 재료의 선정, 제품의 질(생산품), 대가지급을 위한 검사 등
4) 안전 : 안전제일, 선(先)안전 후(後) 작업
5) 환경 : 환경파손(소음, 진동, 먼지) 방지대책, 폐기물처리 방안
6) 자재 : 구매, 입고, 출고, 재고관리
7) 노무 : 현장 근로자의 출역 및 근무시간과 건강상태 관리
8) 중기 : 동원예정 장비와 기계의 성능확인 및 수리(修理) 대책수립

(3) 공사관리 주(主)대상(원가, 품질, 공정)의 상관관계

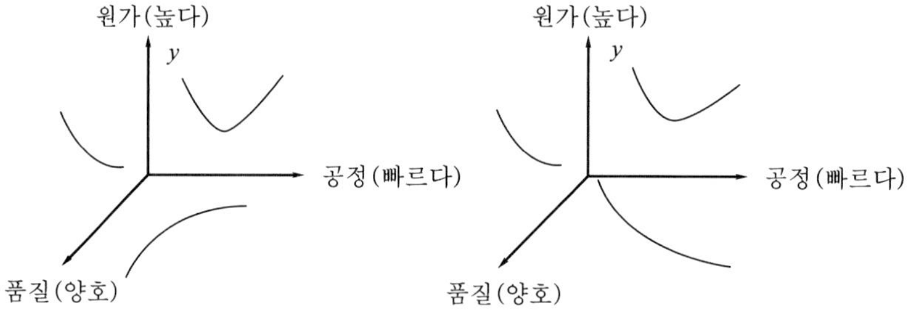

그림 11.2 공사관리 주 대상의 상관관계

(4) 공사관리의 순서

공사관리에 참여하는 모든 기술자는 공사에 관련된 설계도서와 시방서 그리고 계약서를 충분히 숙지한 후에 면밀한 현장조사를 통해 현장조건과 일치할 수 있으면서도 가장 빠르고 경제적인 시공방법을 선정한 다음 공사를 진행시켜야 한다.

공사를 진행하는 동안 공종이 추가되거나 마무리되는 시점에 반드시 공사관리방법의 수정여부를 검토하는 이른바 P.D.C.A Cycle(deming의 관리사이클)을 반복적으로 작업함으로써 소기의 목적달성을 성공적으로 이룩할 수 있다.

1) 계획단계 : 최적의 시공계획을 입안하기 위해서는 계약서, 설계도 그리고 공사 현장상황 등에 대해 충분한 사전조사를 수행하고, 시공계획을 기술적, 경제적으로 검토한다.
2) 실시단계 : 시공에 있어서 표준과 계획의 내용을 이해하고, 이에 따라 필요한 자원과 자금을 조달하여 작업공정을 수행한다.
3) 평가단계 : 시공의 실제를 파악하기 위해 조직적으로 정확한 방법에 의해서 작업데이터를 수집하고 분석한다.
4) 조치단계 : 실제시공을 계획에 근접시키기 위해 계획과 실제의 비교, 계획의 수정, 개선 등의 시정조치를 한다.

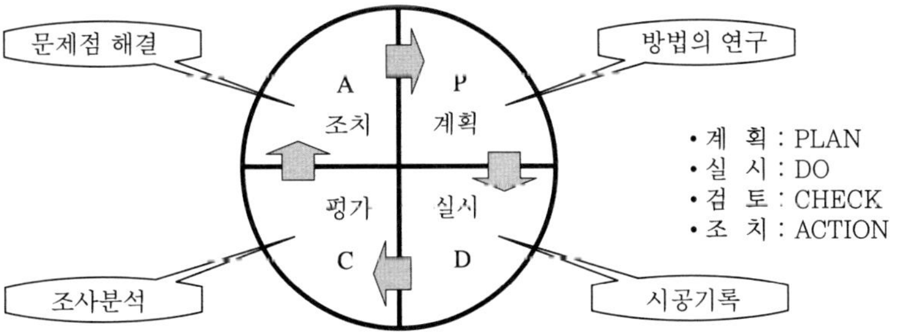

그림 11.3 공사관리의 P.D.C.A Cycle

11.1.2 시공계획

공사관리의 3대 목표인 좋은 품질의 보증과 저렴한 공사비 그리고 빠른 공사기간을 지키기 위하여 무엇보다 먼저 확실하고, 안전하며 바른 시공계획(방안)의 수립이 요구되는 바, 이를 위하여는 다음과 같은 사항에 유의하여야 한다.

(1) 발주자의 요구사항 및 계약조건의 면밀한 검토

1) 시방서(일반 및 특별)를 포함한 설계도서를 숙지(熟知)한다.
2) 별도의 발주자 요구사항이 있는지를 확인한다.
3) 계약변경조건(수량, 금액, 공사기간), 대금지불 변경조건(선수금, 기성금, 준공금) 등의 요인이 어디서 발생할 수 있으며, 발생할 경우 어떻게 하며, 어떤 순서로 해결하여야 현장에 도움이 될 수 있을 것인가를 검토한다.

(2) 현장이나 주변지역의 자연조건, 환경조건, 공사조건의 조사시 착안사항

1) 현장이 개설되어 공사를 시작하다가 현장조사의 미비로 공사가 중단되거나 예기치 못한 민원이 발생하여 공사기간이 지연되고 공사비가 증가되는 사례가 적지 않음에 유의한다.
2) 현장은 물론 현장 인근지방의 강우량, 강설량, 강우강도, 기온 등의 각종 기상자료를 최대한 확보한다.
3) 현장의 지질이나 토질조건의 조사 및 각종 재해(災害) 기록을 확인하여 둔다.
4) 문화재 보존지역, 보호수(樹), 공공시설물 등의 현황조사를 실시하고, 필요한 부분은 사진촬영 등으로 현장을 보존할 수 있는 방안을 강구하여야 한다.
5) 공사(시공) 기간중 예상되는 민원발생 요인에 대하여는 대책을 수립 후 공사에 착수토록 한다.
6) 훼손이 예상되는 가옥, 농작물, 도로 등의 현황사진을 철저히 보관하여야 하며, 필요한 경우 계측을 실시토록 준비한다.
7) 자재확보 방안(레미콘 공장현황 등) 및 현장에 적합한 장비의 선정과 반입조건(진입로 등)을 사전에 조사하여 둔다.
8) 최신 공법이나 새로운 소재의 공사용 자재를 사용하고자 할 경우는 생산량의 유 · 무와 함께 이러한 공법이나 자재를 활용할 경우 사전 준비사항이 무엇인가를 알아본다.
9) 현장 주위의 공사현장을 방문하거나 유사 현장의 공사 기록지를 통한 필요 자료를 확보한다.

(3) 시공계획 및 시공순서 결정시 고려사항

1) 현장 사무실 및 숙소의 위치선정과 건립계획

토목공사의 현장사무실은 짧아야 2～3년, 길면 10여년을 유지하여야 하므로 지방이나 도시의 장기 발전계획이 고려되어야 하며, 지하철과 같이 도심지 토목공사에서는 기존 빌딩을 임대하여 사용하는 방안과 별도의 부지에 사무실을 축조하는 방안을 비교 검토 후 결정하여야 한다.

- 자재적치장 및 Plant장(시멘트 콘크리트 및 아스팔트 콘크리트 생산, 골재생산)의 필요 여부와 필요시 위치 선정은 재료의 공급과 저장은 물론 운반비의 상관관계를 고려하여야 한다.
- 부지(敷地) 및 설비(전기, 상수도, 전화)의 적정 규모는 현지 확보 가능방안을 고려한 후에 확정토록 한다.
- 지장물(토지, 가옥, 묘목, 묘지 등) 보상실태를 파악한다.
  지장물 철거 시점은 공정수립 및 공사 추진에 막대한 영향이 있으므로 철거 지연에 따른 별도의 대책수립이 있어야 한다.
- 가설도로(임시도로, 공사용 도로)의 유무 및 확보방안이 강구되어야 한다.

2) 하도급 발주계획의 수립(하도급 범위, 발주방법과 시기 등)

최근에는 현장에서 직접 시공(직영)하는 부분이 거의 없으므로 현장의 시공계획은 하도급 발주 계획뿐이라고도 할 수 있을 만큼 하도급에 관련된 계획은 공사관리에 있어 중요한 부분이므로, 원가, 품질, 공기, 안전 등을 책임질 수 있는 능력을 가진 하도자의 선정이 무엇보다 중요하다고 할 수 있다. 이는 현장 기술자가 하도급의 공종과 수량, 품질보증이 가능한 공사비를 책정하여 발주방법과 시기 등을 결정하여야 되기 때문이다.

- 자재의 공급원(생산지 및 규격과 품질상태) 조사 및 운송과 보관 등의 수급계획을 공종 진행에 맞추어 수립토록 한다.
- 현장에 사용할 주요 자재는 생산자, 품질, 생산량 등의 적정 여부를 감리자(감독자)로부터 승인을 득하여야 되기 때문에 충분한 여유 시간을 가지고 준비하여야 한다.
- 장비의 이동계획 및 투입시기를 결정하여 둔다.
- 회사의 보유자재 및 유휴장비의 활용방안(시간적, 위치적 제약이 있음)은 없는가를 점검하고 신규 구입은 최소화 한다.
- 잉여(남는) 자재나 폐자재 발생시 처리방안이 수립되어야 하며, 특히 최근에는 환경관련 제도나 규정이 점점 더 강화되고 있음에 유의하여야 한다.

11.1.3 EVMS(기성관리체계)

(1) EVMS란?

EVMS(earned value management system, 기성관리체계, 수익가치관리시스템)란 작업분할체계와 조직분류체계 및 원가 분류체계의 집합체인 공사정보분류체계를 근거로 공정(schedule) 공사비(budget) 기술력(technical)을 통합하여 공사를 관리 운영하는 선진화된 공사관리기법체계를 말한다.

우리나라의 공사진행상황 관리체계는 진도율(진행율)과 기성업무의 산정이 별도로 수행됨으로 기성고 산정과 심사를 위한 추가 인건비 및 기회비용의 손실이 발생되는 전근대적인 방식이라, 최근 관련기간(발주처, 건설사, 학교, 학회)에서 보다 선진화된 EVMS제도 도입을 위한 준비를 진행시키고 있다.

EVMS는 각 활동별로 일정과 예산을 계획하고 작업의 실적을 기성금액으로 환산하여 공사현황을 바로 바로 파악하여 제반문제점에 대한 시정조치를 취할 수 있는 근거를 제공하는 수단이라 할 수 있다.

(2) EVMS의 개념도

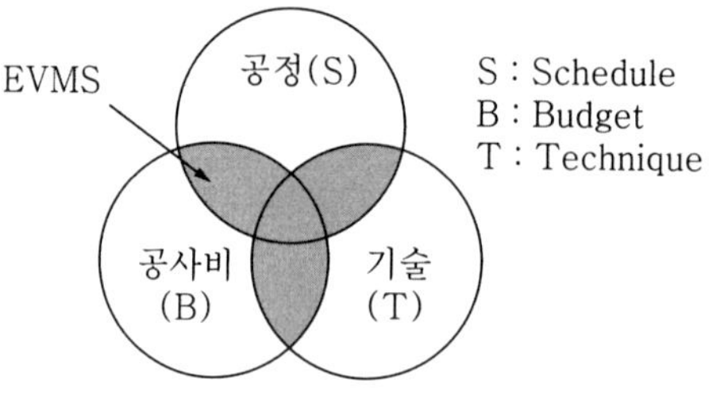

그림 11.4 EVMS의 개념도

(3) EVMS의 구성요소

1) 공사정보 분류체계의 구축

수행하고자 하는 대상건설공사의 범위를 명확히 결정하고 공사범위를 구성하는 각 작업요소에 대한 WBS를 정의하고, 이를 담당할 OBS를 결정한 후 WBS와 OBS를 상호 연계하여 운영하는 구조체계를 구축한다.

공사정보 분류체계는 최종목표물과 그 목표물을 이루는 세부항목들의 연계를 프레임 형태의 계층구조로 연결하여 완성되는 바, 최하위단계인 작업활동까지 규명하여 단계별 상위계층 요소들과 최종목표물을 연계시킨 하나의 구조군을 형성하여 계획과 관리를 위한 계층적 구조체계를 제고하게 된다.

2) 관리계정의 설정

네트워크를 구성하는 활동별 계획비용 및 계획진도, 실투입비용 및 실투입진도의 분석과 집계 등의 성과측정을 기본단위를 설정한다.

3) 네트워크의 구축

구축된 WBS로부터 네트워크를 구성하는 활동을 추출하여 작업진행 순서대로 과학적인 공정관리기법에 의거 전산체계의 활용이 가능한 네트워크를 작성한다.

4) 활동별 소요예상의 배당

네트워크의 활동별 소요금액을 공사비 내역과 일치할 수 있도록 계획물량과 진도에 맞추어 배당한다.

5) 원가와 공정의 통합성과 측정관리기준 설정

현장관계자들이 목표로 하는 일정에 맞추어진 공정곡선의 성과측정관리기준선이 되도록 한다.

(4) 관련용어

1) 작업분할체계 : WBS, Work Breakdown Structure
2) 조직분류체계 : OBS, Organization Breakdown Structure
3) 원가분류체계 : CBS, Cost Breakdown Structure
4) 공사정보분류체계 : IBS, Information Breakdown Structure
5) 시방서 분류체계 : SBS, Specification Breakdown Structure

※ 최근 국내에서도 공사관리나 공정관리의 선진기법 연구를 위하여 가장 기본이 되는 통합 WBS의 구축을 위한 여러가지 제안들이 관련단체나 학교에서 활발히 진행되고 있다.

(5) 토목공사의 정보분류체계(WBS 체계)

1000 총칙
2000 부지조성공사
3000 도로공사
- 3100 총칙
- 3200 도로(인터체인지 및 램프포함)공사
- 3300 터널공사
- 3400 교량공사
  - 3410 교량A
  - 3411 토공(가도공사)
  - 3412 상부공

		3413	하부공	
			3413-110	거푸집공
			3413-111	거푸집 제작
			3413-112	거푸집설치
			3413-113	거푸집 해체
			3413-210	철근공
			3413-211	철근가공
			3413-212	철근조립
			3413-410	콘크리트타설
			3413-510	양생
		3414	부대공사	
	3420	교량B		
	3430	교량C		
3500	암거공사			
3600	포장공사			

■ ■ ■

11.2 공정관리(공정계획, 일정관리)

11.2.1 공정관리란?

건설사업에서 시공의 목적은 고객이 원하는 구조물의 특성에 따라 최적의 품질로 완성하는 것은 물론 고객과 약속한 일정을 지키면서 최소의 원가로 최대의 이윤을 보장받는 것으로 공사기간은 원가와 밀접한 관계를 갖고 있으며, 이는 고객과의 약속 시간인 공사기간을 맞추지 못할 경우 시공회사는 건설원가가 증가될 뿐 아니라 지체상금을 부담해야 하며 발주자는 기대 이익을 실현할 수 있는 시간이 늦어짐으로 이에 따른 기회손실이 생기기 때문에 현장에서는 어떤일이 있어도 정해진 공사기간은 지켜져야 하고, 현장 참여자는 반드시 이를 지킬수 있어야 한다.

현장의 공사지연 사유가 천재지변 등 발주자가 인정할 수 있는 경우는 예외가 되겠지만 그렇지 못할 경우는 늦어진 공사기간을 만회하기 위하여 돌관작업, 철야작업 등을 실시하게 되는대, 이는 공사비의 증가가 필연적이라 개인이나 소속된 회사의 손실이 커 준공후에도 많은 문제를 가지게 되므로 현장기술자는 보다 철저한 공정관리를 통하여 공사지연에 따른 책임을 져야 하는 등의 불미스런 사례를 미연에 방지할 수 있어야 한다.

우리들 주위에서 벌어지고 있는 많은 사업(project)중 적지않은 사업들이 당초 예상한 공사기간을 지키지 못하고 있음은 사실이나, 이들 지연 사유와 원인을 철저히 분석한 후, 그 사유가 발주자에 있을 경우는 시공자에게 소정의 관리비를 추가 지불케 되는 반면에 그 사유가 시공자에게 있을 경우는 지체상금을 시공자가 부담케 되는 바, 이와 같은 금전적 문제는 발주자와 시공자의 이해가 상충(相衝)되기 때문에 이러한 사유보다 분명한 규명을 위한 크레임이 제기될 때가 많다.

(1) 공정(工程, Schedule, Process)

공정이란 일정한 시간내에 현장에서 시행되어야 할 공사의 추진계획으로 자재, 장비, 인원, 자금 등의 동원계획이 포함되며, 일정한 시간이란 1일, 주간, 월간, 분기, 년간, 전체(공사기간 전부)로 "주간공정계획과 비교하면 공사진행 상황이 문제가 있다, 없다"거나 "월간 공정현황을 보고한다" 등의 표현이 사용되고 있다.

공정계획을 수립할 경우 먼저 전체 공사량과 전체 공사기간에 대한 개괄적인 공정계획(전체 공정계획)을 수립한 다음 원하는 기간동안, 필요한 공종에 대하여 세부 공정계획을 수립하는 순서로 진행하는데, 이렇게 하면 시공중에 공정계획을 수정하거나 Updating하고자 할 때도 훨씬 편리하게 작업할 수 있음은 두말할 필요가 없다.

(2) 세부공정

특별한 공종만의 작업계획이나 별도의 정해진 기간내에 마쳐야 할 작업계획으로 작업팀별(목공, 콘크리드공, 도공팀, 포장팀) 작업량이니 보디 짧은 기간 동안의 작업 목표를 말한다.

현상책임사는 물론 현장기술사는 새로운 공종이 추가로 발생 되있을 때의 추진 계획, 부진 공정이나 부진 공종의 만회대책 수립, 돌관공사 발생시의 대처방안, 잔여공사(잔공사) 추진계획 등의 경우에 유효하게 활용하기 위하여는 세부공정계획 작성에 대한 기술을 충분히 익혀두어야 한다.

(3) 공기단축과 공기지연

당초 정해진 계약서의 공사기간을 줄여서 공사를 마무리하면 공기단축, 계약서의 준공일보다 늦어지면 공기지연이라 말한다. 시공자가 탁월한 공정관리, 신기술, 신소재의 활용 등으로 공사기간을 단축시키면 보상금(bonus)을 받을 수 있으나, 시공자의 귀책 사유로 공사기간을 지키지 못하였을 경우는 벌과금(panalty : 지체상금)을 부담하여야 하며, 이렇한 규정은 계약서에 명기되어 있다.

(4) 일정관리에 사용되는 작업시간(추정시간)

1) 낙관되는 추정시간(낙관치 : Optimistic time : to)

현장의 상황이 가장 좋아졌을 때 소요되는 작업시간으로 가장 짧은 작업시간을 말한다.

2) 가능한 추정시간(가능치, 정상치 : Most likely time : tm)

현 상황에서 추정할 수 있는 정상적인 작업을 할 때의 소요시간(천재지변은 제외됨)으로 일반적인 공정계획 수립시 사용되는 작업시간을 말한다.

3) 비관되는 추정시간(비관치 : Pessimistic time : tp)

현장 상황이 가장 나빠졌을 때 소요되는 작업시간(천재지변은 제외됨)으로 가장 긴 작업시간을 말한다.

(5) 공정관리의 목표

1) 공정을 합리화하고 소요공기의 어수나 단축을 도모한다.
2) 일정계획이나 작업할당의 적정화를 도모하여 가동률을 높인다.
3) 부분공사의 공기를 준수하여 전체공정의 지연을 방지한다.
4) 시공방법의 개선 및 시공순서와 시공계획의 합리화로 작업능률을 향상시킨다.
5) 적정한 공정관리로 공사원가를 절감한다.

(6) 관련용어(공정보고 및 공사 일지작성)

1) **계획(목표)** : 보고(작성)일 현재까지 계획된 누계 공사량이나 누계 공정률을 말한다.
2) **실적(진도, 진척)** : 보고(작성)일 현재 현장에서 작업이 이루어진 누계 공사량이나 누계 공정을 실적이라하며, 진도, 진척 등의 표현을 하기도 한다.
3) **기성(旣成)** : 실적과 같은 의미로 사용되기도 하나, 기성부분에 대한 공사비 지불 및 기성품의 사용에 따른 책임과 권한문제 등으로 실적과는 상당한 차이가 있을 수도 있음에 주의할 필요가 있다.
4) **진도보고** : 월간진도현황, 오늘 현재까지 공사진척 상황 등의 표현으로 공사의 진행상황을 계획과 실적의 숫자로 표시하여 보고하는 행위를 말한다.

* 〈인원, 자재, 장비 등이 동원되어 실지로 작업은 이루어졌으나, 시방서 등의 기준에 미달하거나 시방에 맞지 않은 경우 기성(실적)으로 인정되지 않음 : 토공사의 다짐 작업시 다짐 밀도의 부족, 콘크리트 타설후 필요한 양생기간의 미달 등〉

5) **대비(對比)** : 실적÷계획을 %로 표시한 숫자를 말한다.

*실례 : 계획 53%, 실적 55%이면, 대비는 103.8%이고 진도율(진척율)은 55%임.

6) **부진(지연)** : 실적이 계획보다 늦은 것(미달된 것)으로 계획대비 85% 이하가 되면, 별도의 만회대책이 수립되어야 한다.
7) **초과(달성)** : 실적이 계획보다 빠른 것으로 계획대비 115% 이상이면 과투입으로 별도의 대책수립이 필요하다.
8) **잔공사(잔여공사)** : 전체 공사량이나 전체 공사기간에서 오늘 현재까지 이루어진 공사량을 제외한 공사량 또는 오늘 현재까지 지나간 공사기간을 제외한 공사기간에 시공하여야 할 공사량을 말한다.
9) **돌관공사(돌관작업)** : 수해복구공사나 공기지연시 이를 만회하기 위한 공사 등에서와 같이 정해진 날짜까지 무조건 마쳐야 하는 공사로 과다한 원가투입은 필연적이며 때로는 조잡한 품질이 될 가능성이 많으므로 주의하여야 한다.

11.2.2 공정관리(공정표) 기법

공정관리란 앞에서 살펴본바와 같이 일정계획, 자원(장비, 자재, 인원)계획, 원가계획의 3가지 기본계획을 수립한 후 공사진도에 맞추어 이를 조정(관리) 하는 것이라 할 수 있으며, 여기에 사용되는 형태는 막대(bar chart)와 망(network chart)의 2종류가 있다.

공사현장이라면 어떤 현장이든 공정표는 반드시 비치되어 있으며, 따라서 공정표의 작성은 물론 공정표의 정리(updating)와 수정도 현장기술자는 누구나 할 수 있어야 하므로 실지 국내현장에서 사용되고 있는 공정표들을 가감 없이 인용하여 소개하고자 한다.

(1) 막대(횡선)를 사용 : Gantt chart, Bar chart, 막대공정표

Hany L. Gantt(미국)가 1930년대 고안한 양식으로 횡방향의 막대실이로 작업의 시작과 끝을 표시하는 공정표이며, 작업의 보활(gravity)은 선위에 숫자로 표기한다.

1) 장점

- 개략공정의 내용을 나타내는데 적합하다.
- 직감적으로 보고 이해하기 쉽다.
- 작성하기 쉽고 간단함으로 어느 현장이든 적용이 가능하다.

2) 단점

- 작업의 순서와 상호관계가 표현되지 않는 모순이 있다.
- 전체 공정의 진척도가 파악되지 않아 보조적으로 사용되기도 한다.

3) 막대공정표의 실례

(9월 30일 현재)

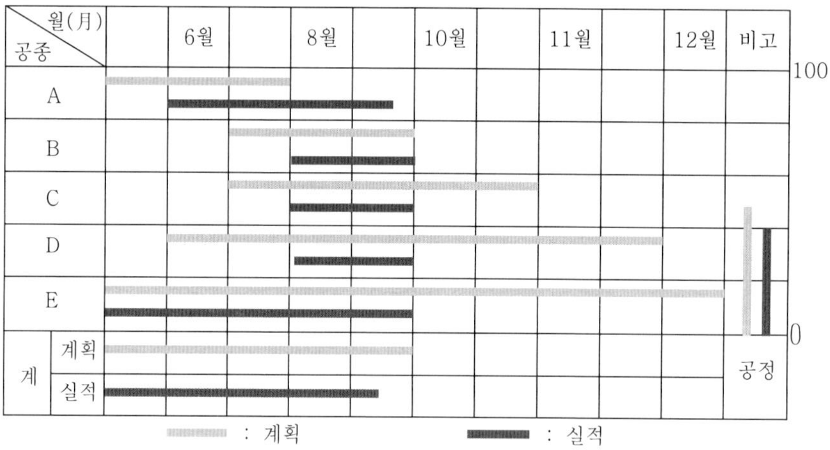

그림 11.5 막대공정표의 실례

(2) X-Y 좌표를 이용 : 기성고(旣成高) 공정표, Graph Chart, Banana Chart

매일이나 매월의 공사기성을 누가 곡선으로 X-Y좌표에 표시하여 연결시키며, 누가곡선의 기울기 크기로 공사 진척도를 알 수 있다.

계획의 상 · 하한선(비관치, 낙관치)의 모양이 바나나곡선(Banana Curve)과 비슷하므로 바나나 Curve라고도 하며, Banna Curve의 모양에 따라 예산의 적정 투입 여부를 판단할 수 있다.

1) 장점

- 계획과 실적의 진도파악이 용이하다.
- 전체 공정의 진도와 시공속도 파악이 용이하다.

- 바나나곡선에 의하여 관리목표가 얻어짐으로, 효율적인 투자가 가능하다.

2) 단점

- 보조적인 수단으로 사용되는 경우가 많다.
- 공정의 세부사항을 파악할 수 없어 곤란하다.
- 공정의 상호 조정이 불가능함으로 또 다른 자료가 필요하다.

(3) 좌표를 이용한 공정표(예)

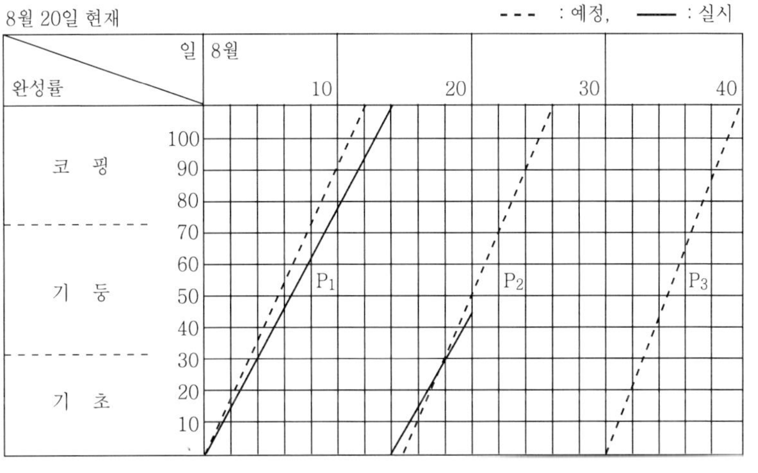

* P1의 경우 완료 예정일보다 2일 늦어짐.
* P2의 경우 착수 예정일보다 1일 먼저 착수됨.

그림 11.6 ○○교 교각 3기 건설공사 공정표

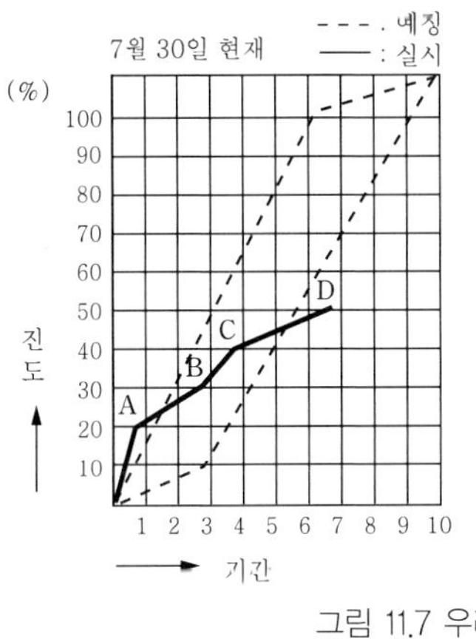

■ 바나나 곡선의 이해

구분	날짜	공정	비고
A	1/31	15% 초과	수정계획필요
B	3/31	5% 초과	Banana내에 있음
C	4/30	정 상	Banana내에 있음
D	7/31	25% 부진	만회계획

그림 11.7 우리사옥 신축공사 공정표(바나나 곡선)

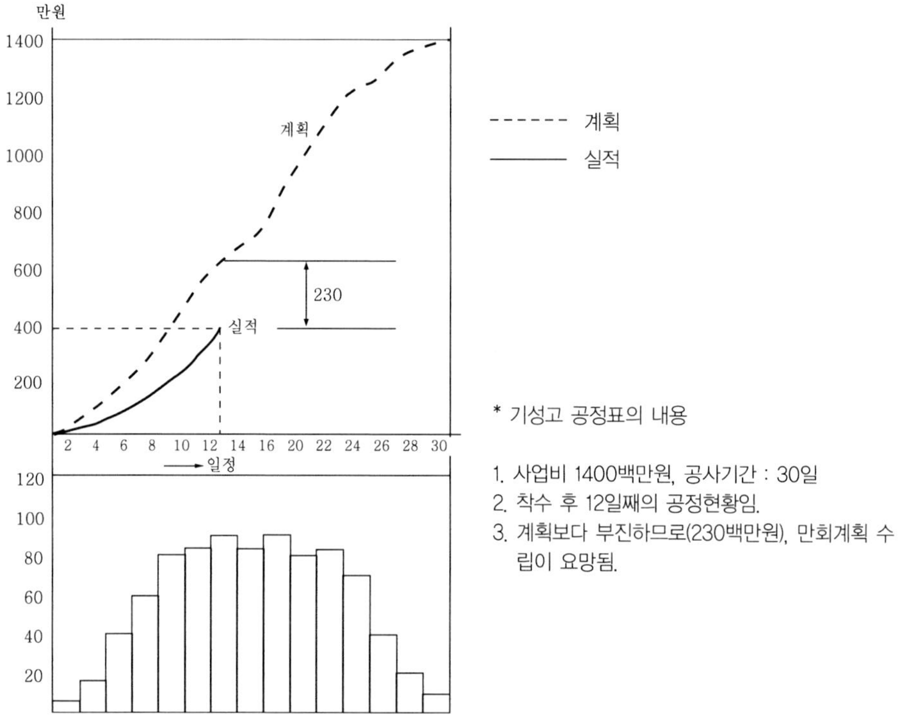

그림 11.8 ○○빌딩신축공사(기성고 공정표)

(4) 종단도 및 횡단도 이용

공종이 단순한 공사(교량, 터널 등)나 특별 관리가 요청되는 공사(공종)의 경우 적당하므로 현장 상황실이나 현장의 공사 진척현황을 설명할 경우 자주 사용되고 있으며, 현장의 연장이 긴 도로나 철도 공사의 경우, 특히 공사초기시부터 마무리시까지 종단도에 표시된 공정을 보지 않고 공정을 파악한다는 것은 아무런 의의가 없다고 할 수 있으며, 이는 공정율에 관계없이 전 노선의 주행 가능여부나 지장물의 존치여부를 알고자할 때는 종단도의 공사진행 상태로써만이 가능하기 때문이다. 시각적인 효과를 얻을 수 있어 전문가가 아니라도 쉽게 알 수 있다.

(4) Network 이용

기본계획 수립시 예정된 일정계획, 자원(인원, 자재, 장비)계획, 원가계획을 화살표에 표시하여 network를 작성하는 기법으로 국내현장은 물론 해외현장에서도 가장 널리 사용되고 있는 공정표이며, 특수한 공사의 경우 네트워크공정표 첨부를 견적서 제출시나 착공계제출시에 의무화하기도 한다.

용어나 기법의 차이에 따라 PERT, CPM, PDM 공정표로 불리어지나, 이는 모두 화살표에

그림 11.9 토공사 및 교량의 종단도에 공사 진도를 표시한 예

의해 선행공종, 후속공종을 나타내고 있으며, 현장에서는 PERT/CPM 공정표로 표현하고 있기도 하며, 용어는 주로 CPM 기법에서 사용되는 용어를 사용하고 있다.

(5) Network 공정표의 장 · 단점

1) 장점

- 프로젝트 전체 및 부분의 현황(공사, 설계)을 파악하기 쉽고, 문제점 발견시 수정이 용이하다.
- 공종에 대한 집행행법 및 작업방법의 개선이 용이하다.

- 작업의 순서(선행, 후속, 동시작업 등)를 확실하게 알 수 있어, 작업계획의 수립은 물론 자재, 장비, 인원의 효율적인 활용이 가능하다.
- 주 작업선이 명확하게 되므로 주작업선(critical path)만 중점관리 하는 등 현장관리자의 역할분담이 될 수 있다.
- 여유시간을 파악할 수가 있으므로 노무계획 및 재료계획에 원활을 기하여, 원가를 절약할 수 있다.
- 컴퓨터 이용으로 수정계획이 필요할 경우 컴퓨터 활용이 가능하며, 경우에 따라서는 경제적일 수 있다.

2) 단점

- 작성에 많은 시간을 요할뿐 아니라 용이하지 않아, 쉽게 접근하기 어렵다.
- 작성 및 수정에 전문가(별도 인원)를 요함으로 공사규모가 맞지 않을 경우 비용이 과다하게 투입된다.
- 작업의 세분화가 주관적이라, 불합리한 공정계획이 될 수도 있다.
- 단순작업(공종)이나, 독립된 작업(공종)의 경우 비능률적일 뿐 아니라, 비경제적이다.

11.2.3 공정표의 상호비교

(1) Bar-chart와 Network-chart의 비교

구 분	Bar Chart(좌표)	Network Chart	비 고
특징 (작성방법)	쉽고, 간단함, 현황보고용, 수작업, 단일공종의 공사	복잡하고 장시간 소요, 컴퓨터 활용, 실무용, 복합공종공사(PLANT)	Network 작성은 의무적임
관련작업(선 · 후작업)	불분명	명확함	
중점관리(주공정, 공기단축)	불가능	가능	
수정, 변경	쉽다	어렵다	

(2) RERT와 CPM의 비교

PERT나 CPM은 모두 계획공정을 Network에 의하고 있다는 공통점이 있으며, PERT는 event를 중심으로 작성하는데 반해 CPM은 activity를 중심으로 작성하는 약간의 차이가 있으며, 개발초기 CPM은 작업시간에 비용의 증가를 최소한으로 하는 이론을 채택한 반면 PERT는 작업시간만을 대상으로 하였으나, 근래에는 PERT도 최소비용곡선을 결부시키므로 CPM과 PERT의 차이는 별로 없으며 굳이 비교한다면 다음과 같이 구분할 수 있다.

구 분	PERT	CPM
주목적	• Project 기간의 단축	• Project 비용의 절감
발전과정	• 1956년 미해군 • 핵 잠수함 건조계획 수립시 적용	• 1957년 미국의 Dupont 사 • 투자시기 및 납품일자 준수에 적용
대 상	• 신규사업 • 경험이 없는 사업	• 반복사업 • 경험이 있는 사업
공기추정	• 3점 시간 추정 – 낙관시간 : Optimistic Time – 비관시간 : Pessimistic Time – 가능시간 : Most Likeiy Time TO ≤ TM ≤ TP	• 1점 시간추정 – Te = Tm(최적시간)
일정계산	• 최조시간 : Ealist event time • 최지시간 : Latest event time	• 최초개시 : Ealist Starting Time • 최초완료 : Ealist Finishing Time • 최지개시 : Latest Starting Time • 최지완료 : Latest Finshing Time
여유시간	• 정여유 : Positive Slack LT–ET>0 SL>0 • 영여유 : Zero Slack LT–ET = 0 SL = 0 • 부여유 : Negative Slack LT–ET< 0 SL< 0	• 총여유 : Total Float • 자유여유 : Free Float • 간섭여유 : Dependent Float • 독립여유 : Independent Float TF=LS–ES 또는 LT–EF FF=ESjk–EFij

** 3점 견적법에서 기대치(expectied Time : te) =(t0+4tm+tp)/6*

** 가능시간(근접치 : tm) : 동일 조건에서 그 활동의 소요시간을 추정한다면 가장 빈도가 많은 것으로 결과에 대한 평균 시간과는 다름.*

11.3 Network 공정표

11.3.1 Network 용어 정의

(1) Project(공사, 일)

Network에서 표현하고자 하는 대상 공사를 project라 한다.

(2) Network(공정표)

작업의 선후관계를 화살표(→ 표)와 동그라미(○표)로 표현하는 망상도(網狀圖)를 말한다.

(3) Plan of Progress(진도계획)

Project의 공정을 수행하는 일로 순수계획과 일정계획으로 나눈다.

(4) Planning(순수계획)

작업순서와 시간 및 자원 등을 이론적으로 정한 계획이다.

(5) Schedule(일정계획)

지정된 공사와 소유자원의 제약하에 계획달성에 필요한 작업순서, 시간, 자원 등의 계획을 말한다.

(6) Activity(작업)

선행작업, 후속작업, 병행작업의 3단계로 나누어지며, 작업의 실시, 자재 반입 등 시간적 요소를 화살표로 표시한 것이다. 화살의 시작과 끝은 작업의 내용을 표시한다.

(7) Job · Action(활동)

프로젝트(project)를 구성하는 최소의 작업단위를 말한다.

(8) Dummy(명목작업)

화살표형 Network에서 정상적인 작업은 없으나, 작업 상호간의(선 · 후작업) 관계만을 표시하는것으로 화살표로 점선으로 나타낸다.

(9) Node · Event(결합점)

화살표형 Network의 작업과 작업을 결합하는 점이며, Activity의 착수 완료를 ○에 숫자로 표시한 것이다. 번호는 작업의 순서에 따라 부여하며, 동일한 번호가 2개 이상 있지 않도록 한다.

(10) Duration(D, 소요공기)

작업을 수행하는데 필요한 소요기간으로 시간, 일, 월, 년의 단위를 사용한다.

(11) Schedule Analysis(일정 분석)

Network상 소요시간을 기본으로 한 작업시간 · 결합점시간 · 여유시간 등을 계산하는 것을 일정분석이라 한다.

(12) Earliest Start Time(EST, 조기시작시간)

작업을 시작할 수 있는 시간중 가장 빠른 시간이다.

(13) Earliest Finish Time(EFT, 조기종료시간)

작업을 끝낼 수 있는 시간중 가장 빠른 시간이다.

(14) Latest Start Time(LST, 만기시작시간)

후속공기에 영향이 없는 범위에서 작업을 가장 늦게 시작하여도 좋은 시간이다.

(15) Latest Finish Time(LFT, 만기종료시간)

후속공기에 영향이 없는 범위에서 작업을 가장 늦게 마쳐도 좋은 시간이다.

(16) Node Time(결합점시간)

화살표형 Network에서 시간 계산이 된 결합점 시간이다.

(17) Earliest Node Time(LT, 가장 빠른 결합점시간)

최초의 결합점에서 대상 결합점에 이르는 경로중 가장 긴 경로를 통하여 가장 빨리 도달되는 결합점이다.

(18) Latest Node Time(LT, 가장 늦은 결합점시간)

임의의 결합점에서 최종 결합점에 이르는 경로중 시간적으로 가장 긴 경로를 통과하여 종료시간이 될 수 있는 개시시간이다.

(19) Milestone(To, 지정공기)

미리 지정된 공기이다.

(20) Think Time(T, 예정공기)

Network의 시간계산으로 구한 공기(예정공기)이다.

(21) Critical Path(CP, 주공정, 한계공정)

개시 결합점에서 종료 결합점에 이르는 가장 긴 경로(많은 시간의 소요)를 주공정 또는 C.P 라 하며, 여유가 전혀 없는 공정(TF = 0 , FF = 0)이다. 전체 공사기간이 늘어나거나 단축이 가능한 공정이다.

(22) Float(여유)

작업의 여유시간을 말한다.

- 정여유(Positive Float, F = TL−TE > 0) : 작업기간에 여유가 있다.
- 부여유(Negative Float, F = TL−TE < 0) : 작업기간에 여유가 없다.

(23) Total Float(TF, 총여유, 전체여유)

가장 빠른 개시시간에 시작하여 가장 늦은 종료시각으로 완료할 때 생기는 여유시간을 총여유라 하며, 전체 공사기간에 영향을 주지 않으면서도 여유를 가질 수 있는 시간이다.

(24) Free Float(FF, 자유 여유)

가장 빠른 개시시간에 시작하여 후속활동도 가장 빠른 개시시간에 시작하여도 존재하는 여유시간이며, 전·후기간에 영향을 주지 않으면서도 여유를 가질 수 있는 시간이다.

(25) Dependent Float(DF, 간섭여유, 종속여유)

후속활동의 EST에 영향을 미치는 여유시간이다.

11.3.2 Network의 작성방법

(1) Acitivity, Event, Dummy의 표시

- 번호 및 화살표는 좌에서 우로 부여하여야 한다.
- Activity의 위는 공종, 아래는 작업기간을 표시토록 한다.
- Event는 ○을 사용한다(ㅁㅁ에는 EST와 LFT를 표시함).

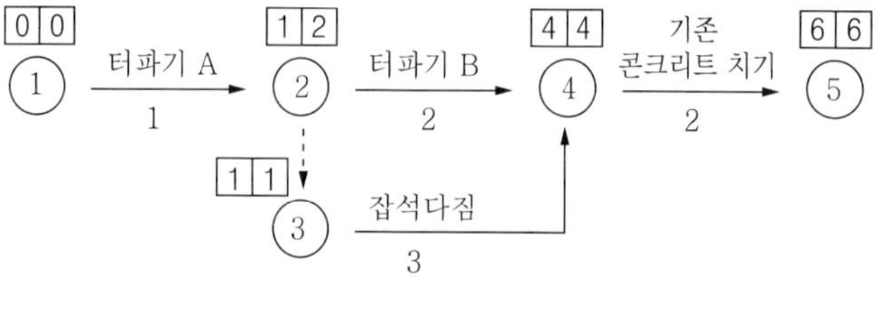

* EST, EFT ; Earlist Start Time, Earlist Finish Time
* LST, LFT ; Latest Start Time, Latest Finish Time

그림 11.10 실예(기초공사 부분)

(2) Activity에 기입되어야 할 사항

공사관리에 구체적으로 도움이 될 수 있는 공종 및 작업기간 관련사항을 화살표 위와 아래에 기입한다.

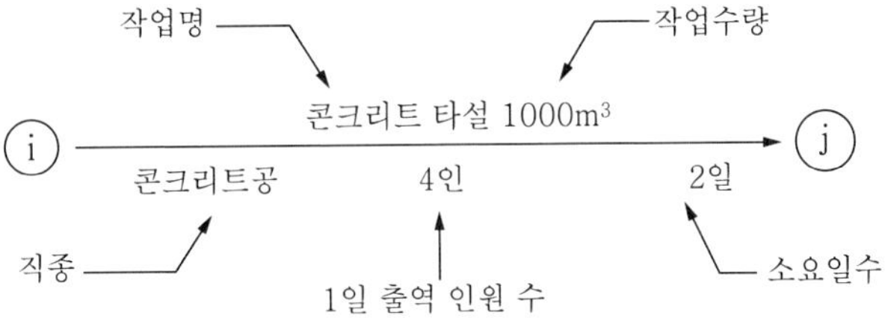

그림 11.11 실예(콘크리트타설)

(3) Network 작성의 4대 원칙

1) 공정원칙

표시되어야 할(표시 된) 공종은 각각 독립된 작업량을 가지고 있어야 하며, 모든 공정은 반드시 완료되어야 하며, 하나라도 완료되지 않으면 공사의 준공은 불가능하며 모든 공종이 완료되는 시점이 준공시점이 된다.

2) 단계원칙

결합점 이전의 모든 작업이 완료되어야 다음 작업의 착수가 가능하며, 먼저 이루져야 할 작업을 선행작업, 뒤어 이루져야 할 작업을 후속작업, 병행 가능한 작업을 병행작업이라 한다.

3) 활동원칙

각 작업은 자원과 시간을 소비하는 공정활동이어야 하며, 자원과 시간이 동시에 필요치 않는 경우는 활동이 되지 않으며, 한단계와 한단계는 반드시 하나의 활동만 존재하여야 한다.

4) 연결원칙

결합점은 모두 연결되어져야 하며, 독립적으로 존재할 수는 없으며, 시작은 여러곳에서 발생할 수 있으나, 완료는 한곳에서만 가능하며, 준공일에 모든 작업은 한곳으로 연결된다. 앞

단계(지나온 단계)로 되돌아갈수는 없으며, Network좌측은 시작시점 우측은 작업의 종료시점을 나타내므로 모든 화살표는 반드시 좌에서 우로만 진행된다.

(4) Network 작성순서

1) 기준작업의 선행작업, 후속작업, 병행작업을 구분한 후
2) 실예에서와 같은 작업순서표를 정리하고
3) 작업순서표에 따라 순차적으로 Network를 작성한다.

표 11.1 실예(Activity가 7개인 작업순서의 경우)

작 업	선행작업	후속작업	작 업	선행작업	후속작업
A	없음	B, C, D	E	B	G
B	A	E, F	F	B, C	G
C	A	F	G	D, E, F	없음
D	A	G			

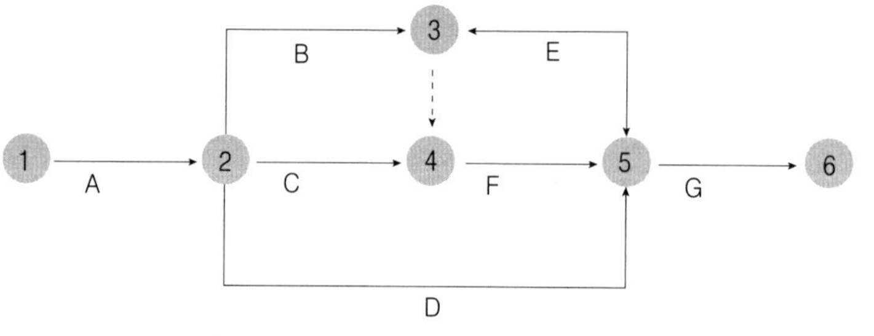

그림 11.12 작업순서표에 의한 Network 작성

(5) Network 작성시 주의사항

1) 교차는 원칙적으로 하지 않는다.

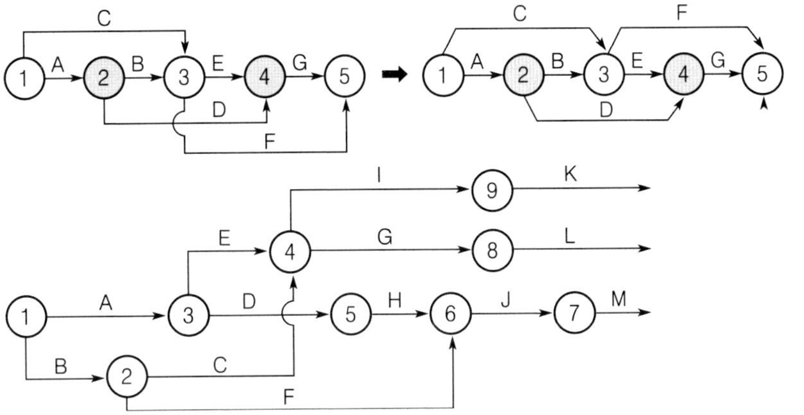

그림 11.13 부득이한 경우 수직활동의 교차방법

2) 불필요한 명목활동은 두지않는다.

불필요한 명목활동(Dummy)을 표현하는 경우가 많으나 가능한 생략하거나 단순화하여야 한다.

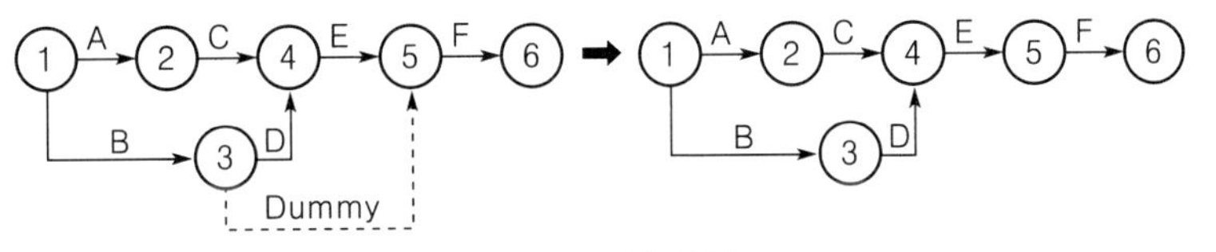

그림 11.14

3) 명목활동은 가능한 단순화 한다.

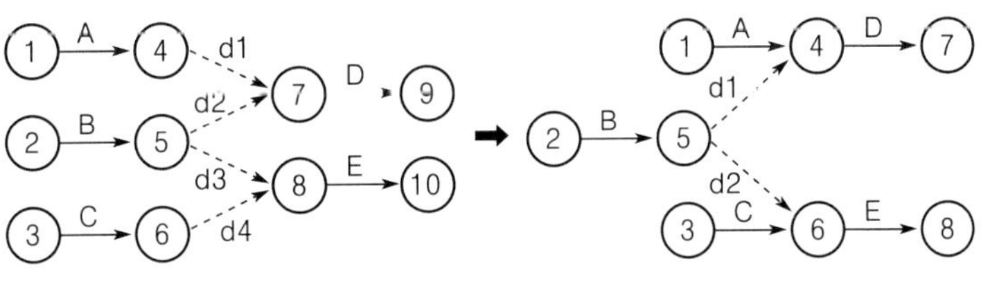

그림 11.15

4) 작업의 역순은 허용하지 않는다(단계의 원칙, 연결의 원칙).

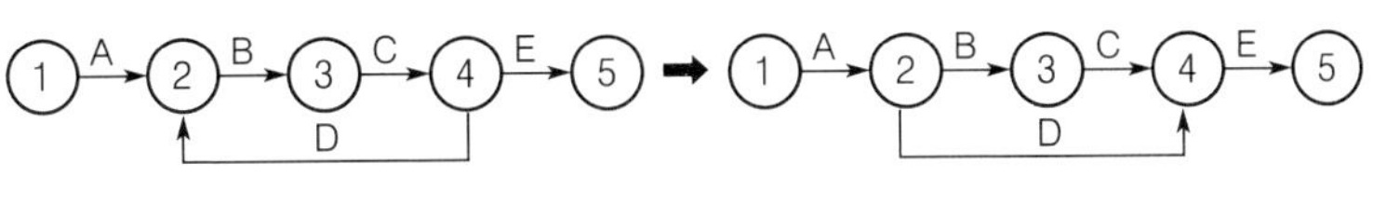

그림 11.16

5) 작업구간이나 작업팀이 다를 경우는 활동을 구분(분할)한다.

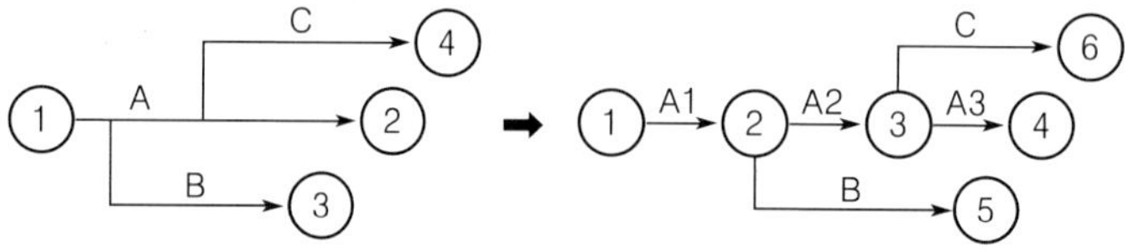

그림 11.17

6) 착수 및 종료단계는 하나로 결집한다.

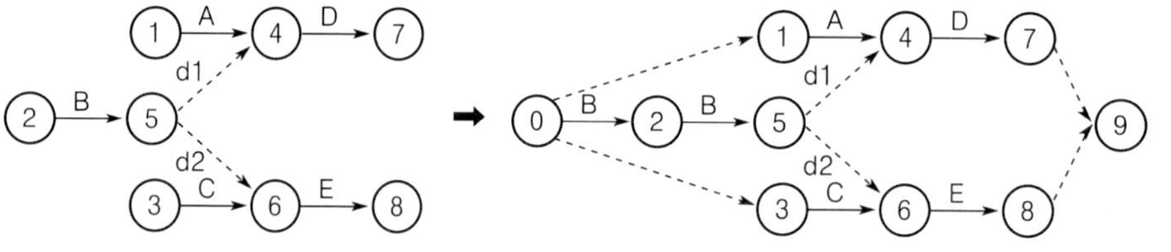

그림 11.18

(6) Network 공정표 작성(실예)

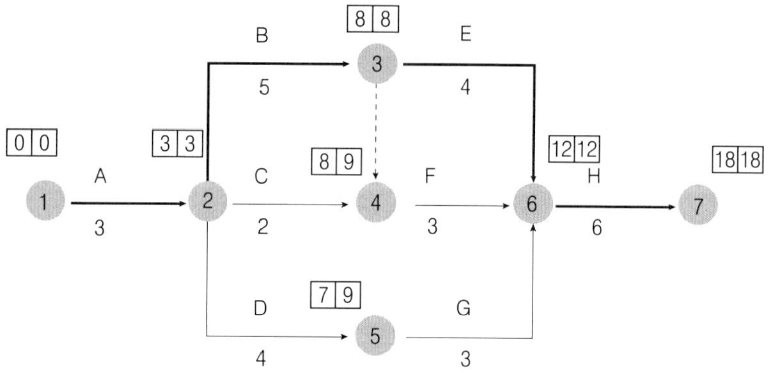

그림 11.19 Network 공정표(1)

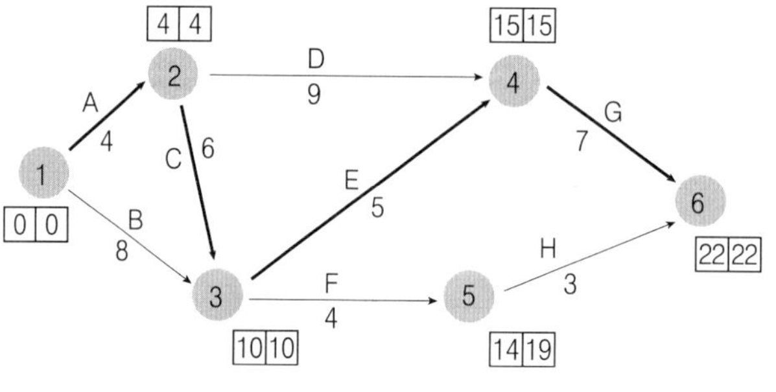

그림 11.20 Network 공정표(2)

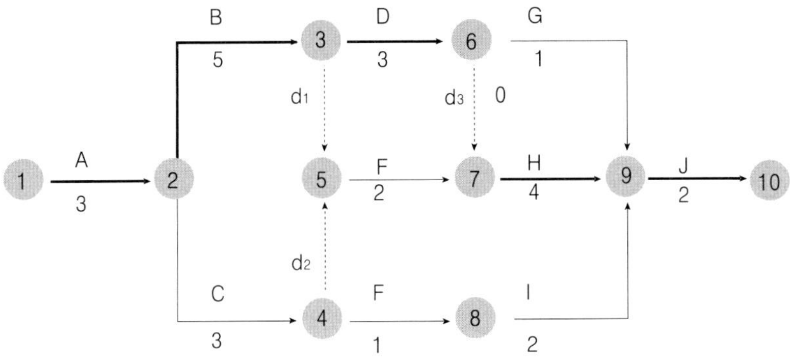

그림 11.21 Network 공정표(3)

표 11.2 주공정, 시작(종료)시간 및 여유시간 분석

작업명	단 계	소요 일수	Earliest		Latest		Float		CP
			ES	EF	LS	LF	TF	FF	
A	①→②	3	0	3	0	3	0	0	*
B	②→③	5	3	8	3	8	0	0	*
C	②→④	3	3	6	5	8	2	0	
d1	③→⑤	0	8	8	9	9	1	0	
D	③→⑥	3	8	11	8	11	0	0	*
d2	④→⑤	0	6	6	8	8	2	2	
F	④→⑧	1	6	7	12	13	6	0	
F	⑤→⑦	2	8	10	9	11	1	1	
d3	⑥→⑦	0	11	11	11	11	0	0	*
G	⑥→⑨	1	11	12	14	15	3	3	
H	⑦→⑨	4	11	15	11	15	0	0	*
I	⑧→⑨	2	7	9	13	15	6	6	
J	⑨→⑩	2	15	17	15	17	0	0	*s

11.3.3 Network 공정표

(1) CPM 공정표(Critical path method)

1) 개요

공정의 계획과 관리에 대한 고도의 기법으로 화살도 표기법(arrow diagramming method)이라고도 하며 공사의 완성에 소요되는 작업의 선후관계를 화살선(실선)으로 나타낸 화살도표(arrow diagram)이다.

자원의 구매, 제작, 운반, 설치 등이 공사 진척에 따라 선·후작업간의 관계가 화살로 표시되고 다른 공정과의 작업 연결관계를 알 수 있으며, 1957년 미국의 Dupont사에서 개발하여 플랜트공사에서 최초로 적용하였다.

2) 특징

- 작업시간, 생산성, 원가를 기초로 작성됨으로 작업시간의 단축이나 지연에 따른 경제성을 쉽게 알 수 있다(비용관리에 더 큰 목적이 있음).
- 공정표 작성이 복잡하므로 전문가와 컴퓨터 활용이 필수적이라 단순하고 소규모 공사인 경우 노력에 대한 효과가 적다.
- 반복사업의 비용 최적화(費用 最適化)를 위한 최적 공기(最適 工期) 산정이 가능하다.
- 공사기간에 따라 차이가 많은 간접 공사비(일정 부분은 공기에 비례함)와 차이가 없는 직접 공사비의 조정으로 최적 공사비 산정이 가능하다.
- 노동부하를 일정하게 할 수 있도록 개량된 RPS기법 CPM의 문제점인(resource planned scheduling)이 미국이나 유럽의 plant 건설에 적용되고 있다.

3) CPM 기법의 일정계산(예)

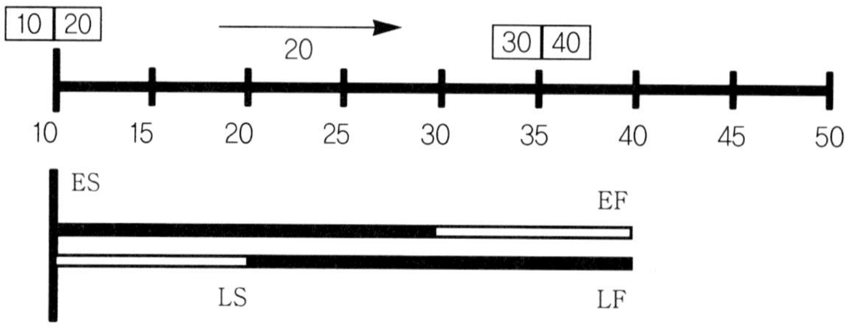

ES = 10 EF = ES + D ⇒ 10 + 20 = 30

LS = LF − D ⇒ 40 − 20 = 20 LF = 40

TF = LF −(ES + D) ⇒ 40 −(10 + 20) = 10

FF = 후속활동조기시작 −(본활동조기시작 + D) ⇒ 35 −(10 + 20) = 5

DF = 총여유시간 − FF ⇒ 10 − 5 = 5

(2) PDM 공정표(Precedence diagramming method)

- 동일한 작업이 작업 위치만 바뀌고 반복되는 건축의 APT 공사와 유사한 경우 효과적인 공정표이다.
- 각 공정의 활동을 ㅁ으로 표시한다.

• 화살표는 작업의 선후관계만 표시한다.
• 작업관계를 FS, SS, FF, SF 등 4가지로만 표시된다.

FS : Finish to Start SS : Start to Start

FF : Finish to Finish SF : Start to Finish

• PDM의 사각형 모델

<table>
<tr><td rowspan="2">활동기호</td><td>ES</td><td rowspan="2">활동명칭</td><td rowspan="2">활동기간</td><td>EF</td></tr>
<tr><td>LS</td><td>LF</td></tr>
</table>

(3) PERT 공정표(Program evaluation revieu technique)

• 공기단축을 주목적으로 신규사업 등에 효과적이다.
• 1958년 미해군의 미사일 개발계획시 처음 적용한 공법이다.
• 낙관치, 정상치, 비관치의 3가지 시간을 가지고 작업을 진행하면서 Updating 함으로써 공사기간에 대한 확실한 추정(예측)이 가능하다.
• 정해진 기일내에 주어진 일을 완성하고자 하는 프로젝트에 맞는다.
• 시간, 자원, 기능에 관한 상호 조정으로 기일 단축이 가능하다.

(4) PDM기법과 CPM기법의 비교(예)

1) 기본계획수립 : 3개구간 굴착후 거푸집 조립
2) 현장작업 : 2구간에서 민원(용지)발생으로 1구간 작업후 3구간 작업 착수
3) 문제점

• CPM : 단계원칙에 의거 공정표 수정이 필요함(선행활동 종료 후 후속활동 착수불가).
• PDM : 1, 2, 3구간이 하나의 활동으로 현장사정에 맞추어 표시 가능.

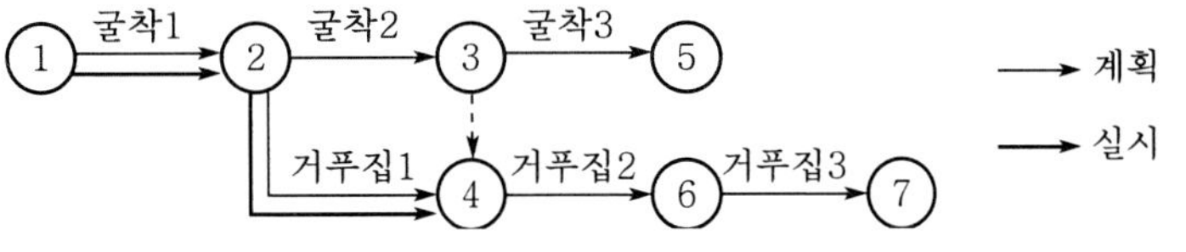

그림 11.22 CPM기법

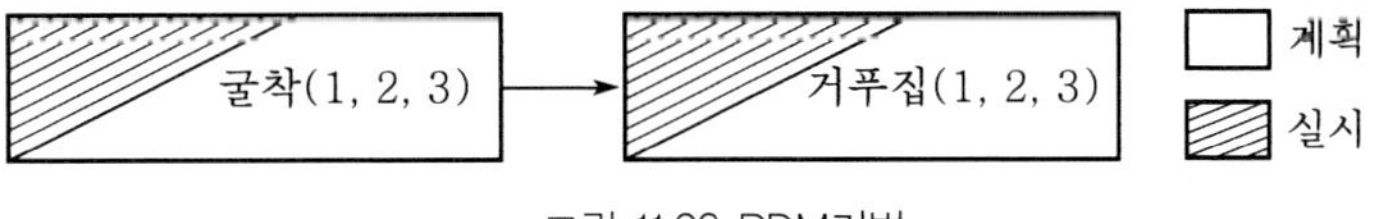

그림 11.23 PDM기법

■ ■ ■

11.4 품질관리(Quality Control, 品質管理)

11.4.1 품질관리란?

(1) 품질관리의 정의

발주자(owner)가 요구하는 규격과 품질(수준)을 만족시키기 위하여 시행하는 건설관련종사자(설계자, 시공자가 주대상임)의 모든 행위를 말하며, 이는 제규정(설계서, 시방서, 지침)에 맞으면서 가장 경제적인 생산 결과를 가져오기 위한 제활동이라 할 수 있다.

건설현장에서는 별도의 품질관리 부서나 시험실에서 이 업무를 담당하며, 정기적(부정기적)으로 상급 부서(본사의 품질팀, 연구소)나 감독(감리) 기관에서 품질 평가를 하며 이는 우수현장에 대한 심사기준이 되기도 한다.

최근에는 보다 광범위한 품질관리의 개념으로 품질경영(quality management)이란 용어를 사용하고 있으며, 이는 품질과 관련하여 조직을 지휘 및 관리하는 통합된 활동에 포함시킬 수 있는 품질방침, 품질목표, 품질관리, 품질보증 및 품질개선의 전과정의 품질을 말한다.

(2) 품질관리의 3단계

품질계획 (quality planning) → 품질보증 (quality assurance) → 품질제어 (quality conlrol)

- 품질계획 (quality planning)
  - 적합한 품질표준 파악
  - 만족시킬 수 있는 방법 결정
- 품질보증 (quality assurance)
  - 품질표준의 만족여부를 정기적으로 일관성 있게 평가하여 생산
- 품질제어 (quality conlrol)
  - 결과(생산)와 품질기준의 적정여부
  - 품질미달 원인 및 제거방법 파악

(3) 품질시스템 문서

품질매뉴얼 (quality manual) ↓ 품질절차서 (quality procedure) ↓ 품질지침서 (quality instruction)

- 품질매뉴얼 (quality manual)
  - 품질방침 및 목표
  - 품질관련 최상위 문서
- 품질절차서 (quality procedure)
  - 품질절차서의 하위 문서
  - 품질관련 업무의 세부기술
- 품질지침서 (quality instruction)
  - 품질매뉴얼의 하위 문서
  - 각 부서 공통사항 및 상호업무절차

(4) 품질관리의 활용

불합격(NO)의 발생 건수와 빈도는 품질관리의 양호나 불량의 기준이 됨으로 사실대로 자료

가 축적, 기록되어야 하며, 기성(旣成, 合格)으로 인정받아야만 다음 단계의 작업이 가능하며, 기성금을 받게되면 발주자에게 사용권이 귀속된다. 통계기법(표준편차, 분산, 불량율, 관리도 기법 등)의 적용이 요구됨으로 품질관리 담당자는 데이터처리 등 이 분야도 상당한 지식을 갖추어야 한다.

(5) 데이터(data) 처리를 위한 관련용어

1) 평균치($\overline{x}$) : 데이터의 평균 산술값
2) 중앙값($\widetilde{x}$) : 데이터를 크기의 순으로 나열하면 중앙값 또는 중앙값이 둘이면 그 평균값
3) 범위(R) : 데이터 중의 최대값과 최소값의 차
4) 편차의 2승합(S) : 각 데이터와 평균치(x)와의 차를 2승한 합
5) 분산(σ^2) : 편차의 2승합(S)을 데이터의 수로 나눈 값($\frac{S}{n}$)
6) 표준편차(σ) : 분산(σ^2)의 평방근($= \sqrt{\frac{S}{n(\text{데이터수})}}$)

(6) 우리나라의 품질관리 변천 과정

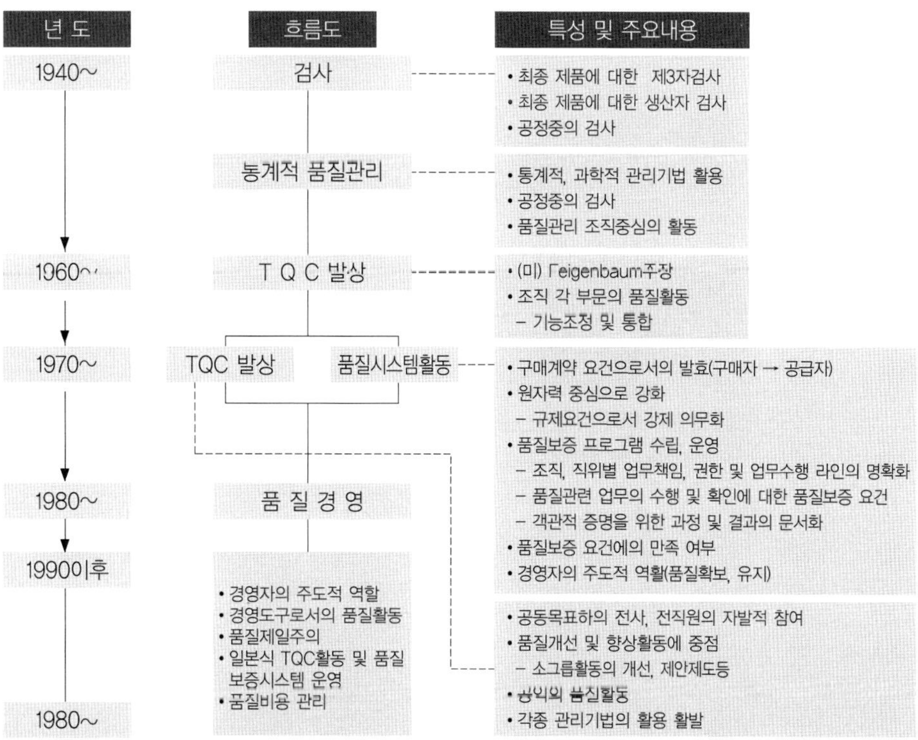

11.4.2 품질관리 순서와 기준

(1) 품질관리의 순서

품질특성결정 ↓	▶ 품질특성중에서 신속한 조치가 필요한 것을 선정함
품질표준결정 ↓	▶ 품질의 목표로 하는 것으로 설계서나 시방서에 의해 결정됨
작업표준의 결정 ↓	▶ 품질에 따르는 작업조건, 작업방법, 사용재료, 사용장비 등의 결정함
작업 표준에 따른 교육훈련 및 작업실시 ↓	▶ 현장작업원에게 작자의 작업 내용을 교육훈련하여 작업표준에 따른 작업을 실시함
품질조사 및 품질검사 ↓	▶ 품질표준과 일치하고 있는지의 여부를 조사하고 히스토그램이나 공정 능력도를 작성하여 이상 여부를 확인
관리도의 작성 ↓	▶ 히스토그램이나 공정 능력도가 충분한 여유를 갖고 규격내에 들어 있으면 적당한 관리도를 작성함
이상의 판정 및 수정 조치	▶ 관리도에서 관리 한계선 밖으로 점이 벗어나면 그 원인을 분석하고 수정함

(2) 현장 품질관리의 흐름도

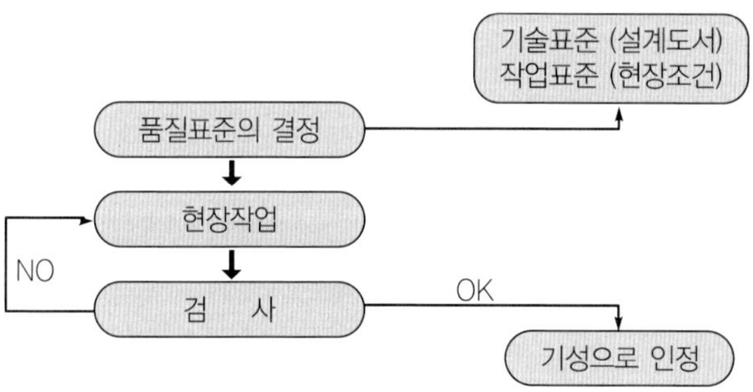

(3) 품질관리상태의 기준

1) 변동계수에 의한 방법

• 변동계수 = $\dfrac{\sigma(\text{표준편차})}{\bar{x}(\text{평균치})} \times 100(\%)$

• 변동계수에 의한 품질관리 상태

변동계수	10% 이하	10~15%	15~20%	20% 이상
품질관리상태	매우 우수	우수	보통	관리 불량

2) 히스토그램(Histogram)에 의한 방법

공사 또는 품질의 상태가 만족한 상태에 있는가의 여부를 판단하는 것으로, 측정치가 존재할 범위를 여러개의 구간으로 나누었을 때 가로축에 측정치를 세로축에 도수를 잡고 구간을 축으로 주상의 그림을 그린 도수도를 히스토그램이라 한다.

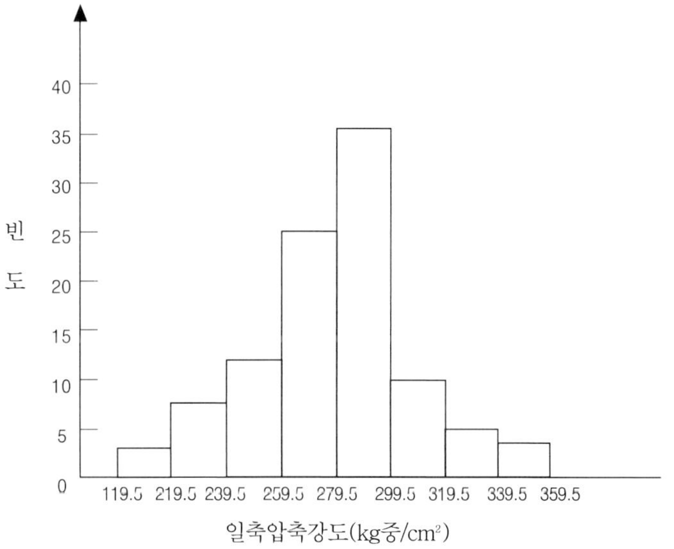

그림 11.24 일축압축강도시험 데이터에 대한 히스토그램의 예

3) 관리도(Control chart)에 의한 방법

생산이 계속되어 행해질 때 시간의 경과와 함께 데이터(data)를 기록하여 안정된 공정을 지속하고 품질향상에 기대할 목적으로 사용된다.

표 11.3 관리도의 종류

계량치를 사용하는 것	계수치를 사용하는 것
$\overline{x}$ 관리도(평균치 관리도)	P 관리도(불량률 관리도)
$\tilde{x}$ 관리도(median 관리도)	P_n 관리도(불량개수관리도)
R 관리도(범위 관리도)	C 관리도(결점수 관리도)
x 관리도(1점 관리도)	U 관리도(결점 발생률 관리도)

11.4.3 검사와 시험

(1) 검사의 종류

1) **전수검사** : 생산되는 과정마다 출하되는 모든 제품을 대상으로 실시하는 검사를 말한다.
2) **발취검사(샘프링, Sampling)** : 필요시에 대표 시료를 채취하여 실시하는 검사로 시료의 채취방법, 검사결과의 활용방법(불합격 시료의 처분 등) 등을 시료채취전에 확인해 두어야 한다.

검사시기와 빈도는 공사(工事)의 일반시방서, 특별시방서, 품질기준, 제작 절차 등에 명기되어 있다.

(2) 시험의 종류

1) **선정시험** : 재료의 구입이나 작업의 표준을 정하기 위하여 착수전에 실시하는 시험으로 토취장 선정, 골재원 선정, 자재 공급원(maker) 승인 등에 활용된다.
2) **관리시험** : 시공과정에서 작업의 적합 여부를 판가름하는 시험으로 생산자(시공자)가 임의로 하는 시험이다.
3) **검사시험** : 생산품(시공결과)에 대하여 기준치와의 합격여부를 판정하는 시험으로 기성검사나 준공 검사시 품질 확인을 담보할 수 있는 시험이며, 기성검사원(기성검사조서), 준공검사원(준공검사조서)에 검사결과가 첨부된다.

(3) 품질관리와 안전관리의 점검항목 비교

구 분	안전관리	품질관리
관련법규	산업안전보건법	건설기술관리법
목 적	재해방지	품질확보
확인시기	· 수시점검 · 정기점검 · 특별점검	· 선정시험(착수전) · 관리시험(시공중) · 검사시험(완전후)

11.4.4 품질보증제도

(1) 우리나라

1962년 한국공업규격(korean industrial standard, KS)이 제정되므로써 제조업은 물론, 건설업에도 품질관리의 일대 전환이 되었으며, 이는 선진 외국의 기준을 참고로 하고 있으며,

토목과 건축에 해당되는 규격은 KS F이며, 일반구조, 시험검사, 재료 및 부재, 시공등에 524개 부분으로 나누어 제정되어 있다.

우리의 공업규격(KS)과 비교할 필요가 있거나, 우리 규격(KS)이 제정되어 있지 않는 부분으로 우리 건설현장에서 사용되고 있는 외국의 규격이나 외국기관에서 정해진 기준들은 다음과 같다.

1) 미국(ASTM)
2) 영국(BS)
3) 서독(DIN)
4) 일본(JIS)
5) 미국주도로기술자협회(AASHTO)
6) 미국콘크리트학회(ACI)

* ACI : American Concrete Institute
* ASTM : American Society for Testing and Materials
* BS : British Standards
* DIN : Deutsche Industrie Norm
* JIS : Japanese Industrial Standards
* AASHTO : American Association of States Highway Transportation Officials

(2) 국제공인

1) 국제표준화기구(international organization for standardization, ISO)는 1947년 제품 및 서비스에 대한 국제규격의 제정 및 보급은 물론, 기술발전을 위한 정보나 지식의 국제교류를 촉진하기 위하여 설립된 기구이다.
2) ISO 9000(제조나 생산, 서비스 시스템), ISO 14000(환경경영시스템) 등은 제3자(인증기관)가 전문가인 공급자(생산자)와 비전문가인 고객(구입자, 이용자)사이에서 거래를 원활하게 할 목적으로 공급자의 품질시스템이 ISO의 규격과의 일치 여부 및 사후관리를 심사하여 이를 인증하는 품질보증 제도이다.
3) ISO 인증을 받았다는 뜻은 모든 행위가 품질메뉴얼, 품질절차서 품질지침서에 표시됨으로써 초보자의 경우도 작업이나 판단이 가능할 수 있도록 고객이 안심하고 제품을 구입하거나 서비스(건설업)를 받아도 좋다는 의미이다.
4) QS 9000인증제도는 미국의 GM, Ford, Chrysler 등에서 ISO 9000에 몇 가지 추가사항을 포함하여 품질보증시스템을 운영하는 제도로 점차 널리 사용되고 있다.

■ ■ ■

11.5 안전관리(Safety Control, 安全管理)

11.5.1 안전관리란?

(1) 안전관리의 중요성

최근 건설현장의 안전관리란 인적재해와 물적재해를 예방함으로 현장에 투입되는 자원(자재, 장비, 노무 등)의 효율성을 극대화 시켜 시공성을 높이고 생산성을 향상하기 위한 일체의 행동으로 정의 할 수 있으며, 이는 건설현장에서 가장 중요시되는 관리항목이 되었지만, 종래에는 단순히 노무관리란 표현으로 현장근로자 고용을 위한 형식적 근로계약서(임금 및 건강상태) 작성뿐이었음을 상기할 필요가 있다.

어느 곳의 어떤 현장사무실 앞이나, 작업장 입구에 둔 "Safety First" 혹은 "안전제일"이란 간판이 부착된 것을 발견할 수 있음은 우리 건설현장이 무엇보다도 먼저 "안전"을 생각하여야 한다는 것으로, 이는 인명존중 뿐 아니라 생산성과 품질을 향상시켜 재해 손실 비용을 줄임과 동시에 근로자의 사기 진작과 기업체의 이미지 제고를 통한 사회적 책임을 다하기 위한 안전관리의 중요성을 다시 한번 일깨우기 위함이다.

건설재해가 우리나라 산업재해중 피해가 가장 큰 분야이고, 특히 많은 인명 손실 때문에 건설업은 타산업보다 위험한 산업으로 인식되어 있을 뿐 아니라 모든 사람들이 3D(difficult, dirty, danger)의 대표업종으로 알고 있는 현실을 하루빨리 불식시키기 위하여서라도 우리 건설인 모두는 힘을 모아 안전관리에 최선을 다하여야 할 것이다.

해외 선진 현장의 경우 모든 작업이 준비가 끝난 후 최종적으로 작업의 시작 여부는 오로지 안전감독(safety engineer)의 판단에 따른다는 사실을 우리 국내현장에 근무중인 건설 종사자들이 본받아야 할 사항중 하나이다.

그림 11.25 현장 사무실 앞의 안전간판

그림 11.26 작업장의 안전수칙

(2) 건설현장의 안전관리 저해요인

건설현장은 정형화되어 있지 않을뿐 아니라, 지형이나 기후 등의 환경요인이 상이함으로, 현장 실정과 일치할 수 있는 그 현장만의 특별한 안전관리가 요구되며, 건설업은 여러 직종에 다양한 부류의 사람이 동일 장소에서 동시에 작업함으로 이질감(異質感)이 상존(常存)하고 있어 타업종에 비해 일체감이 적다. 또한, 건설 기능공은 대부분 일용근로자로 소속감 부족과 기피업종으로 인한 숙련도 부족에다 짧은 기간동안 부정기적인 작업으로 동료의식이 결핍되는 등 작업자들이 많은 안전 저해 요인을 가지고 작업에 임하고 있다.

신규로 유입되는 기능공은 젊은이보다 타직업에서 도태된 사람을 중심으로 이루어져 패배의식이 강하고, 나이가 많은 사람들이 많아 맡은 바 일에 대한 애착이 없고, 자긍심이 약하다.

건설업은 공사별, 공종별 하도급이 계속적으로 이어져, 책임 한계가 불분명하고, 신공법이나 신기술의 적용정도가 현장에 따라 상이하다.

최근의 건설공사는 복잡화, 대형화, 다양화, 고급화되고 있음에 비하여 숙련된 기능공의 숫자는 줄어들고 있다.

(3) 공사관리와 안전관리

건설현장 경영의 목적달성에 관계되는 많은 요소중 품질, 원가, 공정(공기), 안전의 4개 요소는 가장 중요한 관리목표인 동시에 평가요소들로 상호 연관성을 가지고 있으며 그들의 역할은 다음 그림 11.27과 같다.

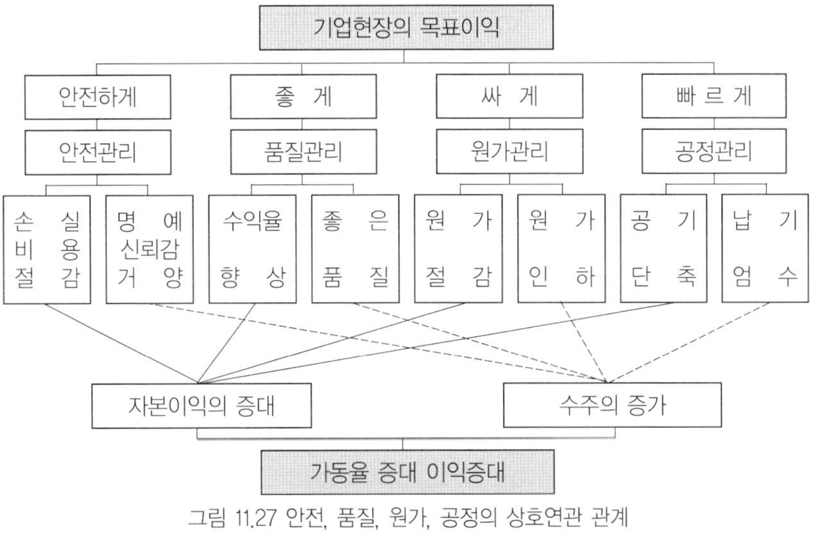

그림 11.27 안전, 품질, 원가, 공정의 상호연관 관계

그림 11.28 기존도로 옆의 안전시설(도로확장공사)

11.5.2 건설재해(建設災害)

(1) 재해발생의 기본원인(4M)

1) 인적요인(Man factor)

- 심리적 원인 : 망각, 고민, 억측판단, 착오, 생략행위, 의식의 우회 등
- 생리적 원인 : 피로, 수면부족, 신체기능저하, 고령, 음주
- 직장적 원인 : 직장의 인간관계, 리더쉽 부족, 팀워결여, 대화부족

2) 설비적요인(Machine factor)

- 설비 및 공기구의 설계상 결함(안전개념 미흡)
- 표준화 미흡
- 방호장치의 불량(인간 공학적배려 부족)
- 정비, 점검 미흡

3) 작업적요인(Media factor)

- 작업정보의 부적절
- 작업공간부족, 작업환경 부적합
- 작업자세, 작업동작의 결함, 작업방법의 부적절

4) 관리적요인(Management factor)

- 관리조직의 결함
- 규정과 매뉴얼 불비
- 적성배치 불충분, 건강관리의 불량
- 교육훈련 부족
- 부하에 대한 지도 · 감독 결여

(2) 재해예방의 4대 원칙

1) 예방가능의 원칙

모든 재해(인재)는 예방이 가능하다.

2) 손실우연의 원칙(Heinrich의 법칙)

동일사고의 경우 300:29:1(무손실:경상:중상)의 비율로 나타난다.

3) 원인계기의 원칙

모든 사고는 원인에 의하여 발생되므로 원인제거가 필요하다.

4) 대책선정의 원칙

발생횟수와 피해액은 기술적, 교육적, 관리적 대책에 의거 절감되므로 이들을 반복적으로 관리하여야 한다.

(3) 건설재해의 특성

1) 재해의 발생형태가 다양하다.

건설재해의 발생은 공사나 공종의 구별이 없을 뿐 아니라 장소와 시간에 대한 구분이 없다.

2) 사소한 재해발생이 대형화로 발전한다.

대부분의 건설재해는 중대 재해(사망사고)이거나, 중대 재해로 발전된다.

3) 복합적인 재해가 동시에 발생한다.

건설재해는 같은 시간에 현장의 여러 곳에서 발생된다.

(4) 건설재해의 3대 원인

1) 인적원인(Bio리듬활용)

- 심리적원인 : 무지(無知), 미숙련, 부주의, 권태 등
- 생리적원인 : 신체적인 결함, 질병, 피로 등
- 기타원인 : 노령자 및 미성년자, 안전장구 미착용 등

* 최근 건설현장에서는 인적원인을 최소화하고자 작업원의 Bio리듬을 check하여 이를 활용하고 있다.

2) 물적원인

- 설비 : 구조의 불안전, 재료의 불안전, 설비의 불안전, 협소한 작업장 등
- 작업 : 준비의 불안전, 정리정돈, 급속한 시공, 무리한 작업 등
- 기타 : 예산부족, 차량사고, 무리한 공기단축 등

3) 자연원인

- 예상치 못한 추위와 더위(홍수, 한발 등)
- 기상이변(국지성 폭우, 홍수, 폭설, 태풍, 낙뢰 등)

(5) 건설재해의 주요 발생사례

1) 높은곳(高所)에서 작업중 떨어진 물건(장구, 자재)에 의한 낙하물 재해와 작업원의 추락재해.
2) 비계, 거푸집 등 가설물의 조립이 해체시 발생되는 전도(轉倒)재해.
3) 지하굴착, 절토사면 등에 의한 토사붕괴나 터널작업장 등의 낙반사고.
4) 불안전한 가시설(동바리, 지보공)이나 거푸집의 조기 해체 등에 의한 시설물 전체의 붕괴.
5) 위험물(화약, 인화물질, 감전 등)이나 위험시설에 의한 화재사고.
6) 건설장비에 의한 인적, 물적피해.
7) 정리, 정돈되지 못한 작업장의 분진발생이나 자재정리의 허술함 등에 의한 사고.

(6) 건설업 표준안전관리비(안전관리비)

공사비 산정시 계상되는 안전관리비로 건설사업장 및 본사 안전전담 부서에서 산업재해의 예방을 위하여 법령에 규정된 사항의 이행에 필요한 비용을 하며, 안전관리자는 건설업 표준안전관리비의 집행에 대한 정기적인 보고와 함께 규정대로 사용될 수 있도록 보건안전관리 책임자를 적극 도와야 할 책무를 가진다(건설안전기사).

11.5.3 안전관리조직 및 체계(산업안전보건법)

(1) 안전관리 체계확립에 필요한 사항

1) 안전보건관리 총괄 책임자의 선임(현장대리인, 현장소장)
2) 자격과 권한을 가진 안전관리자의 선임
3) 분야별(직종, 공사) 안전담당자의 임명
4) 산업안전보건 위원회의 구성 및 운영

5) 기준에 의한 안전교육시행
6) 표준안전관리비의 계상 및 효율적인 집행

(2) 현장의 안전관리조직

건설현장은 365일 24시간 동안 깨어 있어야 함으로 비상시 연락이 가능하도록 관련기관 및 현장종사자들의 비상연락망이 있어야 하며, 연락망은 아무나 보고 활용할 수 있도록 현장사무실에 부착되어 있어야 하고, 또한 이를 통제할 수 있는 안전·보건관리조직도 구성되어 있어야 한다.

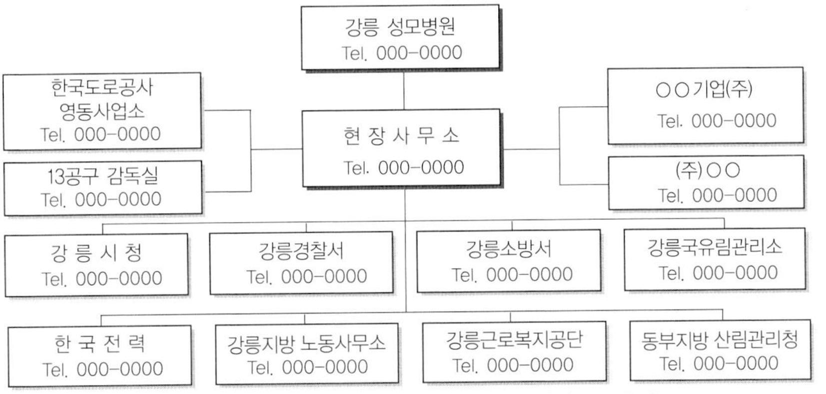

그림 11.29 현장의 비상연락망(영동고속도로 ○○공구현장)

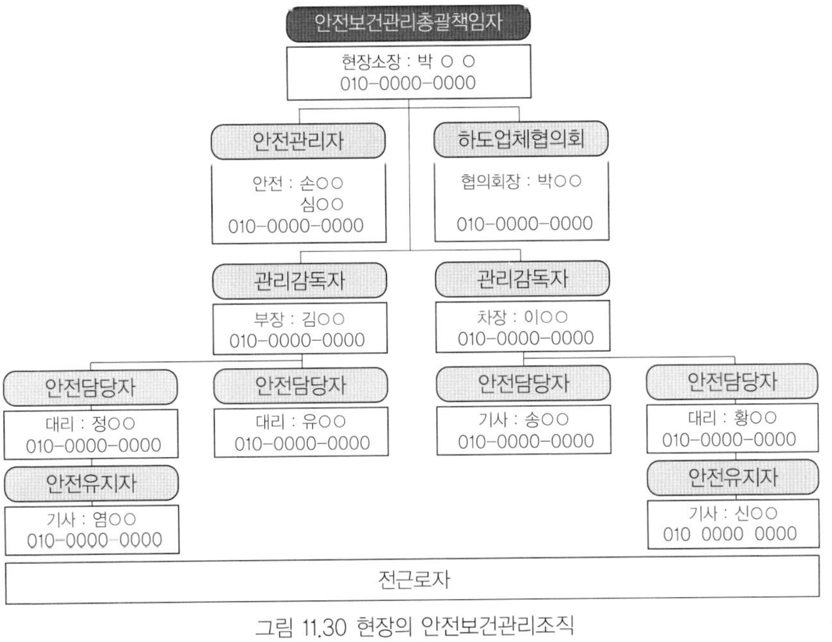

그림 11.30 현장의 안전보건관리조직

11.6 원가관리

11.6.1 원가관리와 실행예산

(1) 원가관리(Cost control)란?

발주자가 요구하는 설계도서의 공사량과 품질 및 공사기간은 반드시 지키되, 시공자가 지불할 비용은 가능한 적으면서도 늦게 투입함으로 시공자의 이익을 극대화할 수 있는 수단과 방법을 찾아내는 것을 일반적으로 현장의 원가관리라 말하며, 보다 넓은 뜻의 원가관리는 설계자, 발주자, 감리자, 시공자 모두의 이익이 최대가 될 수 있는 방안을 찾는 것이라 할 수 있다.

원가관리는 예정된 비용(실행예산, 예산)과 소요되는 비용(투입비, 원가)의 관계를 정기적으로 관리하며, 차이가 생길 경우 원인에 대한 수정 및 보완으로 원가를 낮추어 가는 행위의 연속이라 할 수 있다. 도급과 원가 또는 예산과 투입의 차이를 계산하여 남으면 이익이고, 모자라면 손실이 되는 바, 손익의 많고 적음에 따라 현장소장은 물론 현장 종사자들의 능력을 평가받아 회사내에서 상벌의 대상이 되기도 한다.

(2) 현장의 원가관리 부서

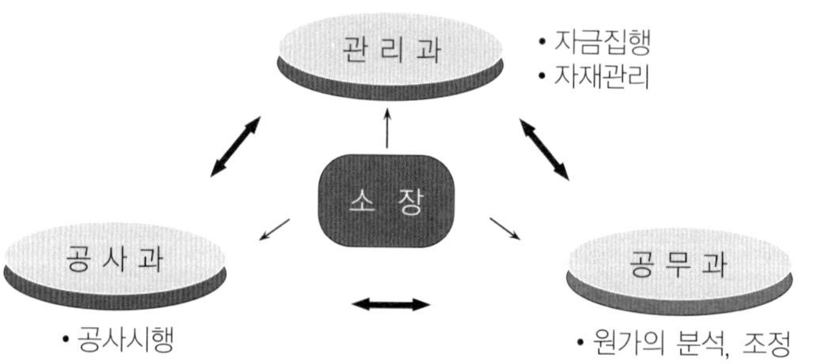

(3) 실행예산

사업을 직접 수행하는 주체(회사, 현장소장)가 설계도서와 현장조건을 면밀히 조사 · 분석한 후 주체가 가지고 있는 자재, 장비, 인원, 자금등을 효율적으로 동원하고, 부족되는 부분은 임대하거나 구입하여 실지 소요될 모든 비용을 가감없이 실지대로 산출한 예산을 말하며, 이에 대한 일체의 작업은 현장기술자의 몫으로 이를 담당하는 부서는 현장 공무팀(기획팀)으로 불리어지며 작성자는 현장소장의 결재를 얻어 본사에서 승인을 받음으로써 당해 현장의 실행예산으로 확정시키는 행위를 마치게 된다.

공사 수주(受注)를 위한 공사비 견적(見積, 적산)의 경우와 동일한 경우도 있으나, 상당한 차이가 있을수도 있음에 눈여겨 볼 필요가 있으며, 특히 내역입찰인 토목공사의 경우 수주견적에서는 수량산출이 필요없으나 실행예산 작성에는 필히 확인을 하여야 하고, 단가산출도 수주 견적시는 품셈을 이용한 이론과 관습이 우선할 수 있지만, 실행예산 작성시는 실지로 투입될 비용으로 우리회사가 보유하고 있는 유리한 위치나 불리한 사유를 충분히 고려되어야 한다는 점이다.

실행예산작성은 비목별(재료비, 노무비, 외주비, 경비 등)이나, 공종별(토공, 배수공, 교량공 등)로만 하는 경우일지라도 관리는 상호(비목별, 공종별)연결될 수 있어야 하고, 추정손익(손실 또는 이익)이 반드시 표시되어야 하며, 최초 실행예산 작성시점은 공사착공전이 바람직하나 부득이한 경우라 할지라도 착공후 2~3개월(공정율5%)이내는 반드시 확정하여야 한다.

(4) 적자현장과 흑자현장

장기간에 걸쳐 진행되는 공사현장의 원가 분석은 통상 매월 한번씩 이루어지며, 이는 도급액에 대한 적자와 흑자는 물론 실행예산과 비교한 적자 · 흑자를 비교, 분석하여 원인과 대책을 수립토록 하는 계약자(시공자, 도급자, 하도급자)의 정기적인 원가관리제도이며, 회사마다 작성양식은 다소 상이하나 포함되는 내용은 거의 동일하다.

원가보고서에 표시되는 내용은 월간 진척 상황과 누계상황으로 구분되며, 한달동안 설계도서에 표시된 공사량의 진척과 기성액, 그리고 이를 위해 투입된 인건비, 자재비, 장비비 등의 직접비와 간접비를 모두 계상한 투입액, 설계변경후 계약변경을 감안한 선투자와 기성, 선수금이나 기성취하액 등이다.

도급액과 실행예산 모두 흑자일 경우가 가장 바람직하나, 도급은 적자이지만 실행으로는 흑자거나, 도급이 흑자가 되어도 실행으로는 적자가 될 수도 있음에 주의할 필요가 있다.

11.6.2 원가관리 항목

현장원가관리 항목의 의미와 분류는 건설회사 마다 다소 차이가 있으나, 이는 기업회계의 결산서나 대차대조표와는 다르며, 일반적으로 현장에서 사용하고 있는 원가관리 항목들은 다음과 같으며, 공사 착수시 작성된 실행예산은 공사진행에 따라 공종별로 적자나 흑자로 나타나게 되며, 적자나 흑자폭이 큰 경우는 그 원인을 분석하여 대책을 수립하고 이를 공정계획에 반영하여야 함은 물론 즉시변경(수정)실행예산을 작성하여 당초 예상한 실행예산이 초과되지 않도록 하여야 한다.

(1) 고정비

한정된 공사기간(일, 월, 년)동안 시공량에 관계없이 일정하게 필요한 비용으로 사무실 유지비, 직원급료(간접노무비), 인·허가수수료, 장비손료 등이 이에 해당된다.

(2) 변동비

시공량에 비례하여 필요한 비용으로 인건비(직접노무비), 자재비, 장비손료와 장비가동에 필요한 제비용 등을 말하며, 직영공사에서는 인건비, 자재비, 장비비 등으로 구별하여야 하나, 공사자체를 공종별 또는 구간별로 외주(하도급) 처리할 경우는 외주비란 단일항목으로 될 수 있다.

(3) 예비비

실행예산 작성시 예상하기 곤란하거나 예기치 못한 응급사태가 발생시 사용하기 위한 비용으로 전체예산의 일정부분(1~2%)을 고정비로 예상한 비용이다.

(4) 직접공사비

공사에 직접 투입되는 비용(현장비용)으로 자재비, 장비비, 노무비(현장), 경비(회식, 착·준공식, 특허사용) 등이 이에 해당된다.

(5) 간접공사비

현장 지원에 필요한 비용으로 직원급료(본사나 현장), 사무실 유지비(전기, 전화, 사무비품 등), 현장지원비용 등을 말한다.

(6) 고정비와 간접공사비, 변동비와 직접공사비

고정비와 간접공사비, 변동비와 직접공사비는 그 성격이 유사하나 동일한 의미는 아님에 유의하여야 하며, 현장 직원의 인건비에 해당하는 제비용(급여, 퇴직금, 복리후생비 등)을 직접비로 계상하고, 본사에서 현장을 지원하는 지원인력(토목부, 자금부, 인사부 등)의 제비용과 기타 본사 비용(본사 사무실 유지비 광고선전비, 금융비용 등)을 간접비로 계상하기도 한다.

대부분의 건설회사에서는 실행예산 작성시부터 현장에서 발생될 전체 비용(공사비포함)의 일정 부분(국내 건설회사의 경우 7~20%)을 본사관리비라는 항목으로 실행예산에 반영하여 예산과 매월 달성되는 현장의 기성 및 투입되는 비용(월간원가현황)을 비교하여 그 현장이 흑자인지 적자인지를 판별하며 현장의 원가관리를 진행하고 있다.

11.6.3 공사기간과 원가

공사기간과 원가는 밀접한 관계를 가지고 있음으로 현장에서는 "공기단축", "공기준수", "공기엄수" 등의 안내 간판을 부착하여 모든 현장 종사자들에게 공사기간에 대한 경각심을 고취하고 있으며, 계약서에는 공사기간을 지키지 못할 경우 지체상금에 대한 규정을 삽입하여 놓고 있다. 공사기간과 공사비의 관계를 살펴보면, 공사기간에 따라 변하지 않는 고정비와 공사기간에 따라 비례하여 변하여 변동비로 나누어 볼 수 있는데, 공사량에 의하여 결정되는 직접 재료비와 인건비는 고정비 성격을, 공사기간에 따라 결정되는 현장관리자에 대한 관리비와 가설자재비(본 공사를 위한 준비공사로써 부대비)는 변동비로 볼 수 있다.

적절한 공기단축은 간접비를 줄일 수 있는 경제적 효과를 기대할 수 있으나, 현장의 제반여건을 고려하지 않은 무리한 공기단축은 본 공사를 위한 부대비의 증가는 물론 고정비에 해당하는 직접 자재나 직접 인건비도 추가되는 경우가 있으므로 주의하여야 한다.

(1) 비용경사(Cost slope) : 공사기간 1일 단축에 필요한 소요 비용.

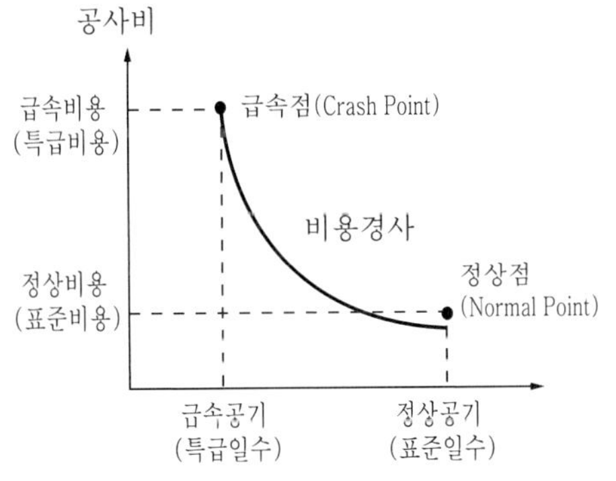

• $\text{비용경사} = \dfrac{\text{급속비용} - \text{정상비용}}{\text{정상공기} - \text{급속경기}}$

그림 11.31 비용경사

(2) 일정단축과 비용곡선

예정된 공사기간내에 작업을 완료하기 어렵거나, 예정된 공사기간을 단축하고자 할 경우에는 인원과 자재 및 장비를 추가 배치하거나 계획된 인원, 자재 장비만으로 작업시간을 연장하는 2가지 방안중에서 하나를 택일하든지, 2가지 방안을 동시에 추진함으로써 가능하게 된다.

이와같이 공사기간을 줄이게 되면 공사원가에 상당한 변화가 생기게 되는데, 이렇한 변화를 효율적으로 적응키 위하여는 줄어드는 간접비와 늘어나는 직접비의 합이 최소화 되는 방안을 찾는 것으로 앞서 살펴본 비용경사를 이용할 수 있다.

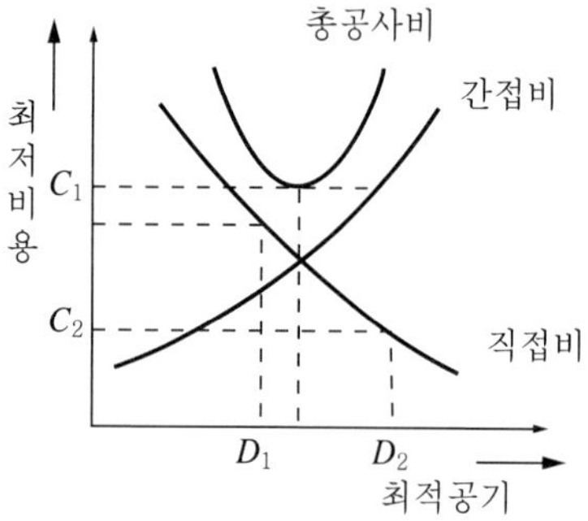

간접비 = 작업 일당×작업 일수

직접비 = 정상직접비+부가세+촉진비

총공사비 = 간접비+직접비

$$비용증가율 = \frac{C_1-C_2}{D_2-D_1}$$

(=비용구배 또는 비용경사)

그림 11.32 일정단축과 비용곡선

(3) 공사기간과 공사비 투입의 상관관계

1) 공사 전반기에 많은 자금투입으로 공정은 올렸으나, 이에 따른 금융비용이 발생됨으로 비능률적으로 자금이 투입되어 공정관리가 잘못되고 있음을 알 수 있다(그림 11.33 A).
2) 공사 후반기에 많은 자금투입으로 공정율을 올릴수 있음은, 자금 투입이 완료되면서 사업효과를 동시에 가질수 있어 효율적인 자금투입 및 효율적인 공정관리가 이루어진다고 할 수 있다(그림 11. 33 B).

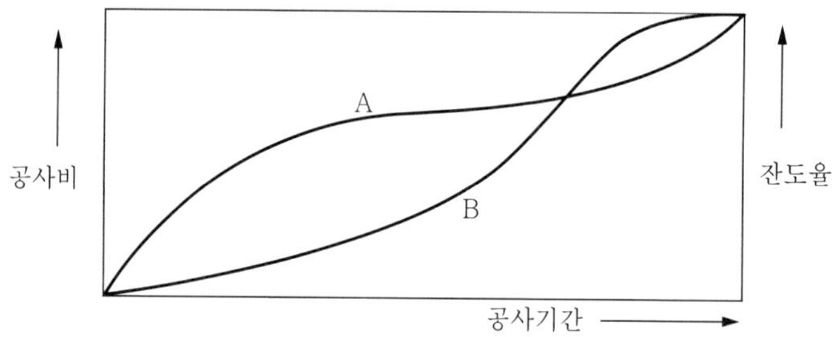

그림 11. 33 공사기간과 공사비 투입의 상관관계

(4) 공기지연과 원가 상승

공사기간이 당초 예정보다 길어질 경우 간접비 추가 부담은 피할 수가 없으며, 지연사유가 시공자에게 있을 경우는 지체보상금까지 부담케됨으로 이로 인한 현장원가는 적자(minus)가 될 수밖에 없다. 부득이 공사가 늦어질 경우 공기지연 사유가 발주자의 방침 변경, 용지구입(지장물 보상)지연과 같은 발주자 몫이냐, 또는 시공 잘못이나 계획오류(mistake)와 같은 시공자 몫이냐를 충분히 분석하고 검토하여야 하며, 이는 설계도서에 명시된 정당한 공기지연 사유의 해당여부에 따라 클레임(claim)이나 분쟁 사유인 만큼 현장참여자(감리, 시공)는 그때 그때 상황에 대한 철저한 기록이 요망된다.

■ ■ ■

11.7 환경관리

11.7.1 건설과 환경

(1) 환경훼손이 수반되는 건설

건설현장의 환경문제 해결을 위해서는 환경오염을 방지하는 노력 뿐 아니라 법규를 정확히 숙지하고 그에 따른 적합한 조치를 취하는 것이 무엇보다 중요하며, 삶의 질을 향상시키기 위한 사회기반시설의 확충이나 개선이 주목적인 건설은 환경훼손을 어떻게 평가하고, 어떻게 대처하여야 할 것인가 하는 문제 즉, 창조와 훼손의 상반된 견해를 일치시키거나, 상반된 의견을 최소화시켜야 한다는 원초적인 문제를 가지고 있으며 따라서 건설산업에 종사하는 건설인은 환경훼손의 주범으로, 환경보호론자나 환경보호단체의 기피 인물이거나 경계대상 인물이 되기도 한다.

대규모 건설공사는 인근 지역의 생태계 및 기후 변화와 이로 인한 지역주민들의 낯선 질병 등 생활의 변화(소양강 댐이나 충주댐 지역의 기후 변화, 여수 석유화학 단지나 포항철강단지 주변의 기온상승)가 따르기도 하므로 님비(Nimby)현상을 일으키기도 한다.

종래에는 경제성만을 고려한 건설공법과 편리한 시공방안이 주를 이루었으나, 최근에는 환경 훼손이나 상태계 변화를 최소화할 수 있는 건설계획으로의 사고(思考) 전환을 요구하고 있음으로 현장기술자는 공사비가 다소 많이 투입되어도 환경적인 측면을 고려한 환경친화적 시공이 될 수 있도록 최선을 다하여야 한다.

최근 건설업은 환경경영기술이란 용어로 5R이란 표현을 사용하고 있는 바, 이는 재사용(Reuse : 저공해 원재료사용), 재활용(Recycling : 발생폐기물의 재활용극대화 추진), 감량화(Reduction : 시공시 발생되는 오염물질과 폐기물 발생의 최소화), 수리 · 절약(Repair : 에너지절약), 재배치(Redesign : 시공공정의 현실성유지)를 뜻하고 있다.

그림 11.34 하천에서 토공작업 및 오탁 방지망

(2) 환경훼손의 우려로 국토개발계획이 변경되거나 취소된 사례

1) 동강댐 건설의 백지화 및 새만금 간척사업 규모의 축소
2) 100층의 사무실 빌딩 1개동을 계획하였으나, 인근 주민들의 민원으로 70층의 주상복합 빌딩 3개동으로 변경되면서 사업지연(서울시 도곡동 타워팰리스)
3) 타당성은 인정하나 주민들의 반대로 건립이 지연되고 있는 서울시 원지동(서울추모공원)
4) 서울외곽순환고속도로의 사패산, 불암산 통과 방안에 대한 이견(異見)으로 사업지연
5) 경부고속전철의 천성산(부산) 통과방안의 불교계 이견으로 사업지연

그림 11.35 절개지 발생에 따른 동물 이동통로(Echo bridge) 설치

그림 11.36 도로개설을 위한 환경훼손

(3) 건설장비에 의한 소음, 진동, 대기오염, 분진등의 저감사례

1) 대형 장비 대신에 소형 장비의 활용.
2) 주택가나 가축사육장 주위 발파시 소규모 발파와 무진동 발파공법의 적용 증가
3) 파일 항타시 충격식 대신 삽입식 공법으로 변경

(4) 현장 폐기물 발생의 최소화 방안

1) 폐자재 발생의 최소 대책수립을 위한 제작도면(shop drawing) 사전승인제도의 의무화
2) 재활용가능 쓰레기의 분리 및 보관시행
3) 산업폐기물(철근, 목재, oil)의 불법 매립금지(사회적 고발대상)

(5) 건설현장과 관련된 중요 환경법

1) 소음 · 진동규제법
2) 대기환경보전법

3) 수질환경보전법
4) 폐기물관련법
5) 환경영향평가법

11.7.2 건설폐기물

(1) 건설폐기물의 정의

1) 건설폐기물 :토목,건설 공사등과 관련하여 5톤이상 배출되는 폐기물로써 지정 폐기물이나 생활폐기물과 성상이 다른 폐기물
2) 지정폐기물: 현장에서 배출된 폐유,폐 페인트 등
3) 생활폐기물: 현장근무자(작업인력)의 활동에 따라 배출되는 음식물 쓰레기등

(2) 건설폐기물의 종류

- 건설폐기물
  - 건설폐재류
    - 폐토사
    - 폐콘크리트
    - 폐아스팔트 콘크리트
    - 폐벽돌
    - 폐기와
    - 폐석재
    - 기타 비금속광물자재류
  - 폐목재류(버팀목, 목형틀))
  - 폐합성수지류(합성수지자재, 스치로폼)
  - 금속류(철근,강관류,금속자재 등)
  - 폐종이류(포장재, 벽지 등)
  - 폐유리류(유리창,거울,유리제품 등)
  - 오니류(벤토나이트)
  - 폐섬유류
  - 소각잔재물(지정폐기물이 아닌 것)
  - 기타 건설공사와 관련하여 배출되는 것

그림 11.37 건설폐기물의 종류

(3) 지정폐기물

1) 공사용 차량이나 장비에서 발생되는 폐유
2) 도색 작업시 발생되는 폐 페인트
3) 건축물 철거 과정에서 발생되는 폐석면

(4) 건설폐기물의 특성

1) 폐기물의 발생장소가 일정하지 않다.
2) 폐기물의 배출량이 많다.
3) 구성하고 있는 폐기물의 종류(성분)가 다양하다.
4) 건설공사의 하도급 구조로 인한 폐기물 취급하는 자가 복잡하다.
5) 여러 종류의 폐기물이 대부분 혼합상태로 배출된다.
6) 환경상의 유해성은 그리 크지 않은 경우가 많다.
7) 선별 · 파쇄 등의 중간처리만 잘하면 재활용 가능성이 매우 높다.
8) 배출량은 건설경기, 계절, 지역과 밀접한 관계가 있다.

(5) 폐기물 처리 원칙

1) 폐기물은 수집, 운반, 처리하는 과정에서 환경오염이 최소화 되도록 폐기물의 「수집, 운반, 보관, 철리에 관한 구체적인 기준 및 방법」에 따라 처리하여야 한다.
2) 폐기물은 재활용, 가연성, 불연성으로 구분하여 수집 운반하여야 한다(시, 군, 구의 조례에 명시된 경우는 제외).
3) 폐기물은 폐기물 처리 시설에서 처리하여야 한다(단, 폐기물 재생 처리의 경우 페인트, 기름, 방부제 등이 묻어있지 아니한 목재와 건설공사 등으로 발생한 나무뿌리나 가지를 연료용으로 사용하는 경우는 예외).

(6) 건설폐재 재활용 목표율

건설폐재류를 성토재, 보조기층재, 도로기층재 또는 복토재를 재활용하고자 하는 경우는 최대 직경이 100mm 이하이고 이물질 함유량이 부피기준으로 1%이하가 되도록 하여야 한다.

그림 11.37 폐콘크리트의 활용

표 11.4 건설폐재 재활용 목표율

연 도	목표율(%)			
	토사	콘크리트 및 벽돌	아스팔트 콘크리트	건축 폐목재
1998.1.1~1999.12.31	60	50	35	-
2000.1.1~2001.12.31	70	70	70	30
2002.1.1~	75	75	75	50

11.7.3 소음 및 분진대책

(1) 소음의 기준 : 제3장 3.4.5-(2)의 생활소음 기준 참조

불쾌감 → 수면방해 → 회화방해 → 작업방해

(2) 소음방지 대책 및 시행방안

구 분	대 책	시행방안
1. 소음원 (騷音源)	• 발생원의 저음화 • 발생원인의 제거 • 차음(遮音) • 소음(消音) • 방진, 제진 • 운전방법 개선	• 저소음 장비(기계)의 활용 • 적시 급유, 낡은 부품의 교체 • 방음실, 방음 스크린 • 소음기, 흡음닥터 • 방진고무, 스프링 • 자동화, 배치장소 변경
2. 전파경로	• 거리 감쇄 • 차폐효과 • 흡음(吸音) • 지향성	• 적합한 배치장소의 선정 • 차폐물, 방음벽 • 실내흡음처리(음악실, 공연장 등) • 음원의 방향조정
3. 수음점 (受音点)	• 차음(遮音) • 작업방법의 개선 • 보호구	• 방음감시 시설 • 작업공정조정, 원격조작(로보터) • 귀마개, 귀덮개, 헬멧

(3) 분진대책

1) 작업장내 장비의 이동속도 준수 및 펜스(Fence) 설치
2) 토공 작업시 적정함수비 유지 및 운반차량의 덮개 설치
3) 작업로의 살수(撒水)나 간이포장 시행
4) 현장 입구에 세륜 시설설치의 의무화

(4) 세륜시설(洗輪施設)

공사차량이 공사현장 외부로 나올 때, 바퀴에 묻은 흙이나 먼지를 제거하기 위한 시설로 공사초기 현장입구에 설치토록 되어있다.

(5) 오탁 방지망(汚濁 防止網)

하천이나 해상에서 작업중 오물, 탁수 등으로 하천이나 바다를 오염시킬 우려가 있을 때 오염방지를 위해 작업전에 설치하는 그물(그림 11.34 참조)

그림 11.38 토공사현장 입구의 세륜시설

연습문제

11.1 다음 용어를 간략히 설명하시오.

① 공정의 경제속도(채산속도)
② 가치공학(V.E)
③ 비용구배
④ 건설사업관리중 LCC개념
⑤ 공사의 진도관리지수
⑥ 주공정선(critical path)
⑦ 환경지수와 내부지수
⑧ 공정관리곡선
⑨ 정보화 시공
⑩ 크리티칼 패스(critical path)

11.2 시공관리의 목적과 관리내용에 대하여 설명하시오.

11.3 공정관리기법에서 작업촉진에 의한 공기단축 방법을 설명하시오.

11.4 산간지역 2차원 쌍굴 터널시공시 원가관리, 품질관리, 공정관리, 안전관리

11.5 통계적 품질관리를 적용할 때 관리 Circle의 단계를 설명하시오.

11.6 철근 콘크리트 구조물 해체 공정에서 공해와 안전사고에 대한 방지대책을 설명하시오.

11.7 건설공사의 부실시공 방지대책을 제도적인 측면과 시공측면에서 설명하시오.

11.8 시공계획 작성시 사전조사 사항에 관하여 기술하시오.

11.9 국내 건설공사에서의 현행 원가관리 체계의 문제점을 열거하고 비용, 일정, 종합관리 기법에 관하여 설명하시오.

11.10 공사 시공관리에 중점이 되는 4개의 항을 들고 체계적으로 설명하시오.

11.11 건설공해에 대한 대책을 설명하시오.

| 참고문헌 |

1. 법률

- 국가를 당사자로 하는 계약에 관한 법 및 시행령
- 건설산업기본법 및 시행령
- 건설기술관리법 및 시행령
- 산업안전보건법 및 시행령
- 건설기계관리법 및 시행령

2. 기준 및 시방서

- 도로옹벽표준도(2009, 한국지반공학회)
- 콘크리트표준시방서(2009, 한국콘크리트학회)
- 콘크리트구조기준(2012, 한국콘크리트학회)
- 터널표준시방서(2010, 한국터널공학회)
- 도로공사표준시방서(2009, 한국도로협회)
- 고속도로공사 전문시방서(2005, 한국도로공사)
- 도로의 구조 시설기준에 관한 규칙(2005, 대한토목학회)
- 하천설계기준(2009, 한국수자원학회)
- 건설공사 비탈면설계기준(2011, 한국시설안전공단)

3. 시공학

- 2000 토목시공학(2001, 청운문화사, 남상욱)
- 신편 토목시공학(1999, 반도출판사, 윤충섭 외)
- 토목시공원론(2000, 예문사, 유재복)
- 최신토목시공학(1990, 형설출판사, 김형수 외)
- 토목시공 및 관리(2002, 크라운출판, 김정철 외)
- 새로운 토목시공학(2004, 기문당, 이 송 외)
- 현장실무를 위한 건설시공학(2010, 구미서관, 설진성 외)
- 알기쉬운 건설시공학(2007, 구미서관, 박홍태)

4. 참고서적

- 수석 감리사 전문과정(한국건설감리협회)
- 도로교 받침 편람(1998, 과학기술, 김동수)
- 대한토목학회 발간 토목(2001.1~2002.6)
- 도로공학원론(2011, 구미서관, 민 원)
- 건설공정관리학(2003, 기문당, 박홍태 외)
- 항만공학(2001, 형설출판, 민일규 외)
- 도로공학총론(2001, 새 론, 조규태)
- 도로공학총론(2000, 청문각, 남영국 외)
- 건설공사의 클레임과 분쟁(문원출판, 남진권)
- 토목재료학(제3판)(2010, 구미서관, 김성수 외)
- 철근 콘크리트[제6판](2001, 동명사, 변동균 외)
- 토목용어사전(2000, 성안당)
- 지반공학 제4판(2012, 구미서관, 천병식 외)
- 토목기사실기(2004, 성안당, 토목공학연구회)

5. 보고서 및 논문

- 건설 CALS 기반확산을 위한 전략수립연구(2002, 한국건설 CALS협회)
- 건설 프로젝트 관리체계개발(2002, 한국건설관리학회)
- 양양 양수발전소 시공보고(박찬영, 2002)
- 광진교 건설공사 시공보고(고광조, 2002)
- 강동대교 건설공사 시공보고(김문효, 2002)
- 광안대교 건설공사 시공보고(최종원, 2002)

부록 토목기사시험 예상문제(2013년)

1. 토공
2. 연약지반
3. 건설기계
4. 암석과 발파공
5. 기초공
6. 콘크리트공
7. 터널공
8. 교량공
9. 도로공
10. 댐과 하천 및 항만
11. 공사관리

부록 토목기사시험 예상문제(2013년)

1. 토공

1. 함수비가 20%인 토취장 흙의 습윤단위중량이 1.9t/m³이다. 이 흙으로 도로를 축조할 때 함수비는 15%이고, 습윤단위중량이 1.98t/m³이었다.
   이 경우 흙의 토량변화율(c)은 대략 얼마인가?
2. 토취장을 선정함에 있어서 어떤 조건을 고려하여 정해야 하는지 5가지만 쓰시오.
3. 현장 흙의 들밀도시험을 한 결과 파낸 구멍의 체적이 V=1,960cm³, 흙의 무게가 3,250g이고, 이 흙의 함수비는 10%이었다. 최대건조밀도가 γ_{dmax}=1.65g/m³일 때 상대 다짐도를 구하여라.
4. 교대의 측방유동에 크게 영향을 주는 요인을 3가지만 쓰시오.
5. 다음의 토적곡선에서 c-e구간의 굴착작업을 2일 내에 완료하기 위해 백호(1.0m³) 몇 대를 동원해야 하는지 계산하시오(단, 백호의 버킷계수(k) : 1.0, cm=30초, E=0.65, L=1.2, C=0.9, 1일 8시간 작업).

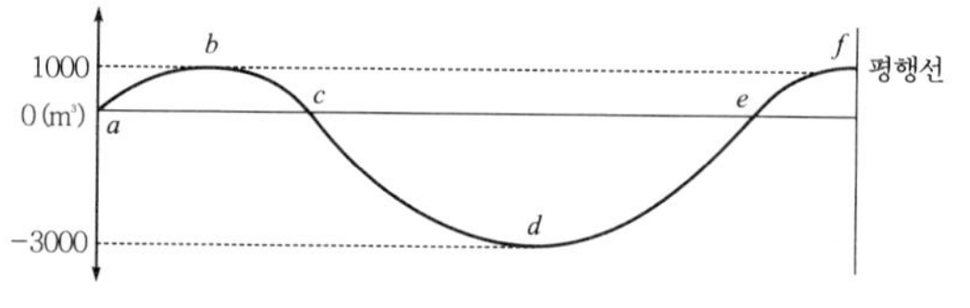

6. 다음과 같은 그림에서 말뚝하단의 활동면에 대한 히빙현상의 안전율을 구하시오.

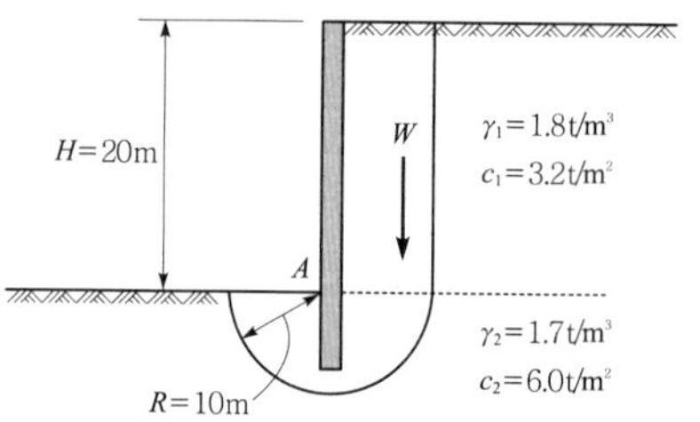

7. 다음 무한 자연사면의 경사가 20°이고 경사방향으로 지하수면이 지표면과 일치하여 지표면에서 5m 깊이에 암반층이 있다고 할 때 이 사면의 안전율은 얼마인가?

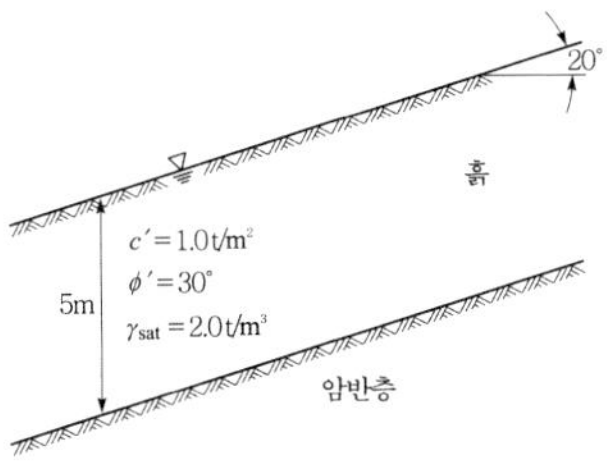

8. 다음 그림과 같은 옹벽에 작용하는 전주동토압은 얼마인가?(단, Rankine의 토압이론을 사용하시오.)

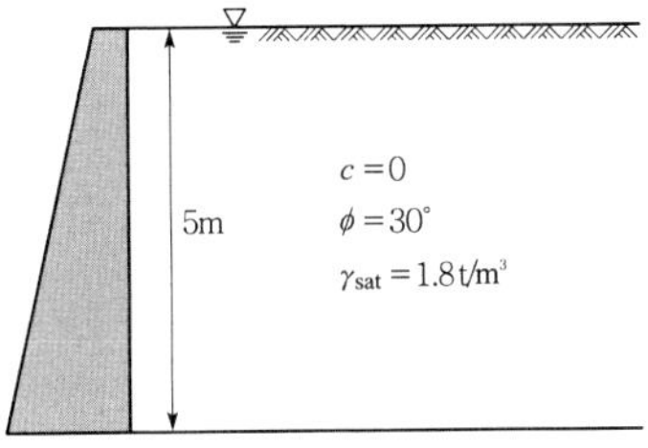

9. 다음 그림과 같은 중력식 옹벽의 전도(over-turning)에 대한 안전율을 계산하시오.(단, 콘크리트의 단위 중량은 2.3t/m³이며, 옹벽전면에 작용하는 수동토압은 무시함.)

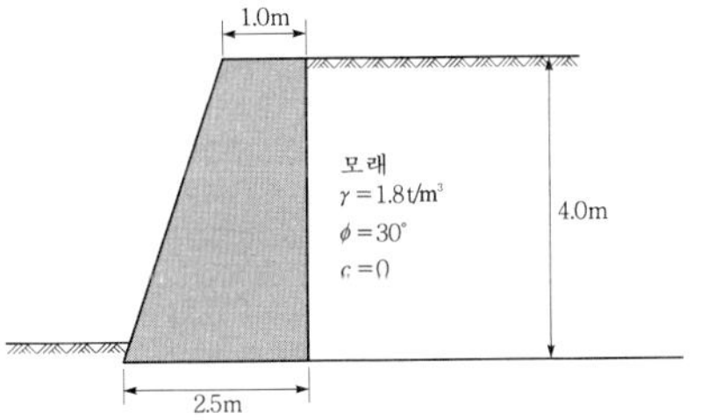

토공 | 답

1. ㉮ $\gamma_d = \dfrac{\gamma_t}{1+w} = \dfrac{1.9}{1+0.2} = 1.58$t/m³(토취장)

㉯ $\gamma_d = \dfrac{\gamma_t}{1+w} = \dfrac{1.98}{1+0.15} = 1.72$t/m³(다짐후의 건조밀도)

㉰ 토량변화율(C) = $\dfrac{\text{본 바닥흙의 } \gamma_d}{\text{다짐후의 } \gamma_d} = \dfrac{1.58}{1.72} = 0.92$

2. ㉮ 토질이 양호할 것.

㉯ 토량이 충분할 것.

㉰ 성토장소 방향으로 내리막 경사의 하향구배(1/50~1/100)일 것.

㉱ 운반로 조건이 양호하며 가깝고, 장애물이 적고, 유지관리가 용이할 것.

㉲ 기계사용이 용이하고, 신기 편리한 지형일 것.

3. ㉮ $\gamma_t = \dfrac{W}{V} = \dfrac{3,250}{1,960} = 1.66$g/cm³

㉯ $\gamma_d = \frac{\gamma_t}{1+w} = \frac{1.66}{1+0.1} = 1.51 g/cm^3$

㉰ $Rc = \frac{\gamma_d}{\gamma_{dmax}} \times 100 = \frac{1.51}{1.65} \times 100 = 91.52\%$

4. ㉮ 교대배면의 성토 높이.

㉯ 교대배면의 성토체 단위중량.

㉰ 연약지반 점토층의 두께.

㉱ 연약지반 점토층의 전단강도.

5. ㉮ $Q = \frac{3,600 \times q \cdot k \cdot f \cdot E}{cm} = \frac{3,600 \times 1 \times 1 \times \frac{1}{1.2} \times 0.65}{30} = 65 m^3/h$

㉯ 백호 1대 2일 작업량 = $65 \times 8 \times 2 = 1,040 m^3$

㉰ 백호소요대수 = $\frac{3,000}{1,040} = 2.88 = 3$대

6. ㉮ $M_d = (\gamma_1 H + q) \cdot \frac{R^2}{2} = (1.8 \times 20 + 0) \times \frac{10^2}{2} = 1,800 t \cdot m$

㉯ $M_r = C_1 HR + C_2 \pi R^2 = 3.2 \times 20 \times 10 + 6 \times 3.14 \times 10^2 = 2,524.96 t \cdot m$

㉰ $F_s = \frac{M_r}{M_d} = \frac{2524.96}{1,800} = 1.4$

7. $F_s = \frac{c}{\gamma_{sat} \cdot z \cdot \cos i \cdot \sin i} + \frac{\gamma'}{\gamma_{sat}} \times \frac{\tan \phi}{\tan i}$

$= \frac{1}{2 \times 5 \times \cos 20^\circ \times \sin 20^\circ} + \frac{1}{2} \times \frac{\tan 30^\circ}{\tan 20^\circ} = 1.1$

8. ㉮ $K_a = \frac{1-\sin\phi}{1+\sin\phi} = \tan^2(45 - \frac{\phi}{2}) = \tan^2(45 - \frac{30^\circ}{2}) = \tan^2(45 - \frac{30^\circ}{2}) = \frac{1}{3}$

㉯ $P_a = \frac{1}{2}\gamma' H^2 K_a + \frac{1}{2}\gamma_w H^2$

$= \frac{1}{2} \times 0.8 \times 5^2 \times \frac{1}{3} + \frac{1}{2} \times 1 \times 5^2 = 15.83 t/m$

9. $F_s = \frac{W_b + P_v B}{P_h \cdot y} = \frac{W_b}{P_a \cdot y}$

$P_a = \frac{1}{2}\gamma_t h^2 K_a + \frac{1}{2} \times 1.8 \times 4^2 \times 0.333 = 4,795 t/m^2$

$F_s = \frac{(\frac{1.5 \times 4}{2} \times 2.3) \times \frac{2 \times 1.5}{3} + (1 \times 4 \times 2.3) \times 2}{4.795 \times \frac{4}{3}} = 3.95$

2. 연약지반

1. 다음 그림과 같은 지반에 상부 모래지반까지 지하수위가 위치하고 있다가 3m 하강했을 때의 정규압밀 점토층에 발생하는 압밀침하량을 구하시오.

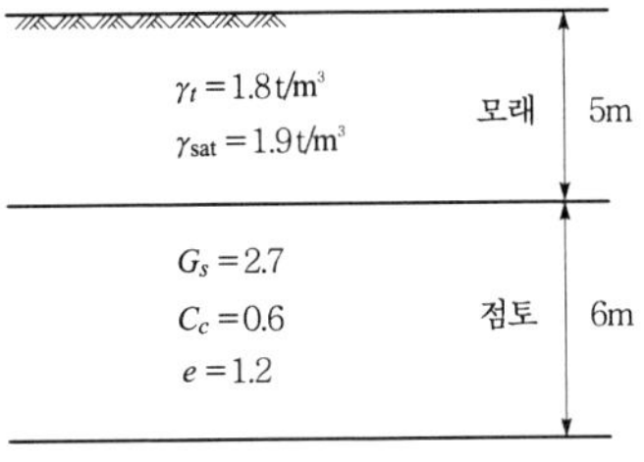

2. 샌드드레인공법으로 연약지반을 개량하였다. $U_v = 0.85$, $U_h = 0.43$인 경우 수직, 수평방향을 고려한 압밀도(U)는 얼마인가?

3. 연약지반처리 공법 중 샌드드레인공법의 샌드매트의 역할 3가지만 쓰시오.

연약지반 | 답

1. ㉮ $P_1 = 0.9\times5+0.7\times\frac{6}{2} = 6.81t/m^3$

㉯ $P_2 = 1.8\times3+0.9\times2+0.77\times\frac{6}{2} = 9.51t/m^2$

㉰ $Sc = \frac{C_c}{1+e_1}H\cdot\log\frac{P_2}{P_1} = \frac{0.6}{1+1.2}\cdot6\times\log\frac{9.51}{6.81} = 23.73cm$

2. $U = 1-(1-U_v)(1-U_h)$

$= 1-(1-0.85)(1-0.43) = 91.45\%$

3. ㉮ 압밀촉진 : 연약지반 상부의 배수층 형성

㉯ 지하수위저하 : 성토내 지하배수층 형성

㉰ 시공기계의 주행성(trafficability) 확보

3. 건설기계

1. 버킷용량 1.0m³의 백호로 15ton 트럭에 적재하는 경우 백호의 적재시간을 계산하시오.(단, 백호의 버킷계수(K)=0.9, 효율(E)=1.0, 사이클타임(cm)=20초, 흙의단위중량(γ_t=1.9t/m³, L=1.2이다.)

2. 굴착토량 1,200m³를 용적이 5m³인 트럭으로 운반하려고 한다. 상차시간을 포함한 트럭의 평균속도는 6km/hr이고 토사장까지의 거리는 2km일 때 하루에 전량을 운반하려면 몇 대의 트럭이 소요되는가?(단, 1일 실가동은 8시간이다.)

3. 펌프 준설선으로 준설을 하고자 한다. 압송유량은 초당 1.5m³/sec, 수면으로부터 배출구까지 수두차는 5m, 손실수두의 총 합은 44m, 토사를 합류한 물의 단위중량은 1.2t/m³, 펌프의 효율은 0.6이라 할 때, 필요한 펌프의 동력은 몇 마력(HP)인가?

4. 불도저의 1회 굴착압토량이 3.0m³, 토량변화율 L=1.25, 작업효율 E=0.8, 평균굴착압토거리 60m, 전진속도는 30m/분, 후진속도는 60m/분, 기어변속시간 및 가속시간이 0.5분일 때 이 불도저 운전 1시간당의 작업량은 본바닥 토량으로 얼마인가?

5. 버킷용량이 0.6m³인 백호와 15ton 덤프트럭을 사용하여 토공사를 하고 있다.

조건 :
- 흙의 단위중량 : 1.7t/m³
- 운반거리 : 5km
- 트럭의 적재시 속도 : 30km/hr
- 트럭의 공차시 속도 : 25km/hr
- 싣기 대시기간 : 1분
- 흙 뿌리기 시간 : 0.5분
- L=1.25, C=0.85
- 백호의 버킷계수 : 1.1
- 백호 사이클타임 : 30초
- 트럭의 효율 : 0.9
- 백호의 효율 : 0.7

(1) 백호의 시간당 작업량 Q_s(m³/h)은?

(2) 덤프트럭의 시간당 작업량 Q_t(m³/hr)은?

(3) 덤프트럭의 소요대수(N)은 얼마인가?

건설기계 | 답

1. ㉮ $q_t = \frac{T}{\gamma_t} \cdot L = \frac{15}{1.9} \times 1.2 = 9.47\text{m}^3$

㉯ $N = \frac{q_t}{q_k} = \frac{9.47}{1 \times 0.9} = 10.52 = 11$회

㉰ $cm = \frac{C_{ms} \cdot N}{60 \cdot Es} = \frac{20 \times 11}{60 \times 1} = 3.67$분

2. ㉮ 1일 운반횟수 $= \dfrac{\text{1일 작업시간}}{\text{1회 왕복소요시간}} = \dfrac{8\times60}{\dfrac{2\times2}{6}\times60} = 12$회

㉯ 1일 트럭 1대 운반량 $= 5\times12 = 6m^3$

㉰ 트럭의 소요대수 $= \dfrac{1200}{60} = 20$대

3. $E = \dfrac{1{,}000w+QHe}{75\eta} = \dfrac{1{,}000wQ(H+\Sigma h')}{75\eta} = \dfrac{1{,}000\times1.2\times1.5(5+44)}{75\times0.6} = 1{,}960HP$

4. ㉮ $C_m = \dfrac{L}{V_1} + \dfrac{L}{V_2} + t_g = \dfrac{60}{30} + \dfrac{60}{60} + 0.5 = 3.5$분

㉯ $Q = \dfrac{60\times q\cdot k\cdot f\cdot E}{C_{ms}} = \dfrac{60\times3\times\dfrac{1}{1.25}\times0.8}{3.5} = 32.91m^3/hr$

5. ㉮ $Q_s = \dfrac{3{,}600\times q\cdot k\cdot f\cdot E}{C_{ms}} = \dfrac{3{,}600\times0.6\times1.1\times\dfrac{1}{1.25}\times0.7}{3.5} = 44.35m^3/h$

㉯ ① $q_t = \dfrac{T}{\gamma_t}\cdot L = \dfrac{15}{1.7}\times1.25 = 11.03m^3$

② $N = \dfrac{q_t}{q_k} = \dfrac{11.03}{0.6\times11} = 16.71 = 17$회

③ $C_{mt} = \dfrac{C_{ms}\cdot\eta}{60\cdot Es} + T_1 + T_2 + t_1 + t_2$

$= \dfrac{30\times17}{60\times0.7} + \dfrac{5\times60}{30} + \dfrac{5\times60}{25} + 0.5 + 1 = 35.64$분

④ $Q_t - \dfrac{60\times q_t\cdot f\cdot E_t}{C_{ms}} = \dfrac{60\times11.03\times\dfrac{1}{1.25}\times0.9}{35.64} = 13.37m^3/hr$

㉰ $N = \dfrac{44.35}{13.37} = 3.32 = 4$대

4. 암석과 발파공

1. 암반분류법(rock classification)의 하나인 RMR값을 구성하는 요소 4가지만 쓰시오.

2. 심발공(심빼기 발파공)의 종류 중 4가지만 쓰시오.

3. 전체 심도 5m의 시추작업을 통해 획득한 6개 암석 코어의 길이는 각각 145cm, 35cm, 120cm, 50cm, 45cm, 95cm이었고, 풍화토의 시료도 함께 산출되었다. 시추 대상 암반에 대한 코어회수율(Total core recovery)은 계산하시오.

4. 벤치컷(bench cut) 종류 3가지를 쓰시오.

5. 암석 굴착현장에서 직접탄성계수를 결정하는 방법을 3가지만 쓰시오.

6. 암반의 공학적 분류방법 4가지를 기술하시오.

7. 조절발파(controlled blasting) 공법의 종류를 4가지만 쓰시오.

암석과 발파공 | 답

1. ㉮ 암석의 강도 ㉯ R.Q.D
   ㉰ 불연속면의 간격 ㉱ 불연속면의 상태
   ㉲ 지하수의 상태
2. ㉮ 스윙 컷(Swing cut) ㉯ 번컷(Burn cut)
   ㉰ 노컷(No cut) ㉱ V컷(Wedge-cut)
   ㉲ 피라미드 컷(pyramid cut)
3. 코어회수율 $= \dfrac{\text{회수된 암석의 길이}}{\text{암석코어의 이론상의 길이}} \times 100\%$

   $= \dfrac{145+35+120+50+45+95}{500} \times 100 = 98\%$
4. ㉮ long bench cut ㉯ short bench cut
   ㉰ SMB(sato micro bench cut)
5. ㉮ Jacking test(암반의 평판재하시험) ㉯ 공내 재하시험
   ㉰ 동적 반복재하시험
6. ㉮ RMR분류법 ㉯ Q분류법
   ㉰ RQD에 의한 분류법 ㉱ 절리의 간격에 의한 분류법
7. ㉮ 라인 드릴링공법(Line Drilling) ㉯ 큐션 블라스팅공법(Cushion Blasting)
   ㉰ 스므스 블라스팅공법(Smooth Blasting) ㉱ 프리 스프리팅공법(Pre splitting)

5. 기초공

1. 얕은기초의 근입깊이 결정시 고려사항을 3가지만 쓰시오.

2. 얕은기초의 지반의 파괴형태 3가지를 쓰시오.

3. 현장타설말뚝은 콘크리트를 타설 할 때 공저에 슬라임이 퇴적되어 있으면 침하원인이 되고 말뚝으로서 기능이 현저하게 저하한다. 이같은 슬라임제거공법을 3가지만 쓰시오.

4. 다음 그림과 같이 연직하중과 모멘트를 받는 구형기초의 극한하중과 안전율을 Terzaghi공식을 이용하여 구하시오.(단, N_c=37.2, N_r=19.7, N_q=22.5 이다.)

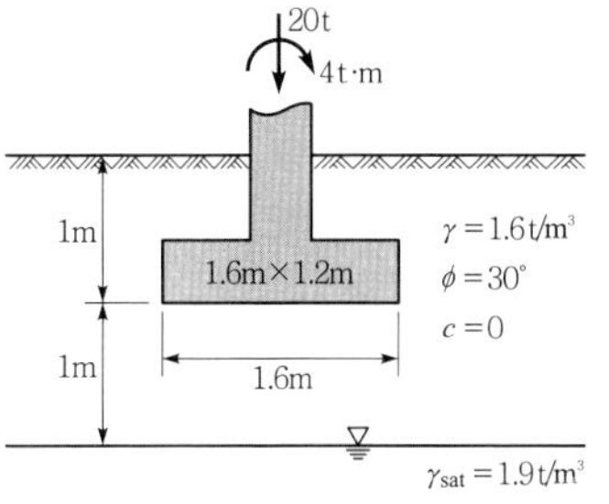

5. Meyerhof공식을 이용하여 콘크리트말뚝 지름 30cm, 길이 14m인 말뚝을 표준관입치가 다른 3층의 지층으로 되어있는 기초지반에 박을 경우 말뚝의 허용지지력을 구하시오(단, 안전율은 3으로 계산하고, 최종 계산값을 소수 3째자리에서 반올림 할 것.)

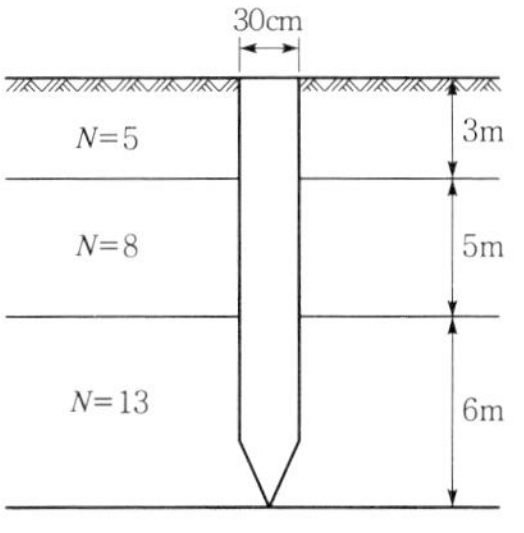

6. 다음 그림과 같이 수평방향으로 10ton의 하중이 작용할 때 말뚝머리의 수평변위는 얼마나 발생하겠는가?

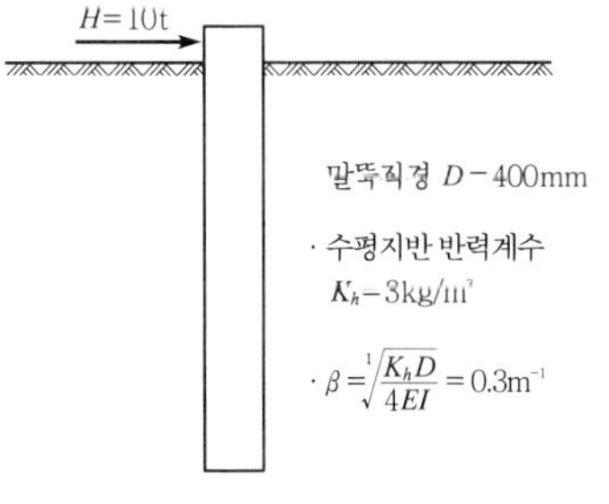

7. 다음과 같은 복합푸팅에 있어서 기초지반의 허용지내력 15t/m²일 때 L및 B를 구하시오.

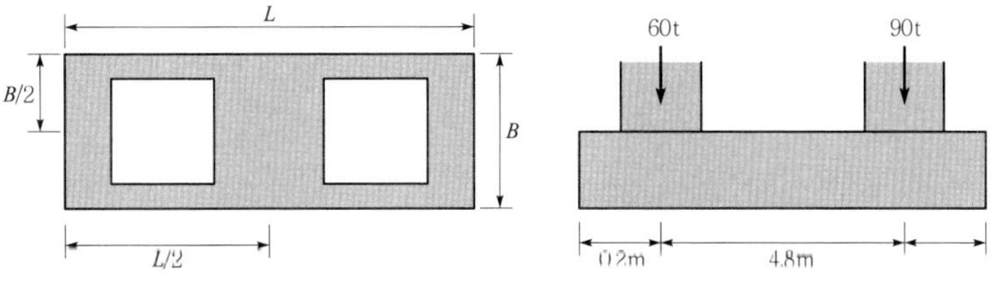

8. 원심력 철근콘크리트 말뚝의 장점 3가지를 쓰시오.

기초공 | 답

1. ㉮ 체적변화를 일으키는 깊이　　㉯ 동결 깊이
   ㉰ 지하수위의 위치　　㉱ 지하 매설물 및 인접구조물의 영향
2. ㉮ 전반전단파괴　　㉯ 국부전단파괴
   ㉰ 관입전단파괴
3. ㉮ air lift 방법　　㉯ suction pump 방법
   ㉰ water jet 방법　　㉱ 수중펌프방법
4. ㉮ 편심거리 $M=p\times e$, $4=p\times e$ ∴ $e=0.2m$
   ㉯ 기초의 유효크기　① 유효폭$(B')=B=1.2m$
   　② 유효길이$(L')=L-2e = 1.6-2\times0.2 = 1.2m$
   ㉰ $\gamma_1 = \gamma' + \frac{d}{B}(\gamma_t - \gamma') = 0.9+\frac{1}{1.2}(1.6-0.9) = 1.48t/m^3$
   ㉱ $q_u' = \alpha CN_c+\beta B'\gamma_1 N_r+D_f\gamma_2 N_q$
   　$= 0+0.4\times1.2\times1.48\times1.97+1\times1.6\times22.5 = 49.99t/m^2$
   ㉲ $q_u' = \frac{P_u}{B'\cdot L'} = 44.99 = \frac{P_u}{1.2\times1.2}$ ∴$P_u = 71.99t$
   ㉳ $F_s = \frac{P_u}{P} = \frac{71.99}{20} = 3.6$
5. ㉮ ① $A_p = \frac{\pi D^2}{4} = \frac{\pi\times0.3^2}{4} = 0.07m^2$
   　② $A_s = \pi\cdot D\cdot L = \pi\times0.3\times14 = 13.19m^2$
   　③ $\overline{N_s} = \frac{N_1h_1+N_2h_2+N_2h_3}{h_1+h_2+h_3} = \frac{5\times3+8\times5+13\times6}{3+5+6} = 9.5$
   　④ $R_u = 40NA_p+\frac{1}{5}\overline{N_s}A_s = 40\times13\times0.07+\frac{1}{2}9.5\times13.19 = 61.46t$
   ㉯ $R_a = \frac{R_u}{F_s} = \frac{61.46}{3} = 20.49t$
6. $\int = \frac{2\beta H}{KD} = \frac{2\times0.003\times10,000}{3\times40} = 0.5cm$
7. ㉮ $\sum V = 0$
   $60+90 = 15\times BL$에서 $BL = 10$ ·· ①
   ㉯ $\sum M = 0$
   $60\times0.2 = 90\times5 = 15\times BL\times\frac{L}{2}$에서 $BL^2 = 61.6$ ······························ ②
   ①식, ②식에서 $L = 6.16m$, $B = 1.62m$
8. ㉮ 15m이하에서 경제적이다.
   ㉯ 재질이 균질하기 때문에 신뢰도가 높다.
   ㉰ 강도가 크기 때문에 지지말뚝에 적합하다.

6. 콘크리트공

1. 수화반응으로 생성된 콘크리트는 PH=12~13정도로 강알칼리성을 가지고 있다.

이 콘크리트에 포함된 수산화칼슘이 공기중의 CO2와 결합하여 탄산칼슘과 물로 변화되면서 알칼리성이 상실되어 PH=8.5~10으로 산성화되어 콘크리트 속에 있는 철근을 부식시키고 콘크리트의 성능저하를 일으키게 한다.

(1) 이 현상을 무엇이라 하는가?

(2) 방지대책 4가지를 기술하시오?

2. 콘크리트 배합강도를 구하기 위해 시험횟수 18회의 콘크리트 압축강도를 실시하였다. 설계기준강도가 f_{ck} = 28MPa이고, 표준편차 S=3.6MPa일 때 배합강도를 구하시오.

(단, 시험횟수가 29회 이하일 때 표준편차의 보정계수)

시험횟수	소정계수	비고
15	1.16	
20	1.08	
25	1.03	
30이상	1.00	

3. 서중콘크리트 시공에 있어서 기온이 높아지면 그에 따라 타설온도가 높아져서 서중콘크리트 시방규정에 따라 시공하여야 한다. 서중콘크리트 치기 작업시 콘크리트표준시방서에서 규성한 유의사항 4가지만 쓰시오.(단, 재료에 관한 사항은 제외한다.)

4. 콘크리트 시방배합과 현장 골재상태로부터 현장배합의 단위량을 결정하시오.

시방배합:
- 단위수량 : 155kg
- 단위시멘트량 : 300kg
- 단위 잔골재량 : 685kg
- 단위 굵은골재량 : 1,300kg
- 잔골재 표면수량 : 5%
- 굵은골재 표면수량 : 1%
- 잔골재의 No.4체 잔류량 : 3%
- 굵은골재의 No.4체 통과량 : 4%

5. 한중콘크리트 타설시 비볐을 때의 온도가 25°C, 주위온도가 3°C, 비빈 후 타설이 끝났을 때의 시간은 1시간 30분이었다. 비빈 후 콘크리트의 온도를 구하시오.

6. 신 건설재료의 일종으로 콘크리트, 폴리머 복합체로 이루어진 콘크리트의 종류 3가지만 쓰시오.

7. 철근의 정착방법 3가지를 쓰시오.

8. 숏크리트 타설시 건식방법 특징 4가지만 쓰시오.

9. 약액주입공법의 주입재료 중에서 비약액계 주입재 3가지를 쓰시오.

10. 프리스트레스트콘크리트의 손실원인을 5가지만 쓰시오.

콘크리트공 | 답

1. (1) 콘크리트 중성화 현상
   (2) ㉮ 물-시멘트비를 작게 한다.
   ㉯ AE제, 감수제를 사용한다.
   ㉰ 콘크리트의 피복두께를 크게 한다.
   ㉱ 골재는 흡수율이 작은 단단한 것을 사용한다.
2. ㉮ $f_{cr} = f_{ck} + 1.34S = 28 + 1.34 \times 4 = 33.36MPa$
   ㉯ $f_{cr} = (f_{ck} - 3.5) + 2.33S = (28 - 3.5) + 2.33 \times 4 = 33.82MPa$
   ㉮, ㉯ 중에서 큰 값이 배합강도임. $\therefore f_{cr} = 33.82MPa$
3. ㉮ 치기 전에는 지반과 거푸집 등을 살수하거나 덮개를 하여 습윤상태를 유지한다.
   ㉯ 비빈 후 가능한 한 빨리 치며, 비빈 후 치기를 시작할 때까지의 시간은 1.5시간 이내로 한다.
   ㉰ 치기할 때의 콘크리트의 온도는 35°C 이하로 한다.
   ㉱ 콜드조인트가 생기지 않도록 적절한 계획에 따라 실시한다.
4. ㉮ 골재량의 수정 : 잔골재량은 x, 굵은골재량을 y라 하면
   $x + y = 685 + 1300 = 1985$ ①
   $0.03x + (1-0.04)y = 1300$ ②
   ①식 ②식에서 x = 651.18kg, y = 1333.82kg
   ㉯ 표면수량 수정
   ① 잔골재 표면수량 = 651.18 × 0.05 = 32.56kg
   ② 굵은골재 표면수량 = 1333.82 × 0.01 = 13.34kg
   ㉰ 현장배합
   ① 단위시멘트량 : 300kg
   ② 단위수량 : 155 -(32.56 + 13.34) = 109.10kg
   ③ 잔골재량 : 651.18 + 32.56 + 683.34kg
   ④ 굵은골재량 : 1333.82 + 13.34 = 1347.16 kg
5. $T_2 = T_1 - 0.15(T_1 - T_0)t \quad = 25 - 0.15(25-3) \times 1.5 = 20.05°C$
   T_2 = 치기가 끝났을 때의 온도(°C)
   T_1 = 비벼진 온도(°C)
   T_0 = 주위의 온도
   t = 비벼졌을 때부터 치기가 끝날 때까지의 시간(hr)
6. ㉮ 폴리머 시멘트 콘크리트(PCC) ㉯ 폴리머 콘크리트(PC) ㉰ 폴리머 함침 콘크리트(PIC)

7. ㉮ 매입길이에 의한 정착 ㉯ 갈고리에 의한 정착
㉰ 정착하고자하는 철근의 가로방향에 따른 철근을 용해해 붙이는 방법

8. ㉮ 거푸집이 불필요하다. ㉯ 급속시공이 가능하다.
㉰ 협소한 장소, 급경사면 등에서도 작업이 가능하다.
㉱ 시공기계가 소형으로 기동성이 좋다.

9. ㉮ 시멘트계 ㉯ 점토계 ㉰ 아스팔트계

10.

프리스트레스 도입시 일어나는 손실원인	프리스트레스 도입 후 일어나는 손실원인
㉮ 콘크리트 탄성변형	㉮ 콘크리트 크리프
㉯ PS강재와 Sheath 사이의 마찰	㉯ 콘크리트 건조수축
㉰ 정착장치의 활동	㉰ PS강재의 Relaxation

7. 터널공

1. 터널의 암반보강을 위한 강지보재의 종류 4가지만 쓰시오.

2. NATM 터널공사시 일상의 시공관리를 위하여 반드시 실시하여야 할 계측항목 3가지만 쓰시오.

3. 터널보강재인 록 볼트(Rock bolt)의 정착형식 3가지를 쓰시오.

4. NATM공법에 있어서 숏크리트의 리바운드량을 감소시키는 방법 4가지만 쓰시오.

5. 터널을 굴착함에 있어 막장면의 용수에 의해 대규모 붕괴사고를 유발하게 된다. 용수대책공법 4가지만 쓰시오.

터널공 | 답

1. ㉮ H형강지보재 ㉯ U형강지보재 ㉰ 강관지보재 ㉱ 격자지보재(Lattice girder)
2. ㉮ 갱내관찰조사 ㉯ 내공변위측정 ㉰ 천단침하측정 ㉱ Rock bolt 인발시험
3. ㉮ 선단정착형 ㉯ 전면접착형 ㉰ 혼합형
4. ㉮ 습식공법채용 ㉯ 단위시멘트량을 크게 한다.
㉰ 노즐을 시공면과 직각이 되도록 한다. ㉱ 단위 수량을 크게 한다(w/c = 40~60%)
㉲ 잔 골재율을 크게 한다(s/a = 55~75%)
5. ㉮ 물빼기갱 설치 ㉯ 물빼기 보링공 설치 ㉱ 웰포인트공법
㉲ 동결공법 ㉰ 약액주입공법

8. 교량공

1. ILM(압출공법)에 적용하는 압출공법을 3가지만 쓰시오.
2. 장대교량에 사용되는 사장교는 주부재인 케이블의 교축방향 배치 방식에 따라 크게 4가지로 분류되는데 이를 쓰시오.
3. 교량은 상판의 위치, 구조형식, 사용재료 및 용도 등 여러 가지 관점에서 분류할 수 있다. 상판의 위치에 의하여 분류한 교량의 형식 4가지를 쓰시오.
4. 트러스교를 골조형태로 분류할 때 종류를 3가지만 쓰시오.
5. 강상자형교(steel box girder bridge)는 얇은 강판을 상자형 단면으로 결합하여 외력에 저항하는 구조이다. 이러한 강상자형교는 박스단면의 구성형태에 따라 3가지로 분류하시오.
6. 합성형교에서 강재 거더와 바닥판 콘크리트 사이에서 각종 하중의 조합에 의해서 발생하는 전단력에 저항하기 위해서 설치하는 장치의 이름을 쓰시오.
7. PSC공법으로 PS강재의 정착공법 4가지만 쓰시오.(포스트텐션 공법)
8. 교량등급별 DB-하중 3가지를 쓰시오.
9. 교량 공사시 동바리를 설치하지 않고 교각위의 주두부로부터 좌우로 평형을 유지하면서 이동식 작업차(form traveller)를 이용하여 3~5m길이의 세그먼트를 순차적으로 시공한 후 경간 중앙부에서 켄틸레버 구조물을 힌지나 강결로 연결하는 공법은?
10. PS콘크리트 교량건설공법 중 동바리를 사용하지 않은 현장 타설공법의 종류를 3가지만 쓰시오.
11. 강재의 용접부 비파괴 검사법을 4가지만 쓰시오.

교량공 | 답

1. ㉮ Lift & pushing 공법 ㉯ 분산압출공법 ㉰ pulling 공법
2. ㉮ 방사형(Radiation) ㉯ 부채형(fan) ㉰ 하프형(harp) ㉱ 스타형(star)
3. ㉮ 상로교 ㉯ 하로교 ㉰ 중로교 ㉱ 2층교
4. ㉮ 와렌트러스(warren truss) ㉯ 프래트트러스(pratt truss) ㉰ 하우트러스(howe truss) ㉱ 파커트러스(parker truss)
5. ㉮ 단실 박스(single-call box) ㉯ 다실 박스(multi-call box) ㉰ 다중 박스(multiple single-cell box)
6. 전단연결재(shear connector)

7. ㉮ 프레시네 공법(Freyssinet 공법) : 쐐기식　　㉯ 디비닥 공법(Diwidag 공법) : 나사식
　㉰ BBRV 공법(BBRV 공법) : 버튼식　　㉱ 레온할트 공법(Leonhardt 공법) : 루프식
8. ㉮ DB-24　㉯ DB-18　㉰ DB-13.5
9. 디비닥 공법(Dywidag 공법, FCM공법)
10. ㉮ 켄틸레버공법(FCM공법)　㉯ 이동동바리공법(MSS공법)　㉰ 압출공법(ILM공법)
11. ㉮ 방사선투과 검사(Radiographic test)　　㉯ 초음파탐상 검사(Ultrasonic test)
　㉰ 자기분말탐상 검사(Magnetic particle test)　　㉱ 침투탐상 검사(Penetration test)

9. 도로공

1. 도로를 설계하기 위하여 5개 지점의 건설구간에서 시료를 채취하여 각 지점에 있어서의 평균 CBR을 구하였다. 이때의 설계 CBR을 계산하시오.

조건 : ① 각 지점의 평균 CBR : 6.8, 8.5, 4.8, 6.3, 7.2
　　　② 계수

개수(n)	2	3	4	5	6	7	8	9	10이상
d_2	1.41	1.91	2.24	2.48	2.64	2.83	2.98	3.08	3.18

2. 빗물이 포장면내로 스며들어 노면의 미끄럼에 대한 저항성을 증대시켜주는 개립도 아스팔트포장공법을 쓰시오.

3. AASHTO포장설계법에 의한 아스팔트포장 두께를 결정하는 요소 4가지를 구하시오.

4. 기존 아스팔트포장에 생긴 균열보수방법을 4가지만 쓰시오.

5. 아스팔트 포장의 단점인 소성변형(Rutting)에 대한 저항성이 우수한 포장공법으로 아스팔트 바인더(asphalt binder) 자체의 물성에 따른 혼합물 개념보다는 골재의 맞물림 효과를 최대로 하여 기존 밀입도 아스팔트 혼합물의 단점을 개선한 공법은?

6. 시멘트콘크리트포장공법 중 연속철근 콘크리트포장(CRCP)공법의 특징을 4가지만 기술하시오.

7. 아스팔트포장의 기층을 만들기 위해 사용되는 공법을 4가지만 쓰시오.

8. 콘크리트포장의 장점인 강성과 아스팔트포장의 가요성을 겸비한 포장공법으로 개립도 아스팔트 혼합물에 시멘트 또는 플라이애쉬 등을 사용하고 별도의 첨가재를 추가하는 포장공법은?

9. 롤러전압에 의하지 않고 조골재, 세골재 및 필러를 쿠커(cooker) 속에서 고온으로 교반, 혼합한 고온시 혼합물의 유동성을 이용하여 된비비기 콘크리트처럼 치고 피니셔로 평활하게 고르는 아스팔트 포장방식은?

10. 도로 곡선부의 평면선형을 설계함에 있어서 곡선반경이 710m, 설계속도가 120km/hr일 때의 최소 편구배를 계산하시오.(단, 타이어와 노면의 횡방향 미끄럼 마찰계수는 0.1임)

11. 아스팔트포장 중 실코트(seal coat)의 중요목적 4가지만 쓰시오.

12. 콘크리트포장에서 기온의 상승 등에 따라 콘크리트 슬래브가 팽창할 때 줄눈의 부적정 등으로 더 이상 팽창력을 지탱할 수 없을 때 생기는 좌굴현상으로 인하여 슬래브가 솟아오르는 것을 무엇이라 하는가?

도로공 | 답

1. ㉮ 각 지점의 CBR 평균 = $\frac{6.8+8.5+4.8+6.3+7.2}{5}$ = 6.72

   ㉯ 설계 CBR = 각 지점의 CBR 평균 $-(\frac{\text{CBR최대치} - \text{CBR최소치}}{d^2})$

   $= 6.72 - (\frac{8.5 - 4.8}{2.48}) = 5.23 = 5$

2. 에코팔트포장공법(Eco-phalt 포장공법), 배수성 포장공법

3. ㉮ 계획기간 동안 설계차선에 대한 등가단축하중 교통량(ESAL) ㉯ 노반의 강도

   ㉰ 환경적 영향 요소(OPSI) ㉱ 신뢰도, 설계해석기간

4. ㉮ Patching공법 ㉯ 표면처리공법

   ㉰ Over lay공법 ㉱ 절삭Over lay공법

5. 대립도 포장공법(SMA 포장공법 : Stone Mastic Asphalt)

6. ㉮ 가로 줄눈이 없다. ㉯ 차량의 주행성이 증대된다.

   ㉰ 줄눈부 파손이 없다. ㉱ 유지관리비가 적게 든다.

7. ㉮ 입도조정 안정처리 공법 ㉯ 아스팔트 안정처리 공법

   ㉰ 시멘트 안정처리 공법 ㉱ 머캐덤 공법

8 반강성 포장공법

9. 구스아스팔트포장(Guss asphalt pavement)

10. $R = \frac{V^2}{127(i+f)}$

    $710 = \frac{120^2}{127(i+0.10)}$ $\therefore i = 0.06 = 6\%$

11. ㉮ 포장면의 내구성 증대 ㉯ 포장면의 수밀성 증대

    ㉰ 포장면의 미끄럼저항증대 ㉱ 포장면의 노화방지

12. Blow up

10. 댐과 하천 및 항만

1. 콘크리트 중력댐을 시공할 때 된비빔 콘크리트를 불도저로 포설하여 진동 롤러로 다져서 댐을 축조하는 방식은 무엇인가?

2. 표면차수벽형 석괴댐에서 댐기초와 차수벽을 수밀상태로 연결하고 일종의 기초 그라우트캡 역할을 하며 차수벽과 제체에서 전이되는 하중을 지지하여 지반으로 전달하는 차수 벽의 주춧돌 역학을 하는 철근 콘크리트 구조물의 명칭을 쓰시오.

3. 가물막이 공사는 하천이나 해안 등에 구조물을 시공할 때 dry work를 위한 가설구조물시공으로 크게 중력식 공법과 쉬트파일식의 2가지가 된다. 그 중에서 쉬트파일식의 종류 4가지를 쓰시오.

4. 관암거의 직경이 20cm, 유독이 0.8m/sec, 암거의 길이가 300m일 때, 원활한 배수를 위한 암거낙차를 Giesler 공식을 이용하여 구하시오.

5. 구조물공사는 지하수가 배제된 상태에서 시공하거나 또는 원지반에 구조물을 축조한 후 주변을 성토하여 구조물을 완성하게 된다.

   이 경우 지하수위의 상승으로 양압력에 의한 피해가 발생할 수 있는데 이러한 구조물의 기초 바닥에 작용하는 양압력(부력)에 저항하는 방법 3가지를 쓰시오.

6. 항만의 방파제의 종류를 3가지만 쓰시오.

7. 록 필댐(Rock fill Dam)은 일반적으로 심벽재(core), 필터재(filter), 사력존(Rock)으로 구성되어 있다. 이 중 필터재의 기능을 3가지만 쓰시오.

8. 정동공법에서 케이슨의 수중거치방법을 3가지만 쓰시오.

9. 필댐의 여수로(spill way)에는 어떤 종류가 있는지 4가지만 쓰시오.

10. 해저, 오지, 이지 및 저수지 밑바닥의 퇴사나 니토 등을 굴착하거나 걷어내는 작업을 하는데 필요한 준설선의 종류를 4가지만 쓰시오.

11. 우물통 기초의 침하시 편위의 원인을 4가지만 쓰시오.

12. 암거의 배열방식을 4가지만 쓰시오.

13. 호수에서 펌프로 송니관 내에 물을 압입하여 큰 수두를 가진 물을 노즐을 분출시켜 절취토사를 물에 섞어서 이것을 송니관으로 흙댐까지 운송하는 성토공법은 무엇인가?

14. 진주 남강 다목적댐과 같이 상류측에 콘크리트로 지수벽을 만들고 중앙 및 하류측은 석괴로 쌓아 올리는 댐의 형식은?

15. 중력댐의 시공 후 관리상 댐 내부에 설치하는 검사랑의 시공목적을 4가지만 쓰시오.

댐과 하천 및 항만 | 답

1. RCCD공법(Roller Compacted Concrete Dam Method)
2. Plinth(프린스)
3. ㉮ 한겹 sheet pile식　㉯ 두겹 sheet pile식
   ㉰ Cell식　㉱ Ring beam식
   ㉲ 강관 sheet pile식
4. $V = 20\sqrt{\frac{Dh}{L}}$

   $0.8 = 20\sqrt{\frac{0.2 \times h}{300}}$　$\therefore h = 2.4m$
5. ㉮ 사하중 증가　㉯ 부력 앵커 설치(영구 앵커 설치)
   ㉰ 외부배수, 기초바닥배수
6. ㉮ 직립제　㉯ 경사제
   ㉰ 혼성제
7. ㉮ 토립자의 유출방지　㉯ 역학적 완충역할
   ㉰ 코어재의 자기 치유작용을 지원
8. ㉮ 축도법　㉯ 비계식(발판식)
   ㉰ 예항식(부동식)
9. ㉮ 쉬트식 여수로(chute spill way)　㉯ 측수로 여수로(side channel spill way)
   ㉰ 그롤리 홀 여수로(grolley hole spill way)　㉱ 사이펀 여수로(siphon spill way)
10. ㉮ pump dredger　㉯ bucket dredger
    ㉰ grab dredger　㉱ dipper dredger
11. ㉮ 유수, 파랑 등의 수평하중　㉯ 지층의 경사 또는 연약지반으로 인한 슈의 지지력 불균형
    ㉰ 침하하중의 불균형　㉱ 호박돌, 전석, 유목 등의 장애물
12. ㉮ 자연유하식　㉯ 머리빗식
    ㉰ 오늬무늬식　㉱ 차단식
13. 물다짐공법(hydraulic fill method)
14. 표면차수벽형(Faced Rockfill Dam)
15. ㉮ 콘크리트 내부의 균열검사　㉯ 누수 및 배수
    ㉰ 양압력, Grouting　㉱ 콘크리트 수축량 검사

11. 공사관리

1. PERT기법에 의한 공정관리기법에서 낙관시간치 4일, 정상시간치 8일, 비관시간치 12일 때 기대 시간치와 분산을 구하시오.

2. 어떤 Date의 히스토그램에서 하한규격치가 256kg/m²일 때 평균치 276kg/m², 표준편차 5kg/m²이라면 공정능력지수는 얼마인가?(단, 이 규격은 편측규격이다.)

3. 어느 샘플값에서 측정한 Date의 변동계수를 구하시오.(단, 소수 2째자리까지 구하시오. 단, Date : 21, 20, 19, 22, 23.)

4. 거푸집 제작공정에 따른 비용증가율을 그림과 같이 표현한다. 이 공정을 계획보다 3일 단축할 때 소요되는 추가 직접비용은 얼마인가?

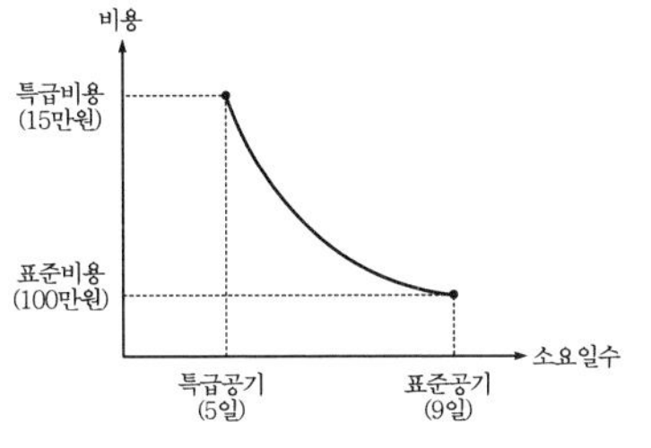

5. 시공의 3요소에 관련된 다음 그래프를 완성하시오.

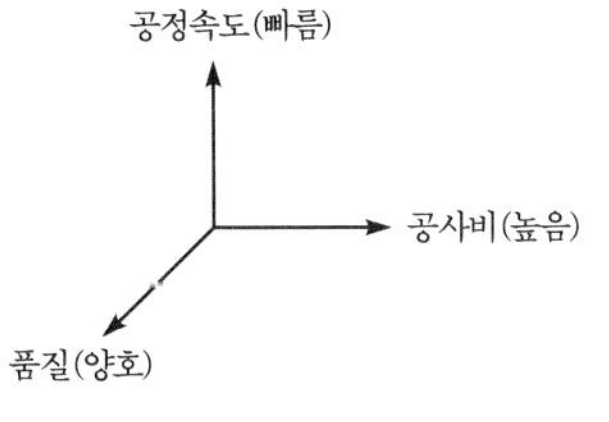

6. 다음 데이터를 이용하여 Normal time Net-work 공정표를 작성하고 공기를 3일 단축할 때 최소의 추가 공사비를 산출하시오.

(단, ① 네트워크공정표 작성은 화살표 네트워크로 한다.

② 주공정선(critical path)는 굵은선 또는 이중선으로 한다.

③ 각 결합점에는 다음과 같이 표시한다.)

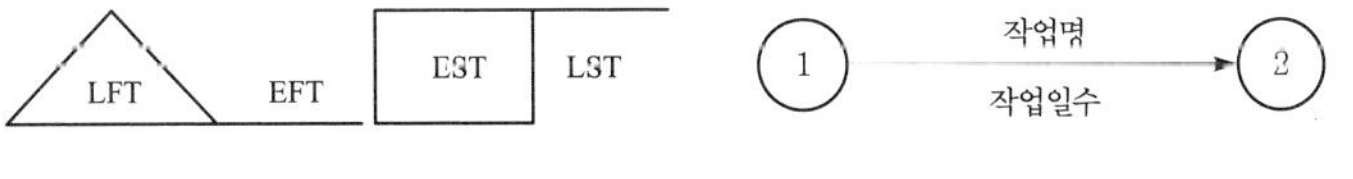

작업명 (Activity)	정상비용		특급비용	
	공기(일)	공비(원)	공기(일)	공비(원)
A(0→1)	3	20,000	2	26,000
B(0→2)	7	40,000	5	50,000
C(1→2)	5	45,000	3	59,000
D(1→4)	8	50,000	7	60,000
E(2→3)	5	35,000	4	44,000
F(2→4)	4	15,000	3	20,000
G(3→5)	3	15,000	3	15,000
H(4→5)	7	60,000	7	60,000
계		280,000		334,000

공사관계 | 답

1. ㉮ $t = \frac{a+4m+b}{6} = \frac{4+(4\times8)+12}{6} = 8$일

   ㉯ $\sigma^2 = (\frac{t_p - t_p}{6})^2 = (\frac{12-4}{6})^2 = 1.78$

2. C_p(공정능력지수) $= \frac{| SU(또는\ SL) - \overline{x}}{3.\sigma} = \frac{| 256 - 276 |}{3\times5} = 1.33$

3. ㉮ 평균치 : date 산술평균

   $\overline{x} = \frac{21+20+19+22+23}{5} = 21$

   ㉯ 편차의 2승합 $S = (21-21)^2+(20-21)^2+(19-21)^2+(22-21)^2+(23-21)^2 = 10$

   ㉰ 표준편차 $\sigma = \sqrt{\frac{S}{n}} = \sqrt{\frac{10}{5}} = 1.41$

   ㉱ 변동계수(C_V)

   $C_V = \frac{\sigma}{x} \times 100 = \frac{1.41}{21} \times 100 = 6.71\%$

4. ㉮ 비용경사 $= \frac{특급공비 - 표준공비}{표준공기 - 특급공기} = \frac{150,000 - 100,000}{9 - 5} = 12,500$원/일

   ㉯ 추가 직접비용 = 3일×12,500원/일

   = 37,500원

5.

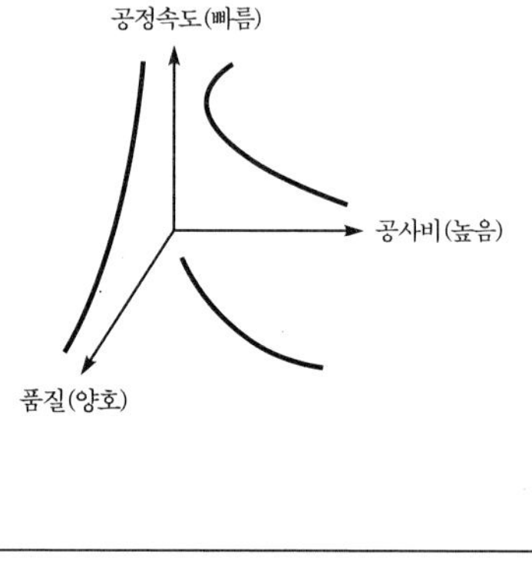

6. ㉮ 공정표

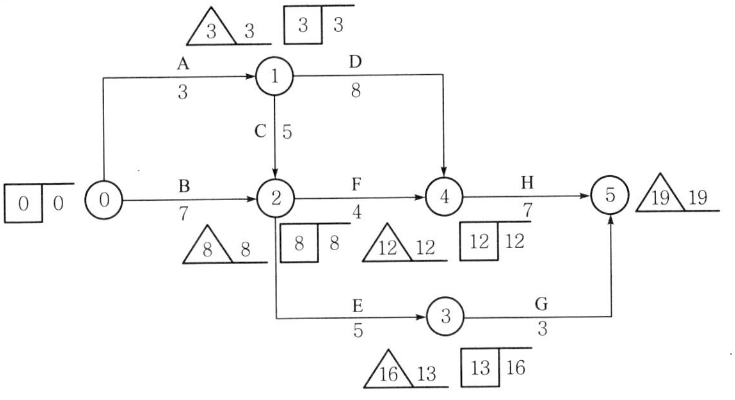

㉯

① 비용경사(cost slope)

작업명	단축가능일수	비용경사(원)	작업명	단축가능일수	비용경사(원)
A	1	$\frac{26,000-20,000}{3-2}=6,000$	B	2	$\frac{50,000-40,000}{7-5}=5,000$
C	2	$\frac{59,000-45,000}{5-3}=7,000$	D	1	$\frac{60,000-50,000}{8-7}=10,000$
E	1	$\frac{44,000-35,000}{5-4}=9,000$	F	1	$\frac{20,000-15,000}{4-3}=5,000$
G	0	0	H	0	0

② 공기 단축

단축관계	작업명	단축일수	추가비용(원)
1단계	F	1	5,000
2단계	A	1	6,000
3단계	B,C,D	1	5,000+7,000+10,000=22,000

③ 추가비용(Extra cost)

EC=5,000+6,000+22,000=33,000원

찾아보기

자

■ 저자약력

이 승 언(李承彦)

▶ 학력

• 영남대학교 토목공학과 졸업(학사)
• 중앙대학교 건설대학원 토목시공과정 졸업(석사)

▶ 경력 및 학술활동

• 토목시공 기술사
• 도로 및 공항 기술사
• 전) 한국도로공사 과장
• 전) (株) L.G 건설 부장
• 전) (株) 동양고속건설 이사
• 전) (주) 삼환기업 상무
• 전) (株) 새길엔지니어링 부사장
• 전) 인천대학교 토목환경과 겸임교수
• 전) 경희대학교 토목건축대학 겸임교수
• 전) 건설기술교육원 강사
• 전) 경원전문대학 토목과 강사
• 전) 서울특별시 건설기술심의위원(토목시공분야)
• 전) 한국도로공사 설계자문위원(토목시공분야)

최 병 호(崔秉鎬)

▶ 학력

• 충북대학교 토목공학과 졸업(학사)
• 한양대학교 공학대학원 토질 및 기초전공 졸업(석사)

▶ 경력 및 학술활동

• 토목시공 기술사
• 토질 및 기초 기술사
• 한국중공업(株) 해외플랜트본부 차장
• 현) 정우이엔씨(株) 대표이사
• 현) (주)해린건설기술 부사장
• 현) 충청북도 건설기술심의위원회 위원
• 현) 한국건설교통기술평가원 평가위원
• 현) 전문건설공제조합 기술자문위원
• 현) 중원대학교 방재안전공학과 겸임교수
• 현) 대한토목학회 정회원
• 현) 한국지반공학회 정회원
• 현) 한국지반환경공학회 정회원
• 현) 한국암반공학회 정회원

살아있는 토목시공학 정가 25,000원

2003년 1월 10일 제 1판 1쇄 발행
2005년 2월 10일 제 2판 1쇄 발행
2014년 1월 20일 제 3판 1쇄 발행
2015년 2월 10일 제 3판 2쇄 발행

저 자 : 이 승 언 · 최 병 호
발행인 : 임 해 진
발행처 : 구미서관

주 소 : 서울시 마포구 신촌로 2길 5-15 구미빌딩
등 록 : 1979년 6월 29일 No. 9-6호
ISBN : 978-89-8225-910-4[93530]

Tel :(대)333-1101 Fax : 335-2201

http://www.goomibook.com

저자와의 협의하에 인지를 생략합니다.